国家人力资源和社会保障部
国家工业和信息化部 信息专业技术人才知识更新工程（“653工程”）指定教材
全国高等职业教育“十一五”计算机类专业规划教材

C YUYAN SHILI JIAOCHENG

C语言实例教程

丛书编委会

中国电力出版社
http://jc.cepp.com.cn

内容提要

本书是信息技术人才知识更新工程的指定教材。

本书以综合应用实例个人通讯录为主线，前 11 章通过大量实例详细讲述了 C 语言的基本使用方法，主要内容包括：C 语言的数据类型及其运算、输入/输出、选择结构、循环结构、数组、函数、编译预处理、指针、结构体与共同体、文件等。第 12 章是一个综合应用实例，通过专门设计的个人通讯录，详细介绍了利用软件工程的思想使用 C 语言设计程序的方法和技巧，从而进一步提高读者的程序设计能力，培养良好的程序设计风格和习惯。

本书适合作为高职高专的教材和参考书，也可供计算机水平考试培训和各类成人教育等教学使用，还可供计算机爱好者自学。

图书在版编目（CIP）数据

C 语言实例教程 / 《国家人力资源和社会保障部、国家工业和信息化部信息专业技术人才知识更新工程（“653 工程”）指定教材》编委会主编. —北京：中国电力出版社，2008

国家人力资源和社会保障部、国家工业和信息化部信息专业技术人才知识更新工程（“653 工程”）指定教材

ISBN 978-7-5083-7186-3

Ⅰ. C… Ⅱ. 国… Ⅲ. C 语言－程序设计－教材 Ⅳ. TP312

中国版本图书馆 CIP 数据核字（2008）第 126363 号

书　　名：C 语言实例教程
出版发行：中国电力出版社
地　　址：北京市东城区北京站西街 19 号　　邮政编码：100005
印　　刷：北京丰源印刷厂
开本尺寸：185mm×260mm　　印　张：18.25　　字　数：412 千字
书　　号：ISBN 978-7-5083-7186-3
版　　次：2008 年 8 月北京第 1 版
印　　次：2013 年 1 月第 3 次印刷
印　　数：5001—6500 册
定　　价：**28.00** 元

专家指导委员会

丛书编委会

本书编委会

丛书编委会院校名单

（按拼音排序）

丛 书 序

自20世纪90年代以来，伴随着信息技术创新和经济全球化步伐的不断加快，全球信息化进程日益加速，中国的经济社会发展对信息化提出了广泛、迫切的需求。党的十七大报告做出了要“大力推进信息化与工业化融合”，“提升高新技术产业，发展信息、生物、新材料、航空航天、海洋等产业”的重要指示，这对信息技术人才提出了更高的要求。

为贯彻落实科教兴国和人才强国战略，进一步加强专业技术人才队伍建设，推进专业技术人才继续教育工作，人力资源和社会保障部组织实施了“专业技术人才知识更新工程（‘653工程’）”，联合相关部门在现代农业、现代制造、信息技术、能源技术、现代管理等5个领域，重点培训300万名紧跟科技发展前沿、创新能力强的中高级专业技术人才。工业和信息化部与人力资源和社会保障部在2006年1月19日联合印发《信息专业技术人才知识更新工程（“653工程”）实施办法》（国人部发［2006］8号），对信息技术领域的专业技术人才培养进行了部署和安排，提出了要在6年内培养信息技术领域中高级创新型、复合型、实用型人才70万人次左右。

作为国家级人才培养工程，“653工程”被列入《中国国民经济和社会发展第十一个五年规划纲要》和《2006—2010年全国干部教育培训规划》，成为建设高素质人才队伍的重要举措。

本系列教材作为“653工程”指定教材，严格按照《信息专业技术人才知识更新工程（“653工程”）实施办法》的要求，以培养符合社会需求的信息专业技术人才为目标，汇聚了众多来自信息产业部门、著名高校、科研院所和知名企业的学者与技术专家，组成强大的教学研发和师资队伍，力求使教材体系严谨、贴近实际。同时，教材采用“项目驱动”的编写思路，以解决实际项目的思路和操作为主线，连贯多个知识点，语言表述规范、明确，贴近企业实际需求。

为了方便教师授课和学生学习，促进学校教学改革，提升教学质量，本系列教材不仅提供教师授课所用的教学课件、习题和答案解析，而且针对教材中所涉及的案例、项目和实训内容，提供了多媒体视频教学演示课件。另外，在教学过程中，随时可以登录教师之家——中国学术交流网（www.jiaoshihome.cn），寻求教学资源的支持，我们特别为每一本教材设置了针对教师授课和学员学习的答疑论坛。同时，本套教材举办“有奖促学”活动，凡购买本套教材，学习完后，举一反三创作出个人作品，上传至教师之家——中国学术交流网，每个学期末将根据创作内容和网站点击率综合评选一次，选出一、二、三等奖和纪念奖，并在假期中颁发奖项。

学员学习本系列教材后经考核合格，可以申请“专业技术人才知识更新工程（‘653工程’）培训证书”。该证书可以作为专业技术人员职业能力考核的证明，以及岗位聘用、任职、定级和晋升职务的重要依据。

我们希望以本系列教材为载体，不断更新教学内容，改进教学方法，搭建学校与企业沟通的桥梁，大力推进校企合作、工学结合的人才培养模式，探索一条充满生机和活力的中国信息技术人才培养之路，为建设社会主义和谐社会提供坚强的智力支持和人才保证。

丛书编委会

前　　言

本书是信息技术人才知识更新工程的指定教材。

C 语言是一种应用十分广泛的语言，其功能丰富、表达能力强、使用方便灵活、程序执行效率高、可移植性好，既具有高级语言的特点，又具有汇编语言的特点，具有较强的系统处理能力，成为开发系统软件和应用软件的首选语言，得到了广泛的认可和重视。C 语言是国内外大学都在开设的重要基础课之一，在高职高专的课程设置中，C 语言也被推荐为工科各专业程序设计语言的必修课程。C 语言也已成为学生获取计算机专业职业技术资格的初级程序员、程序员证书和参加计算机等级考试的首选语言。

本书在编写过程中，编者根据应用型高校学生的特点，结合多年从事 C 语言及计算机专业相关课程的教学实践，本着一是必需、二是常用的原则，不刻意追求所谓的全面和详尽。对于使用灵活的内容，通过实例，有意识地不断强化，给读者以潜移默化的影响。

本书的讲解理论联系实际、由浅入深、通俗易懂，配有大量典型程序示例，相信读者在认真思考的基础上，定能举一反三、触类旁通。每章末尾均精选了相当数量的习题，作为学习该章内容的巩固与延伸，这些习题很有特点，它不是简单的复述前面的概念，也不是前面例子的翻版，而是比例子更具创造性思考，读者如能认真完成这些练习和实验，必将大大加深和巩固所学知识，提高自己的编程能力。本书注重培养读者的程序设计能力，培养良好的程序设计风格和习惯，突出“三基”（基本概念、基本原理与基本应用）的介绍和应用。

本书由冯玉东担任主编，王伯爵、史红军、陈亮、于立红任副主编，马军周参编，其中第 1、2、3 章由王伯爵编写，第 4、5 章以及附录由冯玉东编写，第 6 章由史红军编写，第 7、8、11 章由于立红编写，第 9、10 章由陈亮编写，第 12 章由马军周编写。

由于作者水平有限，加上时间仓促，书中难免有不当之处，敬请专家及广大读者批评指正，并通过作者电子信箱告之。不胜感激，谢谢！

作者联系信箱：fengyudong@zepc.edu.cn。

编　者

2008 年 6 月

目　　录

第 1 章 C 语言概述

本章主要内容：

C 语言的发展及其特点；C 语言程序的结构及其书写规则；C 语言程序的开发及运行环境；结构化程序设计的基本结构、算法及其描述方法。

本章重点：

C 语言程序的结构、C 语言程序的开发环境 Turbo C++ 3.0 的基本操作、在 Turbo C++3.0 下开发一个 C 语言程序的操作步骤。

本章难点：

算法及其描述方法。

1.1 C 语言的发展及特点

C 语言是一种通用程序设计语言，它是目前世界上最流行、使用最广泛的高级程序设计语言。用 C 语言编写的程序易读性、正确性比较强，效率高，便于使用模块化结构，可移植性好。它既具有一般高级语言特性，又具有低级语言特性；既能用于科学计算，又能用于数据处理；既能用于编写系统软件，又能用于编写支撑软件和应用软件，可以用在各种不同的应用领域编写计算机程序。

1.1.1 C 语言的发展

在 C 语言诞生以前，系统软件（如操作系统软件）主要是用汇编语言编写的。由于汇编语言程序依赖于计算机硬件，可读性和移植性都很差，但一般的高级语言又难以实现对计算机硬件的直接操作，C 语言就在这种背景下应运而生。

C 语言是贝尔实验室于 20 世纪 70 年代初期研制出来的，并随着 UNIX 操作系统的日益广泛应用，迅速得到推广。后来，C 语言又经多次改进，并出现了多种版本。1983 年，美国国家标准学会（ANSI）为 C 语言制定了一套统一的 ANSI 标准（简称为 ANSI C 标准），成为现行的 C 语言标准。C 语言也由此成为最受欢迎的语言之一，许多流行的著名软件都是用 C 语言编写的。

目前，在微机上广泛使用的 C 语言编译系统有 Microsoft C（简称 MSC）、Turbo C（简称 TC）、Borland C（简称 BC）等。虽然它们的基本部分都是相同的，但还是有一些差异。Turbo C 是 Borland 公司的产品，它使用了集成开发环境，通过一系列的下拉式菜单将文本编辑、程序编译、链接以及程序运行一体化，大大方便了程序的开发。本书以 Turbo C++ 3.0 为开发环境介绍 C 语言程序设计方法。

1.1.2　C 语言的特点

由于C语言同时具有汇编语言和高级程序设计语言的双重特性，使得它能够成为目前应用最广泛的高级程序设计语言之一。具体地说，其主要特点如下。

1. 语言简洁、紧凑，使用方便、灵活

C 语言简洁、紧凑，以英文小写字母为书写基础，压缩了语句中一切不必要的成分。只有 32 个关键字，9 种控制语句。语言书写形式自由，源程序短小精悍。

2. 运算符丰富

C 语言的运算类型极其丰富，表达式类型多样，可以实现在其他高级语言中难以实现的运算。它共有 34 种运算符和 15 个等级的运算优先顺序。

3. 具有结构化的控制语句，程序设计自由度高，代码质量高

C 语言具有多种结构化编程的控制语句（如 if…else…、do…while、switch、for 等语句），以函数为基本模块实现程序的模块化和结构化。这种结构化方式可使程序层次清晰，便于使用、维护以及调试。编写的程序生成目标代码后，代码执行效率高于一般高级语言。

4. C 语言允许直接访问物理地址

C 语言能进行位（bit）操作，能实现汇编语言的大部分功能，可以直接对硬件进行操作。C 语言既有高级语言的功能，又有低级语言的许多功能，可以用来写系统软件。C 语言的这种双重性，使它既是成功的系统描述语言，又是通用的程序设计语言，有人把它称为“中级语言”。

5. 用 C 语言写的程序可移植性好

C 语言程序具有较高的移植性。程序可移植性指的是，可以把为某种计算机编写的软件运行在另一种机器或操作系统上，如在 DOS 上写的程序，能够方便地在 Windows 系统中运行，该程序就是一个可移植的程序。由于用 C 语言编写的程序都是通过调用库函数实现，没有直接依赖于硬件的语句，这样就使 C 语言程序本身不依赖于硬件系统，也便于在不同的机器系统间进行移植。

1.2　C 语言程序的结构及书写规则

1.2.1　简单的 C 语言程序介绍

所谓程序，就是一系列遵循一定规则和思想并能正确完成指定工作的代码（也称为指令系列）。一个完整的 C 语言程序通常由一个且只能由一个 main()函数（又称主函数）和若干个其他函数组成。

下面先来看两个用 C 语言编写的简单程序。

【实例 1-1】已知三角形的两边 a、b 及其夹角 α，求第三边 c 及其面积 S。

程序如下：

```
#define  PI  3.1415926          /*定义数值常量 PI*/
#include <math.h>               /*标准函数 sqrt()的原型在 math.h 中*/
```

```
main()
{
    float a,b,c,s,alpha;                        /*定义实型变量*/
    scanf("%f%f%f",&a,&b,&alpha);               /*给变量 a、b、alpha 输入值*/
    alpha=alpha*PI/180;
    c=sqrt(a*a+b*b-2*a*b*cos(alpha));
    s=a*b*sin(alpha)/2;                         /*求出三角形的面积 s*/
    printf("c=%f,s=%f\n",c,s);                  /*输出三角形的第三边及面积值*/
}
```

程序运行情况：

输入：3　6　30↙

输出：c=3.717941，s=4.500000

（1）C 语言规定：调用库函数时，必须在程序的开头使用编译预处理命令#include，将库函数的函数原型所在的头文件包含进来。

（2）#define 是宏定义命令，用于定义符号常量 PI，其值为 3.1415926。

（3）本实例中包含一个主函数 main()，在主函数中，第一条语句是说明语句，定义变量为实型变量；第二条语句是输入语句，通过调用标准输入函数 scanf()给变量赋值；第三、四、五条语句分别是赋值语句，求出三角形的第三条边长 *c* 和面积 *S* 的值；第六条语句是调用标准函数 printf()，完成三角形第三条边和面积的输出。

【实例 1-2】编写一个 C 语言程序，求两个整数中较小的那个数的值。

```
int min(int x,int y)          /* 定义 min 函数，函数值为整型，x、y 为形式参数*/
{
    int z;                    /* min 函数中用到的变量 z，也要加以定义*/
    if(x<y) z=x;
    else z=y;
    return(z);                /* 将 z 的值返回，通过 min 带回调用处*/
}
main( )                       /* 主函数 */
{
    int a,b,m;                /* 定义变量 a、b、m 为整型变量 */
    scanf("%d,%d",&a,&b);     /* 从键盘上输入变量 a 和 b 的值 */
    m=min(a,b);               /* 调用 min 函数，将得到的值赋给 m */
    printf("min=%d",m);       /* 输出 m 的值 */
}
```

程序运行结果如下：

6, 9↙

min=6

程序说明：

输入 6 和 9 给变量 a 和 b，main 函数中第三行为调用 min 函数，在调用时将实际参数 a 和 b 的值分别传送给 min 函数中的形式参数 x 和 y。经过执行 min 函数得到一个返回值（即 min 函数中变量 z 的值），把这个值赋给变量 m，然后输出 m 的值。printf 函数中双引号内的"min=%d"，在输出时，"%d"将由 m 的值取代之，"min="原样输出。

1.2.2 C 语言程序的基本结构及书写规则

1. C 语言程序的基本结构

通过上面的实例，可以看出 C 语言程序具有以下主要结构如下：

```
#include <标题文件 1>
#include <标题文件 2>
……
#define 宏定义 1
#define 宏定义 2
……
main()
{
  语句序列;
}
[函数类型]  函数名（函数参数表）
{
      说明语句部分;
      执行语句部分;
}
```

说明

（1）C 语言源程序都是由一个或多个函数构成的。一个 C 语言源程序必须有一个，也只能有一个 main 函数。此外，C 程序还可以包括若干个用户根据需要自己设计的函数（如［实例 1-2］的 min 函数）。函数是 C 程序的基本单位。

（2）一个 C 程序总是从 main 函数开始执行的，而不论 main 函数在整个程序中位置如何。main 函数可以放在程序的任意位置。

2. C 语言的书写规则

（1）C 语言严格区分大小写英文字母。

（2）C 程序中每个基本语句和数据定义都是以“;”（分号）结束，分号是 C 语言程序语句的必要组成部分。

（3）C 程序书写格式自由，一行内可以写几个语句，一个语句可以分写在几行上。

（4）可以用“/*注释内容*/”对程序中任何部分做注释。注释部分并不是 C 语言的语句。程序加上必要的注释，可以增强程序的可读性。由于在对源程序进行编译时，注释部分不会被译成机器目标指令，因此注释部分不会对程序本身运行产生影响。

（5）用大括号{}表示程序的结构层次，一个完整的程序模块用一对大括号表示其范围。

（6）为了看清 C 程序的层次结构，C 程序一般都采用缩进格式的书写方法。

1.3 C 语言程序的开发和运行环境

在 1.2 节中我们看到了两个用 C 语言编写的程序，这种用高级语言编写的程序称为“源程序（Source Program)”。但是，对于计算机来说，却不能直接执行，计算机只能识别和执行由 0 和 1 组成的二进制指令。为了使计算机能执行高级语言源程序，必须先用一种称为"C 编译程序"的软件，把源程序翻译成二进制形式的"目标程序"，然后将该目标程序与系统的函数库和其他目标程序连接起来，形成可执行的目标程序。

1.3.1 C 语言程序的开发过程

开发一个 C 语言程序一般包括以下 4 个步骤。

1. 程序设计

程序设计也称程序编辑。程序设计人员首先依据需要解决的问题编写程序代码，用户可以使用任意一款编辑软件将设计好的程序输入计算机，并将其以文本文件的形式存入计算机磁盘上，称为 C 语言源文件，扩展名为.c。

2. 程序编译

源程序编辑好，经检查无误后就可以进行编译了。编译由系统提供的编译器完成，编译器在编译时对源文件进行语法和语义检查，并给出所发现的错误。用户可以根据错误情况，使用编辑器修改源程序，直至排除错误。正确的源程序文件经过编译后在磁盘上生成目标文件，扩展名为.obj。

3. 连接程序

编译所生成的目标文件（*.obj）是相对独立的模块，但还不能直接运行，用户还必须用连接编辑器把它和其他目标文件以及系统所提供的库函数进行连接装配，生成可执行文件才能执行。默认的执行文件的名字与源文件的名字一致，可执行文件的扩展名为.exe。

4. 运行过程

执行文件生成后，就可执行它了。若执行的结果达到预想的结果，则说明程序编写正确。否则，就需进一步检查修改源程序，重复上述步骤，直至得到正确的运行结果为止。

一个 C 语言程序开发的整个过程，可以用图 1-1 表示。

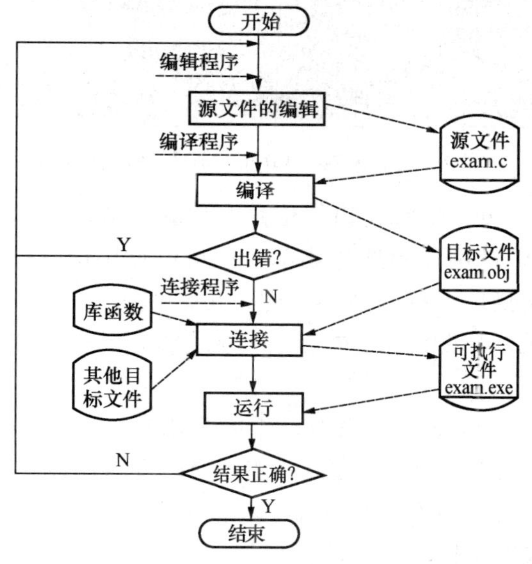

图 1-1 C 语言程序的开发过程

1.3.2 C 语言的运行环境

C 语言的编译系统有许多不同的版本，但是它们运行 C 程序的基本步骤都大致相同。下面仅对 Turbo C++ 3.0 系统作简单介绍。

Turbo C++ 3.0 简称 TC++ 3.0，是一个集程序编辑、编译、连接、运行与调试为一体的 C 语言程序开发软件，具有速度快、效率高、功能强等优点，使用非常方便，是目前国内用户广泛使用的一种 C 编译系统。TC++ 3.0 集成开发环境既支持键盘操作，也支持在 Windows 平台下广泛使用的鼠标操作，例如光标定位、菜单操作等，使用起来比 TC 2.0 更方便。

Turbo C 编译器名为 tc.exe，一般运行在 DOS 环境下，也可以运行在 Windows 环境下。它经常安装在硬盘的 TC 子目录下使用。TC++编译器 tc.exe 在子目录 BIN 中，另外重要的子目录有包含头文件的子目录 INCLUDE、包含库文件的子目录 LIB。

下面以［实例 1-2］为例，学习 TC++ 3.0 的使用。

1. *启动 TC*

启动 TC 的方法非常简单。如果当前目录是 TC 的工作目录（例如 TC 子目录），在 DOS 提示符下输入 tc 并按 Enter 键，或者直接用鼠标双击 tc.exe 文件，即可启动 Turbo C++ 3.0 的集成开发环境。屏幕上显示出如图 1-2 所示的集成运行环境。

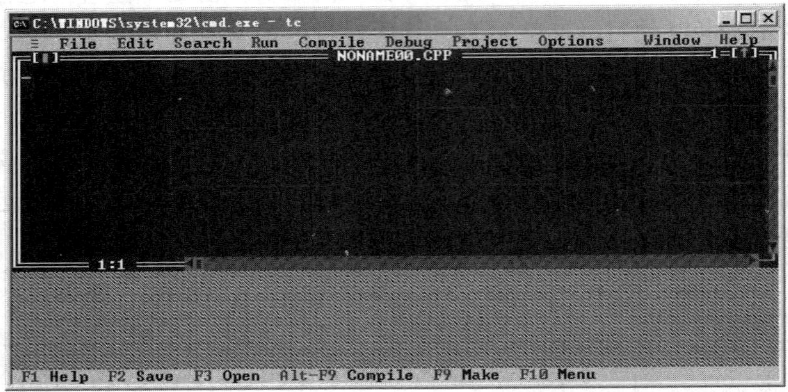

图 1-2 Turbo C++ 3.0 集成运行环境操作界面

集成运行环境由主菜单、编辑窗口、信息窗口和功能键提示行 4 部分组成。

（1）菜单操作。可以使用鼠标选择菜单，也可以使用键盘选择菜单：F10 键——打开主菜单，Esc 键——关闭菜单。打开主菜单时，可以使用上下左右方向键选择菜单。

（2）退出 TC++ 3.0。可以使用菜单命令 File | Quit，也可以按快捷键 Alt＋X。

2. *设置工作目录*

选择并执行 Options | directorys 命令，系统弹出一个 Directortes 对话框，在其中用户可以设定相关文件目录。例如：TC++ 3.0 在 F 盘 TC 目录中，C 源程序要存到 F:\source 目录下，生成的.obj 文件和.exe 文件存于 F:\temp 目录下，可以进行如图 1-3 所示的设置，输入完成以后，单击“OK”按钮。

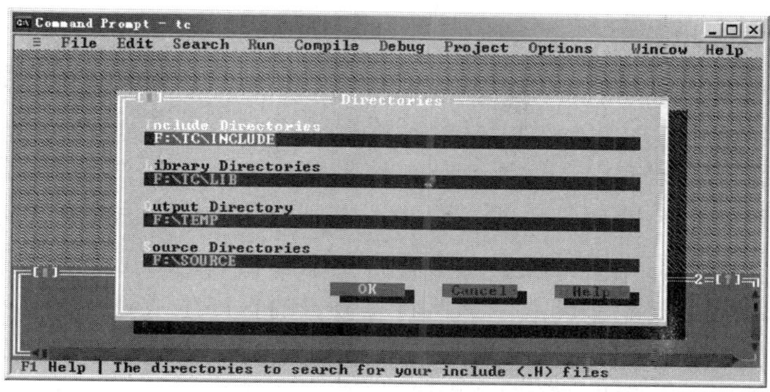

图 1-3 在 Turbo C++ 3.0 中设置相关目录

3. 新建一个 C 语言源程序

（1）选择并执行 File | New 命令，系统弹出一个空白编辑窗口，在该编辑窗口中输入源文件，如图 1-4 所示。

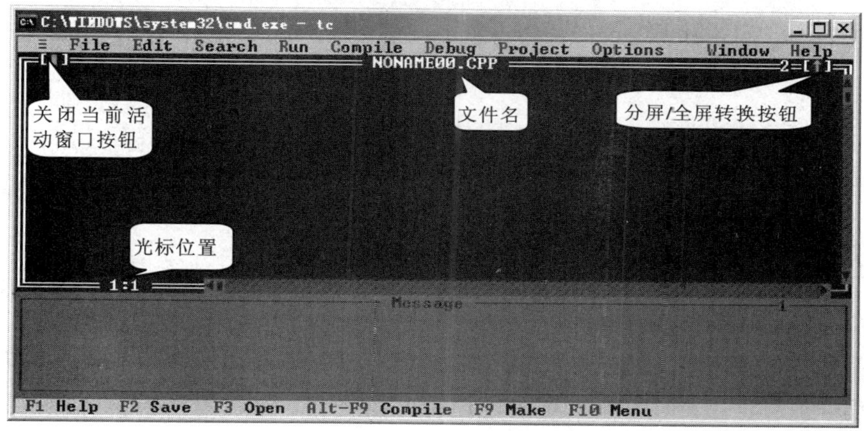

图 1-4 空白编辑窗口

（2）如果要调入原先存储在磁盘上的 C 源程序文件，选择并执行 File | Open 命令，或者直接按 F3 键，打开如图 1-5 所示的对话框。输入 C 源程序所在的路径，选中相应的源程序文件打开即可。

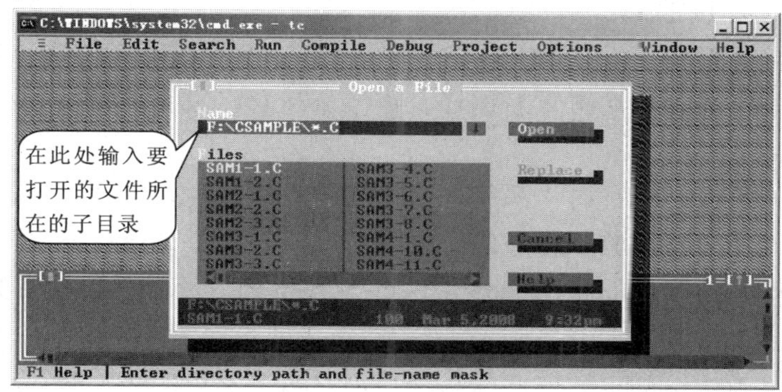

图 1-5 打开 C 源文件

4. 编译、链接、运行

TC++ 3.0 集成开发环境允许将编译、链接、运行操作合并成一步完成。按 Ctrl＋F9 快捷键（或执行 Run | Run 命令），则 TC++将依次完成对当前源程序的编译、链接和运行。

（1）如果在编译过程中存在错误，就在信息窗口中显示有关出错信息。它不仅指出错误的位置，还说明错误的性质和原因。图 1-6 中显示的是编译过程中产生的错误信息，从中间的窗口可以看到在编译中发现了 1 个警告和 1 个错误。所谓“警告（Warnings）”是指较轻微的错误，系统对此能够容忍，仍然将有警告的程序生成目标文件和可执行文件，可以执行程序，但不保证程序的运行结果正确。而“错误（Error）”是指严重的错误，系统不能容忍任何一个错误，编译系统不能对有错误的程序生成目标文件和可执行文件，必须改正后重新编译和连接。

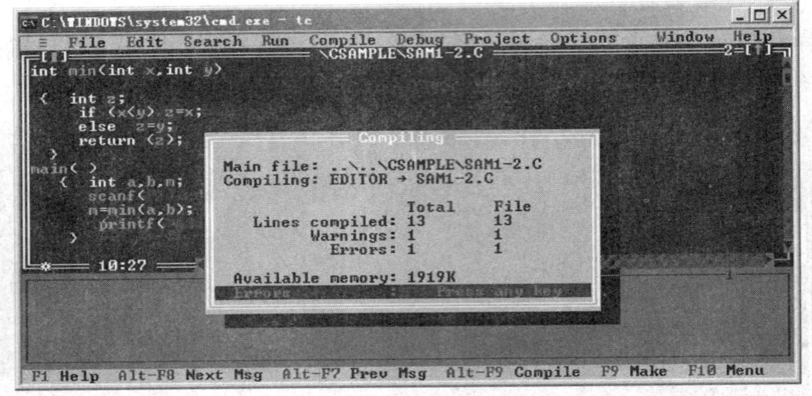

图 1-6 编译时产生错误

按任意键，全屏窗口下端的 Message（消息）窗口被激活，显示编译错误和警告信息，光带停在第一条消息上。这时编辑窗口也出现一条光带，提示编译错误在源代码中的位置。

当移动（按上下键或用鼠标）消息窗口中的光带时，编辑窗口的光带也随之移动，始终跟踪源代码中的错误位置。

更正完所有的错误，然后重新编译、链接、运行，直至成功。

（2）如果源程序中存在链接错误，系统将在 Linking（链接）窗口底端提示 Errors:Press any key（错误：按任意键）。

按任意键，全屏窗口下端的 Message（消息）窗口被激活，显示连接错误信息。

更正完所有的错误，然后再重新编译、链接、运行，直至成功。

5. 查看结果

如果在编译、链接、运行时，系统未给出任何错误信息，则表示运行成功。接下来的任务就是查看运行结果，以验证程序的正确性。

按 Alt＋F5 快捷键（或执行 Window | User Screen 命令）查看运行情况，然后按任意键返回编辑窗口。

如果发现逻辑错误，则可在返回编辑窗口后，进行修改，然后再重新编译、链接、运行，直至运行结果正确为止。

本实例运行情况如图 1-7 所示。

图 1-7 在用户窗口中查看执行结果

6. 保存C源程序文件

把 C 语言源程序保存为文件，以便以后使用。按 F2 功能键（或 File | Save）将打开 Save File As 窗口，在窗口中输入文件要保存的路径及文件名（扩展名为.C），单击“OK”按钮即可。

1.4 程序的基本结构与算法

1.4.1 程序的基本结构

C 语言是结构化的程序设计语言，其基本设计思想是采用自顶向下、逐步细化的原则进行程序设计，即把解决一个复杂问题的方法先粗分成几个大步骤，然后再把大步骤化解成几个小步骤，通过层层分解，逐步细化，把一个复杂的大问题分解成比较简单、容易解决的一个个小问题。按照结构化程序设计方法，程序模块只有一个入口、一个出口，这使得程序结构清晰、易读性强，提高了程序设计的质量和效率。

结构化程序由 3 种基本控制结构组合嵌套构成，每一个基本控制结构可以包含一个或若干个语句。3 种基本控制结构为：

（1）顺序结构。在这种结构中，程序按语句书写的先后顺序，逐条执行。

（2）选择性结构。选择性结构又称为分支结构，在这种结构中，程序根据条件是否成立判断，选择其中的一条分支执行。

（3）循环结构。循环结构程序是在给定的条件满足下，重复执行某段程序，直到条件不满足为止。其结构有当型循环、直到型循环两种形式。

①当型循环是先判断条件，再执行循环体。

②直到型循环是先执行一次循环体，再对条件进行判断。

1.4.2 算法与描述

1. 算法的概念

什么是程序？著名瑞士计算机专家 Niklaus Wirth 提出了一个有名的公式：

程序＝数据结构＋算法

这个公式说明了程序与算法的关系，同时，说明了数据结构的选择也是十分重要的。对于程序而言，算法与数据结构是统一的关系。

简而言之，算法就是为解决一个问题而采取的方法和步骤。算法是程序的灵魂，是解题的精确描述。它具有以下性质：

（1）解题算法是一个有穷动作序列。

（2）此动作序列只有一个初始动作。

（3）序列中每一动作仅有一个后继动作。

（4）序列始终表示问题得到解答或问题没有解答。

2. 算法的描述

算法的描述方法有自然语言描述、流程图、N-S 图、PAD 图、伪代码等。

（1）自然语言描述。自然语言就是人们日常进行交流的语言，如英语、汉语等。用自然语言描述算法通俗易懂，但文字冗长，容易出现“歧义性”，除简单问题外，一般不用此方法。

（2）流程图。流程图又称程序框图，是一种比较直观的图形工具。它利用几何图形框来代表各种不同性质的操作（一段程序），在各框内写明这段程序应做的事，用流程线来表示算法的执行的方向。

流程图是历史上最悠久、使用最广泛的描述算法的工具，简单直观，图中的箭头随意转移流程，但占用篇幅较多。

常见的流程图符号如图 1-8 所示。

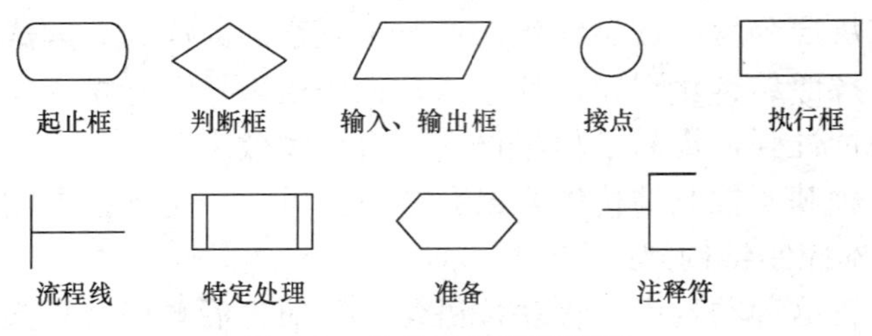

图 1-8　常见的流程图符号

用流程图对 3 种基本结构的描述如图 1-9 所示。

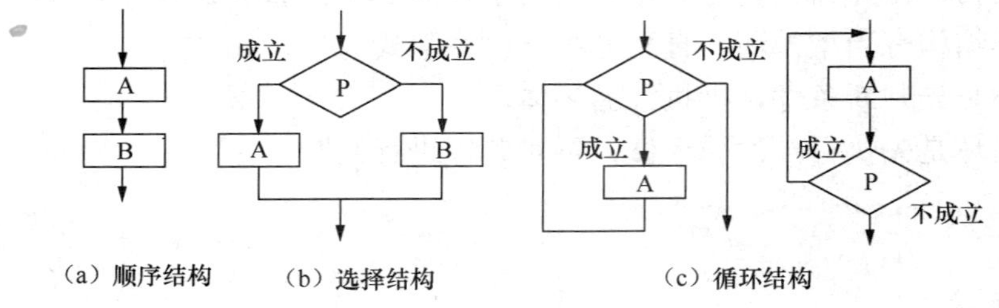

图 1-9　3 种基本结构流程图

（3）N-S 图。1973 年，美国学者 I.Nassi 和 B.Shneiderman 提出了一种无流线的流程图，称为 N-S 图。它完全去掉了带箭头的流程线，由一些基本的框组成一个大的框。它的 3 种基本结构如图 1-10 所示。

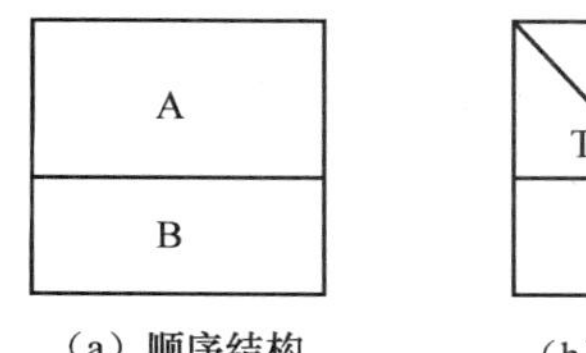

（a）顺序结构

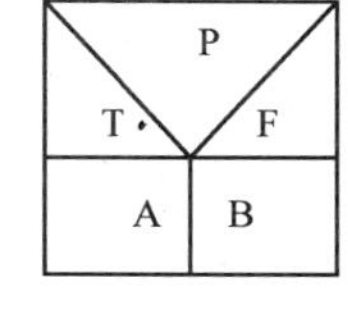

（b）选择结构

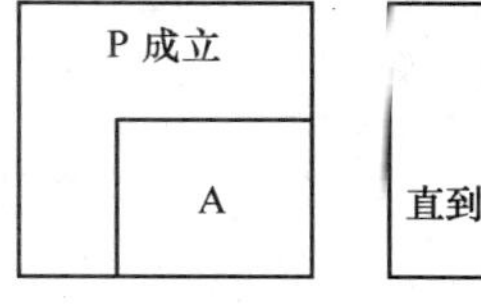

（c）循环结构

图 1-10　3 种基本结构 N-S 图

N-S 图比文字描述直观、形象，易于理解；比传统流程图紧凑易画。N-S 流程图中的上下顺序就是执行时的顺序。但设计的算法需要修改时，则修改 N-S 流程图比较麻烦。

（4）PAD 图。PAD 图是问题分析图，是 1973 年日本日立公司提出的，它用二维树形结构的图来表示程序的控制流。

（5）伪代码与逐步细化的程序设计方法。伪代码是介于自然描述语言与计算机语言之间的文字符号算法描述的工具，我们也称为过程设计语言（PDL）。结构化程序设计采用自上而下逐步细化的设计思路，伪代码是逐步细化过程中最有效的描述工具。

【实例 1-3】输入 3 个数，输出其中最大的数。

首先，我们定义 3 个变量 a、b、c，用于存储 3 个数，另外，再准备一个变量 max 用于存储最大数。

然后，对 a 与 b 进行比较，大的数放到 max 变量中，再把 max 变量中的数与 c 中的数相比，又把它们中大的数放到 max 变量中。

最后，把 max 变量中的数输出，此时 max 变量中装的数就是 a、b、c 3 个数中最大的一个数。算法可以表示如下：

①输入 3 个数到 a、b、c 3 个变量中。

②比较 a 与 b 中的数，把它们中大的数放入 max 中。

③把 c 中的数与 max 中的数进行比较，大的数放入 max 中。

④输出 max 中的数，即为 3 个数中最大的数。

其中的②、③两个步骤仍不明确，无法直接转换为语句，可以继续细化：

②把 a 与 b 单元中大的数放入 max 中，若 a＞b，则 max←a；否则 max←b。

③把 c 中数与 max 中的数进行比较，大的数放入 max 中，若 c＞max，则 max←c。

于是算法最后可以写成：

①输入 a、b、c。

②若 a＞b，则 max←a，否则 max←b。

③若 c＞max，则 max←c。

④输出 max，max 即为最大数。

这样的算法已经可以很方便地转化为相应的程序语句了。其流程图和 N-S 流程图如图 1-11 所示。

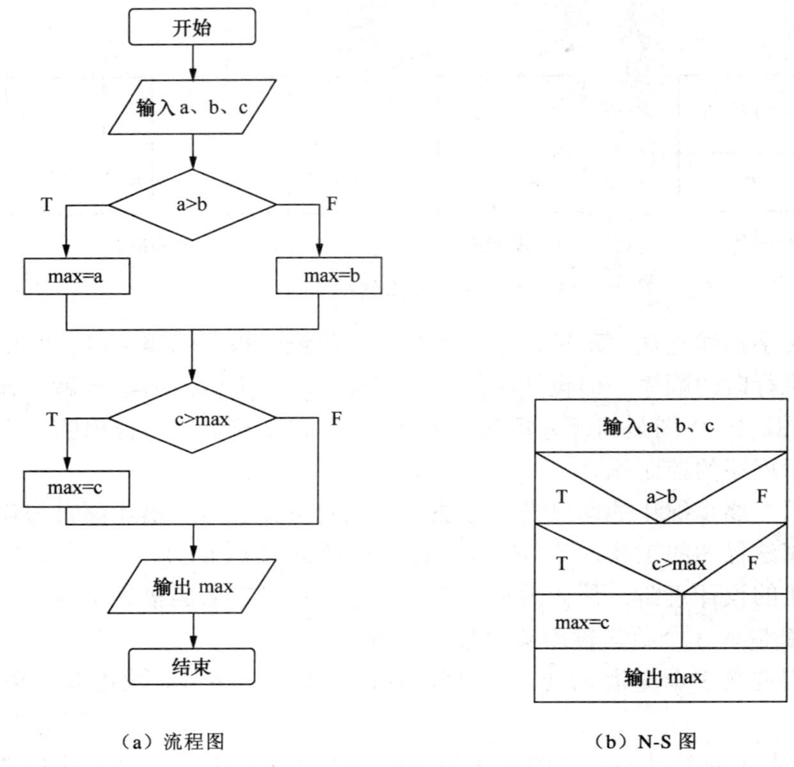

（a）流程图　　（b）N-S图

图1-11 ［实例1-3］的算法的流程图

本 章 小 结

本章介绍了C语言的主要特点、结构、程序书写规则、开发过程和算法。要注意以下几个问题：

1．C语言程序的基本单位是函数，一个C语言程序由一个至多个函数组成，至少有一个且只能有一个main( )函数。

2．C语言程序由一条条语句组成，每条语句以"；"（分号）结束。通常每一行为一基本语句，由{ }括起来的，为一复合语句。

3．注意C语言的语法要求，注意关键字、标识符、常量、运算符、分隔符以及注释符号的使用。

4．标准C语言有32个关键字，不能被重新定义，并有一些标识符，如printf、scanf等被系统标准库函数占用，不能再定义为其他变量名。

5．编写程序应该规范，建立良好的程序设计风格。

6．C语言程序的编写，要先输入、编辑源程序，再对源程序进行编译、连接，最后才可运行。

7．Turbo C++ 3.0是C语言程序的编辑、编译、连接和运行的一个环境，要熟练掌握

源程序的编辑、保存、编译、连接及运行的操作方法，了解程序调试的基本概念。

8．结构化的程序都是由顺序结构、选择（分支）结构和循环结构这 3 种基本结构组成的。

9．算法是为解决一个问题而采取的方法和步骤。算法的描述方法有自然语言描述、流程图、N-S 图、PAD 图、伪代码等。

习　　题

一、选择题

1．一个 C 语言程序的执行是从________。

（A）main()函数开始，直到 main()函数结束

（B）第一个函数开始，直到最后一个函数结束

（C）第一个语句开始，直到最后一个语句结束

（D）main()函数开始，直到最后一个函数结束

2．在 C 语言程序中，main()函数的位置________。

（A）必须作为第一个函数　　（B）必须作为最后一个函数

（C）任意　　（D）必须放在它所调用的函数之后

3．C 语言的基本单位是________。

（A）过程　　（B）函数　　（C）子程序　　（D）标示符

4．C 语言的编译程序是________。

（A）C 语言程序的机器语言版本

（B）一组机器语言指令

（C）将 C 语言源程序翻译成目标程序的程序

（D）由制造厂家提供的一套应用软件

二、填空题

1．一个 C 语言程序有且只有一个________函数。

2．C 语言源程序的语句分隔符是________。

3．源程序经过编译后产生的结果称为________，其扩展名为________。

4．结构化程序设计中的 3 种基本结构是________、________、________。

5．C 语言程序开发的 4 个步骤是________、________、________、________。

三、简答题

1．简述 C 语言的主要特点。

2．C 程序的基本组成是怎样的？main 函数在 C 程序中起什么作用？

3．已编好一个用 C 语言编写的源程序，文件名为 file.c，要在计算机上运行，应该经历哪些步骤？请写出每经历一步所得到的文件名。

4．什么是算法？常用的算法描述方法有哪几种？

第 2 章 数据类型、运算符和表达式

本章主要内容：

C 语言数据类型；常量与变量的定义及分类；运算符及其所构成的表达式；不同数据类型之间的转换。

本章重点：

C 语言的基本数据类型、常量与变量的定义、C 语言算术表达式的书写及运算、赋值表达式等。

本章难点：

转义字符的使用、自加和自减运算、不同数据类型之间的转换。

数据是 C 语言程序加工处理的对象，用 C 语言编写的应用程序，离不开对数据进行操作，而数据是以某种特定的形式存在的，必须先掌握 C 语言编程中最基本的数据类型、对数据进行运算的运算符和数据的输入、输出等基本概念。

2.1 C 语言的数据类型

数据类型是程序设计中的一个重要概念，它规定了一个以值为其元素的集合，是指数据的内在表现形式。C 语言提供如图 2-1 所示的数据类型，其数据从另一个角度又有常量和变量之分，而无论是常量还是变量，又都可以具有不同的数据类型。本章主要介绍基本数据类型，其他数据类型将在以后的章节中逐步介绍。

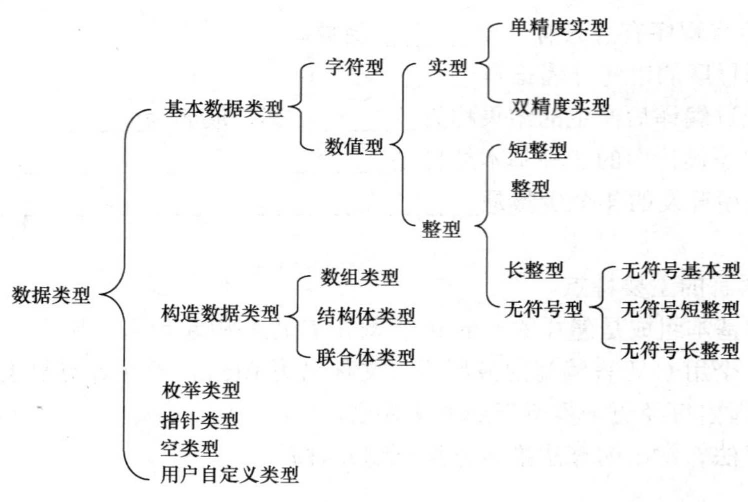

图 2-1 C 语言的数据类型

复杂的数据类型通常由基本数据类型构造，也称为构造类型。基本数据类型是复杂数据数据类型的元素类型，其关键字及所占字节数如表 2-1 所示。单精度实数提供 7 位有效数字，双精度实数提供 15～16 位有效数字，数值的范围随机器系统而异。

表 2-1 数的范围

类　别	所占位数	数的范围	说　明
int	16	−32 768～32 767	基本类型（简称整型）
short[int]	16	−32 768～32 767	短整型
long[int]	32	−2 147 483 648～2 147 483 647	长整型
unsigned[int]	16	0～65 535	无符号整型
unsigned short	16	0～65 535	无符号短整型
unsigned long	32	0～4 294 967 295	无符号长整型
float	32	10^{-37}～10^{38}	单精度实型
double	64	10^{-307}～10^{308}	双精度实型
char	8		字符型

2.2 常量与变量

2.2.1 标识符与关键字

1. 标识符

标识符用来命名程序中的一些实体对象（如符号常量名、变量名、函数名、数组名、类型名、文件名等），简单地说，标识符就是一个对象的名字。

C 语言规定标识符只能由大小写字母、数字字符（0～9）和下画线（_）3 种字符组成，且第一个字符必须为字母或下画线。下面是合法的标识符，也是合法的变量名：

abc，sum，month，student_name，_above，basic

下面是不合法的标识符和变量名：

M.D.John，$123，3d6e，a＞b

C 语言是一种对字母大小写敏感的语言，定义标识符时必须注意字母的大小写，例如，Password 和 password 在 C 语言中就是两个不同的标识符。

2. 关键字

在 C 语言中，有一类特殊的标识符，它们仅供系统专用，不能用于定义用户的标识符，这就是关键字，又称为系统保留字。表 2-2 中所列出的是 C 语言所规定的 32 个关键字。

表 2-2 ANSI C 标准所规定的 32 个关键字

auto	break	case	char	continue	const	default
do	double	else	enum	extern	float	for
goto	if	int	long	register	return	short
signed	sizeof	static	struct	switch	typedef	union
unsigned	void	volatile	while			

注意

这些关键字用的都是小写字母。

2.2.2 常量

所谓常量是指在程序运行过程中，其值不能被程序改变的量。在C语言中，常量分为以下5种：整型常量、实型常量、字符常量、字符串常量和符号常量。

1. 整型常量

整型常量也称整数，包括正整数、负整数和零。在C语言中，整型常量可以使用十进制、八进制和十六进制3种不同进制来表示。为了能区分这3种不同进制的整数，在书写形式上采用加不同前缀方法：

（1）十进制整数。如123、－12、0等，正数的正号通常被省略。

（2）八进制整数。以数字0开头的数是八进制数。如0123、－012、00，它们对应的十进制数值分别为83、－10、0。

（3）十六进制整数。以0x（x前为数字0）开头的数是十六进制数。如0x123、－0x12、0x0，它们对应的十进制数值分别为291、－18、0。

注意

长整型数在写法上要加一个后缀“L”或“l”，如123L、0123L、0x123abL等，无符号整型在写法上加一个后缀“U”或“u”，如123U、0123U、0x123abU等。

2. 实型常量

实型常量又称为浮点常数。它有两种表示形式：

（1）十进制数形式。它由正负号、数字和小数点组成（必须有小数点）。如0.123、.123、123.0、123.、0.0都是十进制数形式。绝对值小于1的实型常量，前面的零可以省去，在Turbo C中，使用默认格式输出实型量时，最多只保留小数点后面6位。

（2）指数形式。它由尾数、字母e（或E）、指数3部分组成。如1.23e5和123E3都是代表1.23×10^5。

注意

字母e（或E）之前必须有数字，且e后面的指数必须为整数，如0.56e3、5.55e-6、9.87e＋5都是合法的指数表示方式，其中0.56、5.55和9.87为尾数，e（或E）后面的3、－6和＋5均是指数。下列指数形式表示的数都是不合法的，如e3、3.6e4.5、.e3、e。

【实例2-1】下列形式的常数中，C程序不允许出现的是________。

（A）.45　　　　（B）±123

（C）25.6e-2　　　　（D）4e3

分析：C程序允许出现的常数为有一确定值的整数、实数（可以为小数形式或指数形式）等。±123不允许出现。因此，本题正确答案为（B）。

3. 字符常量

C 语言的字符常量是用一对单引号（即撇号'）括起来的一个字符。

如'a'、'B'、'?'、'6'、'$'等都是字符常量，在计算机的存储中占据一个字节的内存单元，其中一对单引号不是字符常量的组成部分，它只是字符常量的定界符。字符常量的值就是该字符在其所属字符集（如 ASCII）中的编码，例如，'A'的 ASCII 码值是 65，'a'的 ASCII 码值是 97。

在 C 语言中，还允许使用一些特殊形式的字符常量，称为转义字符或转码序列，它是以一个反斜杠“\”开头的字符序列。常用的转义字符如表 2-3 所示。

表 2-3 以“\”开头的转义字符

字符形式	功能
\n	按 Enter 键换行（光标移到下一行首列的位置）
\r	按 Enter 键不换行（光标重回到本行的首列）
\t	横向跳格（即跳到下一个输出区）
\v	竖向跳格（相当于 Tab，光标跳到下一个输出区的首列）
\b	退格（光标向左退一格）
\f	走纸换页
\a	响铃报警
\\	反斜杠字符“\”
\'	单引号（撇号）字符
\ddd	ddd 为 1 到 3 位八进制数所代表的字符
\xhh	hh 为 1 到 2 位十六进制数所代表的字符

“转义字符”的意思是将反斜杠（\）后面的字符转变成另外的意义。如\n 中的 n 不代表字母 n，是“换行”符。

注意

\0 和\000 是代表 ACSII 码为 0 的控制字符，即“空操作”字符，它将用做字符串的结束标志。

转义字符表面上看起来像两个字符，如\n、\t，但实际上算做一个字符。

【实例 2-2】用转义字符输出可打印字符和不可打印字符。程序运行效果如图 2-2 所示。

图 2-2 ［实例 2-2］运行效果

```
#include  "stdio.h"
 main()
 {
```

```
    printf("\x4F\x4B\x21\n");
    printf("\x15\xAB\n");
}
```

4. 字符串常量

字符串常量是由半角双引号括起来的字符序列，它与用单引号括起的字符常量不同。如："How do you do? "、"Internet"、"$123.45"、"A"都是字符串常量。其中一对双引号并不是字符串的组成部分，它只是字符串的定界符。

C 语言规定：在存储字符串常量时，由系统在字符串的末尾自动加一个\0 作为字符串的结束标志。如有一个字符串"CHINA"，它在内存中的实际存储为：

C	H	I	N	A	\0

最后一个字符\0 是系统自动加上的，它占用 6 字节而非 5 字节内存空间。

5. 符号常量

符号常量是指以标识符形式出现的常量，符号常量一般使用大写的英文字母表示，以区别于一般小写英文字母所表示的变量。符号常量在使用前必须先定义。定义形式为：

#define　符号常量名　常量

例如：

```
#define   PI      3.1415926
#define   TRUE    1
#define   FALSE   0
#define   C1      'a'
```

这里定义 PI、TRUE、FLASE、C1 为符号常量，其值分别为 3.1415926、1、0、'a'。

注意

符号常量的定义必须放在程序的开头，每个定义必须独占一行，其后不跟分号。它不是 C 语言的语句，而是预处理命令，在预处理中将对所有符号常量进行替换，后面章节中有详细的介绍。

【实例 2-3】符号常量的使用。

```
#define PAI 3.1415926
#define R 10.0
main( )
{
    printf("S=%f\n",PAI*R*R);
    printf("V=%f\n",4*PAI*R*R*R/3);
}
```

该程序运行结果如图 2-3 所示。

图 2-3 ［实例 2-3］运行结果

2.2.3 变量

在C语言程序运行过程中，其值可以改变的量称为变量。变量具有3个基本要素，即变量类型、变量名和变量值。

变量由用户根据其在程序中的作用，按照“见名知义”的原则自由命名，由于变量名属于标识符范畴，所以命名变量时完全遵照标识符的命名规则。

在C语言中，要求对所用到的变量作强制定义，也就是“先定义，后使用”。

变量定义的一般形式为：

存储类型　数据类型　变量名1[=初值1]，变量名2[=初值2]，…，变量名n[=初值n];

（1）存储类型说明变量在内存中的位置，可以默认，默认值为auto。

（2）初值为可选项，用来对变量进行初始化，即给变量赋初始值。可以是常量，也可以是常量表达式，还可以只给说明语句中的部分变量赋初值。

（3）对变量的定义，一般放在一个函数的开头部分。

（4）变量的初始化可以在定义时进行，也可以先定义，然后使用赋值语句初始化。

例如：

```
long x,y;                           /* x、y为长整型变量 */
unsigned c,d;                       /* c、d为无符号整型变量 */
float  f1,f2;                       /* f1、f2为单精度实数 */
double c=12.3,d=0.123;              /* c和d为双精度实型，初始值为12.3和0.123 */
char c1='c';                        /* c1字符型变量，并赋初始值为字符c */
```

2.3 运算符和表达式

运算是指对数据进行加工的过程。记述各种不同运算的符号称为运算符。参加运算的数据称为运算量或操作数。用运算符和括号把运算量连接起来的、符合C语言语法规则的式子称为运算表达式。

C语言中的运算符按运算时操作数的个数可分为单目运算符（单目运算是指对一个操作数进行操作）、双目运算符、三目运算符等几类。按其在表达式中的作用，又可分为以下几类：

（1）算术运算符　（+　-　*　/　%　++　--）
（2）关系运算符　（>　>=　<　<=　==　!=）
（3）逻辑运算符　（!　&&　||）
（4）位运算符　（<<　>>　~　|　^　&）
（5）赋值运算符　（=及其复合赋值运算符）
（6）条件运算符　（?　:）
（7）逗号运算符　（,）
（8）指针运算符　（包括访问目标运算符*和取地址运算符&）
（9）求字节运算符　（sizeof）

（10）强制类型转换运算符（类型）

（11）分量运算符　　　　　（.　->）

（12）下标运算符　　　　　（[]）

运算符的优先级和结合性见附录。

本章介绍其中一些运算符，其余的运算符将在后面有关章节中陆续介绍。

2.3.1　算术运算符和算术表达式

1. 算术运算符

算术运算符用于对数据进行算术运算，C 语言的算术运算符包括基本算术运算符及增 1、减 1 运算符。常用的算术运算符如下：

＋　（加法运算符或正值运算符，如 3＋5、＋3）

－　（减法运算符或负值运算符，如 5－2、－3）

*　（乘法运算符，如 3*5）

/　（除法运算符，如 3/5）

%　（模运算或求余运算符，要求%两侧均为整型数据，如 7%4 值为 3）

说明

（1）C 语言中的除法与一般数学中的除法运算规则不完全相同。不同之处是两个整数相除结果为整数，即整数除以整数其结果只取商的整数部分，而舍去小数部分。如 5/3 的结果值为 1，1/2 的结果为 0。

如果参加运算的两个数中有一个数为实数，则结果是 double 型，因为所有实数都按 double 型进行运算。

（2）在表达式求值时，按运算符的优先级别高低级次序执行。算术运算符的优先级别如下：

小括号（　）→ 单目（＋、－）→ 双目算术运算符 *、/、% → ＋、－

高级 ————————————————→ 低级

（3）乘号“*”不能省略，也不能写成代数式中的乘号“×”或“•”。

（4）因为取余运算符“%”要求其两侧的操作数均为整型数据，所以取余运算符“%”只适用于 int 和 char 型数据，不适用于 float 和 double 型数据。若需对实型数据取余数可以利用取余函数 fmod(x, y)。

（5）当三角函数的参数为角度时，要把角度转换为弧度。如数学表达式 $s=\frac{1}{2}ab\sin(45°)$ 写成 C 语言表达式应为 s＝1.0/2*a*b*sin（3.1415926/4）。

（6）在 C 语言表达式中出现的括号均为圆括号，不能为中、大括号。

（7）将大写变量名改为小写，并妥善处理其中的非法字母，如α、β、ω、π等。

2. 算术表达式

算术表达式是由算术运算符和括号连接数值型运算对象构成的，且符合 C 语言的语法规则的式子。运算对象包括常量、变量、函数等。表达式的值是一个数值，表达式的类型由参加运算的操作数确定。

使用圆括号可以改变运算的处理顺序。由于圆括号的优先级别最高，因此圆括号里的运算总是最先进行。

当一个运算对象两侧的运算符优先级别相同时，算术运算符的结合方向是“自左向右”，即先左后右。如：a＋b－c，按结合方向 b 先与其左边的加号结合，执行 a＋b 的运算，然后执行减 c 的运算。

【实例 2-4】用 C 语言算术表达式写下列各式。

（1）$x^3+2.58\lg 22+|-123.45|$

（2）$\dfrac{1+3x^2}{y+\dfrac{a^2+\sqrt{b}}{c+d}}$

（3）$\dfrac{3}{5}abe^3\sin(30°)$

（4）$\ln 8\mathrm{tg}\left(\dfrac{\pi}{2}+\dfrac{\alpha}{3}\right)$

上述各代数式对应的 C 语言算术表达式分别为：

（1）x*x*x＋2.58*log10(22)＋fabs(－123.45)

（2）(1＋3*x*x)/(y＋(a*a＋sqrt(b))/(c＋d))

（3）3.0/5.0*a*b*exp(3.0)*sin(3.1415926/6)

（4）log(8.0)*tan(3.1415926/2＋a/3)

3. 自增、自减运算符

自增运算符“++”和自减运算符“--”是 C 语言所特有的两个单目算术运算符。其作用是使变量的值增 1 或减 1，但这两种运算符都有前置或后置之分，其一般用法如下：

++n 或--n　（在使用 n 之前，先使 n 的值加（减）1）

n++或 n--　（在使用 n 之后，再使 n 的值加（减）1）

说明

（1）自增运算符（++）与自减运算符（--）的操作数只能是变量，不能是常量或表达式。例如：

```
n++            /* 是合法的 */
(a+b)++        /* 是非法的，自增、自减只能对变量进行 */
6++            /* 是非法的 */
```

（2）++和--的结合方向是“自右至左”。

（3）自增、自减运算符的优先级是：自增、自减运算符优于算术运算符，自增自减运算符和单目运算符“!”及单目算术运算符“+”、“-”属于同一级别。因此-n++应理解为-（n++）。（-n）++是非法的，因为它是表达式而不是变量。

（4）自增、自减运算符常用于循环控制变量的变化和数组下标的变化，也用于指针变量，使指针指向下一个地址（有关循环和数组、指针的内容，将在后面介绍）。

【实例 2-5】分析下面程序的运行结果。

```
main()
{
    int x=6,y=6;
    printf("%d\t%d\n",x++,++y);
    printf("%d\t%d\n",x,y);
}
```

程序运行结果如图 2-4 所示。

图 2-4 [实例 2-5] 运行结果

【实例 2-6】分析下面程序的运行结果。

```
main()
{
    int a,b,c;
    a=5;b=10;
    c=(--a)+(--b);
    printf("a=%d,b=%d,c=%d\n",a,b,c);
    a=5;b=10;
    c=(a--)+(b--);
    printf("a=%d,b=%d,c=%d\n",a,b,c);
}
```

程序运行结果如图 2-5 所示。

图 2-5 [实例 2-6] 运行结果

2.3.2 赋值运算符和赋值表达式

1. 赋值运算符

赋值运算符如表 2-4 所示。

表 2-4 赋值运算符

符 号	意 义	符 号	意 义
=	赋值号	*=	乘赋值
+=	加赋值	/=	除赋值
-=	减赋值	%=	求余赋值

注意

赋值号“=”就是赋值运算符，表2-4中的其他赋值运算符为复合赋值运算符。

2. 赋值表达式

由赋值运算符将一个变量和表达式连接起来的式子称为赋值表达式。它的一般形式为：

变量　赋值运算符　表达式

例如，“a＝5＋3”是一个赋值表达式，其处理过程是：先计算赋值号右边表达式（5＋3）的值，其值为8，再将8赋给变量a，表达式“a＝5＋3”运算结果包含了两种含义：一是该表达式的值是8，二是变量a的值也是8。

复合赋值运算时赋值号左边的变量与右边的表达式进行运算，其结果赋给左边的变量。

例如，赋值表达式“x＋＝3”，处理过程为：变量x与3相加，把其结果在赋给变量x。所以

x＋＝3　　可以写成　　x＝x＋3

注意

（1）赋值运算符的结合性为“自右向左”。例如，如y=6，则赋值表达式x=y-=3根据自右向左的结合性，先计算y-=3的值3，然后再把该值3赋给变量x。

（2）在一个赋值表达式中，当多次给同一个变量赋值后，该变量保存最后所赋的值。

2.3.3 逗号运算符和逗号表达式

1. 逗号运算符

在C语言中，逗号“，”除了用作分隔符外，还可以作为运算符使用。逗号运算符是双目运算符，用它将两个表达式连接起来。如：

5＋5，6＋6

称为逗号表达式。

逗号运算符的优先级是所有运算符中运算级别最低的。

2. 逗号表达式

用逗号把几个运算表达式连接起来所构成表达式称为逗号表达式。逗号表达式的一般形式为：

表达式1，表达式2，…，表达式n

逗号表达式的求解过程是：先求表达式1的值，再求表达式2，…，整个逗号表达式的值是表达式n的值。即逗号表达式按照由左至右进行运算。

注意

由于逗号运算级别低于赋值运算符，所以需要在适当的地方加圆括号。

例如，x＝2，其中：

①x＝5*5, x*6　　　　　为逗号表达式

②x＝(5*5, x*6)　　　　为赋值表达式

对①来说，先求解 x＝5*5，得到 x 的值为 25，然后求解 x*6，得到值为 150。整个逗号表达式的值为 150。

对②来说，先求解(5*5, x*6)，得到逗号表达式的值为 12，然后再将其赋值给 x，则 x 值为 12。

2.4 数据类型转换

在 C 语言的表达式中，通常参与运算的数据类型不一定完全一致，C 语言程序允许对不同类型的数值型数据进行混合运算。当要对不同类型的数据进行操作时，应首先将其转换成相同的数据类型，然后进行操作。

2.4.1 混合运算

在 C 语言中，整型、实型（包括单、双精度）和字符数据间可以进行混合运算。例如：

10＋'a'＋1.5－8765.1234*'b'

是合法的。在进行运算时，不同类型的数据要先转换成同一类型，然后进行运算。转换的规则如图 2-6 所示。

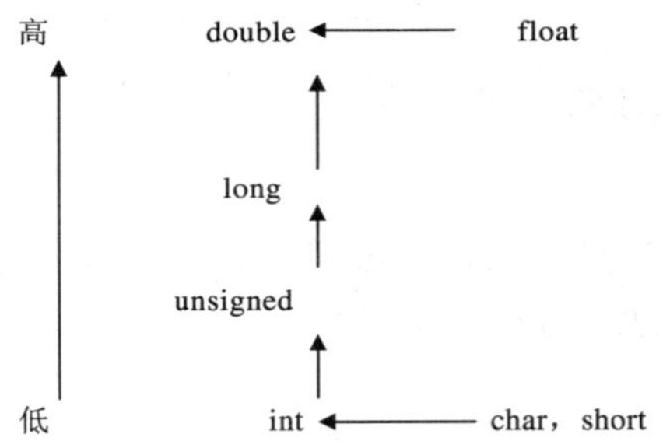

图 2-6　数据类型转换规则示意图

（1）横向向左的箭头，表示必须的转换。char 和 short 型必须转换为 int 型，float 型必须转换成 double 型。

（2）纵向向上的箭头，表示不同类型的转换方向。如 int 型与 double 型数据进行运算，先将 int 型的数据转换成 double 型，然后再在两个不同类型（double 型）数据间进行运算，其结果为 double 型。

注意

（1）纵向向上箭头方向只表示数据类型由低向高转换，不要理解为 int 型先转换成 unsigned 型，再转换成 long 型，最后转换成 double 型。

（2）数据类型转换的规律：占内存字节数少的类型，向占内存字节数多的类型转换。

【实例 2-7】设 i 为整型变量，f 为 float 变量，d 为 double 型变量，e 为 long，有下面的式子：

16＋'a'＋i*f－d/e

运算次序为：

①进行 16＋'a'的运算，先将'a'转换成整数 97，运算结果为 113。

②进行 i*f 的运算，先将 i 与 f 都转成 double 型，运算结果为 double 型。

③整数 113 与 i*f 的积相加，先将整数 113 转换成双精度数（小数点后加若干个 0，即 113.000…），结果为 double 型。

④将变量 e 转化成 double 型，d/e 结果为 double 型。

⑤将 16＋'a'＋i*f 的结果与 d/e 的商相减，结果为 double 型。

上述类型的转换由系统自动完成。

2.4.2 强制类型转换

当自动类型转换达不到目的时，可以利用强制类型转换运算符将一个表达式转换成所需类型。其一般形式为：

（目标数据类型）（被转换的表达式）

例如：

```
(double)a                  /*将 a 转换成 double 类型*/
(int)(x+y)                 /*将 x+y 的值转换成整型*/
(float)(5%3)               /*将 5%3 的值转换成 float 型*/
```

注意

表达式应该用括号括起来，需要转换成的类型标识符也需要用括号括起来。

【实例 2-8】有如下程序段：

```
main()
{
    int x;                  /* 定义变量 x 为整型变量 */
    float y,z,t;            /* 定义变量 y、z、t 为实型变量 */
    x=3;y=1.23;             /* 对变量 x 和 y 赋初值 */
    t=x+y;                  /* 对变量 t 赋值，x、y 自动转换为 double 类型参加运算 */
    y=x+(int)z;             /* 将变量 z 强制转换为 int 型参与计算 */
    printf("y=f%\n",y);     /* 输出运行结果 */
}
```

说明

该类型转换得到的是一个所需类型的中间量，原表达式类型并不发生变换。例如在执行语句 y=x+(int)z 时，将 z 的值临时强制性转换为 int 型，但变量 z 在系统中仍为实型变量。

本 章 小 结

1. C 语言的数据类型可分为：基本类型、构造类型、指针类型和空类型。本章主要介绍基本类型中的 char、int、long、float、double 等几种。char 为字符型，占用 1 字节；int 为整型数据，占用 2 字节；long 型数据占用 4 字节；float 占用 4 字节，精度为 7 位；double 占用 8 字节，精度为 15 位。

2. 常量是指在程序运行过程中不变的量，常量分为整型常量、实型常量、字符常量、字符串常量和符号常量 5 种。

3. 标识符只能是由字母、数字和下画线组成的字符序列，且必须以字母或下画线开头。C 语言的 32 个关键字不能作为标识符。

4. C 语言的变量必须先定义后使用。变量名一般用小写字母表示。

5. C 语言的运算符从功能上可分为算术、逻辑、关系、赋值、逗号、自增等几种；使用运算符时，应特别注意不同运算符的优先等级及其结合性。

6. 不同数据类型间的转换有自动转换（在不同类型数据的混合运算中，由系统自动实现转换，由少字节类型向多字节类型转换）、强制转换（由强制转换运算符完成转换）。

习 题

一、选择题

1. 以下数据类型不是 C 语言基本数据类型的是_______。

(A) 整型　　(B) 字符型　　(C) 实型　　(D) 空类型

2. 下面标识符中，合法的用户标识符为_______。

(A) good　　(B) 3DMX　　(C) int　　(D) num－1

3. 下面标识符中，不合法的用户标识符为_______。

(A) char　　(B) a_10　　(C) CHAR　　(D) box

4. 下列______是 C 语言中合法常量。

(A) 16,000　　(B) 0137　　(C) 0x3g　　(D) el3

5. 以下选项中正确的整型常量是_______。

(A) 100.　　(B) －90　　(C) 1，000　　(D) 3　4　5

6. 在 C 语言中，int、char 和 short 三种类型数据所占用的内存_______。

(A) 均为两个字节　　(B) 由用户自己定义

(C) 由使用机器的机器字长决定　　(D) 是任意的

7. 设 int 类型的数据长度为 2 字节，则 unsigned int 类型数据的取值范围是____。

(A) 0～255　　(B) 0～65 535

(C) －32 768～32 767　　(D) －256～255

8. 以下正确的转义字符是_______。

（A）'\'　　（B）'081'　　（C）'\\'　　（D）' "\" '

9．有以下类型说明语句：char w；int x；float y；double z；则表达式 w*x＋z－y 的结果为________类型。

（A）float　　（B）char　　（C）int　　（D）double

10．以下程序输出的结果是________。

```
main()
{
    int i=010,j=10;
    printf("%d,%d\n",++i,j--);
}
```

（A）11, 10　　（B）9, 10　　（C）010, 9　　（D）10, 9

11．已知在 ASCII 代码中，字母 B 的 ASCII 码为 66，以下程序的输出结果是________。

```
main()
{
    char c1='B',c2='Y';
    printf("%d,%d\n",c1,c2);
}
```

（A）A, Y　　（B）66, 90　　（C）A Y　　（D）66, 89

12．若变量已正确定义并赋值，符合 C 语言语法规则的表达式是________。

（A）a=a+57;　　（B）a=7+b+c,a++　　（C）int(13.6%4)　　（D）a=a+9=c+b

13．执行下列语句后 a 和 b 的值分别为________。

```
int a,b;
a=1+(b=2+7%-4-'A');
```

（A）－63，－64　　（B）－59，－60　　（C）1，－60　　（D）79, 78

14．执行下列语句的结果为________。

```
i=3;
printf("%d,",++i);
printf("%d",i++);
```

（A）3, 3　　（B）3, 4　　（C）4, 4　　（D）4, 5

15．设 a=12，a 定义为整型变量，表达式 a+=a-=a*a 的值为________。

（A）12　　（B）144　　（C）－264　　（D）132

二、填空题

1．C 语言规定，标识符只能由__________、__________、__________3 种字符组成，而且第一个字符必须是__________或__________。

2．在 C 语言中，八进制整型常量以__________开头，十六进制整型常量以__________开头。

3．在 16 位 PC 环境下，字符常量'b'在内存应占__________字节，字符串"b"应占__________字节。

4．设 x 为 float 型变量，y 为 double 型变量，a 为 int 型变量，b 为 long 型变量，c 为 char 型变量，则表达式 x+y*a/x+b/y+c 的结果为________类型。

5．已知整型变量 a=b=c=1，则执行语句 a=(++a/b++)-c--后，变量 a=________，b=________，c=________。

6．已知 x=4.5，y=1.5，表达式(x+y)/3-(int)x%(int)y 的结果为________。

7．以下程序输出的结果是________。

```
main()
{
    int n=3;
    (n=6*4,n+6),n*2;
    printf("n=%d\n",n);
}
```

8．以下程序输出的结果是________。

```
main()
{
    int a=1,b;
    b=-a++;
    printf("%d\n",b);
}
```

9．以下程序执行的结果是________。

```
main()
{
    int  x=2;
    x+=x-=x*x;
    printf("%d\n",x);
}
```

10．以下程序执行的结果是________。

```
main()
{
    int x=3,y=5;float z;
     z=x/y+y%x;
    printf("%f\n",z);
}
```

第 3 章 顺序结构程序设计

本章主要内容：

C 语言的 5 种基本语句；数据的格式化输入、输出函数和单个字符输入、输出函数；顺序结构程序的设计方法。

本章重点：

C 语言的 5 种基本语句，格式化输入、输出函数 scanf( )和 printf( )的使用方法，顺序结构程序设计。

本章难点：

格式化输入、输出函数 scanf( )和 printf( )的使用。

按照结构化程序设计方法，程序的基本结构有顺序结构、分支结构和循环结构。本章学习顺序结构程序设计方法。一个 C 语言程序是由若干函数组成的，而每一个函数都是由若干语句所组成的，完成特定的功能。

下面先看一个 C 语言程序实例。

【实例 3-1】 编写一个 C 语言程序，程序运行效果为如图 3-1 所示的图形。

图 3-1 ［实例 3-1］运行效果

分析：利用 C 语言的输入、输出函数 scanf( )、printf( )完成程序设计。

程序如下所示：

```
main()
{
    char c;
    printf("please input a char:");
    scanf("%c",&c);                          /*输入组成图形的符号*/
    printf("%4c\n",c);
    printf("%3c%c%c\n",c,c,c);
    printf("%2c%c%c%c%c\n",c,c,c,c,c);
    printf("%c%c%c%c%c%c%c\n",c,c,c,c,c,c,c);
    printf("%2c%c%c%c%c\n",c,c,c,c,c);
    printf("%3c%c%c\n",c,c,c);
    printf("%4c\n",c);
}
```

3.1 C语言的基本语句

C 语言的语句根据其在程序中所起的作用不同分为数据结构描述语句和可执行语句两部分，其中数据结构描述语句一般由变量、数组、指针等数据属性定义、函数说明等实现。如前面学习的“int x,y;”语句，这里学习的是 C 语言的基本语句主要指可执行语句。这些 C 语言语句可以分为以下 5 类：表达式语句、空语句、复合语句、函数调用语句和流程控制语句。

1. 表达式语句

一个表达式的后面加一个分号，就构成表达式语句。例如：

```
i=i+3              /*是表达式*/
i=i+3;             /*是语句*/
```

注意

一个语句的最后必须为分号，分号是语句不可缺少的部分。

2. 空语句

C 语言中的空语句就是一个分号“;”。例如，下面是一个空语句：

```
;
```

空语句执行时不做任何事情，即编译时不产生任何指令，在运行时不产生任何动作。但这并不意味着空语句毫无用途，在循环体中，空语句常用于起延时作用。例如：

```
for(i=0; i<100; i++)
;
```

3. 复合语句

在 C 语言程序中用大括号对“{}”括起来的若干语句称为复合语句。复合语句的一般形式为：

```
{
语句说明;
可执行语句;
}
```

例如，下面是一个复合语句：

```
{ x=5; y=8; z=10; }
```

复合语句在语法上等同于一个单一语句。凡是可以使用单一语句的位置都可以使用复合语句。例如：函数的函数体、循环语句的循环体等。复合语句还可以嵌套，即复合语句内部还可以包含其他复合语句。

注意

复合语句结束大括号后可以无分号。

4. 函数调用语句

与表达式语句相同，在一个函数的后面加一个分号就构成了一个函数调用语句。如：

```
scanf("%d",&a);
printf("This is a C program! ");
```

C 语言的主体是函数，而函数的使用除了在表达式中出现外，主要是通过函数调用语句来使用它。

5. 流程控制语句

流程控制语句主要是对程序的走向起控制作用。

C 语言只有 9 种流程控制语句：

（1）if()…else…　（条件语句）
（2）for()…　（循环语句）
（3）while()…　（循环语句）
（4）do…while()　（循环语句）
（5）continue　（结束本次循环语句）
（6）break　（中止执行 switch 语句或循环语句）
（7）switch　（多分支选择语句）
（8）goto　（转向语句）
（9）return　（从函数返回语句）

上面 9 种语句中的括号“()”表示其中是一个条件，“…”表示一个内嵌语句。例如“if( )…else…”的具体语句可以写成：

```
if(a>b) max=a;
else max=b;
```

3.2 数据的输入与输出

程序在运行过程中，往往需要由用户输入一些数据，而程序运算所得到的结果又需要输出给用户，由此实现人与计算机的交互。C 语言本身并不提供输入、输出语句，输入、输出功能是通过调用系统提供的输入、输出标准函数实现。最常用的标准输入、输出函数有：格式化输入、输出函数 scanf( )和 printf( )、字符输入、输出函数 getchar( )和 putchar( )。

在调用标准输入、输出库函数时，源程序文件应由以下编译命令开头：

```
#include <stdio.h>
```

C 编译系统以 scanf( )和 printf( )为默认的输入、输出函数，在使用这两个函数时可不加#include<stdio.h>命令。

3.2.1 格式输入函数 scanf( )

1. scanf( )的格式

scanf( )是格式化输入函数，其一般形式是：

scanf（格式控制字符串，输入项地址表列）

2. 功能

执行到scanf()函数时暂停，等待用户从键盘上输入数据，完成数据输入后程序继续向下执行。例如：

```
scanf("%d%d",&x,&y);   /*输入x,y的值*/
```

3. 说明

（1）格式控制字符串。格式控制字符串是由双引号括起来的字符串，格式符由下列形式组成：

%［修饰符］格式说明符

格式符是说明输入数据格式的一种符号，为小写的英文字母。常见的格式说明符如表3-1所示。修饰符如表3-2所示。

表3-1 scanf( )格式说明符功能

格式字符	说明
d	用来输入十进制数整数
o	用来输入八进制数整数
x	用来输入十六进制数整数
c	用来输入单个字符
s	用来输入以“\0”为结束标志的字符串到字符数组
f	用来输入实数，可以用小数形式或指数形式输入
e	与f作用相同，e与f可以互相替换

表3-2 scanf( )修饰符功能

修饰符	说明
l	用于输入长整型数据（如%ld）以及double型数据（如%lf）
h	用于输入短整型数据（可用%hd、%ho、%hx）
m（正整数）	为域宽，指定输入数据所占宽度（列数）
*	表示本输入项在读入后不赋给响应的变量

例如：

```
scanf("%3d%3d",&a,&b);
```

输入123456↙

系统自动将123赋给a，456赋给b。也可以用字符型：

```
scanf("%3c",&ch);
```

如输入3个字符，把第一个字符赋给ch，例如输入abc，ch得到字符'a'。

（2）地址项表列。输入项地址表列是由若干个地址组成的表列，可以是变量的地址，或字符串的首地址，多个参数地址之间用“,”号分隔。“&”为地址运算符，就是在变量名前加“&”，并应注意输入类型与变量类型一致。

例如：

```
int  a,b;
scanf("%d,%d",&a,&b);
```

（3）输入多个数据时，数据流的分割问题。

①在格式控制字符串中无普通分割字符时，用空格、Enter、跳格（Tab）键进行数据分割。

②在格式控制字符串中除了格式说明以外还有其字符时，则在输入数据时应输入与这些字符相同的字符。例如：

```
sacnf("%d,%d",&a,&b);
```

则键盘输入格式为：

3, 4↙

例如：

```
sacnf("a=%d,b=%d,c=%d",&a,&b,&c);
```

则键盘输入格式如下：

```
a=12, b=24, c=36↙
```

注意

在 scanf( )的格式控制字符串中出现的普通字符，在键盘输入时容易出错，建议大家尽量少用普通字符。

（4）在使用格式说明符%c 输入一个字符时，凡从键盘输入的字符，包括空格、Enter 等均被作为有效字符接收。

例如：

```
scanf("%c%c",&c1,&c2);
```

若输入

A B↙

原意图是把字符'A'赋给字符型变量 c1，把字符'B'赋给字符型变量 c2，而结果却并非如此。事实上赋予变量 c2 的不是字符'B'，而是字符'A'和字符'B'之间的间隔符空格。这一点需要注意。

【实例 3-2】 scanf( )函数的使用。

```
main()
{
    int a,b,c;
    scanf("%d%d%d",&a,&b,&c);
    printf("%d,%d,%d\n",a,b,c);
}
```

运行结果：

```
3 4 5↙       /*从键盘输入的数据，使用空格隔开 3 个数据*/
3,4,5        /*输出的结果*/
```

3.2.2 格式输出函数 printf( )

1. printf( )函数的格式

printf( )函数是格式化输出函数，其一般使用形式为：

printf（格式控制字符串，输出项地址表列）

2. 功能

按照格式控制字符串规定的格式，向计算机的终端（显示器）或标准输出设备输出一个或多个任意类型的数据。

例如：

```
printf("%d %d",a,b);    /*将 a、b 按整数输出*/
```

3. 说明

（1）格式控制字符串。格式控制字符串是用双引号括起来的字符串，它包括 3 类不同含义的字符，它们分别是格式说明符、转义字符和普通字符。

①格式说明符。格式说明符由下列形式组成：

% [修饰符] 格式说明符

格式说明符规定了输出项的输出格式，修饰符是可选的，用于确定数据输出的宽度、精度、小数位数及对齐方式等，用于产生更规范整齐的输出。printf( )格式说明符、修饰符分别如表 3-3 和表 3-4 所示。

表 3-3 printf 格式说明符功能

格式字符	说明
d	以带符号的十进制形式输出整数（正数不输出符号）
o	以八进制的无符号形式输出整数（不输出前导符 o）
x	以十六进制无符号形式输出整数（不输出前导符 x）
u	以无符号十进制形式输出整数
c	以字符形式输出，只输出一个字符
s	输出字符串
f	以小数形式输出单、双精度数，隐含输出 6 位小数
e	以标准指数形式输出单、双精度数，数字部分小数位数为 6 位
g	选用%f 或%e 格式中输出宽度较短的一种格式，不输出无意义的 0

表 3-4 常用的修饰符

修饰符	说明
字母 l	用于长整型，可加在格式符 d、o、x、u 前面
m（一个正整数）	指定输出数据所占宽度（含小数点所占位置）
.n（一个正整数）	对实数，表示输出 *n* 位小数；对字符串，表示截取的字符个数
—	输出的数字或字符在域内向左对齐（系统默认值为右对齐）

注意

格式字符要用英文小写字母，如%f 不能写成%F。

【实例 3-3】 printf( )格式说明符的具体用法举例。

```
main()
```

```
{
    char c='b';                 /*定义 c 为字符型*/
    int i=98;                   /*定义 i 为整型*/
    printf("%c,%d\n",c,c); /*输出 c 的字符型和十进制整型 (c 的 ASCII 码值) */
    printf("%c,%d\n",i,i); /*输出 i 的字符型 (ASCII 码值为 i 的字符) 和十进制整型*/
}
```

程序运行结果如图 3-2 所示。

图 3-2 ［实例 3-3］运行结果

【实例 3-4】 printf( )修饰符应用。

```
main()
{
    int a=123,b=12345;
    float f=123.456,ff=3.1415927;
    printf("%4d,%4d,%-4d\n",a,b,a);
    printf("%f,%10f,%10.2f,%.2f,%-10.2f\n",f,f,f,f,f);
    printf("%5f,%5.4f,%3.3f",ff,ff,ff);
}
```

输出结果为：

```
□123,12345,123□
123.456001,123.456001,□□□□123.46,123.46,123.46□□□□
3.141593,3.1416,3.142
```

说明

"□"表示空格；f 的值应为 123.456，但输出为 123.456001，这是由于实数在内存中的存储误差引起的。用%f 输出单精度实型，若不指定字段宽度，则由系统自动指定，使整数部分全部如数输出，并输出 6 位小数。若给出的输出宽度小于实际宽度，则按实际输出。

②转义字符。在第 2 章已学过，如［实例 3-3］中 printf( )函数中的"\n"输出时产生一个"换行"操作。

③普通字符。指出格式说明符和转移符之外的其他字符，它将在相应位置被原样输出。

【实例 3-5】 普通字符在 printf( )函数中的使用。

```
main()
{
    int a,b,c;
    printf("输入 a,b,c 的值：");            /*输出提示信息*/
    scanf("%d%d%d",&a,&b,&c);
    printf("三数之和为%d\n",a+b+c);        /*"三数之和为"是普通字符*/
```

```
}
```

运行结果：

输入 a，b，c 的值：6　7　3↙

三数之和为 16

其中上面 2 行加黑的部分为 printf( )中的普通字符，输出时原样输出。

（2）输出项表列。输出项表列是需要输出的一些数据，可以是表达式。如果表列有多个数据项，则用逗号分隔。输出项与其前的格式说明符应一一对应。

例如：

```
printf("a=%d□□b=%f\n",a,b);
```

输出表列

其中格式说明符“%d”控制数据项 a 的输出，“%f”控制数据项 b 的输出。

【实例 3-6】利用 printf( )函数输出个人通信录程序运行菜单。程序运行效果如图 3-3 所示。

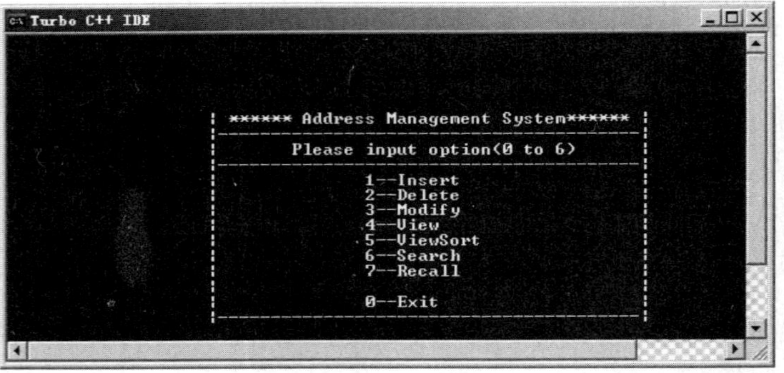

图 3-3 ［实例 3-6］运行效果

```
main()
{
    clrscr();                        /*  清除屏幕信息            */
    printf("\n\n\n\n\n\n\n\n");
    printf("                |***** Address Management System*****|\n");
    printf("                |------------------------------------|\n");
    printf("                |     Please input option(0 to 7)    |\n");
    printf("                |------------------------------------|\n");
    printf("                |            1--Insert               |\n");
    printf("                |            2--Delete               |\n");
    printf("                |            3--Modify               |\n");
    printf("                |            4--View                 |\n");
    printf("                |            5--ViewSort             |\n");
    printf("                |            6--Search               |\n");
    printf("                |            7--Recall               |\n");
    printf("                |                                    |\n");
    printf("                |            0--Exit                 |\n");
    printf("                |------------------------------------|\n");
}
```

程序说明：

①此程序为第13章综合应用程序的一部分。

②程序的第3行 clrscr( )为标准库函数，用于清除屏幕信息。

③程序第4行调用格式化输出函数 printf( )，输出8个换行，用于控制下面输出信息在屏幕中的位置。

④程序的5～18行通过调用格式化输出函数 printf( )，在屏幕上输出一个程序菜单。

3.2.3 单个字符的输入、输出

格式化输入、输出函数 scanf( )和 printf( )可以完成单个字符的输入、输出，但由于程序中经常用到，所以 C 语言提供了专门用于单个字符输入、输出的函数 getchar( )和 putchar( )。在使用 getchar( )或 putchar( )时，在程序的首部写如下编译预处理命令：

```
#include <stdio.h> 或 #include "stdio.h"
```

1. 单个字符输入函数 getchar( )

（1）一般格式：

```
getchar( );          /*getchar( )是一个无参函数*/
```

（2）功能：从标准输入设备（通常是键盘）输入一个字符。

说明

（1）使用时常用于赋值语句中，如：ch=getchar( )；用于从键盘输入的一个字符并将它赋给字符变量 ch。

（2）getchar( )函数只能用于单个字符的输入，且一次只能输入一个字符。

2. 单个字符输出函数 putchar( )

（1）一般格式：

putchar(c);

（2）功能：向终端屏幕输出一个字符。

说明

（1）putchar( )函数的参数可以是字符变量、字符常量或转义字符；也可以是整型变量或整型常量，此时该值将看做是一个字符的 ASCII 码，输出的是其对应的字符。

（2）putchar( )函数只能用于单个字符的输入，且一次只能输入一个字符。

【实例 3-7】单个字符的输入、输出。程序运行效果如图 3-4 所示。

图 3-4 ［实例 3-7］运行效果

程序如下：

```
#include <stdio.h>
main()
{
    char ch;                        /* 定义字符变量 */
    ch=getchar();                   /* 给字符变量赋值 */
    putchar('\t');
    putchar(ch);                    /* 输出该字符变量 ch */
    putchar('\n');
    putchar('\t');
    putchar(getchar());             /* 从键盘输入一个字符并输出 */
    putchar('\n');
    putchar('\t');
    putchar(0x44);                  /* 直接用 ASCII 码值输出字母 D */
}
```

3.3 程序实例

顺序结构是 3 种基本程序结构中最简单的一种，顺序结构程序一般包括以下部分：

（1）程序开头的编译处理命令#include 等。

（2）顺序结构程序的函数体，是完成具体功能的各个语句，主要包括：变量定义语句、数据输入语句、计算语句、结果输出部分等。

下面通过几个综合实例帮助读者加深印象。

【实例 3-8】从键盘上输入一个 3 位整数，然后逆序输出。程序运行效果如图 3-5 所示。

图 3-5 ［实例 3-8］运行效果

分析：算法的关键是如何依次获得 3 位整数的个位数、十位数和百位数。根据题意，将输入的 3 位数（例如 567）赋给整型变量 a，则只要将 a 除以 10，将相除后的余数 7 输出，将商（56）再除以 10，再将余数（6）输出，最后将商 5 输出即可。

程序如下：

```
main()
{
    int a,b;
    scanf("%d",&a);
    b=a%10;
    printf("%d",b);
    a=a/10;
```

```
    b=a%10;
    printf("%d",b);
    a=a/10;
    printf("%d",a);
}
```

【实例 3-9】已知三角形的两边 *a*、*b*、*c*，由海伦公式求三角形的面积。程序运行效果如图 3-6 所示。

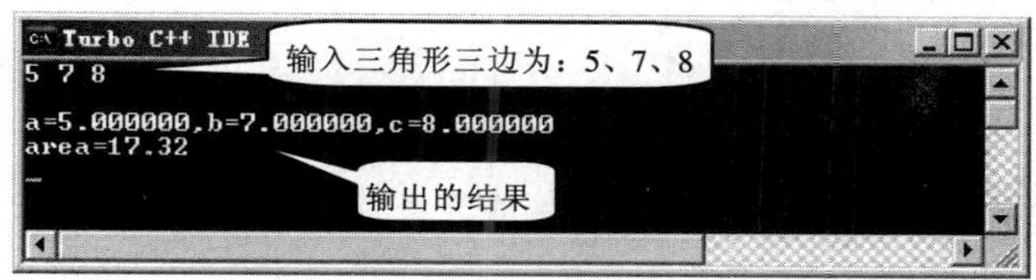

图 3-6 ［实例 3-9］运行效果

分析：海伦公式可知

$$area=\sqrt{s*(s-a)*(s-b)*(s-c)}$$

式中，*a*、*b*、*c* 为三角形的三边；*s* 为三角形的半周长；*area* 为三角形的面积。开平方可以使用标准函数 sqrt()，该函数包含在头文件 math.h 中。

程序如下：

```
#include <math.h>
main()
{
    float a,b,c,s,area;
    scanf("%f%f%f",&a,&b,&c);
    s= (a+b+c) /2;
    area=sqrt(s*(s-a)*(s-b)*(s-c));
    printf("\na=%f,b=%f,c=%f\n",a,b,c);
    printf("area=%.2f\n",area);
}
```

【实例 3-10】编写一个程序，求出一元二次方程 $ax^2+bx+c=0$ 的实数根，系数 *a*、*b*、*c* 由键盘输入，且 $a\neq0$、$b^2-4ac>0$。程序运行效果如图 3-7 所示。

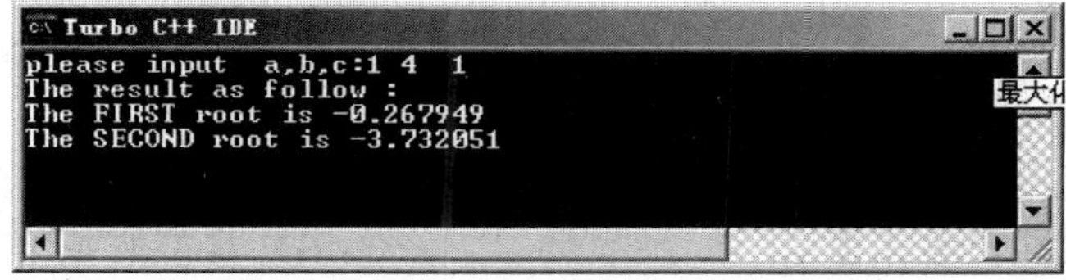

图 3-7 ［实例 3-10］运行效果

分析：求一元二次方程的两个根，首先要求出 $delta=\sqrt{b^2-4ac}$ 的值，然后用方程求根公式。

$$x_1=\frac{-b+delta}{2a} \qquad x_2=\frac{-b-delta}{2a}$$

程序如下：

```
#include <math.h>
main()
{
    float a,b,c,x1,x2, delta;
    printf("please input  a,b,c:");
    scanf("%f%f%f",&a,&b,&c);
    delta=sqrt(b*b-4*a*c);
    x1=(-b+delta)/(2*a);
    x2=(-b-delta)/(2*a);
    printf("The result as follow :\n");
    printf("The FIRST root is %f\n",x1);
    printf("The SECOND root is %f\n",x2);
}
```

本 章 小 结

顺序结构是一组按书写顺序执行的语言。顺序结构程序中的语句绝大部分由表达式语句和函数调用语句组成。

1．C 语言的语句可分为以下 5 类：表达式语句（常用的表达式语句是赋值语句）、空语句、复合语句、函数调用语句、流程控制语句。

2．getchar 函数和 scanf 函数是输入函数，接收来自标准输入设备的输入数据。scanf 是格式输入函数，可按指定的格式输入任意个任意类型的数据；getchar 函数是字符输入函数，只能接收单个字符。

3．putchar 函数和 printf 函数是输出函数，向标准输出设备的输出数据。printf 是格式输出函数，可按指定的格式输出任意个任意类型的数据；putchar 函数是字符输出函数，只能输出单个字符。

4．使用格式化输入、输出函数时，要特别注意输入、输出格式要求。掌握常用的格式说明符%d、%x、%f、%c、%s 的意义及使用方法。

习　　题

一、选择题

1．putchar 函数可以向终端输出一个______。

（A）整型变量表达式值　　（B）实型变量值

（C）字符串　　（D）字符或字符型变量值

2．已知 x、y、z 是 int 型变量，若从键盘输入：8，9，10↙，使得 x、y、z 的值分别为 8、9、10 时，正确的输入语句为：

（A）scanf("%d%d%d", &x, &y, &z);

（B）scanf("%d、%d、%d", &x, &y, &z);

（C）scanf("%d %d %d", &x, &y, &z);

（D）scanf("x=%d、y=%d、z=%d", &x, &y, &z);

3．设 x 和 y 均为 int 型变量，则执行以下语句后的输出为______。

```
x=15;
y=5;
printf("%d",x%=(y%=3));
```

（A）0　　（B）1　　（C）6　　（D）12

4．若 x，y 均为 int 型数据，z 为 double 型数据，则以下的 scanf( )函数调用语句中不合法的是______。

（A）scanf("%d%lx,%le",&x,&y,&z);　（B）scanf("%2d*%d%lf",&x,&y,&z);

（C）scanf("%x%*d%o",,&x,&y);　（D）scanf("%x%o,%6.2f",&x,&y,&z);

5．阅读以下程序，并根据数据的输入形式：25，13，10↙，正确的输出结果为______。

```
{
    int x,y,z;
    scanf("%d%d%d",&x,&y,&z);
    printf("x+y+z=%d\n",x+y+z);
}
```

（A）x+y+z=48　（B）x+y+z=35　（C）x+z=35　（D）不确定

6．有如下程序，对应正确的数据输入是______。

```
main()
{
    floata,b;
    scanf("%f%f",&a,&b);
}
```

（A）7.568.98　　（B）7.56,8.98

（C）a=7.56,b=8.98　　（D）7.56
8.98

7．若 a 为 int 型变量，则执行以下语句后的输出为______。

```
n=32767;
printf("%010d\n",n);
printf("%10d",n);
```

（A）0000032767
32767

（B）32767
0000032767

（C）32767
32767

（D）输出格式描述符不合法
32767

8．若 x 为 unsigned　int 型变量，则执行以下语句后为 x 值为______。

```
x=65535
printf("%d",x);
```

（A）65535　（B）1　（C）无定值　（D）−1

9．假设 x 和 y 均为 float 型变量，则以下赋值语句中不合法的是______。

（A）x=+1；（B）y=(x%2)/10；（C）x*=y+8；（D）x=y=0；

10．假设 a、b 和 c 均为 int 型变量，则执行语句 a=(b=(c=10)+5)−5；后，a、b 和 c 的值分别为______。

（A）a=10 b=15 c=10　（B）a=10 b=10 c=10

（C）a=10 b=10 c=15　（D）a=10 b=5 c=10

二、填空题

1．下列程序输出的结果是______。

```
main()
{
    float f=3.1415926;
    printf(%f,%5.4f,%3.3f",f,f);
}
```

2. 下列程序的运行结果为______。

```
main()
{
    unsigned xl;
    int b=-1;
    xl=b;
    printf("%u",xl);
}
```

3．下列程序的运行结果为______。

```
main()
{
    char cl='a',c2='b',c3='c';
    printf("a%cb%c\tc%c\n",cl,c2,c3);
}
```

4．下列程序输入 ABC 后的运行结果为______。

```
main()
{
    char c;
    scanf("%3c",&c);
    printf("c=%c\n",c);
}
```

5．下列程序的执行结果为______。

```
main()
{
    int a=5;
    printf("\n%d",(3+5,6+8));
    a=(3*5,a+4);
    printf("a=%d\n",a);
}
```

6．输入字母 e 时，下列程序的运行结果为______。

```
#include <stdio.h>
main()
{
    char  ch;
    ch=getchar();
    (ch>='a'&&ch<='z')?putchar(ch+ 'E'-'e'):putchar(ch);
}
```

7．下列程序的运行结果为______。

```
main()
{
    int x,y,z;
    x=24;
    y=024;
    z=0x24;
    printf("%d,%d,%d\n",x,y,z);
}
```

8．下列程序的运行结果为______。

```
main()
{
    int x=2;
    x+=x-=x*x;
    printf("%d\n",x);
}
```

9．阅读程序，填空补充程序。

```
#define  ___________30
main ()
{
    ____________________;
    num=10;
    total=num*PRICE;
    printf("total=%d,num=%d\n",______________________);
}
```

三、编写程序

1．编写程序，用于输入日期数据，输入格式为 yyyy-mm-dd，分别将年、月、日存入不同的整型变量 year、month 和 day 中，并以格式 yyyy 年 mm 月 dd 日进行输出。例如输入“2008-4-16”，则输出“2008 年 4 月 16 日”。

2．从键盘上输入学生的三门课程成绩，求其总成绩和平均成绩。

3．已知任意△*ABC* 的两边及一夹角 a=25.5，b=30，∠C=20°。求△*ABC* 的面积，输出时保留两位小数，第 3 位小数四舍五入。

4．编写程序，从键盘输入两个整数，计算并输出和、差、积、商、余数。

5．用 getchar( )函数读入两个字符给 c1、c2，然后分别用 putchar( )函数和 printf( )函数输出这两个字符。

第 4 章 选择结构程序设计

本章主要内容：

学习关系运算符及关系表达式、逻辑运算符及逻辑表达式，以及选择结构的几种不同形式：if、if…else、if 的嵌套、switch 等，break 语句及 continue 语句。

本章重点：

if 语句及 if 的嵌套，switch 语句的灵活运用。

本章难点：

选择结构程序设计的方法。

与顺序结构一样，选择结构也是程序的基本结构之一，也是常用的一种结构，在大多数程序中都会包含选择结构。它的作用是：根据所指定的条件是否满足，决定从给定的两组操作中选择其一。本章介绍如何用 C 语言实现选择结构。在 C 语言中，选择结构可通过 if 语句和 switch 语句实现。

4.1 关系运算符与关系表达式

4.1.1 关系运算符

关系运算符是比较两个操作数大小的符号。其操作结果是“真”或“假”。在 C 语言中没有逻辑类型的数据，通常以非零表示“真”，实际上经常用整型数“1”表示“真”，“0”表示“假”。C 语言提供 6 种关系运算符，即：

（1）<　　（小于）

（2）<=　　（小于或等于）

（3）>　　（大于）

（4）>=　　（大于或等于）

（5）==　　（等于）

（6）!=　　（不等于）

关系运算符中<、<=、>、>=优先级相同，高于相同级别的==、!=。运算方向自左向右。

4.1.2 关系表达式

关系表达式就是用关系运算符把操作对象连接起来而构成的式子，操作对象可以是各种表达式。对于关系表达式或逻辑表达式，应把其值理解为 1（真）或 0（假）。

例如：3>4。由于（3>4）是假，所以其值为 0。

又如，假如有：int x=3, y=4, z=5;，则表达式

x= =y 其值为 0（即“假”）

(x+y)>z 其值为 1（即“真”）

z>(x<y) 其值为 1（即“真”）

x<y<z 其值为 1（即“真”）

下面都是合法的关系表达式：

a>b，a+5>b-3，(a=100)>(b=50)，'a'<'b'，(a>b)>(b<c)

关系表达式常常用于选择结构、循环结构的判定条件。

4.2 逻辑运算符与逻辑表达式

4.2.1 逻辑运算符

关系表达式只适合于描述单一条件，因此，对于较复杂的复合条件，就需要将若干个关系表达式连接起来才能描述，这就要用到逻辑运算符。C 语言提供 3 种逻辑运算符，即：

（1）&& 逻辑与

（2）|| 逻辑或

（3）! 逻辑非

“&&”比“||”优先级高，是“双目（双元）运算符”，它要求有两个运算量（操作数），如（a>b）&&（x>y），（a>b）||（x>y）。“!”是“单目（一元）运算符”，只要求有一个运算量，如!（a＞b）。

逻辑运算的规则为：

（1）非零值的逻辑非为零，零的逻辑非为 1。

（2）当且仅当两个操作数均为非零值时，逻辑与的结果为 1，否则为 0。

（3）当且仅当两个操作数均为零值时，逻辑或的结果为 0，否则为 1。

例如：int x=3，y=4;

则!x 值为 0，x&&y 值为 1，x||y 值为 1。

逻辑运算符与其他运算符的优先级为：

! 高
算术运算符
关系运算符
&& ||
赋值运算符 低

例如：!a&&b||x>y 等价于((!a)&&b)||(x>y)

(a>b)&&(x>y) 可写成 a>b&&x>y

(a= =b)||(x= =y) 可写成 a= =b||x>y

(!a)||(a>b) 可写成!a||a>b

有时为了提高程序的可读性，经常把逻辑运算符两边的表达式加上一对括号，尤其当逻辑运算符两边的表达式为复杂的表达式时，容易辨认和阅读。从程序的可读性来说，建议读者在逻辑表达式的两边加上必要的括号。

4.2.2 逻辑表达式

用逻辑运算符将关系表达式或逻辑量连接起来就是逻辑表达式。

例如：假设 int x=3, y=4,z=5;，则表达式

x+y>z&&y==z　　　其值为 0（因为 x+y>z 值为 1，y==z 值为 0）

x||y+z&&y-z　　　其值为 1（因为 x||y+z 值为 1，y-z 值为-1）

!(x>y)&&!z||1　　　其值为 1

实际上，在逻辑表达式的求解中，并不是所有的逻辑运算符都被执行，只是在必须执行下一个逻辑运算符才能求出表达式的解时，才执行该运算符。

例如：a&&b&&c 只有 a 为真（非 0）时，才需要判别 b 的值，只有 a 和 b 都为真的情况下才需要判别 c 的值。只要 a 为假，就不必判别 b 和 c（此时整个表达式已确定为假）。如果 a 为真，b 为假，不判别 c。

又如：a||b||c 只要 a 为真（非 0），就不必判别 b 和 c。

对&&运算符只有 a≠0，才继续进行右面的运算。对||运算符来说，只有 a=0 才继续进行其右面的运算。

逻辑表达式的使用场合与关系表达式完全相同，也是用于流程控制中的条件描述，只不过，关系表达式描述的是单一条件，逻辑表达式描述的是复合条件。

例如，判别某一年 year 是否闰年。闰年的条件是符合下面两者之一：（1）能被 4 整除，但不能被 100 整除；（2）能被 4 整除，又能被 400 整除。可以用一个逻辑表达式来表示：

year%4==0&&year%100!=0||year%400==0

当 year 为某一整数值时，上述表达式值为 1（“真”），则 year 为闰年；否则为非闰年。

4.3 if 语句

4.3.1 if 语句

if 语句是根据所给定的条件决定执行的操作，是“二选一”的分支结构。

【实例 4-1】设计一个个人通信录密码程序。程序提示用户输入密码，如果正确则显示“right!you are welcome!”信息；否则，显示“error!”信息。程序运行效果如图 4-1 所示。

图 4-1 ［实例 4-1］运行效果

```
main()
{
    int ikey;
    printf("please input password:");
    scanf("%d",&ikey);
    if(ikey==555)
        printf("right!you are welcome!\n");
    else
        printf("error!\n");
}
```

1. if 语句的格式

if（表达式）

语句序列 1

else

语句序列 2

2. 说明

（1）if 后的表达式是判定条件。一般为逻辑表达式或关系表达式，也可以是任意数值类型（包括整型、实型、字符型、指针型数据）。

表达式的值若为 0，按“假”处理，若为非 0，按“真”处理。例如：if（3）printf（"ok"）；语句条件为 3，非 0，为“真”，执行结果输出 ok。而 if（'a'）printf（"%d"，'a'）；执行结果为输出 a 的 ASCII 码 97。

（2）语句中 if 和 else 属于同一个条件语句，else 子句不能作为语句单独使用，必须与 if 配对使用。

（3）语句序列可以含一条或多条执行语句。当有多条执行语句时必须用“{}”，将几个语句括起来成为一条复合语句，否则，只执行第一条语句。例如：将［实例 4-1］中的语句

```
printf("right!you are welcome!\n");
```

修改为：

```
{
    printf("right!\n");
    printf("you are welcome!\n");
}
```

运行结果分两行显示。需要注意的是“printf("right!\n");printf("you are welcome!\n");”是 ikey==555 条件为“真”的复合语句，大括号“{}”不能省略，否则 ikey==555 仅执行 printf("right!\n")，导致程序错误。

（4）else 及后面的语句序列可以省略。

3. 执行过程

首先进行表达式的运算，如果表达式的值为非 0，则执行语句序列 1；否则执行语句序列 2，如图 4-2 所示。

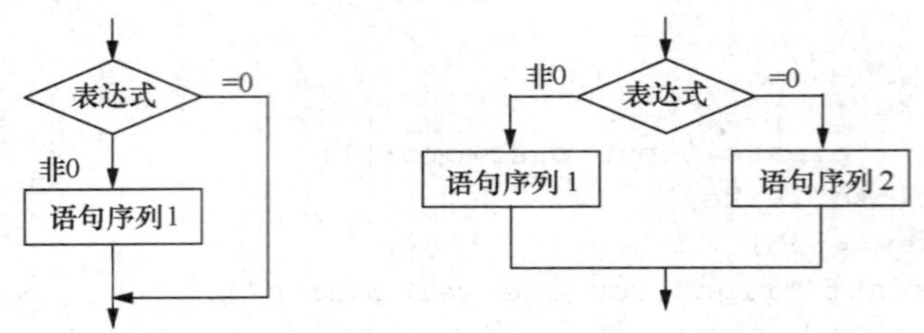

（a）else及后面的语句序列省略的执行过程　（b）if语句执行过程（else不省略）

图 4-2　if 语句执行过程

在实际问题中，我们经常会遇到比较两个以上数的情况，这时只用一个条件判定显然不能实现，需要用多个条件判定，即条件嵌套来实现。

4.3.2　if 语句的嵌套

if 语句的嵌套是指在 if 或 else 的分支下又包含了另一个 if 语句。

【实例 4-2】从键盘上输入个人通信录中 3 位同学的年龄，输出年龄最大值。程序运行效果如图 4-3 所示。

图 4-3　[实例 4-2] 运行效果

```
main()
{
    int iage1,iage2,iage3;
    printf("please input three clsssmates's age:");
    scanf("%d%d%d",&iage1,&iage2,&iage3);
    printf("max age :");
    if(iage1<iage2)
        if(iage2<iage3)
            printf("%d",iage3);     /*如果 iage1<iage2<iage3，则输出 iage3*/
        else
            printf("%d",iage2);     /*如果 iage1<iage2 且 iage3<iage2，则输出
iage2*/
    else
        if(iage1<iage3)
            printf("%d",iage3);     /*如果 iage2<iage1<iage3，则输出 iage3*/
        else
            printf("%d",iage1);     /*如果 iage2<iage1 且 iage3<iage1，则输出
iage1*/
  }
```

1. if 语句的嵌套一般形式

if（表达式 1）

```
    if（表达式 2）
        语句序列 1
    else
        语句序列 2
else
    if（表达式 3）
        语句序列 3
    else
        语句序列 4
```

2. 说明

（1）可以根据实际情况使用上面格式中的一部分，并且可以进行 if 语句的多重嵌套。

（2）使用 if 语句时，要注意 else 与 if 的配对规则。C 语言规定：一个 else 总是与它上面的、离它最近的，并且没有与其他 else 配对的那个 if 配对。

3. 执行过程

当执行该语句时，首先判定表达式 1 的逻辑值，如果该逻辑值为“真”，则判断表达式 2 的逻辑值，若为“真”，执行语句序列 1，否则执行语句序列 2；如果表达式 1 的逻辑值为“假”，则判断表达式 3 的逻辑值，若为“真”，执行语句序列 3，否则执行语句序列 4。这一语句的执行过程如图 4-4 所示。

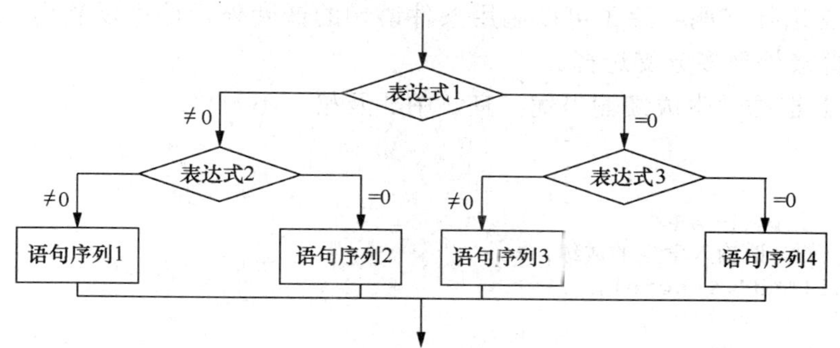

图 4-4 if 语句嵌套时执行过程

4.4 条件运算符

条件运算符由“?”和“:”组成，它是 C 语言中唯一的一个三目运算符。条件表达式的一般形式为：

表达式 1? 表达式 2 : 表达式 3

条件表达式的执行过程是：先求解表达式 1，若为非 0（“真”），则求解表达式 2，此时整个条件表达式的值为表达式 2 的值。若表达式 1 的值为 0（“假”），则求解表达式 3，表达式 3 的值就是整个条件表达式的值。

例如，max=(a>b)?a:b

等价于：

if(a>b)　max=a;

else　　max=b;

条件运算符的优先级仅高于赋值运算符，而低于前面所讲过的所有运算符，其结合性是“从右至左”，允许嵌套。

例如：a-b>0?a+1:b-1　相当于(a-b)>0?(a+1):(b-1)

　　　a>b?a:c>c?c:d　相当于 a>b?a:(c>d?c:d)

【实例 4-3】将大写字母转换为小写字母。程序运行效果如图 4-5 所示。

```
main()
{
    char  ch;
    scanf("%c",&ch);
    ch=(ch>='A'&&ch<='Z')?(ch+32):ch;
    printf("%c",ch);
}
```

图 4-5 ［实例 4-3］运行效果

条件表达式中的（ch＋32），其中 32 是小写字母和大写字母 ASCII 码的差值。

4.5　switch 语句

解决多分支选择问题，除了可以利用条件语句的嵌套外，还可以利用 C 语言提供的 switch 语句来直接处理多分支选择。

【实例 4-4】根据学生成绩输出优、良、中、及格、不及格。

```
main()
{
    int score,grade;
    printf("请输入学生的成绩：");
    scanf("%d",&score);
    grade=score/10;
    switch(grade)
    {
        case 10:
        case 9:printf("优");break;             /*成绩在 90～100 为优*/
        case 8:printf("良");break;             /*成绩在 80～89 为良*/
        case 7:printf("中");break;             /*成绩在 70～79 为中*/
        case 6:printf("及格");break;           /*成绩在 60～69 为及格*/
        case 5:
        case 4:
        case 3:
        case 2:
        case 1:
        case 0: printf("不及格");break;        /*成绩在 0～59 为不及格*/
        default:printf("输入错误\n");break;    /*break 可省略*/
    }
}
```

1. switch 语句的一般形式如下：

```
switch（选择表达式）
{
    case 常量 1: 语句组 1;break;
    case 常量 2: 语句组 2;break;
      ……
    case 常量 n: 语句组 n;break;
    [default: 语句组 n+1;[break;]]
}
```

最后一种情况处理中可以不加 break 语句。

2. 说明

（1）选择表达式可以是任何表达式，一般为整型、字符型、枚举型表达式。

（2）选择表达式必须用小括号括起。

（3）case 后可以是常量表达式，每一个 case 后的值必须互不相同，否则会出现二义性。

（4）在上述 switch 语句的一般使用形式下，case 出现的次序不影响执行结果。

（5）当多个常量代表一种情况时，出现在前面 case 中的情况处理无语句，这实际上也是多个 case 共用一组执行语句。

（6）switch 语句也可以嵌套使用。

3. 执行过程

计算选择表达式的值，当表达式的值与某一个 case 后面的常量相等、相匹配时，就执行此 case 后面的处理语句组；当执行到 break 语句时，跳出 switch 语句，转向 switch 语句的下一条；若所有 case 中的常量都不与选择表达式的值相匹配，就执行 default 后面的语句。执行过程如图 4-6 所示。

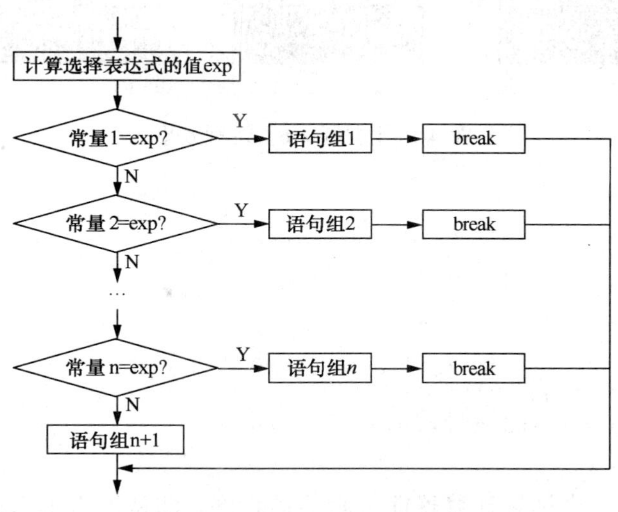

图 4-6　switch 语句执行过程

4.6 程 序 实 例

【实例 4-5】输入两个同学的 C 语言成绩，按由小到大的次序输出这两个成绩。程序运行效果如图 4-7 所示。

```
main()
{
    float a,b,t;
   printf("input two number:");
   scanf("%f,%f",&a,&b);
   if(a>b)
   {
      t=a;a=b;b=t;
   }
   printf("%5.2f,%5.2f",a,b);
}
```

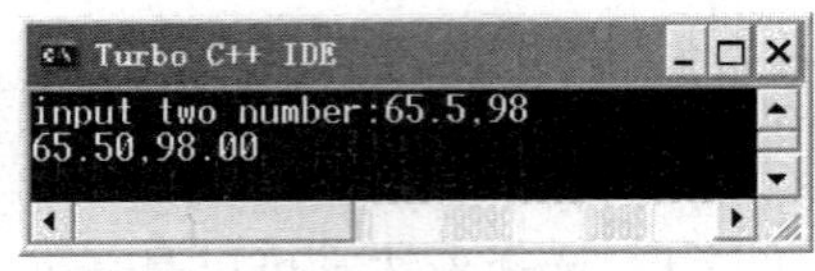

图 4-7 ［实例 4-5］运行效果

需要注意的是“t=a；a=b；b=t；”是 a>b 条件为“真”的复合语句，大括号“{}”不能省略，否则 a>b 仅执行 t=a，导致程序错误。

【实例 4-6】有一个函数：

$$y=\begin{cases}-1 & (x<0)\\ 0 & (x=0)\\ 1 & (x>0)\end{cases}$$

编写程序，输入一个 x 值，输出 y 值。程序运行效果如图 4-8 所示。

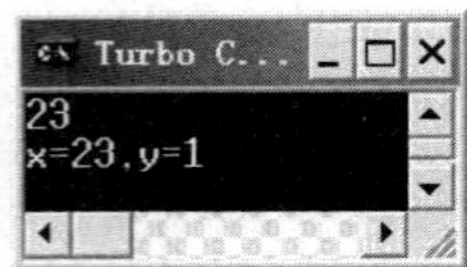

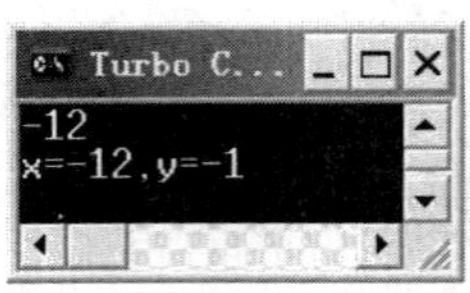

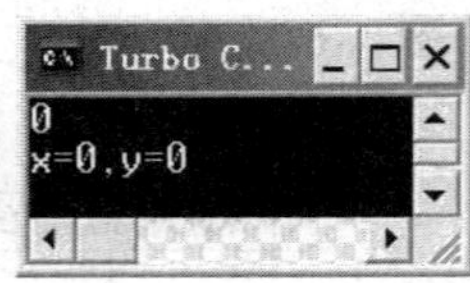

图 4-8 ［实例 4-6］运行效果

```
main()
{
   int  x,y;
   scanf("%d",&x);
   if(x<0) y=-1;
   else if  (x==0)  y=0;
         else  y=1;
   printf("x=%d,y=%d\n",x,y);
}
```

【实例 4-7】编写一个模拟计算器简单功能的程序，即从键盘输入两个数进行四则运算（输入数值保留两位小数）。程序运行效果如图 4-9 所示。

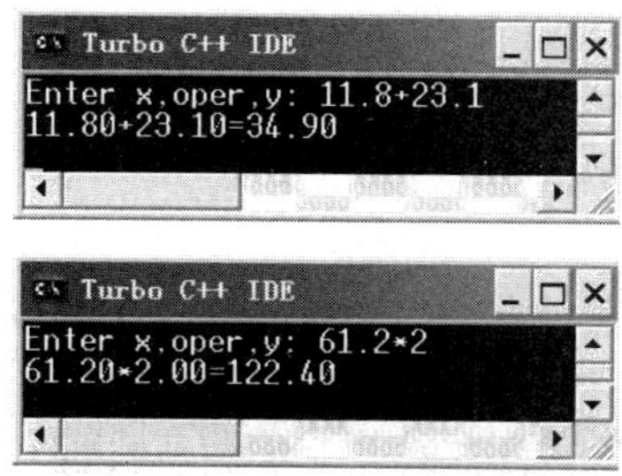

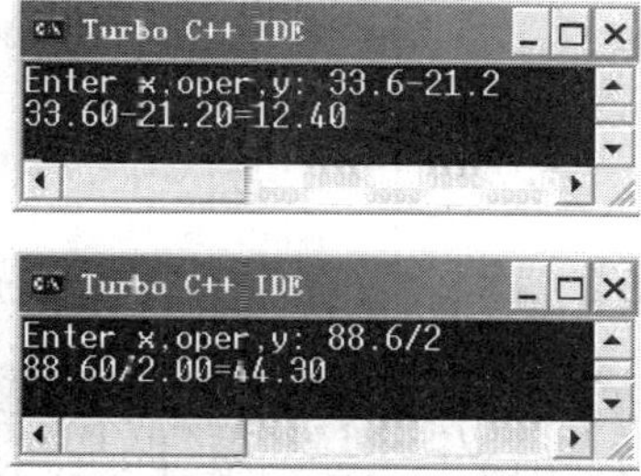

图 4-9 ［实例 4-7］运行效果

```
main()
{
    float x,y;                                  /*运算数*/
    char oper;                                  /*运算符*/
    printf("Enter x,oper,y: ");
    scanf("%f%c%f",&x,&oper,&y);                /*输入变量值时中间不要用分隔符*/
    if(oper=='+')
        printf("%.2f+%.2f=%.2f\n",x,y,x+y);
    else if(oper=='-')
              printf("%.2f-%.2f=%.2f\n",x,y,x-y);
          else if(oper=='*')
                   printf("%.2f*%.2f=%.2f\n",x,y,x*y);
                else if(oper=='/')
                      {
                        if(y==0)
                          printf("divisor is zero\n");     /*除数是零无意义*/
                        else
                          printf("%.2f/%.2f=%.2f\n",x,y,x/y);
                      }
                      else  printf("operater has no effect\n");
}
```

【实例 4-8】用 switch 语句实现［实例 4-7］的功能。

```
main()
{
    float x,y;                                  /*运算数*/
    char oper;                                  /*运算符*/
    printf("Enter x,oper,y: ");
    scanf("%f%c%f",&x,&oper,&y);                /*输入变量值时中间不要用分隔符*/
    switch(oper)
    {
        case '+':printf("%.2f+%.2f=%.2f\n",x,y,x+y);break;
        case '-':printf("%.2f-%.2f=%.2f\n",x,y,x-y);break;
        case '*':printf("%.2f*%.2f=%.2f\n",x,y,x*y);break;
        case '/':if(y==0)
        {
            printf("divisor is zero\n");  /*除数是零无意义*/
            break;
        }
```

```
        printf("%.2f/%.2f=%.2f\n",x,y,x/y); break;
        default:printf("operater has no effect\n");
    }
}
```

【实例 4-9】编写个人通信录主控程序。程序运行效果如图 4-10 所示。

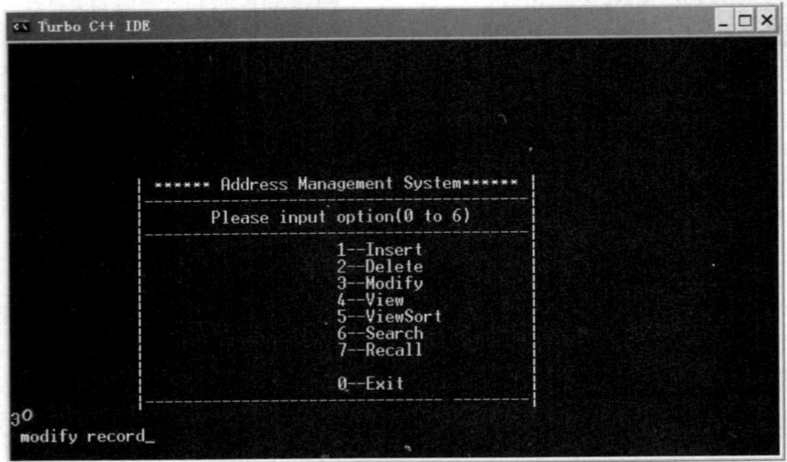

图 4-10 [实例 4-9] 运行效果

```
main()
{
    char cChoose; /*选择变量*/
    /*界面显示*/
    printf("\n\n\n\n\n\n\n\n");
    printf("           | ****** Address Management System******  |\n");
    printf("           |-----------------------------------------|\n");
    printf("           |       Please input option(0 to 6)       |\n");
    printf("           |-----------------------------------------|\n");
    printf("           |                1--Insert                |\n");
    printf("           |                2--Delete                |\n");
    printf("           |                3--Modify                |\n");
    printf("           |                4--View                  |\n");
    printf("           |                5--ViewSort              |\n");
    printf("           |                6--Search                |\n");
    printf("           |                7--Recall                |\n");
    printf("           |                                         |\n");
    printf("           |                0--Exit                  |\n");
    printf("           |-----------------------------------------|\n");
    /*选择处理*/
    scanf("%s",&cChoose);
    switch(cChoose)
    {
        case '1' : printf(" insert record");break;
        case '2' : printf(" delete record");break;
        case '3' : printf(" modify record");break;
```

```
        case '4' : printf(" view record");break;
        case '5' : printf(" viewsort record");break;
        case '6' : printf(" search record");break;
        case '7' : printf(" recall record");break;
        case '0' :break;
    }
}
```

本 章 小 结

本章主要讲述了关系运算符及关系表达式、逻辑运算符及逻辑表达式、选择结构的几种不同形式（if、if…else、if 的嵌套、switch 等）、break 语句。

关系运算符（>、<、>=、<=、!=、==）注意书写，尤其是后四种；对于逻辑运算符（!、&&、||），在实际运算中注意“&&”只有在两者都为“真”时，才为“真”，“||”只有在两者都为“假”时才为“假”。在多种运算符一起使用时，注意关系运算运算符、逻辑运算符、算术运算符和赋值运算符之间的优先级。

关系表达式或逻辑表达式运算结果若为“真”，其值为整数 1，为“假”时，其值为 0。但不要误解为，在 C 语言中，只有整数 1 才代表“真”，应建立起这样的概念：无论是整数还是实数，只要是非零，就为“真”。

选择结构包括 if、if…else、if 的嵌套、switch 等不同的形式，它们共同的特点是：先判断结果，再决定下一步的做法。在使用 if 语句时，注意当选择体多于一条语句时，应使用大括号{ }将它们括起来；在使用 if 嵌套时，注意 if 与 else 的配对；switch 语句用于完成多路选择任务，使用时注意及时用 break 语句从分支中跳出。

书写或输入源程序时应采用缩进原则，这样便于检查是否出错。

习 题

一、选择题

1. 设 x、y 和 z 是 int 型变量，且 x=3，y=4，z=5，则下面表达式中值为 0 的是______。

   （A）"x" && "y"　　（B）x<=y

   （C）x||y+z&&y-z　　（D）!((x<y) &&! z||1)

2. 以下不正确的 if 语句形式是______。

   （A）if(x>y&&x!=y);

   （B）if(x==y) x+=y;

   （C）if(x!=y)　scanf("%d",&x); else　scanf("%d",&y);

   （D）if(x<y) {x++;y++;}

3. 若有条件表达式“if(exp) a++; else b--;”，则以下表达式中完全等价于表达式（exp）的是______。

   （A）(exp==0)　（B）(exp!=0)　（C）(exp==1)　（D）(exp!=1)

4．已知 int x=10，y=20，z=30，那么语句 if(x>y) z=x；x=y；y=z；执行后的值是______。

（A）x=10，y=20，z=30 （B）x=20，y=30，z=30

（C）x=20，y=30，z=10 （D）x=20，y=10，z=10

5．有一个函数：

$$y=\begin{cases}-1 & (x<0)\\ 0 & (x=0)\\ 1 & (x>0)\end{cases}$$

以下程序段中不能根据 x 值正确计算出 y 值的是______。

（A）
```
if(x>0)  y=1;
else  if(x==0) y=0;
      else  y=-1;
```

（B）
```
y=0;
if(x>0)  y=1;
else if(x<0) y=-1;
```

（C）
```
y=0;
if(x>=0)
   if(x>0)  y=1;
else  y=-1;
```

（D）
```
if(x>=0)
   if(x>0)  y=1;
   else  y=0;
else  y=-1;
```

6．有如下程序：

```
main()
{
   float x=2.0,y;
   if(x<0.0) y=0.0;
     else if(x<10.0) y=1.0/x;
     else y=1.0;
   printf("%f\n",y);
}
```

该程序的输出结果是______。

（A）0.000000 （B）0.250000 （C）0.500000 （D）1.000000

7．有如下程序：

```
main()
{
   int a=2,b=-1,c=2;
   if(a<b)
   if(b<0)  c=0; else c++;
   printf("%d\n",c);
}
```

该程序的输出结果是______。

（A）0 （B）1 （C）2 （D）3

8．请阅读以下程序：

```
main()
{
   int a=5,b=0,c=0;
   if(a=b+c) printf("***\n");
```

```
    else printf("$$$\n");
}
```

以上程序________。

（A）有语法错误不能被编译　　（B）可以通过编译但不能通过连接

（C）输出***　　（D）输出$$$

9．以下程序运行结果是_______。

```
main()
{
    int m=5;
    if(m++>5)  printf("%d",m);
    else printf("%d",m--);
}
```

（A）4　　（B）5　　（C）6　　（D）7

10．若运行时给变量 x 输入 12，则以下程序的运行结果是______。

```
main()
{
    int x,y;
    scanf("%d",&x);
    y=x>12?x+10:x-12;
    printf("%d\n",y);
}
```

（A）0　　（B）22　　（C）12　　（D）10

11．有如下程序：

```
main()
{
    int x=1,a=0,b=0;
    switch(x)
    {
        case 0: b++;
        case 1: a++;
        case 2: a++;b++;
    }
    printf("a=%d,b=%d\n",a,b);
}
```

该程序的输出结果是_______。

（A）a=2, b=1　　（B）a=1, b=1　　（C）a=1, b=0　　（D）a=2, b=2

12．若 a、b、c1、c2、x、y 均是整型变量，正确的 switch 语句是_____。

（A）
```
swich(a+b);
    { case 1:y=a+b;break;
      case 0:y=a-b;break;
    }
```

（B）
```
switch(a*a+b*b)
    { case 3:
      case 1:y=a+b;break;
      case 3:y=b-a;break;
    }
```

（C）switch a
```
{ case  c1:y=a-b;break;
  case  c2:x=a*d;break;
  default:x=a+b;
}
```

（D）switch(a-b)
```
{ case 3: case 4:x=a+b;break;
  case 10:case 11:y=a-b;break;
  default:y=a*b;break;
}
```

13. 有以下程序：

```
main()
{
    int a=5,b=4,c=3,d=2;
    if(a>b>c)
        printf("%d\n",d);
    else if((c-1>=d)==1)
            printf("%d\n",d+1);
          else
            printf("%d\n",d+2);
}
```

执行后输出结果是________。

（A）2　　　（B）3　　　（C）4　　　（D）编译时有错，无结果

14. 有以下程序：

```
main()
{
    int i=1,j=1,k=2;
    if((j++||k++)&&i++)    printf("%d,%d,%d\n",i,j,k);
}
```

执行后输出结果是________。

（A）1, 1, 2　　　（B）2, 2, 1　　　（C）2, 2, 2　　　（D）2, 2, 3

二、填空题

1. 当 a=3、b=2、c=1 时，表达式 f=a>b>c 的值是________。

2. 设整型变量 m、n、a、b、c、d 均为 1，执行(m=a>b)&&(n=a>b)后 m=______，n=______。

3. 当输入“10，11，12”时，下面程序运行的结果是________。

```
main()
{
    int a,b,c,max;
    scanf("%d,%d,%d",&a,&b,&c);
    max=a;
    if(max<b)  max=b;
    if(max<c)  max=c;
    printf("max=%d",max);
}
```

4. 以下程序的执行结果是________。

```
main()
{
    int a,b,c;
```

```
    a=2;b=3;c=1;
    if(a>b) if(a>c) printf("%d\n",a);
    else printf("%d\n",b);
    printf("end\n");
}
```

5．以下程序的执行结果是________。

```
main()
{
    int a,b,c,d,x;
    a=c=0;b=1;d=20;
    if(a) d=d-10;
    else if(!b)
        if(!c)  x=15;
        else   x=25;
    printf("d=%d\n",d);
}
```

6．若有以下程序：

```
main()
{
    int p,a=5;
    if(p=a!=0)
        printf("%d\n",p);
    else
        printf("%d\n",p+2);
}
```

执行后输出结果是______。

7．若有以下程序，输入字母 B 时，程序输出的结果是______；输入字符$时，程序输出的结果为______。

```
main()
{
    char   ch;
    scanf("%c",&ch);
    ch=(ch>=97&&ch<=122)?ch-32:ch;
    switch(ch)
    {
        case 'A':printf("85~100\n");break;
        case 'B':printf("70~84\n");break;
        case 'C':printf("60~69\n");break;
        case 'D':printf("<60\n");break;
        default:printf("Error\n");
    }
}
```

8．以下程序的执行结果是________。

```
main()
{
    int x=1,y=0;
    switch(x)
```

```
    {
        case 1:switch(y)
        {
            case 0:printf("first\n");break;
            case 1: printf("second\n");break;
        }
        case 2: printf("third\n");
    }
}
```

三、编程题

1．由键盘输入三个学生成绩，求平均成绩，并找出最高成绩。

2．有一个函数：

$$y=\begin{cases} x & (x<1) \\ 2x-1 & (1\leqslant x<10) \\ 3x-11 & (x\geqslant 10) \end{cases}$$

编写程序，输入 x，输出 y 值。

3．编写通信录程序，输入一位好友的生日，并输入当前的日期，输出该好友的实足年龄。

4．给一个不多于 5 位的正整数，求出它是几位数，分别打印出每一位数字，然后再按逆序打印出各位数字。

5．某商场在节日期间举办促销活动，顾客可按购买商品的款数多少分别给予以下不同的优惠折扣：

购物不足 250 元的，没有折扣，赠送小礼品；

购物满 250 元，不足 500 元的，折扣 5%；

购物满 500 元，不足 1000 元的，折扣 10%；

购物满 1000 元，不足 2000 元的，折扣 15%；

购物满 2000 元及 2000 元以上，折扣 20%；

试用 switch 语句编写程序，计算顾客的实际付款数。

6．编写一个学生管理系统主控程序。

第5章 循环结构程序设计

本章主要内容：

学习3种循环结构：while 语句、do…while 语句、for 语句，以及 break 语句和 continue 语句中对循环结构的所起作用。

本章重点：

while 语句、do…while 语句、for 语句。

本章难点：

循环结构程序设计的方法。

在编制程序解决一个实际问题的时候，往往会遇到这样的情况：从某处开始有规律地反复执行同一段程序，如输入一个班学生的成绩、求若干个数的和等，这就要用到循环结构来实现。C 语言提供了 while、do…while、for 3 种语句来实现循环，在循环中还可以用 break 和 continue 语句来实现循环执行过程中流程的转移。

5.1 while 语句

while 语句是一种先判断后执行的循环语句，属于“当型”循环结构。

【实例 5-1】 求 1+2+3+…+100 的值。

```
main()
{
    int i,sum=0;
    i=1;
    while(i<=100)
    {
        sum=sum+i;
        i++;
    }
    printf("sum=%d",sum);
}
```

1. while 语句的一般格式

while（条件表达式）

语句（即循环体部分）

2. 说明

（1）循环体可以是单个语句、空语句、多个语句，如果包含一个以上的语句，应该用花括号括起来，以复合语句形式出现。例如，[实例 5-1] 中的 while 语句若无花括号，则 while 语句范围只到“sum=sum+i;”，若 i 值始终不变，则循环永不结束，这在编程时应该注意。

（2）在循环体中应有使循环趋于结束的语句，可以在表达式内部实现，也可以在循环体中实现。若无改变循环条件的语句，循环不能终止，形成无限循环。

（3）当循环条件为永真条件时，将变成无限循环。可以利用 break 语句终止循环的执行。如：

```
while(1)
{
   语句 1;
   ……
   if(条件表达式)
       break;
   ……
   语句 n;
}
```

3. 执行过程

while 语句的执行过程为：先计算条件表达式的值，当条件表达式的值为真时，代表循环的条件成立，执行循环体。当条件表达式的值为假时，代表循环的条件不成立，退出循环，执行循环下一条语句。其执行过程如图 5-1 所示。

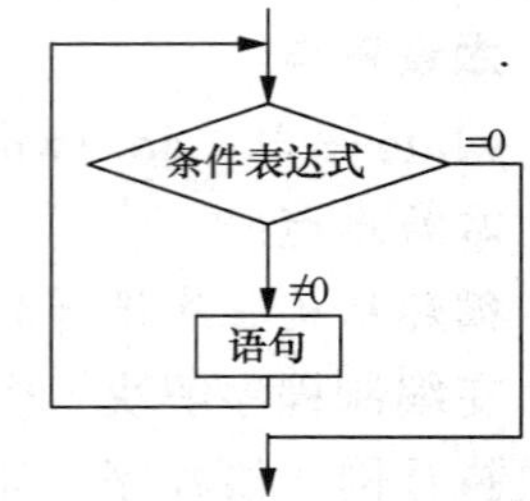

图 5-1 while 语句的执行过程

5.2 do…while 语句

do…while 语句是一种先执行后判断的循环语句，属于“直到型”循环结构。

【实例 5-2】用 do…while 语句求 1+2+3+…+100 的值，并与［实例 5-1］比较。

```
(1) main()
    {
        int  sum=0,i;
        scanf("%d",&i);
        do
        {
            sum=sum+i;
            i++;
        }while(i<=100);
        printf("sum=%d\n",sum);
    }
```

```
(2) main()
    {
        int  sum=0,i;
        scanf("%d",&i);
        while(i<=100)
        {
            sum=sum+i;
            i++;
        }
        printf("sum=%d\n",sum);
    }
```

程序（1）的运行结果如图 5-2（a）所示，程序（2）的运行结果如图 5-2（b）所示。

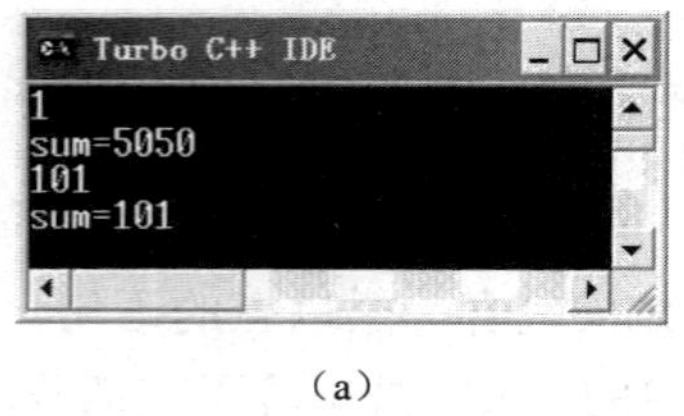

（a）

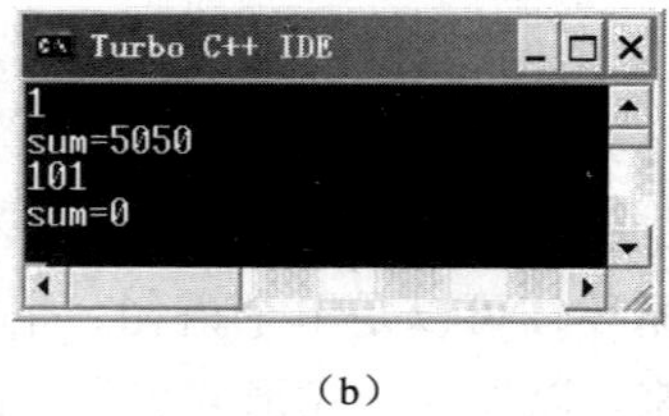

（b）

图 5-2 do…while 与 while 语句运行结果的比较

从两段程序运行结果得知：当输入 i 的值小于或等于 100 时，两者得到的结果相同。而当 i>100 时，两者结果就不同了。这是因为此时对 while 循环来说，一次也不执行循环体（表达式 i<=100 为“假”），而对 do…while 循环来说则要执行一次循环体。

1. do…while 语句的一般格式

do

语句

while（条件表达式）;

2. 说明

（1）无论一开始表达式的值是“真”还是“假”，循环体中的语句至少执行一次，这一点与 while 语句不同。如果循环的条件一开始就不成立，循环也将执行一次。

（2）与 while 语句一样，循环体中同样必须有改变循环条件的语句，否则循环不能终止，形成无限循环。

（3）循环体为多条语句时必须用花括号括起来，使其形成复合语句。

（4）当循环条件为永真条件时，将变成无限循环，可利用 break 语句终止循环的执行。

（5）与其他语言中类似语句不同的是，C 语言中的 do…while 语句是在表达式为“真”时重复执行循环体。

3. 执行过程

先执行循环体，再计算条件表达式的值。当条件表达式的值为真时，代表循环的条件成立，继续执行循环。当条件表达式的值为假，代表循环的条件不成立，退出循环。其执行过程如图 5-3 所示。

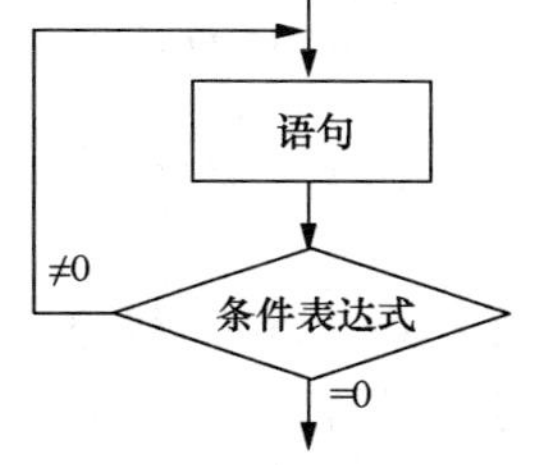

图 5-3　do…while 语句的执行过程

do…while 语句是反复执行循环，直到循环的条件不成立。

5.3　for 语句

for 语句是 C 语言循环中使用最灵活的一种，它不仅能用于循环次数已知的情况，还能用于循环次数预先不能确定，只给出循环结束条件的情况。

【实例 5-3】 求 1+2+3+…+100 的值。

```
main()
{
    int i,sum=0;
    for(i=1;i<=100;i++)
        sum+=i;
    printf("sum=%d",sum);
}
```

1. for 语句的一般格式

for（表达式 1；表达式 2；表达式 3）

语句

在［实例 5-3］中表达式 1 为 i=1，表达式 2 为 i<=100，表达式 3 为 i++。

2. 说明

（1）for 语句一般格式中的“表达式 1”为循环的初值表达式，可以省略，此时应在 for 语句之前给循环变量赋初值。注意省略表达式 1 时，其后的分号不能省略。

例如：可以用以下两条完成同样功能。

```
i=1;
for(;i<=100;i++)
    sum+=i;
```

（2）for 语句一般格式中的“表达式 2”为循环条件表达式，表达式 2 也可以省略，此时认为表达式 2 始终为“真”，循环将无终止地进行下去。

例如：
```
for(i=1;;i++)
    sum+=i;
```

循环变量的增值量可以为负值，此时初始值大于终止值。［实例 5-3］程序可改为：

```
main()
{
    int i,sum=0;
    for(i=100;i>0;i--)
       sum+=i;
    printf("sum=%d",sum);
}
```

（3）for 语句一般格式中的“表达式 3”为改变循环条件的表达式，表达式 3 也可以省略，但此时程序设计者应另外设法保证循环能正常结束。

例如：
```
for(i=1;i<=100;)
{
  sum+=i;
  i++;
}
```

其中将 i++放在循环体中效果一样。

（4）可以省略表达式 1 和表达式 3，只给循环条件。

例如：
```
i=1;
for(;i<=100;)
{
    sum+=i;
    i++;
}
```

（5）三个表达式都可省略，如 for(;;)语句，即不设初值，不判断条件，循环变量不增值，无终止地执行循环体。相当于 while（1）语句。

（6）for 语句中 3 个表达式必须用分号分隔。

3. 执行过程

（1）计算表达式 1，循环控制变量得到初值。

（2）计算表达式 2，如果表达式 2 为真，代表循环的条件成立，执行循环。如果表达式 2 的值为假，代表循环的条件不成立，也就是终止循环的条件成立，退出循环，执行循环的下一条语句。

（3）计算表达式 3，改变循环条件，返回第（2）步。其执行过程如图 5-4 所示。

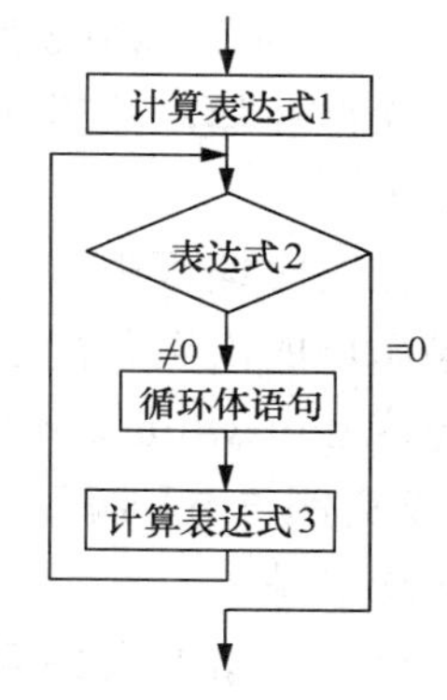

图 5-4 for 语句的执行过程

例如：[实例 5-3] 中语句“for(i=1; i<=100; i++) sum+=i;”的执行过程为：

①将数值 1 赋值给循环控制变量 i。

②判断 i<=100 条件是否为真，若为真，则执行 sum+=i;实现累加；否则退出循环。

③执行 i++语句，循环控制变量增 1，然后转向②。

【实例 5-4】多个循环变量程序举例。

```
main()
{
    int x,y,s;
    for(x=0,y=0;x+y<=10;++x,++y)
    {
        s=x+y;
        printf("%d",s);
    }
}
```

循环语句中变量的初始化是“x=0, y=0;”（表达式 1 为逗号表达式），循环条件是“x+y<=10;”，循环变量的增量是“++x, ++y”。注意，本程序的循环体包括两条命令语句，必须用大括号括起来，否则程序将只把第一句（s=x+y;）作为循环体的内容，输出结果仅为 10。程序的运行结果如图 5-5 所示。

图 5-5 [实例 5-4] 运行结果

5.4 几种循环的比较

while 语句、do…while 语句、for 语句 3 种循环的区别为：

（1）C 语言提供的 3 种循环语句可以用来处理同一问题，一般情况下可以互换。但其功能和灵活程度不同，for 语句功能最强，最方便灵活，使用最多，任何循环都可以用 for 实现；其次是 while；do…while 用得最少（但并非它没有用，对某种情况它还是很有价值的）。

（2）while 和 do…while 的循环变量初始化是在循环语句之前完成，而 for 语句循环变量的初始化是在 for 中的表达式 1 中实现。

（3）for 循环中的表达式 1 和表达式 3 可以是逗号表达式，这是 for 语句的一个很有用的特性。它扩充了 for 的作用范围，使它有可能同时对若干参数（如循环变量，重复计算参数等）进行初始化和修改。

（4）for 和 while 循环是先判断循环条件，后执行循环体；而 do…while 循环则是先执行一次循环体，然后才判断循环条件。因此，后者不管在什么情况下，都至少要执行一次循环体。

在实际编程中，到底选择哪个语句，通常依据循环的条件要求进行选择。一般说来，如果循环的次数是确定的，则使用 for 语句；如果循环条件是循环结束判断，则使用 while 语句或 do…while 语句；若循环条件不管成立不成立都要执行一次，则选用 do…while 语句。

【实例 5-5】编写一个程序，输入一个班学生的 C 语言课程成绩，求全班的 C 语言课程平均成绩。

分析：（1）考虑到成绩没有负数，这就可以把循环条件定为：每当输入的分数大于或等于 0 时就继续输入成绩；输入的分数小于 0 时就停止输入。这样，使用 while 语句或 do…while 语句都可以解决问题。

使用 while 语句程序如下：

```
main()
{
    float score,average,sum=0;     /*average 存放平均成绩；sum 放总分，初值为 0*/
    int n=0;                       /*n 用来存放学生数，初值为 0*/
    scanf("%f",&score);            /*输入第一个学生的分数*/
    while(score>=0)
    {
        sum+=score;                /*求总成绩，放在 sum 中*/
        n++;                       /*学生数增 1*/
        scanf("%f",&score);        /*输入下一个学生的分数*/
    }
    if(n!=0)  average=sum/n;       /*求平均成绩 average*/
    printf("%6.2f",average);       /*输出平均成绩 average，保留两位小数*/
}
```

使用 do…while 语句程序如下：

```
main()
{
    float score,average,sum=0;
    int n=0;
    do                             /*不进行判断，先进入循环*/
    {
        scanf("%f",&score);        /*输入学生的分数*/
        if(score>=0)
        {
            sum+=score;
            n++;
        }
    }while(score>=0);              /*表达式为非 0，则继续*/
    if(n!=0)  average=sum/n;
    printf("%6.2f",average);
}
```

（2）对于一个班来说，学生的人数是一定的，对每一位学生来说，都要将其成绩输入，可把学生的人数作为循环次数，从而可以使用for语句解决问题，程序如下：

```
main()
{
    float score,average,sum=0;
    int i,n;
    printf("请输入学生人数n:\n");
    scanf("%d",&n);
    for(i=1;i<=n;i++)
    {
        printf("请输入第%d个学生的成绩:\n",i);
        scanf("%f",&score);
        sum+=score;
    }
    if(n!=0)  average=sum/n;
    printf("%6.2f",average);
}
```

5.5 循环的嵌套

一个循环体内又包含另一个完整的循环结构，称为循环的嵌套。内嵌的循环中还可以嵌套循环，称为多重循环。原则上，循环的嵌套深度不受限制。在实际应用中，经常要用到多重循环。

C语言中的3种循环语句（while、do…while、for）可以互相嵌套。在使用循环嵌套时，被嵌套的一定是一个完整的循环结构，循环结构不能相互交叉，如图5-6所示。

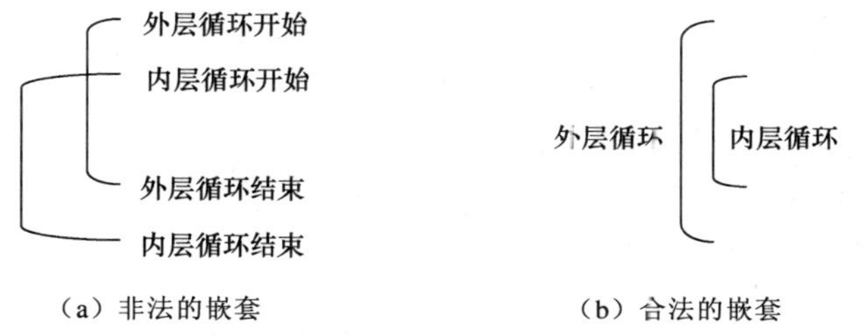

图5-6　循环的嵌套

【实例5-6】分析下面程序的输出结果。

```
main()
{
    int i,j,k=0;
    for(i=1;i<=3;i++)
    for(j=1;j<=2;j++)
        k=k+1;
    printf("%d",k);
}
```

分析：这是一个循环嵌套例子，其中 i 循环每运行一步，j 循环就进行完整的 2 步循环运算。

当 i=1 时，j=1，k=0+1=1；j=2，k=1+1=2。

当 i=2 时，j=1，k=2+1=3；j=2，k=3+1=4。

当 i=3 时，j=1，k=4+1=5；j=2，k=5+1=6。

所以最后 k=6，程序运行结果为：6。

【实例 5-7】输出下三角形式九九乘法表。程序运行效果如图 5-7 所示。

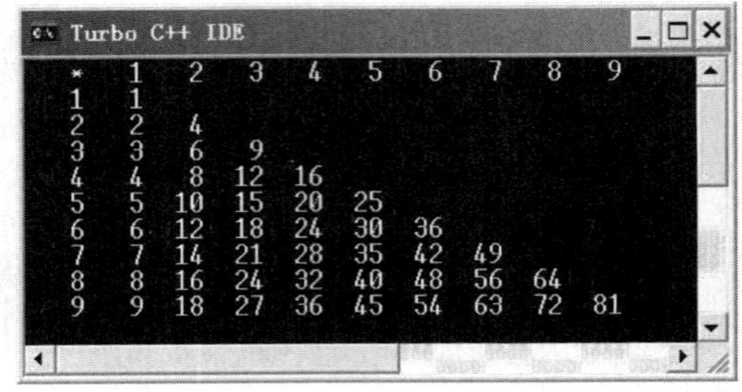

图 5-7 ［实例 5-7］运行效果

```
main()
{
    int  i,j;
    /*输出表头*/
    printf("%4c",'*');
    for(i=1;i<=9;i++)
        printf("%4d",i);
    printf("\n");
    for(i=1;i<=9;i++)
    {
        printf("%4d",i);
        /*输出第 i 行*/
        for(j=1;j<=i;j++)
            printf("%4d",i*j);
        printf("\n");
    }
}
```

5.6 break 语句和 continue 语句

5.6.1 break 语句

上一章已经介绍过用 break 语句可以使流程跳出 switch 结构，执行 switch 语句下面的一个语句。实际上，break 语句还可以用来从循环体内跳出循环体，即提前结束循环，接着执行循环下面的语句。

break 语句的一般格式为：

break;

break 语句特别运用于循环次数预先不确定的情况，进入循环后，可在循环体中使用 break 语句，并用该语句控制程序流程在指定条件成立后结束循环。但在使用 break 语句时需注意：

（1）break 语句不能用于循环语句和 switch 语句之外的任何其他语句中。

（2）在循环语句嵌套使用的情况下，break 语句只能跳出（或终止）它所在的循环，而不能同时跳出（或终止）多层循环。

【实例 5-8】按任意键逐条显示个人通信录中的记录，当输入字符“0”时停止显示。程序运行效果如图 5-8 所示：

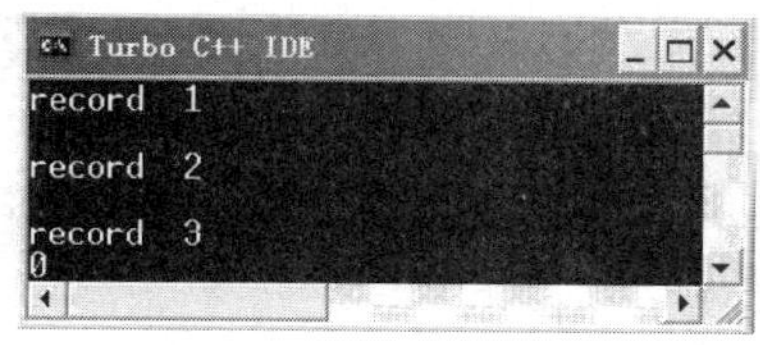

图 5-8 ［实例 5-8］运行效果

```
main()
{
    char cWait;                         /*询问用户是否继续显示记录*/
    int i=1;
    while(1)
    {
        printf("record  %d\n",i);
        scanf("%c",&cWait);
        if(cWait=='0')    break;        /*输入 0 时不再显示记录*/
        else   i++;
    }
}
```

5.6.2 continue 语句

continue 语句的作用是结束本次循环，即跳过循环体中下面尚未执行的语句，直接进行下一次是否执行循环的判定。

continue 语句的一般格式如下：

continue;

其执行过程是：终止当前这一轮循环，即跳过循环体中位于 continue 后面的语句而立即开始下一轮循环；对于 while 和 do…while 语句来讲，这意味着立即执行条件测试部分，而对于 for 语句来讲，则意味着立即求解表达式 3。

【实例 5-9】统计个人通信录中年龄大于等于 35 岁的人数。程序运行效果如图 5-9 所示。

```
main()
{
    int  i, n;
    int  s=0;
    for(i=1;i<=10;i++)
    {
```

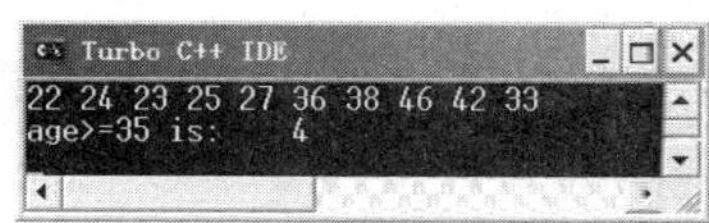

图 5-9 ［实例 5-9］运行效果

```
        scanf("%d",&n);
        if(n<35) continue;
        s+=1;
    }
    printf("age>=35 is: %4d\n",s);
}
```

5.7 goto语句和语句标号

goto语句为无条件转向语句，程序中使用goto语句时要求和标号配合，它们的一般形式为：

goto 标号；

……

标号：语句；

将程序的执行流程无条件转移至语句标号所标识的位置语句处执行。语句标号用标识符表示，它的命名规则与变量名相同，即由字母、数字和下划线组成，其第一个字符必须为字母或下划线，不能用整数作为标号，它仅仅表示goto语句转移的目标地址。

结构化程序设计方法主张限制使用goto语句，因为滥用goto语句将使程序流程无规律、可读性差。但也不是绝对禁止使用goto语句。一般来说，可以有两种用途：

（1）与if语句一起构成循环结构。例如：

```
x=0;
flag: if(x<10)
    {
        x++;
      goto flag;
    }
```

（2）退出多重循环。但是这种用法不符合结构化原则，一般不宜采用，只有在不得已时（例如能大大提高效率）才使用。

C语言规定，goto语句的使用范围仅局限于函数内部，不允许在一个函数中使用goto语句把程序控制转移到其他函数之内。

5.8 程 序 实 例

【实例5-10】输入一串字符（输入换行符时结束），统计其中小写英文字母的个数。程序运行效果如图5-10所示。

图5-10 ［实例5-10］运行效果

```
main()
{
    char ch;
    int num=0;
    printf("Enter a string: ");
```

```
    while((ch=getchar())!='\n')
        if(ch>='a'&&ch<='z')   num++;
    printf("num=%d\n",num);
}
```

【实例 5-11】循环录入个人通信录中每条记录的年龄，输入负值时停止录入，并计算平均年龄。程序运行效果如图 5-11 所示。

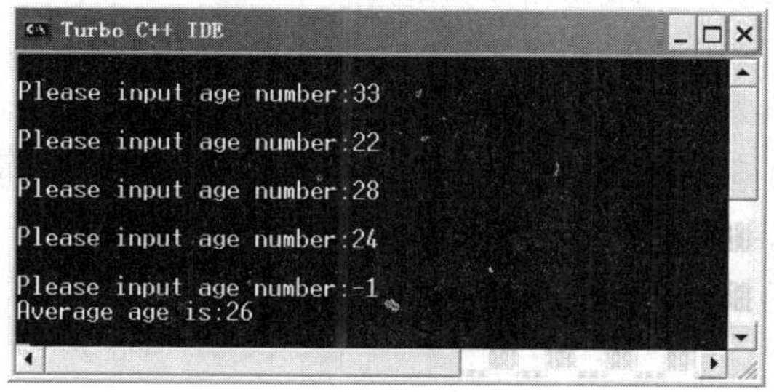

图 5-11 ［实例 5-11］运行效果

```
main()
{
    int  iAge,iSum=0,n=0,iAverage;
    do
    {
        printf("\nPlease input age number:");
        scanf("%d",&iAge);
        iSum+=iAge;
        n++;
    }while(iAge>0);
    iAverage=(iSum-iAge)/(n-1);             /*去掉最后一条记录的平均值*/
    printf("Average age is:%d\n",iAverage);
}
```

【实例 5-12】求个人通信录中 10 个人的年龄的最大值。程序运行效果如图 5-12 所示。

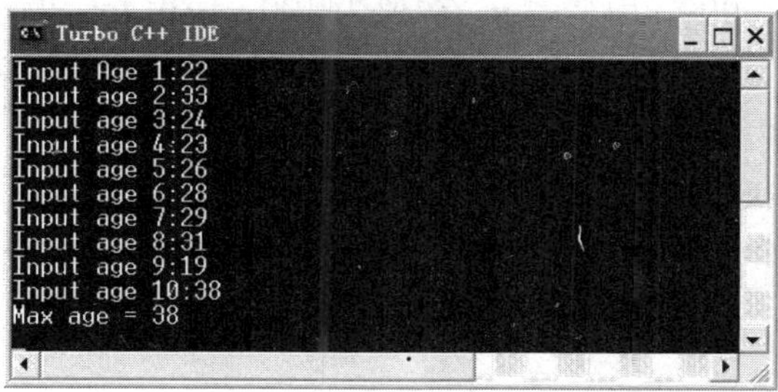

图 5-12 ［实例 5-12］运行效果

```
main()
{
    int  iAge,i,iMaxAge;
    printf("Input Age 1: ");
    scanf("%d",&iAge);
    iMaxAge=iAge;                                    /*最大值初始化*/
```

```
        for(i=2;i<=10;i++)
        {
            printf("Input age %d:",i);
            scanf("%d",&iAge);
            if(iAge>iMaxAge)  iMaxAge =iAge;          /*将当前数与最大值进行比较*/
        }
        printf("Max age = %d\n",iMaxAge);
    }
```

【实例 5-13】 求 1！+2！+3！+…+20!。

分析：对于 n（1≤n≤20），n!=n*(n-1)!，用变量 t 存放 n!，最初 t=1。n！可用 for 语句完成，即：for(n=1; n<=n; n++)　t=t*n;

累加求和用变量 s 保存，初值为 0，s=s+t。

程序如下：

```
    main()
    {
        float n,s=0,t=1;
        for(n=1;n<=20;n++)
        {
            t=t*n;
            s=s+t;
        }
        printf("%e\n",s);
    }
```

【实例 5-14】 打印所有的"水仙花数"，所谓"水仙花数"是指一个 3 位数，其各位数字立方和等于该数本身。例如：$153=1^3+5^3+3^3$。程序运行效果如图 5-13 所示。

图 5-13 ［实例 5-14］运行效果

方法一：

（1）生成 3 位数 100～999，用变量 n，初值为 100，使用 for 语句，即 for (n=100; n<1000; n++)。

（2）求满足条件的数，需要分离 3 位数的百位，十位，个位，分别用 i、j、k 变量存放，i=n/100，j=n/10-i*10，k=n%10 或 i=n/100，j=n/10%10，k=n%10；当条件"n==i*i*i+j*j*j+k*k*k"为"真"时，n 即为所求。

程序如下：

```
    main()
    {
        int i,j,k,n;
        for(n=100;n<1000;n++)
        {
            i=n/100;
            j=n/10-i*10;                              /*或 j=n/10%10*/
            k=n%10;
            if(n==i*i*i+j*j*j+k*k*k)
```

```
        printf("%d\t",n);
    }
}
```

方法二：

设 m 表示 3 位数，i 表示百位数（1～9），j 表示十位数字（0～9），k 表示个位数字（0～9），n 表示各位数字立方和，则 n=i*i*i+j*j*j+k*k*k，m=i*100+j*10+k。

程序如下：

```
main()
{
    int i,j,k,m,n;
    for(i=1;i<=9;i++)
        for(j=0;j<=9;j++)
            for(k=0;k<=9;k++)
            {
                m=i*100+j*10+k;
                n=i*i*i+j*j*j+k*k*k;
                if(m==n)
                printf("%d\t",m);
            }
}
```

【实例 5-15】把 100～150 之间的不能被 3 整除的数输出，要求一行输出 10 个数。程序运行效果如图 5-14 所示。

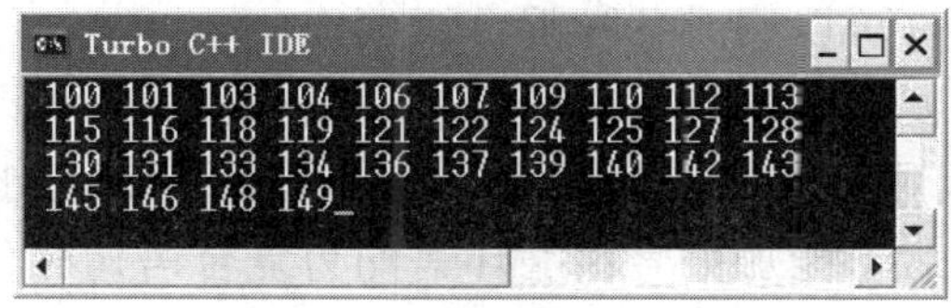

图 5-14 ［实例 5-15］运行效果

```
main()
{
    int n,i=0;
    for(n=100;n<=150;n++)
    {
        if(n%3==0)    continue;
        printf("%4d",n);
          i++;
        if(i%10==0)   printf("\n");
    }
}
```

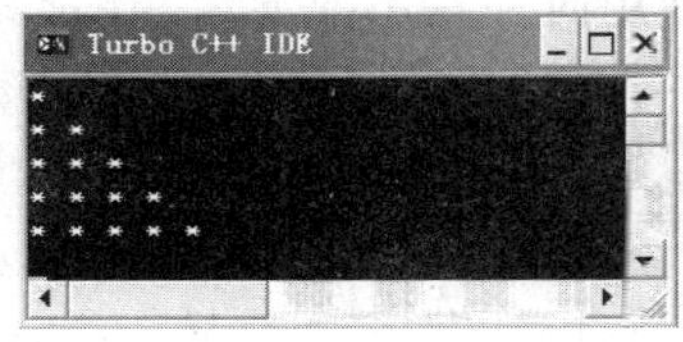

图 5-15 ［实例 5-16］运行效果

【实例 5-16】编写程序，输出如图 5-15 所示的图形。

分析：（1）用循环变量 i（1≤i≤5）控制输出行，即“for (i=1; i<=5; i++)输出第 i 行；”。

（2）每行上的“*”个数是随着行控制变量 i 的值变化而变化的。

i=1 时，执行 1 次 printf ("*");

i=2 时，执行 2 次 printf ("*");

……

i=5 时，执行 5 次 printf ("*");

输出第 i 行时执行 i 次 printf ("*");，所以内循环体语句应如下：

for (j=1; j<=i; j++)

printf ("*");

输出该图形的完整程序如下：

```
main()
{
    int i,j;
    for(i=1;i<=5;i++)
    {
        for(j=1;j<=i;j++)
          printf("*");
        printf("\n");
    }
}
```

本 章 小 结

本章主要讨论了 3 种循环结构，即 while 语句、do…while 语句、for 语句这 3 种循环可以用来处理同一类问题，可以构成各种混合嵌套。

while 语句、do…while 语句只判断循环条件，循环初值和修改循环条件由其他语句完成。for 语句中 3 个表达式可部分或全部默认。使用时注意 for、while 语句循环不是空语句时，则循环条件判定括号后不能加分号；循环语句为复合语句时使用花括号；条件与变量增值要设置正确，否则易产生死循环；do…while 语句中 while 后的分号不要丢失；for 语句中 3 个表达式是用分号分隔的。

另外，本章还介绍了 break 语句和 continue 语句，break 语句对循环结构的 3 种语句以及选择结构中 switch 语句起作用，用于退出所在的那重循环或所在的 swich 语句；continue 语句中对循环结构的 3 种语句起作用，用于结束本次循环，开始判定是否进行下次循环。使用时注意不要混淆 break 语句与 continue 语句的功能。

习　题

一、选择题

1．以下叙述正确的是________。

（A）do…while 语句构成的循环不能用其他语句构成的循环来代替

（B）do…while 语句构成的循环只能用 break 语句退出

（C）用 do…while 语句构成的循环，在 while 后的表达式为非零时结束循环

（D）用 do…while 语句构成的循环，在 while 后的表达式为零时结束循环

2．有以下程序段：

```
int k=0;
while(k=1)   k++;
```

while 循环的循环次数是________。

（A）无限次　　（B）有语法错，不能执行

（C）一次也不执行　　（D）执行 1 次

3．以下程序的执行结果是________。

```
main()
{
    int i,sum;
    for(i=1;i<=3;sum++)
        printf("%d\n",sum);
}
```

（A）6　　（B）3　　（C）死循环　　（D）0

4．以下程序的输出结果是________。

```
main()
{
    int n=9;
    while(n>6)
    {
        n--;
        printf("%d",n);
    }
}
```

（A）9 8 7　　（B）8 7 6　　（C）8 7 6 5　　（D）9 8 7 6

5．有以下程序段：

```
int x=3;
do
{
    printf("%d",x-=2);
}while(!(--x);
```

其输出结果是________。

（A）1　　（B）3 0　　（C）1 -2　　（D）死循环

6．以下程序段的执行结果是________。

```
int a,y;
a=10;y=0;
do
{
    a+=2;
    y+=a;
    printf("a=%d y=%d\n",a,y);
```

```
    if(y>20) break;
}while(a<=14);
```

（A）a=12 y=12
a=14 y=16
a=16 y=20

（B）a=12 y=12
a=16 y=28
a=18 y=24

（C）a=12 y=12
a=14 y=26

（D）a=12 y=12
a=14 y=44

7．以下程序中，while 循环的循环次数是________。

```
main()
{
    int i=0;
    while(i<10)
    {
        if(i<1) continue;
        if(i==5) break;
        i++;
    }
}
```

（A）1　　（B）10
（C）6　　（D）死循环，不能确定次数

8．设有以下程序段：

```
main()
{
    int x=0,s=0;
    while(!x!=0)
    {
        s+=++x;
        ++x;
    }
    printf("%d,%d",s,x);
}
```

（A）运行程序段后输出为 0，0　　（B）运行程序段后输出为 1，2
（C）程序段中的控制表达式是非法的　　（D）死循环

9．以下循环的执行次数是________。

```
main()
{
    int i,j;
    for(i=0,j=1;i<=j+1;i+=2,j--)
        printf("%d\n",i);
}
```

（A）3　　（B）2　　（C）1　　（D）0

10．以下程序的输出结果是________。

```
main()
{
    int a,b;
```

```
    for(a=1,b=1;a<=100;a++)
    {
        if(b>=10)  break;
        if(b%3==1)  {b+=3;continue;}
    }
    printf("%d\n",a);
}
```

（A）101　　（B）6　　（C）5　　（D）4

11．以下程序的输出结果是________。

```
main()
{
    int i=0,a=0;
    while(i<20)
    {
        for(;;)
        {
            if(i%10==0)  break;
            else  i--;
        }
        i+=11;a+=i;
    }
    printf("%d\n",a);
}
```

（A）21　　（B）32　　（C）33　　（D）11

12．以下程序执行后的输出结果是________。

```
main()
{
    int i;
    for(i=0;i<3;i++)
        switch(i)
        {
            case 1: printf("%d",i);
            case 2: printf("%d",i);
            default: printf("%d",i);
        }
}
```

（A）011122　　（B）012　　（C）012020　　（D）120

13．以下程序的输出结果是________。

```
main()
{
    int a=0,i;
    for(i=1;i<5;i++)
    {
        switch(i)
        {
```

```
            case 0:
            case 3:a+=2;
            case 1:
            case 2:a+=3;
            default:a+=5;
        }
    }
    printf("%d\n",a);
}
```

（A）31　　（B）13　　（C）10　　（D）20

14．以下程序执行后的输出结果是________。

```
main()
{
    int i=0,s=0;
    do
    {
        if(i%2)
        {
            i++;
            continue;
        }
        i++;
        s+=i;
    }while(i<7);
    printf("%d\n",s);
}
```

（A）16　　（B）12　　（C）28　　（D）21

二、填空题

1．以下程序的输出结果是________。

```
main()
{
    int i,s;
    for(s=0,i=1;i<3;i++,s+=i);   printf("%d\n",s);
}
```

2．以下程序运行后的输出结果是________。

```
main()
{
    int i=10,j=0;
    do
    {
        j=j+i;i--;
    }while(i>2);
    printf("%d\n",j);
}
```

3．设有以下程序：

```
main()
{
    int n1,n2;
    scanf("%d",&n2);
    while(n2!=0)
    {
        n1=n2%10;
        n2=n2/10;
        printf("%d",n1);
    }
}
```

程序运行后，如果从键盘上输入 1298，则输出的结果是_________。

4．以下程序运行后的输出结果是__________。

```
main()
{
    int x=15;
    while(x>10&&x<50)
    {
        x++;
        if(x/3)
        {
            x++;
            break;
        }
        else continue;
    }
    printf("%d\n",x);
}
```

5．以下程序的输出结果是_________。

```
main()
{
    int i;
    for(i=1;i<5;i++)
    {
        if(i%2)   printf("#");
        else  continue;
        printf("*");
    }
    printf("$\n");
}
```

6．以下程序的输出结果是________。

```
main()
{
    int y=10;
```

```
    while(y--);
    printf("y=%d",y);
}
```

7. 以下程序的输出结果是________。

```
main()
{
    int x=10,y=10,i;
    for(i=0;x>8;y=++i)
    printf("%d %d ",x--,y);
}
```

8. 设有以下程序：

```
#include <stdio.h>
main()
{
    char c;
    while((c=getchar())!='?')
        putchar(--c);
}
```

程序运行时，如果从键盘上输入：Y? N? ↙，则输出的结果是________。

9. 以下程序的功能是：从键盘上输入若干个学生的成绩，统计出最高成绩和最低成绩并输出，输入负数时结束。请填空。

```
main()
{
    float x,min,max;
    scanf("%f",&x);
    max=x;  min=x;
    while(________)
    {
        if(x>max)  max=x;
        if(________)  min=x;
        scanf("%f",&x);
    }
    printf("%f,%f",max,min);
}
```

10. 有 1020 个西瓜，第一天卖一半多两个，以后每天卖剩下的一半多两个，问几天以后能卖完？请填空。

```
main()
{
    int day=0,x1=1020,x2;
    while(__________)
    {
        x2=________;
        x1=x2;
        day++;
```

```
    }
    printf("day=%d\n",day);
}
```

三、编程题

1．求 1～100 之间的偶数之和。

2．编程求出 200～300 之间，满足条件：3 位数字之积为 42，三位数字之和为 12 的数。

3．编程打印出以下图案：

```
      *
    * * *
  * * * * *
* * * * * * *
```

4．编程实现百钱买百鸡的方法。设公鸡每只 5 钱，母鸡每只 3 钱，小鸡 3 只 1 钱，且需包含公鸡、母鸡和小鸡，求可有哪几种方案。

5．从键盘输入一些整数，统计大于零的整数个数和小于零的整数个数。提示：用输入零来结束输入。

第 6 章 数 组

本章主要内容：

学习一维数组、二维数组和字符数组的定义、初始化及其下标的使用方法，常见的字符串库函数。

本章重点：

一维数组、二维数组的使用方法。

本章难点：

灵活运用数组编写程序。

在处理简单问题时，一般常用前几章讲过的 char 型、int 型、float 型等类型，但对于某些特殊或复杂的问题，如某班有 50 名学生，需要统计每个人的平均成绩，如果定义 50 个变量来分别存放每位学生的平均成绩，显然十分麻烦。类似这样的问题用数组解决就方便多了。数组是具有相同的数据类型且按一定次序排列的一组变量的集合体，构成一个数组的这些变量称为数组元素，数组有一个统一的名字称为数组名。

6.1 一 维 数 组

用一个统一的标识符，即数组名来标识一组变量（也称元素），用下标来指示数组中元素的序号。当数组中每个元素只带有一个下标时，此数组称为一维数组。

6.1.1 一维数组的定义

【实例 6-1】 建立一个数组，数组元素 a[0]到 a[4]的值为 0～4，然后按逆序输出。

```
main()
{
    int  i,a[5];
    for(i=0;i<=4;i++)           /*若写成"i<=5"则是错误的，因为下标不得越界*/
        a[i]=i;
    for(i=4;i>=0;i--)
        printf("%d",a[i]);
}
```

1. 定义一维数组的格式

一维数组在使用之前必须定义，定义一维数组的格式为：

存储类型　　数据类型　数组名［长度］;

定义指定“存储类型”与“数据类型”的一维数组，其名称由“数据名”指定，长度为数组的长度。例如［实例 6-1］中的“int a[5];”。

2. 说明

（1）存储类型可以是 auto、static、extern，但不能是 register。存储类型省略时，默认为 auto 型。

（2）数据类型可以是任何基本类型，也可以是其他组合类型，如结构型、指针型等。

（3）数组名命名规则和变量名相同，遵循标识符命名规则。

（4）数组名后是用方括号括起来的常量表达式，不能用圆括号，下面的用法是错误的：

```
int   a(5);
```

（5）数组的长度可以用符号常量、常量表达式来描述，例如：

①#define N 50　　②char a[2*2];
　char str[N];

但不能用变量，C 语言不提供动态数组。例如，按下面的方式定义数组是不可行的：

```
int   n;
scanf("%d", &n);
int   a[n];
```

（6）相同类型的数组、变量可以放在一起说明，中间以逗号隔开。如：

```
int a[4], b[5], c;
```

6.1.2 一维数组的引用

在程序中使用的是数组元素，当定义了一个数组后就可以引用它的数组元素了。引用时只能对数组元素引用，如 a[0]、a[i]、a[i+1]等，而不能引用整个数组。引用的方法有两种，分别是“指针法”和“下标法”。本节只讨论“下标法”，其引用格式为：

数组名[下标]

下标可以是整型常量或整型表达式。如：

a[0]＝a[3]+a[2*2];

C 语言规定，数组下标从 0 开始，具有 N 个元素的数组，其下标范围为 0～$N-1$。例如有定义：“int　a[5];”，那么其元素为 a[0]、a[1]、a[2]、a[3]、a[4]。应尽量避免下标越界，否则可能产生意想不到的结果。

6.1.3 一维数组的存储结构

一维数组在内存中存储时，按下标递增的次序连续存放。占用的存储空间为元素值类型占用的字节数×数组长度，如：“int　a[5];”，数组 a 占用 2×5 即 10 字节连续的存储单元，数组名 a 或&a[0]是数组在内存区域的首地址，即数组第一个元素存放的地址。可见，数组名是一个地址常量，不能对其进行赋值和进行&运算。

6.1.4 一维数组的初始化

可以在程序运行后用赋值语句或输入语句使数组中的元素得到值，也可以使数组在程序运行之前（即编译阶段）就得到初值，后者称为数组的初始化。

【实例 6-2】分析下列程序的运行结果。

```
main()
{
    int a[]={1,2,3,4,5},i;
    for(i=1;i<5;i++)
        printf("%1d",a[i]-a[i-1]);
}
```

分析：本例首先定义了一个一维数组 a，该数组具有 5 个元素，并依次赋初值为 1、2、3、4、5。for 循环执行了 4 次，第 1 次 i=1，相当于输出 a[1]−a[0]的值，为 2−1=1；第 2 次 i=2，相当于输出 a[2]−a[1]的值，为 3−2=1；第 3 次 i=3，相当于输出 a[3]−a[2]的值，为 4−3=1；第 4 次 i=4，相当于输出 a[4]−a[3]的值，为 5−4=1。整个程序的输出结果是：

1111

【实例 6-3】分析下列程序的运行结果。

```
main()
{
    int n[5]={0,0,0},i,k=2;
    for(i=0;i<k;i++)
        n[i]=n[i]+1;
    printf("%d\n",n[k]);
}
```

分析：本例首先定义了一个具有 5 个整型元素的数组 n，给它的前 3 个元素赋初值 0。然后执行一个循环，显然该循环执行 2 次，第 1 次 i 的值为 0，执行的语句相当于“n[0]=n[0]+1;”，结果使得 n[0]的值变成了 1；第 2 次 i 的值为 1，执行的语句相当于“n[1]=n[1]+1;”，结果使得 n[1]的值变成了 1。最后输出 n[k]的值，k 的值是 2，也就是 n[2]的值，显然它的值依旧为 0。程序的执行结果是：0

1. 数组初始化的一般格式

存储类型　数据类型　数组名［长度］={初值表};

定义一个“数组名”数组，并把“初值表”中的值依次赋给相应数组元素。

2. 说明

（1）初值表中的初值用“逗号”隔开。

（2）对数组的全部元素赋初值。例如：

int a[4]={1, 2, 3, 4};

该语句执行后，各元素的初值为：a[0]=1，a[1]=2，a[2]=3，a[3]=4。这种方法赋初值可以不给定数组长度，它的长度为后面给出的初值个数，但“[ ]”不能省。如上例还可以写做：

int a[]={1, 2, 3, 4};

（3）若数组的存储类型为 auto，不进行初始化，则其元素初值不确定；若数组的存储类型为 static 或 extern 型，没有进行初始化，其数组元素均有初值，数值类型元素的初值为 0，字符型元素的初值为“\0”。例如，使一个数组中全部元素值为 0，则：

int a[5]={0, 0, 0, 0, 0};　或　static int a[5];

（4）对数组的前若干个元素赋初值（部分赋初值），没有赋初值的元素也有初值，若是数值型元素初值为0，若是字符型元素初值为“\0”，数组长度不能省略。例如：

```
static int a[4]={1, 2};
```

该语句执行后，各元素的初值为：a[0]=1, a[1]=2, a[2]=0, a[3]=0。

3. 注意

（1）可把字符型数据作为初值赋给整型数组元素，赋的是对应的ASCII码值，例如：

```
static int a[10]={'c', 'd', 'e'};
```

（2）可把整型数据作为初值赋给字符型数组元素，赋的是该整型数作为ASCII码值找到的对应字符，例如：

```
static char a[10]={97, 98, 99};
```

6.2 二 维 数 组

6.2.1 二维数组的定义

当数据元素的下标为两个时，该数组为二维数组。二维数组定义的一般格式为：

存储类型　数据类型　数组名［长度1］［长度2］;

定义一个具有“长度1”×“长度2”个元素的二维数组，其元素的存储类型和数据类型分别由定义中“存储类型”和“数据类型”指定。

说明

（1）存储类型、数据类型、数组名和长度的含义和选取方法同一维数组。

（2）数组元素的各维下标从0开始，最大下标为“长度－1”，二维数组的应用之一是矩阵和行列式。其中，左起第一个下标表示行数，第二个下标表示列数。

例如：

```
float a[3][2];
```

表示数组a是一个3×2（3行2列）的数组，共有6个元素，每个元素都是float型。

（3）也可以把二维数组看做是一种特殊的一维数组：它的元素又是一个一维数组。例如，可将以上的a数组看做是一个一维数组，它有3个元素，分别是a[0]、a[1]、a[2]，每个元素又是一个包含2个元素的一维数组，即相当“int a[0][2], a[1][2], a[2][2]”，可以把a[0]、a[1]、a[2]看做是3个一维数组的名字。

6.2.2 二维数组的引用

不论是一维数组还是二维数组，都不能对其进行整体引用，只能对具体元素进行引用。一般格式为：

数组名［下标1］［下标2］

其中下标1表示引用元素所在的行，下标2表示引用元素所在的列，下标的下限为0，上限为“长度－1”。例如：若定义有int a[4][6]; 则a[0][1]和a[3][2*2]是合法的，但不要写成 a[0, 1]，a[3, 2*2]。

【实例 6-4】分析下列程序。

```
main()
{
    int a[5][5],i,j;
    for(i=0;i<5;i++)
        for(j=0;j<5;j++)
            if(i==j)   a[i][j]=1;
            else   a[i][j]=0;
    for(i=0;i<5;i++)
    {
        for(j=0;j<5;j++)
            printf("%d ",a[i][j]);
        printf("\n");
    }
}
```

分析：程序中定义了一个 5×5 二维数组 a，第 1 个双重循环给数组的 25 个元素赋值，当 i==j 即行、列相等时（为对角线元素），a[i][j]赋 1，否则赋 0。第 2 个双重循环输出数组，i 表示行，j 表示列，i 每进行 1 次循环，j 都要进行 5 次循环，输出第 i 行的所有元素，然后换行。程序运行结果如图 6-1 所示。

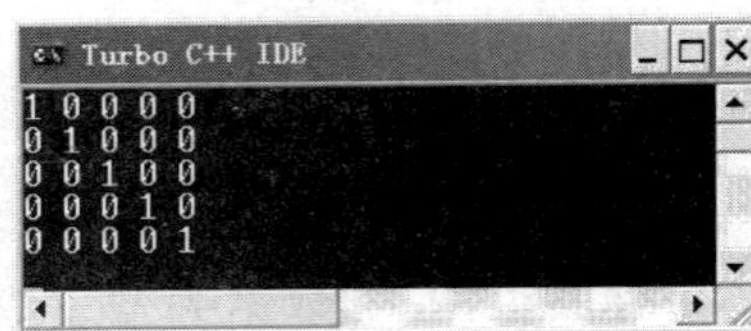

图 6-1 ［实例 6-4］运行结果

6.2.3 二维数组的存储结构

二维数组在内存中仍然是占连续的存储空间，占用的存储空间为元素值类型占用的字节数×数组长度 1×数组长度 2，二维数组的存储结构是“按行存放，先行后列”，即：先存第一行的元素，再存第二行的元素、第三行的元素，依次类推。

例如：

int a[3][4];

它在内存中存放顺序为：a[0][0]、a[0][1]、a[0][2]、a[0][3]、a[1][0]、a[1][1]、a[1][2]、a[1][3]、a[2][0]、a[2][1]、a[2][2]、a[2][3]。

假设问 a[3][4]数组中第 10 个元素是哪个元素，只需知道它的具体存放顺序，很容易知道是 a[2][1]。

6.2.4 二维数组的初始化

在定义二维数组的同时，可使用以下几种方法对二维数组初始化。

（1）分行给二维数组所有元素赋初值。例如：

int a[3][4]={{1, 2, 3, 4}, {5, 6, 7, 8}, {9, 10, 11, 12}};

这种赋初值方法比较直观，把第 1 个花括号内的数据给第 1 行的元素，第 2 个花括号内的数据赋给第 2 行的元素，……，即按行赋初值。初始化后各元素的值为：

a[0][0]=1　　a[0][1]=2　　a[0][2]=3　　a[0][3]=4

a[1][0]=5　　a[1][1]=6　　a[1][2]=7　　a[1][3]=8

a[2][0]=9　　a[2][1]=10　　a[2][2]=11　　a[2][3]=12

（2）不分行给二维数组所有元素赋初值。可以将所有数据写在一个花括号内，按数组排列的顺序对各元素赋初值。例如：

int a[3][4]={1, 2, 3, 4, 5, 6, 7, 8, 9, 10, 11, 12};

效果与前相同。但以第1种方法为好，一行对一行，界限清楚。用第2种方法如果数据多，写成一大片，容易遗漏，也不易检查。

注意

如果对所有元素赋初值，其第1维的长度可以省去，（1）和（2）中的 int a[3][4] 可以写成 int a[][4]。

（3）只对每行或前若干行的前若干个元素赋初值。例如：

a[3][4]={{0, 1}, {4}, {8, 9, 10}};

初始化后各元素的值为：

a[0][0]=0　　a[0][1]=1　　a[0][2]=0　　a[0][3]=0

a[1][0]=4　　a[1][1]=0　　a[1][2]=0　　a[1][3]=0

a[2][0]=8　　a[2][1]=9　　a[2][2]=10　　a[2][3]=0

注意

如果给数组中某些元素赋初值，没有赋初值的元素也有初值。对于数值型数组，其值为0；对于字符型数组，其值为“\0”。

（4）若数组的存储类型为auto，如果不进行初始化，则其元素初值不确定。若数组的存储类型为static，若没有进行初始化，其元素均有初值：数值型元素的初值为0；对于字符型元素的初值为“\0”。

注意

给二维数组赋初值时，行数不能超过定义的行数，每行的初值个数不能超过定义时的列数。下列定义是错误的：

```
int a[2][3]={{1, 2, 3}, {3, 4, 5}, {4, 5, 6}}; /*行数超过了定义的行数*/
int a[3][4]={{1, 2, 3, 4}, {1, 2, 3, 4, 5}};   /*第2行超过了定义时的列数*/
```

【实例6-5】将一个二维数组行和列元素互换，存到另一个二维数组中。运行效果如图6-2所示。

分析：要进行列互换，用i表示行，j表示列，则把数组a中的元素a[i][j]变为数组b中的元素b[j][i]，即：b[j][i]=a[i][j]。

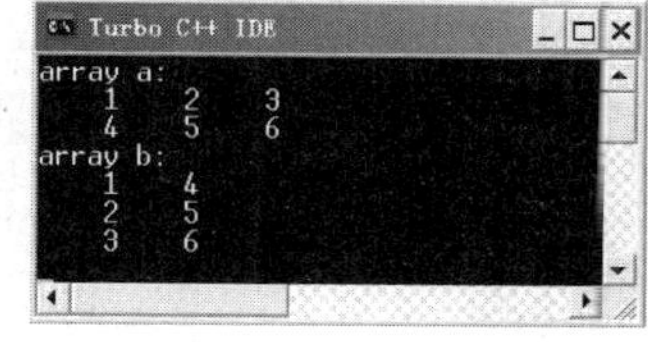

图6-2 ［实例6-5］运行效果

```
main()
{
    static  int a[2][3]={{1,2,3},{4,5,6}};
    static  int b[3][2],i,j;
```

```
    printf("array a: \n");
    for(i=0;i<=1;i++)
    {
        for(j=0;j<=2;j++)
        {
            printf("%5d",a[i][j]);
            b[j][i]=a[i][j];
        }
        printf("\n");
    }
    printf("array b:\n");
    for(i=0;i<=2;i++)
    {
        for(j=0;j<=1;j++)
            printf("%5d",b[i][j]);
        printf("\n");
    }
}
```

6.3 字符数组与字符串

字符数组的数组元素可用来存放字符型数据，一个数组元素可以存放一个字符。字符串是C语言的一种数据类型，它由若干个字符组成，有一个结束标志“\0”。

6.3.1 字符数组的定义和初始化

字符数组的定义、初始化与前面所介绍的一维数组、二维数组的定义、初始化格式基本类同。其类型说明符为char。

1. 字符数组的定义

一维字符数组定义格式为：

存储类型　char　数组名[长度];

二维字符数组定义格式为：

存储类型　char　数组名[长度1][长度2];

需注意的是，字符数组存放字符串时，定义长度中要包含字符串结束标志“\0”的位置。例如：

```
char a[10];               /*定义了长度为10的一维数组a*/
char a[5][10];            /*定义了包含5行10列个字符的二维字符数组a*/
```

2. 字符数组的初始化

字符数组由两种初始化方法。

（1）按单个字符的方式赋初值。例如：

```
char ch[5]={'a', 'b', 'c', 'd', 'e'};
char ch[]={'a', 'b', 'c', 'd', 'e'};
```

注意

初值个数不大于数组长度；若小于数组长度，其余元素自动定为空字符（即“\0”）

（2）把一个字符串作为初值赋给字符数组。例如：

```
char c[6]={"CHINA"};
char c[6]="CHINA";             /*省略{}*/
char c[]={"CHINA"};            /*省略字符串长度*/
char c[]="CHINA";
```

6.3.2 字符串的概念及存储

字符串是指若干有效字符的序列，其表示方法是用双引号将字符序列括起来，如："string"。字符串可以包括转义字符及 ASCII 码表中的字符（控制字符以转义字符出现）。在对字符串进行处理时，字符串存放在字符数组中。

字符串占连续的存储空间，字符串中的每一个字符占一个字节，字符数组名表示存储空间的首地址，即第一个字符的首地址。

例如：char s[14]={"How are you?"};

系统将双引号括起来的字符依次赋给字符数组的各个元素，并自动在末尾补上字符串结束标志“\0”，并一起存到字符数组 s 中，s 的长度为 14，实际字符只有 12 个，其存储示意图如图 6-3 所示。

S[0]	s[1]	s[2]	s[3]	s[4]	s[5]	s[6]	s[7]	s[8]	s[9]	s[10]	s[11]	s[12]	s[13]
H	o	w		a	r	e		y	o	u	?	\0	

图 6-3 字符串的存储

6.3.3 字符串的输入与输出

1. 用 scanf ( )、printf ( ) 函数输入、输出

（1）用格式符“%c”逐个输入、输出。

【实例 6-6】 字符数组中逐个字符输入、输出示例。

```
main()
{
    char c[10];
    int i;
    for(i=0;i<10;i++)
        scanf("%c",&c[i]);
    for(i=0;i<10;i++)
        printf("%c",c[i]);
}
```

分析：程序的第 1 个 for 循环语句，将输入的字符“1”、“2”、“3”、“4”、“5”、…、“0”分别赋给 a[0]、a[1]、a[2]、a[3]、a[4]、…、a[9]，第 2 个 for 循环语句则将字符数组元素的值输出。程序运行结果如图 6-4 所示。

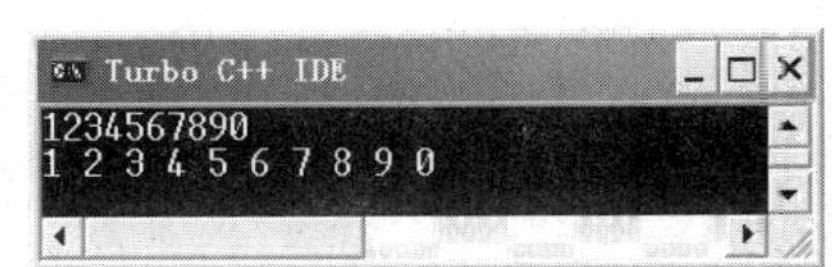

图 6-4 ［实例 6-6］运行结果

注意

利用“%c”进行输入、输出时，每按下一个键均作为一个字符，包括Enter键。

（2）用格式符“%s”整串输入、输出。

由于数组名表示第1个字符的首地址，故在输入、输出时可直接使用数组名，如［实例6-6］可修改为：

```
main()
{
    char c[10];
    int i;
    scanf("%s",c);
    printf("%s",c);
}
```

注意

①输出字符不包括结束符“\0”。

②利用“%s”进行输入时，输入的结束标记是空格或Enter。

③如果数组长度大于字符串实际长度，也只输出到遇“\0”结束。如:

static char c[10]={"China"};

printf ("%s", c);

也只输出“China”5个字符，而不是输出10个字符。这就是用字符串结束标志的好处。

④如果一个字符数组中包含一个以上“\0”，则遇第一个“\0”时输出就结束。

2. 用字符串处理函数输入、输出

字符串的输入、输出还可以使用gets()和puts()进行整体的输入、输出，使用这两个函数必须在程序的开头增加包含命令#include <stdio.h>。

（1）字符串输入函数。

格式：gets（字符数组名）

功能：从键盘上输入一个字符串存入到指定的字符数组中，以“Enter”作为结束标记，返回字符数组的首地址。

（2）字符串输出函数。

格式：puts（字符数组名）

功能：把字符数组中存放的字符串输出，把字符串结束标记转换为Enter换行符。

例如，把［实例6-6］修改为：

```
#include <stdio.h>
main()
{
    char c[10];
    int i;
    gets(c);
    puts(c);
}
```

程序运行结果如图 6-5 所示。

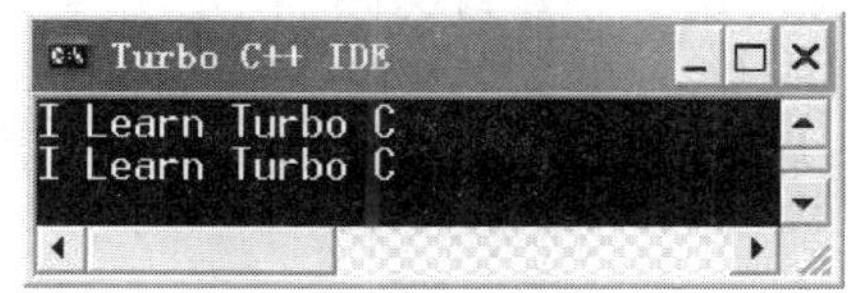

图 6-5 [实例 6-6] 使用字符串输入、输出函数运行结果

从这个程序可以看出，用 gets()函数可以解决字符串中含空格问题。

注意

（1）用 gets()、puts()、scanf（"%s"，…)、printf（"%s"，…)函数进行字符数组的整体输入、输出时，参数是数组名。

（2）注意 gets()和 scanf（"%s"，…)的区别，gets()输入字符串时，其结束标志是"Enter"，而 scanf（"%s"，…)输入字符串时其结束标志是"空格"或"Enter"。

6.3.4 字符串处理函数

C 语言提供了多个专门处理字符串的函数，使用这些库函数可以大大减轻编程负担。在使用前必须加#include <string.h>。下面介绍这些函数的格式及使用方法。

1. 字符串连接函数 strcat()

格式：strcat（字符数组名 1，字符数组名 2）

或　　strcat（字符数组名 1，字符串常量）

功能：将第 2 个参数所指的字符串连接到第 1 个参数所指的字符串的后面，并自动覆盖第 1 个参数所指的字符串的尾部字符"\0"，函数调用后得到一个函数值——字符数组 1 的地址。

【实例 6-7】分析下列程序：

```
#include <string.h>
main()
{
    static char str1[30]="We";
    static char str2[]="study ";
    strcat(str1,str2);
    printf("%s\n",str1);
    strcat(str1,"C Language.");
    printf("%s\n",str1);
}
```

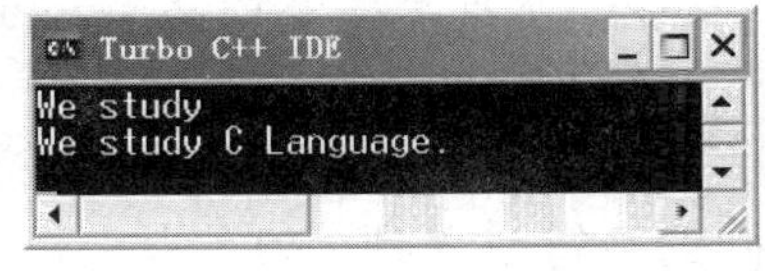

图 6-6 [实例 6-7] 运行结果

程序运行结果如图 6-6 所示。

2. 字符串复制函数 strcpy()

格式：strcpy（字符数组名 1，字符数组名 2 [，整型表达式]）

或　　strcpy（字符数组名 1，字符串常量，[整型表达式]）

功能：将第 2 个参数表示的前“整型表达式”个字符存入到指定的“字符数组名 1”中，若省略“整型表达式”，则将第 2 个参数表示的字符串整个存入“字符数组名 1”中。返回字符数组的首地址。

【实例 6-8】分析下列程序：

```
#include <string.h>
main()
{
    char str1[20],str2[20];
    strcpy(str1, "Hello");
    printf("%s\n",str1);
    strcpy(str2,str1);
    printf("%s,%s\n",str1,str2);
}
```

程序运行结果如图 6-7 所示。

图 6-7 ［实例 6-8］运行结果

注意

（1）字符数组 1 必须定义得足够大，以便容纳被复制的字符串。字符数组 1 的长度不应小于第 2 个参数表示的字符串的长度。

（2）不能用赋值语句将一个字符串常量或字符数组直接赋给一个字符数组。如下面是不合法的：

strl = {"China"};

strl = str2;

而只能用 strcpy()函数处理。用赋值语句只能将一个字符赋给一个字符型变量或字符数组元素。如下面的定义是合法的：

char　a[5]，c1，c2;

c1＝'A'; c2＝'B';

a[0]＝'C'; a[1]＝'h'; a[2]＝'i', a[3]＝'n'; a[4]＝'a';

（3）可以用 strcpy()函数将第 2 个参数表示的字符串中前面若干个字符复制到字符数组 1 中。例如：strcpy (str1, str2, 2)；作用是将 str2 中前面 2 个字符复制到 strl 中去，然后再加一个“\0”。

3．字符串比较函数 strcmp()

格式：strcmp（字符串 1，字符串 2）

功能：对两个字符串自左至右逐个字符相比（按 ASCII 码值大小比较），直到出现不同的字符或遇到“\0”为止。如全部字符相同，则认为相等；若出现不相同的字符，则以第一个不相同的字符的比较结果为准。比较的结果由函数值带回。

（1）如果字符串 1＝字符串 2，函数值为 0。

（2）如果字符串 1＞字符串 2，函数值为一个正整数。

（3）如果字符串 1＜字符串 2，函数值为一个负整数。

注意

对两个字符串比较，不能用："if(strl==str2) printf("yes\n");"，而只能用："if (strcmp (str1, str2)==0) prinif("yes\n");"。

【实例 6-9】字符串比较示例。

```
#include <string.h>
main()
{
    char str1[]={"abcde"};
    char str2[]={"abcdef"};
    strcpy(str1, "Hello");
     if(strcmp(str1,str2)==0)
     printf("yes\n");
    else printf("no\n");
}
```

图 6-8 ［实例 6-9］运行结果

程序运行结果如图 6-8 所示。

4. 测试字符串长度函数 strlen()

格式：strlen（字符数组名）或 strlen（字符串常量）

功能：测试字符串的实际长度，不包括"\0"在内。

【实例 6-10】分析下列程序。

```
#include <string.h>
main()
{
    static char a[20]= "Very good! ";
    int n1,n2;
     n1=strlen("Good bye. ");
    n2=strlen(a);
    printf("n1=%d,n2=%d\n",n1,n2);
}
```

图 6-9 ［实例 6-10］运行结果

程序运行结果如图 6-9 所示。

5. 大写字母全部转换为小写字母函数 strlwr()

格式：strlwr（字符串）

功能：将指定字符串中所有的大写字母转换为小写字母，返回转换后的字符串的首地址。

6. 小写字母全部转换为大写字母函数 strupr()

格式：strupr（字符串）

功能：将指定字符串中所有的小写字母转换为大写字母，返回转换后的字符串的首地址。

6.4 程 序 实 例

【实例 6-11】用冒泡排序方法对 10 个数按由小到大进行排序。

分析：冒泡法的基本思想是 n 个数排序，将相邻两个数依次进行比较，若前面数大，则两个数交换位置，直至最后一个元素被处理，最大的元素就“沉”到最下面，即在最后一个元素位置；然后，再将 $n-1$ 个数继续比较，重复上面操作，直至比较完毕。

可采用双重循环实现冒泡排序，外循环控制进行比较的趟数，内循环实现找出最大的数，并放在最后的位置上。

n 个数进行排序，共进行 $n-1$ 趟，内循环第 1 次循环找出 n 个数的最大值，移放在最后位置上，以后每次循环中其循环次数和参加比较的数依次减 1。若 $n=5$，即对 5 个数进行排序，排序过程如图 6-10 所示。

外 循 环	第 1 趟			第 2 趟			第 3 趟		第 4 趟	
内循环	5 个数比较 4 次			4 个数比较 3 次			3 个数比较 2 次		2 个数比较 1 次	
初值	1 次	2 次	3 次	4 次	1 次	2 次	3 次	1 次	2 次	1 次
9 6 3 2 1	6 9 3 2 1	6 3 9 2 1	6 3 2 9 1	6 3 2 1 9	3 6 2 1 9	3 2 6 1 9	3 2 1 6 9	2 3 1 6 9	2 1 3 6 9	1 2 3 6 9
	最大数 9 沉底 剩余 4 个数继续比较			次大数 6 沉底 剩余 3 个数继续比较			3 沉底 剩余 2 个数继续比较		排序结束	

图 6-10　排序过程

可见，对 n 个数进行排序，共进行 $n-1$ 趟，用 j 表示循环趟数，第 j 趟，要进行 $n-j$ 次比较。

程序如下：

```
#define N 50
main()
{
    int a[N],n,i,j,t;
    printf("nInput n(<50):");
    scanf("%d",&n);                          /*输入要排序的元素的个数*/
    for(i=0;i<n;i++)
        scanf("%d",&a[i]);                   /*输入 m 个元素到数组 a 中*/
    for(j=0;j<n-1;j++)
        for(i=0;i<n-j-1;i++)
            if(a[i]>a[i+1])
            {
            t=a[i];a[i]=a[i+1];a[i+1]=t;     /*相邻元素交换位置*/
            }
```

```
    for(i=0;i<n;i++)
    {
        if(i%4==0) printf("\n");
        printf("%6d",a[i]);
    }
}
```

【实例 6-12】往个人通信录中循环录入记录。程序运行效果如图 6-11 所示。

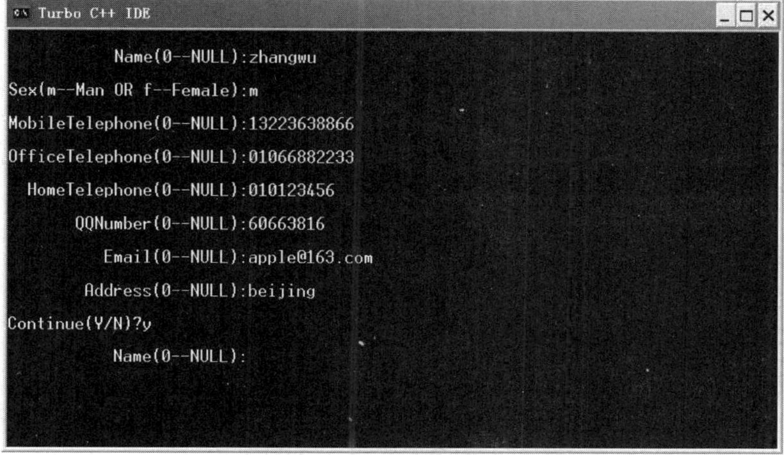

图 6-11 [实例 6-12] 运行效果

```
main( )
{
    char sName[30];
    char sSex[2];
    char sMobileTelephone[15];
    char sOfficeTelephone[15];
    char sHomeTelephone[15];
    char sQQNumber[10];
    char sEmail[50];
    char sAddress[50];
    char cContinue[2];
    do
    {
        printf("\n            Name(0--NULL):");
        scanf("%s",sName);
        printf("\nSex(m--Man OR f--Female):");
        scanf("%s",sSex);
        printf("\nMobileTelephone(0--NULL):");
        scanf("%s",sMobileTelephone);
        printf("\nOfficeTelephone(0--NULL):");
        scanf("%s",sOfficeTelephone);
```

```
        printf("\n  HomeTelephone(0--NULL):");
        scanf("%s",sHomeTelephone);
        printf("\n      QQNumber(0--NULL):");
        scanf("%s",sQQNumber);
        printf("\n         Email(0--NULL):");
        scanf("%s",sEmail);
        printf("\n       Address(0--NULL):");
        scanf("%s",sAddress);
        printf("\nContinue(Y/N)?");
        scanf("%s",&cContinue);
    }while(cContinue[0]=='Y'||cContinue[0]=='y');
}
```

【实例 6-13】从个人通信录中查找是否有姓名叫"zhangsan"的，如果有，则显示他是第几个被输入的；如果没有，则显示不存在。程序运行效果如图 6-12 所示。

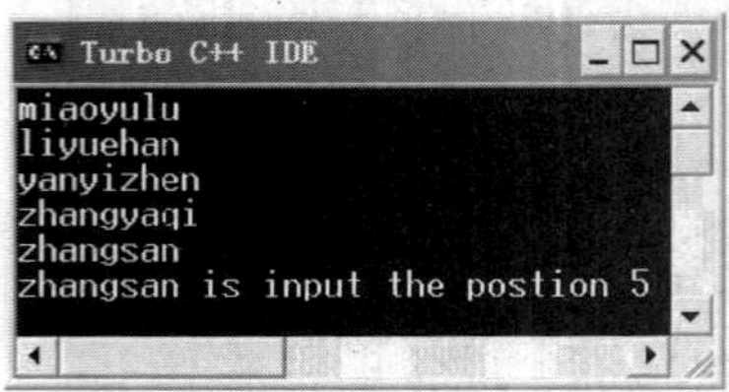

图 6-12 ［实例 6-13］运行效果

```
#include <string.h>
main()
{
    int  i,flag=0;   /*是否查找到的标志*/
    char  cName[5][20];
    for(i=0;i<5;i++)
        scanf("%s",cName[i]);
    for(i=0;i<5;i++)
    {
        if(strcmp(cName[i],"zhangsan")==0)
        {
            printf("zhangsan is input the postion %d \n",i+1);
            flag=1;
            break;
        }
    }
    if(flag==0) printf("zhangsan is not exist\n");
}
```

【实例 6-14】编写一个统计某班 3 门课程成绩的程序，3 门课程分别是英语、高数、C 语言。先输入学生人数，然后按学号输入学生成绩，最后统计每门课程全班的总成绩和平均成绩，以及每个学生课程的总成绩和平均成绩。程序运行效果如图 6-13 所示。

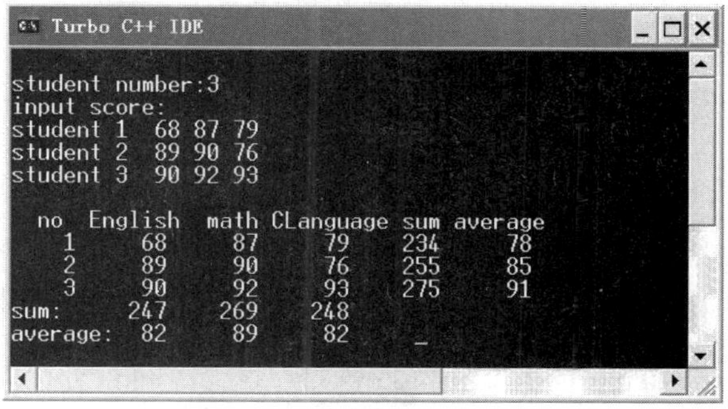

```
Turbo C++ IDE

student number:3
input score:
student 1  68 87 79
student 2  89 90 76
student 3  90 92 93

  no  English   math CLanguage sum average
   1      68      87      79    234     78
   2      89      90      76    255     85
   3      90      92      93    275     91
sum:     247     269     248
average:  82      89      82
```

图 6-13 ［实例 6-14］运行效果

分析：定义一个二维数组 score[50][5]，其中输入学生人数 *n* 应小于 50；i 作为循环变量，从 0 到 50－1（即 49），score[i][0]、score[i][1]、score[i][2]分别存储第（i+1）个人的英语、高数、C 语言成绩，score[i][3]、score[i][4]分别存储第（i+1）个人的总成绩和平均成绩，如图 6-14 所示。用 total[3]和 avg[3]分别存储每门课程总成绩和平均成绩。

编号	英语	高数	C 语言	总分	平均分
学生 1	score[1][0]			score[1][3]	score[1][4]
学生 2					
学生 3					
…	score[i][0]	score[i][1]	score[i][2]	score[i][3]	score[i][4]

图 6-14　二维数组结构

求每个学生课程总成绩和平均成绩，即行求和，然后平均。

```
for(i=0;i<n;i++)
{
    for(j=0,score[i][3]=0;j<3;j++)
        score[i][3]+=score[i][j];
    score[i][4]=score[i][3]/3;
}
```

求每门课程总成绩和平均成绩，即列求和，然后平均。

```
for(j=0;j<3;j++)
{
    for(i=0,total[j]=0;i<n;i++)
        total[j]+=score[i][j];
    avg[i]=total[j]/n;
}
```

程序如下：

```
main()
{
    int score[50][5], total[3], avg[3];
    int i,j,n;
    printf("\nstudent number:");            /*输入学生人数*/
```

```
    scanf("%d",&n);
    printf("input score:\n");
    for(i=0;i<n;i++)                              /*输入每个人的成绩*/
    {
        printf("student %d  ",i+1);
        scanf("%d %d %d",&score[i][0],&score[i][1],&score[i][2]);
    }
    for(i=0;i<n;i++)                              /*求每个学生课程总成绩和平均成绩*/
    {
        for(j=0,score[i][3]=0;j<3;j++)
            score[i][3]+=score[i][j];
        score[i][4]=score[i][3]/3;
    }
    for(j=0;j<3;j++)                              /*求每门课程总成绩和平均成绩*/
    {
        for(i=0,total[j]=0;i<n;i++)
            total[j]+=score[i][j];
        avg[j]=total[j]/n;
    }
    printf("\n  no  English  math CLanguage sum average\n");    /*输出*/
    for(i=0;i<n;i++)
    {
        printf("%5d",i+1);
        for(j=0;j<5;j++)
            printf("%7d",score[i][j]);
        printf("\n");
    }
    printf("sum: ");
    for(i=0;i<3;i++)
        printf("%7d",total[i]);
    printf("\naverage:  ");
    for(i=0;i<3;i++)
        printf("%d     ",avg[i]);
}
```

本 章 小 结

本章主要介绍了一维数组、二维数组和字符数组的使用。

一维数组、二维数组和字符数组的正确定义、初始化及它们的下标的使用，是应用数组的基本知识，读者务必熟练掌握。“[ ]”是数组的标识符，定义中包含几个方括号，就是几维数组；定义时的数组长度必须是整型常量或整型常量表达式，赋初值时初值个数不得多于数组元素个数；引用时下标从 0 到“长度－1”，注意不要越界，灵活运用与循环结合在一起的数组元素引用。

字符数组是数组的一个特例，它与其他数组的区别在于：在字符数组与字符串常量中，C 语言规定了一个“字符串结束标志”，以字符“\0”代表。字符数组长度应包括“\0”。

字符串的输入与输出可以用 scanf()、printf()函数输入、输出，注意用“%c”进行输入、输出时，每按下一个键均作为一个字符，包括 Enter 键。“%s”整串输入时，输入的结束标记是空格或 Enter；也可以用字符串处理函数 gets()和 puts()进行整体的输入、输出，使用这两个函数必须在程序的开头增加包含命令“#include <stdio.h>”，gets()输入字符串时，其结束标志是“Enter”，可以解决字符串中含空格问题。

灵活运用字符串库函数。注意不能直接用“+”连接两个字符串，不能直接用关系运算符比较两个字符串的大小，不能直接用赋值语句将字符串赋予某以字符数组。

习 题

一、选择题

1．有定义语句“int a[][3]={1, 2, 3, 4, 5, 6};”，则 a[1][0]的值是______。

（A）4　　（B）1　　（C）2　　（D）5

2．执行下面的程序段后，变量 k 中的值为_______。

int k=3, s[2]; s[0]=k; k=s[1]*10;

（A）不定值　　（B）33　　（C） 30　　（D）10

3．在定义“int a[10];”之后，对 a 元素的引用正确的是_______。

（A）a[10]　　（B）a[6,3]　　（C）a(6)　　（D）a[10-10]

4．以下程序的输出结果是_______。

```
main()
{
   int a[10],i;
   for(i=9;i>=0;i--)     a[i]=10-i;
   printf("%d%d%d",a[2],a[5],a[8]);
}
```

（A）258　　（B）741　　（C）852　　（D）369

5．以下程序的输出结果是_______。

```
main()
{
   int p[7]={11,13,14,15,16,17,18},i=0,k=0;
   while(i<7&&p[i]%2)  {k=k+p[i];i++;}
   printf("%d\n",k);
}
```

（A）58　　（B）56　　（C）45　　（D）24

6．以下数组定义中不正确的是_______。

（A）int a[2][3];

（B）int d[3][]={{1, 2}, {1, 2, 3}, {1, 2, 3, 4}};

（C）int c[100][100]={0};

（D）int b[][3]={0, 1, 2, 3};

7．以下能正确定义数组并正确赋初值的语句是________。

（A）int N=5, b[N][N];　　（B）int a[1][2]={{1}, {3}};

（C）int c[2][]={{1, 2}, {3, 4}};　　（D）int d[3][2]={{1, 2}, {34}};

8．以下程序段的输出结果是________。

char s[]="\\141\141abc\t";

printf ("%d\n", strlen(s));

（A）9　　（B）12　　（C）13　　（D）14

9．以下程序的输出结果是________。

```
main()
{
    int a[3][3]={{1,2},{3,4},{5,6}},i,j,s=0;
    for(i=1;i<3;i++)
        for(j=0;j<=i;j++)
            s+=a[i][j];
    printf("%d\n",s);
}
```

（A）21　　（B）19　　（C）20　　（D）18

10．以下程序的输出结果是________。

```
main()
{
    int x[3][3]={1,2,3,4,5,6,7,8,9},i;
    for(i=0;i<3;i++)
        printf("%d ",x[i][2-i]);
}
```

（A）1 5 9　　（B）1 4 7　　（C）3 5 7　　（D）3 6 9

11．以下程序的输出结果是________。

```
main()
{
    char w[][10]={"ABCD","EFGH","IJKL","MNOP"},k;
    for(k=1;k<3;k++)
        printf("%s\n",w[k]);
}
```

（A）ABCD
FGH
KL
M　　（B）ABCD
EFG
IJ　　（C）EFG
JK
O　　（D）EFGH
IJKL

12．下列程序执行后的输出结果是______。

```
#include <string.h>
main()
{
    char arr[2][4];
```

```
    strcpy(arr, "you");
    strcpy(arr[1], "me");
    arr[0][3]='&';
    printf("%s\n",arr);
}
```

（A）you&me （B）you （C）me （D）err

13．下列程序执行后的输出结果是______。

```
#include <string.h>
main()
    {
    char s[]="\n123\\";
    printf("%d,%d\n",strlen(s),sizeof(s));
}
```

（A）赋初值的字符串有错 （B）6, 7

（C）5, 6 （D）6, 6

14．以下程序的输出结果是______。

```
f(int b[],int m,int n)
{
    int i,s=0;
    for(i=m;i<n;i=i+2)  s=s+b[i];
    return(s);
}
main()
{
    int x,a[]={1,2,3,4,5,6,7,8,9};
    x=f(a,3,7);
    printf("%d\n",x);
}
```

（A）10 （B）18 （C）8 （D）15

15．以下程序中的函数 f()的功能是将 *n* 个字符串按由大到小的顺序进行排序，程序运行后的输出结果是______。

```
#include <string.h>
void f(char p[][10],int n)
{
    char t[20];
    int i,j;
    for(i=0;i<n-1;i++)
       for(j=i+1;j<n;j++)
           if(strcmp(p[i],p[j])<0)
           { strcpy(t,p[i]);  strcpy(p[i],p[j]);  strcpy(p[j],t);  }
}
main()
{
    char p[][10]={"abc","aabdfg","abbd","dcdbe","cd"};
```

```
    f(p,5);
    printf("%d\n",strlen(p[0]));
}
```

（A）6　　（B）4　　（C）5　　（D）3

二、填空题

1．当接收用户输入的含空格的字符串时，应使用的函数是________。

2．在定义“int a[5][6];”后，第 10 个元素是________。

3．以下程序的输出结果是________。

```
main()
{
    char s[]="abcdef";
    s[3]='\0';
    printf("%s\n",s);
}
```

4．有以下程序：

```
main()
{
    int m[][3]={1,4,7,2,5,8,3,6,9};
    int i,k=2;
    for(i=0;i<3;i++)
        printf("%d",m[k][i]);
}
```

执行后的输出结果是________。

5．下列程序段的运行结果是________。

```
char ch[]="600";
int a,s=0;
for(a=0;ch[a]>='0'&&ch[a]<='9';a++)   s=10*s+ch[a]-'0';
printf("%d",s);
```

6．若有以下程序：

```
main()
{
    int a[4][4]={{1,2,-3,-4},{0,-12,-13,14},
                 {-21,23,0,-24},{-31,32,-33,0}};
    int i,j,s=0;
    for(i=0;i<4;i++)
    {
        for(j=0;j<4;j++)
        {
            if(a[i][j] <0)   continue;
            if(a[i][j] ==0)   break;
            s+=a[i][j];
        }
    }
    printf("%d\n",s);
}
```

执行后的输出结果是_______。

7．以下程序的输出结果是_______。

```
main()
{
    int b[3][3]={0,1,2,0,1,2,0,1,2},i,j,t=1;
    for(i=0;i<3;i++)
       for(j=i;j<=i;j++)
           t=t+b[i][b[j][i]];
    printf("%d\n",t);
}
```

8．下面程序的功能是：将字符数组 a 中下标值为偶数的元素从小到大排列，其他元素不变。请填空。

```
#include <stdio.h>
#include <string.h>
main()
{
    char a[]="clanguage",t,m;
    int i,j,k;
    k=strlen(a);
    for(i=0;i<=k-2;i+=2)
    {
        m=i;
        for(j=i+2;j<=k;_____)
            if(a[m]>a[j])   m=j;
        if(_____)  { t=a[i];  a[i]=a[m];  a[m]=t;}
    }
    puts(a);
    printf("\n");
}
```

三、编程题

1．编写一个程序，从键盘输入 10 个学生成绩，统计最高分、最低分和平均分。

2．求一个 3×3 矩阵对角线元素之和。

3．用选择排序法对数组中的 *N* 个整数排序，按由小到大顺序输出。

4．将数组 a 的内容逆置重放。要求不得另外开辟数组，只能借助于一个临时存储单元。

5．从键盘输入一字符串，要求从该串中删去一字符。

6．输入一行字符，统计数字字符、字母字符及其他字符的个数。

第 7 章 函　数

本章主要内容：

本章介绍函数的作用与分类、函数的定义、函数的调用（一般调用、嵌套调用和递归调用）、函数的声明、变量的作用域和存储类型以及内部函数和外部函数等内容。

本章重点：

函数的定义与调用。

本章难点：

嵌套调用与递归调用、局部变量与全局变量的应用。

7.1　函数的作用及其分类

7.1.1　函数的作用

在程序设计语言中，函数是一个可以重复调用的、功能相对独立完整的代码片断。C 程序是由函数组成的，函数是 C 程序的基本单元。前面章节中所遇到的 C 程序都包含一个 main 函数，即主函数，一个 C 源程序必须有一个也只能有一个 main 函数。在实际应用中，一个 C 程序中可以包含多个函数。main()函数可以调用其他函数，但不能被其他函数所调用，整个程序从该主函数开始执行。

在 C 语言中，利用函数可以实现模块化的程序设计，程序员把一个复杂的问题分解为若干个任务相对独立的子问题，针对每个子问题编写相应的函数，这样解决复杂问题的复杂程序就由一些相互充分独立并且任务单一的函数组成，使程序的层次结构清晰，便于程序的编写、阅读和调试。例如，要开发一个个人通信录管理系统，可将其分解为若干个子模块，以方便问题的解决，如图 7-1 所示。

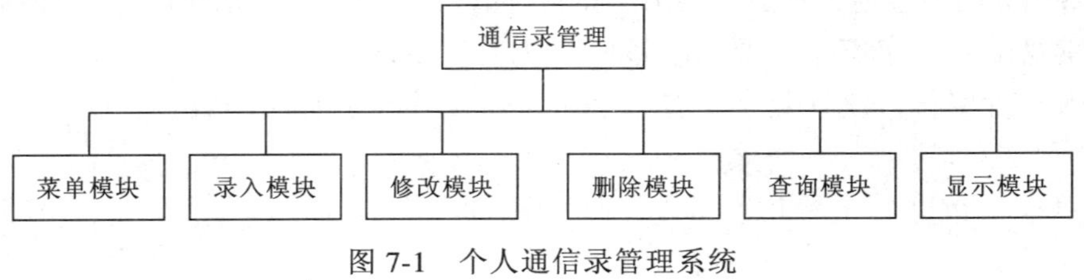

图 7-1　个人通信录管理系统

7.1.2　函数的分类

在 C 语言中可从不同的角度对函数进行分类。

1. 从函数定义的角度看，函数可分为库函数和用户自定义的函数两种

（1）库函数。库函数由C系统提供，用户无须定义，也不必在程序中作类型说明，只需在程序前包含该函数原型的头文件即可在程序中直接调用。在前面各章的实例中反复用到printf()、scanf()、getchar()、putchar()等函数均属此类。

（2）用户自定义的函数。自定义函数是用户根据需要所编写的，使用自定义函数，不仅要在程序中定义函数本身，而且在主调函数模块中还必须对该被调函数进行类型声明，然后才能使用。

2. 根据函数有无返回值，可以把函数分为有返回值函数和无返回值函数两种

（1）有返回值函数。有返回值类函数被调用执行完后将向调用者返回一个执行结果，即函数的返回值。

（2）无返回值函数。无返回值类函数被调用执行完成后不向调用者返回函数值，用户在定义此类函数时可指定它的返回类型为“空类型”，空类型的说明符为void。

3. 从函数的形式看，可以分为无参函数和有参函数两种

（1）无参函数。无参函数在函数定义、函数声明及函数调用中均不带参数。主调函数和被调函数之间不进行参数传送。此类函数通常用来完成一组指定的功能，可以返回或不返回函数值。

（2）有参函数。也称为带参函数。在函数定义及函数声明时都有参数，称为形式参数（简称为“形参”）。在函数调用时也必须给出参数，称为实际参数（简称为“实参”）。进行函数调用时，主调函数将把实参的值传送给形参，供被调函数使用。

4. C语言提供了极为丰富的库函数，这些库函数又可从功能角度作以下分类

（1）字符类型分类函数。用于对字符按ASCII码分类：字母、数字、控制字符、分隔符、大小写字母等。

（2）转换函数：用于字符或字符串的转换；在字符量和各类数字量（整型、实型等）之间进行转换；在大、小写之间进行转换。

（3）目录路径函数：用于文件目录和路径操作。

（4）诊断函数：用于内部错误检测。

（5）图形函数：用于屏幕管理和各种图形功能。

（6）输入输出函数：用于完成输入输出功能。

（7）接口函数：用于与DOS、BIOS和硬件的接口。

（8）字符串函数：用于字符串操作和处理。

（9）内存管理函数：用于内存管理。

（10）数学函数：用于数学函数计算。

（11）日期和时间函数：用于日期、时间转换操作。

（12）进程控制函数：用于进程管理和控制。

（13）其他函数：用于其他各种功能。

在编写C语言程序时，根据需要合理地使用函数来构建程序模块，可以方便程序的修改和维护，方便阅读和理解，也是程序员常用的一种编程手段。C语言函数库极其丰富，

功能也十分强大，本书只涉及部分常用的函数，读者应从中掌握函数的各种使用方法，能够举一反三、触类旁通。

7.2 函数的定义与调用

7.2.1 函数的定义

1. 无参函数的一般形式

定义无参函数的一般形式为：

```
存储类型  数据类型  函数名()
{
    类型说明
    语句
}
```

说明

（1）函数存储类型指出函数的作用范围，只有 static 和 extern 两种。static 说明函数只能用于其所在源文件；extern 说明的函数可被其他源文件中的函数调用。

（2）数据类型实际上是函数返回值的类型。如果函数没有返回值，则必须在函数定义时设置数据类型为 void，表示空类型。

（3）函数名是由用户定义的标识符，函数名后有一个空括号，其中无参数，但括号不可少。{ }中的内容称为函数体。在函数体中的类型说明是对函数体内部所用到的变量的类型说明。

【实例 7-1】定义一个函数，用于显示个人通信录管理系统操作菜单。

```
void MainMenu()   /*定义无参函数*/
{
    printf("---------------------\n");
    printf("     Main Menu      \n");
    printf("---------------------\n");
    printf("    1----Insert      \n");
    printf("    2----Delete      \n");
    printf("    3----Modify      \n");
    printf("    4----View       \n");
    printf("    5----Search      \n");
    printf("---------------------\n");
    printf("Please choose 1~5:");
}
```

MainMenu()函数为无参函数，且没有返回值。MainMenu()函数中没有定义变量，无类型说明。

2. 有参函数的一般形式

定义有参函数的一般形式为：

存储类型　数据类型　函数名（形式参数表列）

{

　　类型说明

　　语句

}

【实例 7-2】定义一个函数，用于求两个数中的大数。

```
int max(int x,int y)
{
    int z;
    z=(x>y)?x:y;
    return z;
}
```

从有参函数的形式上可以看出，有参函数比无参函数多了一个“形式参数表列”，在形式参数表列中需要对形式参数的类型进行说明，如果有多个形式参数，则需要用逗号隔开。实例中的 max 函数用于求两个数中的最大数，函数的返回值为一个整数。x 和 y 是 max 函数的两个形参，它们的类型均为整型，它们的具体值由主调函数在调用的时候传递过来。形式参数作为局部变量可以在函数体中直接使用。return 语句用于将函数值返回给主调函数。

这种定义形式称为“现代格式”，在某些时候我们也会见到有参函数的如下定义格式：

```
int max(x,y)
int x,y;
{
    int z;
    z=(x>y)?x:y;
    return z;
}
```

这是函数定义的“传统格式”，函数的首部指明函数的类型、函数的名称和形式参数的名称，而形式参数的类型则另起一行进行声明。这种格式不易于编译系统检查，从而会引起一些非常细微而且难于跟踪的错误。在函数定义和函数声明（后面将要介绍）时，采用“现代格式”，给出了形式参数及其类型，在编译时易于对它们进行查错，从而保证了函数说明和定义的一致性。在以后的编程中建议读者采用“现代格式”进行函数的定义。

7.2.2 函数的调用

【实例 7-3】显示个人通信录管理系统操作菜单，并根据用户的选择显示不同信息。程序运行效果如图 7-2 所示。

```
void MainMenu()
{
    printf("--------------------\n");
    printf("       Main Menu        \n");
```

```
    printf("---------------------\n");
    printf("     1----Insert      \n");
    printf("     2----Delete      \n");
    printf("     3----Modify      \n");
    printf("     4----View        \n");
    printf("     5----Search      \n");
    printf("---------------------\n");
    printf("Please choose 1~5:");
}
void main()
{
    int key;
    MainMenu();              /*调用MainMenu函数*/
    scanf("%d",&key);
    switch(key)
    {
        case 1:printf("Call Insert()\n");break;
        case 2:printf("Call Delete()\n");break;
        case 3:printf("Call Moidify()\n");break;
        case 4:printf("Call View()\n");break;
        case 5:printf("Call Search()\n");break;
        default:printf("Input error!");
    }
}
```

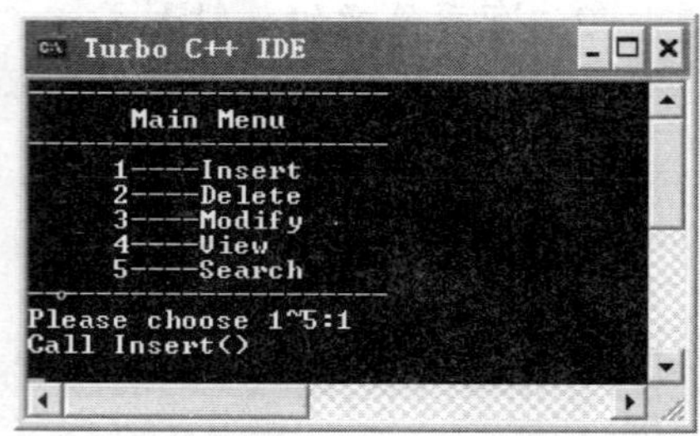

图 7-2 ［实例 7-3］运行效果

程序中调用了MainMenu函数、scanf函数和printf函数，其中MainMenu函数是用户自定义的无参函数，而sancf函数和printf函数是库函数，且都有参数。

1. 函数调用的一般形式

函数调用的一般形式为：

函数名（实际参数表列）;

（1）调用无参函数时，没有实际参数表列，但函数名后的括号不能省略。

（2）实际参数表列中的参数可以是常数、变量或其他构造类型数据及表达式。

（3）多个实参要用逗号分隔开来，并且实参与形参的个数应相等，数据类型应一致。

（4）实参与形参按顺序对应，一一传递数据。需要说明的是，如果实参表列包括多个实参，对实参求值的顺序并不是确定的，有的系统按自左至右顺序求实参的值，有的系统则按自右至左顺序，需通过实践来确定。

2. 函数调用的方式

在C语言中，根据函数在程序中出现的位置，将函数调用分为以下3种方式：

（1）函数表达式。函数出现在表达式中，并且要返回一个值来参与表达式的运算。例如：

```
z=max(x, y)
```

是一个赋值表达式，把max()的返回值赋予变量z。

（2）函数语句。函数调用的一般形式加上分号即构成函数语句。例如：

```
MainMenu();
scanf("%d",&key);
printf("%d",key);
```

都是以函数语句的方式调用函数。

（3）函数参数。函数调用作为一个函数的实参。例如：

```
m=max(a,max(b,c));
```

其中 max（b, c）是一次函数调用，它的值作为 max()另一次调用的实参。m 的值是 a、b、c 三者最大的。又如：

```
printf("%d", max(a, b));
```

也是把 max（a, b）作为 printf()函数的一个参数。

函数调用作为另一个函数的参数，实质上也是函数表达式调用的一种。

3. 函数声明

函数的调用要遵循“先声明，后使用”的原则。

（1）如果调用库函数，通常需要在程序的开头用#include 命令将调用有关库函数时所需要的信息包含到程序文件中。例如，调用 getchar()、putchar()数时需要在程序的开头包含 stdio.h 头文件；调用 sqrt()时需要在程序的开头包含 math.h 头文件。

（2）如果调用用户自己定义的函数，而且该函数与调用它的函数（即主调函数）在同一个文件中，一般还应该在主调函数中对被调用的函数作声明，即向编译系统声明将要调用此函数，并将有关信息通知编译系统。

C 语言中函数声明的格式为：

（1）函数类型 被调函数名（参数类型 1，参数类型 2……）；

（2）函数类型 被调函数名（参数类型 1 形参名 1，参数类型 2 形参名 2……）；

例如：

```
float sum();                /*声明一个浮点型函数*/
void  f(int a);             /*声明一个不返回值的函数*/
int  max(int x,int y);      /*声明一个整型函数*/
```

说明

（1）格式（2）在格式（1）的基础上增加了形式参数的名称，因为编译系统并不检查参数名称，所以函数声明时有无形式参数的名称效果相同。对于无参函数的声明无需指定参数类型和参数名称。

（2）函数“定义”和函数“声明”并不是一回事。“定义”是指对函数功能的确立，包括指定函数名、函数值类型、形参及其类型、函数体等，它是一个完整的、独立的函数单位。而“声明”的作用则是把函数的名字、函数类型以及形参的类型、个数和顺序通知编译系统，以便在调用该函数时系统按此进行对照检查（例如，函数名是否正确，实参与形参的类型和个数是否一致）。从程序中可以看出函数声明与函数定义中的函数头部分相同，但是末尾加分号就成为对函数的“声明”。

C 语言中规定在以下几种情况下可以省去主调函数中对被调函数的函数声明：

（1）如果被调函数的返回值是整型或字符型，可以不对被调函数作声明，而直接调用。这时系统将自动对被调函数返回值按整型处理。

（2）如果被调函数的函数定义出现在主调函数之前，在主调函数中也可以不对被调函数再作声明而直接调用。

（3）如果在所有函数定义之前，在函数外预先声明了各个函数的类型，则在以后的各主调函数中，可不再对被调函数作声明。例如：

```
void insert();              /*函数声明*/
void search();              /*函数声明*/
main(){
……
}
void insert(){
……
}
void search(){
……
}
```

insert()和 search()已经在前两行中进行了声明，因此在以后各函数中无须再对 insert()和 search()函数作说明就可直接调用。

（4）对库函数的调用不需要再作说明，但必须把该函数的头文件用#include 命令包含在源文件前部。

7.2.3 参数的传递

1．函数的参数

函数的参数分为形式参数（形参）和实际参数（实参）两种。形参出现在函数定义中，在整个函数体内都可以使用，离开该函数则不能使用。实参出现在主调函数中，进入被调函数后，实参变量也不能使用。形参和实参可以同名，但它们的作用范围不相同。形参和实参的功能是用来进行数据的传送。当发生函数调用时，主调函数把实参的值传送给被调函数的形参，从而实现主调函数向被调函数的数据传送。

【实例 7-4】求两个数中的最大值。程序运行效果如图 7-3 所示。

```
int max(int x,int y)        /*函数定义*/
{                           /*函数体*/
    int z;
    z=(x>y)?x:y;
    return (z);             /*返回函数值*/
}
void main()
{
    int a,b,c;
```

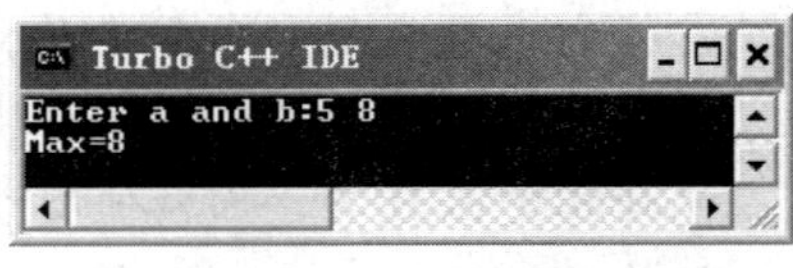

图 7-3 ［实例 7-4］运行效果

```
    printf("Enter a and b:");
    scanf("%d %d",&a,&b);
    c=max(a,b);                       /*函数调用*/
    printf("Max=%d\n",c);
}
```

本程序定义了一个 max 函数，该函数的返回值类型是整型。x 和 y 为形式参数，都是整型。在主函数中通过 max（a,b）来调用该函数，a 和 b 为实际参数。在调用时，实参 a 的值传递给形参 x，实参 b 的值传递给形参 y。max（a,b）的值通过 return 语句获得，然后将该函数的值赋给 c，最后完成输出。

在使用形参和实参时需注意以下几点。

（1）形参变量只有在被调用时才分配内存单元，在调用结束时，即刻释放所分配的内存单元。因此，形参只有在函数内部有效。函数调用结束返回主调函数后则不能再使用该形参变量。

（2）实参可以是常量、变量、表达式、函数等，无论实参是何种类型的量，在进行函数调用时，它们都必须具有确定的值，以便把这些值传送给形参。因此应预先用赋值，输入等办法使实参获得确定值。

（3）实参和形参在数量、类型和顺序上应保持一致，否则会发生“类型不匹配”的错误。

（4）函数调用中发生的数据传送是单向的。即只能把实参的值传送给形参，而不能把形参的值反向地传送给实参。因此在函数调用过程中，形参的值发生改变，而实参中的值不会变化。

【实例 7-5】数组名作为函数的参数。程序运行效果如图 7-4 所示。

```
void enter(int b[5])          /*定义函数*/
{
    int j;
    for(j=0;j<5;j++)
    {
        printf("Input b[%d]:",j);
        scanf("%d",&b[j]);
    }
}
void main()
{
    int i,a[5];
    enter(a);                 /*调用函数*/
    printf("array a:");
    for(i=0;i<5;i++)
    printf(" %d",a[i]);
}
```

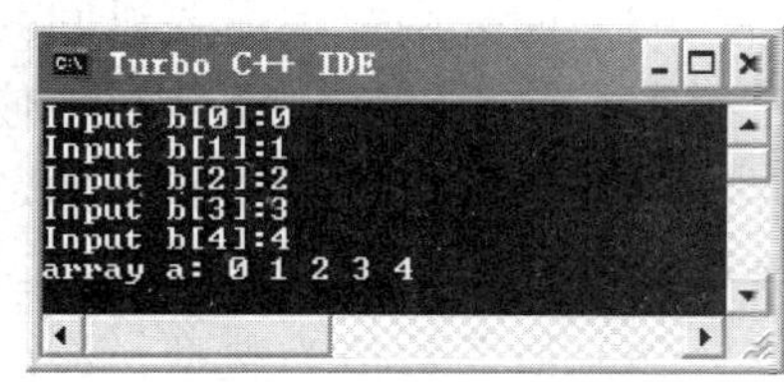

图 7-4 ［实例 7-5］运行效果

主函数在调用 enter 函数时数组名称作为函数的参数，a 为实参数组名，b 为形参数组名，分别在其所在的函数中定义，并且数组类型要一致。在函数调用时，并不是把实参数组元素的值传递给形参，而是把实参数组的起始地址传递给形参，这样两个数组就共占同一段内存空间，即数组 a 与数组 b 在内存中占用同一段内存单元，a[0]与 b[0]同占一个单元，a[1]与 b[1]同占一个单元等等，因此形参数组 b 中各元素的值发生变化会使实参数组 a 中元素的值同时发生变化。数组名作为函数参数时，形参数组可以不指定大小，因为编译时并不对形参数组的大小进行检查，只是将实参数组的首地址传递给形参数组。此时可以在定义形参数组时在数组名后面跟上一个空的方括号，有时为了在被调函数中处理数组元素的需要，可以另设一个参数来传递需要处理的数组元素的个数。

2. 函数的值

函数的值是指函数被调用之后，执行函数体中的程序段所取得的并返回给主调函数的值。C 语言中函数的值通过 return 语句返回给主调函数。

return 语句的一般形式为：

return 表达式；

或者为：

return（表达式）；

该语句的功能是计算表达式的值，并返回给主调函数，同时退出该函数。

使用 return 语句需注意以下几点：

（1）在函数中允许有多个 return 语句，但每次调用只能有一个 return 语句被执行，因此只能返回一个函数值。当执行到某个 return 语句时，该函数的调用结束，程序将返回到该函数的被调用处，继续执行主调函数的后续代码。

（2）如果函数没有 return 语句，当函数体执行完毕后，仍然会返回到主调函数，此时返回的是一个不确定的函数值。

（3）如果函数不需要返回函数值，则应该将函数类型定义为 void。一旦函数被定义为空类型，就不能在主调函数中使用被调函数的函数值。

（4）函数值的类型和函数定义中函数的类型应保持一致。如果两者不一致，则以函数类型为准，自动进行类型转换。

（5）如函数值为整型，在函数定义时可以省去类型说明。

7.3 函数的嵌套调用与递归调用

7.3.1 函数的嵌套调用

C 语言的函数定义都是相互平行、独立的，一个函数中不能包含另一个函数，即 C 语言中不允许函数的嵌套定义。但是 C 语言允许在一个函数的定义中出现对另一个函数的调用，这就是函数的嵌套调用，即在被调函数中又调用其他函数。

【实例 7-6】通过函数实现数组元素的输入、排序和输出。程序运行效果如图 7-5 所示。

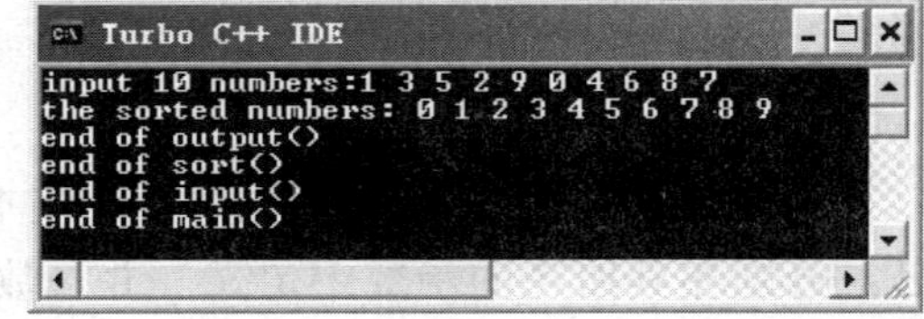

图 7-5 ［实例 7-6］运行效果

```
void output(int d[])              /*定义函数用于输出数组的元素*/
{
    int i;
    printf("the sorted numbers:");
    for(i=0;i<10;i++)
        printf(" %d",d[i]);
    printf("\n");
    printf("end of output()\n");
}
void sort(int c[10])              /*定义函数用于对数组元素由小到大进行排序*/
{
    int i,j,t;
    for(j=0;j<9;j++)
        for(i=0;i<9-j;i++)
            if(c[i]>c[i+1])
                {t=c[i];c[i]=c[i+1];c[i+1]=t;}
    output(c);                    /*调用数组元素输出函数*/
    printf("end of sort()\n");    /*output 函数调用结束后输出*/
}
void input(int b[10])             /*定义函数用于输入数组的元素*/
{
    int i;
    printf("input 10 numbers:");
    for(i=0;i<10;i++)
        scanf("%d",&b[i]);
    sort(b);                      /*调用对数组元素进行排序的函数*/
    printf("end of input()\n");   /*sort 函数调用结束后输出*/
}
void main()
{
    int a[10];
    input(a);                     /*调用数组元素输入函数*/
    printf("end of main()\n");    /*input 函数调用结束后输出*/
}
```

程序运行时，主函数调用 input 函数，将实参数组 a 的首地址传递给形参数组 b，完成数组元素的输入。在 input 函数中又调用 sort 函数，将实参数组 b 的首地址传递给形参数组 c。sort 函数对数组进行排序后，又调用 output 函数，将实参数组 c 的首地址传递给形参数组 d，output 函数完成数组元素的输出。output 函数最后输出 end of output()，然后返回到 sort 函数中 output 函数的调用处，继续执行 sort 函数的其他语句，输出 end of sort()。sort 函数执行完毕后，返回 input 函数中 sort 函数调用处，执行 input 函数的剩余语句，输出 end of input()。input 函数调用结束后返回到主函数，最后输出 end of main()。程序中数组 a、b、c、d 使用的是同一段内存单元。整个函数嵌套调用过程如图 7-6 所示。

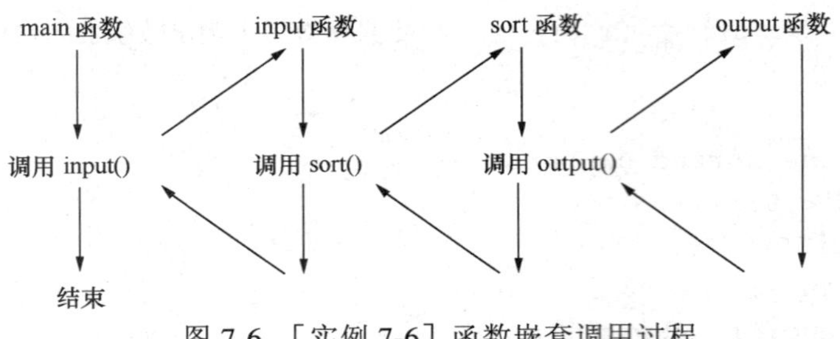

图 7-6 ［实例 7-6］函数嵌套调用过程

7.3.2 函数的递归调用

在调用一个函数的过程中又出现直接或间接地调用该函数本身，称为函数的递归调用，这种函数称为递归函数。例如，有函数 f()如下：

```
int f (int x)
 { int y;
   z=f(y);
   return z;
}
```

该函数是一个递归函数。在调用函数 f()的过程中，又要调用 f()函数，这是直接调用本函数，如图 7-7 所示。同样也可以间接调用该函数本身，如 f1 函数调用 f2 函数，而 f2 函数又调用 f1 函数。在使用递归调用时，如果不加控制，函数将无休止地调用其自身，这当然是不正确的。为了防止递归调用无终止地进行，函数内必须有终止递归调用的手段。常用的办法是加判断条件，满足某种条件后就不再作递归调用，然后逐层返回。下面举例说明递归调用的执行过程。

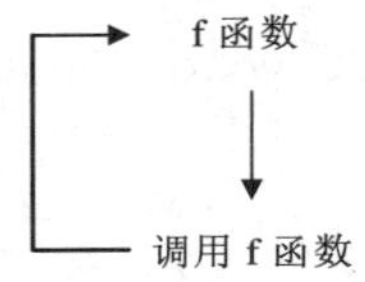

图 7-7 函数调用

【实例 7-7】用递归法计算 n!。

求 n!可以用递归方法，如 5!＝5×4!；4!＝4×3!；3!＝3×2!；2! ＝2×1!；1!＝1。归纳起来，用递归法计算 n!可用下述公式表示：

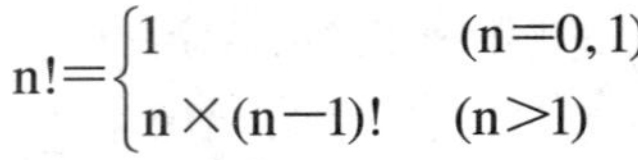

$$n!=\begin{cases}1 & (n=0,1)\\ n\times(n-1)! & (n>1)\end{cases}$$

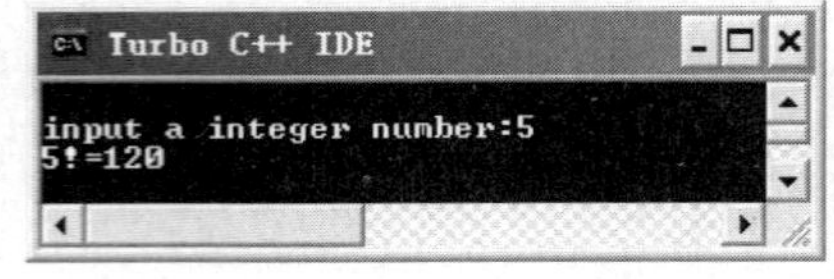

图 7-8 ［实例 7-7］运行效果

程序运行效果如图 7-8 所示。

```
long fac(int n)                /*定义递归函数，用于求 n!*/
{
    long f;
    if(n==0||n==1)     f=1;
    else   f=n*fac(n-1);       /*函数递归调用，求(n-1)!*/
    return(f);
}
void main()
{
    int n; long y;
```

```
    printf("\ninput a integer number: ");
    scanf("%d",&n);
    if(n<0)
        printf("n<0,input error");
    else
    {
        y=fac(n);                   /*调用 fac 函数*/
        printf("%d!=%ld",n,y);
    }
}
```

程序中的 fac()是一个递归函数。当 n≥0 时，主函数调用 fac()，开始 fac()函数的执行，当 n=0 或 n=1 时，都将该结束函数的执行，当 n>1 时递归调用 fac()函数自身。由于每次递归调用的实参为 n-1，即把 n-1 的值赋予形参 n，最后当 n-1 的值为 1 时再作递归调用，形参 n 的值也为 1，将使递归终止，然后可逐层退回。

设执行本程序时输入为 5，即求 5!。因为 5>0，所以在主函数中的调用语句即为 y=fac（5），进入 fac 函数后，由于 n=5，不等于 0 或 1，故应执行 f=n*fac(n-1)，即 f=5*fac(5-1)。该语句对 fac 作递归调用即 fac(4)。进行四次递归调用后，fac 函数形参取得的值变为 1，故不再继续递归调用而开始逐层返回主调函数。fac(1)的函数返回值为 1，fac(2)的返回值为 2*1=2，fac(3)的返回值为 3*2=6，fac(4)的返回值为 4*6=24，最后返回值 fac(5)为 5*24=120。递归调用过程如图 7-9 所示。

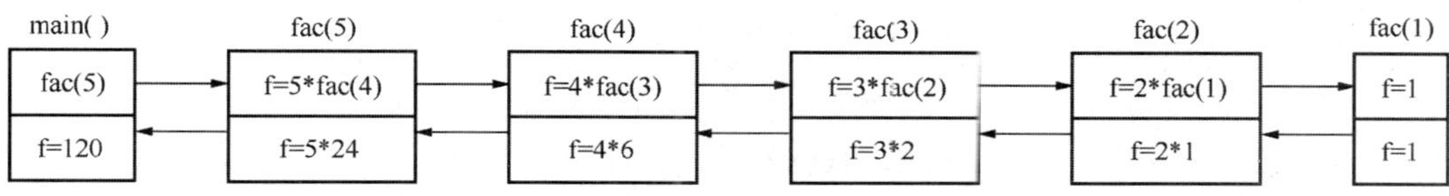

图 7-9 递归调用过程

7.4 变量的作用域与存储类型

7.4.1 变量的作用域

C 语言中的变量，按作用域范围可分为局部变量和全局变量两种。

1. 局部变量

局部变量也称为内部变量，是在函数内部定义的变量。其作用域仅限于函数内，在该函数之外不能使用。前面提到的实际参数和形式参数都是局部变量。

例如：

```
int f1(int a)          /*函数 f1()*/
{
    int b,c;
    …… }               /*a、b、c 作用域仅限于函数 f1()中*/
int f2(int x)          /*函数 f2*/
```

```
{
    int y,z;
    …  }                    /*x、y、z 作用域仅限于函数 f2()中*/
void main()
{
    int m,n;
    …  }                    /*m、n 作用域仅限于函数 main()中*/
```

函数 f1()内定义了 3 个变量，a 为形参，b、c 为一般变量。在 f1()的范围内 a、b、c 有效，或者说 a、b、c 变量的作用域限于 f1()内。同理，x、y、z 的作用域限于 f2()内。m、n 的作用域限于 main()函数内。

使用局部变量时需注意以下几点：

（1）主函数中定义的变量也只能在主函数中使用，不能在其他函数中使用。同时，主函数中也不能使用其他函数中定义的变量。

（2）实参变量是属于主调函数的局部变量，形参变量是属于被调函数的局部变量。

（3）允许在不同的函数中使用相同的变量名，它们代表不同的对象，分配不同的单元，互不干扰，也不会发生混淆。

（4）在复合语句中也可定义变量，其作用域只在复合语句范围内。例如：

```
void main()
{
    int s,a;
    ……
    {
        int b;
        s=a+b;
        ……                  /*b 作用域*/
    }
    ……                      /*s、a 作用域*/
}
```

【实例 7-8】变量的作用域。

```
void main()
{
    int i=2,j=3,k;
    k=i+j;
    {
        int k=8;    /*在复合语句中定义变量 k*/
        i=3;
        if(i) printf("%d\n",k);
    }
    printf("%d %d\n",i,k);
}
```

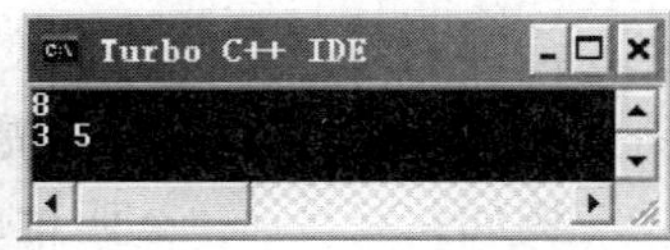

图 7-10 ［实例 7-8］运行结果

程序运行结果如图 7-10 所示。

本程序在 main()中定义了 i、j、k 三个变量，其中 k 未赋初值。而在复合语句内又定义了一个变量 k，并赋初值为 8。应该注意这两个 k 不是同一个变量。在复合语句外由 main()定义的 k 起作用，而在复合语句内则由在复合语句内定义的 k 起作用。因此程序第 4 行的

k为main()所定义，其值应为5。第7行输出k值，该行在复合语句内，由复合语句内定义的k起作用，其初值为8。因为“i=3;”，变量i被赋值为3，而“非零为真”，所以复合语句中的if条件成立，执行输出，故输出值为8。第9行输出i、k值。i是在整个程序中有效的，第7行对i赋值为3，故输出也为3。而第9行已在复合语句之外，输出的k应为main()所定义的k，此k值在第4行已获得为5，故输出也为5。

2. 全局变量

全局变量也称为外部变量，是在函数外部定义的变量。其作用域是从变量定义的位置开始到整个源程序结束。

使用全局变量需注意以下几点：

（1）在函数中使用全局变量，一般应作全局变量声明，只有在函数内经过声明的全局变量才能使用。但在一个函数之前定义的全局变量，在该函数内使用可不再加以声明。外部变量定义必须在所有的函数之外，且只能定义一次。

全局变量的定义形式为：

类型说明符 变量名，变量名，……;

例如：int a, b;　　　　等效于：extern int a, b;

而外部变量声明出现在要使用该外部变量的各个函数内，在整个程序内，可能出现多次。外部变量声明的一般形式为：

extern 类型说明符 变量名，变量名，……;

外部变量在定义时就已分配了内存单元，外部变量定义可作初始赋值，外部变量声明不能再赋初始值，只是表明在函数内要使用某外部变量。

（2）外部变量可加强函数模块之间的数据联系，但是又使函数要依赖这些变量，使得函数的独立性降低。从模块化程序设计的观点来看这是不利的，在不必要时尽量不要使用全局变量。

（3）在同一个源文件中，允许全局变量和局部变量同名，但在局部变量的作用域内，全局变量不起作用。

例如：

```
int a,b;            /*外部变量*/
void f1()           /*函数 f1*/
{
    ……
}
float x,y;          /*外部变量*/
int f2()            /*函数 fz*/
{
    ……
}
void main()         /*主函数*/
{
    ……
}                   /*全局变量 x、y 作用域，全局变量 a、b 作用域*/
```

从上例可以看出 a、b、x、y 都是在函数外部定义的外部变量，都是全局变量。但 x、y 定义在函数 f1()之后，而在 f1()内又无对 x、y 的声明，它们在 f1()内无效。a、b 定义在源程序最前面，在 f1()、f2()及 main()内不加声明也可使用。

【实例 7-9】分析下列程序。

```
int i,a[10];                    /*定义全局变量 i 和全局数组 a*/
void input()
{
    int i;                      /*定义局部变量 i*/
    for(i=0;i<10;i++)
        scanf("%d",&a[i]);
}
void main()
{
    input();
    for(i=0;i<10;i++)
        printf(" %d",a[i]);
}
```

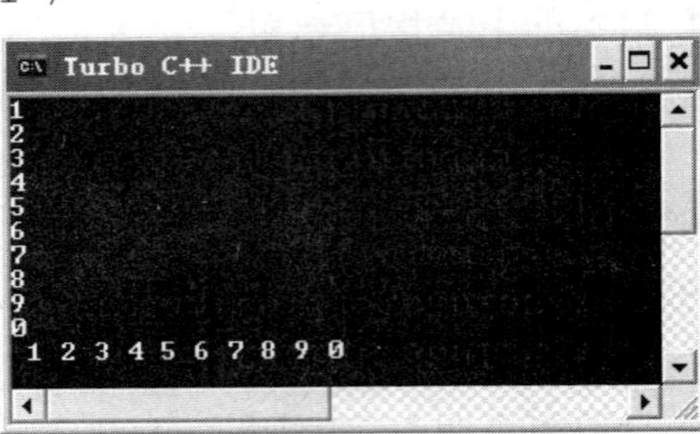

图 7-11 ［实例 7-9］运行结果

程序运行结果如图 7-11 所示。

本程序中定义了全局变量 i 和一个全局数组 a，它们的作用域为整个程序。函数 input()用于向数组 a 中输入数据，其中又定义了一个变量 i，此时 input()函数中起作用的是局部变量 i，而不是全局变量 i，但数组 a 在 input()函数中可直接使用。在主函数中没有定义任何变量，全局变量 i 和全局数组 a 也被直接使用，主函数和 input()函数操作的是同一个数组。由此可见，全局变量是实现函数之间数据通信的有效手段。

【实例 7-10】分析下列程序。

```
void input()
{
    extern int a[10];           /*外部数组声明*/
    int i;
    for(i=0;i<10;i++)
        scanf("%d",&a[i]);
}
void main()
{
    extern int i;               /*外部变量声明*/
    extern int a[10];           /*外部数组声明*/
    input();
    for(i=0;i<10;i++)
        printf(" %d",a[i]);
}
int i,a[10];                    /*定义全局变量*/
```

说明

本程序中，外部变量在最后定义，在前面函数中对要用的外部变量必须进行声明。

7.4.2 变量的存储类型

各种变量的作用域不同，就其本质来说是因变量的存储类型不同。所谓存储类型是指变量占用内存空间的方式，也称为存储方式。变量的存储方式可分为“静态存储”和“动态存储”两种。

（1）静态存储。静态存储变量通常是在定义变量时就分定存储单元，程序执行完毕时释放。在程序执行过程中它占据固定的存储单元，而不是动态地分配和释放。前面介绍的全局变量即属于此类存储方式。

（2）动态存储。动态存储变量是在程序执行过程中，使用它时才分配存储单元，使用完毕立即释放。典型的例子是函数的形式参数，在函数定义时并不给形参分配存储单元，只是在函数被调用时，才予以分配，调用函数完毕立即释放。

在C语言中，可以通过存储类型说明来明确变量的存储形式，具体形式有以下四种：

（1）auto 自动变量。

（2）register 寄存器变量。

（3）extern 外部变量。

（4）static 静态变量。

自动变量和寄存器变量属于动态存储方式，外部变量和静态变量属于静态存储方式。

1. 自动变量

自动变量的类型说明符为auto。C语言规定，函数内凡未加存储类型说明的变量均视为自动变量，也就是说自动变量可省去说明符auto。在前面各章的程序中所定义的变量凡未加存储类型说明符的都是自动变量。自动变量属于动态存储方式，当定义该变量的函数被调用时才给它分配存储单元，函数调用结束，释放存储单元。自动变量的作用域仅限于定义该变量的个体内。在函数中定义的自动变量，只在该函数内有效。在复合语句中定义的自动变量只在该复合语句中有效。例如：

```
{
    int i,j,k;
    char c;
    ……
}
```

等价于：

```
{
    auto int i,j,k;
    auto char c;
    ……
}
```

【实例7-11】分析下列程序。

```
void main()
{
    auto int a,s=100,p=100;
```

```
    printf("input a number: ");
    scanf("%d",&a);
    if(a>0)
    {
        auto int s,p;
        s=a+a;
        p=a*a;
        printf("s=%d p=%d\n",s,p);
    }
    printf("s=%d p=%d\n",s,p);
}
```

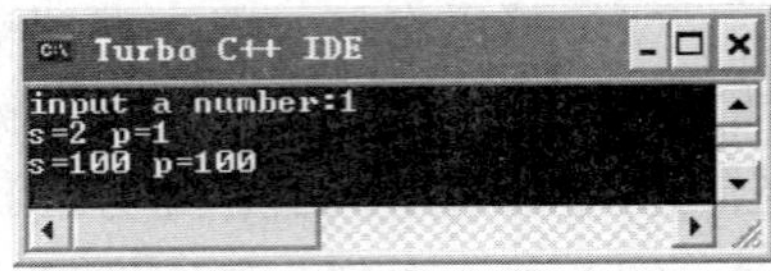

图 7-12 [实例 7-11] 运行结果

程序运行结果如图 7-12 所示。

本程序在 main()函数中和复合语句内两次定义了变量 s、p 为自动变量。按照 C 语言的规定，在复合语句内，应由复合语句中定义的 s、p 起作用，故 s 的值应为 a+a，p 的值为 a*a。退出复合语句后的 s、p 应为 main()所定义的 s、p，其值在初始化时给定，均为 100。从输出结果可以分析出两个 s 和两个 p 虽然变量名相同，但却是两个不同的变量。

2. 外部变量

外部变量的类型说明符为 extern。外部变量同前面所介绍的全局变量，这里再补充两点：

（1）外部变量和全局变量是对同一类变量的两种不同角度的提法。全局变量是从它的作用域提出的，外部变量从它的存储方式提出的。

（2）一个源程序由若干个源文件组成时，在一个源文件中定义的外部变量在其他源文件中也有效。例如，有一个源程序由源文件 File1.C 和 File2.C 组成：

```
/*File1.C 文件*/
int a,b;                    /*外部变量定义*/
char c;                     /*外部变量定义*/
main()
{
    ……
}
/*File2.C 文件*/
extern int a,b;             /*外部变量声明*/
extern char c;              /*外部变量声明*/
func (int x,y)
{
    ……
}
```

在 File1.C 和 File2.C 两个文件中都要使用 a、b、c 3 个变量。在 File1.C 文件中把 a、b、c 都定义为外部变量。在 File2.C 文件中用 extern 把 3 个变量声明为外部变量，表示这些变量已在其他文件中定义，并把这些变量的类型和变量名告知编译系统，编译系统不再为它们分配内存空间。

3. 静态变量

静态变量的类型说明符是 static。静态变量属于静态存储方式。全局变量和局部变量都可以说明成 static 类型，分别称为静态全局变量和静态局部变量。

（1）静态全局变量。定义全局变量（外部变量）时指定存储类型为 static 就构成了静态全局变量。全局变量和静态全局变量都是静态存储方式，不同之处在于：如果一个源程序由多个源文件组成，则全局变量在每个源文件中都有效，而静态全局变量只在定义该变量的源文件中有效，在其他源文件中无效。把全局变量改变为静态变量后是改变了它的作用域，限制了它的使用范围。静态全局变量的作用域局限于一个源文件内，只能为该源文件内的函数公用，因此可以避免在其他源文件中引起错误。

（2）静态局部变量。在局部变量的说明前再加上 static 说明符就构成静态局部变量。auto 型局部变量属于动态存储方式，而 static 型局部变量属于静态存储方式，它们的区别在于：auto 型局部变量在调用函数时才生成，函数返回时就消失，即函数返回后，函数的值就不再存在；静态局部变量在调用函数前就已生成，函数返回后，变量将保持现有的值，程序终止时才消失，如果对变量赋初值，赋初值的操作在程序开始执行时就进行完毕，调用函数时不会再执行赋初值操作。

【实例 7-12】比较下面两个程序的区别。

```
/*程序 1*/
int f(int i)                    /*函数定义*/
{
    auto int j=0;
    ++j;
    return(i+j);
}
void main()
{
    int i;
    int f(int);                 /*函数声明*/
    for(i=0;i<5;i++)
        printf(" %d",f(i));     /*函数调用*/
}
```

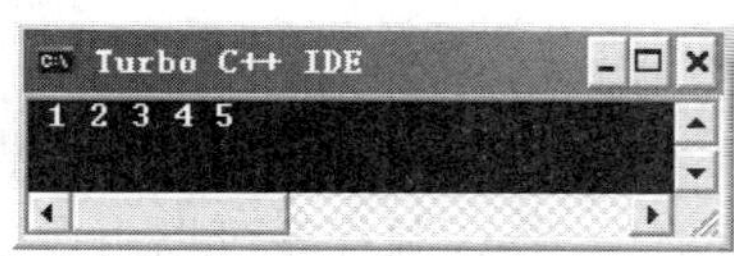

图 7-13 ［实例 7-12］程序 1 运行结果

程序 1 运行结果如图 7-13 所示。

程序 1 中 i 和 j 都是 auto 型变量，当 main()函数每次调用 f()时，自动变量均被赋初值为 0，++j 后 j 值变为 1，故每次函数调用返回 i+j 的值时，实质是返回 i+1 的值。

```
/*程序 2*/
int f(int i)                    /*函数定义*/
{
    static int j=0;
    ++j;
    return(i+j);
}
void main()
{
    int i;
    int f(int);                 /*函数声明*/
    for(i=0;i<5;i++)
        printf(" %d",f(i));     /*函数调用*/
}
```

程序 2 运行结果如图 7-14 所示。

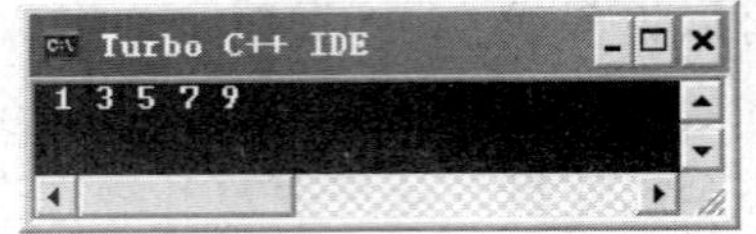

图 7-14 ［实例 7-12］程序 2 运行结果

程序 2 中变量 j 为静态变量，f()第一次被调用时，j 被赋初值为 0，此后 f()再被调用时不会对 j 重新赋初值 0，f()被调用后，j 将保持现有的值。程序执行过程如表 7-1 所示。

表 7-1 程序 2 执行过程

第几次调用	i	j	++j	i+j	输 出 结 果
1	0	0	1	1	1
2	1	1	2	3	3
3	2	2	3	5	5
4	3	3	4	7	7
5	4	4	5	9	9

4. 寄存器变量

寄存器变量的说明符是 register。寄存器变量的值存放在 CPU 的通用寄存器中，从寄存器中“存取”数据要比从内存中“存取”数据的速度要快，对于一些使用特别频繁的变量可以定义为 register 类型，以提高程序的执行效率。只有局部自动变量和形式参数可以定义为寄存器变量，而局部静态变量不能定义为寄存器变量，另外计算机系统中的寄存器数目是有限的，不宜定义太多的寄存器变量，读者在使用时需注意。

7.5 内部函数与外部函数

C 语言中，除了 main()函数之外，其他函数（库函数和用户自定义函数）都可以被调用，而一个 C 源程序可以由多个源程序文件组成，根据函数能否被其他源文件调用，可将 C 语言函数分为两类：内部函数和外部函数。

7.5.1 内部函数

定义内部函数的一般形式是：

static 类型说明符 函数名（形参表）

例如：

static int f (int a, int b)

因为 static 说明的函数只能被本程序文件中的其他函数调用，所以称这类函数为“内部”函数。这里的 static 不是指存储方式，而是指该函数的调用范围只局限于本文件中，内部函数也称为静态函数。使用内部函数可以避免不同文件因函数同名而引起混淆。

7.5.2 外部函数

定义外部函数的一般形式是：

extern 类型说明符 函数名（形参表）

例如：

extern int f(int a, int b)

外部函数在整个源程序中都有效，可以被其他程序文件调用。C 语言中规定，如在函数定义中没有说明 extern，则隐含为 extern。当在一个源文件的函数中调用其他源文件中定义的外部函数时，应用 extern 声明被调函数为外部函数。

7.5.3 多文件程序的执行

【实例 7-13】多文件程序的执行。

```
/*File1.C (源文件 1)*/
#include <File2.c>
#include <file3.c>
void main()
{
    extern int fun1(int);          /*外部函数声明,表示 fun1 函数在其他源文件中*/
    extern int fun2(int);
    printf("fun1:%d",fun1(5));
    printf("fun2:%d",fun2(5));
}
/*File2.C (源文件 2)*/
extern int fun1(int i)             /*外部函数定义*/
{
    i++;
    return(i);
}
/*File3.C (源文件 3)*/
extern int fun2(int i)             /*外部函数定义*/
{
    i--;
    return(i);
}
```

该 C 语言程序由 3 个程序文件组成，要运行该多文件程序，可采用#include 命令将 File2.c 和 File3.c 包含到 File1.c 中。在 File1.c 中的开头加 2 行：

```
#include <File2.c>
#include <file3.c>
```

这时，在编译时，系统自动将这 2 个文件放到 main 函数的前面，作为一个整体编译，而不是分 3 个文件编译。这时，这些函数被认为是在同一个文件中，不再是作为外部函数被其他文件调用。main 函数中原有的 extern 声明可以省去不要。

7.6 程 序 实 例

【实例 7-14】编写函数完成以下操作：（1）输入 10 个学生的学号和姓名；（2）按学号

由小到大顺序排序，姓名顺序也随之调整；（3）输入一个学生学号，用折半查找法（二分查找法）找出该学生的姓名。从主函数输入要查找的学号，输出该学生姓名。程序运行效果如图 7-15 所示。

解决该问题需要定义 3 个函数，这里定义 input 函数来实现数据的输入，定义 sort 函数来实现排序功能，定义 search 函数来实现按学号查询。因为学号和姓名的数据类型并不相同，就目前所学，可以定义两个数组来分别存储，整型数组 num 用于存储学号，二维字符数组 name 用于存储姓名，其中第一列用于和 num 数组的学号关联。程序如下：

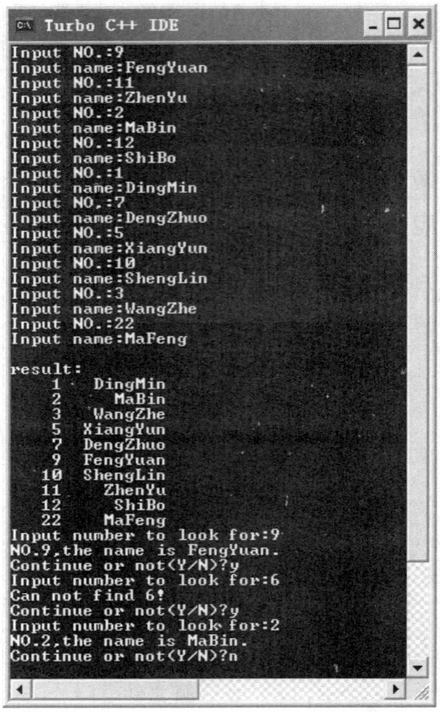

```
Turbo C++ IDE
Input NO.:9
Input name:FengYuan
Input NO.:11
Input name:ZhenYu
Input NO.:2
Input name:MaBin
Input NO.:12
Input name:ShiBo
Input NO.:1
Input name:DingMin
Input NO.:7
Input name:DengZhuo
Input NO.:5
Input name:XiangYun
Input NO.:10
Input name:ShengLin
Input NO.:3
Input name:WangZhe
Input NO.:22
Input name:MaFeng

result:
    1   DingMin
    2     MaBin
    3   WangZhe
    5  XiangYun
    7  DengZhuo
    9  FengYuan
   10  ShengLin
   11    ZhenYu
   12     ShiBo
   22    MaFeng
Input number to look for:9
NO.9,the name is FengYuan.
Continue or not(Y/N)?y
Input number to look for:6
Can not find 6!
Continue or not(Y/N)?y
Input number to look for:2
NO.2,the name is MaBin.
Continue or not(Y/N)?n
```

图 7-15 ［实例 7-14］运行效果

```
#include<stdio.h>
#define N 10
void input(int num[],char name[N][10])
                                  /*数据的输入*/
{
    int i;
    for(i=0;i<N;i++)
    {
        printf("Input NO.:");
        scanf("%d",&num[i]);
        printf("Input name:");
        scanf("%s",name[i]);
    }
}/*end of input*/

void sort(int num[],char name[N][10])            /*按学号排序*/
{
    int i,j,min,temp1;
    char temp2[10];
    for(i=0;i<N-1;i++)
    {
        min=i;
        for(j=i;j<N;j++)
        if(num[min]>num[j]) min=j;
        temp1=num[i];
        strcpy(temp2,name[i]);
        num[i]=num[min];
        strcpy(name[i],name[min]);
        num[min]=temp1;
        strcpy(name[min],temp2);
    }
    printf("\nresult:");
    for(i=0;i<N;i++)
    printf("\n%5d%10s",num[i],name[i]);
```

```
    printf("\n");
}/*end of sort*/

void search(int n,int num[],char name[N][10])   /*根据学号查询*/
{
    int top,bott,mid,loca,sign;
    top=0;
    bott=N-1;
    loca=0;
    sign=1;
    if((n<num[0])||(n>num[N-1]))
        loca=-1;
    while((sign==1)&&(top<=bott))                /*折半法查询*/
    {
        mid=(bott+top)/2;
        if(n==num[mid])
        {
            loca=mid;
            printf("NO.%d,the name is %s.\n",n,name[loca]);
            sign=-1;
        }
        else
            if(n<num[mid])
                bott=mid-1;
            else
        top=mid+1;
    }
    if(sign==1||loca==-1)
    printf("Can not find %d!\n",n);
}/*end of search*/

void main()
{
    int num[N],number,flag=1,c,n;
    char name[N][10];
    input(num,name);                             /*调用输入函数*/
    sort(num,name);                              /*调用输出函数*/
    while(flag==1)
    {
        printf("Input number to look for:");
        scanf("%d",&number);
        search(number,num,name);
        printf("Continue or not(Y/N)?");
        c=getchar();                             /*获取前面输入的回车符*/
        c=getchar();                             /*获取刚输入的字符*/
        if(c=='N'|| c=='n')
            flag=0;
    }
}
```

【实例 7-15】有 5 个人坐在一起，问第 5 个人多少岁，他说比第 4 个人大 2 岁。问第 4 个人岁数，他说比第 3 个人大 2 岁。问第 3 个人岁数，他说比第 2 个人大 2 岁。问第 2 个人岁数，他说比第 1 个人大 2 岁。第 1 个人说他 10 岁。请问第 5 个人多大（用递归法求解）。程序运行效果如图 7-16 所示。

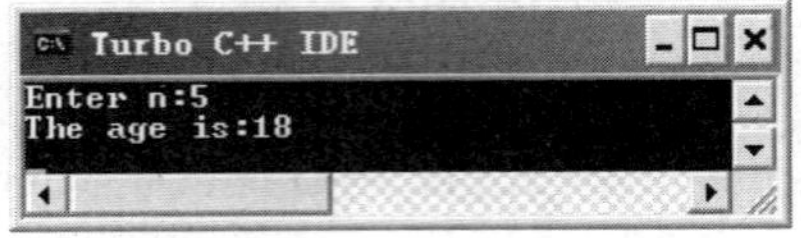

图 7-16 ［实例 7-15］运行效果

设递归函数 *age*(n)用于求第 *n* 个人的年龄，递归公式为：

$$age(n)=\begin{cases}10 & (n=1)\\ age(n-1)+2 & (n>1)\end{cases}$$

```
int age(int n)
{
    int c;
    if(n==1)
        c=10;
    else
        c=fun(n-1)+2;                    /*递归调用*/
    return(c);
}
void main()
{
    int n;
    printf("Enter n: ");
    scanf("%d",&n);
    printf("The age is:%d\n",fun(n));
}
```

【实例 7-16】如果一个 3 位数的个位数、十位数和百位数的立方和等于该数自身，则称该数为水仙花数。编写函数判断一个 3 位数是否是水仙花数，并在主函数中打印出所有的水仙花数。程序运行效果如图 7-17 所示。

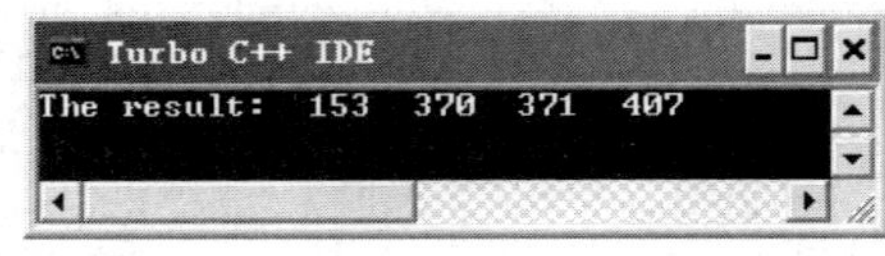

图 7-17 ［实例 7-16］运行效果

分析：定义一个函数 asphodel(n)来判断 n 是否是水仙花数。可先将 n 的每一位数求出来，再求出它们的立方和，然后根据题目条件判断 n 是否为水仙花数。

程序如下：

```
int asphodel(int n)
{
    int i,j,k,flag=0;
    i=n/100;
    j=n/10%10;
    k=n%10;
    if(i*i*i+j*j*j+k*k*k==n)
        flag=1;
    return(flag);
}
```

```
void main()
{
    int i;
    printf("The result:");
    for(i=100;i<1000;i++)
        if(asphodel(i))
            printf("%5d",i);
}
```

【实例 7-17】任何一个正整数 n 的立方都可以表示成 n 个相邻奇数的和，其中最大奇数 odd=2m－1，而 m=1+2+3+…+n。编写求 n 的立方是哪些奇数之和的程序，n 由键盘输入。程序运行效果如图 7-18 所示。

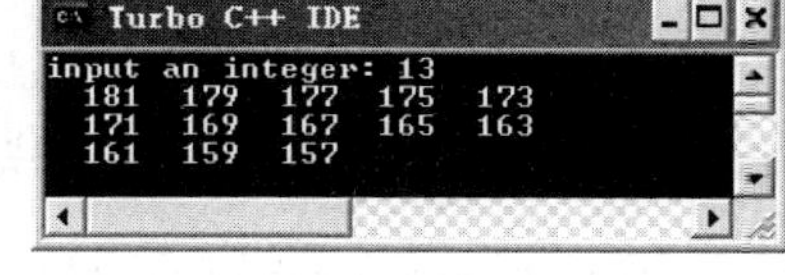

图 7-18 ［实例 7-17］运行效果

分析：此题的解题步骤分 4 步。

（1）从键盘输入正整数 n。

（2）求 m=1+2+3+…+n 的值。

（3）求 odd=2m－1 的值。

（4）所求的奇数由大到小为 odd、odd-2，…，odd-2*（n－1）。

程序如下：

```
#include <stdio.h>
int sum(int n)              /*求 1 到 n 的和的函数*/
{
    int i,s=0;
    for(i=1;i<=n;i++)
        s+=i;
    return(s);
}
int max_odd(int n)          /*求最大奇数函数*/
{
    int m,odd;
    m=sum(n);
    odd=2*m-1;
    return(odd);
}
void main()                 /*主程序*/
{
    int i,n,odd;
    int count;
    printf("input an integer: ");
    scanf("%d",&n);
    if(n>1)
    {
        odd=max_odd(n);count=0;
    }
```

```
    for (i=0;i<n;i++)
    {
       printf("  %d",odd);
       odd-=2;
       count++;
       if(count%5==0) printf("\n");      /*控制每行只打印 5 个整数*/
    }
}
```

本 章 小 结

函数是C程序的基本单位，可以说C程序的全部功能都是由各种各样的函数完成的。本章主要从函数的作用、分类、定义、声明、调用等方面论述了C语言中函数的使用方法。

函数的分类：库函数（由C系统提供的函数）与用户定义函数（由用户自己定义的函数）；有返回值的函数（向调用者返回函数值，应说明返回值的类型 ）与无返回值的函数（不返回函数值，说明为空（void）类型）；有参函数（主调函数向被调函数传送数据）与无参函数（主调函数与被调函数间无数据传送）；内部函数（只能在本源文件中使用的函数）与外部函数（可在整个源程序中使用的函数）。

函数定义的一般形式：类型说明符　函数名（[形参表]）

函数声明的一般形式：extern 类型说明符　函数名（[形参表]）；

函数调用的一般形式：函数名（[实参表]）

函数的参数分为形参和实参两种，形参出现在函数定义中，实参出现在函数调用中，发生函数调用时，将把实参的值传送给形参。

函数的值是指函数的返回值，它是在函数中由 return 语句返回的。

C 语言中，允许函数的嵌套调用和函数的递归调用。

可从 3 个方面对变量进行分类，即变量的数据类型、变量作用域和变量的存储类型。第 2 章中主要介绍变量的数据类型，本章介绍了变量的作用域和存储类型。变量的作用域是指变量在程序中的有效范围，分为局部变量和全局变量。变量的存储类型是指变量在内存中的存储方式，分为静态存储和动态存储。

习　　题

一、选择题

1．以下关于函数正确的说法是______。

（A）提高程序的执行效率　　（B）提高程序的可读性

（C）减少程序的篇幅　　（D）减少程序文件所占内存

2．以下正确的函数定义形式是______。

（A）double fun (int x, int y)　　（B）double fun (int x; int y)

（C）double fun (int x, int y);　　（D）double fun (int x, y);

3．以下不正确的说法为______。

（A）在不同函数中可以使用相同名字的变量

（B）形式参数是局部变量

（C）在函数内定义的变量只在本函数范围内有效

（D）在函数内的复合语句中定义的变量在本函数范围内有效

4．以下程序的运行结果是______。

```
void num()
{
    extern int x,y;
    int a=15,b=10;
    x=a-b;
    y=a+b;
}
void main()
{
    int a=7,b=5;
    x=a+b;
    y=a-b;
    num();
    printf("%d,%d\n",x,y);
}
```

（A）12, 2　　（B）不确定　　（C）5, 25　　（D）1, 12

5．若调用一个函数，且此函数中没有 return 语句，则该函数______。

（A）没有返回值　　（B）返回若干个系统默认值

（C）能返回一个用户所希望的函数值　　（D）返回一个不确定的值

6．在一个 C 源程序文件中，要定义一个只允许在源文件中所有函数使用的全局变量，则该变量需要使用的存储类别是______。

（A）extern　　（B）register　　（C）auto　　（D）static

7．如果在一个函数的复合语句中定义了一个变量，则该变量______。

（A）只在该复合语句中有效　　（B）在该函数中有效

（C）在本程序范围内均有效　　（D）为非法变量

8．C 语言规定，简单变量作实参时，它和对应形参之间的数据传递方式______。

（A）地址传递

（B）单向值传递

（C）由实参传给形参，再由形参传回给实参

（D）由用户指定传递方式

9．凡是函数中未指定存储类别的局部变量，其隐含的存储类别为______。

（A）自动（auto）　　（B）静态（static）

（C）外部（extern）　　（D）寄存器（register）

10．要求定义一个返回值为 double 类型的名为 sum 的函数，其功能为求两个 double

类型数的和。正确的定义形式为______。

（A）sum (double x, y)

{ rerurn x+y; }

（B）sum (double x, double y)

{ return x+y; }

（C）double sum (double x, double y);

{ return x+y;}

（D）double sum (double x, double y)

{ return x+y;}

二、填空题

1. 以下程序的功能是根据输入的 y（Y）与 n（N），在屏幕上分别显示出“this is YES.”与“this is NO”，请填空将程序补充完整。

```
#include <stdio.h>
void yesno(char ch)
{
    switch(ch)
    {
        case 'Y':
        case  'y':printf("\n this is YES.\n");
        __________________
        case 'N':
        case 'n':printf("\n this is  NO.\n");
    }
}
void main()
{
    char ch;
    printf("\nEnter a char 'y', 'Y'or'n', 'N': ");
    ch=__________;
    printf("ch:%c",ch);
    yesno(ch);
}
```

2. 以下 check 函数的功能是对 value 中的值进行四舍五入计算，若计算后的值与 ponse 值相等，则显示“WELL DONE!!”，否则显示计算后的值。请填空将程序补充完整。

```
void check(int ponse,float value)
{
    int val;
    val=(______________________);
    printf("计算后的值：%d",val);
    if(__________________)
        prinf("\nWELL DONE!\n");
    else
        printf("\nSorry! The correct answer is %d\n",val);
  }
```

3．以下程序的功能是求 3 个数的最小公倍数，请填空将程序补充完整。

```
#include <stdio.h>
max(int x,int y,int z)
{
    if(x>y&&x>z)
        return(x);
    else
    if(__________)
        return(y);
    else
        return(z);
}
void main()
{
    int x1,x2,x3,i=1,j,x0;
    printf("input 3 number: ");
    scanf("%d%d%d",&x1,&x2,&x3);
    x0=max(x1,x2,x3);
    while(1)
    {
        j=x0*i;
        if (______________)
            break;
        i=i+1;
    }
    printf("the %d%d%d 最小公倍数 是 %d\n",x1,x2,x3,j);
}
```

4．以下程序的运行结果是输出以下图形，请填空。

```
   *
  ***
 *****
*******
 *****
  ***
   *
```

```
#include<stdio.h>
void a(int i)
{
    int j,k;
    for(j=0;j<=7-1;j++)
        printf(" ");
    for(k=0;k<__________;k++)
        printf("*");
    printf("\n");
}
void main()
{
    int i;
```

```
    for(i=0;i<3;i++)
        ____________________;
    for(i=3;i>=0;i--)
        ____________________;
}
```

5. 以下程序对输入的一个整数，调用函数 prime，判断其是否为素数：是素数打印出 yes；否则，打印出 NO。

```
void main()
{
    int n;
    printf("input an integer n: ");
    scanf("%d",__________);
    if(prime(n)) __________;
    }
    prime(int m)
    {
        int i,k,flag;
        flag=1;i=m/2;
        k=2;
        while((k<=i)__________)
            if(m%k==0)flag__________;
            else __________;
        _______________;
}
```

三、分析程序运行结果

1.
```
float a,b;
float min(float u,float v)
{
    float t;
    t=u<v?u:v;
    return(t);
}
void main()
{
    extern float a,b;  /*引用全局变量 a,b*/
    a=12.5;
    b=-14.2;
    printf("%5.1f",min(a,b));
}
```

2.
```
int x=3;
void main()
{
    printf("x=%d\n",x);
    {
        int x=4;
        printf("x=%d\n",x);
```

```
    }
    {
        int x=5,y=6;
        printf("x+y=%d\n",x+y);
    }
}
```

3.
```
int f(int x)
{
    int y=0;
    static int z=1;
    y=y+1;
    z=z+1;
    return((x+y)*z);
}
void main()
{
    int x=3,i;
    for(i=0;i<=2;i++)
        printf("%4d",f(x));
}
```

4.
```
int func(int a,int b)
{
    int m=0,i=2;
    i+=m+1;
    m=i+a+b;
    Return(m);
}
void main()
{
    int k=4,m=1,p;
    p=func(k,m);
    printf("%d, ",p);
    p=func(k,m);
    printf("%d\n ",p);
}
```

5.
```
void main()
{
    float i=1.0,j=2.0,k=3.0;
    printf("i=%f,j=%f,k=%f\n",i,j,k);
    void add();
    add();
}
void add()
{
    int i=1;
    register int j=1;
    static int k=1;
```

```
    i=i+i;j=j+j;k=k+k;
    printf("i=%d\n",i);
    printf("j=%d\n",j);
    printf("k=%d\n",k);
    printf("i+j+k=%d\n",i+j+k);
  }
```

6. int a=3,b=5;

```
int max(int a,int b)
{
    int c;
    c=a>b?a:b;
    return(c);
}
main()
{
    int a=8;
    printf("%d",max(a,b));
}
```

7. int fac(int n)

```
{
    static int f=1;
    f=f*n;
    return(f);
}
void main()
{
    int i;
    for (i=1;i<=5;i++)
        printf("%d!=%d\n",i,fac(i));
}
```

8. int f(int a)

```
{
    int b=0;
    static int c=3;
    b++;c++;
    return(a+b+c);
}
void main()
{
    int a=2,i;
    for(i=0;i<3;i++)
    printf("%4d",f(a));
}
```

9. increment()

```
{
     int x=0;
     x+=1;
```

```
    printf("%d",x);
}
void main()
{
    increment();
    increment();
    increment();
}
```

10.
```
incx()
{
    int x=0;
    printf("x=%d\t",++x);
}
incy()
{
    static int y=0;
    printf("\ny=%d\n",++y);
}
void main()
{
    int i;
    for(i=0;i<=3;i++)
        {incx();incy();}
}
```

四、编程题

1．编写两个函数，分别求两个数的最大公约数和最小公倍数。

2．编写一个函数，判断从键盘输入的一个整数是否为奇数，并在调用函数中输出是奇数的整数。

3．编写两个函数分别完成电文的加密和解密工作。加密方法为：将电文中字母 A 变成 E，a 变成 e，即变成其后的第 4 个字母，W 变成 A，X 变成 B，Y 变成 C，Z 变成 D，非字母字符不变，例如“China！”加密后变为“Glmre!”。在主程序中输入一行字符，对其进行加密，输出密码，并对密码进行解密，输出原文。

4．编写一个递归函数 fib，用于计算 Fibonacci 数列的第 n 项。fib(0)＝0，fib(1)＝1，fib(n)＝fib(n－1)＋fib(n－2)。

第 8 章 编译预处理

本章主要内容：

本章介绍有关宏定义、文件包含以及条件编译的概念和使用。

本章重点：

宏定义的概念及其在程序中的应用、文件包含的使用。

本章难点：

对条件编译的理解。

所谓预处理是指，在对源程序进行编译之前，先对源程序中的预处理命令进行处理，然后再将处理的结果和源程序一起进行编译，以得到目标代码。前面章节中所遇到的#include 和#define 命令就属于预处理命令，这些命令一般都放在函数之外，并且放在源文件的前面，称为预处理部分。合理地使用预处理功能编写的程序便于阅读、修改、移植和调试，也有利于模块化程序设计。

C 语言提供的预处理功能主要有以下 3 种：

（1）宏定义。

（2）文件包含。

（3）条件编译。

分别用宏定义命令、文件包含命令和条件编译命令来实现。为了和一般的 C 语句区别开来，这些命令以符号“#”开头。本章主要介绍这 3 种常用的预处理功能。

8.1 宏　定　义

C 语言源程序中允许用一个标识符来表示一个字符串，称为“宏”。被定义为“宏”的标识符称为“宏名”。在编译预处理时，对程序中所有出现的“宏名”，都用宏定义中的字符串去代换，这称为“宏代换”或“宏展开”。

宏定义是由源程序中的宏定义命令完成的。宏代换是由预处理程序自动完成的。在 C 语言中，“宏”分为有参数和无参数两种。

8.1.1 无参宏定义

无参宏定义的一般形式为：

#define 标识符 字符串

说明

以“#”开头表示这是一条预处理命令。“define”为宏定义命令。“标识符”为所定义的宏名，也叫符号常量，通常用大写字母表示。“字符串”可以是常数、表达式、格式串等。在编译预处理时，程序中出现的宏名会被“字符串”的内容所代替，这一过程称为宏展开。

例如：#define PI 3.1415926

【实例 8-1】分析下列程序。

```
#define M (3+i)
void main()
{
    int s,i;
    printf("input a number: ");
      scanf("%d",&i);
    s=3*M+4*M+5*M;
    printf("s=%d\n",s);
}
```

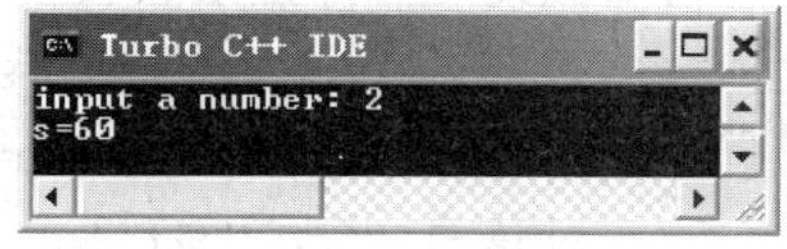

图 8-1 ［实例 8-1］运行结果

程序运行结果如图 8-1 所示。

程序中首先进行宏定义，定义 M 表达式（3+i），在 s＝3*M+4*M+5*M 中作了宏调用。在预处理时经宏展开后该语句变为：

s＝3*(3+i)+4*(3+i)+5*(3+i);

但要注意的是，在宏定义中表达式（3+i）两边的括号不能少。否则在宏展开时将得到下述语句：

s＝3*3+i+4*3+i+5*3+i;

计算结果当然是不同的。因此在作宏定义时必须十分注意，应保证在宏代换之后不发生错误。

说明

（1）宏定义是用宏名来表示一个字符串，在宏展开时又以该字符串取代宏名，这只是一种简单的代换，字符串中可以含任何字符，可以是常数，也可以是表达式，预处理程序对它不作任何检查。如有错误，只能在编译已被宏展开后的源程序时发现。

（2）宏定义不是说明或语句，在行末不必加分号，如加上分号则连分号也一起替换。

（3）宏定义必须写在函数之外，其作用域为从宏定义命令起到源程序结束。如要终止其作用域可使用#undef 命令。

例如：

```
#define PI 3.14159
void main()
{
    ……
}
#undef PI
f1()
……
```

表示PI只在main函数中有效，在f1函数中无效。

（4）宏名在源程序中若用引号括起来，则预处理程序不对其作宏代换。例如：

```
#define OK 100
void main()
{
    printf("OK");
    printf("\n");
}
```

上例中定义宏名OK表示100，但在printf语句中OK被引号括起来，表示为字符串，因此不作宏代换。

（5）宏定义允许嵌套，在宏定义的字符串中可以使用已经定义的宏名。在宏展开时由预处理程序层层代换。

例如：

```
#define PI 3.14159
#define S PI*r*r                /* PI是已定义的宏名*/
```

对语句printf ("%f",S); 在宏代换后变为：printf("%f",3.14159*r*r);

（6）习惯上宏名用大写字母表示，以便于与变量区别，但也允许用小写字母。

（7）可用宏定义表示数据类型，使书写方便。

例如：

```
#define STU struct stu
```

在程序中可用STU做变量说明：

```
STU body[5],*p;
```

（8）对输出格式做宏定义，可以减少书写麻烦。

【实例8-2】对输出格式作宏定义。

```
#define P printf
#define D "%d\n"
#define F "%f\n"
void main()
 {
    int a=5,c=8,e=11;
   float b=3.8,d=9.7,f=11.08;
   P(D F,a,b);
   P(D F,c,d);
   P(D F,e,f);
 }
```

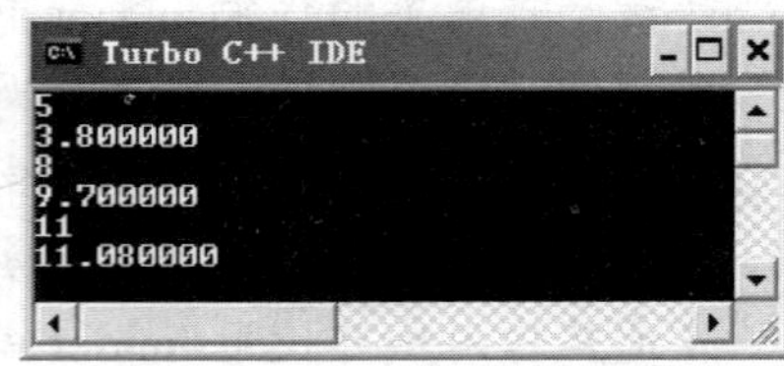

图8-2 ［实例8-2］运行结果

程序运行结果如图8-2所示。

8.1.2 带参宏定义

在宏定义中可以指定参数，该参数称为形式参数，在宏调用中的参数称为实际参数。对带参数的宏，在调用中，不仅要宏展开，而且要用实参去代换形参。

带参宏定义的一般形式为：

#define 宏名（形参表）字符串

字符串中含有在括号中指定的参数。

带参宏调用的一般形式为：

宏名（实参表）；

例如：
```
#define M(i) 3+i          /*宏定义*/
    k=M(5);               /*宏调用*/
```

在宏调用时，用实参 5 去代替形参 i，经预处理宏展开后的语句为：k＝3+5。

【实例 8-3】带参宏定义举例。

```
#define MIN(a,b) (a<b)?a:b    /*带参宏定义*/
void main()
{
    int x,y,min;
    printf("input two numbers: ");
    scanf("%d%d",&x,&y);
    min=MIN(x,y);
    printf("min=%d\n",min);
}
```

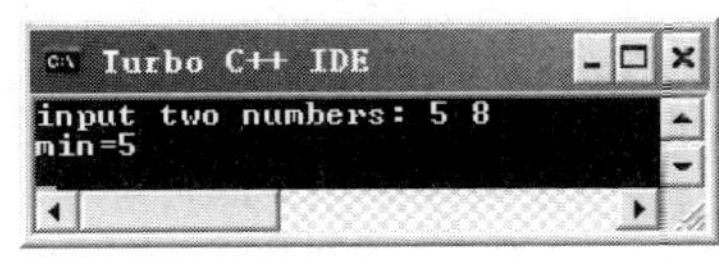

图 8-3 ［实例 8-3］运行结果

程序运行结果如图 8-3 所示。

该实例中用宏名 MIN 表示条件表达式(a<b)?a:b，形参 a、b 均出现在条件表达式中。min=MIN (x, y);为宏调用，实参 x、y 将代换形参 a、b。宏展开后该语句为：min=(x<y)?x:y;，用于计算 x、y 中的最小数。

（1）带参宏定义中，宏名和形参表之间不能有空格出现。

例如把：`#define MIN(a,b) (a<b)?a:b`

写为：　`#define MIN (a,b) (a<b)?a:b`

将被认为是无参宏定义，宏名 MIN 代表字符串(a,b) (a<b)?a:b。

宏展开时，宏调用语句：min=MIN(x,y); 将变为：max=(a,b) (a<b)?a:b(x,y);，这显然是错误的。

（2）在带参宏定义中，形式参数不分配内存单元，因此不必作类型定义。而宏调用中的实参有具体的值。要用它们去代换形参，因此必须作类型说明。这是与函数中的情况不同的。在函数中，形参和实参是两个不同的量，各有自己的作用域，调用时要把实参值赋予形参，进行“值传递”。而在带参宏调用中，只是符号代换，不存在值传递的问题。

（3）在宏定义中的形参是标识符，而宏调用中的实参可以是表达式。

【实例 8-4】分析下列程序。

```
#define F(i) (i)*(i)                /*宏定义*/
void main()
{
    int a,f;
```

```
    printf("input a number: ");
    scanf("%d",&a);
    f=F(a+1);
    printf("f=%d\n",f);
}
```

程序运行结果如图 8-4 所示。

宏定义中，形参为 i。宏调用中实参为表达式 a+1，在宏展开时，用 a+1 代换 i，再用(i)*(i)代换 F，得到如下语句：f=(a+1)*(a+1);。这与函数的调用是不同的，函数调用时要把实参表达式的值求出来后再赋予形参。而宏代换中对实参表达式不作计算直接地照原样代换。

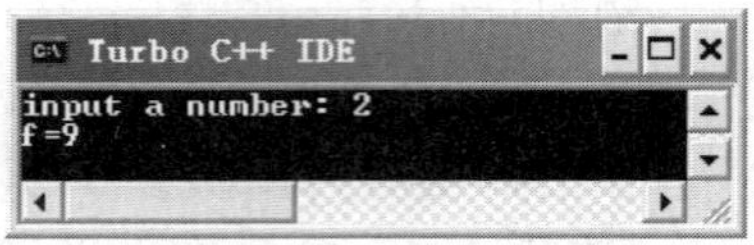

图 8-4 ［实例 8-4］运行结果

说明

(4) 在宏定义中，字符串内的形参通常要用括号括起来以避免出错。如果把［实例 8-4］程序改为以下形式：

```
#define F(i) i*i            /*宏定义*/
void main()
{
    int a,f;
    printf("input a number: ");
    scanf("%d",&a);
    f=F(a+1);
    printf("f=%d\n",f);
}
```

程序运行结果如图 8-5 所示。

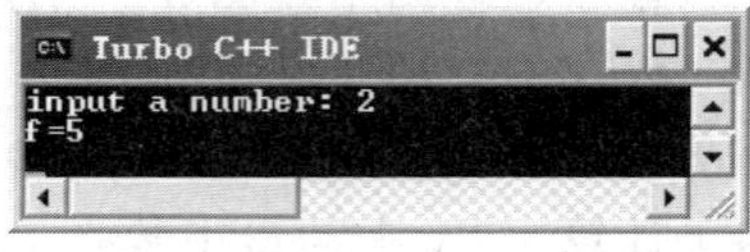

图 8-5 ［实例 8-4］宏定义去掉括号后运行结果

同样输入 2，得到的结果是完全不同的。这是由于代换只作符号代换而不作其他处理而造成的。宏代换后将得到以下语句：f=a+1*a+1;，由于 a 为 2，故 f 的值为 5。即使在参数两边加括号，在使用的时候还是容易出错的，例如：

```
#define F(i) (i)*(i)      /*宏定义*/
void main()
{
    int a,f;
    printf("input a number: ");
    scanf("%d",&a);
    f=2/F(a+1);
    printf("f=%d\n",f);
}
```

程序运行结果如图 8-6 所示。

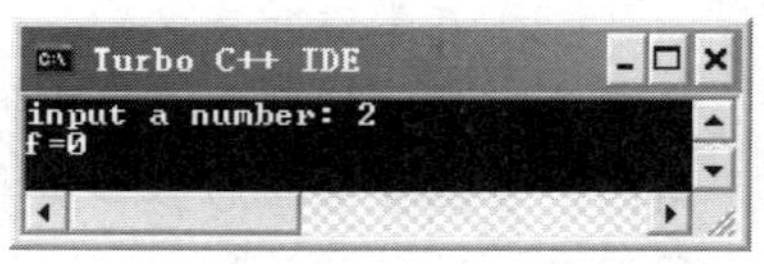

图 8-6 在参数两边加括号后的运行结果

这是因为在宏代换之后变为：f=2/(a+1)*(a+1)，当 a 为 2 时，f=2/(2+1)*(2+1)，先除法运算，再乘法运算，所以结果为 0。为了得到正确答案应在宏定义中的整个字符串外加括号，程序修改如下：

```
#define F(i) ((i)*(i))    /*宏定义*/
void main()
```

```
{
    int a,f;
    printf("input a number: ");
    scanf("%d",&a);
    f=2/F(a+1);
    printf("f=%d\n",f);
}
```

这样宏代换之后变为：f=2/((a+1)*(a+1))。以上讨论说明，对于宏定义不仅应在参数两侧加括号，也应在整个字符串外加括号。

（5）带参的宏和带参函数很相似，但有本质上的不同，除上面已谈到的各点外，把同一表达式用函数处理与用宏处理两者的结果有可能是不同的。

【实例 8-5】带参函数举例。

```
int F(int i)
{
    return((i)*(i));
 }
void main()
{
    int a=1;
    while(a<5)
        printf(" %d",F(a++));
}
```

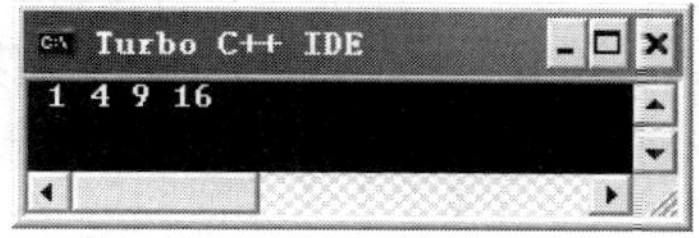

图 8-7 ［实例 8-5］运行结果

程序运行结果如图 8-7 所示。

【实例 8-6】带参宏举例。

```
#define F(i) ((i)*(i))
void main()
 {
    int a=1;
    while(a<5)
        printf(" %d ",F(a++));
}
```

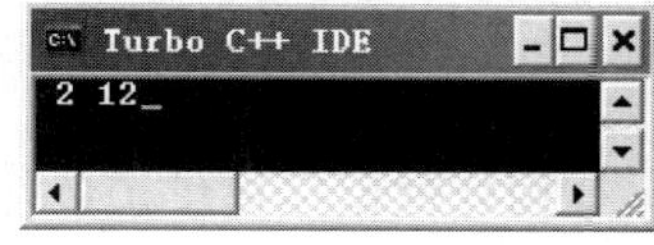

图 8-8 ［实例 8-6］运行结果

程序运行结果如图 8-8 所示。

分析：在［实例 8-5］中，函数调用是把实参 a 值传给形参 i 后自增 1，然后输出函数值，因而要循环 4 次，输出 1～4 的平方值。而在［实例 8-6］中宏调用时，只作代换。F(a++)被代换为((a++)*(a++))。在第一次循环时，实际计算为(1)*(2)，输出 2，此时 a 值为 3；在第二次循环时，实际计算为(3)*(4)，输出 12，这时 a 值已变为 5，循环条件不成立，结束循环。从以上分析可以看出，函数调用和宏调用在形式上相似，在本质上是完全不同的。

8.2 文 件 包 含

文件包含是 C 预处理程序的另一个重要功能。所谓的文件包含是指一个源文件可以将另外一个源文件的全部内容包含进来，即将另外的文件包含到本文件中。

文件包含命令行的一般形式为：

#include"文件名"

在前面章节中已经多次用到文件包含命令。例如：

```
#include "stdio.h"
#include "math.h"
```

文件包含命令的功能是把指定的文件插入该命令行位置取代该命令行，从而把指定的文件和当前的源程序文件连成一个源文件。在程序设计中，文件包含是很有用的。一个大的程序可以分为多个模块，由多个程序员分别编程。有些公用的符号常量或宏定义等可单独组成一个文件，在其他文件的开头用包含命令包含该文件即可使用。这样，可避免在每个文件开头都去书写那些公用量，从而节省时间，并减少出错。

说明

（1）包含命令中的文件名可以用双引号括起来，也可以用尖括号括起来。例如，以下两种写法都是允许的：

```
#include "stdio.h"
#include <stdio.h>
```

但是这两种形式是有区别的：使用尖括号表示在包含文件目录中去查找（包含目录是由用户在设置环境时设置的），而不在源文件目录中去查找；使用双引号则表示首先在当前的源文件目录中查找，若未找到才到包含目录中去查找。

（2）一个#include 命令只能指定一个被包含文件，若有多个文件要包含，则需用多个#include 命令。

（3）文件包含允许嵌套，即在一个被包含的文件中又可以包含另一个文件。

8.3 条 件 编 译

预处理程序提供了条件编译的功能，可以根据不同的条件去编译不同的程序部分，因而产生不同的目标代码文件。这对于程序的移植和调试是很有用的。条件编译有以下 3 种形式：

1. 形式一

```
#ifdef 标识符
    程序段 1
#else
    程序段 2
#endif
```

其功能是，如果标识符已被#define 命令定义过，则对“程序段 1”进行编译；否则对“程序段 2”进行编译。如果没有“程序段 2”，本格式中的#else 可以没有，即可以写为：

```
#ifdef 标识符
    程序段
#endif
```

【实例 8-7】形式一举例。

```
#include <stdio.h>
#define DEBUG
void main()
{
    int a=2,b=3,c;
    c=a/b;
    #ifdef DEBUG
        printf("a=%d,b=%d,",a,b);
    #endif
    printf("c=%d\n",c);
}
```

由于 DEBUG 已被#define 定义过，所以输出 a、b 的值。程序运行结果如图 8-9 所示。

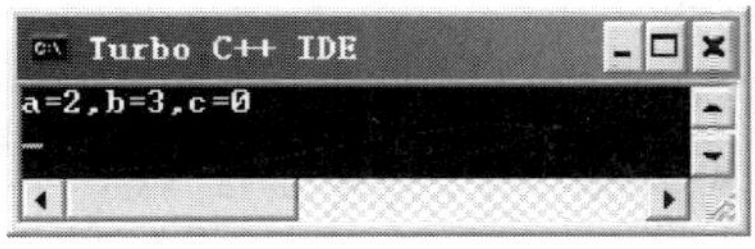

图 8-9 ［实例 8-7］运行结果

2. 形式二

```
#ifndef 标识符
    程序段 1
#else
    程序段 2
#endif
```

其功能是，如果标识符未被#define 命令定义过，则对“程序段 1”进行编译，否则对“程序段 2”进行编译。这与形式一的功能正相反。

3. 形式三

```
#if 常量表达式
    程序段 1
#else
    程序段 2
#endif
```

其功能是，若常量表达式的值为真（非 0），则对“程序段 1”进行编译，否则对“程序段 2”进行编译。因此可以使程序在不同条件下，完成不同的功能。

【实例 8-8】分别求圆和正方形的面积。程序运行效果如图 8-10 所示。

图 8-10 ［实例 8-8］运行效果

```
#define R 1
void main()
{
    float a,r,s;
    printf ("input a number: ");
    scanf("%f",&r);
    #if R
        a=3.14159*r*r;
        printf("area of round is:%f\n",a);
    #else
        s=r*r;
```

```
        printf("area of square is:%f\n",s);
    #endif
}
```

在该程序中，定义 R 为 1，因此在条件编译时，常量表达式的值为真，故计算并输出圆的面积。上面介绍的条件编译当然也可以用条件语句来实现。但是用条件语句将会对整个源程序进行编译，生成的目标代码程序很长，而采用条件编译，则根据条件只编译其中的“程序段 1”或“程序段 2”，生成的目标程序较短。如果条件选择的程序段很长，采用条件编译的方法是十分必要的。

8.4 程 序 实 例

【实例 8-9】定义一个带参数的宏，使两个参数的值互换，并编写程序，输入两个数作为使用宏时的参数，输出已交换后的两个值。程序运行效果如图 8-11 所示。

```
#define SWAP(a,b) t=b;b=a;a=t
void main()
{
    int a,b,t;
    printf("Input two integers a,b:");
    scanf("%d%d",&a,&b);
    SWAP(a,b);
    printf("Now,a=%d,b=%d\n",a,b);
}
```

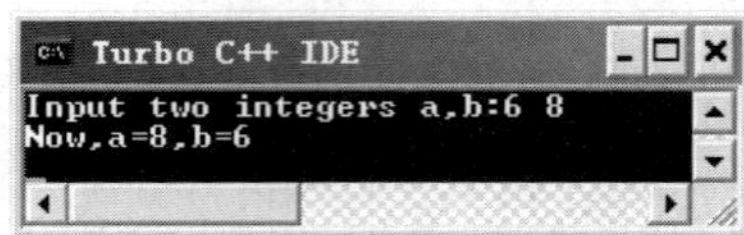

图 8-11 ［实例 8-9］运行效果

程序执行时，SWAP (a,b)被替换为 t=b；b=a；a=t，因为 a 与 b 分别为 6 和 8，参数传递后，实际执行的是 t=8；b=6；a=8，完成两数的互换。

【实例 8-10】根据需要设置条件编译，将字符串"One World One Dream"全改为大写输出，或全改为小写字母输出。运行程序运行效果如图 8-12 所示。

```
#define LETTER 1
void main()
{
    char str[20]= "One World One Dream",c;
    int i;i=0;
    while((c=str[i])!= '\0')
    {
        i++;
        #if LETTER
            if(c>='a'&&c<='z')
                c=c-32;          /*小写变大写*/
        #else
            if(c>='A' && c<='Z')
                c=c+32;          /*大写变小写*/
        #endif
        printf("%c",c);
    }
}
```

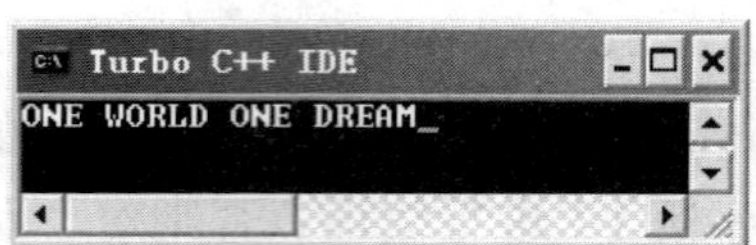

图 8-12 ［实例 8-10］运行效果

在本例中定义 LETTER 为 1，这样在对条件编译命令进行预处理时，由于 LETTER 为真（非零），则对第一个 if 语句进行编译，运行时使小写字母变为大写。如果将程序第一行改为：

```
#define LETTER 0
```

则在预处理时，对第二个 if 语句进行编译预处理，使大写字母变成小写字母。此时运行结果为：one world one dream。

本 章 小 结

预处理功能是 C 语言特有的功能，它是在对源程序正式编译前由预处理程序完成的。程序员在程序中用预处理命令来调用这些功能。

宏定义是用一个标识符来表示一个字符串，这个字符串可以是常量、变量或表达式。在宏调用中将用该字符串代换宏名。宏定义可以带有参数，宏调用时是以实参代换形参，而不是“值传送”。为了避免宏代换时发生错误，宏定义中的字符串应加括号，字符串中出现的形式参数两边也应加括号。

文件包含是预处理的一个重要功能，它可用来把多个源文件连接成一个源文件进行编译，结果将生成一个目标文件。

条件编译允许只编译源程序中满足条件的程序段，使生成的目标程序较短，从而减少了内存的开销，并提高了程序的效率。

使用预处理功能便于程序的修改、阅读、移植和调试，也便于实现模块化程序设计。

习 题

一、选择题

1．下列程序中的 for 循环执行的次数是______。

```
#define   N   2
#define   M   N+1
#define   NUM  2*M+1
void main()
{
   int i;
   for(i=1;i<=NUM;i++) printf("%d\n",i);
}
```

（A）5　　（B）6　　（C）7　　（D）8

2．下程序的输出结果是______。

```
#define SQR(X) X*X
void main()
{
   int a=16,k=2,m=1;
   a/=SQR(k+m)/ SQR(k+m);
   printf("%d\n",a);
}
```

（A）16　　（B）2　　（C）9　　（D）1

3．设有下列两条宏定义命令，则表达式“B/B”的值为______。

```
#define A 3+2
#define B  A*A
```

（A）1　　（B）5　　（C）25　　（D）17

4．计算平方数时不可能引起二义性的宏定义是______。

（A）# define SQR (x) x*x　　（B）# define SQR (x) (x)*(x)

（C）# define SQR (x) (x*x)　　（D）# define SQR (x) ((x)*(x))

5．C 语言的编译系统对宏命令的处理是______。

（A）在程序运行时进行的

（B）在程序连接时进行的

（C）和 C 程序中的其他语句同时进行编译的

（D）在对源程序中其他成分正式编译之前进行的

二、填空题

1．阅读下列程序，写出程序运行后的输出结果______。

```
#define PT 5.5
#define S(x) PT*x*x
void main()
{
     int a=1,b=2;
     printf("%4.1f\n",S(a+b));
}
```

2．阅读下列程序，写出程序运行后的输出结果______。

```
void main()
{
    int b=5;
    #define b 2
    #define f(x) b*(x)
    int y=3;
    printf("%d ",f(y+1));
    #undef b
    printf("%d ",f(y+1));
    #define b 3
    printf("%d ",f(y+1));
}
```

3．阅读下列程序，写出程序运行后的输出结果______。

```
#define M(a,b) (a)>(b)?(a):(b)
main()
{
    int i=10,j=15;
    printf("%d\n",10*M(i,j));
}
```

4．阅读下列程序，写出程序运行后的输出结果______。

```
#define M(a,b) (a)>(b)?(a):(b)
main()
{
   int i=10,j=15;
   printf("%d\n",10*M(i,j));
}
```

5．阅读下列程序，写出程序运行后的输出结果______。

```
#define DEBUG
 void main()
 {
    int a=23,b=10,c;
    c=a/b;
    #ifndef DEBUG
        printf("a=%o,b=%o",a,b);
    #endif
    printf("c=%d\n",c);
 }
```

三、编程题

1．输入两个整数，求它们相除的余数。用带参的宏来编程实现。

2．编写带参的宏，从3个数中找出最大数。

3．用条件编译方法实现以下功能：输入一行电报文字，可以任选两种输出，一为原文输出；二为将字母变成其下一字母（如a变成b，……，z变成a。其他字符不变）。用#define命令来控制是否要译成密码。例如："#define CHANGE 1"，则输出密码；若"#define CHANGE 0"，则不译成密码，按原码输出。

第 9 章 指 针

本章主要内容：

学习内存地址的访问方式，指针变量的算术运算、关系运算，字符指针和指针数组，指针在函数中的具体运用。

本章重点：

指针的基本概念及在程序中的使用。

本章难点：

字符指针和指针数组，指针在函数中的具体运用。

指针是 C 语言中的一个重要概念，也是 C 语言的特色和精华。指针是 C 语言中广泛使用的一种数据类型，灵活使用指针可以处理各种复杂的数据类型，使程序简洁、紧凑、高效。指针极大地丰富了 C 语言的功能。学习指针是学习 C 语言中最重要的一环，能否正确理解和使用指针是我们是否掌握 C 语言的一个标志。

指针也是 C 语言中最为困难的一部分，指针的概念比较复杂，使用起来比较灵活。在学习中除了要正确理解基本概念，还必须要多编程、上机调试，在实践中掌握它，只要做到这些，指针也是不难掌握的。

9.1 指针与地址概念

为了弄清楚什么是指针，必须弄清楚数据在内存中是如何存放的，以及它的存储方式。

9.1.1 内存地址

C 语言和其他高级程序设计语言一样，通过变量来使用内存空间。内存是计算机用于存储数据的存储器，一般把存储器中的一个字节称为一个内存单元，不同的数据类型所占用的内存单元数不等，如整型量占 2 个单元，字符量占 1 个单元，实型量占 4 个单元等，为了便于访问，给每个字节存储单元分配唯一的一个编号（如第一字节单元编号为 2000，以后各单元按顺序连续编号为 2001、2002、2003……），这些编号称为内存单元的地址，内存单元的首地址就是变量的地址，即指针。

9.1.2 直接和间接访问

1. 直接访问

用户只需根据变量名就能实现对存储空间的访问，这种访问方式称为直接访问方式。如：

```
int a;  /*  a 的地址为 4000  */
a=123;
```

则在内存中可以表示为如图 9-1 所示的形式。

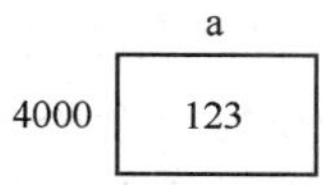

a

4000 123

图 9-1 直接存取方式示意图

2. 间接访问

间接访问是通过定义一种特殊的变量专门存放内存或变量的地址，然后根据该地址值访问相应的存储单元。例如：系统定义一个整型变量 a，a 变量的值为 123，a 的地址为 4000，这时如果再定义另一个特殊变量 p（用来存放另一变量的地址的），p 的地址为 4900，将变量 a 的地址（即 4000）放到变量 p 中，当要存取变量 a 时，不是直接通过 a 变量，而是先通过变量 p 得到 p 的值 4000（即 a 的地址），再根据地址 4000 存取它所指向单元的值 123。

打一个简单比方。为了打开 A 抽屉，有两种方法，一是将 A 钥匙带在身上，需要时直接找出该钥匙，取出所需的东西。另一种方法是：为安全起见，将该钥匙放在另一抽屉 B 中锁起来。如果需要打开 A 抽屉，就需要先找出 B 钥匙，打开 B 抽屉，取出 A 钥匙，再打开 A 抽屉，取出 A 抽屉之物，这就是“间接访问”。

如图 9-2 所示为间接访问的示意图。

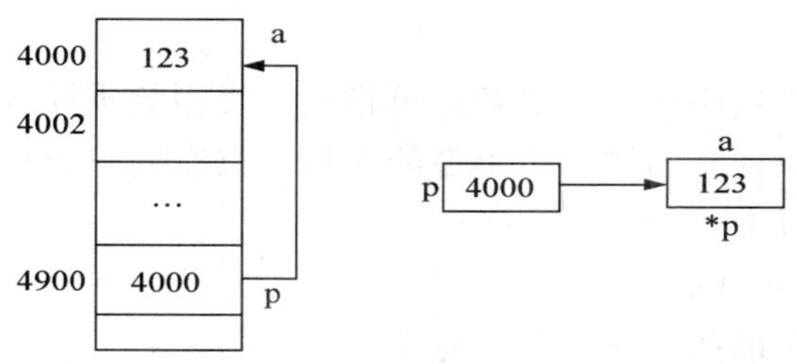

图 9-2 间接访问方式示意图

这种间接地通过变量 p 得到变量 a 的地址，再存取变量 a 的值的方式称为间接访问方式。

9.2 指 针 与 变 量

如前所述，一个变量的指针即该变量的地址，如 4000 就是变量 a 的指针。指针变量是专门存放地址的变量，用来指向另一变量，如 p 即是一个指针变量，用来指向另一变量 a，它存放的是 a 的地址 4000。为了表示指针变量和它指向的变量之间的联系，在程序中用“*”符号表示指向。

在图 9-2 中，存放 a 地址的变量 p 就是指针变量。可以形象地说，p 指向 a。

从图 9-2 中可以看到*p 也代表一个变量（即指针变量）和 a 是同一回事，用 C 语句表示为：*p=123 或 a=123。

9.2.1 指针变量的定义和初始化 

指针即“地址”，一个变量在内存中都有一个地址，而变量的地址就是变量的指针，例如，变量 i 的地址为 2000，则地址 2000 为变量 i 的指针。

1. 指针变量的定义

如果有一个变量专门用于存放另一个变量的地址（即指针），则它称为“指针变量”，也可以说该变量指向了另一个变量。指针变量不同于整型变量和其他类型的变量，它是专门用来存放地址的，必须将它定义为“指针类型”。

定义指针变量的一般形式为：

类型标识符　*指针变量名；

例如：

```
int    *p1;          /*定义 p1 为指向整型变量的指针变量*/
float  *p2;          /*定义 p2 为指向实型变量的指针变量*/
char   *p3;          /*定义 p3 为指向字符型变量的指针变量*/
```

在定义指针变量时要注意以下几点：

（1）定义中，“*”是一个说明符，它表明其后的变量是指针变量，如 p 是指针变量，而不要认为“*p”是指针变量。

（2）指针变量定义时指定的数据类型不是指针变量本身的数据类型，而是指针变量所指向对象（如变量）的数据类型。

（3）指针变量存放的是所指向的某个变量的地址值，而普通变量保存的是该变量本身的值。

（4）指针变量并不固定指向一个变量，可指向同类型的不同变量。

（5）一个指针变量只能指向同一个类型的变量。只有同一类型变量的地址才能放到指向该类型变量的指针变量中

2. 指针变量的赋值与初始化

（1）与指针引用有关的两个运算符：&与*。

&：取地址运算符，它的作用是取得变量所占用的存储单元的首地址。

*：指针运算符，或称间接访问运算符。

（2）指针变量初始化。

若有定义：

int　a，*p;

该语句仅仅定义了指针变量 p，但指针变量并未指向确定的变量（或内存单元）。因为这些指针变量还没有赋给确定的地址值，只有将某一具体变量的地址赋给指针变量之后，指针变量才指向确定的变量（内存单元）。

指针变量初始化：在定义指针时同时给指针一个初始值。如：

```
int  a,*p=&a;        /*p 是指向 a 的指针变量*/
```

9.2.2　指针变量的引用和赋值

1. 指针变量的引用

*指针变量名——代表所指变量的值。

指针变量名——代表所指变量的地址。

例如：

```
int  a,*p=&a;
```

用*p 来表示 p 指向的对象 a，*p 与 a 是等价的。*p 可以像普通变量一样使用。

例如：`a=123;` 等价于 `*p=123;`

`scanf("%d", &*p);` 等价于 `scanf ("%d", p);`

注意

*与&具有相同的优先级，结合方向从右到左。这样，&*p 即&（*p），是对变量*p 取地址，它与&a 等价；p 与&（*p）等价，a 与*（&a）等价。

2. 指针的赋值

（1）将变量地址值赋给指针变量，使指针指向该变量。

设有如下定义：

```
int a,b,*pa,*pb;
pa=&a;
pb=&b;
```

第一行定义了整型变量 a、b 及指针变量 pa、pb。pa、pb 还没有被赋值，因此 pa、pb 没有指向任何变量，第二行使 pa 指向 a，第三行使 pb 指向 b。

（2）相同类型的指针变量间的赋值。pa 与 pb 都是整型指针变量，它们之间可以相互赋值，如：pb＝pa;表示 pa 指向 pb 所指的地方，即 pa、pb 都指向变量 a，此时 a、*pa、*pb 是等价的。指针指向变化如图 9-3 所示。

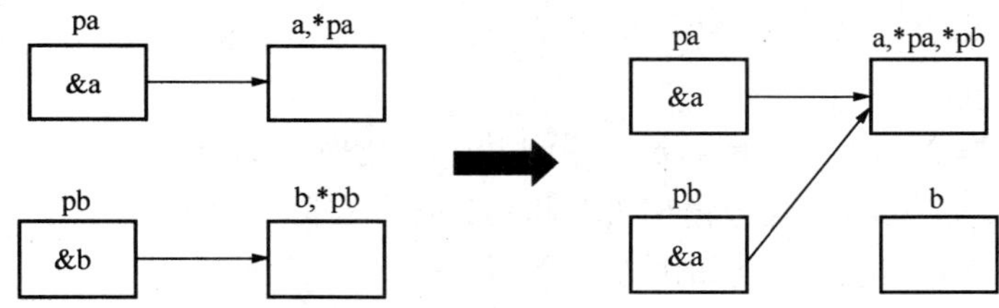

图 9-3　指针指向变化

【实例 9-1】指针定义与初始化。程序运行效果如图 9-4 所示。

```
#include"stdio.h"
void main()
{
    int a,b;
    int *p1,*p2;
    a=200;b=30;
    p1=&a;
    p2=&b;
    printf ("%d,%d\n",a,b);
    printf("%d,%d\n",*p1,*p2);
}
```

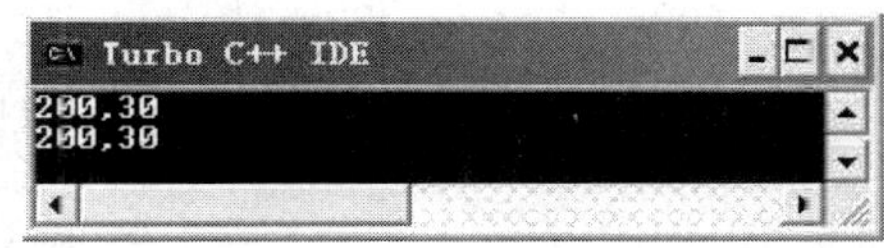

图 9-4 ［实例 9-1］运行效果

注意

（1）在定义指针变量的同时也可以初始化，例如：

```
int *p1;
p1=&a;
```

可以写成一条语句：

```
int *p1=&a;
```

（2）一旦将变量 a 的地址赋给指针变量 p1，*p1 总是与 a 等价。

【实例 9-2】从键盘上输入两个整数到 a、b，按由小到大输出。程序运行效果如图 9-5 所示。

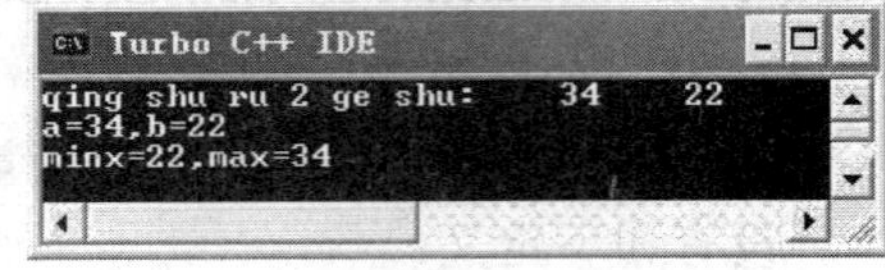

图 9-5 ［实例 9-2］运行效果

```
#include <stdio.h>
void main()
{
    int a,b,*p1,*p2,*p;                    /* 定义指针变量 pa、pb */
    printf("qing shu ru 2 ge shu: ");
    scanf("%d%d",&a,&b);
    p1=&a;p2=&b;
    if(*p1>*p2)
    {
        p=p1;                              /* 进行指针交换 */
        p1=p2;
        p2=p;
    }
    printf("a=%d,b=%d\n",a,b);
    printf("minx=%d,max=%d",*p1,*p2);    /* pa 指向大数,pb 指向小数 */
}
```

当输入 a=34、b=22 时，由于 a>b，将 p1 与 p2 交换，p1 的值原为&a，后来变成&b，p2 原值为&b，后来变成&a，这样输出*p1 和*p2 时，实际上是输出变量 b 和 a 的值，为此先输出 22，再输出 34。指针变化如图 9-6 所示。

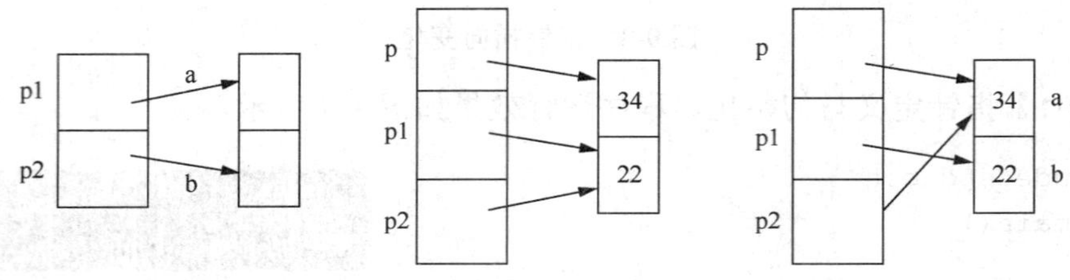

图 9-6 ［实例 9-2］指针变化

9.3 指 针 运 算

9.3.1 指针的算术运算

1. 加减运算

一个指针可以加、减一个整数 *n*，其结果与指针所指对象的数据类型有关。运算后指针变量的值应增加或减少“n×sizeof（指针类型）”。加减运算常用于数组的处理。对指向一般数据的指针，加减运算无实际意义。其中 sizeof()是测定字节长度的函数。

例如：

```
int  a[10], *p=a, *x;
x=p+3;      /*实际上是 p 加上 3×2 个字节赋给 x，x 指向数组的第三个分量*/
```

对于不同基本类型的指针，指针变量“加上”或“减去”一个整数 *n* 所移动的字节数是不同的。例如：

```
float  a[10], *p=a, *x;
p=p+3;      /*实际上是 p 加上 3×4 个字节赋给 x，x 依然指向数组的第三个分量*/
```

2. 自增自减运算

指针变量自增、自减运算具有上述运算的特点，但有前置、后置问题。例如：

```
int  a[10],*p=a,*x;
x=p++;      /* x 指向数组第一个元素，p 指向第二个元素*/
x=++p;      /* x、p 均指向数组的第二个元素*/
```

注意

*（p++）与（*p）++含义不同，*p++相当于*（p++），表示地址自增后再取其值，（*p）++表示当前所指向的数据自增。

9.3.2 指针的关系运算

与基本类型变量一样，指针可以进行关系运算。

在关系表达式中允许对两个指针进行所有的关系运算。若 p、q 是两个同类型的指针变量，则：p>q、p<q、p==q、p!=q、p>=q 都是允许的。

指针的关系运算在指向数组的指针中广泛的运用。假设 p、q 是指向同一数组的两个指针，执行 p>q 的运算，其含义为，若表达式结果为真（非 0 值），则说明 p 所指元素在 q 所指元素之后。

运算规则：当两个指针变量的值（地址值）满足关系运算时，结果为 1（真），否则结果为 0（假）。即两个指针变量进行关系运算的结果也是逻辑值。

注意

（1）在指针进行关系运算之前指针要有初始值；只有相同类型的指针才能进行比较。

（2）指针变量只能和整数或整型变量相加减，而不能和实型数或实型变量相加减。

（3）指针变量不能进行乘法和除法运算。

（4）两个指针变量相减，必须指向同一个数组，否则不能进行减法运算。

9.4 指针与数组

在 C 语言中，指针和数组的关系非常密切，引用数组元素既可以通过下标，也可以通过指针来进行。正确地使用数组的指针来处理数组元素，能够产生高质量的目标代码。

9.4.1 指向数组的指针变量

1. 指向一维数组的指针变量

【实例 9-3】定义一个数组，通过键盘赋值，并输出数组的全部元素。程序运行效果如图 9-7 所示。

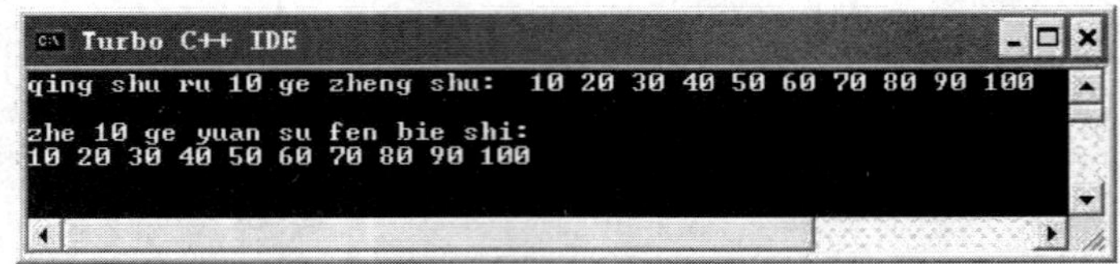

图 9-7 [实例 9-3] 运行效果

方法一：下标法。

```
#include"stdio.h"
void main()
{
    int a[10];
    int i;
    printf("qing shu ru 10 ge zheng shu:  ");
    for(i=0;i<10;i++)
        scanf("%d",&a[i]);
    printf("\nzhe 10 ge yuan su fen bie shi:\n");
    for(i=0;i<10;i++)
        printf("%d ",a[i]);
}
```

方法二：通过指针变量。

```
#include"stdio.h"
void main()
{
    int a[10];
    int i, *p;
    printf("qing shu ru 10 ge zheng shu:  ");
    for(i=0;i<10;i++)
        scanf("%d",&a[i]);
    printf("\nzhe 10 ge yuan su fen bie shi:\n");
    for(p=a;p<(a+10);p++)
        printf("%d ",*p );
}
```

指针变量可以指向数组或指向数组元素，即把数组的首地址或数组元素的地址存放到一个指针变量中。

例如：

```
int a[10]={1,3,5,7,9};
```

```
int *p;
p=a;                    /*把数组的首地址赋给指针变量p*/
p=&a[2];                /*把数组元素a[2]的地址赋给指针变量p*/
```

C 语言规定：数组名代表数组首地址，是一个地址常量。如果用 p 指向数组 a 的第 0 个元素 a[0]，则下面两个语句等价：

```
p=&a[0];
p=a;
```

在定义指针变量的同时可赋初值：

```
int  a[10],*p=&a[0];  (或 int *p=a;)
```

等价于：

```
int  *p;
p=&a[0];
```

此外 p+1 指向数组的下一元素（而不是将 p 值指向简单地加 1），p+i 指向 p 后的第 i 个元素 a[i]，*(a+1)表示 a[1]，……，用指针表示数组如表 9-1 所示。

表 9-1　用指针表示数组

表 现 形 式	含　　义
a、p、&a[0]	一维数组首地址
a+1、p+1、&a[1]	一维数组下标为 1 元素的地址
a+i、p+i、&a[i]	一维数组下标为 i 元素的地址
*a、*p、a[0]、p[0]	一维数组下标为 0 的元素
(a+1)、++p、a[1]、p[1]	一维数组下标为 1 的元素
(a+i)、(p+i)、a[i]、p[i]	一维数组下标为 i 的元素

引用一个数组元素有两种方法（3 种形式）。

（1）下标法：如 a[i]形式。

（2）指针法：如*(a+i)或*(p+i)。

2. 指向多维数组的指针变量

在了解了上面的概念后，下面以二维数组为例，讲述指向多维数组的指针变量。

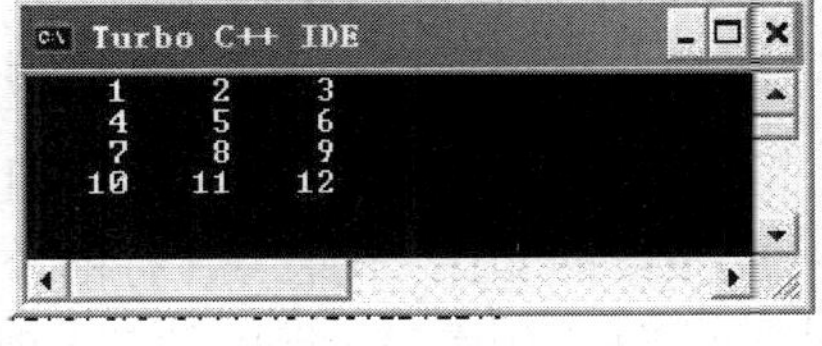

图 9-8　[实例 9-4] 运行效果

【实例 9-4】用指针变量输出一个二维数组元素的值。程序运行效果如图 9-8 所示。

方法一：

```
#include"stdio.h"
void main()
{
    int a[4][3]={1,2,3,4,5,6,7,8,9,10,11,12};
    int j,k;
    for (j=0;j<4;j++)
```

```
    {
        for (k=0;k<3;k++)
            printf("%5d",*(a[j]+k));
                /* a[j]是j行首地址,a[j]+k是j行k列元素的地址*/
        putchar('\n');
    }
}
```

方法二：

```
#include<stdio.h>
void main()
{
    static int a[4][3]={{1,2,3},{4,5,6},{7,8,9},{10,11,12}};
    int k,j,*p;
    p=a[0];                          /*p指向数组的第一个元素a[0][0]*/
    for (j=0;j<4;j++)
    {
        for (k=0;k<3;k++)
            printf("%5d",*(p++));   /*输出p所指向的元素*/
        putchar('\n');
    }
}
```

C语言将二维数组的行数和列数分别用两个方括号分开，如：int a[4][3];，目的是把二维数组看做一种特殊的一维数组，它的元素又是一个一维数组（前面章节已讲述）。例如，数组名a看做是由4个元素a[0]、a[1]、a[2]、a[3]组成的，而每个元素a[i]（i=0,1,2,3）又都是具有3个元素的一维数组。如下所示：

a[0]　{ a[0][0], a[0][1], a[0][2]}

a[1]　{ a[1][0], a[1][1], a[1][2]}

a[2]　{ a[2][0], a[2][1], a[2][2]}

a[3]　{ a[3][0], a[3][1], a[3][2]}

一维数组名a[i]（i=0, 1, 2, 3）看做是第i行的首地址，即第i行中第0列元素的地址（即&a[i][0]）。

数组名a代表整个二维数组的首地址，也就是第0行的首地址。

a+i即a[i]，代表第i行的首地址。

a[i]+j代表第i行中的第j列元素的地址，即为&a[i][j]。

第i行第j列元素地址及其元素值如表9-2所示。

表9-2　第i行第j列元素地址及其元素值

第i行第j列元素地址	第i行第j列元素值
a[i]+j	*a([i]+j)
*(a+i)+j	*(*(a+i)+j)
&a[i][j]	a[i][j]

9.4.2 字符指针

1. 字符数组表示法

字符串可以保存在数组中。

【实例 9-5】字符表示法示例。运行效果如图 9-9 所示。

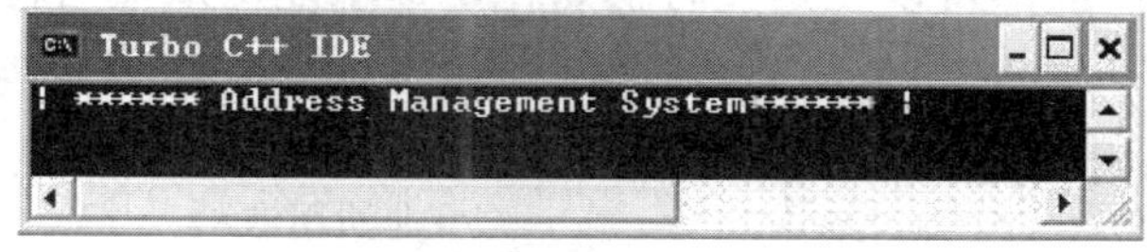

图 9-9 [实例 9-5] 运行效果

```
#include"stdio.h"
void main()
{
   static char str[]="| ****** Address Management System****** |";
   printf("%s\n",str);
}
```

2. 字符指针表示法

字符指针可以指向字符数组，也可以指向字符串。字符指针的定义、赋值和引用与数组指针基本相同。通常用字符指针指向字符串。

用字符指针表示法实现［实例 9-5］的功能：

```
#include"stdio.h"
void main()
{
   char str[]="| ****** Address Management System****** |";
   char *p=str;
   printf("%s\n", p);
}
```

运行结果与［实例 9-5］相同。

分析：定义 p 为指针变量，它指向字符型数据，且赋值语句把字符串" |****** Address Management System****** | "的首地址赋给了指针变量 str。字符串的整体输出实际上还是从指针所指示的字符开始逐个显示（系统在输出一个字符后自动执行 p++)，直到遇到字符串结束标志符'\0'为止。而在输入时，也是将字符串的各字符自动顺序存储在 p 指示的存储区中，并在最后自动加上'\0'。

程序的第一、二两句可改写为：

```
char  *str ;
str=" | ****** Address Management System****** |" ;
```

3. 字符指针变量与字符数组的比较

虽然用字符指针变量和字符数组都能实现字符串的存储和处理，但两者是有区别的，不能混为一谈。

（1）存储内容不同。字符指针变量中存储的是字符串的首地址，而字符数组中存储的是字符本身。

（2）复制方式不同。对于字符指针变量，可采用下面的赋值语句赋值：

```
char  *pointer;
pointer="This is a book. ";
```

而对于字符数组，虽然可以在定义时初始化，但不能用赋值语句整体赋值，以下用法是非法的：

```
char char_array[20];
char_array ="This is a book. ";         /*非法用法*/
```

（3）指针变量的值是可以改变的，字符指针变量也不例外，而数组名代表数组的起始地址是一个常量，而常量是不能被改变的。

（4）字符数组在定义时，系统会分配确定的地址，而字符指针变量在没有赋予一个地址值之前，它并未具体指向哪一个字符数据。

（5）指针变量指向一个格式字符串，可以用它代替 printf 函数中的格式字符。

9.4.3 指针数组

指针数组是指针变量的集合。即它的每一个元素都是指针变量，且都具有相同的存储类别和指向相同的数据类型。

【实例 9-6】设计个人通信录管理系统操作主界面，并输出。运行效果如图 9-10 所示。

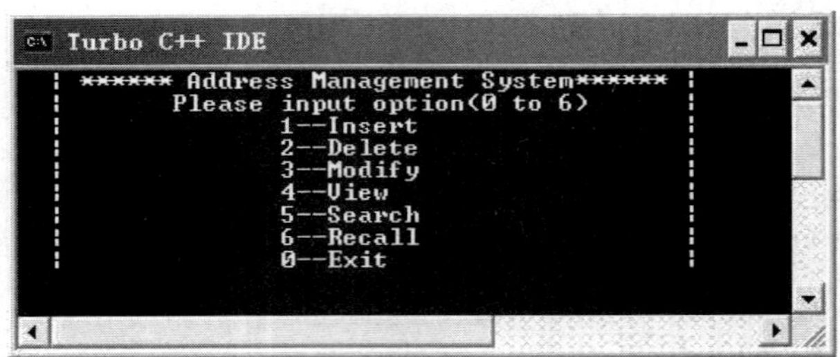

图 9-10 ［实例 9-6］运行效果

```
#define  NULL  0
#include"stdio.h"
void main()
{
    static  char a[]=" | ****** Address Management System****** |";
    static  char b[]=" |      Please input option(0 to 6)       |";
    static  char c[]=" |              1--Insert                 |";
    static  char d[]=" |              2--Delete                 |";
    static  char e[]=" |              3--Modify                 |";
    static  char f[]=" |              4--View                   |";
    static  char g[]=" |              5--Search                 |";
    static  char h[]=" |              6--Recall                 |";
    static  char i[]=" |              0--Exit                   |";
    int  t;char *p[10];
```

```
    p[0]=a; p[1]=b; p[2]=c; p[3]=d;
    p[4]=e; p[5]=f; p[6]=g; p[7]=h;
    p[8]=i;
    p[9]=NULL;
    for(t=0;p[t]!=NULL;t++)
        printf(" %s\n",p[t]);
}
```

指针数组的定义形式为：

类型标识符　*数组名[数组长度说明];

例如：

int　*p[10];

指针数组广泛应用于对字符串的处理。

例如：

```
char  *p[3]={"Please input option(0 to 1) ","1--Insert","0--Exit"};
```

定义了一个具有3个元素p[0]、p[1]、p[2]的指针数组。每个元素都可以指向通信录管理系统的一个字符数组，或字符串。其中p[0]指向字符串"Please input option(0 to 1)"，p[1]指向字符串"1--Insert"，p[2]指向字符串"0--Exit"。

虽然有时指针数组和二维数组都可以解决同样的问题，但在实际应用中，指针数组比二维数组更常用、更有效，尤其是在处理多个字符串的操作中。

9.5 指 针 与 函 数

9.5.1 指针作为函数参数

用指针作为函数参数，可以实现函数之间多个数据的传递，当形参为指针变量时，其对应实参可以是指针变量或存储单元地址。

函数形参为指针变量，用指针变量或变量地址作为实参。

【实例 9-7】编写一个交换两个变量的函数，在主程序中调用，实现两个变量值的交换。运行效果如图9-11所示。

图9-11 ［实例9-7］运行效果

```
#include"stdio.h"
void main()
{
    int  a,b;
```

```
    int  *pa,*pb;
    void swap(int *p1,int *p2);        /*函数声明*/
    printf("qing shu ru 2 ge zheng shu:\na=");
    scanf("%d",&a);
    printf("b=");
    scanf("%d",&b);
    pa=&a;                             /*pa 指向变量 a*/
    pb=&b;                             /*pb 指向变量 b*/
    swap(pa,pb);
    printf("\njie guo wei:\na=%d,b=%d\n",a,b);
}
void swap(int *p1,int *p2)
{
    int  temp;
    temp=*p1;                          /*交换指针 p1、p2 所指向的变量的值*/
    *p1=*p2;
    *p2=temp;
}
```

说明

（1）若在函数体中交换指针变量的值，实参 a、b 的值并不改变，指针参数亦是值传递，不能改为以下程序段：

```
int  *p;
p=p1;p1=p2;p2=p;
```

（2）函数中交换值时不能使用无初值的指针变量作为临时变量。例如：

```
int  *p;
*p=*p1;*p1=*p2;*p2=*p;
```

p 无确定值，对 p 的使用可能带来不可预期的后果。

9.5.2 指针函数

指针函数是指返回值为指针的函数。

【实例 9-8】利用指针函数求两个整数的最大值。运行效果如图 9-12 所示。

图 9-12 ［实例 9-8］运行效果

```
#include"stdio.h"
void main()
{
    int a,b,*p;
    int  *max(int x,int y);
    scanf("%d %d",&a,&b);
    p=max(a,b);
    printf("max=%d",*p);
}
int  *max(int x,int y)
{
    if(x>y)
        return(&x);
    else
```

```
        return(&y);
 }
```

指针函数的定义形式为：

类型标识符　*函数名（参数）

例如：

```
int *fun(int a,int b)
{
   函数体语句
}
```

在函数体中有返回指针或地址的语句，形如：

return（&变量名）或 return（指针变量）；

并且返回值的类型要与函数类型一致。

9.5.3 指向函数的指针

一个函数包括一组指令序列，存储在某一段内存中，这段内存空间的起始地址称为函数的入口地址，称函数入口地址为函数的指针。函数名代表函数的入口地址。

可以定义一个指针变量，其值等于该函数的入口地址，指向该函数，这样通过该指针变量也能调用该函数。这种指针变量称为指向函数的指针变量。

图 9-13 ［实例 9-9］运行效果

【实例 9-9】函数 max()用来求一维数组的元素的最大值，在主调函数中用函数名调用该函数与用函数指针调用该函数来实现。运行效果如图 9-13 所示。

```
#include"stdio.h"
#define M 9
void main()
{
    float sumf,sump;
    float a[M]={11,2,-3,4.5,5,69,7,90};
    float (*p)( float b[],int k);          /*定义指向函数的指针 p*/
    float  max(float a[],int n);           /*函数声明*/
    p=max;                                 /*函数名（函数入口地址）赋给指针 p*/
    sump=(*p)(a,M);                        /*用指针方式调用函数*/
    sumf=max(a,M);                         /*用函数名调用 max()函数*/
    printf("sump=%.2f\n",sump);
    printf("sumf=%.2f\n",sumf);
}
float max(float a[],int n)
{
    int k;
    float s;
    s=a[0];
    for(k=0;k<n;k++)
        if(s<a[k])
```

```
            s=a[k];
    return s;
}
```

定义指向函数的指针变量的一般形式为：

类型标识符（*指针变量名）()；

例如：

```
int  (*p)();          /*指针变量 p 可以指向一个整型函数*/
float  (*q)();        /*指针变量 q 可以指向一个浮点型函数*/
```

指向函数的指针变量，与其他指针变量一样要赋予地址值才能引用。当将某个函数的入口地址赋给指向函数的指针变量时，就可用该指针变量来调用所指向的函数。

例如：

```
int  m,(*p)();
int max(int a,int b);
```

则 p=max;就是将函数 max()的入口地址给 p，也就是将 p 指向函数 max()。

指针调用函数的一般形式为：

(*指针变量)（实参表)；

如：m= (*p) (12, 22);　　等价于 m=max(12, 22);

指向函数的指针的使用步骤：

（1）定义一个指向函数的指针变量，形式如：

```
float (*p)();
```

（2）为函数指针赋值，形式如：

```
p=函数名;          /*赋值时只需给出函数名，不要带参数*/
```

（3）通过函数指针调用函数，调用格式如下：

```
s=(*p)(实参);
```

9.6 程 序 实 例

【实例 9-10】将字符串 b 连接到字符串 a 的后面。运行效果如图 9-14 所示。

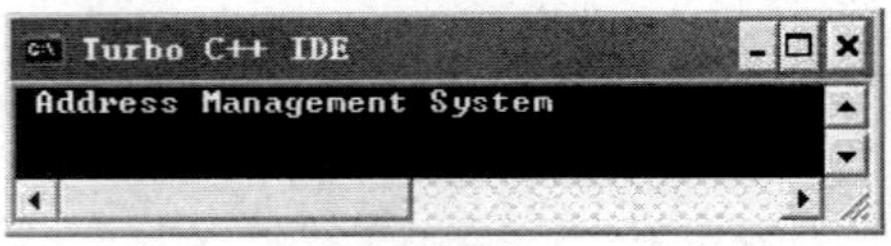

```
#include<stdio.h>
void main()
{
    char a[30]= " Address Management";
    char b[]=" System",*p,*q;
    p=a;
    q=b;
    while(*p!='\0')
        p++;                           /*将指针移到数组 a 的尾部*/
    while(*q!='\0')
        *p++=*q++;                     /*将数组 b 的元素连接到数组 a 后*/
    *p='\0';
```

Turbo C++ IDE

Address Management System

图 9-14 ［实例 9-10］运行效果

```
    p=a;                                /*将指针移到数组a的开始位置*/
    printf("%s\n",p);                   /*输出连接后的字符串*/
}
```

考虑一下，用函数调用如何编程？将一字符串复制到另一字符串程序的编写？

【实例 9-11】有若干本书，将书名按字典顺序排序。运行效果如图 9-15 所示。

```
Turbo C++ IDE
1: BASIC
2: Programming in ANSI C
3: TRUBO C 2.0
4: Visual C++ 6.0 Programming
```

图 9-15 ［实例 9-11］运行效果

```
#include<stdio.h>
#include<string.h>
void main()
{
    char *bname[]={"Programming in ANSI C","BASIC ",
    "Visual C++ 6.0 Programming","TRUBO C 2.0"};
    int i,m;
    void sort(char *name[],int);
    m=sizeof(bname)/sizeof(char *);          /*字符串个数*/
    sort(bname,m);                           /*排序,改变指针的连接关系*/
    for(i=0;i<m;i++)                         /*输出排序结果*/
        printf("%d: %-9s\n",i+1,bname[i]);
}
void sort(char *name[], int n)               /*选择排序*/
{
    char *t;
    int i,j,k;                               /*k记录每趟最小值下标*/
    for (i=0;i<n-1;i++)
    {
        k=i;
        for(j=i+1;j<n;j++)
            if(strcmp(name[k],name[j])>0)
                k=j;                         /*第j个元素更小*/
        if(k!=i)                      /*最小元素是该趟的第一个元素 则不需交换/
        {
            t=name[i];
            name[i]=name[k];
            name[k]=t;
        }
    }
}
```

注意

（1）字符数组中每个元素可存放一个字符，而字符指针变量存放字符串首地址，而不是存放在字符指针变量中。

（2）对字符数组，与普通数组一样，不能对其进行整体赋值，只能给各个元素赋值，而字符指针变量可以直接用字符串常量赋值。

【实例 9-12】输入一个十进制正整数，将其转换成二进制、八进制、十六进制数输出。

分析：将十进制数 n 转换成 r 进制数的方法是，n 除以 r 取余数作为转换后的数的最低位。若商不为 0，则商继续除以 *r*，取余数作为次低位……，依此类推，直到商为 0 为止。

对于十六进制数中大于 9 的 6 个数字是用 A、B、C、D、E、F 来表示。

所得余数序列转换成字符保存在字符数组 a 中。

字符 0 的 ASCII 码是 49，故余数 0～9 只要加上 49 就变成字符 0～9 了；余数中大于 9 的数 10～15 要转换成字母，加上 55 就转换成 A、B、C、D、E、F 了。

由于求得的余数序列是低位到高位，而屏幕显示先显示高位，所以输出数组 a 时要反向进行。运行效果如图 9-16 所示。

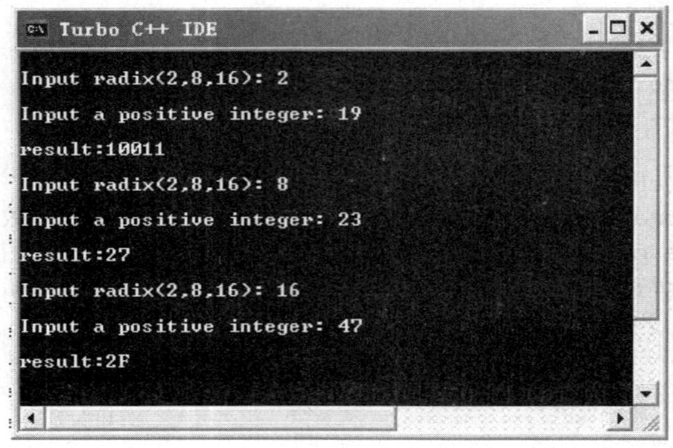

图 9-16 ［实例 9-12］运行效果

```
#include "stdio.h"
#include "string.h"
void main()
{
    int i,radix;
    long n;
    char a[33];
    void trans10_2_8_16(char *p,long m,int base);
    printf("\nInput radix(2,8,16): ");          /* 输入转换基数*/
    scanf("%d",&radix);
    printf("\nInput a positive integer: ");   /*输入被转换的数*/
    scanf("%ld",&n);
    trans10_2_8_16(a,n,radix);
    printf("\nresult:");
    for(i=strlen(a)-1;i>=0; i--)                /*逆向输出字符串*/
        printf("%c",*(a+i));                    /*  *(a+i) 即 a[i]  */
    printf("\n");
}
void trans10_2_8_16(char *p,long m,int base)
{
    int r;
    while(m>0)
    {
        r=m%base;                               /* 求余数 */
        if(r<10)
```

```
            *p=r+48;          /* 小于 10 的数转换成字符后送 p 指向的元素 */
        else
            *p=r+55;          /* 数 10~15 转换成 A~F 后送 p 指向的元素*/
        m=m/base;
        p++;                  /*指针下移*/
    }
    *p='\0';                  /*在最后加上字符串结束标志*/
}
```

本 章 小 结

为使读者有一系统完整的概念，要求从以下几个方面掌握本章内容。

（1）指针基本概念。变量的地址和变量的值，指针变量的说明、初始化，变量与指针的关系。

（2）指针基本运算。取变量地址、取指针内容、指针移动、指针比较、加减运算等。如“++”或“--”运算符，或将指针与一个整型数进行加减运算来移动指针，系统会自动根据指针的类型确定每个存储单元所占用的字节数。例如，指针加 1 时，指针并不是向高字节方向移动 1 字节，移动的字节数由指针的类型而定。

（3）指针与数组的关系。数组名与地址关系，使用指针操作数组，二维数组下标与指针关系，函数之间传递数组的指针操作，数组指针与指针数组的概念及两者的区别。

（4）使用指针处理字符串。关于字符串的基本规定，字符串结束标记，使用指针操作字符串的基本算法。

（5）指针与函数的关系。指针作为函数的参数在函数之间传递，通过指针改变调用函数中的变量，函数返回值为指针类型，指向函数的指针。

习 题

一、选择题

1. 有以下程序：

```
#include "stdio.h"
void main()
{
   int  a[]= {2,4,6,8,10};
   int  y=0,x,*p;
   p=&a[1];
   for(x=0;x<3;x++)
       y+=*(p+x);
   printf("%d\n",y);
}
```

程序执行后 y 的值是______。

（A）16　　（B）17　　（C）18　　（D）19

2. 若有以下程序段：

```
char  arr[]="abcde ",*p=arr;
for(;p<arr+5;p++)
    printf("%s\n",p);
```

则输出结果是______。

（A）abcd
b
c
d
e

（B）a
d
c
b
a

（C）abcde
bcde
cde
de
e

（D）abcde

3. 若已定义 int a[9], *p=a;并在以后的语句中末改变 p 的值，不能表示 a[1]地址的表达式是______。

（A）p+1　　（B）a+1　　（C）a++　　（D）++p

4. 以下程序：

```
#include "stdio.h"
#include "string.h"
void main()
{
    char *p1,*p2,str[50]= "ABCDEFG";
    p1="abcd";
    p2="efgh";
    strcpy(str+1,p2+1);
    strcpy(str+3,p1+3);
    printf("%s",str);
}
```

输出结果是______。

（A）AfghdEFG　　（B）Abfhd　　（C）Afghd　　（D）Afgd

5. 下面程序的输出结果是______。

```
#include "stdio.h"
void main()
{
    int a[]={1,2,3,4,5,6,7,8,9,0,},*p;
    p=a;
    printf("%d\n",*p+9);
}
```

（A）0　　（B）1　　（C）10　　（D）9

6. 已知 char a[]= "abcd ", *p;，以下不正确操作的是______。

（A）p=a; p+=1;　　（B）=a+1;

（C）p=a++ ;　　（D）p=a;*p=++*p;

7. 有以下程序：

```
#include "stdio.h"
void main()
{
    char *s[]={"one","two","three"},*p;
    p=s[1];
    printf("%c,%s\n",*(p+1),s[0]);
}
```

执行后输出结果是______。

（A）n, two　　（B）t, one

（C）w, one　　（D）o, two

8. 有以下程序：

```
#include "string.h"
#include "stdio.h"
void main()
{
    char s[]="\n123\\";
    printf("%d,%d\n",strlen(s),sizeof(s));
}
```

执行后输出结果是______。

（A）赋初值的字符串有错　　（B）6, 7

（C）5, 6　　（D）6, 6

9. 有以下程序：

```
#include "stdio.h"
void main()
{
    int x[8]={8,7,6,5,0,0},*s;
    s=x+3;
    printf("%d\n",s[2]);
}
```

执行后输出结果是______。

（A）随机值　　（B）0　　（C）5　　（D）6

10. 下列程序的输出结果是______。

```
#include "stdio.h"
void main()
{
    char a[10]={9,8,7,6,5,4,3,2,1,0},*p=a+5;
    printf("%d",*--p);
}
```

（A）非法　　（B）a[4]的地址

（C）5　　（D）3

二、分别写出下列程序的运行结果

1.
```
#include "stdio.h"
void main()
{
    int a[]={0,2,4,6,8},*p=a+3;
    printf("\n%s%d%s\n","a[?]=",*p,"?");
    printf("%s%d%s\n","a[?+1]=",*p+1,"?");
}
```

2.
```
#include "stdio.h"
void main()
{
    static int a[]= {4,5,6};
    int  i;
    for(i=0;i<3;i++)
       printf("%d\n", *(a+1));
}
```

3.
```
#include "stdio.h"
void main()
{
    static int a[]= {4,5,6};
    int  i,*p=a;
    for(i=0;i<3;i++)
       printf("%d\n", *p++);
}
```

4.
```
#include "stdio.h"
void main()
{
    static char s[]="I like you";
    printf("%s\n",s);
    printf("%s\n",&s[0]);
    printf("%s\n",s+2);
}
```

5.
```
#include "stdio.h"
void main()
{
    int a,b,k=4,m=6,*p1=&k,*p2=&m;
    a=p1==&m;
    b=(*p1)/(*p2)+7;
    printf("a=%d\n",a);
    printf("b=%d\n",b);
}
```

三、下列程序段有哪些错误？请解释错误原因

1.
```
#include "stdio.h"
void main()
{
    int *p=&a;
    int a;
```

```
    pringf("%d\n",*p);
}
```

2.
```
#include "stdio.h"
void main()
{
    int x,*p;
    x=80;
    *p=x;
    printf("%d,%d\n",x,*p);
}
```

3.
```
#include "stdio.h"
void main()
{
    float x=57.6;
    int*p;
    p=&x;
    printf("%f\n",*p);
}
```

4.
```
#include "stdio.h"
void main()
{
    char *ptr,str[10];
    str="hi";
    printf("where you go?");
    scanf("%s",ptr);
    printf("%s,%s\n",str,ptr);
}
```

5.
```
#include<stdio.h>
void main()
{
    void copy_string(chat from[],char to[]);
    char a[]="I am a teacher.";
    char b[]="you are a student.";
    printf("%s\nstring b=%s\n",a,b);
    printf("copy string a to string b:\n");
    copy_string(a,b);
    printf("\nstring a=%s\nstring b=%s\n",a,b);
}
boid copy_string(char from[],char to[])
{
    void i=0;
    while(from[i]='0')
    {
       to[i];
       i++;
}
to[i]='\0';
}
```

四、编程题

1. 编写一个函数，实现两个字符串的比较。即自己写一个 strcmp 函数，函数原型为：

int strcmp (char *p1, char *p2);

2. 输入 10 个整数，按由小到大的顺序输出（用指针方法处理）。

3. 编写一个程序，输入月份号，输出该月的英文月名。例如，输入 3，则输出 March，要求用指针数组处理。

4. 编写一个程序，从键盘上输入一个字符串，按反序输出。如输入 abcdefg，则输出 gfedcba。程序可调用下列函数：

```
Char *reverse(Char *s)
{
    char *p,*q,temp;
    int  n;
    n=strlen(s);
    q=(n>0)?s+n-1:s;
    for(p=s;p<q;p++,q--)
    {
        temp=*q;
        *p=*q;
        *q=temp;
    }
    return(s);
}
```

第 10 章 结构体与联合体

本章主要内容：

学习结构体的基本概念、结构体数组、结构体指针结构体与函数的综合应用，联合体和枚举类型的基本概念和简单应用。

本章重点：

结构体、联合体的基本概念及使用，枚举类型基本概念。

本章难点：

结构体的基本概念及使用。

迄今为止，已介绍了 3 种基本类型，即字符类型、整数类型和实型，还介绍了一种构造类型，即数组，数组中的各元素具有相同的数据类型。

但是只有这些数据类型是远远不够的，有时需要将不同的数据组合成一个有机的整体，以便于进行程序设计。例如，在通信录登记表 strRecord 中，标识（Id）为整型，姓名（name）为字符串类型，性别（sex）为字符型，手机号码（MobileTelephone）为字符型，固定电话（办公室）（OfficeTelephone）为字符型，固定电话（家）（HomeTelephone）为字符型，QQ 号（QQNumber）为字符型。显然不能用一个数组来存放这一组数据。为了解决这个问题，C 语言中给出了另一种构造数据类型——结构体，它相当于其他高级语言中的记录。

“结构体”是一种构造类型，它是由若干“成员”组成的。每一个成员可以是一个基本数据类型或者又是一个构造类型。结构体是一种“构造”而成的数据类型，那么在说明和使用之前必须先定义它，如同在说明和调用函数之前要先定义函数一样。

10.1 结构体与变量

10.1.1 结构体的定义

定义一个结构体类型的一般形式为：

```
struct 结构体类型名
{
类型标识符      成员名 1;
类型标识符      成员名 2;
      ……
类型标识符      成员名 n;
};
```

例如：定义一个如表 10-1 所示的 strRecord 记录类型的结构体的定义方法如下：

表 10-1 strRecord 记录类型

标　　志	标　　识	分　组	姓　名	性　别	手机号码
flag	Id	Group	Name	Sex	MobileTelephone
固定电话（办公室）	固定电话（家）	QQ 号	电子邮箱	通信地址	备注
OfficeTelephone	HomeTelephone	QQNumber	Email	Address	Remark

```
struct strRecord
{
    int  Flag;
    long Id;
    char Group[2];
    char Name[30];
    char Sex[2];
    char MobileTelephone[15];
    char OfficeTelephone[15];
    char HomeTelephone[15];
    char QQNumber[10];
    char Email[50];
    char Address[50];
    char Remark[64];
};
```

在这个结构定义中，结构体类型名为 strRecord，该结构由 12 个成员组成。第一个成员为 flag，整型变量；第二个成员为 Id，长整型变量；其余 10 个变量，为字符变量。应注意括号后的分号是必不可少的。在结构定义之后，即可进行变量说明。凡说明为结构体 strRecord 的变量都由上述 12 个成员组成。

10.1.2 结构体变量的定义 

结构体定义之后，即可进行变量（结构体变量）的定义，可以采用以下 3 种方法：

1. 先定义结构体类型，再定义结构体变量

形式：　struct　结构体类型名　结构体变量名表；

例如：以上面已定义的结构体类型 struct strRecord 为例。

```
struct strRecord sRecordInsert, sRecordModify; /*定义 strRecord 结构体变量
sRecordInsert 和 sRecordModify */
```

2. 在定义结构体类型的同时定义变量

形式：

```
struct　结构体类型名
{
类型标识符　成员名 1;
类型标识符　成员名 2;
……
类型标识符　成员名 n;
```

```
}变量名表;
```

例如：

```
struct strRecord
{
    int  Flag;
    long Id;
    char Group[2];
    char Name[30];
    char Sex[2];
    char MobileTelephone[15];
    char OfficeTelephone[15];
    char HomeTelephone[15];
    char QQNumber[10];
    char Email[50];
    char Address[50];
    char Remark[64];
}sRecordInsert, sRecordModify;
```

3. 直接定义结构体类型变量（不出现结构体名）

形式：

struct

{

类型标识符　成员名 1;

类型标识符　成员名 2;

……

类型标识符　成员名 n;

} 变量名表;

说明

（1）类型与变量是不同的概念，不要混同。只能对变量赋值、存取或运算，而不能对一个类型赋值、存取或运算。在编译时，对类型是不分配存储空间的，只对该类型的变量分配存储空间。

（2）对结构体中的成员，可以单独使用，它的作用与地位相当于普通变量。

（3）成员也可以是一个结构体变量。

（4）成员名可与程序中的变量同名，两者不代表同一对象。

10.1.3　结构体变量的引用

在定义了结构体变量以后，就可以引用这个变量了。引用结构体变量名及其成员的方式为：

结构体变量名.成员名

其中的圆点运算符称为成员运算符，它的运算级别是最高的。

例如，定义结构体变量 sRecordInsert、sRecordModify 后可以引用：

sRecordInsert.Name 即插入联系人记录的姓名。

sRecordModify.sex 即修改联系人记录的性别。

下面是对结构体变量 stu1，stu2 的正确引用：

```
sRecordInsert.Name= "zhangsan";  或  scanf("%s",&sRecordInsert.Name);
sRecordModify.sex= "f";  或  scanf("%s",&sRecordModify.sex);
```

说明

（1）结构体类型变量的各成员（分量）必须单独引用，成员运算符“.”具有最高优先级。

（2）不允许对结构体变量进行整体的输入输出。

（3）如果结构体变量类型相同，则可以互相赋值，如：sRecordInsert= sRecordModify。

（4）如果结构体成员本身又是结构体类型的，则可继续使用成员运算符取结构体成员的结构体成员，逐级向下，引用最低一级的成员。程序只能对最低一级的成员进行运算。例如，对 stu1 某些成员的访问：

```
sRecordInsert.Name.FirstName="zhang";
sRecordInsert.Name.SecName="san";
```

10.1.4 结构体变量的初始化

结构体变量的初始化和数组一样，只有当结构体变量为全局变量或静态变量时，才能进行初始化。可以在定义时初始化。

【实例 10-1】定义一个结构体，完成结构体变量的初始化。运行效果如图 10-1 所示。

```
#include"stdio.h"
void main()
{
    struct  strRecord
    {
        long Id;
        char Group[2];
        char Name[30];
        char Sex[2];
        char OfficeTelephone[15];
    }sRecordInsert ={601070125,"r","ZhangSan","f","0371-66868089"};
    printf("Id=%ld\nGroup=%s\nName=%s\nSex=%s\nOfficeTelephone=%s\n",
    sRecordInsert.Id,sRecordInsert.Group,sRecordInsert.name,sRecordInse
    rt.sex, sRecordInsert.OfficeTelephone);
}
```

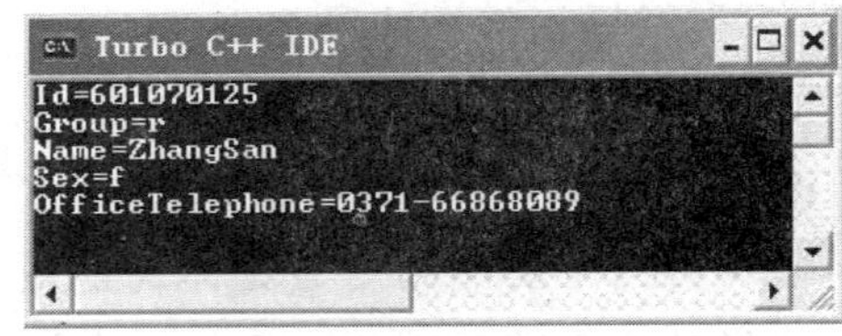

图 10-1 ［实例 10-1］运行效果

结构体初始化形式为：

存储类别　struct　结构体名

{

成员表;

}结构体变量={初始化数据表};

初始化时，按照所定义的结构体类型的数据结构，依次写出个成员的初始值，在编译时将它们赋给此变量的个成员。

10.1.5 简化结构体类型名 

除直接使用系统提供的标准类型和自定义类型（结构体、共同体、枚举）外，也可使用 typedef 定义已有类型的别名。该别名与标准类型名一样，可以用来定义相应的变量。定义已有类型别名的步骤如下：

（1）按定义变量的方法，写出定义体。

（2）将变量名换成别名。

（3）在定义体最前面加上 typedef。

例如，给实型 float 定义一个别名 REAL。

```
float f;                    /*按定义变量的方法，写出定义体*/
float REAL;                 /*将变量名换成别名*/
typedef float REAL;         /*在定义体最前面加上typedef*/
```

这样就为 float 数据类型定义了一个别名 REAL。在程序中说明变量的数据类型为实型时，下面两种变量定义方法的效果是一样的：

float n;

REAL n;

例如，给前面说明的结构体类型 struct date 定义一个别名 DATE。

```
typedef struct date
{
   int year, month, day;
}DATE;
```

【实例 10-2】定义一个文件类型指针。

```
typedef struct
{
    short level;                     /*缓冲区“满”或“空”的程度*/
    unsigned flags;                  /*文件状态标志*/
    char fd;                         /*文件描述符*/
    unsigned char hold;              /*若无缓冲区则不读取字符*/
    short bsize;                     /*缓冲区的大小*/
    unsigned char *buffer;           /*数据缓冲区的位置*/
    unsigned char *curp;             /*指针，当前的指向*/
    unsigned istemp;                 /*临时文件，指示器*/
    short  token;                    /*用于有效性检查*/
}TILE
```

说明

（1）用 typedef 只是给已有类型增加一个别名，并不能创建一个新的类型。就如同人一样，除学名外，可以再取一个小名，但并不能创造出另一个人来。

（2）typedef 与#define 有相似之处，但两者是不同的：前者是由编译器在编译时处理的；后者是由编译预处理器在编译预处理时处理的，而且后者只能做简单的字符串替换。

10.2 结构体数组

10.2.1 结构体数组的定义

与定义结构体变量方法相类似，只是结构体变量名为结构体数组变量名，如：

```
struct student stu[3];
```

10.2.2 结构体数组的初始化

只能对定义为外部的或静态的数组才能对之初始化。一般形式是在定义的数组后面加上“={初值表列};”。如：

```
struct student
    {
        int no;
        char name[20];
        char sex;
        float score;
    }stu[3]={{70101,"ZhangSan",'M',98.5},
             {70101,"LiSi",'F',82.0},
             {70103,"WangWu",'M', 69.5}};
```

数组各元素在内存中是连续存放的。

10.2.3 结构体数组的使用

一个结构体数组元素相当于一个结构体变量，因此前面介绍的关于引用结构体变量的规则、方法也适合于结构体数组元素。下面通过示例说明结构体数组的使用方法。

【实例 10-3】候选人得票的统计。设有 3 个候选人，每次输入一个得票的候选人的名字，共输入 5 次，要求最后输出各人得票结果。运行效果如图 10-2 所示。

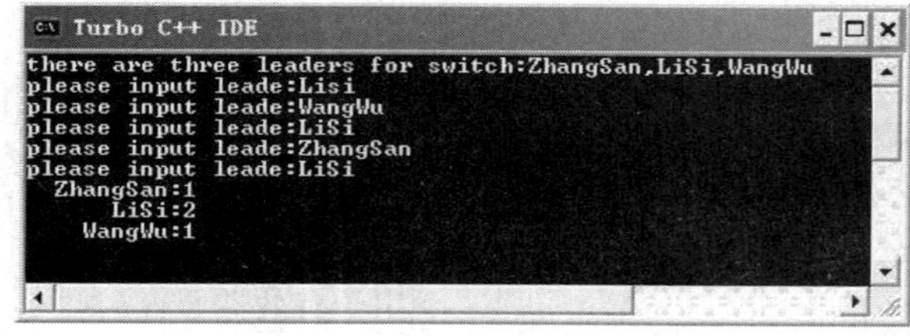

图 10-2 ［实例 10-3］运行效果

```
#include "stdio.h"
#include "string.h"
#define N  5
struct person
{
    char name[20];
    int count;
}leader[3]={"ZhangSan",0,"LiSi",0,"WangWu",0};
void main()
{
    int i,j;   char leader_name[20];
    printf("there are three leaders for switch:%s,%s,%s\n",leader[0].name,
    leader[1].name, leader[2].name);
    for(i=1;i<=N;i++)
    {
        printf("please input leade:");
        scanf("%s",leader_name);
        for (j=0;j<3;j++)
            if(strcmp(leader_name,leader[j].name)==0)
                leader[j].count++;
    }
    for (i=0;i<3;i++)
        printf("%10s: %d\n",leader[i].name,leader[i].count);
}
```

10.3 结构体指针

一个结构体变量的指针是该变量所占据内存段的起始地址。可以设一个指针变量，用来指向一个结构体变量。一个结构体变量所占内存段的起始地址就是该结构体变量的指针，换句话说，结构体指针变量的值就是结构体变量的起始地址，即结构体中第一个成员的地址。

10.3.1 指向结构体变量的指针

我们知道结构体指针变量中的值是所指向的结构体变量的首地址，可以通过结构体指针来访问结构体变量及其成员变量。

1. 结构体指针变量说明的一般形式

结构体指针变量说明的一般形式为：

struct 结构名 *结构体指针变量名;

例如：

```
struct  student  *p,stu;
p=&stu;     /*定义了一个指针变量p，并使指针指向结构体变量stu*/
```

2. 结构体成员变量引用方式

结构体成员变量引用方式为：

（1）结构体变量. 成员名。

（2）（*指针变量名）. 成员名。

（3）指针变量名－>成员名。

上面定义结构体示例中成员的表示为：

stu.no，stu.name，stu.sex，stu.score，

或：(*p).no，(*p).name，(*p).sex，(*p).score，

或：p－>no，p－>name，p－>sex，p－>score，

其中－>为指向运算符。

请分析下列几种运算：

①p－>n。

②p－>n++。

③++p－>n。

10.3.2 指向结构体数组的指针

前面已介绍过，可以使用指向数组或数组元素的指针变量，同样，对结构体数组及元素也可以用指针或指针变量来指向。

【实例 10-4】输出数组中各元素中各成员的值。运行效果如图 10-3 所示。

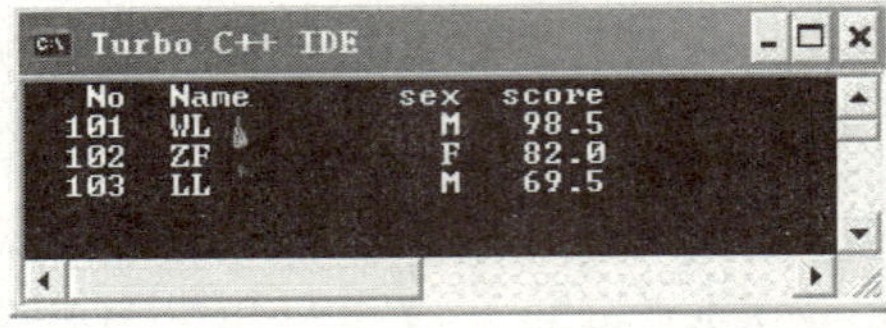

图 10-3 ［实例 10-4］运行效果

```
#include"stdio.h"
struct student
{
      int no;
    char name[10];
    char sex;
    float score;
};
struct student stu[3]={{101,"WL",'M',98.5},
                       {102,"ZF",'F',82.0},
                       {103,"LL",'M',69.5}};
void main()
{
    struct student *p;
    printf("   No Name       sex  score\n");
    for(p=stu;p<stu+3;p++)
       printf("%5d  %-10s  %2c  %5.1f\n",p->no,
       p->name,p->sex,p->score);
}
```

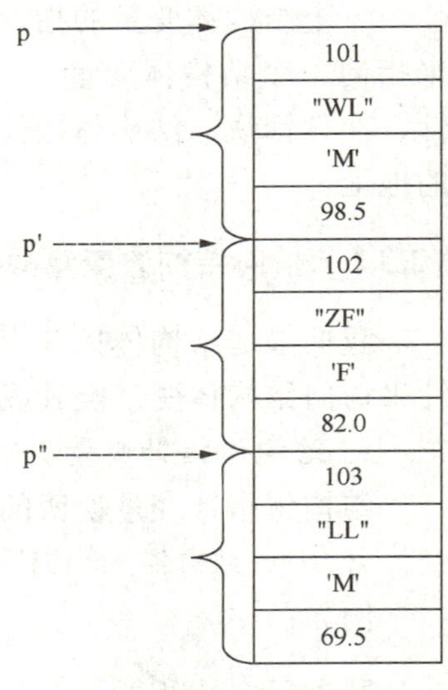

图 10-4 指针移动示意图

也可用指针的移动来表示其运行情况，如图 10-4 所示。分别用 p、p'、p"表示指针第一、二、三次的指向。

注意

（1）如果 p 的初值为 stu，即指向第一个元素，则 p+1 后指向下一个元素的起始地址。请区别：(++p) - >no 和(p++) - >no。

（2）指针 p 已定义为指向 struct student 类型的数据，它只能指向该结构体类型数据，而不能指向一元素的某一成员（即 p 的地址不能是成员的地址）。例如，下面的赋值是错误的：

p=&stu.Name;

10.4 结构体与函数

结构体变量和结构体指针都可作为函数参数。

10.4.1 用结构体变量作函数参数

1. 结构体变量的成员作为参数

有时需要将一个结构体变量的值传递给另一个函数，可以用结构体变量的成员作为参数，属“值传递”方式。其用法和普通变量作为实参是一样的，在此不再赘述。

2. 结构体变量作为参数

有时形参与实参都用结构体变量，这样直接将实参结构体变量的各个成员的值全部传递给形参的结构体变量，但要注意的是，实参和形参类型应当完全一致。

【实例 10-5】在通信录管理系统中，有一个结构体变量 strRecord，内含联系人标识、分组、姓名、性别、手机号码、QQ 号码。要求在 main()函数中赋值，在另一函数 print()中将它们打印输出。运行效果如图 10-5 所示。

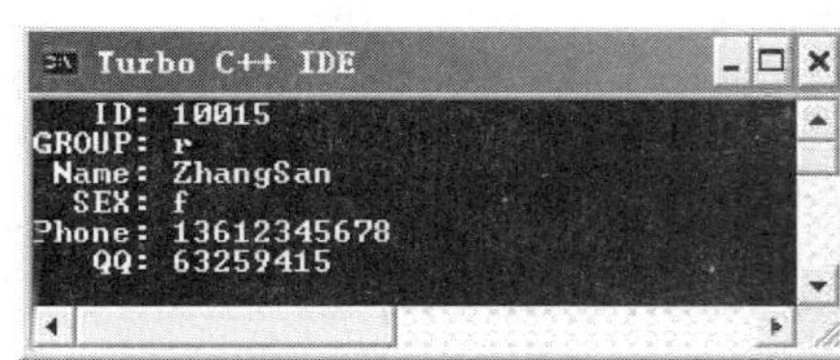

图 10-5 ［实例 10-5］运行效果

```
#include "string.h"
#include "stdio.h"
struct strRecord
{
    long Id;
    char Group[2];
    char Name[30];
    char Sex[2];
    char MobileTelephone[15];
    char QQNumber[10];
};
void main()
{
    void print(struct strRecord p);
    struct strRecord person;
```

```
    person.Id=10015;
    strcpy(person.Group,"r");
    strcpy(person.Name,"ZhangSan");
    strcpy(person.Sex,"f");
    strcpy(person.MobileTelephone,"13612345678");
    strcpy(person.QQNumber,"63259415");
    print(person);
}
void print(struct strRecord p)
{
    printf("   ID: %ld\nGROUP: %s\n Name: %s\n  SEX: %s\nPhone: %s\n   QQ:
    %s\n",p.Id,p.Group,p.Name,p.Sex,p.MobileTelephone,p.QQNumber);
    printf("\n");
}
```

需要指出的是，把一个完整的结构体变量作为参数传递，虽然合法，但要将全部成员值一个一个地传递，既费时间又费空间，开销大，一般不采用。最好的办法就是使用指向结构体的指针。

10.4.2 用指向结构体的指针作函数参数

用指向结构体变量（或数组）的指针作为实参，将结构体变量（或数组）的地址传给形参，形参为指针变量，实参为结构体变量的地址或指向结构体变量的指针。属“地址传递”方式。

【实例 10-6】将上例 print 函数的形参改用结构体指针。运行效果如图 10-5 所示。程序如下：

```
#include "string.h"
#include "stdio.h"
struct strRecord
{
    long Id;
    char Group[2];
    char Name[30];
    char Sex[2];
  char MobileTelephone[15];
  char QQNumber[10];
};
void main()
{
    void print(struct strRecord *p);
    struct strRecord person;
    person.Id=10015;
    strcpy(person.Group,"r");
    strcpy(person.Name,"ZhangSan");
    strcpy(person.Sex,"f");
    strcpy(person.MobileTelephone,"13612345678");
    strcpy(person.QQNumber,"63259415");
    print(&person);
}
```

```
void print(struct strRecord *p)
{
   printf("   ID: %ld\nGROUP: %s\n Name: %s\n  SEX: %s\nPhone: %s\n   QQ:
   %s\n",p->Id,p->Group,p->Name,p>Sex,p->MobileTelephone,p->QQNumber);
   printf("\n");
}
```

用指向结构体的指针变量作函数参数，因实参传递给形参的只是地址，从而减小了时间和空间的开销。

10.5 链表及其操作

10.5.1 链表的概念

链表是一种常见的、重要的数据结构，它是动态存储分配的一种结构。它由若干个数据项（每个数据项称为一个“结点”）按一定的原则连接起来。每个数据项都包含有若干个数据和一个指向下一个数据项的指针，依靠这些指针将所有的数据项连接成一个链表。链表有单向链表、双向链表、循环链表等，其中单向链表是最简单的一种链表结构，如图 10-6 所示。

这里只介绍单向链表，单向链表有一个头指针 head，它存放的是第一个元素的地址。

链表是动态地分配存储的，那么怎样动态地开辟和释放存储单元呢？C 语言编译系统的库函数提供了以下有关函数。

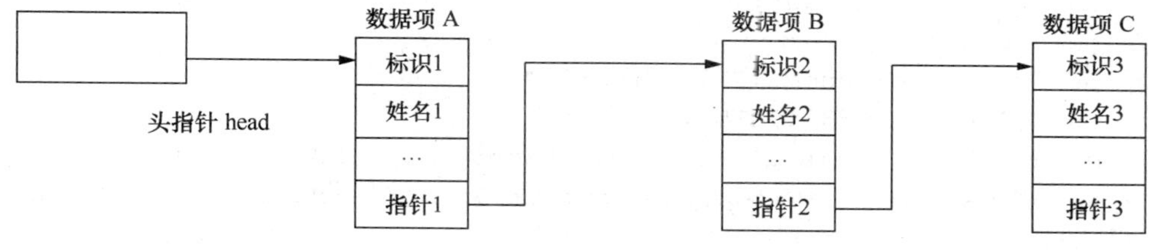

图 10-6　单向链表

10.5.2 内存管理库函数

1. 分配内存空间函数 malloc()

调用形式：(类型说明符*)malloc (size)

功能：在内存的动态存储区中分配一块长度为 size 字节的连续区域。函数的返回值为该区域的首地址。size 是一个无符号数。

例如：pc= (char *) malloc (100);表示分配 100 字节的内存空间，并强制转换为字符数组类型，函数的返回值为指向该字符数组的指针，把该指针赋予指针变量 pc。

2. 分配内存空间函数 calloc()

调用形式：(类型说明符*)calloc(n，size)

功能：在内存动态存储区中分配 n 块长度为 size 字节的连续区域。函数的返回值为该区域的首地址。

3. 释放内存空间函数 free()

调用形式：free(void *ptr)

功能：释放 ptr 所指向的一块内存空间，ptr 是一个任意类型的指针变量，它指向被释放区域的首地址。被释放区应是由 malloc 或 calloc 函数所分配的区域。

【实例 10-7】分配一块区域，输入一个有关联系人的数据。运行结果如图 10-5 所示。

```
#include "stdio.h"
#include "malloc.h"
void main()
{
    struct strRecord
    {
        long Id;
        char *Group;
        char *Name;
        char *Sex;
        char *MobileTelephone;
        char *QQNumber;
    }*ps;
    ps=(struct strRecord*)malloc(sizeof(struct strRecord));
    ps->Id=10015;
    ps->Group="r";
    ps->Name="ZhangSan";
    ps->Sex="f";
    ps->MobileTelephone="13612345678";
    ps->QQNumber="63259415";
    printf("  ID: %ld\nGROUP: %s\n Name: %s\n  SEX: %s\nPhone: %s\n   QQ:
%s\n",ps->Id,ps->Group,ps->Name,ps->Sex,ps->MobileTelephone,ps->QQN
umber);
    free(ps);
}
```

本例中，定义了结构 strRecord，定义了 strRecord 类型指针变量 ps。然后分配一块 strRecord 大小的内存储区，并把首地址赋予 ps，使 ps 指向该区域。再以 ps 为指向结构的指针变量对各成员赋值，并用 printf 输出各成员值。最后用 free 函数释放 ps 指向的内存空间。

10.5.3 链表的基本操作

链表的基本操作包括建立链表、链表的插入、删除、输出等。

1. 建立链表

所谓建立链表是指一个一个地输入各结点数据，并建立起各结点前后相链接的关系。下面是建立链表的函数 input()。

```
struct student              /*链表单元定义，链表相关变量*/
{
    int id;
```

```
    int score;
    struct student *next;
} *head,*pthis;
void input()                  /*输入数据创建链表*/
{
    struct student *tmp;
    printf("\n\ninput students's data,over with ID is 0:\n");
    do
    {
        printf("ID\tscore\n");
        if((tmp=(struct student*)malloc(sizeof(struct student)))==NULL)
        {
            printf("\nerror!can't hava nessery memory!\n");
            exit(0);
        }
        scanf("%d\t%d",&tmp->id,&tmp->score);
        tmp->next=NULL;
        if(tmp->id!=0)
        {
            if(head==NULL)
            {
                head=tmp;
                pthis=head;
            }
            else
            {
                pthis->next=tmp;
                pthis=pthis->next;
            }
        }
    }
    while(tmp->id!=0);
    free(tmp);
}
```

input 函数用于建立一个链表，它是一个指针函数，它返回的指针指向 student 结构。

2. 链表的插入操作

将一个结点插入到一个已有的链表中。分两步：

（1）找到插入点。

（2）插入结点。

如果插入的位置为第一个结点之前，则要修改头结点（head）指针。如果要插到表尾之后，应将插入结点的指针域赋 NULL 值。如果插入的位置既不在第一个结点之前，又不在表尾结点之后，则修改相关指针域即可。

下面是在指定的结点处插入一个结点的函数 insert()。

```
void insert()
{
    int i,p;
```

```
    struct student *tmp;
    if(head==NULL)
    {
        printf("\n\ndata don't exist,can'tinsert!\n");
        return;
    }
    printf("\ninput insert site:\n");
    scanf("%d",&p);
    if(p<0)
    {
        printf("input incorrect!");
        return;
    }
    printf("\n\ninput student data:\nID\tscore\n");
    if((tmp=(struct student*)malloc(sizeof(struct student)))==NULL)
    {
        printf("\nerror!can't hava nessery memory!\n");
        exit(0);
    }
    scanf("%d\t%d",&tmp->id,&tmp->score);
    tmp->next=NULL;
    if(tmp->id!=0)
    {
        pthis=head;
        if(p==0)
        {
            tmp->next=head;
            head=tmp;
        }
        else
        {
            for(i=0;i<p-1;i++)
                {
                    if(pthis->next->next==NULL)
                    {
                        printf("\ncan/t find insert site,your data too
                        big!\n");
                        return;
                    }
                    pthis=pthis->next;
                }
            tmp->next=pthis->next;
            pthis->next=tmp;
        }
    }
    else
    {
        printf("\ndata incorrect!\n");
     free(tmp);
    }
}
```

3. 链表的删除操作

要从链表中删除一个结点，不一定从内存中真正把它删除掉（当然也可使用 free 函数真正释放），只要把它从链表中分离开来，即改变链表中的链接关系即可。

下面是从链表中删除指定结点的函数 del()。该函数的功能是从链表中删除学号为指定值 ID 的结点。

解题思路：首先让 p 指向第一个结点，然后从 p 开始检查该结点中的 no 值是否等于指定值 ID。如果相等，则删除该结点；如果不等，则 p 后移一个结点，再如此进行下去，直到遇到表尾为止。

注意

首先要考虑链表是否为空，要设置两个指针变量分别指向待比较的结点和其前一结点，如果找到要删除的结点，要区分是否为第一个结点。

```
void del()                          /*删除数据*/
{
    int p,i;
    struct student *tmp;
    if(head==NULL)
    {
        printf("\n\nno data,can't delete!\n");
        return;
    }
    printf("\n\ninput want to delete ID:\n");
    scanf("%d",&p);
    if(p<0)
    {
        printf("\ninput incorrect!\n");
        return;
    }
    if(p==0)
    {
        pthis=head;
        head=pthis->next;
        free(pthis);
        pthis=head;
    }
    else
    {
        pthis=head;
        for(i=0;i<p-1;i++)
        {
            pthis=pthis->next;
            if(pthis->next==NULL)
            {
                printf("\n\nthe data no exist, can't delete!\n");
                return;
            }
```

```
            }
            tmp=pthis->next;
            pthis->next=pthis->next->next;
            free(tmp);
        }
    }
```

4. 输出链表

将链表中各结点的数据依次输出。这个问题比较简单。首先要知道链表头元素的地址head，然后设置一个指针变量p，让它指向第一个结点，输出p所指向的结点的值后，使p向后移动一个结点位置，再输出，直到p移动到尾结点并输出尾结点的值，p再次移动则为空指针值，即可结束链表的输出。

下面是链表输出的函数list()。

```
void list()                          /*列表输出链表中的所有项*/
{
    printf("\n\ndata list\n");
    printf("ID\tscore\n");
    printf("-------------------------------\n");
    if(head==NULL)
    {
        printf("error,no data!\n");
        return;
    }
    pthis=head;
    while(pthis!=NULL)
    {
        printf("%d\t%d\n",pthis->id,pthis->score);
        pthis=pthis->next;
    }
}
```

【实例 10-8】将以上建立链表、删除结点、插入结点的函数组织在一起，再建立一个输出全部结点的函数，然后用main()函数调用它们。程序运行效果如图10-7所示（该图为输入数据的截图）。

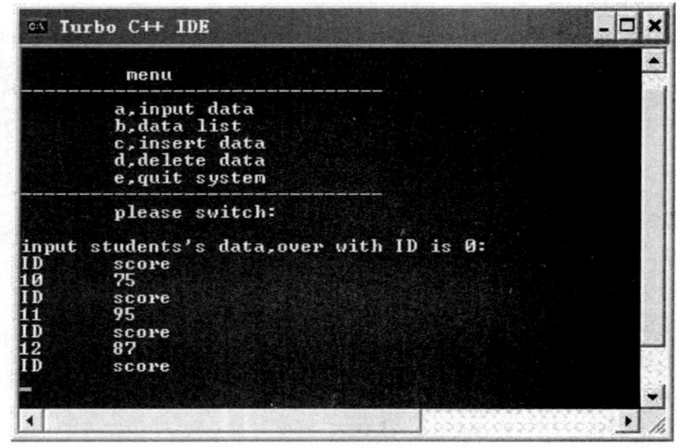

图10-7 ［实例10-8］运行效果

```
#include <stdio.h>
#include <malloc.h>
#include <conio.h>
#include <stdlib.h>
struct student              /*链表单元定义，链表相关变量*/
{
    int id;
    int score;
    struct student *next;
} *head,*pthis;
void input()                /*输入数据创建链表*/
{
    struct student *tmp;
    printf("\n\ninput students's data,over with ID is 0:\n");
    do
    {
        printf("ID\tscore\n");
        if((tmp=(struct student*)malloc(sizeof(struct student)))==NULL)
        {
            printf("\nerror!can't hava nessery memory!\n");
            exit(0);
        }
        scanf("%d\t%d",&tmp->id,&tmp->score);
        tmp->next=NULL;
        if(tmp->id!=0)
        {
            if(head==NULL)
            {
                head=tmp;
                pthis=head;
            }
            else
            {
                pthis->next=tmp;
                pthis=pthis->next;
            }
        }
    }
    while(tmp->id!=0);
    free(tmp);
}
void list()                 /*列表输出链表中的所有项*/
{
    printf("\n\ndata list\n");
    printf("ID\tscore\n");
    printf("--------------------------------\n");
    if(head==NULL)
    {
        printf("error,no data!\n");
        return;
    }
    pthis=head;
```

```
    while(pthis!=NULL)
    {
        printf("%d\t%d\n",pthis->id,pthis->score);
        pthis=pthis->next;
    }
}
void insert()                        /*插入数据*/
{
    int i,p;
    struct student *tmp;
    if(head==NULL)
    {
        printf("\n\ndata don't exist,can'tinsert!\n");
        return;
    }
    printf("\ninput insert site:\n");
    scanf("%d",&p);
    if(p<0)
    {
        printf("input incorrect!");
        return;
    }
    printf("\n\ninput student data:\nID\tscore\n");
    if((tmp=(struct student*)malloc(sizeof(struct student)))==NULL)
    {
        printf("\nerror!can't hava nessery memory!\n");
        exit(0);
    }
    scanf("%d\t%d",&tmp->id,&tmp->score);
    tmp->next=NULL;
    if(tmp->id!=0)
    {
        pthis=head;
        if(p==0)
        {
            tmp->next=head;
            head=tmp;
        }
        else
        {
            for(i=0;i<p-1;i++)
                {
                    if(pthis->next->next==NULL)
                    {
                        printf("\ncan/t find insert site,your data too
                        big!\n");
                        return;
                    }
                    pthis=pthis->next;
                }
            tmp->next=pthis->next;
            pthis->next=tmp;
```

```
        }
    }
    else
    {
        printf("\ndata incorrect!\n");
        free(tmp);
    }
}
void del()                    /*删除数据*/
{
    int p,i;
    struct student *tmp;
    if(head==NULL)
    {
        printf("\n\nno data,can't delete!\n");
        return;
    }
    printf("\n\ninput want to delete ID:\n");
    scanf("%d",&p);
    if(p<0)
    {
        printf("\ninput incorrect!\n");
        return;
    }
    if(p==0)
    {
        pthis=head;
        head=pthis->next;
        free(pthis);
        pthis=head;
    }
    else
    {
        pthis=head;
        for(i=0;i<p-1;i++)
        {
            pthis=pthis->next;
            if(pthis->next==NULL)
            {
                printf("\n\nthe data no exist, can't delete!\n");
                return;
            }
        }
        tmp=pthis->next;
        pthis->next=pthis->next->next;
        free(tmp);
    }
}
void main()                          /*程序主函数*/
{
    char command=0;
    int id=0;
```

```
    do                                   /*主循环*/
    {
        printf("\n\n\t menu\n");
        printf("--------------------------------\n");
        printf("\ta,input data\n");
        printf("\tb,data list\n");
        printf("\tc,insert data\n");
        printf("\td,delete data\n");
        printf("\te,quit system\n");
        printf("--------------------------------\n");
        printf("\tplease switch:");
        command=getch();
        switch(command)            /*命令处理*/
        {
            case 'a':
                if(head==NULL)
                {
                    input();
                    break;
                }
                else
                {
                    printf("\n\ndata have exist! \n");
                    break;
                }
            case 'b':
                list();
                break;
            case 'c':
                insert();
                break;
            case 'd':
                del();
                break;
        }
    }
while(command!='e');
}
```

10.6 联　合　体

10.6.1 联合体的概念

“联合体”又称为“共用体”，与结构体一样也是一种构造类型的数据结构。有时需要使几种不同类型的变量存放在同一段内存单元中，即共处一段内存单元。这在前面的各种数据类型中都是办不到的。例如，定义为整型的变量只能装入整型数据，定义为实型的变量只能赋予实型数据。在实际问题中有很多这样的例子。例如，在学校的教师和学生中填写以下表格：/姓名/年龄/职业/单位/，“职业”一项可分为“教师”和“学生”两类。对“单位”一项学生应填入班级编号，教师应填入某系某教研室。班级可用整型量表示，教研室只能用字符类型。要求把这两种不同类型的数据都填入“单位”这个变量中，就必须把“单位”定义为包含整型和字符型数组这两种类型的“联合”——联合体。

“联合体”与“结构体”有一些相似之处，但两者有本质上的不同。在结构体中，各成员有各自的内存空间，一个结构变量的总长度是各成员长度之和。而在“联合体”中，各成员共享一段内存空间，一个联合变量的长度等于各成员中最长的长度。应该说明的是，这里所谓的共享不是指把多个成员同时装入一个联合变量内，而是指该联合体变量可被赋予任一成员值，但每次只能赋一种值，赋入新值则冲去旧值。如前面介绍的“单位”变量，如定义为一个可装入“班级”或“教研室”的联合后，就允许赋予整型值（班级）或字符串（教研室）。要么赋予整型值，要么赋予字符串，不能把两者同时赋予它。同结构类型一样，一个联合体类型也必须在经过定义之后，才能使用。

10.6.2 联合体的定义

1. 定义一个联合体类型的一般形式为：

```
union 联合名
{
   成员表
};
```

例如：

```
union perdata
{
   int class;
   char office[10];
};
```

定义了一个名为perdata的联合类型，它含有两个成员，一个为整型，成员名为class；另一个为字符数组，数组名为 office。联合体定义之后，即可进行联合体变量说明，被说明为perdata类型的变量，可以存放整型量class或存放字符数组office。

2. 联合体变量的说明

联合体变量的说明和结构体变量的说明方式相同，也有3种形式：即先定义，再说明；定义同时说明和直接说明3种。

例如：

```
union perdata
{
    int class;
    char officae[10];
};
union perdata a,b;
/*先定义联合体类型perdata，再说明a、b为perdata类型*/
```

或

```
union perdata
{
    int class;
    char office[10];
}a,b;    /*定义同时说明*/
```

或

```
union
{
    int class;
    char office[10];
}/*直接说明*/
```

a、b 变量的长度应等于 perdata 的成员中最长的长度，即等于 office 数组的长度，共 10 个字节。a、b 变量赋予整型值时，只使用了 2 字节，而赋予字符数组时，可用 10 字节。

10.6.3 联合体变量的赋值和使用

对联合体变量的赋值，只能是对变量的成员进行。联合体变量的成员表示为：

联合变量名. 成员名

例如，a 被说明为 perdata 类型的变量之后，可使用 a.class、a.office。

说明

（1）不允许只用联合体变量名赋值或做其他操作；也不允许对联合体变量做初始化赋值。赋值只能在程序中进行。

（2）一个联合体变量，每次只能赋予一个成员值。换句话说，一个联合变量的值就是联合体变量的某一个成员值。

【实例 10-9】假设一个学生的信息表中包括学号、姓名和一门课的成绩。而成绩通常又可采用两种表示方法：一种是五级制，采用的是字符形式；另一种是百分制，采用的是浮点数形式，现要求编一程序，输入一个学生的信息并显示出来。

输入两种不同情况的数据，程序运行效果如图 10-8 所示。

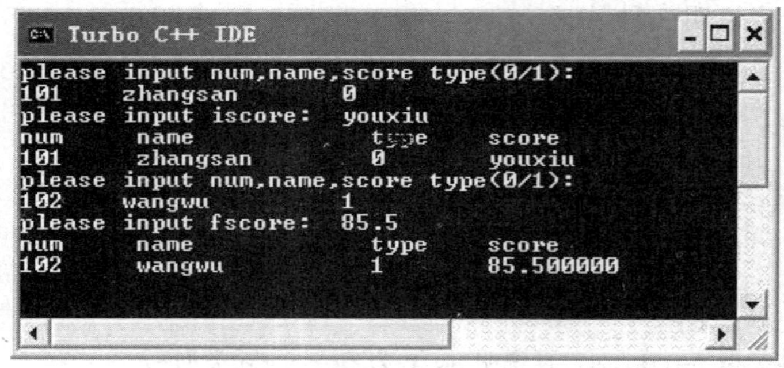

图 10-8 ［实例 10-9］运行效果

```
#include "stdio.h"
struct stu_score
{
    int num;
    char name[20];
    int type;                   /*type 值为 0 时为五级制，type 值为 1 时为百分制*/
    union  mixed
    {
        char iscore[15];        /*五级制*/
        float fscore;           /*百分制*/
    }score;
};
void main()
{
    struct stu_score stud1;
    printf("please input num,name,score type(0/1):\n");
    scanf("%d%s%d",&stud1.num,stud1.name,&stud1.type);
    if(stud1.type==0)           /*采用五级制*/
    {
        printf("please input iscore:");
        scanf("%s",&stud1.score.iscore);
    }
    else
        if(stud1.type==1)       /*采用百分制*/
        {
            printf("please input fscore:");
            scanf("%f",&stud1.score.fscore);
        }
    if(stud1.type==0)
        printf("num\tname\t\ttype\tscore\t\n%d\t%s\t%d\t%s\t",stud1.num,
        stud1.name,stud1.type,stud1.score.iscore);
    else
        if(stud1.type==1)
            printf("num\tname\t\ttype\tscore\t\n%d\t%s\t\t%d\t%f\t\n",st
            ud1.num,stud1.name,stud1.type,stud1.score.fscore);
}
```

10.7 枚 举 类 型

1. 枚举类型的定义

枚举类型定义用关键字 enum 标识，形式为：

enum　标识符 {枚举数据表};

标识符用来区分不同的枚举类型，定义的枚举类型用 enum 标识符标识。

枚举类型数据（枚举常量）是一些特定的标识符，标识符代表什么含义，完全由程序员决定。枚举类型数据的顺序规定了枚举数据的序号，从 0 开始，依次递增。

例如：

（1）定义枚举类型 status，包含复制与删除两种状态。

```
enum  status  {copy,Modify,View,Search,Recall,delete};
```

枚举类型 status 有 6 个数据，copy 序号为 0，Modify 序号为 1，以此类推，代表通信录管理系统的 6 个基本模块。

（2）定义枚举类型 color，包含红、黄、蓝、白、黑 5 种颜色。

```
enum  color  {red,yellow,blue,white,black};
```

枚举类型 color 有 red、yellow、blue、white、black 5 个数据，序号为 0、1、2、3、4，代表红、黄、蓝、白、黑 5 种颜色。

（3）定义枚举类型 weekday，包含一周的 7 天。

```
enum  weekday  {sun,mon,tue,wed,thu,fri,sat};
```

枚举类型 weekday 有 sun、mon、tue、wed、thu、fri、sat 7 个数据，序号为 0、1、2、3、4、5、6，代表一周中的星期天、星期一、星期二、星期三、星期四、星期五、星期六。

在定义枚举类型时，程序员可以改变枚举类型数据的值，通过“=”号自己规定序号，后面的枚举类型数据的序号也跟着改变，即以此序号递增。例如：

```
enum  status  {copy=6,Modify};
```

则 copy 的序号为 6，Modify 的序号为 7。

2. 枚举类型变量的定义

（1）先定义枚举类型，再定义枚举类型变量。

enum　标识符 {枚举数据表};

enum　标识符　变量表;

（2）在定义枚举类型的同时定义枚举类型变量。

enum　标识符 {枚举数据表}　变量表;

（3）直接定义枚举类型变量。

enum　{枚举数据表}　变量表;

例如，对枚举类型 enum　color，定义枚举变量 c1、c2：

```
enum  color  {red,yellow,blue,white,black};
enum  color  c1,c2;
```

或 `enum color {red,yellow,blue,white,black} c1,c2;`

或 `enum  {red,yellow,blue,white,black} c1,c2;`

3. 枚举类型数据引用

枚举类型数据可以进行赋值运算。枚举类型是有序类型，枚举类型数据还可以进行关系运算。枚举类型数据的比较是成对序号进行比较，只有同一种枚举类型的数据才能进行比较。

将枚举型数据按整型格式输出，可得到整数值（枚举变量值的序号）。

使用强制类型转换，可将整数值（枚举值序号）转换成对应枚举值。例如：

```
c1=(enum  color)2;            /*c1 得到枚举值 blue*/
```

枚举类型数据不能直接输入、输出。枚举类型数据输入时，先输入其序号，再进行强制类型转换。输出时，先采用开关语句进行判断，再转化成对应字符串输出。具体用法见［实例 10-11］。

10.8 类 型 定 义

除了可以直接使用 C 语言提供的标准类型名（如：int、char、float、double、long 等）和自己定义的结构体、联合体、枚举等类型外，还可以用 typedef 定义新的类型名来代替已有的类型名。方法简述如下：

1. 简单的名字替换

例如：

```
typedef  int  INTEGER;
```

意思是将 int 型定义为 INTEGER，这两者等价，在程序中就可以用 INTEGER 作为类型名来定义变量了。例如：

```
INTEGER x, y;
```

相当于：

```
int x, y;
```

2. 定义一个类型名代表一个结构体类型

例如：

```
typedef struct
{
    long no;
    char name[20];
    float score;
}STUDENT;
```

将一个结构体类型

```
struct
{…}
```

定义为花括号后的名字——STUDENT。可以用它来定义变量。如：

```
STUDENT student1,student2,*p;
```

3. 定义数组类型

```
typedef   int   COUNT[20];            /*定义 COUNT 为整型数组*/
typedef   char   NAME[20];            /*定义 NAME 为字符型数组*/
COUNT      a,b;                        /*a、b 为整型数组*/
NAME       c,d;                        /*c、d 为字符数组*/
```

还可以有其他方法。归纳起来，用 typedef 定义一个新类型名的步骤如下：

（1）按定义变量的方法写出定义体（如 char a[20];）。

（2）将变量名换成新类型名（如 char NAME[20];）。

（3）在最前面加上 typedef（如 typedef char NAME[20];）。

（4）用新类型名定义变量（如 NAME　c,d;）。

需要指出的是，用 typedef 定义类型，只是起了一个新的类型名字，并未建立新的数据类型。用 typedef 定义的类型能增加程序的可读性，例如，用 COUNT 去定义变量，使人一看就知道用于统计。此外有利于可移植性，例如，在中型机上一个整型量占 4 字节，如果把它移植到微型机上（一个整型量占 2 字节），这时可以在程序中用：

```
type  int INTEGER;
```

在移植时只需改动 typedef 定义体即可。如：

```
type  long  INTEGER;
```

10.9 程 序 实 例

【实例 10-10】举例说明结构体变量的赋值、输入和输出的方法及结构体变量的初始化。运行效果如图 10-9 所示。

```
#include"stdio.h"
void main()
{
    struct stu
    {
        int no;
        char  name[20];
        char sex;
        float score;
    } stu1={102, "Zhang ping"},stu2;
    printf("input sex and score:\n");
    scanf("%c %f",&stu1.sex,&stu1.score);
    stu2=stu1;
    printf("No=%d\nName=%s\n",stu2.no,stu2.name);
    printf("Sex=%c\nScore=%f\n",stu2.sex,stu2.score);
}
```

图 10-9 ［实例 10-10］运行效果

本程序中定义结构体时给 no 和 name 两个成员赋初值，其中 name 是一个字符串数组。用 scanf 函数动态地输入 sex 和 score 成员值，然后把 stu1 的所有成员的值整体赋予 stu2。最后分别输出 stu2 的各个成员值。

【实例 10-11】某口袋中有红、黄、蓝、白、黑 5 种颜色的球若干个，每次从口袋中取出 3 个球，问得到 3 种不同颜色的球有多少种取法，并输出每种组合结果。

设用 red 表示红色球，yellow 表示黄色球，blue 表示蓝色球，white 表示白色球，black 表示黑色球。运行效果如图 10-10 所示。

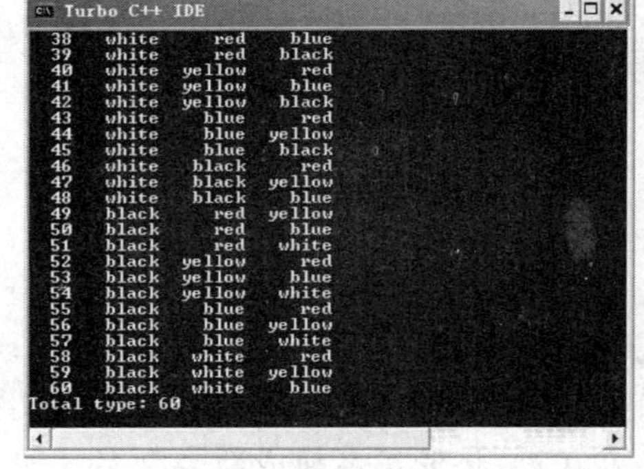

图 10-10 ［实例 10-11］运行效果

```
#include "stdio.h"
void main()
{
    enum  color  {red, yellow, blue, white, black};
    int  i, j, k, l;
    int  n=0, m;
    for(i=0;i<=4;i++)
        for(j=0;j<=4;j++)
            if(i!=j)
            {
                for(k=0;k<=4;k++)
                    if((k!=i)&&(k!=j))
                    {
                        n++;
                        printf("%4d",n);
                        for(m=1;m<=3;m++)
                        {
                            switch(m)
                            {
                                case 1: l=i;break;
                                case 2: l=j;break;
                                case 3: l=k;break;
                                default: break;
                            }
                        switch(l)
                        {
                            case  0: printf("%8s", "red");break;
                            case  1: printf("%8s", "yellow");break;
                            case  2: printf("%8s", "blue");break;
                            case  3: printf("%8s", "white");break;
                            case  4: printf('%8s", "black");break;
                            default:break;
                        }
                    }
                    printf("\n");
            }
    printf("Total type: %d\n", n);
}
```

在本例中，为了输出 3 个球的颜色，经过 3 次循环，第 1 次输出 i 的颜色，第 2 次输出 j 的颜色，第 3 次输出 k 的颜色。在 3 次循环中先后将 i、j、k 赋予 m。然后根据 m 的值输出颜色信息，第一次循环时，m 的值为 i，如果 i 的值为 red、j 值为 yellow、k 的值为 blue，则输出字符串 red、yellow、blue，其他依次类推。

实际上不用常量而用枚举类型变量“红”代表 0，“黄”代表 1……也可以，而且用枚举类型变量更直观一些，因为枚举数据（枚举常量）选用了令人“见名知意”的标识符，枚举变量的值限制在定义时规定的几个枚举数据范围内．如果赋予它一个其他值，就会出现出错信息，便于检查。

本 章 小 结

结构体和联合体是两种构造类型数据，是用户定义新数据类型的重要手段。结构体和联合体有很多的相似之处，它们都由成员组成。成员可以具有不同的数据类型。成员的表示方法相同，都可用 3 种方式作为变量说明。

在结构体中，各成员都占有自己的内存空间，它们是同时存在的。一个结构体变量的总长度等于所有成员长度之和。在联合体中，所有成员不能同时占用它的内存空间，它们不能同时存在。联合变量的长度等于最长的成员的长度。

“.”是成员运算符，可用它表示成员项，成员还可用“->”运算符来表示。

结构变量可以作为函数参数，函数也可返回指向结构的指针变量。而联合体变量不能作为函数参数，函数也不能返回指向联合体的指针变量。但可以使用指向联合体变量的指针，也可使用联合体数组。

结构定义允许嵌套，结构中也可用联合作为成员，形成结构体和联合体的嵌套。

链表是一种重要的数据结构，它便于实现动态的存储分配。本章介绍是单向链表，还可组成双向链表、循环链表等。

位运算与逻辑运算不同，在用位运算符进行数的运算时，数是以补码的形式参加运算的。

“枚举”是指将变量的值一一列举出来，变量的值只限于列举出来的值的范围内。

用 typedef 定义的类型能增加程序的可读性，有利于可移植性。

习 题

一、选择题

1．设有如下定义：

```
struct  kk
{
    int  a;
    float  b;
}data,*p;
```

若有“p=&date;”，则对 data 中的 a 域的正确引用是______。

（A）(*p).data.a　　（B）(*p).a

（C）p->data.a　　（D）P.data.a

2．以下选项中，能定义 s 为合法的结构体变量的是______。

（A）
```
typedef struct  abc
{
  double  a;
  char  b[10];
}s;
```

（B）
```
struct
{
  double  a;
  char  b[10];
}s;
```

（C）
```
struct  ABC
{
    double  a;
    char  b[10];
} ABC  s ;
```
（D）
```
typedef  ABC
{
    double  a;
    char  b[10];
}ABC  s ;
```

3．有以下程序：

```
#include "stdio.h"
void main()
{
    union
    {
        unsigned int n;
        unsigned char c;
    }ul;
    ul.c='A';
    printf("%c\n",ul.n);
}
```

执行后输出结果是______。

（A）产生语法错　　（B）随机值　　（C）A　　（D）65

4．若要说明一个类型名 STP，使得定义语句 STP s;等价于 char*s;，以下选项中正确的是______。

（A）typedef STP char *s;　　（B）typedef *char STP;

（C）typedef STP *char;　　（D）typedef char* STP ;

5．设有如下说明：

```
typedef  struct
{
    int n;
    char c;
    double x;
}STD;
```

则以下选项中 ，能正确定义结构体数组并赋初值的语句是______。

（A）STD tt[2]={{1, 'A', 62}, {2, 'B', 75}};

（B）STD tt[2]={1, "A", 62, 2, "", 75};

（C）struct tt[2]={{1, 'A'}, {2, 'B'}};

（D）struct tt[2]={{1, "A", 62.5}, {2, "B", 75.0}};

6．有以下程序：

```
#include "stdio.h"
struct STU
{
    char no[10];
    float score[3];
};
```

```
void main()
{
    struct STU s[3]={{"20021",90,95,85}, {"20022",95,80,75},
                    {"20023",100,95,90}},*p=s;
    int i;
    float sum=0;
    for(i=0;i<3;i++)
         sum=sum+p->score[i];
    printf("%6.2f\n",sum);
}
```

程序运行后的输出结果是______。

（A）260.00　　（B）270.00　　（C）280.00　　（D）285.00

7．设有以下说明语句：

```
typedef struct
{
    int n;
    char ch[8];
}PER;
```

则下面叙述中正确的是______。

（A）PER 是结构体变量名　　（B）PER 是结构体类型名

（C）typedef struct 是结构体类型　　（D）struct 是结构体类型名

8．若以下定义：

```
struct link
{
    int data;
    struck link *next;
}a,b,c,*p,*q;
```

且变量 a 和 b 之间已有如图 10-11 所示的链表结构。

图 10-11　链表结构

指针 p 指向变量 a，q 指向变量 c，则能够把 c 插入到 a 和 b 之间并形成新的链表的语句组是______。

（A）a.next=c; c.next=b;

（B）p.next=q; q.next=p.next;

（C）p->next=&c; q->next=p->next;

（D）(*p).next=q; (*q).next=&b;

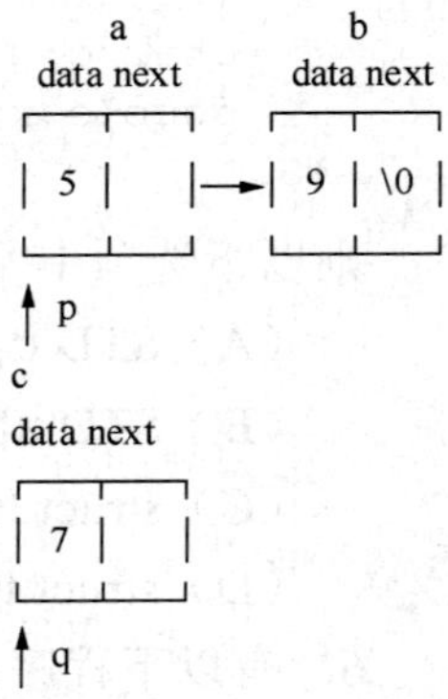

9．设有如下定义：

```
struct ss
{
    char name[10];
    int age;
    char sex;
}std[3],* p=std;
```

下面各输入语句中错误的是______。

（A）scanf("%d",&(*p).age);　　（B）scanf("%s",&std.name);

（C）scanf("%c ",&std[0].sex);　　（D）scanf("%c",&(p->sex));

10．以下各选项企图说明一种新的类型名，其中正确的是______。

（A）typedef v1 int;　　（B）typedef v2=int;

（C）typedefv1 int v3;　　（D）typedef v4: int;

11．以下程序的输出结果是______。

```
#include "stdio.h"
struct HAR
{
    int x, y;
}*p ,h[2];
void main()
{
    h[0].x=1;h[0].y=2;
    h[1].x=3;h[1].y=4;
    p=h;
    printf("%d %d \n", p->x, p->y);
}
```

（A）1　2　　（B）3　4　　（C）1　4　　（D）3　2

12．以下程序的输出结果是______。

```
#include "stdio.h"
union myun
{
    struct
    {
        int x, y, z;
    } u;
    int k;
}a;
void main()
{
    a.u.x=4;
    a.u.y=5;
    a.u.z=6;
    a.k=0;
    printf("%d\n",a.u.x);
}
```

（A）4　　（B）5　　（C）6　　（D）0

13．设有以下说明语句：

```
struct ex
{
```

```
    int x ;
    float y;
    char z ;
}example;
```

则下面的叙述中不正确的是______。

（A）struct 结构体类型的关键字　　（B）example 是结构体类型名

（C）x, y, z 都是结构体成员名　　（D）struct ex 是结构体类型

14．若有下面的说明和定义：

```
struct test
{
    int m1; char m2; float m3;
    union uu {char u1[5]; int u2[2];} ua;
}myaa;
```

则 sizeof (struct test)的值是______。

（A）12　　（B）16　　（C）14　　（D）9

15．若定义了以下函数：

```
void f(……)
{……
    *p=(double *)malloc( 10*sizeof( double));
    ……
}
```

p 是该函数的形参，要求通过 p 把动态分配存储单元的地址传回主调函数，则形参 p 的正确定义应当是______。

（A）double *p　　（B）float **p　　（C）double **p　　（D）float *p

二、填空题

1．若有如下结构体说明：

```
struct STRU
{
    int a, b ; char c; double d:
    struct STRU p1,p2;
};
```

请填空，以完成对 t 数组的定义，t 数组的每个元素为该结构体类型______ t[20];

2. 用以下语句调用库函数 malloc，使字符指针 st 指向具有 11 个字节的动态存储空间，请填空。

st=(char*)______;

3．以下程序用来输出结构体变量 ex 所占存储单元的字节数，请填空。

```
#include "stdio.h"
struct st
{
```

```
        char name[20];
        double score;
    };
    void main()
    {
        struct st ex;
        printf("ex size: %d\n",sizeof(________));
    }
```

4．以下定义的结构体类型拟包含两个成员，其中成员变量 info 用来存入整型数据；成员变量 link 是指向自身结构体的指针。请将定义补充完整。

```
    struct node
    {
        int info;
         ________link;
    }
```

5．以下程序执行结果是______。

```
    #include "stdio.h"
    typedef union student
    {
        char name[10];
        long sno;
        char sex;
        float score[4];
    }STU;
    void main()
    {
        STU a[5];
        printf("%d\n",sizeof(a));
    }
```

三、编程题

1．定义一个结构体变量（包括年、月、日），计算该日在本年中是第几天。注意闰年问题。

2．写一个函数 days，实现上面一题的计算，由主函数将年、月、日传递给 days 函数，计算后将日子数传回主函数输出。

3．编写一个函数 print，打印一个学生的成绩数组，该数组中有 5 个学生的数据记录，每个学生记录包括 num、name、score[3]，用主函数输入这些记录，用 print 函数输出这些记录。

4．有若干个学生的成绩（每个学生有 4 门课程），要求在用户输入学生序号以后，能输出该学生的全部成绩。

5．有 10 个学生，每个学生的数据包括学号、姓名、3 门课程的成绩，从键盘输入 10 个学生数据，要求输出 3 门课程总平均成绩，以及最高分的学生的数据（包括学号、姓名、

3门课程成绩、平均分数）。

6．一个链表按逆序排列，即将链头当链尾，链尾当链头。

7．用结构体型数组初始化建立一个工资登记表，然后输入其中一人的姓名，查询其工资情况。

8．建立一个单向链表，链表中每个结点包含成绩和指针两个域。之后，①输出该链表；②对该链表排序并输出；③任意输入一个成绩，将其插入链表中的适当位置；④任意输入一个成绩，将链表中相同的结点删除。

第 11 章 文　件

本章主要内容：

本章介绍文件的存储方式、C 语言中的文件类型指针以及常用文件操作函数的使用。常用的文件操作函数可分为：文件的打开与关闭函数、文件的读/写函数、文件的定位函数和文件状态函数等。

本章重点：

文件的打开、关闭以及文件的读写操作。

本章难点：

文件的读写操作。

文件是指存储在外部存储介质上的数据的集合。计算机操作系统对数据的管理是通过文件的形式进行的。文件一般分为程序文件和数据文件。程序文件由若干个指令语句信息组成，数据文件则是程序操作的一些数值和文字。在本书前面的章节中，程序中的数据通过键盘输入，而程序的运行结果则输出到显示屏幕上。程序执行时，常常需要将一些数据输出到数据文件中在磁盘上保存起来，当需要时再从数据文件中将数据输入到计算机内存中。本章介绍在 C 语言中如何对文件进行操作。

11.1 文 件 概 述

11.1.1 文件的存储方式

文件在磁盘上的存储方式有两种：一种是按 ASCII 码存储，称为 ASCII 码文件；一种是按二进制码存储，称为二进制文件。

1. ASCII 码文件

ASCII 码文件也称文本文件，这种文件在磁盘中存放时每个字符对应一个字节，用于存放对应的 ASCII 码。例如，整数 5678，存储时共占用 4 字节。

存储形式为：00110101 00110110 00110111 00111000

	↓	↓	↓	↓
ASCII 码：	53	54	55	56
	（5）	（6）	（7）	（8）

ASCII 码文件可以在屏幕上按字符显示，便于字符的输入和输出处理，但是占用的存储空间较大。

2. 二进制文件

二进制文件是把内存中的数据按其在内存中的存储形式原样输出到磁盘上存放，即按照二进制的编码方式来存放文件。例如，整数 5678 的存储形式为：00010110 00101110，只占两个字节。和 ASCII 码文件相比，文件采用二进制码存储所占用的存储空间较小，但是一个字节并不对应一个字符，不能直接输出字符形式。

有前所述，无论是 ASCII 文件还是二进制文件，C 语言都把它看做一个字节序列，即一连串的字节数据，所以在 C 语言中表现为一个字节流或二进制流，C 语言按照这种流式结构来操作文件，具有很强的灵活性，输入输出字节流的开始和结束只由程序控制而不受物理符号（如回车符）的控制。

11.1.2 缓冲文件与非缓冲文件

从文件的处理方法来看，可以分为缓冲文件系统和非缓冲文件系统。

1. 缓冲文件

缓冲文件系统又称为标准 I/O 文件系统或高级文件系统，是指系统在内存开辟一个缓冲区，供程序中的每一个文件使用，当执行读文件的操作时，先从磁盘文件中将数据读入内存缓冲区，装满后再从内存缓冲区将数据依次送到程序数据区。执行写文件的操作时，先将数据写入内存缓冲区，待内存缓冲区装满后再写入文件。

2. 非缓冲文件

非缓冲文件系统又称为低级磁盘 I/O 系统，它不自动开辟缓冲区，而是由用户根据所处理数据的大小在程序中设置数据缓冲区。非缓冲文件系统依赖于特定的操作系统，一般只用于二进制文件，使用难度较高，但效率高。

非缓冲文件系统不属于 ANSI C 标准规定的范围，本文只介绍对缓冲文件的操作。

11.1.3 文件的类型指针

在 C 语言中用一个指针变量指向一个文件，这个指针称为文件指针。通过文件指针就可对它所指的文件进行各种操作。

定义文件指针的一般形式为：

FILE * 指针变量标识符；

FILE 是由系统定义的一个结构，该结构中含有文件名、文件状态和文件当前位置等信息。FILE 为大写，在编写源程序时不需要关心 FILE 结构的内部细节。

例如：

```
FILE *fp;
```

fp 是指向 FILE 结构的指针变量，通过 fp 即可找到存放某个文件信息的结构变量，然后按结构变量提供的信息找到该文件，实施对文件的操作。习惯上也笼统地把 fp 称为指向一个文件的指针。所谓打开文件，实际上是建立文件的各种有关信息，并使文件指针指向该文件，以便进行其他操作。关闭文件则断开指针与文件之间的联系，也就禁止再对该文件进行操作。

11.1.4 文件操作

文件的操作包括文件打开、文件处理（读与写）和文件关闭等操作。对文件进行操作必须遵循先打开、再处理、最后关闭 3 个步骤。C 语言中没有提供对文件进行操作的语句，所有文件操作都是利用 C 语言编译系统所提供的输入输出库函数来实现的。对文件操作常用的库函数有：

1. 文件的打开和关闭函数

（1）fopen()：打开文件。

（2）fclose()：关闭文件。

2. 文件的输入和输出函数

（1）fputc()和 fgetc()：对指定文件输入/输出一个字符。

（2）fputs()和 fgets()：对指定文件输入/输出一个字符串。

（3）fprintf()和 fscanf()：对指定文件进格式化读/写。

（4）fread()和 fwrite()：对指定函数进行块读/写。

3. 文件的定位函数

（1）rewind()：使位置指针重新返回到文件开头。

（2）fseek()：使位置指针移到所需的位置。

（3）ftell()：得到流式文件中位置指针的当前位置，用相对于文件开头的偏移量来表示。

4. 文件状态函数

（1）feof()：获取文件结束标志，判断是否到达文件尾部。

（2）ferror()：获取文件错误标志，判断文件操作是否出错。

（3）clearer()：将文件错误标志和结束标志设置为 0。

下面详细讲解如何使用这些函数来对文件进行操作。

11.2 文件的打开与关闭

11.2.1 文件的打开

在 C 语言中用 fopen()函数来打开一个文件，其格式为：

fopen（文件名，操作方式）

例如：

```
FILE *fp;
fp=fopen ("address.dat", "r");
```

这里调用 fopen 函数，返回一个指向 address.dat 文件的指针，并将其赋值给文件指针变量 fp，这样 fp 就和文件 address.dat 关联起来，或者说 fp 指向 address.dat 文件。参数中的 r 代表操作方式为“只读”，即以“只读”方式打开 address.dat 文件。所有文件操作方式如表 11-1 所示。

表 11-1　文件操作方式

操作方式	含　义
r	以只读方式打开文件，指定文件必须存在
w	以只写方式打开文件，若指定文件存在则清除其内容，不存在则重新创建文件
a	以追加写方式打开文件，即向文件尾部追加数据，指定文件不存在则重新创建文件
rb	以只读方式打开二进制文件
wb	以只写方式打开二进制文件
ab	以追加写方式打开二进制文件
r+	以读/写方式打开文件，指定文件必须存在
w+	以读/写方式打开文件，若指定文件存在，则其内容被清除
a+	以追加读/写方式打开文件，若指定文件不存在，则重新创建文件
rb+	以读/写方式打开二进制文件
wb+	以读/写方式打开二进制文件
ab+	以追加读/写方式打开二进制文件

如果成功的打开一个文件，fopen()函数返回文件指针，否则返回空指针（NULL）。由此可判断文件打开是否成功。

11.2.2　文件的关闭

在 C 语言中用 fclose()函数关闭文件，其调用格式为：

fclose（文件指针变量）;

在文件使用完毕后需要将其关闭，防止它再被误用。这里的“关闭”实际是将文件指针变量与所指向的文件脱离，并释放文件缓冲区。如果关闭成功，则返回 0，否则返回 EOF（文件结束标志，值为–1，在 stdio.h 中定义）。

【实例 11-1】标准文件打开与关闭举例。

```
#include <stdio.h>
void main()
{
    FILE *fp;                               /*定义一个文件指针*/
    int i;
    fp=fopen("address.dat","rb");           /*以只读方式打开二进制文件 address.dat*/
    if(fp==NULL)                            /*判断文件是否打开成功*/
        printf("File open error!");         /*提示打开不成功*/
    i=fclose(fp);                           /*关闭打开的文件*/
    if(i==0)                                /*判断文件是否关闭成功*/
        printf("Closed! ");                 /*提示关闭成功*/
    else
    printf("File close error");             /*提示关闭不成功*/
}
```

11.3 文件的读/写操作

文件成功打开之后，就可以对文件进行读/写操作了。文件的读操作是指将磁盘文件中的数据输入到程序中。文件的写操作是指将程序中的数据输出到磁盘文件中。

11.3.1 单个字符的读/写

1. 写一个字符的函数 fputc()

调用格式：

fputc(字符,文件类型指针);

例如：

```
fputc('A', fp);
```

fputc()函数的作用是把一个字符写到磁盘文件中。如果写操作成功，则返回该所写字符；如果写操作失败，则返回 EOF。实例中的 fp 为 FILE 类型文件指针变量，由 fopen() 函数赋初值，且文件打开方式需指定为 w 或 w++。

2. 读一个字符的函数 fgetc()

调用格式：

ch=fgetc(文件类型指针);

fgetc()函数的作用是从指定的文件读入一个字符，该文件必须是 r 或 r+方式打开的。字符变量 ch 用来接收从磁盘文件读入的字符。fgetc()函数返回一个字符，若读操作错误则返回 EOF。

【实例 11-2】从键盘输入一些字符到指定的文件中，以“#”作为输入结束标志，然后再把该文件中的字符原样输出到终端屏幕上。程序运行效果如图 11-1 所示。

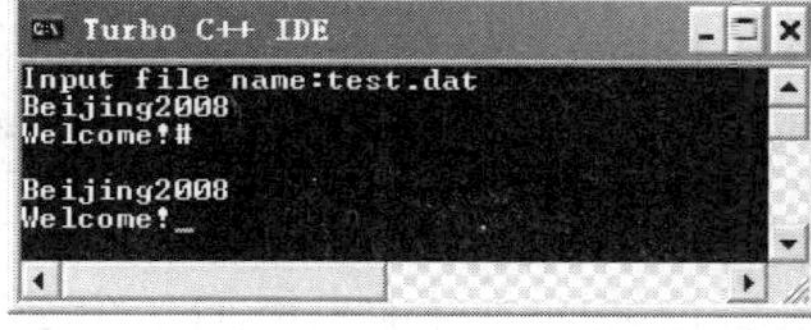

图 11-1 ［实例 11-2］运行效果

```
#include<stdio.h>
void main()
{
   FILE *fp;
   char ch,FileName[10];
   printf("Input file name:");
   scanf("%s",FileName);                    /*获得指定文件名称*/
   ch=getchar();                            /*获取回车符*/
   if((fp=fopen(FileName,"w"))==NULL)       /*以只写方式打开文件*/
   {
      printf("Open file error!\n");
      exit(0);                              /*退出程序*/
   }
   ch=getchar();                            /*获取键盘输入的第一个字符*/
   while(ch!='#')
   {
      fputc(ch,fp);                         /*把当前字符写到指定的文件中*/
      ch=getchar();                         /*获取下一个字符*/
   }
```

```
    fclose(fp);                                 /*关闭文件*/
    if((fp=fopen(FileName,"r"))==NULL)          /*以只读方式打开文件*/
    {
        printf("Open file error!\n");
        exit(0);
    }
    ch=getchar();                               /*获取键盘输入#之后的回车符*/
    while(ch!=EOF)
    {
        putchar(ch);
        ch=fgetc(fp);                           /*从指定文件中读入一个字符*/
    }
    fclose(fp);
}
```

11.3.2 字符串的读写

1. 字符串写函数 fputs()

调用格式：

fputs(字符串,文件类型指针);

例如：

```
fputs ("Beijing2008", fp);
```

fputs()函数的作用是向指定的文件中写入一个字符串。fputs()函数带有返回值，操作成功则返回值为 0，操作失败则返回非零值。

2. 字符串读函数 fgets()

调用格式：

fgets(字符串,n,文件类型指针);

例如：

```
fgets (string, n, fp);
```

fgets()函数的作用是从指定的文件中读入一个字符串。string 为字符数组或字符指针，fgets()函数从文件中读取至多 n−1 个字符，并把它们放入 string 指向的字符串中，在读入之后自动向字符串末尾加一个字符串结束符“\0”。fgets()函数的返回值为 string 的首地址，若读取失败则返回一个空指针 NULL。

11.3.3 格式化数据读写

1. 格式输入函数 fscanf()

调用格式：

fscanf(文件类型指针,格式控制字符串,地址表列);

fscanf()函数的作用是从文件指针所指向的文件中读入数据，然后根据“格式控制字符串”所设置的格式，将数据存入到“地址列表”所对应的变量中。fscanf()函数与 scanf()函数的用法相似，都是格式化读函数，两者不同之处在于，fscanf()是从磁盘文件读入数据，而 scanf()函数是从终端键盘读入数据。

例如：

```
fscanf (fp, "%d, %6.2f", &a, &b);
```

从 fp 指向的文件中读入两个数据，分别按%d 和%6.2f 格式化后存入到变量 a 和变量 b 中。

2. 格式输出函数 fprintf()

调用格式：

fprintf(文件类型指针,格式控制字符串,输出表列);

fprintf()函数的作用是将“输出列表”中对应变量的数据按“格式控制字符串”所设置的格式转换后，输出到文件指针所指向的文件中。fprintf()函数与 printf()函数用法相似，都是格式化写函数，两者不同之处在于，fprintf()的输出对象是磁盘文件，而 printf()函数的输出对象是终端屏幕。用 fprintf()函数写入磁盘文件中的数据，通常要用 fscanf()以相同的格式从磁盘文件中读出来使用。

例如：

```
fprintf(fp, "%d, %6.2f", i, t);
```

将变量 i 和 t 的值分别按%d 和 6.2f 格式转化后输出到文件指针 fp 所指向的文件中。

11.3.4 数据块读写

在实际应用中，往往需要一次读/写一组数据，这样使用前面所讲的函数来操作就不太方便了，C 语言中提供了 fread()函数和 fwrite()函数来读/写一个数据块。

1. fwrite()函数

调用格式：

fwrite (buffer, size, count, fp);

fwrite()函数的作用是将 buffer 所指向的内存中存放的 count 个大小为 size 个字节的数据项写入 fp 所指向的文件中。如果操作成功，fwrite 函数返回实际写入的数据项的个数，否则返回 0。例如：

stu 是属于 struct st 结构体类型的结构体数组，该数组的每个元素包含有学生的学号、姓名、年龄等信息，假设 stu 数组中已有 10 个学生信息，且文件指针 fp 所指文件已正确打开，则可用以下程序段将这 10 个元素中的数据输出到 fp 所指的文件中。

```
for(i=0;i<10;i++)
   fwirte(&stu[i],sizeof(struct st),1,fp);
```

每循环一次就从&stu[i]地址开始写入 1 个数据块，每个数据块的大小为 sizeof(struc st)个字节，即一次写入一个结构体变量中的值。

2. fread()函数

调用格式：

fread(buffer, size, count, fp);

fread()函数的作用是从 fp 所指向的文件中读取 count 个数据项，每个数据的大小都是 size 个字节，这些数据将被存放在 buffer 所指向的内存中。如果操作成成功，fread 返回读取的数据项的个数，操作失败则返回 0。例如：

下列程序段可将以上写入的学生信息再次逐个读入到 stu 数组中。

```
for(i=0;i<10;i++)
    fread(&stu[i],sizeof(struct st),1,fp);
```

11.3.5 文件的定位

前面介绍的文件输入、输出都是按顺序进行的，每进行一次读/写操作后，文件的读/写位置都自动地指向下一个位置，这种操作方式称为文件的顺序读/写。在实际应用中，常常需要从文件中指定的位置开始读/写数据，实现文件的随机读/写。C 语言库函数中用来改变文件读/写位置的函数称为文件定位函数，它们包括 rewind()、fseek()和 ftell()。

1. rewind()函数

调用格式：

rewind(文件类型指针);

rewind()函数的作用是将文件指针所指向的文件的读/写指针移动到文件的开头。rewind()函数没有返回值。

2. fseek()函数

调用格式：

fseek(文件类型指针,偏移量,起始位置);

fseek()函数的作用是将文件的读/写指针移动到指定位置，若调用成功则返回值为 0，否则返回值为非零。

“起始位置”的取值可以 0、1、2，分别代表“文件开头”、“文件当前位置”和“文件末尾”，也可以用符号常量 SEEK_SET、SEEK_CUR 和 SEEK_END 来表示，这些符号常量是在 stdio.h 文件中定义的。

“偏移量”是一个 long 类型的数据，是指从“起始位置”起向前或向后移动的字节数。“偏移量”为正数时读/写指针向文件尾部方向移动，为负数时向文件头部方向移动。例如：

```
fseek (fp, 100L, 0);        /*将位置指针移到离文件开头 100 个字节处*/
fseek (fp, 50L, 1);         /*将位置指针移到离当前位置 50 个字节处*/
fseek (fp, -10L, 2);        /*将位置指针从文件末尾向后退 10 个字节*/
fseek (fp, 0L, 0);          /*将位置指针移到文件开头*/
fseek (fp, 0L, 2);          /*将位置指针移到文件末尾*/
```

3. ftell()函数

调用格式：

ftell(文件类型指针);

ftell()函数的作用是返回文件指针的当前读写位置，若调用成果，则返回文件指针的当前位置，其值为相对于文件头部的偏移量；若调用失败，返回值为－1L。例如：

（1）若 fp 已指向一个正确打开的文件，则以下程序段可求出文件的字节数。

```
long t;                     /*用于存储字节数*/
fseek(fp,0L,SEEK_END);      /*把位置指针移到文件尾部*/
t=ftell(fp);                /*求出文件中的字节数*/
```

（2）若二进制文件中存放的是 struct st 结构体类型数据，则以下语句可求出该文件中以该结构体为单位的数据块的个数。

```
fseek(fp,0L,SEEK_END);
t=ftell(fp);
n=t/sizeof(struct st);
```

11.3.6 文件状态

1. feof()函数

调用格式：

feof(文件类型指针);

该函数的作用是检测文件的读/写指针是否到达文件的尾部，若是则返回一个非零值，否则返回 0。

2. ferror()函数

调用格式为：

ferror(文件类型指针);

ferror()函数用于检测文件操作是否出错，返回值为 0 表示未出错，返回值为非零值，则表示出错。同一个文件的每一次读/写操作，均会产生一个新的 ferror()函数值，在每次读/写操作后，应立即检查 ferror()函数的值，否则将不能及时发现错误。

3. clearerr()函数

调用格式：

clearerr(文件类型指针);

clearerr()函数的作用是将 ferror()函数的错误标志清除。当文件读/写操作错误时，ferror()函数的返回值为一个非零值，在调用 clearerr()函数后，ferror()函数的值变为 0。

只要出现读/写操作错误标志，就会一直保留下去，直到对同一文件调用 clearerr()函数或 rewind()函数，或任何其他一个读/写操作函数。

11.4 程 序 实 例

【实例 11-3】从键盘上输入个人通信录管理系统中 5 位好友信息，把这些信息转存在磁盘文件 friends.dat 中。

```
#include<stdio.h>
#define SIZE 5
struct FriendType              /*定义结构体*/
{
    char name[10];
    char sex[6];
    int age;
    char phone[15];
    char email[50];
    char address[50];
}friends[SIZE];

void insert()
```

```
{
    int i;
    FILE *fp;
    if((fp=fopen("friends.dat","wb"))==NULL)
    {
        printf("Open file error!\n");
        exit(0);            /*退出程序*/
    }
    for(i=0;i<SIZE;i++)
    {
        printf("No.%d\nName:",i+1);
        scanf("%s",friends[i].name);
        printf("Sex:");
        scanf("%s",friends[i].sex);
        printf("Age:");
        scanf("%d",&friends[i].age);
        printf("Phone:");
        scanf("%s",friends[i].phone);
        printf("Email:");
        scanf("%s",friends[i].email);
        printf("Address:");
        scanf("%s",friends[i].address);
        printf("\n");
        fseek(fp,0L,SEEK_END);
        fwrite(&friends[i],sizeof(struct FriendType),1,fp);
    }
    printf("End of insert()!\n");
    fclose(fp);
}
void main()
{
    insert();
}
```

【实例 11-4】从 friends.dat 中读出个人通信录管理系统中好友信息，并在屏幕上显示出来。

```
#include<stdio.h>
#define SIZE 5
struct FriendType
{
    char name[10];
    char sex[6];
    int age;
    char phone[15];
    char email[50];
    char address[50];
}friends[SIZE];

void view()
{
    int i;
    FILE *fp;
```

```
        if((fp=fopen("friends.dat","rb"))==NULL)
        {
            printf("Open file error!\n");
            exit(0);
        }
        printf("%-4s%-10s%-8s%-5s%-15s%-20s%-30s","ID","NAME","SEX","AGE","
PHONE","EMAIL","ADDRESS");
        for(i=0;i<SIZE;i++)
        {
            fread(&friends[i],sizeof(struct FriendType),1,fp);
            printf("\n%-4d%-10s%-8s%-5d%-15s%-20s%-30s",i+1,friends[i].name,
friends[i].sex,friends[i].age,friends[i].phone,friends[i].email,friends[i].
address);
        }
        printf("End of view()!\n");
        fclose(fp);
    }
    void main()
    {
        view();
    }
```

【实例 11-5】备份 friends.dat 文件，备份文件名称为 backup.dat。

```
    #include<stdio.h>
    void backup()
    {
        char c;
        FILE *source,*target;
        if((source=fopen("friends.dat","rb"))==NULL||(target=fopen("backup.
dat","wb"))==NULL)
        {
            printf("Open file error!\n");
            exit(0);
        }
        while(!feof(source))
        {
            c=fgetc(source);
            fputc(c,target);
        }
        printf("Backup success!\n");
        fclose(source);
        fclose(target);
    }
    void main()
    {
        backup();
    }
```

说明：以上 3 个程序共完成了 3 个功能，每个功能通过一个函数来实现，读者可以再定义函数扩展其他功能，如查询、修改等，然后通过一个菜单项选择程序来控制调用不同模块，从而完成一个完整的数据管理系统。

本 章 小 结

本章介绍了文件的概念和文件的分类，文件的操作方法（打开、读/写、关闭）；常用的文件的库函数：fopen()、fclose()、fprintf()、fscanf()、fgetc()、pute()、fgtes()、fputs()、feof()、fread()和fwrite()等。表 11-2 列出了常用的缓冲文件系统函数。

表 11-2 常用的缓冲文件系统函数

分　类	函 数 名	功　能
打开文件	fopen()	打开文件
关闭文件	fclose()	关闭文件
文件读写	fgetc()	从指定文件取得一个字符
	fputc()	把字符输出到指定文件
	fgets()	从指定文件读取字符串
	fputs()	把字符串输出到指定文件
	fscanf()	从指定文件按格式输入数据
	fprintf()	按指定格式将数据写到指定文件中
	fread()	从指定文件中读取数据项
	fwrite()	把数据项写到指定文件
文件定位	rewind()	使文件位置指针重新置于文件头
	fseek()	改变文件位置指针的位置
	ftell()	返回文件位置指针当前值
文件状态	feof()	判断是否到达文件尾部
	ferror()	判断文件操作是否出错
	clearer()	将文件错误标志和结束标志设置为 0

习　题

一、选择题

1. 以下可作为函数 fopen 中第一个参数的正确格式是_______。

（A）c:user\text.txt　　（B）c:\user\text.txt

（C）"c:\user\text.txt"　　（D）"c:\\user\\text.txt"

2. 如果要用 fopen 函数打开一个新的二制文件，该文件要既能读也能写，则文件方式字符串应该是_______。

（A）"ab+"　（B）"wb+"　（C）"rb+"　（D）"ab"

3．要打开一个已经存在的非空文件 file 用于修改，正确的语句是________。

（A）fp=fopen("file", "r")　　（B）fp=fopen("file", "a+")

（C）fp=fopen("file", "w")　　（D）fp=fopen("file", "r+")

4．C 语言可以处理的文件类型是________。

（A）文本文件和数据文件　　（B）文本文件和二进制文件

（C）数据文件和二制文件　　（D）以上答案都不对

5．当文件顺利关闭时，fclose()的返回值是________。

（A）−1　　（B）EOF　　（C）0　　（D）1

6．若定义 fp 是文件类型指针，执行下面程序段后，输出的结果是________。

```
int i,n=0,a[10]={0};
fp=fopn("file.dat","w");
for (i=0;i<10;i++)
   n+=fwrite(a+i,sizeof(int),2,fp);
printf("n=%d\n",n);
```

（A）n=10　　（B）有语法错误　　（C）n=2　　（D）n=5

7．下列程序的运行结果是________。

```
#include <stdio.h>
read_ch()
{
   int i;
   char ch[10];
   FILE *fp=fopen("file.dat","r");
   for (i=0;i<10;i ++)
   {
      fread(ch+i,sizeof(char),1,fp);
      printf("%c",ch[i]-32);
   }
}
void main()
{
   char ch[10]= "abcdefghij";
   int i;
   FILE *fp=fopen("file.dat","w");
   for (i=0;i<10;i +=2)
      fwrite(ch+i,sizeof(char),2 ,fp);
   fclose(fp);
   read_ch();
}
```

（A）acegi　　（B）ACEGI　　（C）abcdefghij　　（D）ABCDEFGHIJ

8．利用 fseek 函数可实现的操作是________。

（A）改变文件的位置指针　　（B）文件的顺序读/写

（C）文件的随机读/写　　（D）以上答案均正确

9．函数 rewind 的作用是________。

（A）使位置指针重新返回文件的开头

（B）将位置指针指向文件中所要求的特定定位

（C）使位置指针指向文件的末尾

（D）使位置指针自动移至下一个字符位置

10．设有以下结构体类型：

```
struc st
{
    char name[8];
    int num;
    float s[4];
}student[50];
```

并且结构体数组 student 中的元素都已有值，若要将这些元素写到硬盘文件 fp 中，以下不正确的形式是________。

（A）fwrite(student,sizeof(struct st),50,fp);

（B）fwrite(student,50*sizeof(struct st),1,fp);

（C）fwrite(student,25*sizeof(struct st),25,fp);

（D）for(i=0;i<50;i++)

fwrite(student+i,sizeof(struct st),1,fp);

二、填空题

1．下列程序用来建立一个名为 file 的文件，并将从键盘输入的字符存入该文件，当键盘输入结束时，关闭该文件。请将该程序补充完整。

```
#include <stdio.h>
void main()
{
    FILE *fp;
    char c;
    fp= _________("file","________");
    do{
        c=getchar();
        fputc(c,fp);
    } while(c!='\n');
    ___________
}
```

2．下列程序把名为 file 的文件复制到新文件 new.dat 中，请填空将程序补充完整。

```
#include <stdio.h>
void main()
{
    int c;
    FILE *fp2, *fp2;
    P1=fopen("file",________);
    P2=fopen("new.dat",________);
```

```
    C=________;
    While(c!=EOF)
    {
        fputc(c,p2);
        c=fgetc(p1);
    }
    fclose(p1);
    fclose(p2);
}
```

3．下面的程序将浮点数写到文件 test 中，然后读出并显示，请填空将程序补充完整。

```
#include <stdio.h>
void main()
{
    FILE *fp;
    float f=12.34;
    if((________("test","wb"))==NULL)
    {
        printf("Cannot open file.");
        exit(1);
    }
    fwrite(&f,sizeof(float),1,fp);
    ________________
    fread(&f,sizeof(float),1,fp);
    printf("%f\n",f);
    ________________
}
```

4．下面的程序用于统计文件中字符的个数，请填空将程序补充完整。

```
#include <stdio.h>
void main()
{
    FILE *fp;
    long num=0;
    if((fp=fopen("file.dat","r+"))==NULL)
    {
        printf("Can't open file! ");
        exit(0);
    }
    while(________)
        num++;
    ________;
    printf("num=%ld\n",num);
}
```

5．下面的程序从一个二进制文件中读入结构体数据，并把结构体数据显示在终端屏幕上，请将程序补充完整。

```
#include <stdio.h>
struct st
{
    int num;
```

```
    float total;
}
void main()
{
    FILE *f;
    f=fopen("bin.dat","rb");
    reout(f);
    fclose(f);
    }
    void reout(________________)
    {
        struct st r;
        while(!feof(f))
        {
            fread(&r,__________,1,f);
            printf("%d,%f\n",____________________);
        }
}
```

三、编程题

1．从键盘输入一个字符串，将其中的小写字母全部转换成大写字母，然后输出到一个磁盘文件 upper.txt 中保存，输入的字符串以“！”结束，然后再将文件 upper.txt 中的内容读出显示在屏幕上。

2．有 5 个学生，每个学生有 3 门课的成绩，从键盘输入学生数据（包括学生号、姓名、三门课成绩），计算出平均成绩，将原有数据和计算出的平均分数存放在磁盘文件 stu.dat 中。

3．将上题 stud.dat 文件中的学生数据，按平均分进行排序处理，将已排序的学生数据存入一个新文件 StuSort.dat 中。

4．设文件 student.dat 中存放着一年级学生的基本信息，这些信息由以下结构体来描述：

```
struct student
{
    long int num;           /*学号*/
    char name[10];          /*姓名*/
    int age;                /*年龄*/
    char sex;               /*性别*/
    char speciality[20];    /*专业*/
    char addr[40];          /*住址*/
};
```

请编写程序，输出 806201～806253 之间的学生学号、姓名、年龄和性别。

第 12 章 综合实例

本章主要内容：

设计并实现“个人通信录管理程序”。

本章重点：

设计方法、编程方法。

本章难点：

理论联系实际。

12.1 个人通信录管理程序需求分析

12.1.1 设计个人通信录管理程序的目的与目标

1. 设计个人通信录管理程序的目的

学习程序设计语言的目的，是为了利用其设计开发能够解决实际问题、具有一定实际应用价值的程序。设计开发程序总与实际有关，越有实际应用价值的程序，其专业性越强、业务也越复杂。作为学生，社会阅历较浅，要去了解现实中一些比较专业的业务不太现实。对个人通信录进行管理，大家都自觉不自觉地在做，或通过纸质的通信录本、Excel 电子表格文件、手机提供的功能等等在管理着自己的通信资料。尽管很少有人想要通过一个程序来管理个人的通信资料，但我们可以通过设计开发“个人通信录管理程序”来体验一个完整软件的设计开发过程与具体实现方法，并由此去体会学习程序设计语言的目的。

2. 设计个人通信录管理程序的目标

从使用的角度讲，“个人通信录管理程序”应能管理个人的通信资料，何为“能”，我们可以参照现实当中手工管理时所能达到的效果，并结合计算机软件的特点有所扩展提高和必要的限制。

从技术的角度讲，“个人通信录管理程序”应利用计算机文件存储个人的通信资料，并给使用者（以下称之为用户）提供管理个人通信资料所需的“增加”、“删除”、“修改”、“查找”等功能。

12.1.2 个人通信录管理程序需要处理的信息

管理个人的通信资料，也就是管理与个人通信资料相关的一些信息。到底管理哪些信息，我们必须将其具体化。因为待开发的“个人通信录管理程序”需要将这些信息存储到计算机文件中，并对存储在文件中的信息进行“增加”、“删除”、“修改”、“查找”等操作。手工做事情可以很随意，比如我们通过一个专门的通信录本来管理个人通信资料时，有人可能会有相对固定的格式，也即有固定需要记录的内容和一定的次序，更好一些的可能会画一张表格，也有人记录时则非常随意，内容与次序都不固定，更不会画一张表格。我们编写计算机程序将信息存储到计算机文件中，以及编写程序对其中的信息进行“增加”、“删除”、“修改”、“查找”等的操作，不能像人们手工做事情那样随意，必须将要管理的信息具体化、结构化。所谓具体化，即明确管理那些信息，一旦确定，便按既定的处理，不考虑“确定”之外的东西，除非重新确定。所谓结构化，即明确所管理的每一项信息，各项信息的次序，各项信息的特征、如信息的长度、信息是数值类型的还是字符类型的等。

根据管理个人通信资料的实际需要和计算机管理信息的结构化要求，在这里确定需要管理的信息与信息的结构如表 12-1 所示。

表 12-1 “个人通信录管理程序”需要处理的信息

信息名称（中文）	信息名称（英文）	信 息 类 型	信 息 长 度	备 注
分组	Group	字符型	1	用于对通信资料分类，具体如下： r 表示亲友（Relation） c 表示同事（Colleague） s 表示同学（Schoolfellow） f 表示朋友（Friend） o 表示其他（Other）
姓名	Name	字符型	30	
性别	Sex	字符型	1	m 表示男（Mankind） f 表示女（Female）
手机号码	MobileTelephone	字符型	15	
固定电话（办公室）	OfficeTelephone	字符型	15	
固定电话（住宅）	HomeTelephone	字符型	15	
QQ 号	QQNumber	字符型	10	
电子邮箱	Email	字符型	50	
通信地址	Address	字符型	50	
备注	Remark	字符型	64	

注：1. “分组”、“性别”分别用一个字母表示一个含义，目的主要有两个，一是可以节省存储空间，二是可以将信息规范化。

2. 表中列出信息的英文名称，其目的是为将来编程做准备。

12.1.3 个人通信录管理程序应该实现的功能

从用户的角度讲，“个人通信录管理程序”应能让用户从无到有地增加通信资料，对已经存在的通信资料应能对其进行有选择的删除与修改，再就是应能查看或查找通信资料。“查看”时，应能分组查看、按姓名的次序查看，以方便用户查看所需的通信资料，就像大多数手机提供的功能一样。另外，查看和查找是有区别的，查看是看一组或全部通信资料，查找则是找到一个特定的通信资料，因此应将其看做两个功能。“个人通信录管理程序”应该实现的功能如表 12-2 所示。

表 12-2 “个人通信录管理程序”应该实现的功能

序　号	功　　能	备　　注
1	增加通信资料	从无到有断续地增加通信资料
2	删除通信资料	有选择地删除已经存在的通信资料
3	修改通信资料	有选择地修改已经存在的通信资料
4	查看通信资料	按组或不按组（即全部）地查看通信资料
5	查找通信资料	查找某个特定（按姓名）的通信资料

注： 这里对“个人通信录管理程序”应该实现的功能已经有了一段文字描述，为什么还要再用一张表格来描述呢？目的是想让其更清晰、更有条理、更显得具体。在开发软件之前，我们要写需求与设计文档，其中一个主要目的就是想通过文档将问题与处理问题的方法具体化，并为后期的编程实现提供依据。描述的方式往往是文字加图或表，文字有利于循序渐进地表达思想，而图或表则有利于清晰、具体、形象地反映问题。工程文档与文学作品的书写方法是有所区别的。

12.2　数据结构与文件结构设计

12.2.1　个人通信录管理程序的文件处理需求分析

在设计“个人通信录管理程序”的目标中，已经明确通信资料通过计算机文件来存储，并通过对文件的操作实现应该实现的“增加”、“删除”、“修改”、“查看”、“查找”等功能。下面分别根据需要实现的功能来分析文件处理的需求。

增加通信资料时，应该是从无到有断续地增加通信资料，在首次录入资料时应创建文件并写入信息，而在后续的录入中，则直接打开文件并追加写入信息。是首次还是后续，可通过文件是否存在来判断。断续录入信息则决定了文件应该按追加方式打开。

删除通信资料时，应该是有选择地删除已经存在的通信资料。尽管存储在计算机文件中的信息我们看不见摸不着（通过仪器是可以看见的），但其存储是有“形”的，而且存储的组织方式与写在纸上有一些相似，即都是按照一定的顺序记录的。有选择地删除，即意味着首先需要定位，也即找到要删除的信息，这是其一，其二是如何删除。我们暂且不考虑对计算机文件如何处理，先考虑对记录在纸上的信息进行有选择的删除时我们是如何处理的。首先是从前往后看，找到要删除的信息；然后再将待删除的信息删除，删除的做法有两种，其一是做删除标记，如将其画上一道线，其二是重新抄一份，当抄到待删除的信息时将其跳过去。前者相当于定位；后者相当于删除操作，且有两种删除操作方法，一是做删除标记，二是另写一个文件。“做删除标记”实际上是要重写某处的信息，这些都将影响或决定程序如何对文件进行处理，或者说采用什么样的文件处理方式。

修改通信资料时，应该是有选择地修改已经存在的通信资料。修改与删除类似，此处不再赘述。

查看或查找通信资料时，都应该是顺序地读取文件中的信息，读取信息的方法随文件的结构和对文件的处理方式而定。

综上所述，对存储在计算机文件中的通信资料进行删除或修改的处理方法即决定程序对文件的处理方法，且主要有两种，一是重写某处的信息，二是另写一个文件，一般更倾向于采用前者。下面需要结合分析C语言提供的文件处理方法将其具体化。

12.2.2 C语言提供的文件处理方式与特点分析

C语言提供的文件处理方式与特点分析如表12-3所示。

表12-3 C语言提供的文件处理方式与特点

处理文件方式	读/写文件函数	写文件特点	读文件特点	修改文件特点	定位特点
顺序存取文件	fprintf() fscanf()	1. 顺序地写； 2. 按行写； 3. 一条记录作为一行来写； 4. 记录在存储介质上是不等长的	1. 顺序地读； 2. 按行读； 3. 一次将一行读到一条记录的各个字段； 4. 遍历记录时需要顺序地读，读取某一条记录时也必须顺序地读，直到找到为止	不能直接修改已经存在的记录，只能通过另写一个文件来修改，相当于“重抄”	不能
随机存取文件	fwrite() fread()	1. 顺序地写； 2. 按记录写； 3. 记录在存储介质上是等长的； 4. 写过的记录可重新再写	1. 顺序地读； 2. 按记录读； 3. 一次读取一条记录的各个字段或部分字段； 4. 可随机读取已经存在的任何一条记录； 5. 遍历记录时需要顺序地读，读取某一条记录时，如能推算出位置，则可直接读	可以直接修改已经存在的任何一条记录，相当于“用涂改液涂改”	能

12.2.3 个人通信录管理程序的数据结构与文件结构设计

1. 个人通信录管理程序的文件处理方式

结合对“个人通信录管理程序”文件处理需求和C语言提供的文件处理方式与特点的分析，“个人通信录管理程序”宜采用“随机存取文件”的文件处理方式。

2. 个人通信录管理程序的数据结构设计

除了考虑12.1.2节中分析总结的“个人通信录管理程序”需要处理的信息外，还需要结合程序功能和文件处理的需要综合考虑。

在程序功能方面主要考虑“删除记录”功能实现的需要，也就是如何处理删除。因为采用“随机存取文件”的文件处理方式，因此可以重写已经写过的记录或记录中的字段，故可增设一个“删除标志”字段（或称之为“有效标志”），用来描述记录是否为被删除的记录，当要删除某条记录时，将该记录的“删除标志”字段的值写为删除标志值即可，而新增记录时，“删除标志”字段的值写为有效标志值。这样处理“删除记录”功能时，还可增加一个功能，即恢复被删除的记录，其实现方法是将“删除标志”字段的值由原来的删除标志值改写为有效标志值。

在文件处理方面，需要考虑的主要是记录的定位，为此再增加一个“记录标识”字段（或称之为“记录序号”），用来描述某条记录是文件中的第几条记录，以便据此推算出其所在的位置，从而使得可以直接对其进行读/写操作。

综合以上的考虑，“个人通信录管理程序”的数据结构如表 12-4 所示。

表 12-4 “个人通信录管理程序”的数据结构

数据项名称	数据项的数据类型	数据项英文名称
*标志	int	Flag
*标识	long	Id
*分组	char（2）	Group
*姓名	char（30）	Name
*性别	char（2）	Sex
*手机号码	char（15）	MobileTelephone
*固定电话（办公室）	char（15）	OfficeTelephone
*固定电话（家）	char（15）	HomeTelephone
QQ 号	char（10）	QQNumber
电子邮箱	char（50）	Email
通信地址	char（50）	Address
备注	char（64）	Remark

数据说明：
标志{1—有效，0—无效（标记被删除）}
分组{r—Relation、c—Colleague、s—Schoolfellow、f—Friend、o—Other}
性别{m—Mankind、f—Female}

3. 个人通信录管理程序的文件结构设计

文件由一条一条的记录构成，除此之外，还有一件需要考虑的事情是，“记录标识”字段的值如何读取。首先，某条记录的“记录标识”字段的值取其在文件中的顺序号，即第一条记录其值为 1，第二条记录其值为 2，依此类推。当新增记录时，如何确定其“记录标识”字段的值呢？遍历整个文件看总共有多少条记录，或读取最后一条记录看其“记录标识”字段的值，然后再确定新增记录的值。这两种方法都可以实现需求，但都不太好，比较好的处理方法是，在文件的开头记录当前的记录个数，也即最大的“记录标识”字段的值，每当新增记录时，据此确定新记录的值，并修改其值。需要注意的是，在推算记录的位置时，需要加上记录最大标识所占的位置。

综上所述，“个人通信录管理程序”的文件结构如表 12-5 所示。最大标识的数据结构如表 12-6 所示。

表 12-5 “个人通信录管理程序”的文件结构

个人通信录文件（address.dat）的结构
MaxId（1 个）+strRecord（0 或多个）

表 12-6 最大标识（MaxId）的数据结构

数据项名称	数据项的数据类型	数据项英文名称
最大标识	long	MaxId

12.3 个人通信录管理程序的功能设计

12.3.1 操作方式设计

基于 DOS 操作系统的应用程序（在 Windows 操作系统下由“命令提示符”窗口实现），主要有两种人机交互的操作方式，一是命令行方式，二是菜单选择方式，由于前者不易被人接受，因此“个人通信录管理程序”将采用菜单选择方式来实现功能选择的人机交互和具体功能实现时各种需要用户选择处理方式的人机交互。

12.3.2 用户界面设计

以下为几种主要用户界面的设计思想。

1. 功能选择

“个人通信录管理程序”需要提供多种功能（见表 12-2“个人通信录管理程序”应该实现的功能），以实现对通信资料管理，但在同一时刻，用户只能选择一种功能对通信资料进行管理，而不同功能的处理程序和操作界面都各不相同，需要用户进行选择，根据上述“操作方式设计”的结果，将采用菜单选择方式来实现，界面效果如图 12-1 所示。

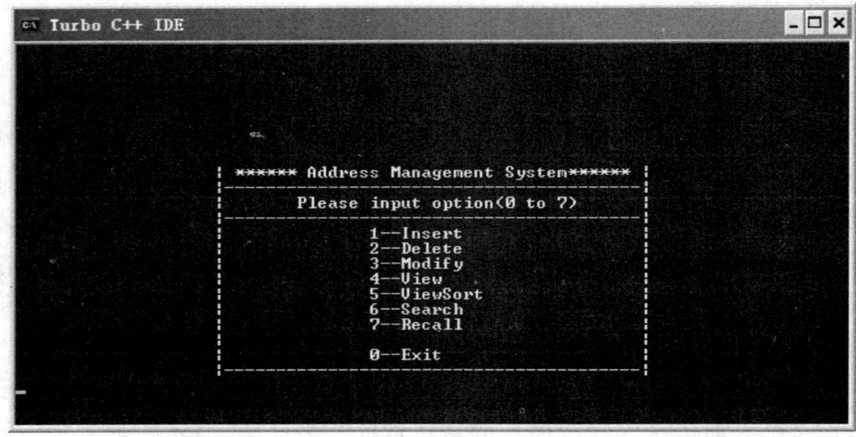

图 12-1 功能选择界面效果

2. 代码数据的输入

代码数据有：

分组{r—Relation、c—Colleague、s—Schoolfellow、f—Friend、o—Other}

性别{m—Mankind、f—Female}

输入代码数据时，给出各种可选的提示，以便用户输入相应的代码，如分组的输入界面如图 12-2 所示。

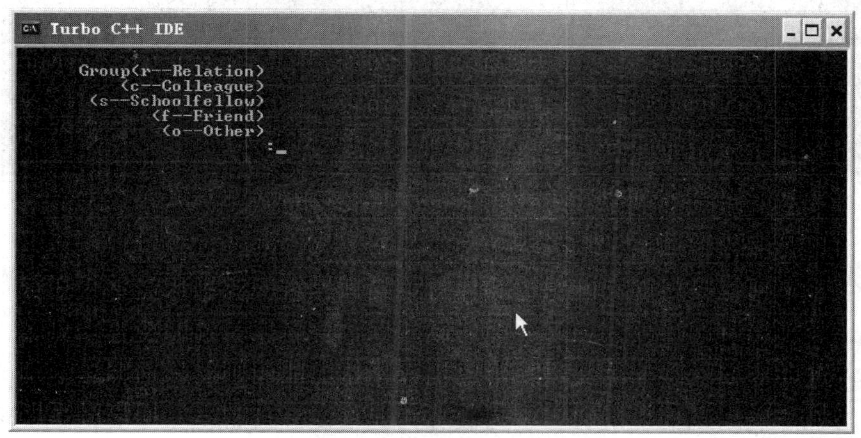

图 12-2 分组的输入界面

3. 一般数据的输入

在提示信息的后面输入。

4. 单条记录的显示

查找时显示某人的通信资料的界面如图 12-3 所示。

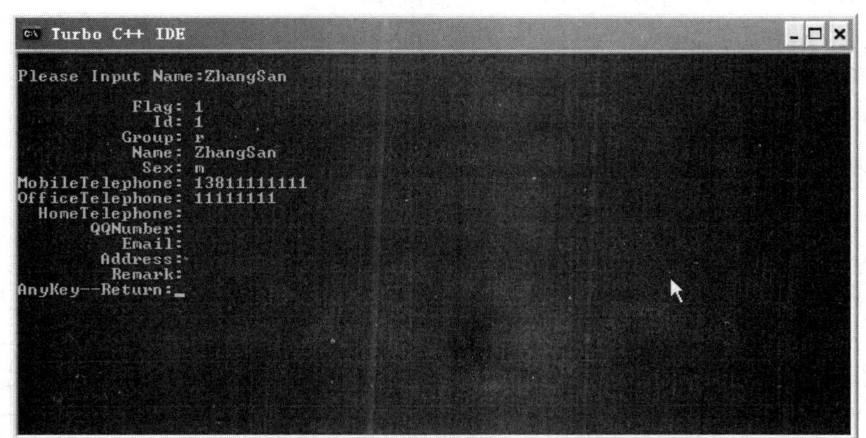

图 12-3 显示某人的通信资料的界面

5. 多条记录的显示

查看时显示所有人的通信资料的界面如图 12-4 所示。

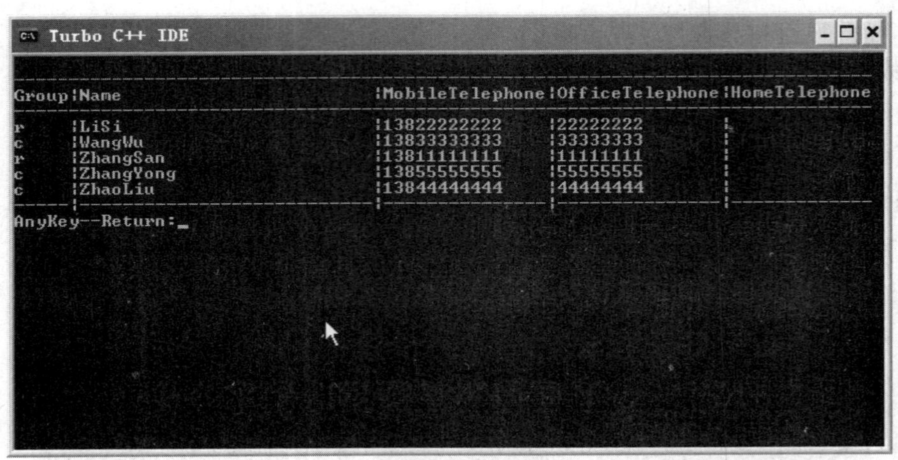

图 12-4　显示所有人的通信资料的界面

12.3.3　个人通信录管理程序的功能设计

1. 整体结构设计

“个人通信录管理程序”是一个小程序，但也不是一个只包含几十行语句的简单的小程序，需要对程序的组织结构进行分析与设计，这需要经验，但更重要的是需要有这种意识，有了整体结构设计的意识，做得多了自然就会有经验。

“个人通信录管理程序”应该由 3 部分组成，分别如下。

（1）全局声明。

①定义字符常量。程序中尽量少用或不使用常量，原因之一是常量不能反映其含义，而字符常量可以通过字符反映其含义，可以增强程序的可读性；二是当某个常量被多处使用时不利于修改，而字符常量则不同，只需修改字符常量的定义一处即可。

②定义个人通信录记录（strRecord）结构。一条记录，即一个人的通信资料宜通过一个结构变量来描述，在很多功能的实现中都要引用，为此，定义一个全局的结构，以统一对个人通信录记录的描述。

③定义全局变量。对于很多地方都会使用的变量，可以考虑将其定义为全局变量，一是统一，二是方便引用，但不宜太多，只有那些真正具有全局特征的变量才适合定义为全局变量。

④声明子函数。子函数除了需要定义之外，还需要声明。

（2）主函数。“个人通信录管理程序”的主函数主要实现用户对各种功能的选择与程序的循环控制，其程序流程如图 12-5 所示。

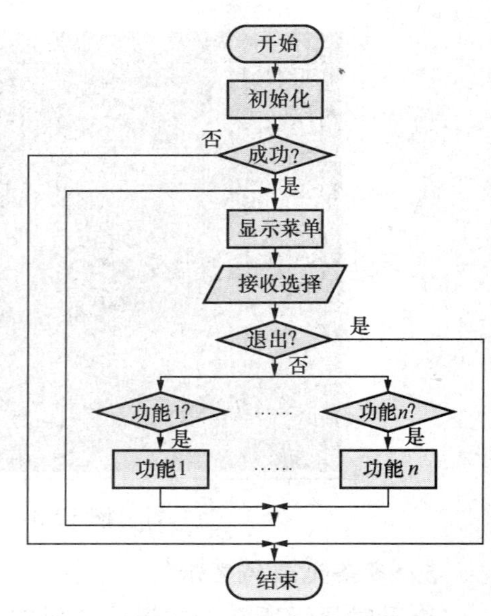

图 12-5　主函数程序流程图

（3）子函数。关于子函数的作用，本书前面的有关章节已经介绍，在此不再赘述。需要强调的是，在面向过程的程序设计中，子函数的设计在某种程度上反映了一个人的软件设计水平。首先，在设计阶段我们应该根据不同功能所处理的问题，抽象出一些共同的处理，并将其规划设计为子函数，且在实现的过程中一一加以实现。人非圣人，总有一些事先考虑不到的事，某些具有共同特征的处理可能事先并未规划设计为子函数，这没有关系，重要的是要及时地将其设计为子函数并对已经实现的程序进行相应的改造。

“个人通信录管理程序”规划设计的子函数以及函数之间的调用关系分别如表 12-7 和图 12-6 所示。

表 12-7 “个人通信录管理程序”规划设计的子函数

函数声明	函数说明	备注
void mainmenu();	显示主控菜单	
void insert();	增加记录	与“1--Insert”功能对应
void ddelete();	删除记录	与“2--Delete”功能对应
void modify();	修改记录	与“3--Modify”功能对应
void view();	显示记录	与“4--View”功能对应
void viewsort();	按姓名排序显示记录	与“5--ViewSort”功能对应
void search();	查找记录	与“6--Search”功能对应
void recall();	恢复删除的记录	与“7--Recall”功能对应
int initialize();	初始化一个数据文件	
long getmaxid();	取最大 id	
void disprecord (struct strRecord sRecord);	纵向显示一条记录	
struct strRecord inputrecord();	输入一条记录	
void listtitle();	横向显示记录时的表头	

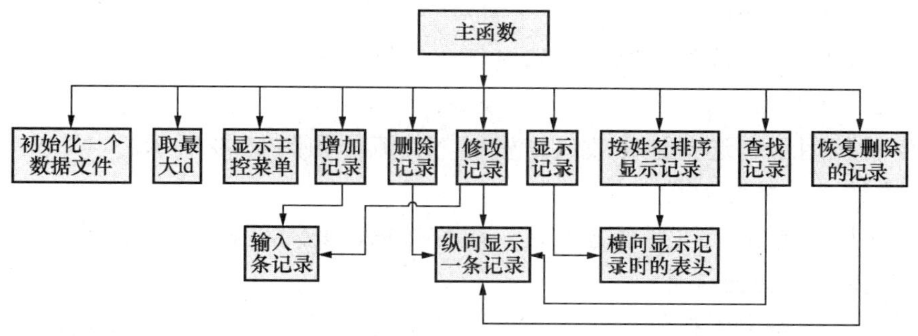

图 12-6 “个人通信录管理程序”规划设计的子函数之间的调用关系

2. 菜单功能设计

菜单功能由主函数（main）和显示主控菜单函数（mainmenu）共同实现。主函数的程序流程图如图 12-5 所示。主控菜单函数实现清除屏幕并显示主控菜单，程序没有流程控制，在此略去其流程图。

3. “增加”功能设计

“增加”功能用于增加通信资料，其流程如图 12-7 所示。

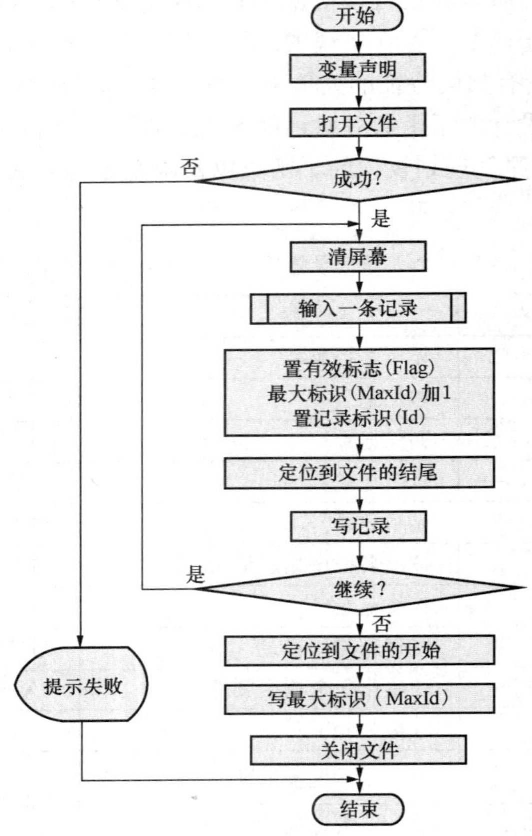

图 12-7 “增加”功能的程序流程图

4. “删除”功能设计

“删除”功能用于有选择地删除通信资料，其流程如图 12-8 所示。

5. “修改”功能设计

“修改”功能用于有选择地修改通信资料，其流程如图 12-9 所示。

6. “列表显示”功能设计

“列表显示”功能用于按列表方式显示通信资料，其流程如图 12-10 所示。

7. “排序显示”功能设计

“排序显示”功能用于按姓名排序显示通信资料，其流程如图 12-11 所示。

8. “查找”功能设计

“查找”功能用于有选择地查找通信资料，其流程如图 12-12 所示。

9. “恢复删除”功能设计

“恢复删除”功能用于恢复被标记删除的通信资料，其流程如图 12-13 所示。

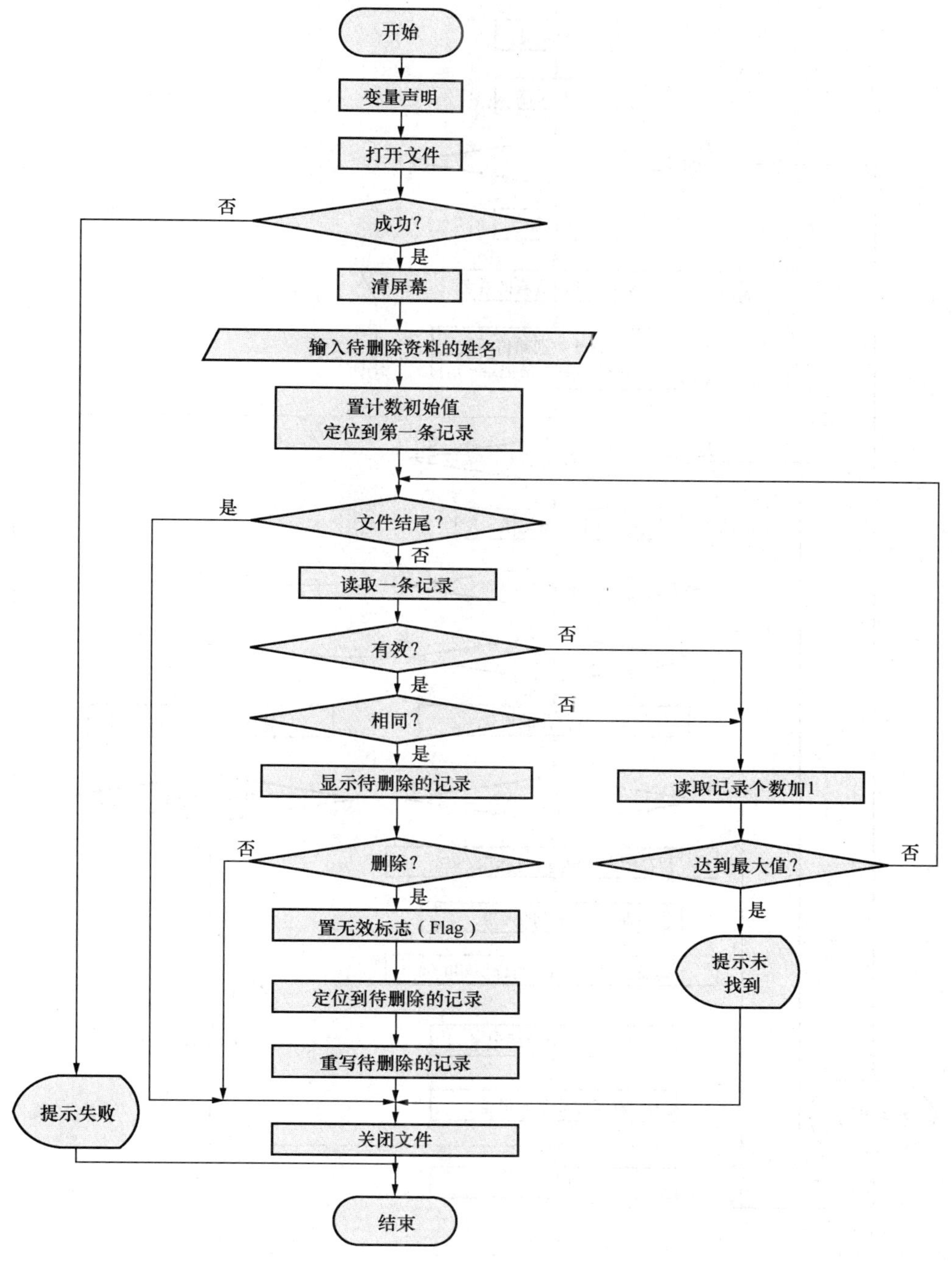

图 12-8 “删除”功能的程序流程图

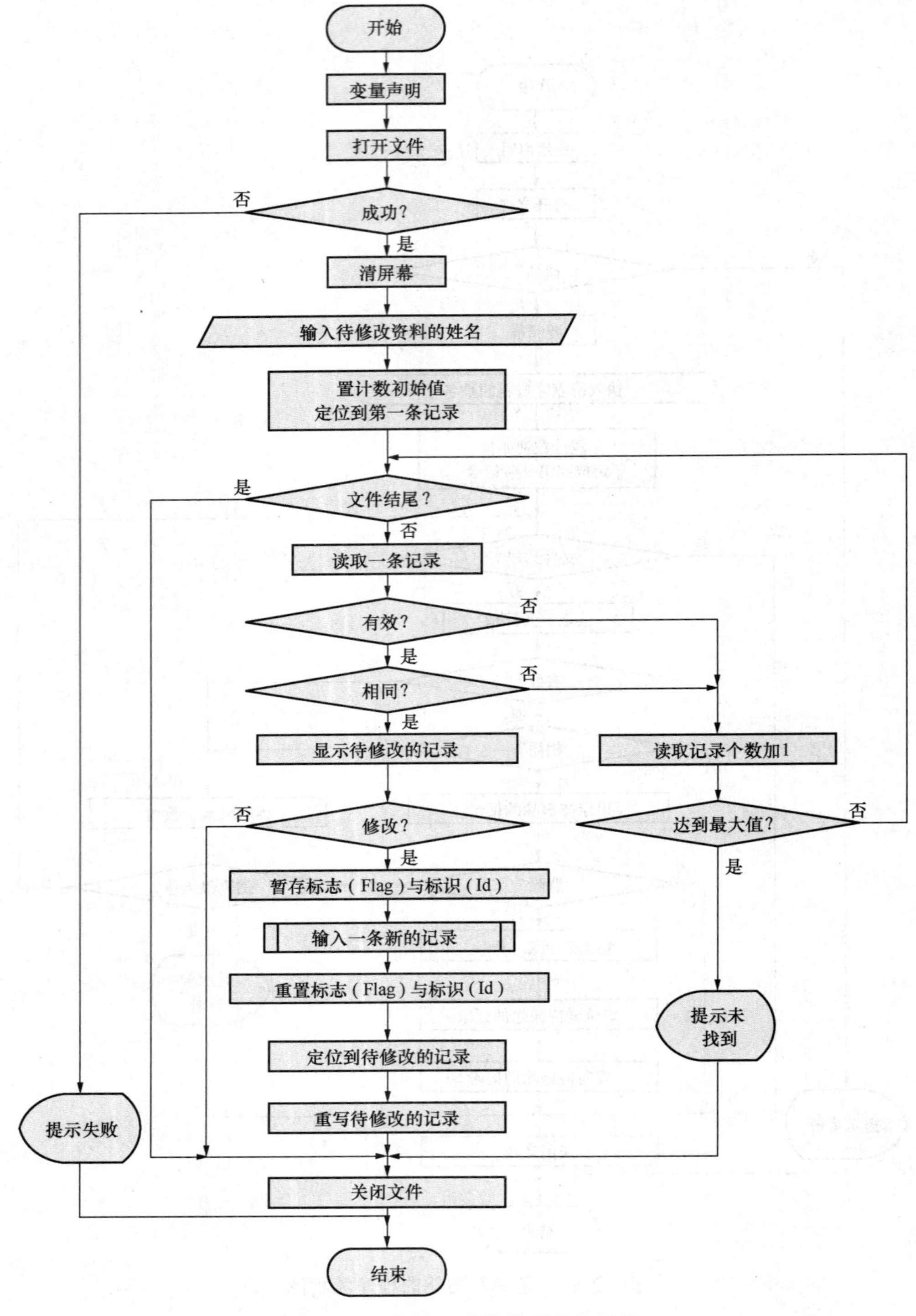

图 12-9 “修改”功能的程序流程图

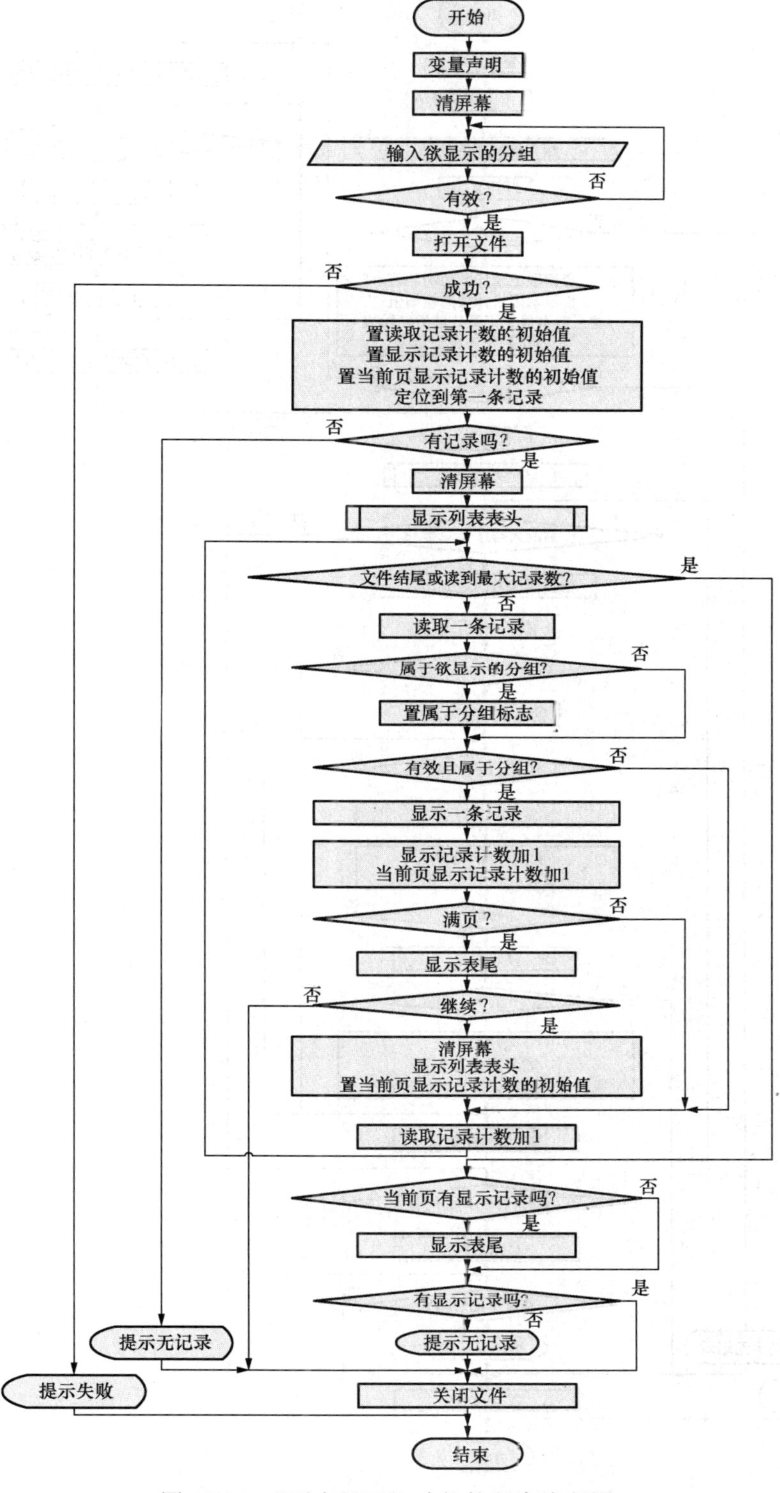

图 12-10 “列表显示”功能的程序流程图

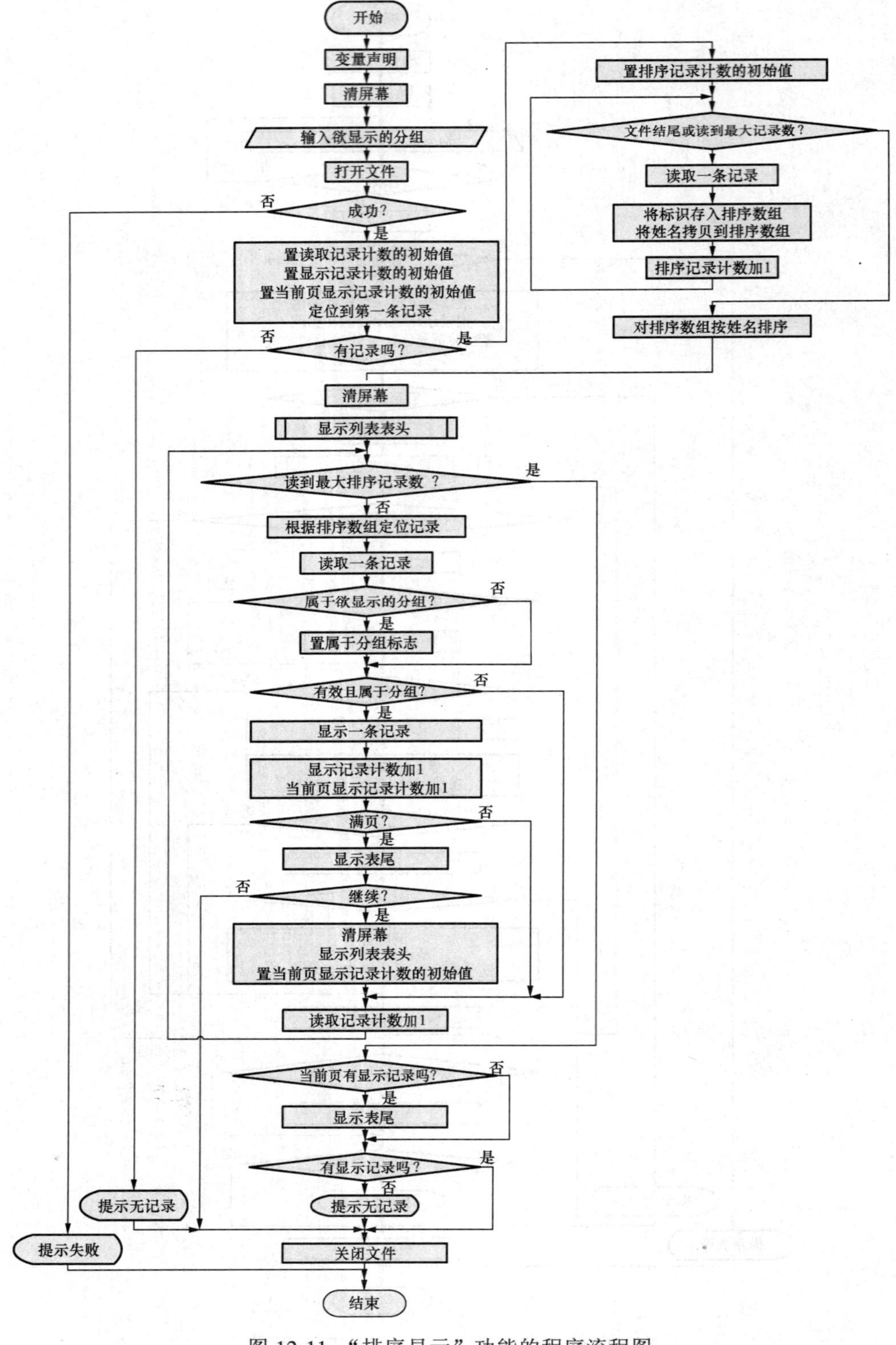

图 12-11 “排序显示”功能的程序流程图

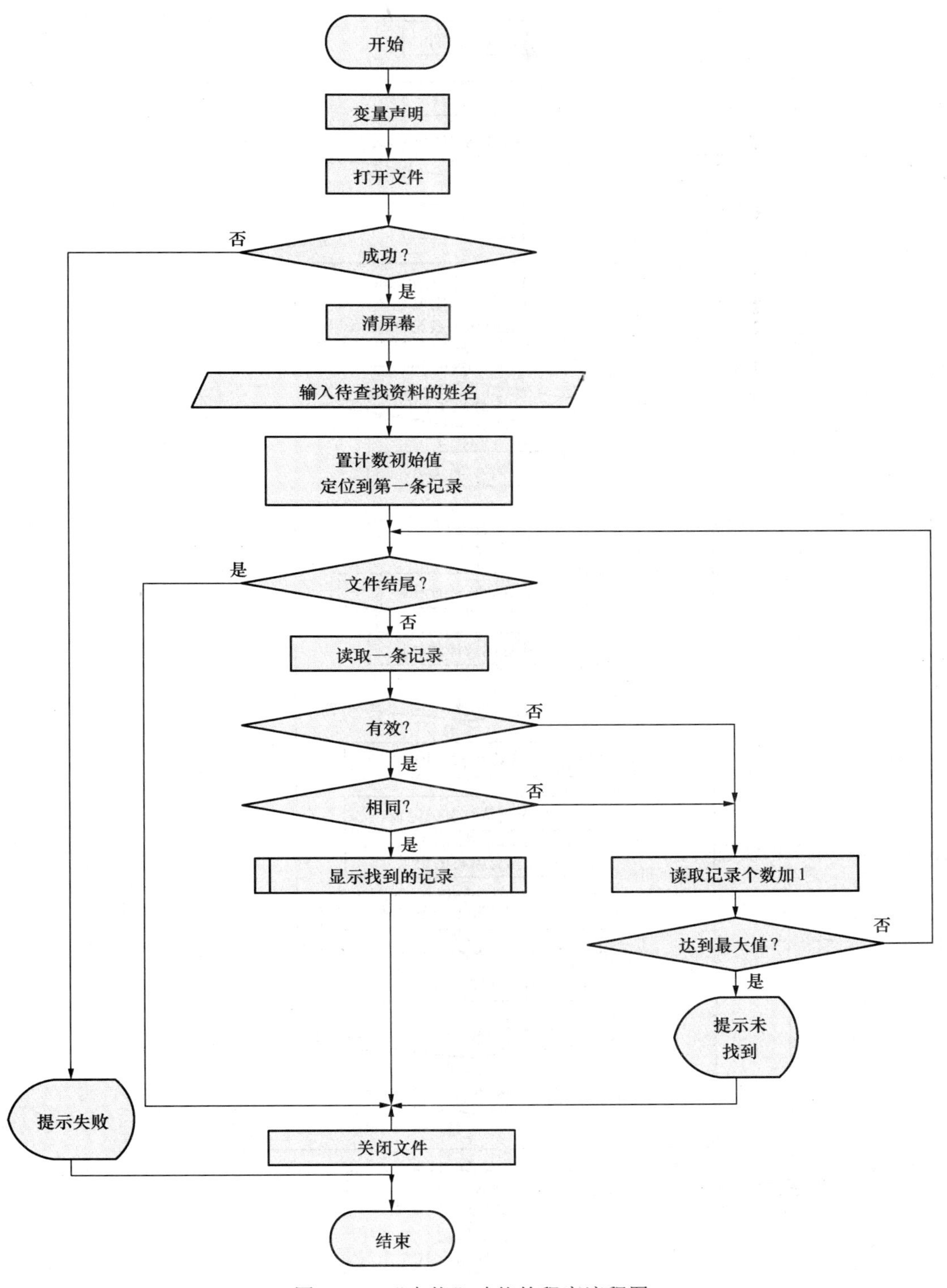

图 12-12 “查找”功能的程序流程图

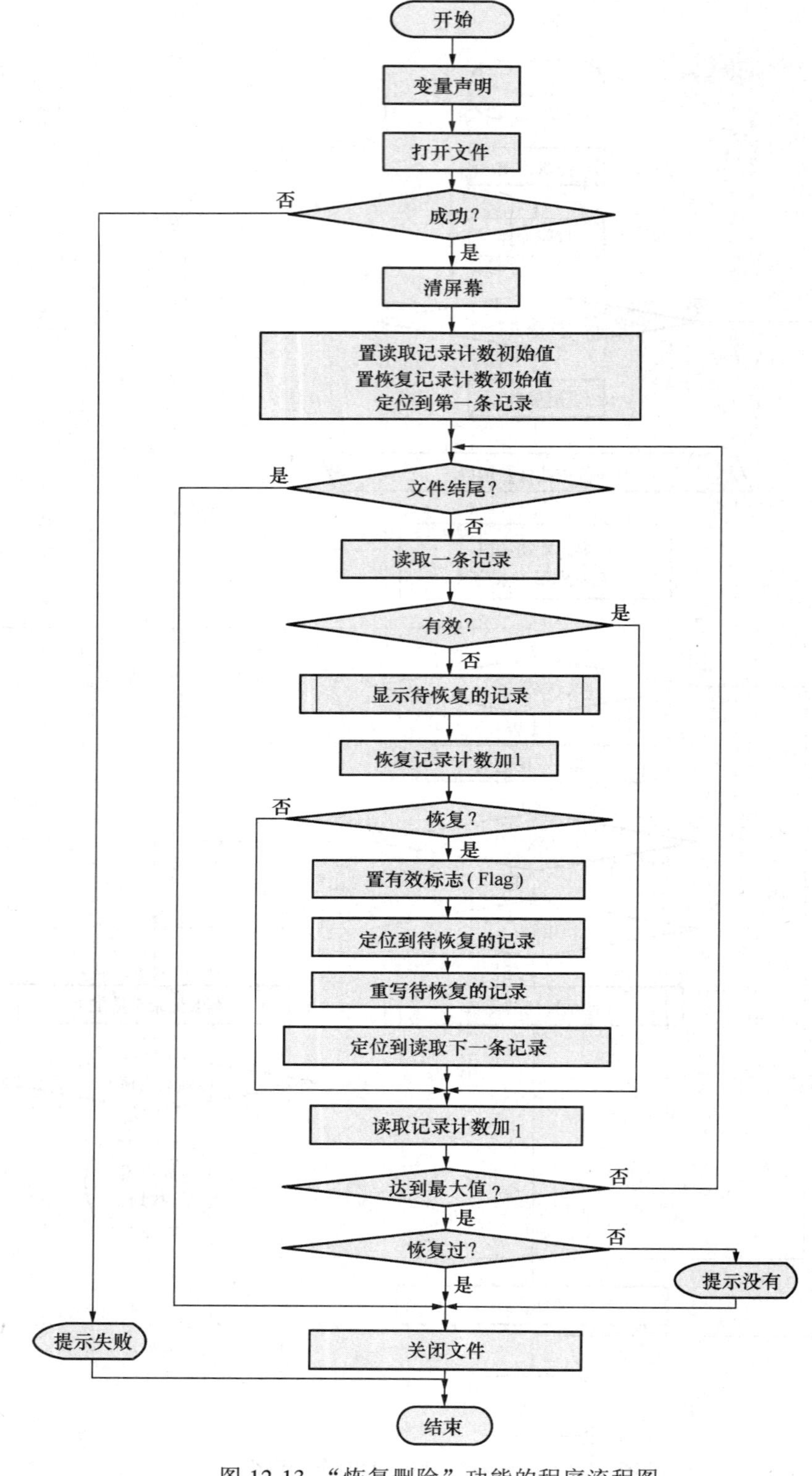

图 12-13 “恢复删除”功能的程序流程图

10. 初始化数据文件

初始化数据文件功能实现，当还未创建数据文件时，新建数据文件并置标识的初始值，其流程如图 12-14 所示。

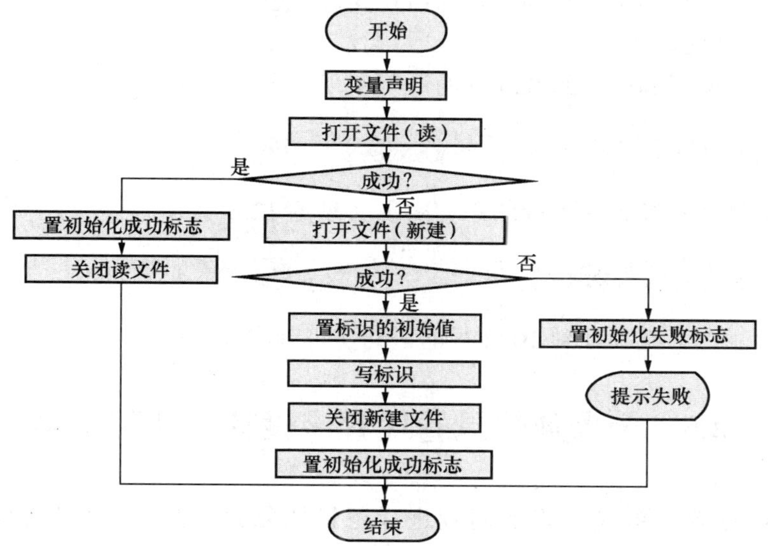

图 12-14 初始化数据文件的程序流程图

12.4 个人通信录管理程序的实现

12.4.1 整体结构的实现

全局声明部分的程序由第 1 行到 121 行的语句实现（参见 12.6 节），主函数由第 122 行到 152 行的语句实现（参见 12.6 节），程序功能与主函数中调用的子函数相对应。

12.4.2 菜单功能的实现

菜单功能由主函数和显示主控菜单子函数共同实现，显示主控菜单子函数由第 154 行到 174 行的语句实现（参见 12.6 节）。

12.4.3 增加功能的实现

增加功能由第 176 行到 217 行的语句实现（参见 12.6 节）。

12.4.4 删除功能的实现

删除功能由第 219 行到 307 行的语句实现（参见 12.6 节）。

12.4.5 修改功能的实现

修改功能由第 309 行到 406 行的语句实现（参见 12.6 节）。

12.4.6 显示功能的实现

1. 列表显示功能的实现

列表显示功能由第 407 行到 602 行的语句实现（参见 12.6 节）。

2. 排序显示功能的实现

排序显示功能由第 604 行到 856 行的语句实现（参见 12.6 节）。

12.4.7 查找功能的实现

查找功能由第 859 行到 931 行的语句实现（参见 12.6 节）。

12.4.8 恢复删除功能的实现

恢复删除功能由第 933 行到 1032 行的语句实现（参见 12.6 节）。

12.5 个人通信录管理程序设计与实现总结

程序设计的主要任务是对现实问题进行逻辑抽象并用某种计算机程序设计语言加以描述。我们需要锻炼的也是这两个方面，一是逻辑抽象能力，二是程序设计语言的表达能力，这两个方面都需要通过大量的练习，才能慢慢地找到一些感觉，才能积累一些经验，“高瞻远瞩、洞察秋毫”。基于数据文件的“个人通信录管理程序”尽管没有太大的实用价值，但作为培养程序设计的能力，还是一个大小适中、难易适宜的综合性实例。

程序流程图是对现实问题的逻辑抽象，而程序则是语言对逻辑的表达。书中给出了主要功能的程序流程图，但作者在设计编写该程序时，其实并未先画流程图然后再编写程序。尽管没有画流程图，其实这些流程全都在脑子里，仍然是先有了流程然后才编写的程序。流程的调整必定要修改程序，程序的修改又必定反映了流程的调整。对于该程序，由于流程与程序在作者的大脑中完全可以对等表达，所以才没有先画出流程图，然后再编写程序。

编写程序时要不要画流程图、画多“细”，这一直是让编程人员感到困惑的问题。无论是否强调画流程图，编程者的心中一定要有“流程”，不能靠试探性地添加或删除一些语句来调试程序，而应该是先从流程上把问题搞清楚，然后再编写程序。

对于初学编程的人来说，先画流程再编写程序，有利于锻炼编程者的逻辑抽象能力并强化自己的流程意识。尽管作者在编写该程序时，没有先画流程再编写程序，作者还是建议初学者应该先画流程图，然后再编写程序。当自己的逻辑抽象能力和计算机语言的表达能力达到一定的水平后，可适当放大画流程图时的逻辑“粒度”，慢慢过渡到对于“尽在掌控范围之内”的问题，不再画流程图。但是，如果有软件开发管理方面的要求，那该画还必须画，因为这涉及与其他人员交流以及后续维护的问题，而与个人的能力无关。

12.6 个人通信录管理程序清单

```
/**************************************************************************/
/*
变量命名说明：
不同类型变量的前缀：
-----------------------------------------------------------------------------------------------
类型                              前缀                              备注
int                               i                                 所有 int 类型
long                              l                                 所有 long 类型
float                             f
double                            d
char                              c
指针                              p
结构类型                          str
结构变量                          s
-----------------------------------------------------------------------------------------------
不同作用范围的变量的前缀：
        范围        前缀        备注
        全局        g
        局部        l            可省略
-----------------------------------------------------------------------------------------------
变量的组成结构：
        变量名称 = 范围前缀 + 类型前缀 + 变量名称主体（首字母大写）

*/
/*
数据与文件结构：
个人通信录文件（address.dat）的结构：
        MaxId（1个）+ strRecord（0或多个）
-----------------------------------------------------------------------------------------------
最大标识（MaxId）的定义：
        最大标识                long                MaxId
-------------------------------------------------------------------------------------
个人通信录记录（strRecord）的数据结构：
数据项名称                        数据项的数据类型                  数据项英文名称
*标志                             int                               Flag
*标识                             long                              Id
*分组                             char（2）                         Group
*姓名                             char（30）                        Name
```

```
*性别                    char (2)        Sex
*手机号码                char (15)       MobileTelephone
*固定电话（办公室）      char (15)       OfficeTelephone
*固定电话（家）          char (15)       HomeTelephone
QQ 号                    char (10)       QQNumber
电子邮箱                 char (50)       Email
通信地址                 char (50)       Address
备注                     char (64)       Remark

        数据说明：
        标志{1--有效,0--无效（标记被删除）}
        分组{Relation、Colleague、Schoolfellow、Friend、Other}
        性别{Mankind、Female}
*/
/*
定义字符常量
        字符常量                说明
------------------------------------------------------------------------*/
 #define GROUP 2
 #define NAME 30
 #define SEX 2
 #define MOBILETELEPHONE 15
 #define OFFICETELEPHONE 15
 #define HOMETELEPHONE 15
 #define QQNUMBER 10
 #define EMAIL 50
 #define ADDRESS 50
 #define REMARK 64
 #define RECODECOUNT 1000   /*最大记录个数*/
 #define LINENUMBER  40     /*一屏显示的总行数*/
/*
*/
/*
定义个人通信录记录（strRecord）结构
------------------------------------------------------------------------*/
 struct strRecord
 {
       int  Flag;
       long Id;
       char Group[GROUP];
       char Name[NAME];
       char Sex[SEX];
```

```
        char MobileTelephone[MOBILETELEPHONE];
        char OfficeTelephone[OFFICETELEPHONE];
        char HomeTelephone[HOMETELEPHONE];
        char QQNumber[QQNUMBER];
        char Email[EMAIL];
        char Address[ADDRESS];
        char Remark[REMARK];
 };
/*
*/
/*定义一条空记录*/
 struct strRecord sBalnkstrRecord = {1,0,"","","","","","","","","",""};
/*
函数声明
函数声明                                                          函数说明
-----------------------------------------------------------------------------------------*/
void mainmenu();                                                  /*显示主控菜单       */
void insert();                                                    /*增加记录           */
void ddelete();                                                   /*删除记录           */
void modify();                                                    /*修改记录           */
void view();                                                      /*显示记录           */
void viewsort();                                                  /*按姓名排序显示记录 */
void search();                                                    /*查找记录           */
void recall();                                                    /*恢复删除的记录     */
int initialize();                                                 /*初始化一个数据文件 */
long getmaxid();                                                  /*取最大 id          */
void disprecord(struct strRecord sRecord);                        /*纵向显示一条记录   */
struct strRecord inputrecord();                                   /*输入一条记录       */
void listtitle();                                                 /*横向显示记录时的表头 */
/*
*/
 long giMaxId = -1; /*当前最大标识*/
/*
编程说明:

  1. 字符型数据统一用字符数组表示,输入统一用 scanf()语句,格式字符统一用"%s"
*/
 #include <stdio.h>
 #include <conio.h>
```

```c
#include <string.h>

void main()
{
 char cChoose[2];
 int iRtn;

 iRtn = initialize();
 giMaxId = getmaxid();

 if(iRtn == 1 && giMaxId >= 0)
 {
        do
        {
             mainmenu();
             scanf("%s",&cChoose);

             switch(cChoose[0])
             {
                    case '1' : insert();break;
                    case '2' : ddelete();break;
                    case '3' : modify();break;
                    case '4' : view();break;
                    case '5' : viewsort();break;
                    case '6' : search();break;
                    case '7' : recall();break;
                    case '0' : break;
             }

        }while( cChoose[0] != '0');
 }

}

void mainmenu()
{
 clrscr();

 printf("                  |******* Address Management System*******     |\n");
 printf("                  |----------------------------------------     |\n");
 printf("                  |      Please input option(0 to 7)            |\n");
 printf("                  |----------------------------------------     |\n");
 printf("                  |             1--Insert                       |\n");
```

```
 printf("                  |           2--Delete                          |\n");
 printf("                  |           3--Modify                          |\n");
 printf("                  |           4--View                            |\n");
 printf("                  |           5--ViewSort                        |\n");
 printf("                  |           6--Search                          |\n");
 printf("                  |           7--Recall                          |\n");
 printf("                  |                                              |\n");
 printf("                  |           0--Exit                            |\n");
 printf("                  |-----------------------------------------     |\n");

 return;
}

/*增加记录*/
void insert()
{
 char cWait[2];                           /*用于等待用户输入,以便让用户看到提示信息*/
 char cContinue[2];                       /*用于接收用户是否继续录入的确认输入*/
 struct strRecord sRecordInsert;          /*存放待增加的记录*/
 FILE *pFileIns;                          /*文件 address.dat 的指针*/

 pFileIns = fopen("address.dat","rb+");  /*必须单独写在一行里*/

 if( pFileIns == NULL)
 {
      printf("\nFile could not be opened.\n");
      scanf("%s",&cWait);
 }
 else
 {
      /*循环录入记录*/
      do
      {
             clrscr();
             sRecordInsert = inputrecord(); /*输入一条记录*/
             sRecordInsert.Flag = 1;
             giMaxId = giMaxId + 1;
             sRecordInsert.Id = giMaxId;

             fseek(pFileIns,0,SEEK_END); /*定位到文件的末尾*/
             fwrite(&sRecordInsert, sizeof(struct strRecord), 1, pFileIns);

             printf("\nContinue(Y/N)?");
```

```
            scanf("%s",&cContinue);
        }while(cContinue[0] == 'Y' || cContinue[0] == 'y');

        /*写最大标识*/
        fseek(pFileIns,0,SEEK_SET);
        fwrite(&giMaxId, sizeof(long), 1, pFileIns);

        fclose(pFileIns); /*关闭文件*/
    }

    return;
}

/*删除记录*/
void ddelete()
{
    char cWait[2];                            /*用于等待用户输入,以便让用户看到提示信息*/
    FILE *pFileDelete;                        /*文件 address.dat 的指针*/
    struct strRecord sRecordDelete;           /*存放待删除的记录*/
    long lCountRecord;                        /*记录已经读过的记录数*/
    char cName[NAME];                         /*用于接收用户输入的待删除的记录的姓名*/
    char cDeleteYN[2];                        /*用于接收用户是否删除的确认输入*/

    pFileDelete = fopen("address.dat","r+");  /*必须单独写在一行里*/

    if( pFileDelete == NULL)
    {
        printf("Open file is not succeed! ");

        /*用于等待输入,以便让用户看到提示信息*/
        printf("\nAnyKey--Return:");
        scanf("%s",&cWait);
    }
    else
    {
        clrscr();                             /*清屏幕*/

        printf("\nPlease Input Name:");
        scanf("%s",&cName);

        lCountRecord = 0;

        fseek(pFileDelete,sizeof(long),SEEK_SET); /*将文件指针定位到第一条记录*/
```

```
	/*重复读记录并进行比较,找到时由用户确认后重写记录("标志"为"0")*/
	while( ! feof(pFileDelete) )
	{
		sRecordDelete = sBalnkstrRecord;
		fread(&sRecordDelete, sizeof(struct strRecord), 1, pFileDelete);

		/*当为有效(未删除)的记录时则进行比较*/
		if(sRecordDelete.Flag != 0)
		{
			if(strcmp(sRecordDelete.Name,cName) == 0) /*比较*/
			{
				/*显示欲删除的记录信息*/
				disprecord(sRecordDelete);

				printf("\nDo You Delete?(Y/N):");
				scanf("%s",&cDeleteYN);

				/*确认删除后重写记录*/
				if(cDeleteYN[0] == 'Y' || cDeleteYN[0] == 'y')
				{
					/*"标志"置"0"*/
					sRecordDelete.Flag = 0;

					/*定位记录*/
					fseek(pFileDelete,
						sizeof(long)+
						(sRecordDelete.Id - 1)*
						 sizeof(struct strRecord),
						SEEK_SET);

					/*重写记录*/
					fwrite(&sRecordDelete,
						sizeof(struct strRecord),
						1,
						pFileDelete);
				}
				break; /*找到并处理后退出循环*/
			}
		}

		lCountRecord++;

```

```
                /*未找到欲删除的记录时,提示用户未找到*/
                if(lCountRecord == giMaxId)
                {
                        /*用于等待输入,以便让用户看到提示信息*/
                        printf("\nNot Founded! AnyKey--Return:");
                        scanf("%s",&cWait);

                        break; /*未找到时退出循环*/
                }
        }

        fclose(pFileDelete); /*关闭文件*/
 }

 return;
}

/*修改记录*/
void modify()
{
 char cWait[2];                              /*用于等待用户输入,以便让用户看到提示信息*/
 FILE *pFileModify;                          /*文件 address.dat 的指针*/
 struct strRecord sRecordModify;             /*存放待修改的记录*/
 long lCountRecord;                          /*记录已经读过的记录数*/
 char cName[NAME];                           /*用于接收用户输入的待修改的记录的姓名*/
 char cModifyYN[2];                          /*用于接收用户是否修改的确认输入*/
 int iFlagModify;                            /*暂存待修改记录的"标志"*/
 long lIdModify;                             /*暂存待修改记录的"标识"*/

 pFileModify = fopen("address.dat","r+"); /*必须单独写在一行里*/

 if( pFileModify == NULL)
 {
        printf("Open file is not succeed! ");

        /*用于等待输入,以便让用户看到提示信息*/
        printf("\nAnyKey--Return:");
        scanf("%s",&cWait);
 }
 else
 {
        clrscr();                            /*清屏幕*/

```

```
        /*输入待修改信息的人的姓名*/
        printf("\nPlease Input Name:");
        scanf("%s",&cName);

        lCountRecord = 0;
        fseek(pFileModify,sizeof(long),SEEK_SET); /*将文件指针定位到第一条记录*/

        /*重复读取记录,以便找到待修改的记录*/
        while( ! feof(pFileModify) )
        {
                sRecordModify = sBalnkstrRecord;
                fread(&sRecordModify,
                      sizeof(struct strRecord),
                      1,
                      pFileModify);

                /*与待修改的进行比较*/
                if(strcmp(sRecordModify.Name,cName) == 0)  /*相同时进行修改*/
                {
                        /*修改前先显示记录的信息,以便让用户确认*/
                        /*同时也为用户修改信息提供参照*/
                        disprecord(sRecordModify);

                        /*让用户确认是否修改*/
                        printf("\nDo You Modify?(Y/N):");
                        scanf("%s",&cModifyYN);

                        /*让用户修改,即重新输入*/
                        if(cModifyYN[0] == 'Y' || cModifyYN[0] == 'y')
                        {
                                iFlagModify = sRecordModify.Flag;
                                lIdModify = sRecordModify.Id;

                                sRecordModify = inputrecord(); /*重新输入*/

                                sRecordModify.Flag = iFlagModify;
                                sRecordModify.Id = lIdModify;

                                /*定位待修改的记录*/
                                fseek(pFileModify,
                                      sizeof(long)+(sRecordModify.Id - 1)*
                                             sizecf(struct strRecord),
                                      SEEK_SET);
```

```
                                        /*重写原来的记录*/
                                        fwrite(&sRecordModify,
                                                sizeof(struct strRecord),
                                                1,
                                                pFileModify);
                                }

                                break; /*退出循环,找到后,无论修改与否都要退出循环*/
                        }

                        lCountRecord++; /*记录数加1*/

                        /*判断是否遍历了所有的记录,并提示未找到*/
                        if(lCountRecord == giMaxId)
                        {
                                /*用于等待输入,以便让用户看到提示信息*/
                                printf("\nNot Founded! AnyKey--Return:");
                                scanf("%s",&cWait);

                                break; /*退出循环*/
                        }
                }

                fclose(pFileModify); /*关闭文件*/
        }

        return;
}

/*显示记录*/
void view()
{
        char cWait[2];                  /*用于等待用户输入,以便让用户看到提示信息*/
        FILE *pFileView;                /*文件"address.dat"的指针*/
        struct strRecord sRecordView; /*存放待显示的记录*/
        long lCountRecord;              /*记录已经读过的记录数*/
        long lCountDisp;                /*记录已经显示过的记录数*/
        long lCountPage;                /*记录1页中已经显示过的记录数*/
        char cGroup[2];                 /*用于接收分组显示时的分组*/
        int  iGroup;                    /*标记是否属于所选择的分组{1--是,0--否}*/

        while(1)
```

```
{
     clrscr();              /*清屏幕*/

     /*输入分组*/
printf("\n                         Group");
printf("\n                (r--Relation)");
printf("\n               (c--Colleague)");
printf("\n          (s--Schoolfellow)");
printf("\n                  (f--Friend)");
printf("\n        (a--All(r,c,s,f,o))");
printf("\n                            :");
     scanf("%s",&cGroup);

     /*判断输入的分组信息是否有效*/
     if((cGroup[0] == 'r' ||
        cGroup[0] == 'c' ||
        cGroup[0] == 's' ||
        cGroup[0] == 'f' ||
        cGroup[0] == 'a' ) &&
       strlen(cGroup) == 1)
     {
          break; /*退出循环,结束输入*/
     }
     else
     {
          /*用于等待输入,以便让用户看到提示信息*/
          printf("\nInput is error,Pleans again!");
          printf("\nAnyKey--Continue:");
          scanf("%s",&cWait);
     }
}

pFileView = fopen("address.dat","rb"); /*必须单独写在一行里*/

if( pFileView == NULL)
{
     printf("Open file is not succeed! ");

     /*用于等待输入,以便让用户看到提示信息*/
     printf("\nAnyKey--Return:");
     scanf("%s",&cWait);
}
else
```

```
{
        /*置初始值*/
        lCountRecord = 0;
        lCountDisp = 0;
        lCountPage = 0;

        fseek(pFileView,sizeof(long),SEEK_SET); /*将文件指针定位到第一条记录*/

        /*判断是否有记录,有则显示,无则提示用户*/
        if(giMaxId > 0)
        {
                clrscr();           /*清屏幕*/
                listtitle();        /*显示列表的表头*/

                /*设计一个永久循环*/
                /*循环是否结束,由文件指针是否指向结尾和读取的记录是否达到了*/
                /*最大数决定*/
                while(1)
                {
                        if( ! feof(pFileView) && lCountRecord < giMaxId )
                        {
                                sRecordView = sBalnkstrRecord;

                                /*读取一条记录*/
                                fread(&sRecordView,
                                sizeof(struct strRecord),
                                1,
                                pFileView);

                                /*判断是否属于所选择的分组*/
                                if( cGroup[0] == 'a' )
                                {
                                        iGroup = 1; /*显示所有的分组*/
                                }
                                else
                                {
                                        if( sRecordView.Group[0] == cGroup[0] )
                                                iGroup = 1; /*属所选择的分组*/
                                        else
                                                iGroup = 0; /*属非选择的分组*/
                                }

                                /*当为有效记录时显示*/
```

```
                    if( sRecordView.Flag != 0 && iGroup )
                    {
                        /*显示一条记录*/
                        printf("\n% -5s|% -27s|% -15s|% -15s|% -13s",
                            sRecordView.Group,
                            sRecordView.Name,
                            sRecordView.MobileTelephone,
                            sRecordView.OfficeTelephone,
                            sRecordView.HomeTelephone);

                        /*显示的记录个数加1*/
                        lCountDisp++;

                        /*1页中显示的记录个数加1*/
                        lCountPage++;

                        /*判断1页中显示的记录个数*/
                        /*是否达到了最大数*/
                        if(lCountPage == LINENUMBER)
                        {
                                /*显示页尾的横线*/
                                printf("\n%  -5s|%  -27s|%  -15s|%  -15s|%  -13s",
                                "-----",
                                "---------------------------",
                                "---------------",
                                "---------------",
                                "-------------");

                                /*提示用户是否继续显示记录*/
                                printf("\n0--End,OtherKey--Continue:");
                                scanf("%s",&cWait);

                                if(cWait[0] == '0')
                                    /*不继续显示时退出循环*/
                                    break;
                                else
                                {
                                    /*继续显示时为显示下一页做准备*/
                                    /*清屏幕*/
                                    clrscr();
                                    /*显示列表的表头*/
                                    listtitle();
```

```
                                                    /*将一页中显示的记录个数*/
                                                    /*置为初始值*/
                                                    lCountPage = 0;
                                                }
                                        }
                                }
                                lCountRecord++;      /*读取的记录的个数加1*/

                        }
                        else /*记录已经读取完毕*/
                        {
                                /*进行最后一页的处理*/
                                if(lCountPage > 0) /*判断最后一页是否有记录*/
                                {
                                        /*显示末尾的横线*/
                                        printf("\n% -5s|% -27s|% -15s|% -15s|% -13s",
                                        "-----",
                                        "---------------------------",
                                        "---------------",
                                        "---------------",
                                        "-------------");
                                        /*提示返回并等待*/
                                        printf("\nAnyKey--Return:");
                                        scanf("%s",&cWait);
                                }

                                break; /*退出循环*/
                        }
                }

                /*判断是否有显示的记录,以便提示用户没有可显示的记录*/
                /*否则用户会感到很唐突*/
                if(lCountDisp == 0)
                {
                        /*用于等待输入,以便让用户看到提示信息*/
                        printf("\nThere are any record! AnyKey--Return:");
                        scanf("%s",&cWait);
                }

        }
        /*当无记录时提示用户*/
        else
```

```
        {
                /*用于等待输入,以便让用户看到提示信息*/
                printf("\nThere are any record! AnyKey--Return:");
                scanf("%s",&cWait);
        }

        fclose(pFileView); /*关闭文件*/
  }

  return;
 }

 /*按姓名显示记录*/
 void viewsort()
 {
  char cWait[2];                  /*用于等待用户输入,以便让用户看到提示信息*/
  FILE *pFileView;                /*文件 address.dat 的指针*/
  struct strRecord sRVSort;       /*存放待显示的记录*/
  long lCountRecord;              /*记录已经读过的记录数*/
  long lCountDisp;                /*记录已经显示过的记录数*/
  long lCountPage;                /*记录一页中已经显示过的记录数*/
  char cGroup[2];                 /*用于接收分组显示时的分组*/
  int  iGroup;                    /*标记是否属于所选择的分组{1--是,0--否}*/

  /*为按姓名显示而增加的变量*/
  long lIdSort[RECODECOUNT];      /*存放标识*/
  char *cNameSort[RECODECOUNT]; /*存放姓名*/
  long lCRSort;                   /*排序时记录已经读过的记录数*/
  long lIdTemp;                   /*存放标识的临时变量*/
  char *cNameTemp;                /*存放姓名的临时变量*/
  long i,j;                       /*循环变量*/

  while(1)
  {
        clrscr();                 /*清屏幕*/

        /*输入分组*/
  printf("\n                        Group");
  printf("\n                (r--Relation)");
  printf("\n               (c--Colleague)");
  printf("\n            (s--Schoolfellow)");
  printf("\n                   (f--Friend)");
  printf("\n          (a--All(r,c,s,f,o))");
```

```
printf("\n                              :");
      scanf("%s",&cGroup);

      /*判断输入的分组信息是否有效*/
      if((cGroup[0] == 'r' ||
          cGroup[0] == 'c' ||
          cGroup[0] == 's' ||
          cGroup[0] == 'f' ||
          cGroup[0] == 'a' ) &&
         strlen(cGroup) == 1)
      {
              break; /*退出循环,结束输入*/
      }
      else
      {
              /*用于等待输入,以便让用户看到提示信息*/
              printf("\nInput is error,Pleans again!");
              printf("\nAnyKey--Continue:");
              scanf("%s",&cWait);
      }
}

pFileView = fopen("address.dat","rb"); /*必须单独写在一行里*/

if( pFileView == NULL)
{
      printf("Open file is not succeed! ");

      /*用于等待输入,以便让用户看到提示信息*/
      printf("\nAnyKey--Return:");
      scanf("%s",&cWait);
}
else
{
      /*置初始值*/
      lCountRecord = 0;
      lCountDisp = 0;
      lCountPage = 0;

      fseek(pFileView,sizeof(long),SEEK_SET); /*将文件指针定位到第一条记录*/

      /*判断是否有记录,有则显示,无则提示用户*/
      if(giMaxId > 0)
```

```
        {
            /*为按姓名显示而增加的处理*/
            /*读取姓名和标识数据,以便进行排序*/
            lCRSort = 0; /*置初始值*/
            while(! feof(pFileView) && lCRSort < giMaxId)
            {
                sRVSort = sBalnkstrRecord;

                /*读取一条记录*/
                fread(&sRVSort,
                    sizeof(struct strRecord),
                    1,
                    pFileView);

                lIdSort[lCRSort]   = sRVSort.Id; /*存放标识*/

                /*此处必须用拷贝,而不能用赋值*/
                /*即将字符数组的值赋给字符指针时必须用拷贝*/
                strcpy(cNameSort[lCRSort], sRVSort.Name);

                lCRSort++; /*读取的记录的个数加1*/
            }
              /*按姓名排序*/
              for(i = 0; i < lCRSort; i++)
            {
                    for(j = i+1; j <= lCRSort; j++)
                {
                        if(strcmp(cNameSort[i], cNameSort[j]) > 0)
                    {
                        lIdTemp     = lIdSort[i];

                        /*此处必须用赋值,而不能用拷贝*/
                        /*因为两者都是指针,下同*/
                              cNameTemp    = cNameSort[i];

                        lIdSort[i]    = lIdSort[j];
                              cNameSort[i] = cNameSort[j];
                        lIdSort[j]    = lIdTemp;
                              cNameSort[j] = cNameTemp;
                        }
                    }
            }

```

```
        clrscr();     /*清屏幕*/
        listtitle(); /*显示列表的表头*/

        /*设计一个永久循环*/
        /*循环是否结束,由文件指针是否指向结尾和读取的记录是否达到了*/
        /*最大数决定*/
        while(1)
        {
            /*为按姓名显示而增加的处理*/
            /*改“! feof(pFileView) && lCountRecord < giMaxId”*/
            if( lCountRecord < lCRSort )
            {
                sRVSort = sBalnkstrRecord;

                /*为按姓名显示而增加的处理*/
                /*按标识值定位记录*/
                fseek(pFileView,
                    sizeof(long)+(lIdSort[lCountReccrd] - 1)*
                           sizeof(struct strRecord),
                    SEEK_SET);

                /*读取一条记录*/
                fread(&sRVSort,
                    sizeof(struct strRecord),
                    1,
                    pFileView);

                /*判断是否属于所选择的分组*/
                if( cGroup[0] == 'a' )
                {
                    iGroup = 1; /*显示所有的分组*/
                }
                else
                {
                    if( sRVSort.Group[0] == cGroup[0] )
                        iGroup = 1; /*属所选择的分组*/
                    else
                        iGroup = 0; /*属非选择的分组*/
                }

                /*当为有效记录时显示*/
                if( sRVSort.Flag != 0 && iGroup )
                {
```

```
            /*显示一条记录*/
            printf("\n% -5s|% -27s|% -15s|% -15s|% -13s",
                   sRVSort.Group,
                   sRVSort.Name,
                   sRVSort.MobileTelephone,
                   sRVSort.OfficeTelephone,
                   sRVSort.HomeTelephone);

            /*显示的记录个数加 1*/
            lCountDisp++;

            /*一页中显示的记录个数加 1*/
            lCountPage++;

            /*判断一页中显示的记录个数*/
            /*是否达到了最大数*/
            if(lCountPage == LINENUMBER)
            {
                   /*显示末尾的横线*/
                   printf("\n% -5s|% -27s|% -15s|% -15s|% -13s",
                    "-----",
                    "---------------------------",
                    "---------------",
                    "---------------",
                    "-------------");

                   /*提示用户是否继续显示记录*/
                   printf("\n0--End,OtherKey--Continue:");
                   scanf("%s",&cWait);

                   if(cWait[0] == '0')
                          /*不继续显示时退出循环*/
                          break;
                   else
                   {
                   /*继续显示时为显示下一页做准备*/
                          /*清屏幕*/
                          clrscr();
                          /*显示列表的表头*/
                          listtitle();

                          /*将一页中显示的记录个数*/
                          /*置为初始值*/
```

```
                            lCountPage = 0;
                        }
                    }
                }
                lCountRecord++; /*读取的记录的个数加1*/

            }
            else /*记录已经读取完毕*/
            {
                /*进行最后一页的处理*/
                if(lCountPage > 0) /*判断最后一页是否有记录*/
                {
                    /*显示末尾的横线*/
                        printf("\n% -5s|% -27s|% -15s|% -15s|% -13s",
                     "-----",
                     "---------------------------",
                     "---------------",
                     "---------------",
                     "-------------");
                    /*提示返回并等待*/
                    printf("\nAnyKey--Return:");
                    scanf("%s",&cWait);
                }

                break; /*退出循环*/
            }
        }

        /*判断是否有显示的记录,以便提示用户没有可显示的记录*/
        /*否则用户会感到很唐突*/
        if(lCountDisp == 0)
        {
            /*用于等待输入,以便让用户看到提示信息*/
            printf("\nThere are any record! AnyKey--Return:");
            scanf("%s",&cWait);
        }

    }
    /*当无记录时提示用户*/
    else
    {
        /*用于等待输入,以便让用户看到提示信息*/
        printf("\nThere are any record! AnyKey--Return:");
```

```
                scanf("%s",&cWait);
        }

        fclose(pFileView); /*关闭文件*/
 }

 return;
}

/*查找记录*/
void search()
{
 char cWait[2];                                    /*用于等待用户输入,以便让用户看到提示信息*/
 FILE *pFileSearch;                                /*文件 address.dat 的指针*/
 struct strRecord sRecordSearch;                   /*存放待查找的记录*/
 long lCountRecord;                                /*记录已经读过的记录数*/
 char cName[NAME];                                 /*用于接收用户输入的待查找的记录的姓名*/

 pFileSearch = fopen("address.dat","r+");   /*必须单独写在一行里*/

 if( pFileSearch == NULL)
 {
      printf("Open file is not succeed! ");

       /*用于等待输入,以便让用户看到提示信息*/
       printf("\nAnyKey--Return:");
       scanf("%s",&cWait);
 }
 else
 {
      clrscr(); /*清屏幕*/

      /*输入待查找信息的人的姓名*/
      printf("\nPlease Input Name:");
      scanf("%s",&cName);

      lCountRecord = 0;
      fseek(pFileSearch,sizeof(long),SEEK_SET);/*将文件指针定位到第一条记录*/

      /*循环读取记录,直到文件结尾*/
      while( ! feof(pFileSearch) )
      {
             sRecordSearch = sBalnkstrRecord;
```

```

            /*读取一条记录*/
            fread(&sRecordSearch, sizeof(struct strRecord), 1, pFileSearch);

            /*判断记录是否有效（即为非删除记录）*/
            if(sRecordSearch.Flag != 0)
            {
                /*比较是否为待查找的记录*/
                if(strcmp(sRecordSearch.Name,cName) == 0)
                {
                    disprecord(sRecordSearch); /*显示记录*/

                    /*提示用户返回*/
                    /*同时也是为了让用户能够看到显示的信息*/
                    printf("\nAnyKey--Return:");
                    scanf("%s",&cWait);

                    break; /*退出循环*/
                }
            }

            lCountRecord++; /*读取的记录个数加 1*/

            /*判断是否读到了最后一条记录,如果是提示未找到记录*/
            if(lCountRecord == giMaxId)
            {
                /*用于等待输入,以便让用户看到提示信息*/
                printf("\nNot Founded! AnyKey--Return:");
                scanf("%s",&cWait);

                break;
            }
        }

        fclose(pFileSearch); /*关闭文件*/
    }

 return;
}

/*恢复被删除的记录*/
void recall()
{
```

```
char cWait[2];                              /*用于等待用户输入,以便让用户看到提示信息*/
FILE *pFileRecall;                          /*文件 address.dat 的指针*/
struct strRecord sRecordRecall;             /*存放读取的记录*/
long lCountRecord;                          /*记录已经读过的记录数*/
long lCountRecall;                          /*记录已经恢复过的记录数*/
char cRecallYN[2];                          /*用于接收用户是否恢复的确认输入*/

pFileRecall = fopen("address.dat","r+");    /*必须单独写在一行里*/

if( pFileRecall == NULL)
{
        printf("Open file is not succeed! ");

        /*用于等待输入,以便让用户看到提示信息*/
        printf("\nAnyKey--Return:");
        scanf("%s",&cWait);
}
else
{
      clrscr(); /*清屏幕*/

      /*置初始值*/
      lCountRecord = 0;
      lCountRecall = 0;

      fseek(pFileRecall,sizeof(long),SEEK_SET);/*将文件指针定位到第一条记录*/

      /*循环读取记录,直到文件结尾*/
      while( ! feof(pFileRecall) )
      {
              sRecordRecall = sBalnkstrRecord;

              /*读取一条记录*/
              fread(&sRecordRecall, sizeof(struct strRecord), 1, pFileRecall);

              /*判断是否为被删除的记录*/
              if(sRecordRecall.Flag == 0 && sRecordRecall.Id >0)
              {
                      disprecord(sRecordRecall); /*显示待恢复的记录*/

                      lCountRecall++; /*读到的待恢复的记录个数加1*/

                      /*让用户确认是否恢复*/
```

```
                printf("\nDo You Recall?(Y/N):");
                scanf("%s",&cRecallYN);

                if(cRecallYN[0] == 'Y' || cRecallYN[0] == 'y')
                {
                        sRecordRecall.Flag = 1; /*置为有效,即恢复*/

                        /*将文件指针定位到待恢复的记录*/
                        fseek(pFileRecall,
                              sizeof(long)+(sRecordRecall.Id - 1)
                                          *sizeof(struct strRecord),
                              SEEK_SET);

                        /*重写待恢复的记录*/
                        fwrite(&sRecordRecall,
                               sizeof(struct strRecord),
                               1,
                               pFileRecall);

                        /*恢复执行 fread()时的指针*/
                        /*下面一句非常重要,如无此句,则会在此处 return*/
                        /*应该是上面的 fseek()改变了 fread()的指针所致*/
                        fseek(pFileRecall,
                              sizeof(long)+(sRecordRecall.Id)
                                          *sizeof(struct strRecord),
                              SEEK_SET);
                }

        }

        lCountRecord++; /*读取记录的个数加 1*/

        /*判断是否读到了最后一条记录*/
        if(lCountRecord == giMaxId)
        {
                /*当待恢复的记录个数为 0 时,提示用户没有可恢复的记录*/
                /*以免用户感到唐突*/
                if(lCountRecall == 0)
                {
                        /*用于等待输入,以便让用户看到提示信息*/
                        printf("\nThere are not any recall record!");
                        printf("\nAnyKey--Return:");
                        scanf("%s",&cWait);
```

```
                }

                break; /*退出循环*/
            }
        }

        fclose(pFileRecall); /*关闭文件*/
    }

    return;
}

/*初始化数据文件*/
int initialize()
{
    char cWait[2];                          /*用于等待用户输入,以便让用户看到提示信息*/
    FILE *pFileIniR;                        /*文件 address.dat 的指针（用于读文件）*/
    FILE *pFileIniW;                        /*文件 address.dat 的指针（用于写文件）*/
    long iId;                               /*存放标识的值*/
    int iRst;                               /*用于存放函数的返回结果*/

    pFileIniR = fopen("address.dat","r");  /*必须单独写在一行里*/

    /*判断文件是否存在*/
    if( pFileIniR == NULL)
    {
        /*文件不存在时,新建文件并置初始标识值*/
        pFileIniW = fopen("address.dat","wb");

        if( pFileIniW == NULL)
        {
            /*新建文件失败*/

            iRst = 0; /*置新建文件失败时函数的返回值*/

            /*提示用户初始化失败*/
            printf("Initialize is not succeed! ");

            /*用于等待输入,以便让用户看到提示信息*/
            printf("\nAnyKey--Return:");
            scanf("%s",&cWait);

        }
```

```
        else
        {
                iId = 0; /*置标识的初始值*/

                /*写标识*/
                fwrite(&iId, sizeof(long), 1, pFileIniW);

                fclose(pFileIniW); /*关闭文件*/

                iRst = 1; /*置新建文件成功时函数的返回值*/
        }
    }
    else
    {
        iRst = 1; /*置文件存在时函数的返回值*/

        fclose(pFileIniR); /*关闭文件*/
    }

    return(iRst);
}

/*取当前最大的标识值*/
long getmaxid()
{
    char cWait[2];              /*用于等待用户输入,以便让用户看到提示信息*/
    FILE *pFileMaxId;           /*文件 address.dat 的指针*/
    long iId = -1;              /*用于存放当前最大的标识值*/
    long iRst = -1;             /*用于存放函数的返回值*/

    pFileMaxId = fopen("address.dat","rb");     /*必须单独写在一行里*/

    /*判断打开文件是否成功*/
    if( pFileMaxId == NULL)
    {
        iRst = -1; /*置打开文件失败时函数的返回值*/

        /*提示读取当前最大的标识失败*/
        printf("Get Maxid is not succeed! ");

        /*用于等待输入,以便让用户看到提示信息*/
        printf("\nAnyKey--Return:");
        scanf("%s",&cWait);
```

```
  }
  else
  {
        fseek(pFileMaxId,0,SEEK_SET); /*将文件指针定位到文件的开头*/

        fread(&iId, sizeof(long), 1, pFileMaxId); /*读取标识*/

        fclose(pFileMaxId); /*关闭文件*/

        /*判断读取的标识值是否有效*/
        if(iId >= 0)
                iRst = iId; /*有效时置返回当前最大的标识值*/
        else
                iRst = -1;  /*无效时置返回的错误值*/
  }

 return(iRst);

}

/*纵向显示一条记录*/
void disprecord(struct strRecord sRecord)
{
 printf("\n              Flag: %d", sRecord.Flag);
 printf("\n                Id: %ld", sRecord.Id);
 printf("\n             Group: %s", sRecord.Group);
 printf("\n              Name: %s", sRecord.Name);
 printf("\n               Sex: %s", sRecord.Sex);
 printf("\n   MobileTelephone: %s", sRecord.MobileTelephone);
 printf("\n   OfficeTelephone: %s", sRecord.OfficeTelephone);
 printf("\n     HomeTelephone: %s", sRecord.HomeTelephone);
 printf("\n          QQNumber: %s", sRecord.QQNumber);
 printf("\n             Email: %s", sRecord.Email);
 printf("\n           Address: %s", sRecord.Address);
 printf("\n            Remark: %s", sRecord.Remark);

 return;
}

/*输入一条记录*/
struct strRecord inputrecord()
{
 struct strRecord sInputRecord;     /*用于存放待输入的记录*/
```

```
sInputRecord = sBalnkstrRecord;    /*将待输入的记录置为空记录*/

/*输入 Group（分组）信息*/
printf("\n              Group:");
printf("\n       (r--Relation)");
printf("\n      (c--Colleague)");
printf("\n   (s--Schoolfellow)");
printf("\n         (f--Friend)");
printf("\n          (o--Other)");
printf("\n                   :")
scanf("%s",&sInputRecord.Group);

/*判断输入 Group（分组）信息是否有效*/
if(sInputRecord.Group[0] != 'r' &&
   sInputRecord.Group[0] != 'c' &&
   sInputRecord.Group[0] != 's' &&
   sInputRecord.Group[0] != 'f' &&
   sInputRecord.Group[0] != 'o' &&
   strlen(sInputRecord.Group) == 1)
      sInputRecord.Group[0] = ' ';

/*输入 Name 信息*/
printf("\n          Name(0--NULL):");
scanf("%s",&sInputRecord.Name);
if(sInputRecord.Name[0] == '0' && strlen(sInputRecord.Name) == 1)
      sInputRecord.Name[0] = ' ';

/*输入 Sex 信息并判断是否有效*/
printf("\nSex(m--Man OR f--Female):");
scanf("%s",&sInputRecord.Sex);
if(sInputRecord.Sex[0] != 'm' &&
   sInputRecord.Sex[0] != 'f' &&
   strlen(sInputRecord.Sex) == 1)
      sInputRecord.Sex[0] = ' ';

/*输入 MobileTelephone 信息*/
printf("\nMobileTelephone(0--NULL):");
scanf("%s",&sInputRecord.MobileTelephone);
if(sInputRecord.MobileTelephone[0] == '0' &&
   strlen(sInputRecord.MobileTelephone) == 1)
      sInputRecord.MobileTelephone[0] = ' ';

```

```
/*输入 OfficeTelephone 信息*/
printf("\nOfficeTelephone(0--NULL):");
scanf("%s",&sInputRecord.OfficeTelephone);
if(sInputRecord.OfficeTelephone[0] == '0' &&
   strlen(sInputRecord.OfficeTelephone) == 1)
      sInputRecord.OfficeTelephone[0] = ' ';

/*输入 HomeTelephone 信息*/
printf("\n  HomeTelephone(0--NULL):");
scanf("%s",&sInputRecord.HomeTelephone);
if(sInputRecord.HomeTelephone[0] == '0' &&
   strlen(sInputRecord.HomeTelephone) == 1)
      sInputRecord.HomeTelephone[0] = ' ';

/*输入 QQNumber 信息*/
printf("\n       QQNumber(0--NULL):");
scanf("%s",&sInputRecord.QQNumber);
if(sInputRecord.QQNumber[0] == '0' &&
   strlen(sInputRecord.QQNumber) == 1)
      sInputRecord.QQNumber[0] = ' ';

/*输入 Email 信息*/
printf("\n          Email(0--NULL):");
scanf("%s",&sInputRecord.Email);
if(sInputRecord.Email[0] == '0' && strlen(sInputRecord.Email) == 1)
      sInputRecord.Email[0] = ' ';

/*输入 Address 信息*/
printf("\n        Address(0--NULL):");
scanf("%s",&sInputRecord.Address);
if(sInputRecord.Address[0] == '0' && strlen(sInputRecord.Address) == 1)
      sInputRecord.Address[0] = ' ';

/*输入 Remark 信息*/
printf("\n         Remark(0--NULL):");
scanf("%s",&sInputRecord.Remark);
if(sInputRecord.Remark[0] == '0' && strlen(sInputRecord.Remark) == 1)
      sInputRecord.Remark[0] = ' ';

return(sInputRecord);
}

/*横向显示记录时的表头*/
```

```
void listtitle()
{
 printf("\n----------------------------------------------------------------");
 printf("--------------");
 printf("\n% -5s|% -27s|% -15s|% -15s|% -13s",
        "Group","Name","MobileTelephone","OfficeTelephone","HomeTelephone");
 printf("\n----------------------------------------------------------------");
 printf("--------------");
 return;
}
```

附录 A

ASCII 码表

ASCII 码值	字　符	ASCII 码值	字　符	ASCII 码值	字　符	ASCII 码值	字　符
0	(null)	32	空格	64	@	96	'
1	☺	33	!	65	A	97	a
2	☻	34	"	66	B	98	b
3	♥	35	#	67	C	99	c
4	♦	36	$	68	D	100	d
5	♣	37	%	69	E	101	e
6	♠	38	&	70	F	102	f
7	Beep	39	`	71	G	103	g
8	◘	40	(	72	H	104	h
9	Tab	41	)	73	I	105	i
10	换行	42	*	74	J	106	j
11	(home)	43	+	75	K	107	k
12	(from feed)	44	,	76	L	108	l
13	回车	45	-	77	M	109	m
14	♫	46	.	78	N	110	n
15	☼	47	/	79	O	111	o
16	►	48	0	80	P	112	p
17	◄	49	1	81	Q	113	q
18	↕	50	2	82	R	114	r
19	‼	51	3	83	S	115	s
20	¶	52	4	84	T	116	t
21	§	53	5	85	U	117	u
22	▬	54	6	86	V	118	v
23	↕	55	7	87	W	119	w
24	↑	56	8	88	X	120	x
25	↓	57	9	89	Y	121	y
26	→	58	:	90	Z	122	z
27	←	59	;	91	[	123	{
28	∟	60	<	92	\	124	|
29	↔	61	=	93	]	125	}
30	▲	62	>	94	^	126	～
31	▼	63	?	95	-	127	⌂

附录 B

运算符的优先级和结合

优先级	运算符	运算符功能	运算类型	结合方向
最高 15	() [] -> .	圆括号、函数参数表 数组元素下标 指向结构体成员 结构体成员		自左至右
14	! ～ ++、-- + — * & （类型名） sizeof	逻辑非 按位求反 自增 1、自减 1 求正 求负 间接运算符 求地址运算符 强制类型转换 求所占字节数	单目运算	自右至左
13	*、/、%	乘、除、整数求余	双目算术运算	自左至右
12	+、-	加减	双目算术运算	自左至右
11	<<、>>	左移、右移	移位运算	自左至右
10	<、<=、>、>=	小于、小于等于 大于、大于等于	关系运算	自左至右
9	=、!=	等于、不等于	关系运算	自左至右
8	&	按位与	位运算	自左至右
7	^	按位异或	位运算	自左至右
6	|	按位或	位运算	自左至右
5	&&	逻辑与	逻辑运算	自左至右
4	||	逻辑或	逻辑运算	自左至右
3	？：	条件运算	三目运算	自右至左
2	=、+=、-=、 *=、/=、%=、 &=、^=、!=、 <<=、>>=	赋值运算 且赋值	双目运算	自右至左
最低 1	,	顺序求值	逗号运算	自左至右

附录 C

Turbo C 常用库函数

C 库函数的种类和数目很多，限于篇幅，本附录只从教学角度列出最基本的。如果读者在编制 C 程序时需用到更多的函数，请查阅有关的系统手册。

1．数学函数

使用数学函数时，应在源文件中使用#include <math.h>。

函　数　原　型	功　能　说　明
int abs (int i);	整型参数 i 的绝对值
double acos (double x);	x 的反余弦值，x 为弧度
double asin (double x);	x 的反正弦值，x 为弧度
double atan (double x);	x 的反正切值，x 为弧度
double atan2 (double y, double x);	y/x 的反正切值，y 的 x 为弧度
double cos (double x);	x 的余弦值，x 为弧度
double cosh (double x);	x 的双曲余弦值，x 为弧度
double exp (double x);	指数函数 e^x 的值
double fabs (double x);	双精度参数 x 的绝对值
double floor (double x);	不大于 x 的最大整数
double fmod (double x, double y);	x/y 的余数
double frexp (double value, int *eptr);	将双精度数 value 分成尾数和阶
double log (double x);	$loge^x$ 的值
double log10 (double x);	$log10^x$ 的值
double modf (double value, double *iptr);	将双精度数 value 分解成尾数和阶
double pow (double x, double y);	x^y 的值
int rand();	产生一个随机数并返回这个数
double sin (double x);	x 的正弦值，x 为弧度
double sinh (double x);	x 的双由正弦值，x 为弧度
double sqrt (double x);	x 的开方
double tan (double x);	x 的正切值，x 为弧度
double tanh (double x);	x 的双由正切值，x 为弧度

2．字符分类函数

使用字符分类函数时，应在源文件中使用#include <ctype.h>。

函 数 原 型	功 能 说 明
int isalnum (int ch);	若 ch 是字母（A～Z，a～z）或数字（0～9），返回非 0 值，否则返回 0
int isalpha (int ch);	若 ch 是字母（A～Z，a～z）返回非 0 值，否则返回 0
int iscntrl (int ch);	若 ch 是作废字符(0x7F)或普通控制字符(0x00～0x1F)，返回非 0 值，否则返回 0
int isgraph (int ch);	若 ch 是可打印字符（不含空格）（0x21～0x7E）返回非 0 值，否则返回 0
int isdigit (int ch);	若 ch 是数字（0～9）返回非 0 值,否则返回 0
int islower (int ch);	若 ch 是小写字母（a～z）返回非 0 值,否则返回 0
int isprint (int ch);	若 ch 是可打印字符（含空格）（0x20～0x7E）返回非 0 值，否则返回 0
int ispunct (int ch);	若 ch 是标点字符（0x00～0x1F）返回非 0 值，否则返回 0
int isspace (int ch);	若 ch 是空格（' '），水平制表符（\t），回车符（\r），走纸换行（\f），垂直制表符（\v），换行符（\n），返回非 0 值，否则返回 0
int isupper (int ch);	若 ch 是大写字母（A～Z）返回非 0 值，否则返回 0
int isxdigit (int ch);	若 ch 是 16 进制数（0～9，A～F，a～f）返回非 0 值，否则返回 0
int tolower (int ch);	若 ch 是大写字母（A～Z）返回相应的小写字母（a～z）
int toupper (int ch);	若 ch 是小写字母（a～z）返回相应的大写字母（A～Z）

3. 字符串函数

使用字符串函数时，应在源文件中使用#include <string.h>。

函 数 原 型	功 能 说 明
char *strcat (char *dest, const char *src);	将字符串 src 添加到 dest 末尾
char *strchr (char *s, int c);	检索并返回字符 c 在字符串 s 中第一次出现的位置
int strcmp (char *s1, char *s2);	比较字符串 s1 与 s2 的大小，并返回 s1－s2
char *strcpy (char *dest, char *src);	将字符串 src 复制到 dest
Unsigned int strlen (char *s);	字符串 s 的长度
char *strstr (char *s1, char *s2);	扫描字符串 s2，并返回第一次出现 s1 的位置

4. 输入和输出函数

使用输入、输出函数时，应在源文件中使用#include <stdio.h>。

函 数 原 型	功 能 说 明
void clearerr (FILE *stream);	清除流 stream 上的读写错误
int close (int handle);	关闭文件，成功返回 0 否则返回－1
int creat (char *filename, int permiss);	建立一个新文件 filename，并设定读/写性
int eof (int *handle);	检查文件是否结束，结束返回 1，否则返回 0
int fclose (FILE *stream);	关闭一个流，可以是文件或设备（例如 LPT1）
int feof (FILE *stream);	检测流 stream 上的文件指针是否在结束位置
int fgetc (FILE *stream);	从流 stream 处读一个字符，并返回这个字符
char *fgets (char *string, int n, FILE *stream);	从流 stream 中读 *n* 个字符存入 string 中
FILE *fopen (char *filename, char *type);	打开一个文件 filename，打开方式为 type，并返回这个文件指针，type 可为以下字符串加上后缀
int fprintf (FILE *stream, char *format[, argument, …]);	以格式化形式将一个字符串写给指定的流 stream
int fputc (int ch, FILE *stream);	将字符 ch 写入流 stream 中
int fputs (char *string, FILE *stream);	将字符串 string 写入流 stream 中
int fread (void *ptr, int size, int nitems, FILE *stream);	从流 stream 中读入 nitems 个长度为 size 的字符串存入 ptr 中
int fscanf (FILE *stream, char *format[, argument, …]);	以格式化形式从流 stream 中读入一个字符串
int fseek (FILE *stream, long offset, int fromwhere);	函数把文件指针移到 fromwhere 所指位置的向后 offset 个字节处，fromwhere 可以为以下值：SEEK_SET 文件开关 SEEK_CUR 当前位置 SEEK_END 文件尾
long ftell (FILE *stream);	函数返回定位在 stream 中的当前文件指针位置，以字节表示
int fwrite (void *ptr, int size, int nitems, FILE *stream);	向流 stream 中写入 nitems 个长度为 size 的字符串，字符串在 ptr 中
int getc (FILE *stream);	从流 stream 中读一个字符，并返回这个字符
int getchar();	从控制台（键盘）读一个字符，显示在屏幕上
char *gets (char *string);	从控制台（键盘）读入字符串存于 string 中
int getw (FILE *stream);	从流 stream 读入一个整数，错误返回 EOF
int open (char *pathname, int access[, int permiss]);	为读或写打开一个文件，按后按 access
int printf (char *format[, argument, …]);	发送格式化字符串输出给控制台（显示器），使用 BIOS 进行输出
int putc (int ch, FILE *stream);	向流 stream 写入一个字符 ch
int putchar();	向控制台（键盘）写一个字符
int puts (char *string);	发关一个字符串 string 给控制台（显示器），使用 BIOS 进行输出
int putw (int w, FILE *stream);	向流 stream 写入一个整数
int read (int handle, void *buf, int nbyte);	从文件号为 handle 的文件中读 nbyte 个字符存入 buf 中
int rename (char *oldname, char *newname);	将文件 oldname 的名称改为 newname

续表

函 数 原 型	功 能 说 明
int rewind (FILE *stream);	将当前文件指针 stream 移到文件开头
int scanf (char *format[, argument…]);	从控制台读入一个字符串，分别对各个参数进行赋值，使用 BIOS 进行输出
int write (int handle, void *buf, int nbyte);	将 buf 中的 nbyte 个字符写入文件号为 handle 的文件中

5. 动态存储分配函数

ANSI 标准中规定动态存储分配系统所需的头文件是 stdlib.h，但目前很多 C 编译器都把这些信息放在 malloc.h 头文件中。

函 数 原 型	功 能 说 明
void *calloc (unsigned nelem, unsigned elsize);	分配 nelem 个长度为 elsize 的内存空间并返回所分配内存的指针
void free (void *ptr);	释放先前所分配的内存，所要释放的内存的指针为 ptr
void *malloc (unsigned size);	分配 size 个字节的内存空间，并返回所分配内存的指针
void *realloc (void *ptr, unsigned newsize);	改变已分配内存的大小，ptr 为已分配有内存区域的指针，newsize 为新的长度，返回分配好的内存指针

附录 D

在 VC++6.0 环境中运行 C 语言程序的基本操作

VC++6.0 可以在“独立文件”和“项目管理”两种模式下使用。本附录中仅介绍在“独立文件”模式下使用 VC++6.0 集成开发环境来运行 C 语言程序的基本过程与操作。

1. 启动 VC++6.0

双击桌面上的 VC++6.0 图标，或者选择“开始”→“程序”→Microsoft Visual Studio 6.0→Microsoft Visual C++6.0 菜单项，出现 Visual C++6.0 的初始界面，如图 D-1 所示。

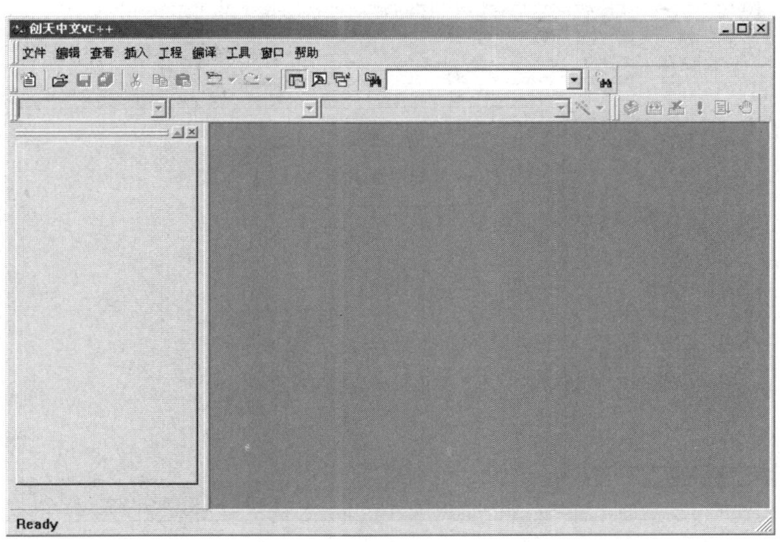

图 D-1　VC++6.0 的初始界面

2. 建立工作环境

（1）选择 File（文件）→New（新建）菜单项，弹出如图 D-2 所示的对话框。

（2）在对话框中选择 File（文件）标签页。

（3）在 File 标签页的左侧选中 C++ Source File 选项。

（4）在 File 标签页右侧的 File（文件）文本框中输入新建程序文件名（默认扩展名为.cpp）。

（5）在 File 标签页右侧的 Location（目录）文本框中输入（或选择）存放新建文件的文件夹。

（6）单击“OK（确定）”按钮，出现如图 D-3 所示的“新建”窗口。

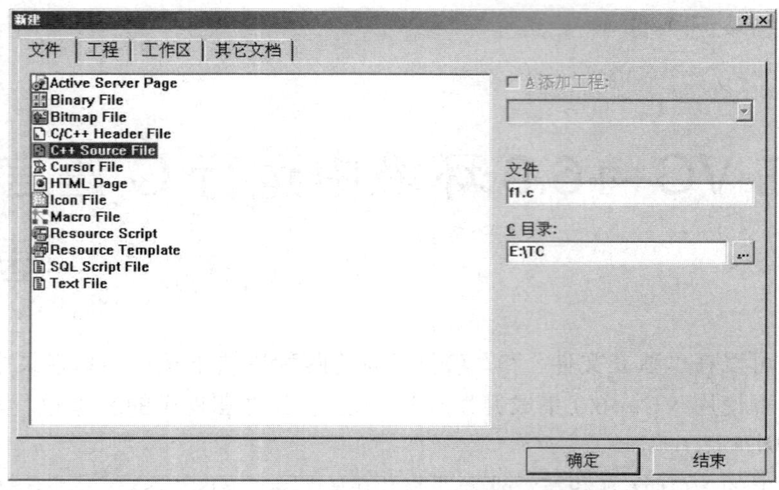

图 D-2 “新建”窗口

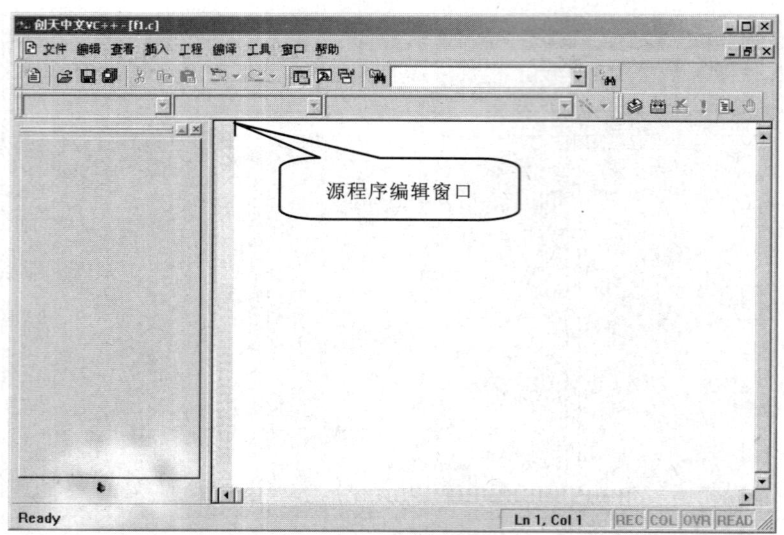

图 D-3 新建源程序的编辑窗口

3. 输入（或编辑）源程序

在源程序编辑窗口中输入（或编辑）源程序，注意在原 C 语言程序的开头第一行加上代码：

```
#include "stdio.h"
```

在 mian( )函数的开头加上 void。

4. 编译

编译工具栏如图 D-4 所示。

（1）单击编译工具栏上的“编译”按钮，弹出如图 D-5 所示的提示对话框。

（2）单击“是”按钮，对源程序编辑窗口中的源程序进行编译。

编译结束后，系统在主窗口下端的调试信息窗口中显示编译信息，如图 D-6 所示。

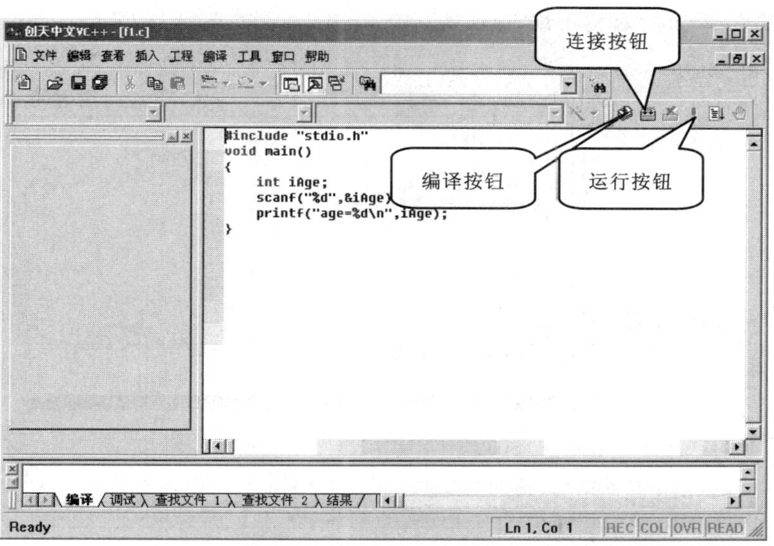

图 D-4　编译工具栏

图 D-5　编译提示对话框

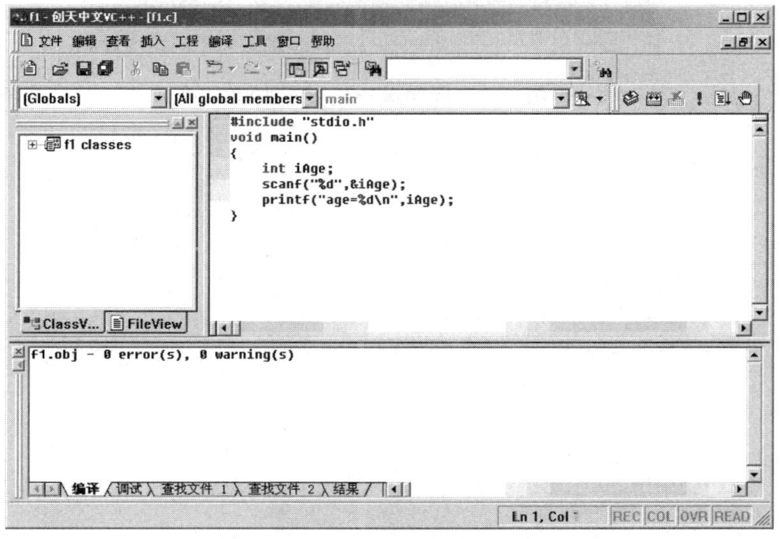

图 D-6　编译成功的信息显示

（3）如果源程序中存在语法错误（如图 D-7 所示），则双击错误信息行，光标将自动定位到出错的程序行上。用户必须对源程序进行修改，然后再重新编译，直至出现如图 D-6 所示的编译信息。

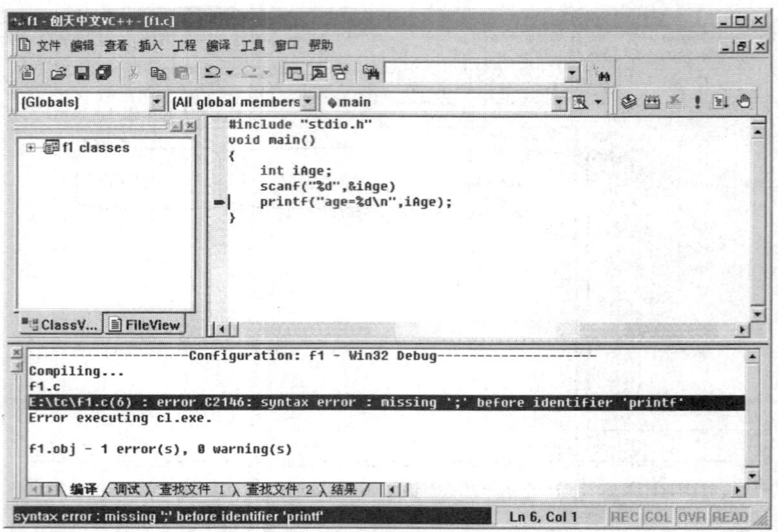

图 D-7　编译出错示例

5. 连接与运行

单击“连接”按钮进行连接，再单击“运行”按钮，运行结果如图 D-8 所示，按任意键返回源程序编辑窗口。

图 D-8　程序运行结果窗口

专业技术人才知识更新工程（“653 工程”）简介

为贯彻落实《中共中央、国务院关于进一步加强人才工作的决定》，进一步加强专业技术人才队伍建设，国家人力资源和社会保障部于 2005 年 9 月 27 日印发了《专业技术人才知识更新工程（“653 工程”）实施方案》（国人部发［2005］73 号），《方案》指出：从 2005 年开始到 2010 年 6 年间，国家将在现代农业、现代制造、信息技术、能源技术、现代管理等 5 个领域，重点培训 300 万名紧跟科技发展前沿、创新能力强的中高级专业技术人才。

专业技术人才知识更新工程（“653 工程”）作为高素质人才队伍建设的重点项目被列入《中国国民经济和社会发展第十一个五年规划纲要》。

信息技术领域“653 工程”介绍

工业和信息化部为配合实施开展信息技术领域的“653 工程”，于 2006 年 1 月 19 日联合人力资源和社会保障部下发了《信息专业技术人才知识更新工程（“653 工程”）实施办法》（国人厅发［2006］8 号），《办法》指出：根据我国信息技术发展和信息专业技术人才队伍建设的实际需要，从 2006 年至 2010 年，在我国信息技术领域开展大规模的专业技术人员继续教育活动，每年开展专业技术人才知识更新培训 12 万人次左右，6 年内共培训信息技术领域各类中高级创新型、复合型、实用型人才 70 万人次左右。

信息技术领域的“653 工程”由人力资源和社会保障部、工业和信息化部共同组织实施，工业和信息化部具体负责。成立“全国信息专业技术人才知识更新工程办公室”，负责领导小组和专家指导委员会及“653 工程”的各项日常工作，办公室设立在信息产业部电子人才交流中心，承担具体工作。

全国计算机专业人才考试

“全国计算机专业人才考试”是国家信息产业部电子人才交流中心推出的国家级计算机人才评定体系，是信息技术领域“653 工程”示范性项目。该体系以计算机技术在各行业、各岗位的广泛应用为基础，对从事或即将从事信息技术工作的专业人才进行综合评价，通过科学、完善的测评体系，准确考量专业人才的技术水平和从事计算机工作所需的逻辑思维及协作能力，提高其整体素质和创新能力。

“全国计算机专业人才考试”采用全国统一大纲、统一命题、统一组织的考试方式，考试合格者获得由信息产业部电子人才交流中心颁发的《全国计算机专业人才证书》。该证书是计算机从业人员胜任相关工作的岗位能力证明，各单位可将证书作为专业技术人员职业能力考核、岗位聘用、任职、定级和晋升职务的重要依据。同时，证书持有人相关信息将被直接纳入工业和信息化部人才网。

中国 IT 人才网

中国 IT 人才网（www.ittalent.com.cn）是信息产业部电子人才交流中心主办的国内最大的 IT 人才服务综合平台，也是工业和信息化部直属 IT 人才库，为广大 IT 人才和企业提供一站式人才服务，具备以下鲜明的特点：

专业：集中于信息技术和工程领域，包含计算机软硬件、网络通信、电子电气等专业。

权威：由信息产业部电子人才交流中心主办，承担工业和信息化部 IT 人才库的功能，拥有海量的企业资源和 IT 人才信息。

系统：覆盖了人才服务的整个产业链，全面系统地整合了人才培养、人才评测、人才交流等环节的资源和功能，具备强大的 IT 人才网络体系。

每天有十万会员企业在中国 IT 人才网提供上百万的 IT 职位，搜索、招聘优秀的 IT 人才。针对个人用户，中国 IT 人才网提供详尽的简历库，专业、权威的职业测评报告和应聘进展动态报告，帮助求职者准确了解自己，即时知晓应聘过程。同时，网站还致力于打造一个终身教育培训的平台，通过线上线下配套的教育服务，提高 IT 职场人士的求职竞争力。

你获得的服务

本系列教材作为“653 工程”指定教材，严格按照《信息专业技术人才知识更新工程（“653 工程”）实施办法》的要求，以培养符合社会需求的信息专业技术人才为目标，力求培养创新型、复合型、实用型人才。为了更好地检验学生的专业技能，本系列教材编委会在编写教材的同时，还研发了一套既紧扣教材又贴近实际应用的考试，所有学习本系列教材的学员均可参加相应科目的考试，考试合格者将获得由信息产业部电子人才交流中心颁发的“全国计算机专业人才”证书，作为所掌握职业能力的权威证明，以及岗位聘用、任职、定级和晋升职务的重要依据。

同时，将为获得“全国计算机专业人才”证书的学员发放登录中国 IT 人才网的账号及密码，可以参加职场素质测评并获得职场素质测评报告。本测试基于“天生我材必有用”的理念，将通过职场天赋、职场潜能、职场惯性、职场经验等 4 个评价元素，让你全面了解自己的分析力、个性特质、职位素质、组织角色行为，帮助你发现和确定自己的职业兴趣和能力特长。

官方网站：http://www.miitec.org.cn/zyks/

咨询电话：010-68208669/72/62

台州

2022 统计年鉴

TAIZHOU STATISTICAL YEARBOOK

台 州 市 统 计 局
国家统计局台州调查队 编

台州市仙居县神仙居景区

中国统计出版社
China Statistics Press

图书在版编目（CIP）数据

台州统计年鉴. 2022 / 台州市统计局，国家统计局台州调查队编. -- 北京 : 中国统计出版社，2022.10
ISBN 978-7-5037-9978-5

Ⅰ. ①台… Ⅱ. ①台… ②国… Ⅲ. ①统计资料－台州－2022－年鉴 Ⅳ. ①C832.553-54

中国版本图书馆 CIP 数据核字（2022）第 177192 号

台州统计年鉴 2022

作　　者 / 台州市统计局　国家统计局台州调查队
责任编辑 / 高媛媛
执行编辑 / 吕仁睿
封面设计 / 李雪燕
出版发行 / 中国统计出版社有限公司
通信地址 / 北京市丰台区西三环南路甲 6 号　邮政编码 /100073
电　　话 / 邮购（010）63376909　书店（010）68783171
网　　址 / http://www.zgtjcbs.com
印　　刷 / 河北鑫兆源印刷有限公司
经　　销 / 新华书店
开　　本 / 890mm×1240mm　1/16
字　　数 / 800 千字
印　　张 / 33　0.5 彩页
版　　别 / 2022 年 10 月第 1 版
版　　次 / 2022 年 10 月第 1 次印刷
定　　价 / 300.00 元

如有印装差错，由本社发行部调换。

《台州统计年鉴 2022》

编委会与编辑人员

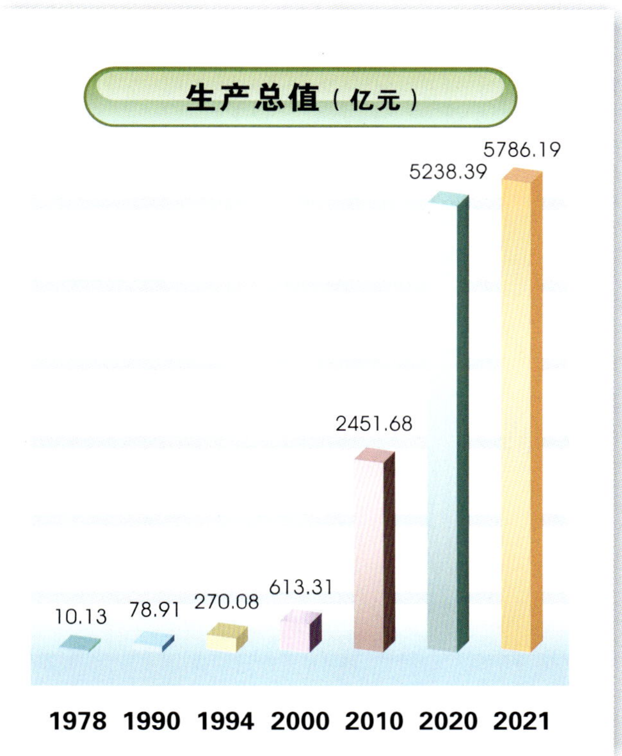

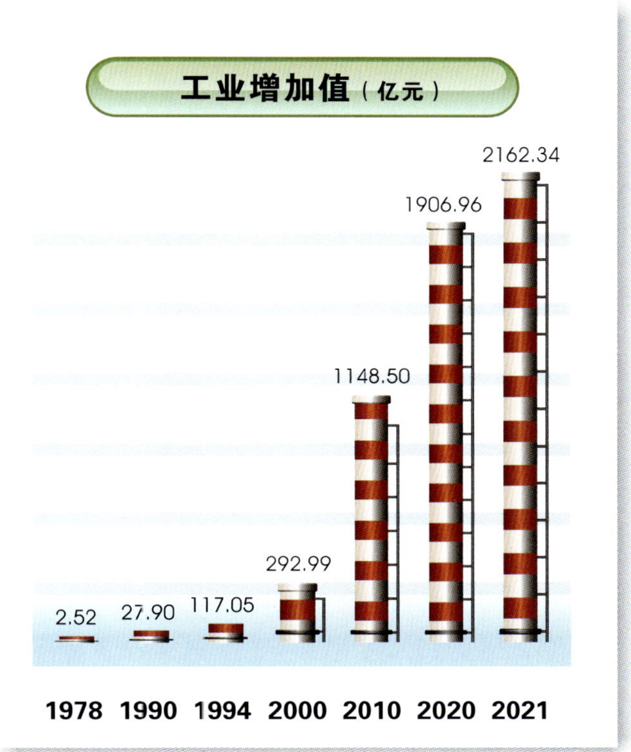

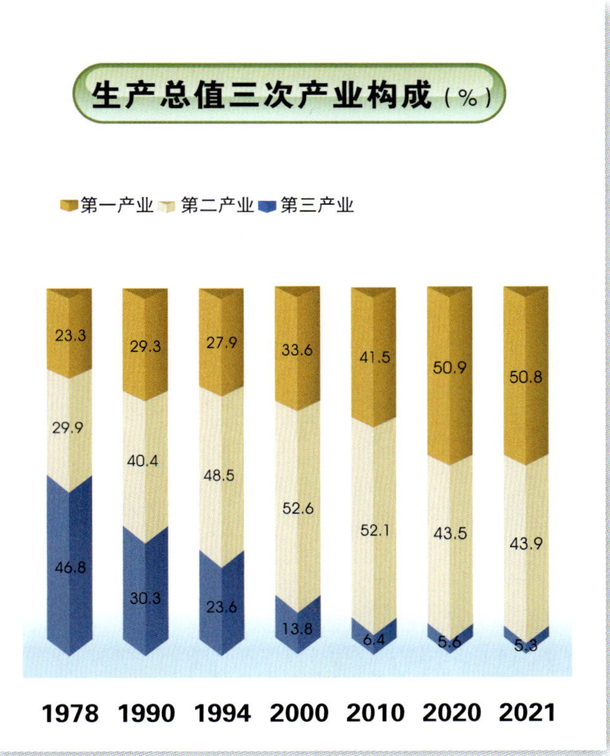

注：2010年起为常住人口口径。

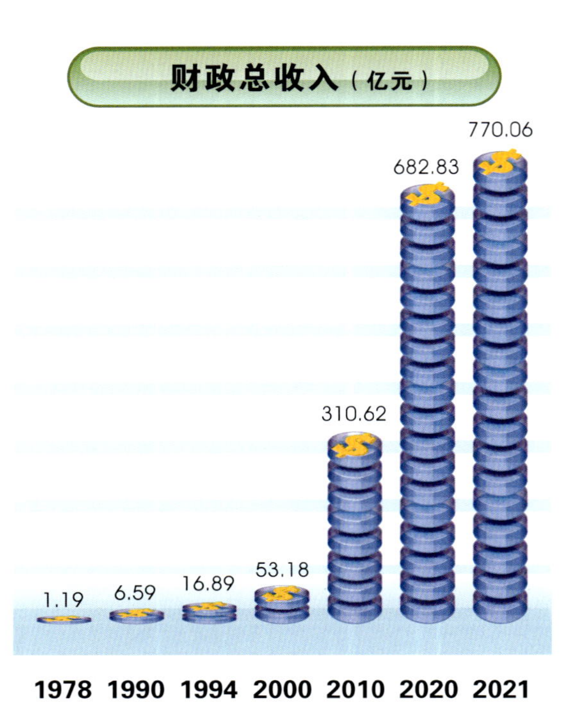
财政总收入（亿元）
1.19
6.59
16.89
53.18
310.62
682.83
770.06
1978
1990
1994
2000
2010
2020
2021

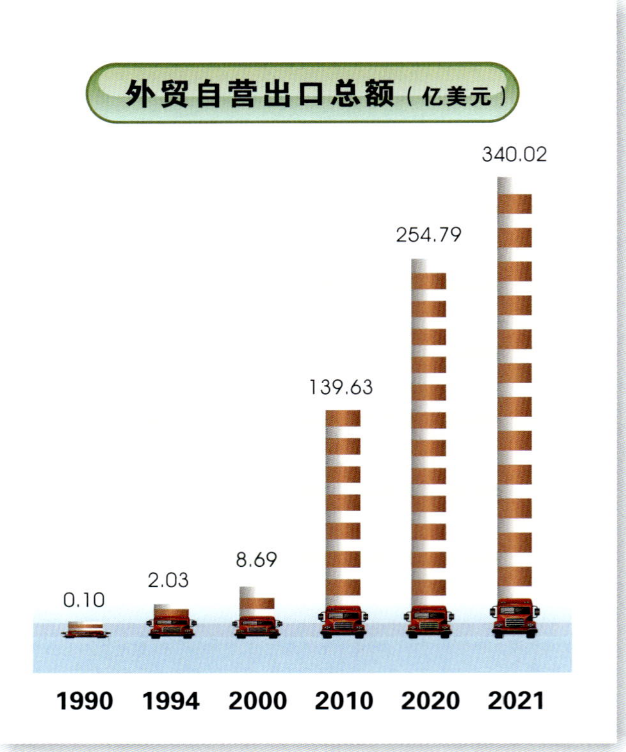
外贸自营出口总额（亿美元）
0.10
2.03
8.69
139.63
254.79
340.02
1990
1994
2000
2010
2020
2021

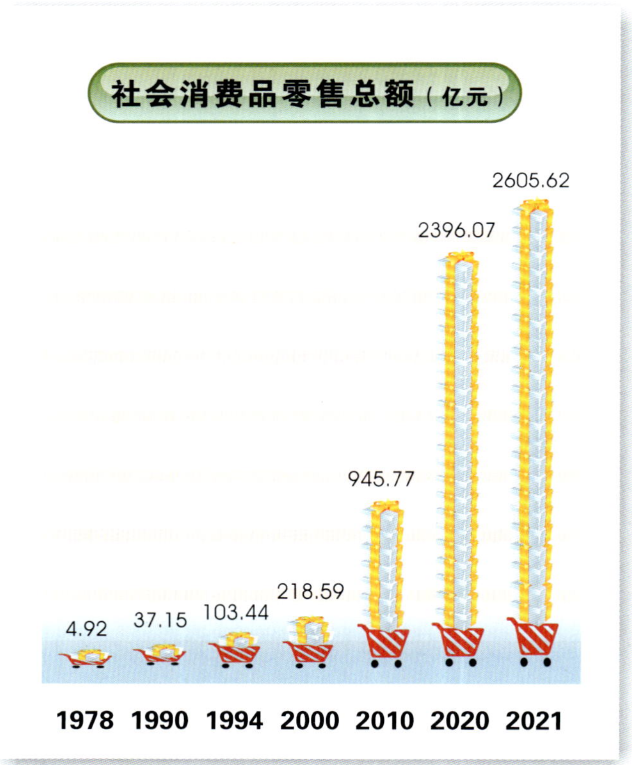
社会消费品零售总额（亿元）
4.92
37.15
103.44
218.59
945.77
2396.07
2605.62
1978
1990
1994
2000
2010
2020
2021

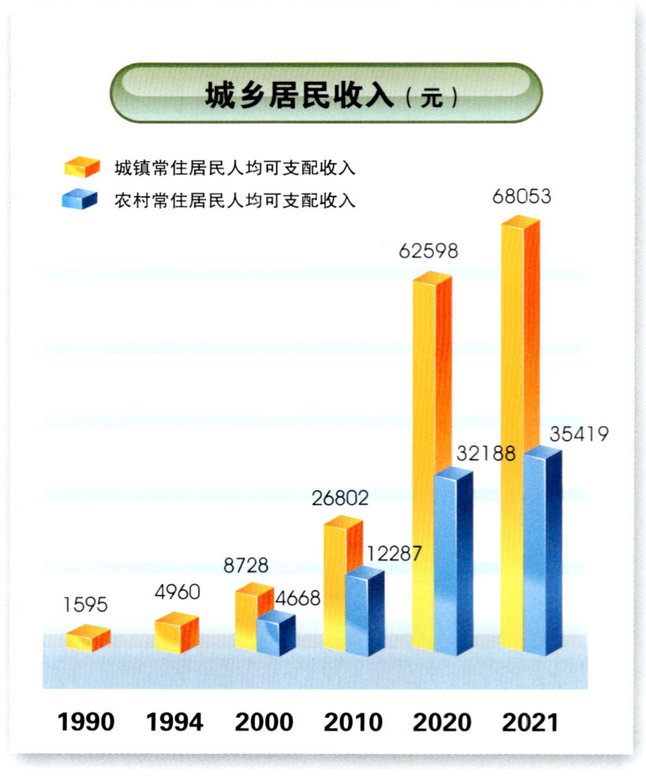
城乡居民收入（元）
城镇常住居民人均可支配收入
农村常住居民人均可支配收入
1595
4960
8728
4668
26802
12287
62598
32188
68053
35419
1990
1994
2000
2010
2020
2021

编辑说明

一、《台州统计年鉴 2022》是一部反映台州国民经济和社会发展情况的资料性年刊，本年鉴不仅记载了台州市和各县、市、区、乡镇、全省各市及长江三角洲各城市 2021 年经济和社会各方面大量的统计数据，还整理收录了主要历史年份和撤地建市以来台州主要统计数据。

二、全书内容分 21 个篇章。即：（1）综合；（2）人口和从业人员；（3）农业；（4）工业；（5）固定资产投资和建筑业；（6）交通运输邮电通信和电力；（7）原材料和能源；（8）批发零售贸易业和住宿餐饮业；（9）对外经济贸易和旅游；（10）财政金融保险；（11）物价；（12）人民生活；（13）城市建设和环境保护；（14）教育科技和质量监督；（15）文化卫生体育和广播；（16）档案工会妇联优抚和社会保障；（17）各县市区国民经济主要指标；（18）乡镇经济社会基本情况；（19）各市国民经济主要指标；（20）长江三角洲各城市国民经济主要指标；（21）统计公报。

为了便于读者使用，每篇章后均附有主要统计指标解释，并在部分表下作了简要注释。

三、本年鉴对过去发表的统计资料重新予以核实，并按统计口径的变化对历史年份数据作了调整，凡以往统计资料与本年鉴不一致的，均以本年鉴为准。

四、本年鉴中部分数据合计数或相对数由于单位取舍不同而产生的计算误差，均未做机械调整。

五、本年鉴中使用的符号："#"表示其中的主要项；"…"表示数据不足本表最小单位数；"空格"表示无该项指标数据或数据不详。

《台州统计年鉴》自公开出版以来，受到社会各界和重视和好评，为进一步提高年鉴的编辑水平，欢迎读者提出宝贵意见。

目　　录

一、综　合

二、人口和从业人员

三、农　业

四、工 业

五、固定资产投资和建筑业

六、交通运输邮电通信和电力

七、原材料和能源

八、批发零售和住宿餐饮业

九、对外经济贸易和旅游

十、财政金融保险

十一、物　价

十二、人民生活

十三、城市建设和环境保护

十四、教育科技和质量监督

十五、文化卫生体育和广播

十六、档案工会妇联优抚和社会保障

十七、各县市区国民经济主要指标

十八、乡镇经济社会基本情况

十九、各市国民经济主要指标

二十、长江三角洲各城市国民经济主要指标

二十一、统计公报

1

综　合
General Survey

1-1　人口和自然资源

(2021年)

指　标		2021年
一、人　口		
年末户籍总人口	(万人)	605.94
人口密度	(人/平方公里)	603
年末常住人口	(万人)	666.1
二、土　地		
土地面积	(平方公里)	10050.43
	(千公顷)	1005.04
山地、丘陵占总面积比重	(%)	73.0
平原占总面积比重	(%)	22.4
河流水面占总面积比重	(%)	4.6
三、森　林		
森林面积	(万公顷)	60.28
森林覆盖率	(%)	62.13
林木蓄积量	(万立方米)	1979.53
四、水文、水利		
淡水总面积	(千公顷)	51.16
滩涂围垦可利用资源	(千公顷)	66.62
年降水总量	(亿立方米)	208.24
水资源总量	(亿立方米)	142.12
水力资源蕴藏量	(万千瓦)	53.71
其中：可开发量	(万千瓦)	36.20
潮汐能已开发量	(千瓦)	4100
大陆岸线长度	(公里)	726
岛屿个数	(个)	921

注：人口资料取自公安户籍年报，下同。

1-2 行政区划土地面积和人口密度

(2021年)

地区	行政区划(个)						土地面积(平方公里)	人口密度(人/平方公里)
	镇数	乡数	街道办事处数	城市社区	居民委员会	村民委员会		
全市	**61**	**24**	**45**	**288**	**86**	**3024**	**10050**	**603**
市区	10	6	23	127	28	676	1680	978
椒江区	1		9	61	1	203	364	1559
黄岩区	5	6	8	34	15	297	988	621
路桥区	4		6	32	12	176	328	1409
三门县	6	1	3	16	5	271	1105	402
天台县	7	5	3	21		374	1432	418
仙居县	7	10	3	21		311	2000	260
温岭市	11		5	33	49	579	1074	1133
临海市	14		5	34	3	628	2251	533
玉环市	6	2	3	36	1	185	510	858

1-3 部分县市区平均气温

(2021年) 单位：摄氏度

地区	1月	2月	3月	4月	5月	6月	7月	8月	9月	10月	11月	12月	年平均
椒江区	8.1	12.6	14.1	17.5	22.5	25.6	29.2	28.7	27.5	21.8	15.2	10.6	19.5
三门县	6.6	11.7	13.2	17.2	22.3	25.0	28.4	28.1	26.7	20.7	13.6	8.9	18.5
天台县	6.3	12.0	13.3	17.5	22.5	25.2	28.4	27.6	26.6	20.3	13.0	8.4	18.4
仙居县	7.6	13.1	14.4	18.4	23.2	25.9	29.1	28.2	27.6	21.3	14.0	9.4	19.4
温岭市	8.2	12.9	14.3	17.5	22.5	25.6	29.0	28.6	27.5	21.5	14.9	10.5	19.4
临海市	7.0	12.4	13.9	17.7	22.7	25.5	28.9	28.0	27.3	21.0	13.7	9.0	18.9
玉环市	8.3	12.3	13.3	16.4	21.0	24.6	27.5	27.6	27.0	21.7	15.4	10.9	18.8

1-4　部分县市区日照时数

(2021年)　　单位：小时

地　区	1月	2月	3月	4月	5月	6月	7月	8月	9月	10月	11月	12月	全年
椒江区	156.2	100.4	104.9	130.2	106.7	83.9	142.7	135.9	191.9	100.5	121.4	163.4	1538.1
三门县	152.6	93.0	102.9	121.6	117.3	87.7	143.1	160.5	187.4	101.0	119.6	173.4	1560.1
天台县	164.4	120.3	104.3	130.9	144.6	125.1	197.8	215.5	223.3	148.0	129.1	187.9	1891.2
仙居县	169.6	121.9	103.9	149.9	149.5	131.1	183.8	198.4	220.1	148.4	123.5	177.0	1877.1
温岭市	153.2	109.7	104.8	134.9	118.0	107.4	169.5	179.3	208.3	119.5	126.2	167.7	1693.5
临海市	172.4	119.5	112.9	141.3	137.6	144.5	204.2	209.9	223.9	154.2	128.5	179.9	1923.8
玉环市	180.8	143.7	126.8	155.0	140.7	161.1	227.2	215.8	264.2	178.7	159.5	175.4	2123.9

1-5　部分县市区降水量

(2021年)　　单位：毫米

地　区	1月	2月	3月	4月	5月	6月	7月	8月	9月	10月	11月	12月	全年
椒江区	15.8	96.3	135.0	115.0	276.8	370.6	107.9	302.5	258.7	302.4	135.3	49.8	2166.1
三门县	9.8	78.0	141.5	71.7	267.0	358.3	395.7	508.2	176.5	141.1	98.2	34.6	2280.6
天台县	4.7	65.3	139.8	76.2	296.9	288.3	266.6	295.4	74.6	62.0	96.6	40.9	1707.3
仙居县	3.7	69.7	132.7	86.7	348.1	369.9	236.6	337.3	54.1	53.7	96.8	42.5	1831.8
温岭市	26.9	100.0	119.9	131.1	404.7	383.3	211.1	289.1	181.7	299.7	115.5	62.0	2325.0
临海市	12.5	73.3	124.7	80.8	284.6	352.1	244.6	379.6	90.3	105.3	114.1	46.6	1908.5
玉环市	18.7	62.9	95.8	109.0	308.1	215.3	55.9	196.3	86.9	275.1	105.4	40.5	1569.9

1-6　主要年份国民经济和社会发展主要指标

指　　标		1949年	1978年	1990年	1994年	2000年	2010年	2020年	2021年
年末户籍总人口	(万人)	240.57	452.71	515.49	526.31	546.62	583.14	606.98	605.94
年末常住人口	(万人)						597.4	662.7	666.1
年末从业人员数	(万人)		176.88	307.23	330.65	340.48	367.56	382.61	385.39
在岗职工人数	(万人)		22.90	33.49	33.64	32.56	64.81	115.71	113.36
生产总值(当年价)	(亿元)	1.32	10.13	78.91	270.08	613.31	2451.68	5238.39	5786.19
第一产业增加值	(亿元)	1.00	4.74	23.89	63.82	84.60	157.66	294.87	303.94
第二产业增加值	(亿元)	0.08	3.03	31.90	130.91	322.38	1277.99	2276.43	2543.01
第三产业增加值	(亿元)	0.24	2.36	23.12	75.36	206.33	1016.03	2667.09	2939.24
在生产总值中：工业增加值	(亿元)		2.52	27.90	117.05	292.99	1148.50	1906.96	2162.34
人均生产总值(当年价)	(元)						41608	79520	87089
全社会客运周转量	(亿人公里)		4.38	24.82	33.99	60.92	97.71	30.64	32.04
公　路	(亿人公里)		3.20	23.67	33.06	60.52	90.58	17.86	12.20
水　运	(亿人公里)		1.18	1.15	0.93	0.40	0.23	0.14	0.13
全社会货运周转量	(亿吨公里)		5.26	27.75	59.20	126.51	1110.64	1797.05	1957.89
公　路	(亿吨公里)		0.34	6.84	20.14	36.74	141.98	196.72	264.45
水　运	(亿吨公里)		4.92	20.91	39.06	89.78	968.66	1599.72	1692.74
财政总收入	(亿元)		1.19	6.59	16.89	53.18	310.62	682.83	770.06
地方财政收入	(亿元)				8.65	26.15	164.88	401.24	455.43
地方财政支出	(亿元)		0.99	4.99	12.20	33.19	222.76	700.14	734.81

注：人均生产总值按按常住人口计算。

1-6　续表

指　　标		1978年	1990年	1994年	2000年	2010年	2020年	2021年
金融机构年末人民币存款余额	(亿元)	1.64	31.26	106.19	528.96	3562.80	10452.09	11836.52
金融机构年末人民币贷款余额	(亿元)	3.46	30.79	83.81	330.43	2940.51	9832.45	11603.05
社会消费品零售总额	(亿元)	4.92	37.15	103.44	218.59	945.77	2396.07	2605.52
外贸进出口总额	(亿美元)		0.10	2.45	11.44	170.01	274.70	371.30
其中：外贸出口总额	(亿美元)		0.10	2.03	8.69	139.63	254.79	340.02
城镇常住居民人均可支配收入	(元)		1595	4960	8728	26802	62598	68053
农村常住居民人均可支配收入	(元)				4668	12287	32188	35419
普通高校在校学生数	(人)	413	962	1794	4125	29749	39955	42356
成人高等学校在校学生数	(人)		1962	1546	4802	22323	36160	36489
普通中学在校学生数	(万人)	22.58	20.01	22.21	33.41	28.68	31.34	31.30
小学在校学生数	(万人)	64.96	46.03	49.75	37.05	43.05	42.56	42.24
幼儿园在园儿童数	(万人)	0.85	7.19	8.48	9.79	25.98	19.25	19.36
卫生机构数	(个)	618	730	698	645	1380	3662	3805
其中：医院、卫生院	(个)	417	351	393	340	220	235	234
卫生机构床位数	(张)	4788	7030	7861	9559	16528	31594	31482
其中：医院、卫生院	(张)	4723	6902	7695	9459	16088	30533	30423
卫生技术人员	(人)	6998	11011	12406	14841	26765	49445	50335
其中：医　生	(人)	2743	4512	4950	6479	11521	20053	20491

1-7 按登记注册类型分法人单位数

(2021年)　　　　单位：个

项目	法人单位数	单产业法人	多产业法人
总计	**196527**	**194138**	**2389**
按登记注册类型分组			
内资	**195945**	**193590**	**2355**
国有	3601	3557	44
集体	3091	3068	23
股份合作	2751	2721	30
联营	23	23	
国有联营	3	3	
集体联营			
国有与集体联营	5	5	
其他联营	15	15	
有限责任公司	3811	3595	216
国有独资公司	460	421	39
其他有限责任公司	3351	3174	177
股份有限公司	334	245	89
私营	163354	161424	1930
私营独资	15831	15666	165
私营合伙	3747	3721	26
私营有限责任公司	142170	140513	1657
私营股份有限公司	1606	1524	82
其他内资	18980	18957	23
港澳台商投资	**245**	**234**	**11**
与港澳台商合资经营	111	108	3
与港澳台商合作经营	4	4	
港澳台商独资	114	107	7
港澳台商投资股份有限公司	15	14	1
其他港、澳、台商投资	1	1	
外商投资	**337**	**314**	**23**
中外合资经营	166	159	7
中外合作经营	3	3	
外资企业	153	139	14
外商投资股份有限公司	11	9	2
其他外商投资	4	4	

1-8　按机构类型和行业分法人单位数

(2021年)　　单位：个

项　目	法　人单位数	单产业法　人	多产业法　人
总　计	**196527**	**194138**	**2389**
按机构类型分组			
企　业	171169	168830	2339
事业单位	2405	2396	9
机　关	698	680	18
社会团体	2598	2596	2
民办非企业单位	4789	4789	
基金会	55	55	
居委会	349	348	1
村委会	2971	2960	11
农民专业合作社	7705	7698	7
农村集体经济组织	2273	2273	
其他组织机构	1515	1513	2
按三次产业分组			
第一产业	8049	8029	20
第二产业	68037	67424	613
第三产业	120441	118685	1756
法人单位数中：工业	61305	60910	395
按国民经济行业分组			
农、林、牧、渔业	**8327**	**8307**	**20**
农　业	6033	6024	9
林　业	290	287	3
畜牧业	859	855	4
渔　业	867	863	4
农、林、牧、渔专业及辅助性活动	278	278	
采矿业	**76**	**75**	**1**
黑色金属矿采选业	1	1	
有色金属矿采选业	5	5	
非金属矿采选业	68	67	1
开采专业及辅助性活动	1	1	
其他采矿业	1	1	

1-8 续表 1

单位：个

项　　目	法　人 单位数	单产业 法　人	多产业 法　人
制造业	**60525**	**60147**	**378**
农副食品加工业	583	574	9
食品制造业	264	260	4
酒、饮料和精制茶制造业	154	149	5
纺织业	1317	1304	13
纺织服装、服饰业	1524	1517	7
皮革、毛皮、羽毛及其制品和制鞋业	4452	4439	13
木材加工和木、竹、藤、棕、草制品业	619	615	4
家具制造业	857	854	3
造纸和纸制品业	1638	1636	2
印刷和记录媒介复制业	834	820	14
文教、工美、体育和娱乐用品制造业	3254	3238	16
石油、煤炭及其他燃料加工业	38	38	
化学原料和化学制品制造业	742	730	12
医药制造业	235	226	9
化学纤维制造业	44	44	
橡胶和塑料制品业	7745	7708	37
非金属矿物制品业	1669	1655	14
黑色金属冶炼和压延加工业	175	175	
有色金属冶炼和压延加工业	330	328	2
金属制品业	4066	4031	35
通用设备制造业	9988	9938	50
专用设备制造业	7450	7420	30
汽车制造业	4951	4932	19
铁路、船舶、航空航天和其他运输设备制造业	1403	1387	16
电气机械和器材制造业	4298	4265	33
计算机、通信和其他电子设备制造业	517	498	19
仪器仪表制造业	643	639	4
其他制造业	323	319	4
废弃资源综合利用业	189	186	3
金属制品、机械和设备修理业	223	222	1

1-8　续表 2

单位：个

项　目	法　人单位数	单产业法　人	多产业法　人
电力、热力、燃气及水生产和供应业	**704**	**688**	**16**
电力、热力生产和供应业	469	464	5
燃气生产和供应业	39	36	3
水的生产和供应业	196	188	8
建筑业	**6956**	**6737**	**219**
房屋建筑业	1035	960	75
土木工程建筑业	1683	1593	90
建筑安装业	812	786	26
建筑装饰、装修和其他建筑业	3426	3398	28
批发和零售业	**60800**	**60235**	**565**
批发业	23609	23416	193
零售业	37191	36819	372
交通运输、仓储和邮政业	**3447**	**3315**	**132**
铁路运输业	3	3	
道路运输业	2206	2157	49
水上运输业	217	216	1
航空运输业	9	9	
多式联运和运输代理业	573	544	29
装卸搬运和仓储业	249	243	6
邮政业	190	143	47
住宿和餐饮业	**2639**	**2538**	**101**
住宿业	787	765	22
餐饮业	1852	1773	79

1-8 续表 3

单位：个

项　　目	法　人单位数	单产业法　人	多产业法　人
信息传输、软件和信息技术服务业	**3247**	**3202**	**45**
电信、广播电视和卫星传输服务	83	75	8
互联网和相关服务	591	578	13
软件和信息技术服务业	2573	2549	24
金融业	**491**	**404**	**87**
货币金融服务	154	104	50
资本市场服务	156	156	
保险业	65	30	35
其他金融业	116	114	2
房地产业	**4260**	**4138**	**122**
房地产业	4260	4138	122
租赁和商务服务业	**14639**	**14396**	**243**
租赁业	1968	1957	11
商务服务业	12671	12439	232
科学研究和技术服务业	**5171**	**5067**	**104**
研究和试验发展	617	615	2
专业技术服务业	2537	2451	86
科技推广和应用服务业	2017	2001	16
水利、环境和公共设施管理业	**1391**	**1375**	**16**
水利管理业	112	110	2
生态保护和环境治理业	245	243	2
公共设施管理业	845	835	10
土地管理业	189	187	2

1-8 续表 4

单位：个

项　目	法人单位数	单产业法人	多产业法人
居民服务、修理和其他服务业	**4771**	**4686**	**85**
居民服务业	2963	2906	57
机动车、电子产品和日用产品修理业	1190	1167	23
其他服务业	618	613	5
教　育	**5179**	**5068**	**111**
教　育	5179	5068	111
卫生和社会工作	**1798**	**1723**	**75**
卫　生	933	861	72
社会工作	865	862	3
文化、体育和娱乐业	**2817**	**2779**	**38**
新闻和出版业	21	20	1
广播、电视、电影和录音制作业	394	382	12
文化艺术业	917	916	1
体　育	451	438	13
娱乐业	1034	1023	11
公共管理、社会保障和社会组织	**9289**	**9258**	**31**
中国共产党机关	97	97	
国家机构	1322	1305	17
人民政协、民主党派	26	26	
社会保障	19	19	
群众团体、社会团体和其他成员组织	3995	3993	2
基层群众自治组织	3830	3818	12

1-9 主要年份生产总值

年 份	生产总值	第一产业	第二产业	第三产业	在生产总值中:工 业	人均生产总值	
						人民币(元)	美 元
1949	1.32	1.00	0.08	0.24	0.08	55	24
1952	1.89	1.35	0.18	0.36	0.17	75	29
1957	2.74	1.67	0.45	0.62	0.40	99	40
1962	3.50	1.98	0.61	0.91	0.53	116	47
1965	4.23	2.56	0.64	1.03	0.54	126	51
1970	5.45	3.22	0.97	1.26	0.81	141	57
1975	6.65	3.53	1.74	1.38	1.49	154	78
1978	10.13	4.74	3.03	2.36	2.52	225	143
1979	12.53	5.89	3.90	2.74	3.34	275	184
1980	14.28	6.18	4.88	3.22	4.19	311	203
1981	15.87	6.69	5.50	3.68	4.79	342	201
1982	18.25	8.62	5.66	3.97	4.87	388	205
1983	20.27	8.81	6.81	4.65	6.02	425	215
1984	25.26	10.60	9.01	5.64	8.02	523	225
1985	33.78	13.44	12.76	7.58	11.31	693	236
1986	38.32	14.56	14.49	9.27	12.88	777	225
1987	45.78	16.67	18.11	11.00	15.78	917	246
1988	62.08	20.33	25.59	16.16	22.48	1227	330
1989	72.92	22.33	30.79	19.80	27.43	1427	379
1990	78.91	23.89	31.90	23.12	27.90	1534	321
1991	100.53	29.99	38.46	32.08	33.30	1945	246
1992	126.19	33.38	52.10	40.72	45.42	2430	330
1993	177.84	41.51	85.01	51.32	74.81	3407	379
1994	270.08	63.82	130.91	75.36	117.05	5146	597
1995	380.84	83.09	187.49	110.26	164.80	7214	864
1996	445.79	90.80	222.63	132.36	200.15	8391	1009
1997	466.97	84.10	235.09	147.78	214.56	8737	1054
1998	505.42	87.45	256.44	161.53	233.06	9399	1135
1999	550.62	88.41	282.67	179.54	257.13	10173	1229
2000	613.31	84.60	322.38	206.33	292.99	11257	1360
2001	680.80	86.96	355.33	238.51	323.00	12433	1502
2002	782.85	89.17	403.27	290.42	367.47	14728	1779
2003	908.87	90.72	472.96	345.19	427.25	16908	2043
2004	1081.64	94.24	565.28	422.11	508.97	19861	2400
2005	1256.11	102.64	665.26	488.21	606.22	22800	2783
2006	1469.11	105.97	794.06	569.08	721.02	26338	3304
2007	1729.75	112.97	944.58	672.20	861.38	30582	4022
2008	1964.48	121.83	1059.90	782.74	967.47	34325	4943
2009	2056.51	130.48	1076.25	849.78	971.20	35576	5208
2010	2451.68	157.66	1277.99	1016.03	1148.50	41608	6147
2011	2788.35	185.13	1421.25	1181.97	1263.79	46453	7192
2012	2944.22	195.70	1457.21	1291.31	1283.33	48480	7680
2013	3192.67	205.21	1550.89	1436.57	1356.65	51943	8388
2014	3410.16	208.47	1648.97	1552.73	1409.04	54923	8941
2015	3571.47	221.34	1650.58	1699.55	1377.30	56880	9132
2016	3874.87	243.79	1748.84	1882.25	1470.43	61050	9191
2017	4386.04	255.90	2019.90	2110.23	1699.92	68510	10147
2018	4880.32	268.47	2267.74	2344.11	1895.85	75570	11420
2019	5102.17	283.06	2299.93	2519.18	1931.53	78278	11347
2020	5238.39	294.87	2276.43	2667.09	1906.96	79520	11529
2021	5786.19	303.94	2543.01	2939.24	2162.34	87089	13499

注：本表按当年价格计算。人均生产总值从2002年开始均按常住人口计算。2004年起第一产业包括农林牧渔服务业,2013年起三次产业分类依据国家统计局2012年制定的《三次产业划分规定》。下同。

1-10　分行业增加值(一)

(1992-2021年)　　单位：亿元

年　份	农、林、牧、渔业	工业	建筑业	批发和零售业	交通运输、仓储及邮政业	住宿和餐饮业
1992	33.38	45.42	6.68	13.37	9.61	1.82
1993	41.51	74.81	10.20	18.22	10.97	2.24
1994	63.82	117.05	13.86	27.62	15.28	3.80
1995	83.09	164.80	22.69	40.11	20.63	6.69
1996	90.80	200.15	22.47	48.77	22.10	7.76
1997	84.10	214.56	20.53	52.04	24.30	8.33
1998	87.45	233.06	23.38	53.75	26.79	8.26
1999	88.41	257.13	25.54	57.95	28.89	8.83
2000	84.60	292.99	29.40	64.92	31.80	9.99
2001	86.96	323.00	32.33	71.72	33.76	11.02
2002	89.17	367.47	35.80	85.07	38.46	13.59
2003	90.72	427.25	45.72	98.48	43.03	16.18
2004	94.24	508.97	56.31	115.83	48.18	20.11
2005	102.64	606.22	59.04	127.99	54.25	23.76
2006	105.97	721.02	73.04	145.10	65.66	26.59
2007	112.97	861.38	83.21	169.14	73.79	31.57
2008	121.83	967.47	92.43	193.57	83.86	37.57
2009	130.48	971.20	105.06	219.92	77.95	39.60
2010	157.66	1148.50	129.49	258.57	86.90	45.71
2011	185.13	1263.79	157.46	313.91	93.24	52.37
2012	195.70	1283.33	173.88	365.44	97.93	61.55
2013	207.25	1356.65	196.92	412.26	101.83	66.90
2014	210.61	1409.04	242.15	448.35	105.79	80.99
2015	223.67	1377.30	274.91	479.06	111.81	89.97
2016	246.33	1470.43	279.72	520.05	116.06	93.42
2017	258.67	1699.92	321.37	564.27	123.08	99.24
2018	271.56	1895.85	373.18	605.03	123.16	104.30
2019	286.56	1931.53	369.77	646.81	125.50	113.65
2020	298.86	1906.96	370.72	657.80	121.19	107.73
2021	308.29	2162.34	381.84	745.38	135.13	130.25

1-11 分行业增加值(二)

(1992-2021年)

单位：亿元

年 份	金融业	房地产业	其 他 服务业	营利性服务业	非营利性服务业
1992	3.26	3.74	8.91		
1993	4.44	5.18	10.28		
1994	5.94	7.07	15.64		
1995	10.18	9.40	23.25		
1996	11.16	11.21	31.36		
1997	8.87	14.08	40.16		
1998	10.75	13.62	48.36		
1999	11.10	16.90	55.88		
2000	11.97	20.47	67.18		
2001	15.97	25.15	80.89		
2002	22.84	30.80	99.67		
2003	28.55	40.82	118.13		
2004	32.77	52.97	152.25	59.18	93.07
2005	49.51	57.87	174.85	69.13	105.71
2006	65.74	67.77	198.22	80.52	117.70
2007	89.72	80.63	227.34	93.71	133.63
2008	117.71	99.74	250.29	102.18	148.11
2009	137.05	109.05	266.20	98.57	167.63
2010	177.56	150.98	296.30	108.15	188.16
2011	213.89	173.27	334.80	122.64	212.16
2012	198.52	186.41	381.36	128.82	252.54
2013	224.29	208.91	417.66	141.25	276.41
2014	243.06	213.97	456.21	150.67	305.54
2015	261.34	238.37	515.06	165.42	349.63
2016	275.52	280.77	592.57	185.20	407.37
2017	303.44	336.91	679.15	207.20	471.95
2018	332.83	388.44	785.98	243.44	542.54
2019	373.20	401.44	853.70	270.81	582.89
2020	418.38	470.71	886.04	324.31	561.73
2021	467.94	502.58	952.34	354.91	597.43

注：2020年开始，科学研究和技术服务业由非营利性服务业划入营利性服务业。

1-12　主要年份生产总值构成

单位：%

年 份	生产总值	第一产业	第二产业	第三产业	在生产总值中：工 业
1949	100.00	75.69	6.12	18.19	5.88
1952	100.00	71.65	9.46	18.89	8.76
1957	100.00	61.03	16.32	22.65	14.40
1962	100.00	56.63	17.32	26.05	15.16
1965	100.00	60.63	15.11	24.26	12.72
1970	100.00	59.00	17.77	23.23	14.89
1975	100.00	53.08	26.22	20.70	22.42
1978	100.00	46.79	29.91	23.30	24.88
1979	100.00	47.01	31.16	21.83	26.66
1980	100.00	43.28	34.15	22.57	29.34
1981	100.00	42.15	34.65	23.20	30.18
1982	100.00	47.23	31.01	21.77	26.68
1983	100.00	43.46	33.60	22.93	29.70
1984	100.00	41.97	35.69	22.34	31.76
1985	100.00	39.79	37.78	22.43	33.48
1986	100.00	38.00	37.80	24.20	33.61
1987	100.00	36.42	39.55	24.03	34.47
1988	100.00	32.75	41.23	26.03	36.21
1989	100.00	30.62	42.22	27.16	37.62
1990	100.00	30.27	40.43	29.30	35.36
1991	100.00	29.83	38.26	31.91	33.12
1992	100.00	26.45	41.28	32.27	35.99
1993	100.00	23.34	47.80	28.86	42.07
1994	100.00	23.63	48.47	27.90	43.34
1995	100.00	21.82	49.23	28.95	43.27
1996	100.00	20.37	49.94	29.69	44.90
1997	100.00	18.01	50.34	31.65	45.95
1998	100.00	17.30	50.74	31.96	46.11
1999	100.00	16.06	51.34	32.61	46.70
2000	100.00	13.79	52.56	33.64	47.77
2001	100.00	12.77	52.19	35.03	47.44
2002	100.00	11.39	51.51	37.10	46.94
2003	100.00	9.98	52.04	37.98	47.01
2004	100.00	8.71	52.26	39.03	47.06
2005	100.00	8.17	52.96	38.87	48.26
2006	100.00	7.21	54.05	38.74	49.08
2007	100.00	6.53	54.61	38.86	49.80
2008	100.00	6.20	53.95	39.84	49.25
2009	100.00	6.34	52.33	41.32	47.23
2010	100.00	6.43	52.13	41.44	46.85
2011	100.00	6.64	50.97	42.39	45.32
2012	100.00	6.65	49.49	43.86	43.59
2013	100.00	6.43	48.58	45.00	42.49
2014	100.00	6.11	48.35	45.53	41.32
2015	100.00	6.20	46.22	47.59	38.56
2016	100.00	6.29	45.13	48.58	37.95
2017	100.00	5.83	46.05	48.11	38.76
2018	100.00	5.50	46.47	48.03	38.85
2019	100.00	5.55	45.08	49.37	37.86
2020	100.00	5.63	43.46	50.91	36.40
2021	100.00	5.25	43.95	50.80	37.37

1-13 主要年份生产总值指数

(以1952年为100)

年 份	生产总值	第一产业	第二产业	第三产业	在生产总值中:工 业	人 均 生产总值
1949	72.50	75.91	51.60	62.21	53.58	75.41
1952	100.00	100.00	100.00	100.00	100.00	100.00
1957	141.90	136.40	189.30	149.90	175.70	127.00
1962	137.40	121.80	235.10	184.00	220.90	113.10
1965	183.60	168.30	267.50	237.30	247.40	136.90
1970	223.60	196.30	405.70	297.40	395.10	144.30
1975	266.60	196.10	797.40	420.50	780.90	154.10
1978	385.00	251.30	1355.90	698.90	1201.80	213.10
1979	436.81	255.21	1749.94	795.80	1611.41	238.95
1980	485.74	250.83	2138.36	909.90	2131.84	263.13
1981	532.67	267.11	2395.09	1020.89	2428.03	285.75
1982	584.64	315.47	2441.67	1085.81	2445.32	309.40
1983	638.68	321.72	2860.87	1220.97	2939.98	333.19
1984	772.88	377.85	3655.90	1432.43	3795.42	398.77
1985	938.24	395.39	5196.46	1690.97	5423.19	479.24
1986	1039.11	422.09	5803.30	1951.71	6111.80	524.88
1987	1192.18	448.80	7117.57	2190.09	7421.21	594.54
1988	1445.86	389.81	9941.01	2887.93	10587.95	711.59
1989	1642.74	402.63	11834.00	3213.91	12825.48	800.30
1990	1734.03	388.25	12479.88	3655.80	13487.54	839.54
1991	2132.36	440.13	15278.82	4886.04	16381.73	1027.18
1992	2589.58	450.35	20590.11	5929.74	22222.17	1241.40
1993	3198.92	469.49	28848.22	6790.19	32247.29	1526.03
1994	4055.17	548.52	38234.75	8388.36	43204.29	1923.81
1995	5049.45	637.38	48982.03	10334.27	54366.52	2381.60
1996	5804.89	670.52	58633.16	11546.66	66430.67	2720.72
1997	6115.46	643.70	62764.87	12372.30	72029.13	2849.07
1998	6840.38	700.99	70987.98	13707.40	81266.57	3167.44
1999	7678.87	733.94	80762.04	15469.57	92663.22	3532.71
2000	8608.71	720.73	91978.84	17755.06	105565.50	3934.65
2001	9671.73	748.12	102340.98	20870.06	117732.41	4398.14
2002	11016.46	767.28	117107.66	24466.77	135306.91	4964.88
2003	12655.74	774.35	136435.49	28615.63	157158.42	5640.00
2004	14482.81	775.11	156998.96	33606.83	181109.16	6370.68
2005	16482.44	778.33	181824.25	38345.61	211499.23	7167.16
2006	18858.45	800.62	210598.08	44067.94	243549.47	8099.27
2007	21614.99	813.59	245265.16	50470.92	285808.25	9154.79
2008	23617.21	833.04	265931.77	56315.17	312398.02	9885.62
2009	25605.19	850.28	286548.56	62111.24	334462.26	10611.14
2010	28991.03	887.44	328044.24	70068.10	383527.47	11786.52
2011	31289.74	915.09	349247.94	77438.58	407304.07	12487.64
2012	33548.57	938.15	371068.48	84467.05	430104.71	13233.70
2013	36219.03	945.32	401959.29	91644.17	462999.52	14116.25
2014	38891.50	965.95	434287.88	98286.19	491261.35	15005.26
2015	41357.91	1000.60	449348.31	108177.03	498264.27	15778.97
2016	44499.84	1044.09	483529.52	116842.68	541107.22	16795.79
2017	48073.42	1074.22	530993.50	124963.43	600052.37	17988.70
2018	51695.40	1083.98	577403.62	133883.42	655844.76	19176.28
2019	54256.30	1094.25	594907.77	143722.30	683324.14	19940.97
2020	56022.38	1119.66	610240.38	149487.06	701186.42	20372.83
2021	60663.42	1141.66	666905.56	161637.66	781502.47	21872.97

1-14　主要年份生产总值指数

(以上年为100)

年 份	生产总值	第一产业	第二产业	第三产业	在生产总值中:工　业	人　均生产总值
1978	117.99	115.81	125.78	114.61	122.00	116.58
1979	113.46	101.56	129.06	113.86	134.08	112.13
1980	111.20	98.28	122.20	114.34	132.30	110.12
1981	109.67	106.50	112.01	112.20	113.90	108.62
1982	109.76	118.11	101.95	106.36	100.71	108.28
1983	109.25	101.99	117.17	112.45	120.23	107.69
1984	121.01	117.45	127.79	117.32	129.10	119.69
1985	121.38	104.62	142.13	118.04	142.88	120.14
1986	110.77	106.79	111.68	115.43	112.71	109.57
1987	114.73	106.33	122.65	112.22	121.43	113.28
1988	121.28	86.86	139.58	131.70	142.67	119.69
1989	113.62	103.29	119.04	111.29	121.13	112.47
1990	105.53	96.39	105.52	113.88	105.15	104.85
1991	123.01	113.42	122.36	133.50	121.47	122.43
1992	121.44	102.33	134.76	121.36	135.65	120.87
1993	123.53	104.25	140.11	114.51	145.11	122.93
1994	126.72	116.77	132.62	123.68	133.96	125.98
1995	124.52	116.20	128.11	123.20	125.84	123.80
1996	114.96	105.20	119.70	111.73	122.19	114.24
1997	105.35	96.00	107.05	107.15	108.43	104.72
1998	111.85	108.90	113.10	110.79	112.82	111.17
1999	112.26	104.70	113.77	112.86	114.02	111.53
2000	112.11	98.20	113.89	114.77	113.92	111.38
2001	112.35	103.80	111.27	117.54	111.53	111.78
2002	113.90	102.56	114.43	117.23	114.93	112.89
2003	114.88	100.92	116.50	116.96	116.15	113.60
2004	114.44	100.10	115.07	117.44	115.24	112.96
2005	113.81	100.42	115.81	114.10	116.78	112.50
2006	114.42	102.86	115.83	114.92	115.15	113.01
2007	114.62	101.62	116.46	114.53	117.35	113.03
2008	109.26	102.39	108.43	111.58	109.30	107.98
2009	108.42	102.07	107.75	110.29	107.06	107.34
2010	113.22	104.37	114.48	112.81	114.67	111.08
2011	107.93	103.12	106.46	110.52	106.20	105.95
2012	107.22	102.52	106.25	109.03	105.60	105.97
2013	107.96	100.76	108.32	108.50	107.65	106.67
2014	107.38	102.18	108.04	107.25	106.10	106.30
2015	106.34	103.59	103.47	110.06	101.43	105.16
2016	107.60	104.35	107.61	108.01	108.60	106.44
2017	108.03	102.89	109.82	106.95	110.89	107.10
2018	107.53	100.91	108.74	107.14	109.30	106.60
2019	104.95	100.95	103.03	107.35	104.19	103.99
2020	103.26	102.32	102.58	104.01	102.61	102.17
2021	108.28	101.96	109.29	108.13	111.45	107.36

1-15 分行业增加值指数

(1992-2021年，以2004年为100)

年 份	农、林、牧、渔业	工 业	建筑业	批发和零售业	交通运输仓储及邮政业	住宿和餐饮业	金融业	房地产业	其他服务业
1992	58.10	12.27	24.55	18.83	37.36	21.11	17.54	16.63	10.43
1993	60.57	17.81	25.92	23.27	36.68	20.29	20.34	20.56	12.36
1994	70.77	23.86	30.82	28.12	47.48	26.47	22.95	23.93	15.84
1995	82.23	30.02	46.96	35.71	52.85	39.25	33.75	24.91	19.80
1996	86.51	36.68	45.92	40.94	54.36	41.91	34.97	25.84	24.06
1997	83.05	39.77	42.17	43.38	57.71	44.31	27.69	32.34	27.24
1998	90.44	44.87	49.22	45.46	61.57	45.88	34.10	32.32	33.55
1999	94.69	51.16	54.41	50.08	64.65	50.55	36.05	40.82	39.80
2000	92.98	58.29	61.72	56.55	68.60	57.27	39.27	49.18	48.04
2001	96.52	65.01	67.08	64.58	71.88	63.82	54.23	59.88	58.99
2002	98.99	74.71	73.34	75.29	81.19	77.01	73.47	68.86	68.48
2003	99.90	86.78	88.24	87.43	90.69	88.95	91.39	84.24	79.87
2004	100.00	100.00	100.00	100.00	100.00	100.00	100.00	100.00	100.00
2005	100.42	116.78	105.60	109.51	110.04	116.35	148.84	108.24	113.11
2006	103.29	134.48	129.59	123.17	127.69	129.22	195.10	125.83	126.55
2007	104.96	157.81	139.81	138.37	140.30	144.60	253.61	142.24	143.47
2008	107.47	172.49	138.74	148.96	152.06	158.36	310.67	159.22	159.88
2009	109.70	184.67	160.54	170.93	146.54	162.87	370.52	180.04	172.10
2010	114.49	211.77	180.56	190.04	161.66	183.07	447.73	211.01	188.36
2011	118.06	224.89	196.46	216.52	174.64	197.92	506.65	226.35	204.78
2012	121.03	237.48	219.79	249.84	185.23	221.01	509.57	245.46	224.04
2013	122.00	255.65	250.17	279.05	197.04	233.74	573.66	264.01	234.33
2014	124.68	271.25	306.74	301.10	204.53	262.32	623.09	280.21	250.00
2015	129.20	275.12	358.14	325.43	218.11	282.34	684.18	320.03	279.42
2016	134.86	298.77	366.98	366.98	220.48	283.54	721.54	358.44	312.56
2017	138.80	331.32	381.93	368.74	231.09	291.84	758.53	379.95	343.01
2018	140.18	362.13	401.70	387.50	234.61	297.22	808.05	403.82	382.25
2019	141.67	377.30	386.49	412.59	243.41	311.92	923.40	418.32	411.12
2020	145.12	387.16	395.36	413.93	236.77	295.86	1014.54	457.18	429.11
2021	148.07	431.51	387.83	458.31	258.80	348.58	1088.88	486.19	455.75

1-16　市区主要年份生产总值

单位：万元

年　份	市　区	椒江区	黄岩区	路桥区
1978	32548	11798	12199	8551
1979	41787	16112	14963	10712
1980	47228	19456	16261	11512
1981	50843	22082	16567	12194
1982	59039	25289	19328	14422
1983	70505	31523	22186	16796
1984	92014	41982	28500	21531
1985	123012	49694	41634	31685
1986	134558	52163	46940	35455
1987	158033	58958	56567	42508
1988	204461	72331	75302	56828
1989	233516	76817	86557	70142
1990	251971	85480	89308	77183
1991	320142	106932	117033	96178
1992	416662	135425	155082	126155
1993	566571	175524	215144	175903
1994	889076	277480	344506	267090
1995	1219390	420112	394322	404956
1996	1469187	512340	475342	481505
1997	1664627	589163	506782	568682
1998	1846313	665377	539014	641923
1999	2057792	750645	584676	722471
2000	2315012	852007	646569	816436
2001	2559125	946555	704134	908437
2002	2938955	1081028	805273	1052654
2003	3409949	1272132	907349	1230458
2004	4065795	1526749	1061387	1477659
2005	4707540	1745141	1244872	1717526
2006	5484770	2017976	1469676	1997118
2007	6357933	2312961	1729017	2315956
2008	7173101	2529499	2009079	2634523
2009	7374758	2642595	2026397	2705766
2010	8636827	3107249	2344930	3184647
2011	9968987	3581018	2701316	3686653
2012	10713864	3794565	2902145	4017155
2013	11635112	4115252	3124724	4395137
2014	12483792	4382630	3407917	4693245
2015	13109220	4663053	3599755	4846413
2016	14098276	4962509	3933155	5202611
2017	16178654	5596945	4560418	6021292
2018	18058001	6351877	5088046	6618077
2019	18684515	6744129	5394765	6545622
2020	18814881	6932715	5406081	6476085
2021	20562768	7521425	5874712	7166632

1-17 各县市主要年份生产总值

单位：万元

年 份	三门县	天台县	仙居县	温岭市	临海市	玉环市
1978	7466	8526	8901	20355	18886	7910
1979	8347	9560	9579	26328	24162	9061
1980	9655	11307	10892	27552	27380	12849
1981	9795	12861	12833	32439	30403	15011
1982	11963	14452	14467	38050	35603	14439
1983	12577	15471	16195	42138	37204	15277
1984	15913	18594	18333	51657	45454	18665
1985	22798	25189	22548	69826	57830	27674
1986	26531	27417	26008	84676	74650	30742
1987	30993	31353	32580	107129	86161	39272
1988	40983	44292	44266	139991	112371	58652
1989	45282	53997	50121	152507	136167	59058
1990	46863	58527	53102	161212	137622	73143
1991	57381	69247	59045	216933	157599	98558
1992	66757	79406	70313	278919	194374	128821
1993	83114	109834	96943	421251	267318	173184
1994	116881	157202	129603	657951	411952	283692
1995	150638	196314	158030	933228	573323	393645
1996	172491	211334	177662	1160182	656810	479248
1997	139490	208921	187289	1245195	554209	525506
1998	173035	222958	203712	1353736	605975	577629
1999	194092	250604	227802	1482229	675992	656642
2000	222107	292820	255474	1656554	769872	745819
2001	244602	326569	273822	1782466	875558	828499
2002	291671	374218	322357	1996711	1017712	964328
2003	346115	437201	365210	2277769	1178192	1110045
2004	416916	534554	441062	2673278	1419827	1279815
2005	496453	622856	513219	3066839	1652692	1495957
2006	589337	724120	602060	3535320	1932379	1820590
2007	712064	840522	704491	4156486	2282498	2272493
2008	836622	964625	791830	4787823	2601800	2579373
2009	894321	1013556	844173	5039585	2797386	2476730
2010	1072333	1197196	1021343	5804450	3331043	3122502
2011	1248967	1394598	1189551	6619701	3766930	3633511
2012	1316530	1513259	1281737	6752300	3988793	3770240
2013	1422994	1635051	1415955	7389002	4356336	4083802
2014	1585315	1777728	1585141	7867032	4547683	4292244
2015	1733840	1948291	1727068	8042814	4848422	4415016
2016	1903886	2132811	1920166	8519401	5451238	4683683
2017	2148800	2395800	2172572	9213734	6304775	5279324
2018	2459161	2690999	2357343	10301945	6881693	5839124
2019	2627790	2900588	2512381	10951747	7149555	6198267
2020	2886661	3047159	2650486	11257036	7423651	6295730
2021	3195017	3395486	2828381	12569632	8198681	7113879

1-18　市区主要年份生产总值指数

(以1978年为100)

年　份	市　区	椒江区	黄岩区	路桥区
1978	100.00	100.00	100.00	100.00
1979	116.82	124.11	110.67	115.91
1980	126.21	143.02	116.29	118.21
1981	135.25	162.98	117.26	123.70
1982	152.34	182.87	130.00	143.28
1983	181.75	227.21	151.64	163.30
1984	228.63	291.88	187.18	202.07
1985	287.40	337.88	252.91	269.27
1986	310.30	354.33	279.57	296.03
1987	365.33	393.90	353.94	345.40
1988	405.60	390.97	436.49	385.73
1989	447.88	401.04	490.74	456.25
1990	471.14	410.82	517.19	493.99
1991	572.50	488.30	639.98	602.05
1992	739.30	647.89	815.32	766.63
1993	863.17	673.45	1004.40	947.65
1994	1075.81	885.85	1164.70	1215.51
1995	1316.58	1128.57	1285.70	1582.65
1996	1560.33	1370.54	1533.45	1820.95
1997	1781.98	1571.90	1663.63	2167.63
1998	2067.27	1863.53	1869.91	2527.81
1999	2384.34	2152.12	2127.96	2943.60
2000	2679.39	2415.56	2379.06	3325.16
2001	3005.38	2713.77	2664.55	3727.94
2002	3432.96	3067.81	3066.89	4280.24
2003	3931.12	3523.53	3474.79	4924.69
2004	4533.58	4078.81	3955.35	5711.28
2005	5162.15	4584.62	4554.97	6535.35
2006	5885.04	5184.88	5267.20	7434.24
2007	6654.10	5780.50	6055.66	8420.30
2008	7220.44	6085.36	6774.83	9196.12
2009	7709.18	6547.89	7062.11	9923.41
2010	8638.49	7354.79	7836.23	11174.46
2011	9437.78	7953.58	8595.48	12293.63
2012	10195.86	8399.13	9329.98	13521.39
2013	11001.10	9016.55	10073.17	14650.71
2014	11867.70	9649.13	10949.11	15833.39
2015	12598.95	10260.71	11697.13	16706.71
2016	13466.13	10883.86	12576.95	17907.54
2017	14621.86	11618.34	13790.08	19615.36
2018	15781.06	12653.48	14964.37	20905.79
2019	16316.63	13367.01	15943.36	20670.35
2020	16581.68	13707.90	16327.64	20679.35
2021	17741.44	14562.50	17382.78	22385.74

1-19 各县市主要年份生产总值指数

(以1978年为100)

年　份	三门县	天台县	仙居县	温岭市	临海市	玉环市
1978	100.00	100.00	100.00	100.00	100.00	100.00
1979	109.16	99.37	104.71	124.77	128.12	126.22
1980	112.08	114.88	130.29	129.65	145.32	156.70
1981	124.25	127.81	135.43	155.75	157.93	178.39
1982	139.95	138.66	139.54	175.85	172.82	162.03
1983	151.44	144.48	156.17	200.37	177.68	168.43
1984	185.21	167.38	182.28	246.82	201.17	201.79
1985	224.87	203.28	201.99	293.19	227.77	259.63
1986	240.62	211.51	225.66	372.32	285.39	278.31
1987	262.39	218.85	269.38	477.20	321.62	332.22
1988	311.39	275.47	335.51	559.87	374.73	457.68
1989	330.03	306.88	362.95	669.45	442.75	463.27
1990	327.33	322.07	377.83	731.81	403.49	497.55
1991	401.46	361.63	411.72	925.60	446.59	572.50
1992	454.79	394.30	431.41	1150.67	537.66	706.87
1993	492.65	460.92	547.64	1682.98	657.87	850.28
1994	557.09	543.24	626.95	2177.10	859.77	1130.88
1995	612.21	603.92	703.42	2670.24	969.79	1393.11
1996	610.68	621.85	766.81	3393.82	1087.64	1683.78
1997	498.36	614.14	819.32	3669.45	901.49	1906.02
1998	620.98	669.35	938.89	4162.68	1019.41	2141.09
1999	714.92	778.69	1078.83	4727.57	1169.65	2560.88
2000	803.27	908.08	1205.25	5301.42	1334.03	2957.20
2001	901.43	1018.70	1337.82	5787.66	1527.31	3344.60
2002	1044.76	1172.31	1530.08	6436.30	1755.55	3823.13
2003	1222.41	1343.35	1721.58	7270.97	2025.95	4373.48
2004	1417.93	1574.01	1973.47	8263.06	2360.12	5033.36
2005	1643.62	1787.93	2245.28	9275.54	2687.89	5741.33
2006	1917.77	2032.46	2585.47	10553.18	3077.73	6815.22
2007	2243.41	2289.10	2911.77	12073.97	3537.40	8303.99
2008	2510.88	2530.95	3154.04	13364.39	3894.97	9082.37
2009	2755.53	2738.07	3468.41	14621.95	4318.97	8955.98
2010	3130.84	3069.31	3968.52	16061.54	4926.06	10881.32
2011	3401.16	3413.85	4376.98	17339.45	5304.39	12136.11
2012	3584.72	3723.03	4782.12	18478.39	5701.35	12876.20
2013	3827.11	4004.98	5234.88	19866.89	6171.64	13893.79
2014	4241.84	4358.87	5845.94	21013.15	6480.12	14745.56
2015	4708.18	4814.67	6441.45	21927.62	7024.23	15514.02
2016	5114.73	5223.09	7207.43	23444.64	7675.77	16686.24
2017	5555.18	5650.34	7805.15	24949.95	8391.63	17967.44
2018	6124.80	6133.54	8188.61	26852.76	8972.05	19234.46
2019	6578.04	6565.99	8635.22	28159.21	9235.42	20222.87
2020	7203.44	6873.33	9071.04	29009.40	9584.20	20797.93
2021	7824.41	7544.69	9529.31	31707.03	10379.52	23057.98

1-20 市区主要年份第一产业增加值

单位：万元

年份	市区	椒江区	黄岩区	路桥区
1978	12763	3051	5170	4542
1979	16518	4981	6457	5080
1980	17311	5578	6295	5438
1981	18352	6128	6615	5609
1982	21590	7166	7769	6655
1983	21903	6815	8282	6806
1984	28034	9022	10437	8575
1985	34876	10268	13508	11100
1986	35628	10716	13675	11237
1987	40455	12906	15123	12426
1988	47543	14666	18048	14829
1989	49622	13805	19662	16155
1990	52736	16412	19940	16384
1991	60743	17412	24218	19113
1992	71567	17951	30501	23115
1993	84136	23208	35266	25661
1994	121306	37497	49985	33824
1995	172467	56160	58221	58086
1996	190767	61694	65266	63807
1997	170736	52837	56381	61518
1998	185514	58055	64684	62775
1999	185907	57009	67150	61748
2000	180337	52036	68458	59843
2001	185606	53794	70107	61705
2002	194692	57853	73259	63580
2003	194801	55175	75641	63986
2004	203055	57532	78150	67373
2005	218671	61474	81718	75479
2006	224892	63608	87181	74103
2007	225594	68202	90424	66968
2008	241098	74597	95718	70784
2009	257953	82729	101482	73741
2010	322750	115821	119928	87001
2011	374915	138537	134115	102262
2012	393865	147228	142561	104076
2013	412297	159277	144292	108728
2014	421037	162558	147353	111126
2015	445960	175178	153475	117307
2016	491571	194519	167562	129490
2017	500642	201484	171422	127736
2018	523077	211447	179320	132310
2019	555979	223716	192871	139392
2020	569227	230955	196153	142119
2021	539549	189787	207868	141893

1-21 各县市主要年份第一产业增加值

单位：万元

年 份	三门县	天台县	仙居县	温岭市	临海市	玉环市
1978	4123	4186	5459	8462	7578	3574
1979	4112	4830	6110	10182	11065	3675
1980	5086	5415	6361	9807	12224	3561
1981	3985	6250	7541	10199	13403	3860
1982	5921	7716	9285	14108	17520	5710
1983	5111	8260	9188	14354	18026	5698
1984	7283	9010	10267	14220	21336	6767
1985	10767	11833	12383	26138	23549	8300
1986	11221	11958	13125	29840	28022	8736
1987	13233	13113	14878	38716	27956	10859
1988	17456	16071	17768	47754	32001	16146
1989	20221	19057	19487	50792	36219	17617
1990	20412	17591	22630	53223	41691	20797
1991	23919	20269	22880	79171	48365	29177
1992	24094	20603	22615	94637	53015	32580
1993	32993	24889	30926	108432	58583	50920
1994	57979	36708	34974	180230	88069	83474
1995	73174	40348	38024	224680	118225	117290
1996	75830	45730	38789	236223	136829	134916
1997	43730	44881	38827	256253	122190	137597
1998	62386	46145	39751	259929	126369	137788
1999	66275	46735	40464	262839	131165	139536
2000	69227	47866	41425	255171	134870	136637
2001	75260	49731	41673	260372	141070	132488
2002	81151	51211	44133	261644	140131	129313
2003	87501	52517	47608	264787	144661	122686
2004	92727	54646	52542	265021	152358	122051
2005	103391	63186	60107	286396	164094	130510
2006	106801	66852	64195	290218	173500	133257
2007	114360	73287	77186	311449	191521	136253
2008	124750	76117	84414	331290	207887	152763
2009	132720	75972	85971	356481	231151	164538
2010	159696	100992	105803	414022	277316	195974
2011	190812	106084	118329	495933	325772	239444
2012	205772	114171	125964	522790	345167	249289
2013	219834	115882	126492	555950	361701	260043
2014	223342	117487	128131	565343	365270	264044
2015	240336	123339	133910	602859	379229	287757
2016	266035	131516	143863	669934	414792	320141
2017	286362	132239	145783	724120	436768	333118
2018	311816	136994	149130	764012	450221	349498
2019	334532	149882	159504	776339	483015	371339
2020	349155	165144	168290	804707	503441	389287
2021	366238	161199	168563	857111	541621	409227

1-22 市区主要年份第一产业增加值指数

(以1978年为100)

年 份	市 区	椒江区	黄岩区	路桥区
1978	100.00	100.00	100.00	100.00
1979	119.89	145.90	110.80	112.80
1980	118.52	159.04	105.26	106.30
1981	124.22	176.17	106.10	109.84
1982	141.90	201.35	120.43	126.34
1983	145.61	193.52	127.77	133.69
1984	182.74	254.69	157.80	162.68
1985	205.69	286.69	185.73	173.59
1986	207.54	302.66	182.01	172.29
1987	235.08	365.24	207.86	177.79
1988	235.00	336.79	229.68	171.57
1989	237.55	308.47	248.75	175.97
1990	241.35	342.25	251.24	160.75
1991	267.95	344.40	309.27	171.58
1992	294.24	319.63	374.52	188.78
1993	290.46	324.33	377.90	175.82
1994	316.72	377.72	416.07	177.28
1995	371.97	493.10	378.20	270.94
1996	394.51	519.03	406.94	284.68
1997	369.21	466.26	365.44	287.58
1998	417.78	531.48	436.70	305.53
1999	437.11	540.51	466.83	319.28
2000	426.30	495.11	471.04	314.17
2001	438.94	508.97	487.52	322.02
2002	461.38	547.66	510.93	332.66
2003	459.31	519.18	523.19	334.42
2004	460.87	522.29	520.66	338.10
2005	455.73	532.81	494.46	340.87
2006	469.99	550.93	535.99	331.33
2007	478.90	552.03	560.65	331.66
2008	488.53	572.45	575.23	330.99
2009	494.96	598.18	580.72	327.43
2010	515.32	641.35	593.74	339.34
2011	530.14	660.27	611.90	347.90
2012	539.73	683.71	626.24	343.53
2013	540.03	697.05	627.12	340.91
2014	552.55	715.79	640.65	347.76
2015	575.68	749.27	669.81	358.00
2016	601.89	784.82	698.38	374.63
2017	606.79	787.78	729.19	362.54
2018	615.81	791.13	759.53	360.25
2019	629.01	805.65	779.71	367.01
2020	643.83	821.89	803.99	373.46
2021	604.91	696.29	818.61	366.41

1-23 各县市主要年份第一产业增加值指数

(以1978年为100)

年　份	三门县	天台县	仙居县	温岭市	临海市	玉环市
1978	100.00	100.00	100.00	100.00	100.00	100.00
1979	102.16	89.12	112.15	106.36	146.01	138.85
1980	113.95	101.68	127.07	120.37	161.53	125.24
1981	122.16	114.98	131.87	133.52	176.97	133.25
1982	141.83	134.58	138.56	178.78	199.91	180.59
1983	137.29	138.58	133.87	199.91	212.76	178.45
1984	163.78	143.16	160.47	231.45	234.59	204.37
1985	186.39	161.45	166.97	274.75	228.85	206.48
1986	185.83	154.14	170.20	371.58	264.84	205.07
1987	188.43	146.06	169.42	452.25	256.13	243.51
1988	199.92	144.41	162.39	429.59	258.33	268.30
1989	207.12	159.25	168.75	603.71	274.17	292.18
1990	181.23	141.52	175.96	615.11	240.97	300.03
1991	238.59	159.57	194.40	693.23	291.93	315.87
1992	249.33	155.78	185.22	704.32	288.23	327.26
1993	270.73	171.05	212.63	743.06	288.04	395.24
1994	347.77	184.41	182.86	877.56	337.39	474.37
1995	386.72	184.41	187.43	965.31	329.35	592.94
1996	331.82	185.22	190.05	970.14	365.88	654.22
1997	198.90	188.81	197.66	1051.63	339.41	693.63
1998	295.57	201.54	210.70	1110.52	366.86	724.18
1999	323.67	210.24	224.78	1149.39	392.58	756.30
2000	335.41	213.31	233.10	1099.97	400.51	735.08
2001	368.32	223.79	234.90	1130.77	423.39	720.02
2002	397.16	230.56	250.15	1127.80	445.04	703.65
2003	428.23	233.86	268.24	1130.19	454.47	660.27
2004	427.88	234.38	283.40	1109.97	460.02	622.54
2005	439.10	241.67	300.05	1112.26	461.67	611.44
2006	453.15	249.40	321.65	1116.71	491.68	615.72
2007	458.59	253.39	338.06	1126.76	507.90	612.03
2008	469.59	259.30	351.24	1133.52	534.64	626.72
2009	480.23	266.44	358.31	1154.37	561.40	628.67
2010	508.95	277.68	379.78	1186.47	591.83	661.59
2011	524.27	284.24	392.92	1219.46	615.17	684.72
2012	547.99	290.07	400.54	1257.85	632.80	690.26
2013	549.10	295.23	401.83	1276.30	641.39	681.37
2014	561.22	302.17	411.13	1301.83	654.64	694.88
2015	583.36	313.96	427.02	1338.09	673.68	723.80
2016	606.26	327.49	444.94	1399.30	702.83	752.04
2017	634.15	340.67	462.79	1457.90	731.36	744.88
2018	653.57	354.42	478.99	1454.49	742.16	729.54
2019	670.07	362.28	479.09	1425.87	759.02	748.70
2020	684.34	377.68	488.25	1457.83	776.67	774.86
2021	706.44	399.10	502.46	1514.03	820.90	793.56

1-24　市区主要年份第二产业增加值

单位：万元

年　份	市　区	椒江区	黄岩区	路桥区
1978	12105	5876	3999	2230
1979	16193	7349	5287	3557
1980	18952	8600	6394	3958
1981	20713	9796	6584	4333
1982	23730	10793	7730	5206
1983	31643	15478	9352	6813
1984	42914	21290	12531	9092
1985	60756	26241	19772	14743
1986	65546	27450	21860	16236
1987	77119	29655	27293	20171
1988	104697	38987	37872	27839
1989	127816	45432	47575	34809
1990	128592	41626	50066	36899
1991	161295	52775	61762	46758
1992	219444	71945	84766	62733
1993	339288	105611	134799	98878
1994	529033	173928	207138	147966
1995	688456	258203	226954	203299
1996	838000	316848	279119	242033
1997	966312	378694	302684	284934
1998	1054524	410379	315510	328635
1999	1179197	464688	340909	373600
2000	1313821	515605	374926	423289
2001	1413010	558660	402198	452152
2002	1578265	610734	452162	515369
2003	1810217	706772	501383	602062
2004	2131715	838724	572609	720383
2005	2494834	956874	683642	854318
2006	2926172	1098848	820217	1007108
2007	3368140	1198062	969620	1200458
2008	3734788	1244112	1126557	1364119
2009	3650024	1225236	1089323	1335464
2010	4226894	1413861	1255646	1557387
2011	4809634	1557283	1458874	1793477
2012	5084573	1641335	1506731	1936507
2013	5451488	1769384	1607765	2074339
2014	5834780	1930564	1741965	2162250
2015	5811467	1949400	1761632	2100434
2016	6055110	2042056	1895125	2117929
2017	7182567	2416629	2211453	2554484
2018	8074240	2712553	2494447	2867240
2019	7989545	2806198	2541915	2641432
2020	7600902	2587026	2513715	2500160
2021	8339590	2807388	2744019	2788183

1-25　各县市主要年份第二产业增加值

单位：万元

年　份	三门县	天台县	仙居县	温岭市	临海市	玉环市
1978	1676	2563	2029	5797	5700	2078
1979	2211	2653	1829	8879	7161	2847
1980	2438	3453	2792	9884	8293	5502
1981	3237	3778	3297	11675	9732	6408
1982	3238	3652	2961	11618	10063	5316
1983	4193	3797	4179	13204	10333	5767
1984	4676	5114	4847	19809	13143	7790
1985	6820	7376	6106	20608	17834	13659
1986	7948	8443	7676	23974	22430	14902
1987	9364	9684	11343	31088	28679	19789
1988	13319	16236	18054	39526	39588	30789
1989	14321	20983	21575	46165	54149	29681
1990	15737	23562	18925	50311	53073	32252
1991	19754	28333	22218	62931	59755	39694
1992	28860	33593	29559	94438	73998	59775
1993	33656	51057	40430	188319	121838	71050
1994	37992	68786	55277	280363	191025	126814
1995	44607	87516	69174	425266	274286	184924
1996	57545	86248	79887	574169	320133	238615
1997	48588	81583	83245	604343	247458	264373
1998	57988	87999	92413	663726	279073	294866
1999	66919	105251	106700	734779	317762	349993
2000	80041	127168	123397	845962	367305	411862
2001	84877	143378	129965	910492	425513	472867
2002	102628	168540	155632	1016922	508182	567736
2003	125912	197630	173794	1188978	597504	668028
2004	152583	241920	205901	1423293	728227	776101
2005	195761	286992	240511	1645846	866544	922028
2006	248114	343163	290024	1928252	1040473	1172643
2007	317137	385730	331734	2286226	1241922	1514320
2008	379201	447252	361863	2631565	1397294	1706844
2009	402285	455978	374443	2743029	1488625	1526913
2010	490760	534314	461068	3159114	1759247	1984448
2011	544007	636362	540225	3527073	1937045	2266439
2012	539971	665756	572749	3314415	1957322	2284261
2013	563162	716432	623294	3544876	2181222	2445472
2014	661337	791043	691624	3856694	2106316	2568042
2015	706936	862575	733284	3750168	2219754	2507968
2016	779949	918343	817457	3792748	2380347	2549719
2017	893533	1006964	947650	4221516	2906966	2935221
2018	1071574	1121051	1029668	4757082	3253220	3261005
2019	1131294	1184688	1096727	4956905	3231238	3414473
2020	1367820	1212918	1095982	4906145	3260301	3341250
2021	1544539	1375173	1143619	5592166	3631771	3801400

1-26　市区主要年份第二产业增加值指数

(以1978年为100)

年　份	市　区	椒江区	黄岩区	路桥区
1978	100.00	100.00	100.00	100.00
1979	117.37	114.81	117.74	122.81
1980	133.57	125.37	138.89	144.30
1981	144.17	142.79	139.97	153.69
1982	161.76	154.41	159.59	182.69
1983	213.55	219.76	198.02	222.68
1984	277.68	287.61	256.04	287.35
1985	378.14	345.03	374.90	463.85
1986	402.33	357.73	401.42	512.73
1987	476.04	374.33	528.08	639.90
1988	551.76	400.44	673.25	722.61
1989	660.25	453.24	829.48	889.54
1990	661.09	373.76	905.11	965.77
1991	854.67	499.10	1143.84	1240.30
1992	1144.78	699.76	1466.70	1664.92
1993	1420.49	781.58	1851.52	2272.93
1994	1716.16	1097.54	1786.24	2951.69
1995	2083.13	1364.62	2123.42	3553.29
1996	2580.01	1685.43	2777.26	4201.20
1997	3060.62	2048.50	3175.38	5013.23
1998	3485.19	2286.08	3519.94	5983.36
1999	4065.65	2662.97	4079.37	7029.98
2000	4541.93	2924.06	4593.97	7948.65
2001	5068.43	3214.30	5197.54	8922.52
2002	5706.25	3504.92	6028.47	10185.40
2003	6548.35	4003.20	6920.53	11748.07
2004	7459.25	4533.06	7836.62	13534.08
2005	8615.52	5105.88	9222.93	15839.77
2006	9805.68	5693.83	10730.55	18114.80
2007	11049.36	6070.94	12430.34	21145.71
2008	11822.65	6056.27	13956.88	23250.45
2009	12347.73	6291.50	14256.35	24840.68
2010	13805.63	7029.27	15921.87	27815.59
2011	14964.43	7359.95	17675.16	30494.82
2012	16256.47	7800.53	19050.85	34039.71
2013	17603.12	8510.47	20547.27	36898.72
2014	19130.66	9258.81	22471.95	39865.67
2015	19768.37	9515.87	23664.40	40754.64
2016	21117.63	10153.68	25524.86	43228.47
2017	23357.06	11152.68	28384.08	47901.55
2018	25566.53	12167.87	31327.24	52218.11
2019	25654.27	12500.43	33024.08	48945.83
2020	25330.02	12056.26	33969.85	47495.74
2021	27231.35	12822.49	36368.89	51838.44

1-27 各县市主要年份第二产业增加值指数

(以1978年为100)

年 份	三门县	天台县	仙居县	温岭市	临海市	玉环市
1978	100.00	100.00	100.00	100.00	100.00	100.00
1979	112.17	102.14	82.99	153.30	126.33	128.31
1980	97.39	124.65	136.94	141.99	147.04	201.50
1981	108.18	134.84	134.98	166.01	171.38	226.62
1982	119.23	131.31	126.40	147.64	173.16	177.48
1983	149.78	137.27	179.22	170.82	167.72	190.26
1984	196.21	183.03	206.10	230.56	188.35	258.01
1985	264.96	253.48	254.32	273.35	241.12	399.38
1986	263.30	284.11	310.18	271.56	295.80	431.97
1987	320.99	307.97	468.61	405.39	373.09	533.16
1988	462.47	481.81	734.36	499.82	497.16	860.35
1989	538.77	572.25	823.97	597.90	693.59	869.32
1990	577.02	623.20	835.44	677.17	674.72	947.37
1991	619.50	682.20	848.25	948.82	710.53	1000.71
1992	882.03	779.82	890.01	1479.29	936.51	1399.11
1993	977.30	969.01	1297.78	2809.76	1414.18	1670.38
1994	943.53	1115.54	1723.47	3662.23	1926.93	2470.38
1995	893.63	1280.65	2032.35	4684.41	2218.78	3220.35
1996	1085.52	1267.58	2372.66	6425.61	2605.62	4225.06
1997	963.65	1199.72	2505.32	6968.72	2025.21	4702.77
1998	1025.63	1333.49	2910.57	7910.26	2353.99	5384.16
1999	1225.86	1682.70	3485.91	9100.52	2767.65	6638.89
2000	1410.12	2044.90	4002.50	10379.82	3205.06	7789.15
2001	1548.49	2335.45	4485.37	11359.33	3714.06	9115.88
2002	1780.00	2762.87	5154.62	12776.96	4321.41	10692.54
2003	2151.30	3194.25	5681.67	14800.12	5103.00	12432.25
2004	2522.15	3763.42	6463.98	17079.67	6078.13	14671.63
2005	3200.03	4388.97	7412.70	19414.45	7109.41	17143.35
2006	3945.70	5095.39	8692.92	22457.75	8285.41	21144.77
2007	4918.10	5601.73	9704.11	26087.79	9678.92	26757.99
2008	5614.36	6280.53	10273.79	28999.69	10546.83	29229.54
2009	6280.72	6692.53	11216.98	32089.13	11856.67	27440.08
2010	7340.78	7586.73	13188.40	35394.13	13553.59	34675.58
2011	7684.14	8600.68	14557.43	37671.11	14274.63	38517.87
2012	7905.15	9428.36	16086.72	38998.34	15031.96	40687.70
2013	8341.22	10251.41	17653.73	41756.04	16141.98	44115.64
2014	9706.57	11409.39	19683.59	44982.53	15766.97	47182.23
2015	11027.18	12561.22	21485.21	46398.71	17244.09	48572.48
2016	12476.86	13532.49	24401.97	49495.69	18454.02	52231.55
2017	13790.14	14483.06	26986.94	53926.72	20635.41	57400.40
2018	16015.20	15629.15	28342.50	58764.80	22385.75	62263.02
2019	17479.04	16652.99	30205.99	60772.57	22431.28	65101.49
2020	20461.57	17637.85	31065.77	62002.25	23156.57	66166.31
2021	22689.58	19582.92	31751.04	69124.39	25264.64	73940.00

1-28　市区主要年份第三产业增加值

单位：万元

年　份	市　区	椒江区	黄岩区	路桥区
1978	7680	2871	3030	1779
1979	9076	3782	3219	2075
1980	10965	5278	3572	2115
1981	11778	6158	3368	2252
1982	13719	7330	3829	2561
1983	16959	9231	4552	3177
1984	21066	11670	5532	3864
1985	27380	13185	8354	5841
1986	33384	13998	11405	7981
1987	40459	16397	14151	9911
1988	52221	18678	19382	14161
1989	56078	17581	19320	19178
1990	70643	27442	19302	23899
1991	98105	36745	31053	30307
1992	125652	45530	39816	40307
1993	143148	46705	45079	51364
1994	238737	66055	87382	85300
1995	358468	105750	109147	143571
1996	440420	133798	130957	175665
1997	527580	157633	147717	222230
1998	606276	196943	158820	250513
1999	692688	228948	176617	287123
2000	820855	284366	203185	333303
2001	960510	334101	231829	394580
2002	1165998	412441	279851	473705
2003	1404931	510186	330325	564420
2004	1731025	630493	410628	689904
2005	1994035	726793	479512	787730
2006	2333706	855521	562278	915907
2007	2764200	1046698	668973	1048529
2008	3197215	1210790	786804	1199620
2009	3466782	1334629	835592	1296560
2010	4087183	1577567	969356	1540259
2011	4784438	1885197	1108327	1790914
2012	5235427	2006001	1252853	1976572
2013	5771327	2186591	1372667	2212070
2014	6227975	2289508	1518599	2419858
2015	6851793	2538474	1684648	2628672
2016	7551594	2725934	1870467	2955193
2017	8495445	2978831	2177542	3339072
2018	9460685	3427878	2414280	3618527
2019	10138991	3714215	2659979	3764797
2020	10644753	4114734	2696213	3833806
2021	11683629	4524250	2922824	4236555

1-29 各县市主要年份第三产业增加值

单位：万元

年 份	三门县	天台县	仙居县	温岭市	临海市	玉环市
1978	1667	1777	1413	6096	5608	2258
1979	2024	2077	1640	7267	5936	2539
1980	2131	2439	1739	7860	6863	3786
1981	2573	2834	1995	10565	7268	4743
1982	2804	3084	2221	12324	8021	3413
1983	3273	3413	2828	14580	8846	3812
1984	3954	4470	3219	17628	10975	4108
1985	5211	5980	4059	23080	16447	5715
1986	7362	7016	5207	30862	24199	7104
1987	8396	8556	6359	37325	29526	8624
1988	10208	11985	8444	52712	40782	11717
1989	10740	13957	9059	55549	45799	11760
1990	10714	17375	11547	57678	42858	20094
1991	13708	20645	13947	74831	49479	29687
1992	13803	25210	18139	89844	67361	36466
1993	16465	33889	25587	124501	86896	51215
1994	20910	51708	39352	197359	132857	73405
1995	32857	68450	50832	283281	180813	91431
1996	39116	79357	58986	349790	199848	105718
1997	47172	82456	65217	384599	184562	123536
1998	52661	88815	71548	430081	200533	144975
1999	60898	98618	80638	484611	227065	167114
2000	72839	117786	90652	555421	267697	197320
2001	84465	133460	102184	611601	308975	223143
2002	107892	154467	122592	718145	369400	267278
2003	132702	187054	143808	824004	436026	319331
2004	171606	237987	182619	984964	539242	381662
2005	197301	272678	212601	1134597	622054	443418
2006	234422	314105	247841	1316850	718406	514690
2007	280567	381505	295571	1558810	849054	621920
2008	332671	441255	345552	1824968	996619	719767
2009	359316	481606	383759	1940075	1077609	785279
2010	421877	561890	454471	2231313	1294480	942080
2011	514148	652151	530996	2596695	1504114	1127628
2012	570787	733332	583025	2915094	1686304	1236691
2013	639998	802736	666169	3288175	1813413	1378287
2014	700635	869198	765385	3444996	2076098	1460159
2015	786568	962377	859873	3689788	2249440	1619292
2016	857902	1082952	958846	4056720	2656100	1813823
2017	968905	1256597	1079138	4268098	2961041	2010985
2018	1075770	1432954	1178545	4780852	3178252	2228621
2019	1161963	1566018	1256150	5218503	3435302	2412455
2020	1169687	1669097	1386214	5546184	3659909	2565192
2021	1284240	1859114	1516199	6120354	4025289	2903252

1-30　市区主要年份第三产业增加值指数

(以1978年为100)

年　份	市　区	椒江区	黄岩区	路桥区
1978	100.00	100.00	100.00	100.00
1979	111.25	118.96	101.38	114.56
1980	127.53	160.46	107.24	113.36
1981	139.73	188.40	108.28	118.48
1982	155.02	219.58	108.92	132.83
1983	191.29	275.05	133.47	158.35
1984	226.42	335.80	148.58	186.18
1985	277.45	372.14	210.07	247.50
1986	334.04	396.66	291.97	318.84
1987	405.11	458.98	382.72	374.49
1988	455.58	422.75	489.42	480.43
1989	456.25	384.47	466.99	591.00
1990	549.61	554.67	469.01	717.58
1991	633.20	596.29	551.45	876.48
1992	843.51	839.76	727.37	1109.07
1993	948.12	758.52	997.01	1300.25
1994	1340.82	888.79	1683.73	1773.58
1995	1693.30	1196.54	1811.25	2519.29
1996	1917.27	1466.88	1916.58	2851.89
1997	2155.24	1547.55	2007.70	3537.85
1998	2617.23	2176.03	2272.72	4059.72
1999	3025.20	2532.56	2545.42	4767.56
2000	3550.47	3096.77	2899.26	5519.36
2001	4088.96	3669.00	3276.17	6273.41
2002	4843.16	4426.59	3826.57	7371.80
2003	5654.60	5252.81	4358.46	8608.50
2004	6757.30	6364.69	5153.07	10220.08
2005	7673.46	7195.52	5949.99	11530.81
2006	8857.73	8346.10	6893.51	13221.40
2007	10154.25	9889.79	7953.38	14620.48
2008	11262.26	11042.59	8958.29	15945.27
2009	12380.38	12319.83	9645.80	17498.93
2010	13979.45	13942.55	10712.45	19924.03
2011	15467.49	15560.30	11654.68	22081.06
2012	16686.29	16403.34	12852.70	24054.30
2013	18029.07	17426.13	14003.01	26155.02
2014	19366.07	18428.90	15191.29	28342.93
2015	21149.33	20199.73	16559.28	30880.81
2016	22647.44	21347.38	17795.05	33411.28
2017	24315.51	22369.48	19303.17	36448.44
2018	26012.03	24451.69	20633.49	38241.37
2019	27620.90	26462.93	22307.87	39394.24
2020	28730.99	28389.54	22723.58	40278.04
2021	30835.78	30480.70	24141.68	43518.82

1-31 各县市主要年份第三产业增加值指数

(以1978年为100)

年　份	三门县	天台县	仙居县	温岭市	临海市	玉环市
1978	100.00	100.00	100.00	100.00	100.00	100.00
1979	119.39	112.31	117.95	122.19	105.76	110.66
1980	119.25	123.75	130.81	130.49	121.66	160.32
1981	142.28	138.05	148.11	176.99	118.72	196.95
1982	153.38	144.19	161.88	207.91	135.89	139.95
1983	177.31	154.08	203.18	239.06	140.32	149.99
1984	208.87	191.75	225.89	291.21	168.86	156.26
1985	247.30	222.61	251.47	346.76	212.65	191.11
1986	326.93	240.38	302.47	497.05	302.15	219.99
1987	344.58	265.36	337.37	603.24	357.57	243.87
1988	353.89	308.23	372.13	816.39	407.95	271.36
1989	318.85	297.86	383.34	854.12	417.49	251.62
1990	316.94	350.04	432.16	967.06	349.78	270.97
1991	405.50	404.74	510.79	1231.11	374.79	380.26
1992	383.79	459.46	623.18	1385.55	488.47	453.08
1993	395.94	521.04	756.94	1638.09	516.72	549.31
1994	439.43	677.33	956.45	2206.14	679.86	664.34
1995	583.38	773.74	1074.79	2626.96	810.12	729.06
1996	604.99	847.31	1107.09	3123.56	838.26	786.74
1997	670.48	861.78	1234.27	3346.83	730.05	971.16
1998	817.69	930.13	1456.84	3910.30	808.48	1095.81
1999	960.38	1042.67	1637.42	4457.69	924.82	1321.94
2000	1146.78	1232.80	1824.36	5055.33	1090.40	1599.39
2001	1343.49	1392.42	2083.87	5646.60	1275.77	1849.55
2002	1666.87	1616.76	2434.24	6446.03	1499.06	2181.45
2003	2007.47	1905.49	2859.40	7314.05	1756.92	2631.80
2004	2528.34	2312.28	3394.32	8487.34	2079.65	3085.07
2005	2868.68	2610.01	3905.65	9630.14	2366.48	3497.24
2006	3361.31	2963.89	4491.59	11016.14	2692.47	3999.55
2007	3907.91	3492.78	5198.66	12650.11	3099.61	4684.17
2008	4425.58	3859.59	5827.88	14161.48	3497.40	5210.63
2009	4870.88	4274.46	6559.79	15422.08	3845.66	5706.68
2010	5477.91	4791.20	7405.70	17013.86	4437.70	6538.66
2011	6319.61	5307.84	8279.16	18897.85	4956.40	7464.09
2012	6847.50	5821.06	9072.39	21030.87	5511.30	8064.85
2013	7541.54	6248.44	10071.54	22924.32	6093.34	8745.04
2014	8152.70	6708.63	11434.20	23820.60	6952.64	9194.84
2015	8990.72	7495.97	12831.71	25274.88	7525.83	10109.84
2016	9531.88	8222.35	14327.01	27182.87	8454.44	10942.91
2017	10292.17	9020.24	15318.46	28330.85	9114.39	11570.80
2018	10967.98	9888.13	16086.51	30443.60	9680.62	12292.50
2019	11725.47	10679.50	16923.83	32702.75	10237.44	13086.09
2020	12105.25	11074.30	18186.85	34059.44	10697.28	13699.62
2021	13022.50	12099.45	19562.17	36836.52	11546.54	15206.68

1-32　市区主要年份工业增加值

单位：万元

年　份	市　区	椒江区	黄岩区	路桥区
1978	10732	5022	3723	1987
1979	14534	6391	4920	3223
1980	17000	7554	5919	3527
1981	18331	8342	6088	3901
1982	21007	9176	7147	4684
1983	28492	13697	8640	6155
1984	38870	19082	11572	8216
1985	54825	23284	18240	13301
1986	58899	24124	20054	14721
1987	69174	25861	25024	18289
1988	93345	33402	34703	25240
1989	115459	40323	43571	31565
1990	115482	35586	46252	33644
1991	143251	44258	56336	42657
1992	194319	59771	77461	57087
1993	305645	94712	121311	89621
1994	475734	151088	187993	136653
1995	605992	226348	197183	182462
1996	749203	279027	253459	216717
1997	882086	347339	275365	259382
1998	963968	374267	290166	299535
1999	1074701	416711	315483	342507
2000	1202859	462828	348823	391208
2001	1295923	493489	371371	431063
2002	1443217	534170	417356	491690
2003	1615867	610878	459432	545557
2004	1882863	715508	521416	645939
2005	2264120	846373	638630	779117
2006	2656011	965571	765706	924734
2007	3061741	1056675	906595	1098471
2008	3381271	1092203	1049737	1239330
2009	3272065	1071335	1004673	1196058
2010	3817777	1225146	1167645	1424985
2011	4308547	1342524	1343723	1622300
2012	4535091	1409816	1380395	1744880
2013	4839862	1507285	1466823	1865755
2014	5108938	1655165	1579370	1874403
2015	5013959	1660099	1591799	1762061
2016	5237167	1749847	1719498	1767822
2017	6211191	2068494	2006762	2135935
2018	6996085	2324042	2276478	2395565
2019	6869827	2400910	2314436	2154481
2020	6450812	2182540	2285592	1982681
2021	7207756	2451262	2510258	2246236

1-33 各县市主要年份工业增加值

单位：万元

年 份	三门县	天台县	仙居县	温岭市	临海市	玉环市
1978	1567	2116	1578	3790	4140	1733
1979	1969	2220	1415	6301	5399	2489
1980	2242	2938	2313	7602	6569	4383
1981	2940	3206	2505	9089	8186	5096
1982	2927	3095	2517	9329	7642	4209
1983	3870	3326	3624	10187	8171	4743
1984	4218	4473	4252	15327	11359	6555
1985	6126	6364	5595	17433	15235	12332
1986	7001	7223	6801	21571	20049	13360
1987	8369	7694	9603	27669	24755	17092
1988	12120	13815	15879	34560	34921	28066
1989	13113	16025	19570	41699	48482	28396
1990	14026	17718	17456	43874	46926	30710
1991	17507	22617	18488	52290	52430	36830
1992	25973	26716	24624	84260	65379	55218
1993	30628	43983	33519	166108	106391	67067
1994	34200	60549	46936	254137	171697	117616
1995	39455	72235	56969	390945	232991	167533
1996	50283	71781	69253	531209	278957	227989
1997	43709	73592	72848	567611	212616	246086
1998	51018	79827	81962	625464	240342	276500
1999	58531	91101	94964	698865	278070	330731
2000	70398	107378	109657	805413	324969	387470
2001	72836	125484	116233	867278	380080	443081
2002	86529	147643	140050	964829	465332	512157
2003	104439	169498	153906	1120323	543670	594469
2004	127187	209290	175367	1333371	648652	716543
2005	165146	246669	200597	1553447	770122	856126
2006	198878	302714	236543	1806031	933414	1091119
2007	253664	339367	277629	2125658	1128029	1425503
2008	301625	391157	312862	2441427	1271565	1624412
2009	297133	401076	327298	2516062	1305753	1466862
2010	353192	464676	388458	2900522	1542496	1898546
2011	396725	529620	416887	3217313	1675719	2160882
2012	395047	543362	436041	2952571	1678395	2176002
2013	411755	581360	469077	3137343	1824340	2333119
2014	460133	660428	540186	3208364	1697364	2416740
2015	496090	698171	573675	3000614	1805204	2285211
2016	575433	755301	653217	3028758	1972344	2336626
2017	656659	816518	758357	3330255	2453750	2734565
2018	805955	906163	804152	3699899	2712369	3030448
2019	919062	962231	861398	3852714	2669989	3174522
2020	1196825	999493	859681	3768739	2711789	3083855
2021	1368711	1136770	944327	4343468	3067845	3551392

1-34　市区主要年份工业增加值指数

(以1978年为100)

年　份	市　区	椒江区	黄岩区	路桥区
1978	100.00	100.00	100.00	100.00
1979	118.45	115.32	119.00	125.44
1980	141.26	131.15	147.32	156.51
1981	150.66	145.52	148.50	167.39
1982	169.39	156.79	169.74	201.23
1983	229.66	232.58	214.04	250.39
1984	301.54	308.59	278.25	325.51
1985	412.60	368.73	409.03	531.75
1986	439.92	382.02	438.88	590.46
1987	520.94	399.14	576.69	733.71
1988	602.45	418.88	739.32	828.58
1989	736.46	492.66	919.72	1034.06
1990	733.65	393.90	1003.41	1122.27
1991	947.66	527.26	1265.69	1440.77
1992	1285.25	745.16	1665.57	1941.81
1993	1644.01	890.21	2108.74	2707.02
1994	1961.38	1216.35	2013.68	3536.71
1995	2360.94	1504.46	2390.99	4186.26
1996	2942.10	1869.36	3117.95	5020.31
1997	3554.73	2351.71	3573.34	6083.14
1998	4047.30	2614.58	3968.83	7269.18
1999	4702.33	3008.95	4589.14	8566.26
2000	5255.75	3307.85	5165.45	9685.20
2001	5846.08	3590.57	5852.51	10902.05
2002	6555.96	3883.23	6722.16	12488.66
2003	7500.04	4415.11	7704.70	14360.33
2004	8521.85	4968.32	8701.82	16561.39
2005	10046.16	5762.34	10449.87	19579.48
2006	11409.72	6364.56	12130.02	22498.98
2007	12919.86	6841.70	14107.81	26253.16
2008	13875.07	6859.86	15873.94	28883.71
2009	14432.14	7131.95	16107.46	30675.75
2010	16284.99	7940.11	18157.81	35037.69
2011	17626.95	8346.54	20070.69	38206.72
2012	19078.29	8790.55	21559.69	42533.83
2013	20585.64	9504.35	23160.07	45984.14
2014	22231.97	10394.18	25204.18	48866.20
2015	22804.59	10613.68	26423.43	49406.32
2016	24455.93	11385.02	28556.20	52601.31
2017	27160.16	12529.77	31892.12	58617.19
2018	30034.83	13807.15	35597.17	64478.63
2019	30217.42	14265.79	37738.64	59975.64
2020	29730.63	13689.13	38894.07	57552.04
2021	32637.42	15106.88	41965.24	64059.51

1-35 各县市主要年份工业增加值指数

(以1978年为100)

年 份	三门县	天台县	仙居县	温岭市	临海市	玉环市
1978	100.00	100.00	100.00	100.00	100.00	100.00
1979	112.59	103.76	82.52	170.88	130.33	129.28
1980	99.30	138.09	145.84	191.30	158.78	192.70
1981	161.31	149.41	131.84	227.50	197.30	218.33
1982	177.73	145.65	138.14	203.01	179.58	184.19
1983	227.07	157.80	199.81	227.65	179.40	198.35
1984	299.32	211.60	232.40	304.07	218.62	279.14
1985	433.27	290.87	299.55	413.20	277.10	521.54
1986	429.76	326.14	353.27	429.60	359.40	667.78
1987	521.08	334.66	509.95	649.20	441.45	851.76
1988	760.84	559.16	830.25	800.80	610.31	1450.89
1989	894.06	621.19	960.70	987.65	872.81	1478.45
1990	956.20	677.23	990.59	1107.15	847.32	1598.50
1991	1001.61	766.90	907.34	1509.83	876.64	1623.92
1992	1446.33	864.29	912.62	2516.85	1174.65	2282.91
1993	1612.66	1213.66	1410.87	4880.98	1816.03	2753.27
1994	1511.06	1421.86	1938.57	6466.34	2526.01	4041.43
1995	1290.45	1522.30	2225.43	8295.69	2732.21	5157.41
1996	1655.64	1524.86	2703.92	11445.33	3288.13	7060.00
1997	1458.62	1563.29	2868.89	12548.14	2525.42	7713.47
1998	1601.57	1748.44	3365.21	14278.51	2943.57	8814.92
1999	1960.32	2118.64	4038.24	16537.59	3516.15	10960.68
2000	2289.65	2523.62	4619.73	18876.95	4116.18	12900.13
2001	2532.74	2997.83	5249.56	20697.53	4822.63	15144.32
2002	2948.03	3558.92	6051.44	23215.09	5743.36	17749.15
2003	3621.65	4060.76	6609.48	26791.63	6780.59	20589.03
2004	4291.66	4851.94	7314.70	30843.25	7970.51	24103.32
2005	5464.99	5607.58	8204.73	35240.68	9279.63	28238.78
2006	6371.21	6662.07	9366.14	40439.24	10888.76	34843.16
2007	7982.94	7336.90	10799.26	46749.71	12926.05	44716.81
2008	9212.30	8266.54	11953.27	52154.42	14219.53	49573.20
2009	9739.93	8881.54	13237.51	57315.12	15530.40	46985.98
2010	11213.63	10009.60	15183.59	63373.76	17815.05	59197.96
2011	12115.50	10985.40	15567.11	67394.86	18694.63	65683.44
2012	12552.07	11881.86	17073.53	68798.15	19579.94	69292.89
2013	13230.42	12855.14	18566.08	73025.48	20814.93	75065.14
2014	14998.14	14693.61	21426.66	75645.28	19762.44	79288.88
2015	17244.91	15924.98	23289.33	76889.22	21718.89	79278.43
2016	20512.51	17343.80	27111.42	82352.22	23331.05	85564.03
2017	23006.77	18568.33	30439.50	90347.24	26303.81	95602.34
2018	27694.75	20210.84	31657.25	98446.02	28517.28	103910.21
2019	31775.76	21877.88	34119.58	101791.73	28369.20	109039.96
2020	39992.48	23712.64	35512.73	104366.34	29411.93	110566.16
2021	45023.37	26500.86	38342.54	118170.75	32689.29	125148.91

1-36　市区主要年份人均生产总值

单位：元

年　份	市　区		椒江区		黄岩区		路桥区	
	按户籍人口计算	按常住人口计算	按户籍人口计算	按常住人口计算	按户籍人口计算	按常住人口计算	按户籍人口计算	按常住人口计算
1978	282		340		248		259	
1979	354		459		302		321	
1980	397		547		326		343	
1981	424		614		330		361	
1982	486		692		380		422	
1983	572		849		431		484	
1984	738		1114		547		616	
1985	975		1299		790		900	
1986	1053		1345		880		995	
1987	1221		1498		1047		1179	
1988	1559		1806		1379		1557	
1989	1763		1889		1576		1902	
1990	1889		2077		1621		2080	
1991	2387		2572		2118		2580	
1992	3092		3232		2798		3369	
1993	4182		4156		3869		4672	
1994	6522		6525		6169		7038	
1995	8887		9805		7034		10571	
1996	10628		11856		8436		12449	
1997	11956		13524		8949		14571	
1998	13165		15131		9498		16243	
1999	14550		16868		10275		18048	
2000	16235		18915		11314		20206	
2001	17830		20749		12324		22280	
2002	20351		23384		14116		25592	
2003	23438		27159		15880		29646	
2004	27714		32162		18514		35261	
2005	31795		36297		21588		40588	
2006	36694		41475		25298		46744	
2007	42141		46988		29531		53736	
2008	47144		50849		34078		60627	
2009	48118		52652		34186		61779	
2010	55964		61335		39384		72166	
2011	64162		70010		45188		82955	
2012	68515		73495		48357		89813	
2013	73962		78980		51888		97697	
2014	78958		83447		56418		103877	
2015	82506		88232		59245		107037	
2016	88282	68789	93193	65555	64420	58486	114619	83913
2017	100638	78007	103849	72972	74492	66770	131913	96495
2018	111495	85970	116282	81434	82827	73421	144159	105467
2019	114696	87969	122038	84566	87624	77234	142065	104230
2020	114983	87531	124084	84908	87761	76736	140296	103040
2021	125300	94411	133249	89915	95524	82684	155249	113576

1-37 各县市主要年份人均生产总值(一)

单位：元

年 份	三门县		天台县		仙居县	
	按户籍人口计算	按常住人口计算	按户籍人口计算	按常住人口计算	按户籍人口计算	按常住人口计算
1978	228		189		231	
1979	250		209		247	
1980	286		245		279	
1981	286		275		327	
1982	344		304		365	
1983	355		320		404	
1984	443		381		455	
1985	626		511		559	
1986	719		552		641	
1987	825		624		796	
1988	1071		869		1069	
1989	1170		1048		1200	
1990	1209		1132		1265	
1991	1480		1334		1395	
1992	1715		1522		1656	
1993	2127		2098		2268	
1994	2981		2987		3004	
1995	3833		3707		3633	
1996	4377		3963		4054	
1997	3528		3891		4245	
1998	4358		4114		4587	
1999	4872		4571		5094	
2000	5560		5297		5655	
2001	6109		5889		5999	
2002	7276		6743		7013	
2003	8614		7875		7892	
2004	10317		9616		9460	
2005	12177		11168		10895	
2006	14306		12915		12622	
2007	17100		14908		14608	
2008	19889		17014		16286	
2009	21075		17722		17226	
2010	25078		20702		20688	
2011	28995		23884		23949	
2012	30349		25682		25609	
2013	32578		27534		28069	
2014	36075		29783		31244	
2015	39329		32688		34041	
2016	43040	53480	35780	48694	37787	48245
2017	48277	58791	39915	53778	42379	53843
2018	55009	66106	44683	59470	45667	57566
2019	58741	69981	48124	62783	48455	60105
2020	64604	76165	50601	64764	50929	62072
2021	71721	84190	56575	71862	54285	65624

1-38　各县市主要年份人均生产总值(二)

单位：元

年份	温岭市		临海市		玉环市	
	按户籍人口计算	按常住人口计算	按户籍人口计算	按常住人口计算	按户籍人口计算	按常住人口计算
1978	218		207		250	
1979	278		261		282	
1980	289		292		394	
1981	338		321		453	
1982	391		370		430	
1983	427		381		448	
1984	518		461		540	
1985	693		581		790	
1986	831		742		865	
1987	1039		846		1089	
1988	1340		1090		1604	
1989	1440		1312		1598	
1990	1505		1322		1964	
1991	2007		1510		2633	
1992	2565		1855		3431	
1993	3856		2537		4599	
1994	5993		3887		7503	
1995	8451		5381		10365	
1996	10435		6130		12562	
1997	11127		5146		13721	
1998	12030		5602		15017	
1999	13111		6219		16976	
2000	14590		7073		19200	
2001	15643		7960		21260	
2002	17487		9230		24689	
2003	19912		10665		28302	
2004	23315		12805		32491	
2005	26679		14816		37701	
2006	30637		17194		45464	
2007	35793		20139		56187	
2008	40898		22775		63096	
2009	42703		24311		59991	
2010	48830		28732		74853	
2011	55344		32266		86296	
2012	56145		33956		88921	
2013	61153		36871		95684	
2014	64788		38298		100017	
2015	66107		40639		102627	
2016	70061	61335	45512	50311	108670	73992
2017	75621	66262	52465	57948	121967	83139
2018	84391	73982	57145	62904	134356	91656
2019	89642	78395	59338	64907	142181	96848
2020	92165	79922	61655	66880	144114	97912
2021	103158	88456	68258	73465	162709	110122

1-39　市区主要年份人均生产总值指数

年　份	市　区		椒江区		黄岩区		路桥区	
	按户籍人口计算	按常住人口计算	按户籍人口计算	按常住人口计算	按户籍人口计算	按常住人口计算	按户籍人口计算	按常住人口计算
1978	100.00		100.00		100.00		100.00	
1979	114.44		122.53		109.54		114.83	
1980	122.62		139.46		113.61		116.43	
1981	130.27		157.11		113.61		121.06	
1982	144.74		173.51		123.07		138.31	
1983	170.20		212.15		140.02		155.38	
1984	211.78		268.49		169.51		190.95	
1985	263.16		306.00		224.62		252.47	
1986	280.51		316.56		242.20		274.32	
1987	325.95		346.73		299.71		316.30	
1988	357.17		338.26		362.61		348.85	
1989	390.50		341.77		403.10		408.43	
1990	408.04		345.94		422.28		439.49	
1991	493.04		407.07		519.74		533.12	
1992	633.61		535.80		658.87		675.92	
1993	735.85		552.58		806.88		830.89	
1994	911.56		721.91		928.10		1057.45	
1995	1108.28		912.84		1016.94		1363.97	
1996	1303.70		1099.06		1201.59		1554.24	
1997	1478.38		1250.41		1290.98		1833.63	
1998	1702.58		1468.57		1445.37		2111.62	
1999	1947.29		1675.99		1636.71		2427.71	
2000	2170.33		1858.39		1814.86		2716.88	
2001	2418.62		2061.50		2033.30		3018.46	
2002	2745.89		2299.70		2347.17		3435.42	
2003	3121.15		2606.91		2651.50		3917.20	
2004	3569.52		2977.70		3008.19		4499.40	
2005	4027.25		3304.49		3444.10		5099.19	
2006	4547.78		3692.98		3953.16		5744.60	
2007	5094.38		4069.54		4509.60		6450.00	
2008	5481.46		4239.39		5010.50		6986.68	
2009	5810.17		4521.16		5194.77		7480.12	
2010	6465.57		5031.19		5738.54		8359.85	
2011	7016.41		5388.68		6269.28		9132.50	
2012	7531.46		5637.65		6778.36		9980.23	
2013	8077.76		5996.90		7293.38		10751.48	
2014	8670.33		6366.92		7903.31		11569.64	
2015	9159.27		6728.19		8393.92		12181.64	
2016	9740.18	100.00	7083.20	100.00	8981.68	100.00	13024.77	100.00
2017	10506.05	107.30	7470.71	105.36	9821.47	107.96	14187.12	108.83
2018	11254.80	114.35	8027.57	112.83	10621.39	115.46	15034.12	115.35
2019	11569.29	116.92	8382.00	116.58	11291.01	122.05	14810.97	113.96
2020	11705.03	117.41	8502.14	116.77	11557.04	123.93	14790.04	113.92
2021	12487.28	123.98	8940.11	121.08	12323.92	130.82	16009.79	122.83

注：本表按户籍人口计算以1978年为100，按常住人口计算以2016年为100。

1-40　各县市主要年份人均生产总值指数(一)

年　份	三门县		天台县		仙居县	
	按户籍人口计算	按常住人口计算	按户籍人口计算	按常住人口计算	按户籍人口计算	按常住人口计算
1978	100.00		100.00		100.00	
1979	107.10		98.09		104.08	
1980	108.60		112.08		129.00	
1981	118.92		123.17		133.25	
1982	131.88		131.59		135.85	
1983	140.19		135.02		150.47	
1984	168.78		154.64		174.62	
1985	202.20		186.18		193.11	
1986	213.73		192.03		214.68	
1987	228.90		196.43		253.97	
1988	266.67		243.69		312.75	
1989	279.47		268.67		335.32	
1990	276.96		281.07		347.38	
1991	339.55		314.26		375.57	
1992	383.01		340.91		392.14	
1993	413.27		397.18		494.41	
1994	465.76		465.69		560.95	
1995	510.47		514.46		624.06	
1996	507.92		526.15		675.37	
1997	412.94		516.04		716.74	
1998	512.46		557.13		815.93	
1999	587.79		640.82		931.07	
2000	658.32		741.09		1040.17	
2001	736.00		828.74		1142.11	
2002	852.29		953.04		1297.43	
2003	994.62		1091.62		1450.09	
2004	1147.14		1277.37		1649.78	
2005	1317.98		1446.32		1857.88	
2006	1521.95		1635.44		2112.70	
2007	1761.36		1831.73		2353.42	
2008	1951.44		2013.99		2528.52	
2009	2122.91		2159.82		2758.70	
2010	2393.72		2394.45		3133.14	
2011	2581.37		2637.62		3434.75	
2012	2701.56		2850.52		3724.19	
2013	2864.42		3042.62		4044.86	
2014	3155.69		3294.50		4491.19	
2015	3491.50		3644.28		4948.70	
2016	3780.12	100.00	3952.99	100.00	5528.45	100.00
2017	4080.28	105.79	4246.91	106.36	5934.38	106.82
2018	4479.04	114.60	4594.68	113.67	6183.11	110.42
2019	4807.24	121.93	4914.68	119.18	6491.07	114.08
2020	5270.47	132.29	5149.25	122.51	6793.40	117.31
2021	5742.08	143.51	5671.28	133.90	7128.50	122.09

注：本表按户籍人口计算以1978年为100，按常住人口计算以2016年为100。

1-41 各县市主要年份人均生产总值指数(二)

年份	温岭市		临海市		玉环市	
	按户籍人口计算	按常住人口计算	按户籍人口计算	按常住人口计算	按户籍人口计算	按常住人口计算
1978	100.00		100.00		100.00	
1979	123.38		126.38		124.18	
1980	127.18		141.66		151.75	
1981	151.67		152.21		170.29	
1982	169.12		164.14		152.39	
1983	189.98		166.20		156.13	
1984	231.54		186.32		184.53	
1985	272.29		209.14		234.15	
1986	342.02		259.11		247.43	
1987	433.07		288.32		291.14	
1988	501.43		332.08		395.71	
1989	591.56		389.62		396.37	
1990	639.06		353.93		422.33	
1991	801.19		390.78		483.48	
1992	990.10		468.64		595.13	
1993	1441.36		570.19		713.69	
1994	1855.63		740.89		945.44	
1995	2262.66		831.30		1159.46	
1996	2856.14		927.20		1395.13	
1997	3068.23		764.56		1573.09	
1998	3461.31		860.79		1759.52	
1999	3912.78		982.90		2093.07	
2000	4368.98		1113.64		2406.72	
2001	4752.75		1268.28		2713.62	
2002	5274.29		1454.27		3092.35	
2003	5947.59		1675.05		3526.23	
2004	6743.39		1944.21		4039.21	
2005	7550.36		2200.93		4573.67	
2006	8557.60		2501.30		5379.67	
2007	9728.92		2850.78		6490.03	
2008	10682.13		3114.21		7022.84	
2009	11593.57		3428.47		6857.18	
2010	12643.42		3881.04		8245.44	
2011	13564.87		4150.11		9111.09	
2012	14377.03		4433.16		9599.45	
2013	15385.53		4771.22		10290.13	
2014	16192.77		4984.60		10861.17	
2015	16864.76		5377.78		11399.31	
2016	18040.97	100.00	5853.54	100.00	12237.87	100.00
2017	19161.25	106.31	6378.42	108.87	13121.19	107.34
2018	20583.31	114.25	6805.15	115.77	13989.90	114.55
2019	21567.26	119.42	7001.28	118.35	14662.82	119.87
2020	22224.41	122.02	7270.59	121.88	15048.16	122.70
2021	24349.24	132.20	7893.15	131.29	16669.77	135.40

注：本表按户籍人口计算以1978年为100，按常住人口计算以2016年为100。

主要统计指标解释

生产总值（GDP） 指一国（或地区）所有常住单位在一定时期内生产活动的最终成果。生产总值有三种表现形态，即价值形态、收入形态和产品形态。从价值形态看，它是所有常住单位在一定时期内生产的全部货物和服务的价值超过同期投入的全部非固定资产货物和服务价值的差额，即所有常住单位的增加值之和；从收入形态看，它是所有常住单位在一定时期内创造并分配给常住单位和非常住单位的初次收入分配之和；从产品形态看，它是所有常住单位在一定时期内最终使用的货物和服务价值与货物和服务净出口价值之和。在实际核算中，生产总值有三种计算方法，即生产法、收入法和支出法。三种方法分别从不同的方面反映生产总值及其构成，即从不同的角度反映国民经济生产活动成果。

1.生产法

生产总值=总产出-中间投入

2.收入法(也称分配法)

生产总值=劳动者报酬+固定资产折旧+生产税净额+营业盈余

3.支出法

生产总值=最终消费支出+资本形成总额+货物和服务净出口

根据国民经济核算范围的整体性与一致性原则，从三个角度测算的生产总值理论上是一致的。即:生产法计算的生产总值=收入法(分配法)计算的生产总值=支出法计算的生产总值。在我国的生产总值核算中，最常用的方法是分配法。

三次产业 是根据社会生产活动历史发展的顺序对产业结构的划分，产品直接取自自然界的部门称为第一产业，对初级产品进行再加工的部门称为第二产业，为生产和消费提供各种服务的部门称为第三产业。它是世界上较为通用的产业结构分类，但各国的划分不尽一致。我国的三次产业划分是:

第一产业：农、林、牧、渔业（不包括农、林、牧、渔专业及辅助性活动）。

第二产业：采矿业（不含开采专业及辅助性活动），制造业（不含金属制品、机械和设备修理业），电力、热力、燃气及水生产和供应业、建筑业。

第三产业：即服务业、除第一产业、第二产业以外的其他行业。

当年价格 指报告期的实际价格。

可比价格 指计算各种总量指标所采用的扣除了价格变动因素的价格，可进行不同时期总量指标的对比。按可比价格计算总量指标有两种方法：一种是直接用产品产量乘某一年的不变价格计算；另一种是用价格指数进行缩减。

不变价格 指以同类产品某年的平均价格作为固定价格，用于计算各年的产品价值。按不变价格计算的产品价值消除了价格变动因素，不同时期对比可以反映生产的发展速度。本《年鉴》所列的农业总产值指数是按不变价格计算的。计算有关年份产值增长速度、可用指数直接进行计算。

平均增长速度 在我国计算平均速度有两种方法，一种是“水平法”，又称几何平均法，是以间隔期最后一年的水平同基期水平对比来计算平均每年增长（或下降）速度；另一种是“累计法”，又称代数平均法或方程法，是以间隔期内各年水平的总和同基期对比来计算平均每年增长（或下降）速度。本《年鉴》内所列的平均增长速度，除固定资产投资用“累计法”计算外，其余都是用“水平法”计算的。

2

人口和从业人员

Population and Employment

2-1 主要年份年末总户数和人口数

年份	户籍总户数（万户）	户籍总人口数（万人）	按性别分		按户籍分		按城乡分		常住人口数（万人）
			男性	女性	农业人口	非农业人口	城镇人口	农村人口	
1949	60.43	240.57	123.10	117.47	222.36	18.21			
1952	67.32	251.74	128.75	122.99	229.63	22.11			
1957	72.16	282.99	145.03	137.96	256.58	26.41			
1962	77.94	306.74	156.57	150.17	278.87	27.87			
1965	79.52	339.84	174.44	165.40	315.60	24.24			
1970	87.58	391.75	201.04	190.71	366.17	25.58			
1975	97.41	434.56	223.58	210.98	408.47	26.09			
1978	105.70	452.71	233.41	219.30	426.73	25.98			
1980	109.92	461.61	237.98	223.63	430.09	31.52			
1985	126.03	490.08	253.72	236.36	448.94	41.14			
1990	149.29	515.49	267.27	248.22	468.42	47.07			
1994	157.40	526.31	272.83	253.48	472.42	53.89			
1995	159.04	529.56	274.51	255.05	471.88	57.68			
1996	161.42	532.98	276.21	256.77	471.61	61.37			
1997	164.61	535.98	277.63	258.35	469.72	66.26			
1998	168.15	539.51	279.53	259.98	463.88	75.63			
1999	173.26	542.98	281.13	261.85	461.41	81.57			
2000	175.56	546.62	282.77	263.85	455.83	90.79			
2001	177.49	548.52	283.63	264.89	456.43	92.09			
2002	179.71	550.46	284.42	266.04	456.65	93.81			
2003	182.03	552.61	285.38	267.23	457.26	95.35			
2004	183.89	555.92	286.87	269.05	459.23	96.69			
2005	186.83	559.85	288.71	271.14	461.54	98.31			
2006	189.12	564.66	291.01	273.65	464.86	99.80			
2007	191.99	569.39	293.25	276.15	467.51	101.88			
2008	193.69	574.06	295.38	278.68	470.71	103.35			
2009	193.34	578.47	297.54	280.93	474.08	104.39			
2010	192.68	583.14	299.68	283.46	477.48	105.67			597.4
2011	192.30	586.79	301.35	285.43	480.03	106.76			603.1
2012	191.70	590.95	303.26	287.69	483.07	107.87			611.5
2013	191.52	594.04	304.60	289.44	485.32	108.72			617.8
2014	190.85	597.10	305.88	291.23	482.97	114.13			624.0
2015	191.77	597.49	305.61	291.88			260.35	337.14	631.8
2016	191.57	600.17	306.79	293.38			250.35	349.82	637.6
2017	191.61	603.53	308.28	295.26			256.75	346.78	642.8
2018	191.83	605.40	309.06	296.34			262.67	342.73	648.8
2019	191.94	606.64	309.51	297.13			262.25	344.38	654.8
2020	194.24	606.98	309.51	297.47			279.93	327.05	662.7
2021	194.67	605.94	308.86	297.08			282.24	323.70	666.1

2-2 市区主要年份年末人口数

单位：万人

年份	市区		椒江区		黄岩区		路桥区	
	户籍人口数	常住人口数	户籍人口数	常住人口数	户籍人口数	常住人口数	户籍人口数	常住人口数
1978	117.37		34.86		49.32		33.19	
1980	119.31		35.74		49.99		33.58	
1985	126.97		38.52		53.02		35.43	
1986	128.57		39.06		53.69		35.82	
1987	130.34		39.68		54.38		36.28	
1988	131.99		40.43		54.83		36.73	
1989	132.96		40.90		55.03		37.03	
1990	133.77		41.41		55.17		37.19	
1991	134.47		41.73		55.36		37.38	
1992	136.14		42.08		55.48		38.58	
1993	135.91		42.39		55.73		37.79	
1994	136.73		42.66		55.96		38.11	
1995	137.70		43.03		56.16		38.51	
1996	138.79		43.40		56.54		38.85	
1997	139.67		43.73		56.73		39.21	
1998	140.83		44.22		56.77		39.84	
1999	142.03		44.78		57.03		40.22	
2000	143.17		45.31		57.27		40.59	
2001	143.90		45.93		57.01		40.96	
2002	144.93		46.53		57.09		41.31	
2003	146.05		47.15		57.19		41.71	
2004	147.37		47.79		57.47		42.11	
2005	148.75		48.37		57.86		42.52	
2006	150.20		48.94		58.33		42.93	
2007	151.56		49.51		58.77		43.27	
2008	152.75		49.98		59.14		43.64	
2009	153.77		50.40		59.41		43.96	
2010	154.89	190.3	50.92	65.4	59.67	63.2	44.30	61.7
2011	155.85		51.38		59.89		44.58	
2012	156.90		51.88		60.14		44.87	
2013	157.76		52.33		60.33		45.10	
2014	158.47		52.71		60.51		45.26	
2015	159.29	203.9	52.99	75.1	61.01	66.9	45.30	61.9
2016	160.10	206.0	53.51	76.3	61.10	67.6	45.49	62.1
2017	161.42	208.8	54.28	77.1	61.34	69.0	45.81	62.7
2018	162.50	211.3	54.97	78.9	61.52	69.6	46.01	62.8
2019	163.31	213.5	55.56	80.6	61.61	70.1	46.14	62.8
2020	163.95	216.4	56.18	82.7	61.58	70.8	46.18	62.9
2021	164.27	219.2	56.71	84.6	61.41	71.3	46.14	63.3

2-3 各县市主要年份年末人口数

单位：万人

年份	三门县		天台县		仙居县		温岭市		临海市		玉环市	
	户籍人口数	常住人口数	户籍人口数	常住人口数	户籍人口数	常住人口数	户籍人口数	常住人口数	户籍人口数	常住人口数	户籍人口数	常住人口数
1978	33.17		45.40		38.76		94.18		91.99		31.84	
1980	33.99		46.49		39.07		95.71		94.19		32.86	
1985	36.65		49.47		40.40		101.26		100.01		35.32	
1986	37.15		49.91		40.74		102.46		101.19		35.79	
1987	37.98		50.62		41.16		103.75		102.58		36.35	
1988	38.57		51.37		41.65		105.20		103.56		36.77	
1989	38.84		51.68		41.91		106.58		104.03		37.12	
1990	38.65		51.71		42.05		107.72		104.23		37.36	
1991	38.88		52.12		42.35		108.48		104.54		37.50	
1992	38.98		52.23		42.57		109.01		105.05		37.59	
1993	39.16		52.48		42.93		109.50		105.72		37.73	
1994	39.25		52.78		43.34		110.06		106.27		37.89	
1995	39.35		53.14		43.67		110.79		106.84		38.07	
1996	39.47		53.50		43.98		111.58		107.44		38.23	
1997	39.61		53.88		44.27		112.23		107.95		38.37	
1998	39.79		54.52		44.56		112.83		108.39		38.56	
1999	39.88		55.12		44.88		113.28		109.00		38.79	
2000	40.02		55.44		45.48		113.80		109.83		38.89	
2001	40.06		55.47		45.82		114.09		110.15		39.03	
2002	40.11		55.52		46.12		114.28		110.37		39.13	
2003	40.25		55.52		46.43		114.50		110.58		39.28	
2004	40.57		55.66		46.82		114.82		111.18		39.50	
2005	40.97		55.88		47.39		115.09		111.92		39.84	
2006	41.42		56.26		48.01		115.70		112.86		40.23	
2007	41.86		56.50		48.44		116.56		113.82		40.66	
2008	42.27		56.89		48.80		117.58		114.66		41.10	
2009	42.60		57.50		49.21		118.45		115.47		41.47	
2010	42.92	32.9	58.16	38.3	49.53	34.3	119.29	136.7	116.40	102.9	41.96	61.6
2011	43.23		58.62		49.81		119.93		117.09		42.25	
2012	43.53		59.22		50.29		120.60		117.85		42.55	
2013	43.83		59.54		50.60		121.05		118.45		42.81	
2014	44.06		59.84		50.87		121.80		119.04		43.02	
2015	44.11	35.2	59.37	43.2	50.60	39.4	121.53	138.8	119.57	108.1	43.02	63.2
2016	44.36	36.0	59.85	44.4	51.03	40.2	121.67	139.0	119.99	108.6	43.18	63.4
2017	44.66	37.1	60.20	44.7	51.50	40.5	122.01	139.1	120.36	109.0	43.39	63.6
2018	44.75	37.3	60.25	45.8	51.74	41.4	122.14	139.4	120.49	109.8	43.53	63.8
2019	44.72	37.8	60.29	46.6	51.96	42.2	122.21	140.0	120.48	110.5	43.66	64.2
2020	44.64	38.0	60.15	47.5	52.12	43.2	122.07	141.7	120.33	111.5	43.71	64.4
2021	44.45	37.9	59.89	47.0	52.08	43.0	121.62	142.5	119.9	111.7	43.73	64.8

2-4 主要年份户籍人口自然变动情况

年份	出生		死亡		自然增长	
	人数（人）	出生率（‰）	人数（人）	死亡率（‰）	人数（人）	自然增长率（‰）
1949	61063	25.58	32794	13.74	28269	11.84
1952	70721	28.27	30600	12.23	40121	16.04
1957	105765	38.05	25120	9.04	80645	29.01
1962	103246	34.08	24548	8.10	78698	25.98
1965	135207	40.43	28458	8.51	106749	31.92
1970	119335	30.87	23123	5.98	96212	24.89
1975	96398	22.37	27793	6.45	68605	15.92
1978	77592	17.25	25928	5.76	51664	11.49
1980	61815	13.45	26211	5.70	35604	7.75
1985	70894	14.54	27879	5.72	43015	8.82
1990	58776	11.43	27818	5.41	30958	6.02
1994	66000	12.57	29922	5.70	36078	6.87
1995	67425	12.77	32057	6.07	35368	6.70
1996	68640	12.92	32010	6.03	36630	6.89
1997	63482	11.88	31319	5.86	32163	6.02
1998	68263	12.69	32162	5.98	36101	6.71
1999	68220	12.60	31945	5.90	36275	6.70
2000	72905	13.38	33565	6.16	39340	7.22
2001	61712	11.27	31417	5.74	30295	5.53
2002	64052	11.66	33072	6.02	30980	5.64
2003	66612	12.08	33478	6.07	33134	6.01
2004	75969	13.71	32927	5.94	43042	7.77
2005	74640	13.37	34823	6.24	39817	7.13
2006	73612	13.09	32502	5.78	41110	7.31
2007	67765	11.95	32665	5.76	35100	6.19
2008	65301	11.42	34478	6.03	30823	5.39
2009	66741	11.58	34660	6.01	32081	5.57
2010	72862	12.54	36699	6.32	36163	6.22
2011	65503	11.20	34785	5.95	30718	5.25
2012	75335	12.79	36209	6.15	39126	6.64
2013	63717	10.75	34568	5.83	29149	4.92
2014	65957	11.07	35651	5.98	30306	5.09
2015	71395	11.95	36560	6.12	34835	5.83
2016	62076	10.37	34119	5.70	27957	4.67
2017	76652	12.74	40294	6.70	36358	6.04
2018	64769	10.72	39193	6.48	25576	4.24
2019	55495	9.16	36848	6.08	18647	3.08
2020	47108	7.76	37936	6.25	9172	1.51
2021	36940	6.09	39043	6.44	-2103	-0.35

2-5 主要年份年末从业人员数

单位：万人

年 份	从业人员总 数	第一产业	第二产业	第三产业
1952	100.74			
1957	114.39			
1962	122.02			
1965	129.82			
1970	145.58			
1975	157.86			
1978	176.88			
1980	185.19			
1985	268.79			
1990	307.23			
1994	330.65			
1995	341.04	161.18	102.10	77.76
1996	341.23	157.20	104.77	79.26
1997	340.75	152.99	111.38	76.38
1998	341.19	147.52	113.92	79.75
1999	340.70	143.48	114.87	82.35
2000	340.48	135.52	116.03	88.93
2001	343.24	130.21	119.15	93.83
2002	347.25	125.90	120.85	100.50
2003	358.87	122.31	127.40	109.16
2004	364.13	106.21	136.89	121.03
2005	368.67	103.83	140.06	124.78
2006	370.21	101.43	142.50	126.28
2007	344.98	98.28	135.59	111.11
2008	345.45	89.86	137.37	118.22
2009	346.40	84.88	138.45	123.07
2010	347.35	79.00	141.37	126.98
2011	348.29	73.55	144.01	130.73
2012	355.01	68.22	147.38	139.41
2013	363.51	62.87	149.88	150.76
2014	366.82	57.28	152.37	157.17
2015	368.93	51.72	154.63	162.58
2016	369.35	46.31	157.38	165.66
2017	372.42	41.01	160.21	171.20
2018	372.38	35.04	162.96	174.38
2019	374.81	30.21	166.28	178.32
2020	382.61	24.83	168.33	189.45
2021	385.39	24.88	171.00	189.51

2-6　分行业在岗职工年末人数

单位：人

行　　业	2020年	2021年
总　　计	**1157090**	**1133624**
按国民经济行业分		
农、林、牧、渔业		
采矿业	494	393
制造业	689689	687427
电力、热力、燃气及水生产和供应业	8743	5988
建筑业	309844	300725
批发和零售业	49358	45314
交通运输、仓储和邮政业	19906	16128
住宿和餐饮业	16463	15045
信息传输、软件和信息技术服务业	5823	5449
金融业		
房地产业	16675	15330
租赁和商务服务业	23391	27676
科学研究、技术服务业	4697	4336
水利、环境和公共设施管理业	3956	3479
居民服务、修理和其他服务业	4118	3313
教　育	386	203
卫生和社会工作	2105	1904
文化、体育和娱乐业	1442	914
公共管理、社会保障和社会组织		

注：本表统计范围为辖区内规模以上工业、有资质的建筑业、限额以上批发和零售业、限额以上住宿和餐饮业、有开发经营活动的全部房地产开发经营业、规模以上服务业法人单位。

主要统计指标解释

人口数 指一定时点全市行政管辖范围内的有生命的个人的总和。年度统计的年末人口数是指12月31日24时常住户口和未落户口的人口数。

农业人口 指凡在农村从事农、林、牧、副、渔的劳动者，以及乡（不包括乡）以下，不直接从事农业生产的各种人员及其抚养的家属。

非农业人口 指从事农、林、牧、副、渔业以外各种行业的人员。包括国营的农、林、牧、渔、园艺场、拖拉机站、抽水机站等，在编的行政管理人员、文教卫生、财贸、邮电等人员，以及附属的独立核算的工业企业中常年不从事农业生产的国家职工。包括抚养的家属。

出生率 指一年内平均每千人所出生的人数比例，一般以千分率表示。计算公式:

出生率＝全年出生人数/年平均人数×1000‰

出生人数指活产婴儿，即胎儿脱离母体时（不管怀孕月数），有过呼吸或其他生命现象。

死亡率 指一年内平均每千人所死亡的人数比例，一般以千分率表示。计算公式:

死亡率＝全年死亡人数/年平均人数×1000‰

人口自然增长率 指一年内人口自然增长数（出生人数减死亡人数）与平均人数之比例，一般以千分率表示。计算公式:

人口自然增长率＝（年内出生人数-年内死亡人数）/年平均人数×1000‰

或 人口自然增长率＝人口出生率-人口死亡率

人口密度 指在一定时点一定地区的人口数与该地区的面积数之比，即一定时点的单位土地面积上的人口数，通常以每平方公里的居民人数来表示。计算公式:

人口密度＝该地区的人口数/该地区的土地面积数

从业人员 指从事一定社会劳动并取得劳动报酬或经营收入的全部劳动力。

在岗职工 指在本单位工作且与本单位签订劳动合同，并由单位支付各项工资和社会保险、住房公积金的人员，以及上述人员中由于学习、病伤、产假等原因暂未工作仍由单位支付工资的人员。

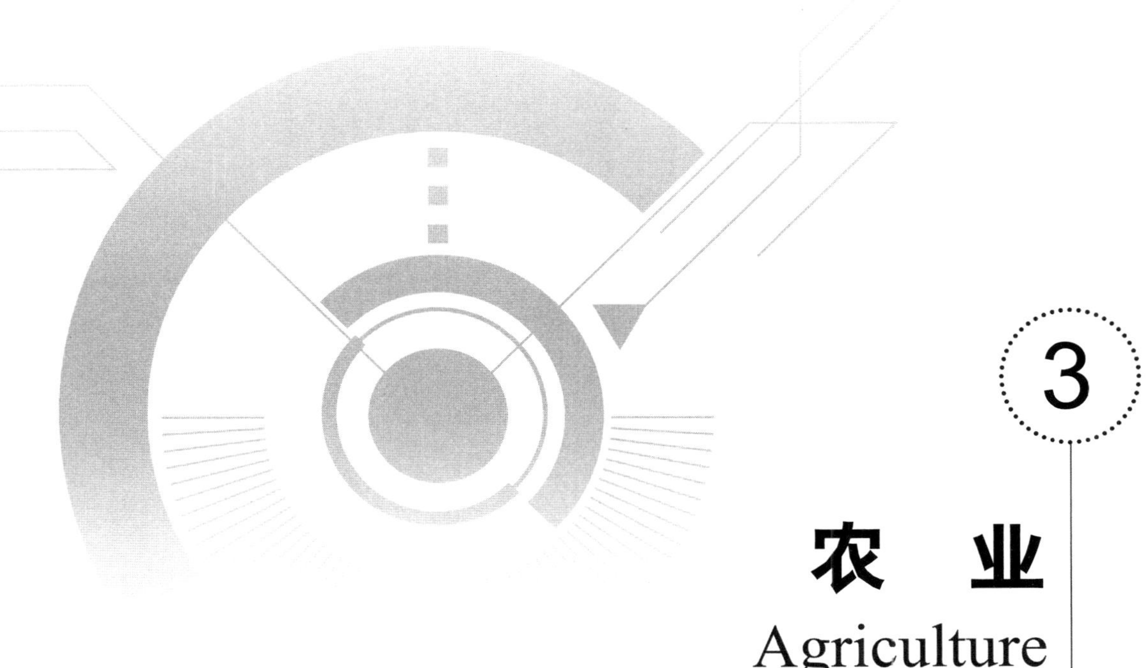

3

农　业

Agriculture

3-1 主要年份农林牧渔业总产值

单位：万元

年 份	农林牧渔业总产值	农业产值	林业产值	牧业产值	渔业产值	农林牧渔服务业产值
1949	14081	10479	1180	1215	1207	
1952	19267	14615	1346	1714	1592	
1957	24190	16789	1714	2693	2994	
1962	29111	20888	1672	2758	3793	
1965	37545	26121	1794	5287	4343	
1970	46703	32750	1520	7383	5050	
1975	50669	34762	1127	7395	7385	
1978	67698	51211	1062	8993	6432	
1980	90813	66341	1683	14321	8468	
1985	183311	111219	5506	39892	26694	
1990	336931	173445	9212	72854	81420	
1994	954595	357971	19578	158077	418969	
1995	1280014	433670	17573	173121	655650	
1996	1383990	472623	22424	183638	705305	
1997	1330376	392998	20096	180948	736334	
1998	1444665	460390	19445	154657	810173	
1999	1480847	465720	18585	142816	853726	
2000	1532112	478300	22084	144697	887031	
2001	1589394	524114	24193	150231	890856	
2002	1629779	551293	27798	154162	896526	
2003	1677748	583703	29265	158381	892933	13466
2004	1741193	610132	28694	174358	913443	14566
2005	1847928	658669	28443	182672	961644	16500
2006	1956767	710811	32408	173613	1023038	16897
2007	2161607	778134	36307	233165	1095979	18022
2008	2119570	803703	37606	245845	1008642	23774
2009	2303842	871347	40933	238196	1127846	25520
2010	2760166	1055423	53696	271418	1351987	27642
2011	3289011	1176929	56579	337450	1687831	30222
2012	3491510	1264092	59886	356463	1779332	31737
2013	3729627	1296656	58980	360182	1980197	33612
2014	3793382	1336177	63033	323795	2034581	35796
2015	4047708	1380456	61368	308730	2258581	38573
2016	4314001	1430001	63590	297850	2480372	42188
2017	4532008	1496762	67279	260554	2661741	45672
2018	4769554	1553968	67187	260659	2836819	50921
2019	5032840	1642302	71675	298837	2962161	57865
2020	5250344	1712898	67044	315663	3088728	66011
2021	5427136	1829968	64389	329258	3131681	71840

注：1.2009年农林牧渔业总产值、渔业产值数据有所调整，下同。2.2016年起产值数据已与三农普数据衔接，下同。

3-2 主要年份农林牧渔业总产值构成

单位：%

年份	农林牧渔业总产值	农业产值	林业产值	牧业产值	渔业产值	农林牧渔服务业产值
1949	100.00	74.42	8.38	8.63	8.57	
1952	100.00	75.86	6.99	8.90	8.26	
1957	100.00	69.40	7.09	11.13	12.38	
1962	100.00	71.75	5.74	9.47	13.03	
1965	100.00	69.57	4.78	14.08	11.57	
1970	100.00	70.12	3.25	15.81	10.81	
1975	100.00	68.61	2.22	14.59	14.57	
1978	100.00	75.65	1.57	13.28	9.50	
1980	100.00	73.05	1.85	15.77	9.32	
1985	100.00	60.67	3.00	21.76	14.56	
1990	100.00	51.48	2.73	21.62	24.17	
1994	100.00	37.50	2.05	16.56	43.89	
1995	100.00	33.88	1.37	13.52	51.22	
1996	100.00	34.15	1.62	13.27	50.96	
1997	100.00	29.54	1.51	13.60	55.35	
1998	100.00	31.87	1.35	10.71	56.08	
1999	100.00	31.45	1.26	9.64	57.65	
2000	100.00	31.22	1.44	9.44	57.90	
2001	100.00	32.98	1.52	9.45	56.05	
2002	100.00	33.83	1.71	9.46	55.01	
2003	100.00	34.79	1.74	9.44	53.22	0.80
2004	100.00	35.04	1.65	10.01	52.46	0.84
2005	100.00	35.64	1.54	9.89	52.04	0.89
2006	100.00	36.33	1.66	8.87	52.28	0.86
2007	100.00	36.00	1.68	10.79	50.70	0.83
2008	100.00	37.92	1.77	11.60	47.59	1.12
2009	100.00	37.82	1.78	10.34	48.95	1.11
2010	100.00	38.24	1.95	9.83	48.98	1.00
2011	100.00	35.78	1.72	10.26	51.32	0.92
2012	100.00	36.20	1.72	10.21	50.96	0.91
2013	100.00	34.77	1.58	9.66	53.09	0.90
2014	100.00	35.22	1.66	8.54	53.64	0.94
2015	100.00	34.10	1.52	7.63	55.80	0.95
2016	100.00	33.15	1.47	6.90	57.50	0.98
2017	100.00	33.03	1.48	5.75	58.73	1.01
2018	100.00	32.58	1.41	5.47	59.48	1.07
2019	100.00	32.63	1.42	5.94	58.86	1.15
2020	100.00	32.62	1.28	6.01	58.83	1.26
2021	100.00	33.72	1.19	6.07	57.70	1.32

3-3　主要年份农林牧渔业总产值指数

(1952年为100)

年　份	农林牧渔业总产值	农业产值	林业产值	牧业产值	渔业产值	农林牧渔服务业产值
1949	75.05	73.63	90.06	72.79	77.84	
1952	100.00	100.00	100.00	100.00	100.00	
1957	128.50	117.57	130.36	160.84	192.42	
1962	119.77	113.29	98.49	127.57	188.83	
1965	156.29	143.34	106.93	247.41	218.75	
1970	181.53	167.82	84.60	322.60	237.50	
1975	167.84	152.21	53.15	273.74	294.24	
1978	213.42	213.62	47.12	313.45	241.29	
1980	242.71	234.60	62.98	420.75	267.78	
1985	339.22	290.97	99.32	743.12	473.70	
1990	361.74	296.81	99.89	758.92	594.84	
1994	605.48	362.83	144.00	957.84	1563.68	
1995	726.87	380.87	114.97	919.57	2184.06	
1996	763.20	411.19	134.53	919.72	2275.29	
1997	737.46	382.03	128.87	857.03	2260.69	
1998	786.06	385.57	128.53	802.28	2534.14	
1999	862.35	432.57	115.55	898.56	2754.61	
2000	861.27	384.58	138.70	925.68	2867.88	
2001	890.85	441.17	149.40	976.94	2823.74	
2002	900.60	432.00	159.56	1023.83	2874.57	
2003	922.21	466.56	166.10	1041.24	2837.20	100.00
2004	923.13	470.76	149.16	1036.08	2837.20	102.24
2005	932.36	465.11	137.38	1142.80	2857.06	113.88
2006	960.33	492.09	147.96	1098.23	2919.92	113.55
2007	984.34	504.88	152.84	1135.57	2984.16	119.67
2008	1007.96	519.52	151.62	1203.70	3025.94	154.77
2009	1027.11	534.59	154.65	1238.61	3047.12	167.48
2010	1074.36	547.42	150.47	1311.69	3239.09	173.68
2011	1108.74	566.03	145.35	1366.78	3342.74	178.72
2012	1138.68	581.31	144.77	1447.42	3412.94	183.37
2013	1146.65	585.38	144.77	1408.34	3460.72	190.70
2014	1170.73	598.26	152.44	1335.11	3571.46	198.14
2015	1212.88	620.99	151.22	1268.35	3739.32	213.00
2016	1266.82	644.04	153.34	1301.59	3932.87	229.06
2017	1298.26	679.75	163.97	1274.35	3975.80	242.86
2018	1307.26	706.76	170.13	1319.55	3910.36	263.92
2019	1320.08	723.92	176.74	1170.77	3952.36	291.74
2020	1351.60	757.13	175.48	1014.41	4057.27	325.02
2021	1385.94	769.24	173.05	1401.37	4033.54	347.72

注：本表按可比价格计算。农林牧渔服务业产值指数以2003年为100。

3-4 农林牧渔业分项产值(一)

(1990-2021年)

单位：万元

年 份	农林牧渔业总产值	农业产值	#粮食作物	# 油 料	#甘 蔗
1990	336931	173445	94301	607	764
1991	424828	212210	121014	849	73
1992	479188	220023	117090	1037	1022
1993	610251	255060	128552	435	2033
1994	954595	357971	199308	599	2507
1995	1280014	433670	241657	934	2487
1996	1383990	472623	266108	948	2750
1997	1330376	392998	223484	969	2221
1998	1444665	460390	252813	1240	3479
1999	1480847	465720	243693	1180	5792
2000	1532112	478300	197896	1508	19482
2001	1589394	524114	158515	1761	18644
2002	1629779	551293	126422	1679	22190
2003	1677748	583703	104380	1872	30179
2004	1741193	610132	137506	2051	27122
2005	1847928	658669	135755	2222	23762
2006	1956767	710811	152677	2398	19759
2007	2161607	778134	151196	3401	23558
2008	2119570	803703	189066	6460	22234
2009	2303842	871347	178975	6122	20464
2010	2760166	1055423	195511	7197	23146
2011	3289011	1176929	207199	6939	29468
2012	3491510	1264092	213880	7879	20814
2013	3729627	1296656	221394	7782	20146
2014	3793382	1336177	180217	6419	29526
2015	4047708	1380456	185101	6660	29768
2016	4314001	1430001	146862	6453	22395
2017	4532008	1496762	148659	6721	19313
2018	4769554	1553968	149443	6296	18645
2019	5032840	1642302	152072	6899	18048
2020	5250344	1712898	172110	6835	20537
2021	5427136	1829968	183072	7560	17995

3-5　农林牧渔业分项产值(二)

(1990-2021年)　　单位：万元

年　份	农业产值			
	#药 材	#蔬 菜	#花 卉 园 艺	#茶桑果 及坚果
1990	262	25100		33495
1991	240	26422		41363
1992	251	26419		52926
1993	435	45873		54243
1994	684	53691		75515
1995	888	64200		93303
1996	861	65280		108664
1997	747	64748		76571
1998	1288	72520		95958
1999	4095	85135		92962
2000	5428	120093		98054
2001	7993	162047	8195	140936
2002	9220	187697	15427	164566
2003	13150	196251	24227	194029
2004	13168	189322	24676	196935
2005	13638	205584	26497	228925
2006	16991	215893	28505	253450
2007	18453	230164	30018	296673
2008	20600	221960	24742	294198
2009	21827	240836	26026	352843
2010	47090	296131	30653	442467
2011	41517	329141	38579	512909
2012	29188	364596	44864	570609
2013	27766	364308	51227	592325
2014	34228	383560	57210	624879
2015	42761	401198	56089	639701
2016	47514	444038	62572	680914
2017	49161	444632	70064	738760
2018	56370	470663	74663	758459
2019	56965	513997	69764	806697
2020	60498	503163	69529	863579
2021	53140	561719	67420	929736

注：2010年开始，坚果产值列入农业统计，不再作为林业统计，下同。

3-6　农林牧渔业分项产值(三)

(1990-2021年)

单位：万元

年　份	林　业产　值	#人造林生　长	#林产品	#竹　木采　运	牧　业产　值	牲　畜	家禽饲养
1990	9212	2992	1135	5085	72854	53604	4620
1991	13875	2434	1423	10018	78837	54084	6419
1992	9990	3016	1649	5325	90663	60560	6942
1993	13857	2937	1535	9385	109180	73495	8658
1994	19578	3008	2597	13973	158077	111139	10516
1995	17573	3922	3706	9945	173121	123796	13019
1996	22424	5377	5878	11169	183638	125791	20325
1997	20096	4937	3773	11386	180948	126306	15402
1998	19445	4480	4348	10617	154657	114090	13695
1999	18585	3970	4411	10204	142816	93259	16788
2000	22084	5242	6355	10487	144697	95779	16259
2001	24193	5452	6914	11827	150231	98318	14632
2002	27798	6915	6453	14430	154162	100757	14533
2003	29265	7229	6995	15041	158381	101567	17483
2004	28694	6247	6194	16253	174358	118427	17574
2005	28443	6683	9050	12710	182672	116313	20787
2006	32408	6524	9680	16204	173613	105097	20207
2007	36307	6280	11636	18391	233165	155562	22852
2008	37606	5480	12004	20122	245845	164734	25549
2009	40933	6599	13076	21258	238196	153691	26804
2010	53696	6152	11645	23105	271418	176878	32541
2011	56579	6791	13865	22962	337450	223327	42780
2012	59886	8599	13504	25387	356463	228687	54872
2013	58980	8145	13932	24364	360182	232874	49875
2014	63033	8288	16018	26542	323795	212430	43208
2015	61368	8536	17336	23529	308730	205663	36152
2016	63590	7957	20018	22777	297850	200171	35581
2017	67279	7261	24760	22974	260554	172312	32797
2018	67187	7526	24629	22808	260659	165837	39602
2019	71675	7185	29205	23590	298837	197945	44209
2020	67044	12067	32305	20517	315663	183443	64064
2021	64389	9634	37222	17533	329258	203999	69262

3-7 农林牧渔业分项产值(四)

(1990-2021年)

单位：万元

年 份	牧业产值		渔业产值			农林牧渔服务业产值
	活的畜产品	其他动物		海水产品	淡水产品	
1990	10148	4482	81420	76940	4480	
1991	12840	5494	119906	114791	5115	
1992	18184	4977	158512	152093	6419	
1993	22303	4724	232154	221276	10878	
1994	28534	7888	418969	403534	15435	
1995	29866	6440	655650	622675	32975	
1996	32811	4711	705305	648900	56405	
1997	23389	15851	736334	697949	38385	
1998	19910	6962	810173	768293	41880	
1999	19096	13673	853726	805164	48562	
2000	18343	14316	887031	841151	45880	
2001	21433	15848	890856	841461	49395	
2002	23018	15854	896526	838559	57967	
2003	23700	15631	892933	832365	60568	13466
2004	23696	14661	913443	858067	55376	14566
2005	24749	20823	961644	914495	47149	16500
2006	25707	22602	1023038	975657	47381	16897
2007	32069	22682	1095979	1051285	44694	18022
2008	33219	22343	1008642	969421	39221	23774
2009	33754	23947	1127846	1085872	41974	25520
2010	39850	22149	1351987	1305542	46445	27642
2011	45949	25394	1687831	1631838	55993	30222
2012	46306	26598	1779332	1715347	63985	31737
2013	49305	27302	1980197	1910409	69788	33612
2014	45410	22747	2034581	1954937	79644	35796
2015	41755	25160	2258581	2182291	76290	38573
2016	37166	24932	2480372	2404359	76013	42188
2017	31039	24406	2661741	2558128	103613	45672
2018	30721	24499	2836819	2734503	102316	50921
2019	33358	23325	2962161	2855871	106290	57865
2020	41784	26372	3088728	2975019	113709	66011
2021	34748	21250	3131681	3025193	106488	71840

3-8 主要农作物播种面积

(1990-2021年) 单位：千公顷

年份	农作物播种面积	粮食作物	油料	#油菜籽	甘蔗	药材类	蔬菜	瓜果类	花卉苗木
1990	436.09	347.14	2.56	2.09	0.53	0.20	19.47		
1991	439.67	351.12	3.32	2.93	0.58	0.23	21.03		
1992	433.49	345.89	4.93	4.54	0.67	0.25	20.49		
1993	412.70	316.19	1.89	1.53	0.80	0.23	27.23		
1994	401.30	304.58	1.64	1.27	0.90	0.16	26.87		
1995	401.00	307.06	2.46	2.09	0.67	0.22	25.94		
1996	404.34	312.20	2.42	2.07	0.70	0.22	29.79		
1997	407.50	315.23	2.30	1.90	0.68	0.22	31.92		
1998	408.21	313.01	2.51	2.09	0.70	0.44	35.29		
1999	407.45	310.53	2.63	2.15	0.80	0.36	38.67		
2000	377.45	270.63	3.35	2.78	3.26	1.01	49.29		
2001	339.72	219.05	3.68	2.91	4.19	1.23	61.08	10.89	0.33
2002	308.55	179.56	3.94	3.22	4.67	1.71	73.62	11.74	0.97
2003	276.82	144.62	4.12	3.29	6.41	3.17	76.49	14.31	2.19
2004	284.02	162.45	4.37	3.45	5.92	3.53	71.95	16.24	2.66
2005	286.01	165.86	4.83	3.89	4.57	2.57	72.22	16.90	2.65
2006	282.87	165.86	4.94	3.94	3.41	2.47	72.33	15.93	2.73
2007	280.16	163.08	5.00	3.97	3.09	2.46	73.63	15.40	2.92
2008	283.69	173.87	9.10	8.05	3.13	2.52	65.08	14.31	2.74
2009	271.54	158.65	11.28	10.25	2.93	2.48	66.77	14.49	2.59
2010	265.43	152.37	11.65	10.58	2.86	2.76	67.08	14.32	2.57
2011	254.59	141.13	10.38	9.28	2.83	2.92	69.64	14.32	2.83
2012	251.37	137.44	11.30	10.18	2.96	3.11	70.29	12.67	3.40
2013	252.86	140.06	10.69	9.56	2.60	3.14	69.76	13.05	3.65
2014	203.60	96.10	8.10	7.17	2.41	3.53	67.82	12.84	3.78
2015	206.81	96.35	8.27	7.19	2.40	4.04	69.70	13.76	3.88
2016	191.51	79.78	6.52	4.94	1.87	4.27	72.47	15.56	4.28
2017	197.10	82.50	6.29	4.70	1.55	4.86	74.60	16.15	4.56
2018	199.18	82.03	6.27	5.16	1.46	5.24	76.46	16.32	4.75
2019	201.42	82.58	6.94	5.83	1.69	5.19	77.44	16.71	4.52
2020	200.34	85.50	6.70	5.59	1.73	5.17	78.98	16.19	
2021	203.71	87.72	7.10	6.06	1.50	4.72	82.39	14.74	

注：1.2008年起马铃薯归入薯类(粮食)统计，不再作蔬菜统计。2.2014年起粮食播种面积采用粮食生产监测抽样推算数据。3.2016年起粮食、油料、甘蔗播种面积已与三农普数据衔接。4.2020年起不再开展花卉苗木播种面积统计。

3-9　主要农作物总产量

(1990-2021年)

单位：吨

年　份	粮食作物	油　料	#油菜籽	甘　蔗	药材类	蔬　菜	瓜果类
1990	1506974	3585	3003	23294		687561	
1991	1904769	5192	4629	32433		705533	
1992	1727967	6440	6029	31107		632200	
1993	1606793	2372	1873	51967		847477	
1994	1607359	2276	1725	57157		768258	
1995	1648568	3369	2835	46732		734429	
1996	1758021	3373	2849	48554		762027	
1997	1521940	3331	2763	35904		750727	
1998	1643871	3863	3165	53220		820784	
1999	1664773	4022	3224	60055		915949	
2000	1386973	5571	4439	252639		1197250	
2001	1161195	6332	4678	330094		1590930	
2002	925879	6437	5031	361341	6617	1885196	439210
2003	756978	7229	5562	513605	9336	1969596	533784
2004	851126	7820	5966	424731	30502	1831261	597649
2005	824828	8303	6461	312315	20133	1793418	572043
2006	895013	8625	6628	254215	20120	1838069	541441
2007	841768	8994	6956	245934	21577	1883959	533346
2008	934734	15352	13239	251533	20445	1681210	492715
2009	846018	18348	16269	223115	20242	1708827	502677
2010	827542	18115	15935	214234	23704	1722747	506983
2011	789250	17415	15180	215658	26364	1828818	516290
2012	791920	19317	16990	227770	27533	1871956	417181
2013	799124	19184	16909	195241	27126	1824063	434153
2014	602159	15470	13506	181226	28784	1884396	431822
2015	607539	15701	13485	184161	32977	1961609	425827
2016	487564	11893	8674	151420	34719	2045772	501961
2017	498467	11997	8742	129290	37073	2141735	525726
2018	510838	11763	9488	120455	39202	2192193	531865
2019	502482	13145	10866	130437	37918	2189514	533725
2020	520867	13201	10888	134719	37910	2250222	521410
2021	559969	13387	11011	117523	32164	2316595	471818

注：1.2014年起粮食产量采用粮食生产监测抽样推算数据。2.2016年起粮食、油料、甘蔗产量已与三农普数据衔接。

3-10 主要果园面积

(1990-2021年)

单位：公顷

年 份	果园面积	柑 桔	梨	桃 子	葡 萄	柿 子	枇 杷	杨 梅	其 他
1990	50837	32300	443	3211	309	381	4970	7833	1390
1991	51335	33723	464	2616	332	413	4674	8067	1046
1992	49489	33146	394	2100	325	296	4428	7872	928
1993	50440	34091	392	1702	497	491	4391	7848	1028
1994	50002	33666	350	1907	404	563	4770	6851	1491
1995	53925	36163	413	2071	392	653	4574	8004	1655
1996	55168	36757	376	2193	435	668	4478	8808	1453
1997	49903	35581	421	1113	331	617	3735	6938	1167
1998	49891	34738	497	1203	332	683	3462	7389	1587
1999	49790	34619	571	1224	356	648	3402	7723	1247
2000	49696	33491	741	1331	414	662	3277	8514	1266
2001	49599	32729	1106	1534	435	739	3040	8912	1104
2002	51162	31588	1443	1674	638	816	3400	10243	1360
2003	55381	31256	1851	1649	1003	786	3155	12371	3310
2004	57827	31510	2289	1790	1495	772	3318	14718	1935
2005	58950	31405	2305	1807	1614	791	3351	15892	1785
2006	58888	30664	2338	1839	1710	817	3219	16311	1990
2007	62111	29580	2620	2085	1811	895	3207	19371	2542
2008	61644	28537	2644	2099	2070	906	3220	20006	2162
2009	61092	26192	2567	2212	2631	975	3191	21118	2206
2010	63474	26244	2492	2406	3166	986	3294	22816	2070
2011	63917	26128	2444	2447	3470	1011	3324	23309	1784
2012	64985	25828	2409	2654	3994	1010	3388	24039	1663
2013	65275	25555	2426	2854	4260	998	3424	24277	1481
2014	65801	25013	2306	3226	4475	937	3519	24386	1939
2015	67434	25123	2308	3692	4889	957	3573	24693	2199
2016	67377	24503	2328	3830	5533	915	3517	24508	2243
2017	67719	24651	2311	3998	5538	886	3626	24430	2279
2018	67790	24578	2245	4111	5684	875	3631	24355	2311
2019	68569	25327	2145	4059	5870	841	3563	24449	2315
2020	67896	25474	1971	4046	5706	768	3501	24120	2310
2021	66777	24973	1856	3909	5537	687	3395	24283	2137

3-11 主要水果产量

(1990-2021年) 单位：吨

年 份	水果产量	柑桔	梨头	桃子	葡萄	柿子	枇杷	杨梅	其他
1990	262977	217088	2507	9858	901	1944	16723	13070	886
1991	340302	286415	2547	6677	915	2080	25302	15555	811
1992	395740	336354	1919	8172	1508	1874	25676	18985	1252
1993	372777	320378	2237	8337	1781	1986	20197	14952	2909
1994	489773	423938	3327	9072	2573	2786	28253	17129	2695
1995	560100	484772	2781	10424	3549	3242	19135	33154	3043
1996	638498	531798	2802	11269	3311	4045	45285	35873	4115
1997	628851	524360	2881	12135	4258	5806	32103	42165	5143
1998	515846	413770	4324	12896	4607	6526	25422	40860	7441
1999	632272	520035	3894	13338	5077	6138	30640	46254	6896
2000	387418	274920	5268	15535	7247	6532	26615	43677	7624
2001	910550	441419	7226	13898	7919	8435	30690	49186	351777
2002	896860	323397	8610	16839	12035	8172	31332	55336	441139
2003	1081139	386998	13356	15279	18989	4812	28559	73548	539598
2004	1158327	370147	19554	17430	22569	4419	30581	90019	603608
2005	1069970	314849	22442	18920	28270	4433	18013	84509	578534
2006	1106719	365314	25197	21702	32452	4783	23073	85345	548853
2007	1156927	390875	27520	22219	36028	5233	23665	108204	543183
2008	1205779	462443	30476	24646	41897	5443	24567	113467	502840
2009	1165807	372652	27792	27079	55754	5821	24834	136643	515232
2010	1245474	435342	27767	29686	60678	6369	21802	144445	519385
2011	1287820	447372	26722	33038	70426	7439	21979	152763	528081
2012	1215825	443978	28072	35174	87419	7886	21397	162473	429426
2013	1223521	426759	27006	37616	89991	7553	21422	169903	443271
2014	1264754	441096	26833	41734	94425	7651	23639	186544	442832
2015	1312864	476975	27265	50337	105164	7706	23864	181766	439787
2016	1360520	429208	28085	51468	111824	7352	16915	197990	517673
2017	1447804	475007	28370	54263	117406	7007	22189	201643	541919
2018	1472699	489347	28767	56175	112916	6938	23866	205830	548860
2019	1482039	496472	28143	54425	108198	6825	23035	214190	550751
2020	1499253	504278	27540	55923	108522	6503	26439	227318	542730
2021	1456948	499867	30803	57347	113297	6634	24367	230789	493844

3-12 林业生产情况

(1990-2021年)

单位：公顷

年份	造林面积	#用材林	#经济林	#防护林	零星(四旁)植树(万株)	中幼林抚育实际面积	育苗面积	更新造林面积	主要林产品产量(吨) 竹笋干	板栗
1990	9380	8240	155	606	489.6	7015	99	546	967	753
1991	11772	9412	210	306	377.0	8906	110	624	781	399
1992	7847	6533	510	291	424.0	13229	91	293	894	415
1993	6638	3336	2055	267	337.1	10653	73	540	786	291
1994	8173	3951	3535	333	271.0	12863	385	542	803	410
1995	6058	1521	3912	457	256.0	9567	32	784	41221	1184
1996	4090	1461	1888	418	246.9	9340	32	1213	5543	2465
1997	5269	1538	3076	508	287.0	7354	34	1375	812	535
1998	4942	2055	2212	675	321.0	9828	102	1070	940	667
1999	2688	730	1210	748	310.5	6063	53	1296	920	2273
2000	3537	394	1580	1505	164.0	2188	71	1522	1894	1059
2001	3160	275	1213	1669	174.0	6994	92	1541	2615	1160
2002	2664	36	547	1978	181.0	4402	218	411	3740	1200
2003	2867	19	409	2160	146.0	4595	763	513	3980	1320
2004	3207	45	670	2392	141.0	5792	210	375	2908	1301
2005	3804	495	541	2765	117.0	7556	849	234	2566	1338
2006	2213	508	214	1491	129.5	3810	777	655	2788	1361
2007	2002	94	154	1401	103.8	2726	591	1189	2880	1515
2008	1521	17	69	1435	121.7	1940	1700	1113	2717	1639
2009	6352	9		6343	110.0	1395	1556	317	3358	1745
2010	1728		45	1683	115.5	1209	1521	934	3514	1598
2011	3884	125	750	2958	129.0	1837	2969	865	3643	1599
2012	4162	415	575	3172	376.5	9014	2585	1257	3388	2049
2013	4183	731	694	2758	539.0	20664	2944	1026	3577	2135
2014	3466	112	813	2541	211.8	22687	3502	1397	4164	2268
2015	1944	48	357	1539	187.2	23631	3187	796	4156	2286
2016	901		222	544	133.5	11790	3024	686	4491	2334
2017	440		140	300	127.2	9557	2939	513	4291	2240
2018	464	11	40	405	149.6	8247	3210	481	4394	2140
2019	287	7	40	235	102.8	7117		328	4611	2115
2020	5596	87	3024	2185	105.5	7543	190	127	4573	1947
2021	889	116	220	546	72.4	705	235	591	4648	1899

注：1.2002年起育苗面积中包含绿化苗木。2.2007年起造林面积中包含无林地和疏林地新封面积。
3.2011年及以前中幼林抚育实际面积不包括中林抚育实际面积。

3-13　畜牧业生产情况(一)

(1990-2021年)

年　份	生猪年末存栏头数(万头)	#能繁殖的母猪	年内肥猪出栏头数(万头)	生　猪饲养量(万头)	牛年末存栏头数(头)	羊年末存栏只数(万只)
1990	116.83	6.39	100.69	217.52	80518	4.47
1991	113.44	6.89	97.87	211.31	76176	4.28
1992	114.10	8.18	99.78	213.88	69543	4.33
1993	108.86	7.01	93.64	202.50	64827	4.65
1994	105.81	6.53	91.59	197.40	60487	5.20
1995	99.44	6.05	88.10	187.54	58713	5.27
1996	86.70	5.83	80.74	167.44	57384	5.23
1997	92.65	5.82	82.86	175.51	51900	4.90
1998	105.65	6.51	97.72	203.37	48828	5.24
1999	109.52	6.36	106.07	215.59	48487	5.48
2000	112.04	6.51	113.29	225.33	47179	5.92
2001	112.91	7.04	118.83	231.74	44254	6.13
2002	109.25	6.16	121.52	230.77	44018	6.34
2003	104.08	5.36	118.12	222.20	39654	6.29
2004	100.96	5.49	112.27	213.23	39122	6.33
2005	100.10	5.33	117.79	217.89	38723	6.47
2006	58.25	3.64	71.46	129.71	27197	3.72
2007	65.54	4.48	79.06	144.60	27621	4.46
2008	75.61	6.22	85.21	160.82	28447	5.41
2009	78.32	6.55	87.62	165.94	29741	5.57
2010	77.80	6.69	91.51	169.31	31426	5.82
2011	81.53	6.86	94.66	176.19	31613	5.71
2012	80.76	6.86	97.64	178.40	30249	6.23
2013	79.16	6.86	97.83	176.99	29758	6.46
2014	65.36	5.80	92.15	157.51	27138	6.40
2015	65.43	5.59	87.58	153.02	26971	6.77
2016	43.49	4.10	71.60	115.09	15759	5.46
2017	40.46	3.73	69.74	110.20	14540	5.37
2018	36.48	2.82	67.32	103.80	19601	4.72
2019	16.87	1.86	31.88	48.75	17168	3.77
2020	47.39	4.38	25.49	72.88	18299	4.55
2021	46.00	6.10	51.19	97.19	21446	4.50

注：1.2016年起畜牧业数据已与三农普数据衔接，下同。
　　2.由于数据归口管理及统计调查方法变化，2018、2019年畜牧业生产数据有所调整，下同。

3-14 畜牧业生产情况(二)

(1990-2021年)

年 份	兔年末存栏只数(万只)	家禽年末存栏只数(万只)	家 禽 饲养量(万只)	肉 类 总产量(吨)	#猪肉产量	禽蛋产量(吨)
1990	21.74	608.23	1125.50	92729	86200	22208
1991	20.66	741.55	1358.36	92230	85015	32043
1992	24.67	837.18	1526.10	98750	90327	41988
1993	21.56	909.94	1737.68	94515	83692	46203
1994	29.66	948.54	1871.23	98140	85891	45511
1995	29.45	904.93	1880.60	97280	84041	40336
1996	26.54	1015.34	2217.71	92501	76808	40373
1997	23.75	939.23	2045.68	92721	79257	34961
1998	26.63	842.89	1658.91	104986	91653	30205
1999	28.64	896.07	2127.84	114037	99577	29774
2000	29.41	891.45	2045.63	120868	106562	30356
2001	42.75	888.02	2050.53	123988	108222	33139
2002	38.38	822.28	1997.05	128457	111492	35882
2003	33.49	895.61	2348.17	128890	109031	37479
2004	41.35	883.98	2361.61	125433	104561	36239
2005	51.04	866.60	2468.17	132300	108590	37919
2006	55.78	890.62	2443.33	90367	67723	38307
2007	66.63	905.25	2501.61	98414	75249	41643
2008	59.05	925.82	2529.52	105776	82590	42971
2009	52.48	981.18	2723.69	109039	84080	43758
2010	54.69	1052.69	3154.10	117952	87999	46574
2011	55.50	1107.99	3268.74	124070	91458	48494
2012	53.86	1164.32	4309.06	139118	93673	48771
2013	56.36	985.68	3756.38	134840	94110	48450
2014	58.17	687.28	2949.45	123414	89231	39150
2015	59.54	641.43	2112.32	110344	85991	38529
2016	39.11	577.86	1969.67	94948	71333	34795
2017	38.31	654.41	2170.05	95507	70428	29227
2018	50.19	728.58	2581.85	84744	57275	20821
2019	40.04	742.69	2788.31	58892	25841	24480
2020	25.85	1003.92	3598.90	62689	22006	25859
2021	21.14	880.41	3612.65	84451	41184	22129

3-15 渔业生产情况(一)

(1990-2021年)

单位：吨

年 份	水产品总产量	海水产品产量	#海洋捕捞	#海水养殖	鱼 类	甲壳类	贝 类	藻 类	头足类	其 他
1990	280670	269772	197530	72242	104735	89337	74380	593		727
1991	318813	306838	226674	80164	106947	120560	78652	679		
1992	368344	355654	267232	88422	138469	127016	89300	869		
1993	459446	443460	346112	97348	161630	150439	108127	1090		22174
1994	753547	735327	588107	147220	287361	201912	186947	1142		57955
1995	987950	964316	763355	200961	458969	227436	260650	1694		15567
1996	1034042	1005520	767800	237720	497964	217711	267955	1890		20000
1997	1114878	1089952	869334	220618	544447	252652	290715	1779		359
1998	1309819	1278913	1024760	254153	695577	281718	299110	2342		156
1999	1329413	1294720	988026	306694	618321	301192	370434	3312		1451
2000	1392848	1352453	990625	361828	610270	324945	410620	6030		538
2001	1384249	1340823	961501	379322	588381	321029	416274	8596		6543
2002	1411019	1363574	972447	391127	631214	300063	418487	12898		912
2003	1382628	1334501	927268	407233	632995	256115	355496	16085	64640	9170
2004	1383814	1339435	945247	394188	519902	280777	349350	11750	75791	101855
2005	1350028	1308430	941075	367355	620817	280631	326126	9242	63827	7787
2006	1355067	1317234	952716	364518	610345	307456	321037	10192	62129	6075
2007	1375594	1335572	986118	349454	647173	300884	304129	9271	67727	6388
2008	1387283	1349301	1004437	344864	672002	301122	299050	9310	63106	4699
2009	1340491	1302200	968103	334097	633754	300232	288583	10530	60777	7151
2010	1403826	1360501	1005827	354674	650532	311887	303743	10893	67679	9778
2011	1413087	1368787	1009499	359288	655909	314810	305489	10317	67964	7053
2012	1417871	1373297	1001181	361683	642339	330462	306260	10457	66521	6825
2013	1437533	1392796	1012436	368975	635608	346459	312081	11851	69474	5938
2014	1483914	1435832	1031334	384613	644727	358485	326171	12700	69911	3953
2015	1568978	1519900	1102633	408337	707375	363527	345547	14123	74398	6000
2016	1601270	1550921	1089540	441285	719657	339412	372911	16602	76826	5417
2017	1578724	1508117	991986	499288	655803	315082	421470	19906	71686	7327
2018	1525191	1458049	935934	492572	609841	303186	420160	23100	62738	9481
2019	1459016	1392458	876925	490273	576140	285191	413747	21584	59604	10932
2020	1490372	1422836	839847	524914	562200	273954	440695	23133	56287	8492
2021	1451933	1392439	807651	527158	525594	280955	442821	21833	56095	7511

注：1.2003年起按类别分产品产量口径有所调整，与以前年份不可比。2.2016年起渔业生产情况数据已与三农普数据衔接，下同。

3-16 渔业生产情况(二)

(1990-2021年)

单位：吨

年份	淡水产品产量	淡水捕捞	淡水养殖	鱼类	甲壳类	贝类	其他类	海水养殖面积(公顷)	淡水养殖面积(公顷)
1990	10898	2673	8225	9922	233	265	478	12450	3874
1991	11975	2603	9372	11403	165	290	117	12826	12892
1992	12690	2672	10018	11999	207	382	102	13266	12954
1993	15986	2287	13699	13135	226	575	2050	14792	13718
1994	18220	3099	15121	15697	362	820	1341	18416	13228
1995	23631	4141	19493	21002	542	1279	811	21897	13735
1996	28522	4890	23632	24496	667	1970	1389	24297	13862
1997	24926	4556	20370	20203	1132	1821	1770	26002	14606
1998	30906	5163	25743	25699	1155	2207	1845	27872	14156
1999	34693	6369	28324	28250	1737	2479	2227	32671	14639
2000	40395	5472	34923	31115	2084	3658	3538	38648	14754
2001	43426	6012	37414	33980	2597	3215	3634	38834	15345
2002	47445	6840	40605	37000	3196	3392	3857	40386	14992
2003	48127	5351	42776	38413	3885	2814	3015	39973	15404
2004	44379	4672	39707	34642	3917	2648	3172	38734	13780
2005	41598	5217	36381	32984	3554	2727	2333	36637	13234
2006	37833	5007	32826	30141	3388	2557	1747	35882	12549
2007	40022	5520	34502	30289	5790	2357	1586	34206	12611
2008	37982	4761	33221	29177	4954	2168	1683	31493	12083
2009	38291	4942	33349	28606	5446	2339	1900	29316	11719
2010	43325	4746	38579	28081	6230	3287	5727	28422	12044
2011	44300	4882	39418	29362	6072	3236	5630	27809	11275
2012	44574	4989	39585	32557	5843	2929	3245	27307	11124
2013	44737	4132	40605	31961	6759	2853	3164	27034	11209
2014	48082	3468	44614	34573	6997	1511	5001	26879	11211
2015	49078	3719	45359	38765	6818	2171	1324	28143	11203
2016	50349	3923	46426	41072	6015	2224	1038	30823	10494
2017	70607	17989	52618	57884	7271	3436	2016	27511	11217
2018	67142	15943	51199	55345	7278	3262	1257	24287	7971
2019	66558	15623	50935	54595	7503	3454	1006	24378	6958
2020	67536	17173	50363	55837	6920	4092	687	24479	6927
2021	59494	14453	45041	49945	6136	2842	571	24193	5579

3-17　农业机械年末拥有量(一)

(1990-2021年)　　单位：千瓦

年　份	农业机械总动力	耕作机械动力	#农用小型拖拉机(台)	#农用小型拖拉机	收获前机械动力	收获后处理机械动力	植保机械动力	排灌机械动力
1990	1202167	228375	24646	213427	122757		3484	107752
1991	1337189	231738	25086	217389	130693		3254	109353
1992	1462999	233744	25370	219894	135211		3257	109047
1993	1501218	235935	25602	222059	145282		3475	111420
1994	1700908	238782	25711	222954	154315		3214	112606
1995	2000643	240799	25720	223395	163317		3079	114804
1996	2098437	238872	25676	222987	173621		3125	111988
1997	2124715	234306	24989	217047	179186		3170	113686
1998	2246400	233623	24625	216445	187684		3380	111414
1999	2411183	231289	24082	209800	204087		3458	118004
2000	2557648	232801	23589	204753	220529		4548	122055
2001	2698458	215079	21888	192247	246146		4859	132394
2002	2734070	199085	20829	178487	251589		4733	133604
2003	2799713	181639	19280	167356	248485		5411	134325
2004	2643820	176498	17856	159085	236057		5229	130534
2005	2886333	178914	18006	159876	247515		8936	174382
2006	3500146	161264	14589	135870	360295		23190	336879
2007	3473685	165438	14446	134202	356135		25281	332076
2008	3394747	164170	14061	129477	348240		27703	317250
2009	3434370	186708	14713	138207	357624		42727	319920
2010	3411345	194475	14244	134849	331534		60111	323385
2011	3521059	203890	14331	136599	320738		78209	326074
2012	3472675	219707	14071	137693	114985	192712	82275	324309
2013	3404227	230723	14196	140931	124911	166163	85362	329179
2014	3452195	231595	13326	132434	129452	128316	83121	315684
2015	3386934	241643	13113	131176	134752	92019	84477	315674
2016	3254258	247423	12613	125462	136186	82263	84820	292777
2017	3002230	236394	10757	105323	136049	74493	86030	279903
2018	2856110	234669	10114	97839	136306	66561	86038	264080
2019	2703998	224480	6749	68879	146255	60933	84863	247849
2020	2525294	235493	5293	53805	141247	59271	85344	241382
2021	2446153	234618	4649	49844	128208	59043	84535	228820

注：2011年及以前收获前机械动力包括收获后机械动力。

3-18 农业机械年末拥有量(二)

(1990-2021年)

单位：千瓦

年 份	农副产品加工机械动力	运输机械动力	渔业机械动力	#机动渔船动力	#机动渔船艘数(艘)	#机动渔船吨位(吨位)	其他农业机械动力
1990	114858	157211	455745	455745	8901	225589	11985
1991	115966	168478	562980	562980	10764	300597	14727
1992	116459	234488	612005	607882	9847	324028	18788
1993	117275	266409	601170	598424	9066	320380	20252
1994	116984	327279	728205	725243	10396	393464	19523
1995	115724	389976	951727	948304	12362	509135	21217
1996	116573	423969	1007802	1005606	11456	532786	22487
1997	117573	430258	1023832	1018842	11369	545739	22704
1998	120580	425509	1141492	1134504	10534	574089	22718
1999	122740	510551	1186502	1178865	10397	614507	34552
2000	126686	533569	1282908	1269083	10839	652992	34552
2001	127317	584008	1315854	1299104	10749	681527	72801
2002	126644	593141	1316564	1300746	9945	707028	108710
2003	125009	699191	1290879	1290879	9622	686871	114774
2004	121787	667999	1229010	1229010	8868	648426	76706
2005	124331	723434	1227233	1227233	8716	647240	201588
2006	125697	626014	1351774	1351774	8884	701970	515033
2007	127393	638617	1403511	1403511	9001	718315	425234
2008	129048	594476	1397377	1397377	8467	703378	416483
2009	127761	597716	1377372	1358856	7948	711084	424542
2010	128760	599403	1334626	1301595	6802	687962	439050
2011	129331	593020	1418788	1380774	7073	759257	451009
2012	123487	589231	1479459	1438014	7089	853176	346510
2013	122494	533211	1480898	1438496	6857	905218	331286
2014	119684	506829	1491896	1447375	6648	924370	445618
2015	120309	469224	1494688	1447923	6503	942556	434148
2016	119178	427030	1433123	1384957	6364	911532	431458
2017	116473	279706	1379289	1328438	6061	899285	413893
2018	111604	250394	1299773	1253983	5675	857483	406685
2019	108467	146349	1284418	1236551	5507	854522	400384
2020	106083	6048	1265493	1217697	5367	850822	384933
2021	103852	8196	1231097	1183065	5172	859395	367784

3-19　农田水利建设情况

（1990-2021年）　　单位：千公顷

年　份	耕地灌溉面积	林地灌溉面积	园地灌溉面积	水土流失治理面积	堤　防总长度（公里）	已建成水　库（座）	总库容（万立方米）
1990	127.40	0.78	7.94	148.21	631	293	86969
1991	128.63	0.83	8.35	147.31	645	300	87078
1992	127.79	0.69	6.42	144.27	645	305	130079
1993	126.28	0.72	7.28	349.21	638	306	160329
1994	124.54	0.74	7.16	349.21	638	307	160343
1995	123.25	0.74	7.18	348.71	641	311	162176
1996	121.76	0.72	7.12	348.71	642	314	162544
1997	121.69	0.73	7.10	348.71	629	314	162543
1998	121.67	0.73	8.37	348.71	629	314	162637
1999	122.45	0.73	7.91	392.60	629	317	163714
2000	124.03	0.73	7.96	224.88	633	316	163605
2001	125.03	0.75	8.09	293.11	681	322	164098
2002	126.03	3.37	5.48	238.56	707	327	164144
2003	126.26	3.35	13.23	238.88	710	328	177602
2004	127.95	3.44	13.52	249.40	739	328	177587
2005	126.86	3.50	13.21	253.55	758	326	181664
2006	127.14	4.16	13.47	264.48	1189	323	182769
2007	125.88	4.85	13.37	269.08	1266	327	188027
2008	127.67	4.85	13.57	267.81	1343	324	182716
2009	127.67	4.95	13.87	272.61	1390	325	185361
2010	127.35	4.95	13.97	275.29	1412	326	185373
2011	125.48	5.02	13.78	281.79	1425	326	188147
2012	128.54	4.99	14.06	283.18	1487	345	193643
2013	135.36	5.24	11.39	215.51	2342	345	186813
2014	130.30	3.57	10.70	243.38	2382	346	187434
2015	125.96	4.15	10.67	249.79	2347	346	186813
2016	124.74	4.15	10.67	252.07	2355	346	186613
2017	125.05	4.15	10.67	254.07	2376	346	186611
2018	125.13	4.15	10.67	257.91	2386	347	189772
2019	123.31	4.15	10.40	261.84	2422	346	185938
2020	123.31	4.24	12.82	265.80	2434	348	188215
2021	124.69	3.30	13.10	269.31	2217	348	188765

3-20 农村用电量及化肥施用量

(1990-2021年)

单位：吨

年 份	农村用电量(万千瓦时)	农用化肥施用量(折纯量)	农用塑料薄膜使用量	农用柴油使 用 量	农 药使用量
1990	48022	78955	835		4682
1991	61544	87255	1025		5066
1992	73877	88439	1030		4315
1993	94785	91072	1226	103884	4212
1994	110137	89957	1491	134547	4749
1995	131166	106371	3200	230696	5742
1996	142967	107856	3249	252132	5710
1997	154907	109638	3445	328071	6334
1998	167880	110055	3742	337194	6499
1999	198862	109314	3978	331624	6457
2000	227818	105913	4558	351640	6414
2001	237471	96388	5726	499103	6007
2002	299886	90613	6318	498723	5862
2003	346952	87727	6656	501040	5574
2004	372411	88932	7020	517635	5597
2005	468125	89625	7405	532714	5610
2006	506716	88848	7471	544063	5561
2007	572777	87047	7541	547733	5415
2008	633158	88334	7775	521620	5340
2009	706158	91545	7898	541420	5093
2010	807710	90977	8152	593300	4850
2011	920219	89670	8363	605851	4727
2012	957734	90370	8545	611604	4605
2013	1024355	92561	8946	636934	4515
2014	1033239	89528	9210	648731	4336
2015	1031618	88296	9387	668007	4189
2016	1090873	87777	9584	667600	3106
2017	1156622	90159	10162	658892	3053
2018	1200449	88791	10313	636557	2788
2019	1201899	86176	10404	591902	2727
2020	1238294	80435	11895	607964	2623
2021	508386	77443	10815	479475	2600

注：2021年起农村用电量统计口径调整为农林牧渔业生产和乡村居民生活的全年用电总量。

主要统计指标解释

农、林、牧、渔业的统计范围是：

1.农业：包括种植业和其他农业。

种植业包括谷物、豆类、油料、棉花、麻类、糖料、烟叶、药材、薯类、蔬菜、瓜类、饲料作物等种植业，茶、桑、果种植业。

其他农业包括野生植物的果实、纤维、油料和野生药物、菌类、柴草等的采集等。

2.林业：包括人工植树造林、森林抚育、迹地更新，村及村以下竹、木材采伐。油桐籽、油茶籽、核桃等林产品的采集。

3.牧业：包括猪、牛、羊等的饲养和放牧业，鸡、鸭、鹅等有家畜养殖业以及兔、蚕、蜂等小动物饲养，野生动物的狩猎、诱捕、猎物饲养，野生动物产品的采集。

4.渔业：包括利用海水进行鱼、虾、贝、藻类等水生动、植物的养殖和对海洋水生动、植物的捕捞；还包括在内陆水域进行鱼、虾、蟹、贝类、珍珠等水生动物的养殖和捕捞。

农林牧渔业总产值　指以货币表现的农林牧渔业全部产品总量。它用价值量形式综合反映一定时期内农林牧渔业生产的总成果和总规模。农林牧渔业总产值的计算方法，一般采用“产品法”进行计算，即凡是有产品产量的，都按产品产量乘以其产品单价求得每一种农产品的产值，然后将四业产品的产值及农林牧渔服务业产值相加求得。

农作物播种面积　指实际播种或移植有农作物的面积。凡是实际种植有农作物的面积，不论种植在耕地上还是非耕地上的，也不论面积大小，均应包括在内。统计播种面积，按种植一次算一次，但移植作物的，按移植后的面积计算。

粮食产量　指全社会的产量，包括国营农场等全民所有制经营、集体统一经营的和农民家庭经营的产量，还包括工矿企业家属办的农场和其他生产单位的产量。粮食在统计上分为谷物、豆类、薯类。从浙江的实际种植结构看，谷物包括稻谷、小麦、玉米和其他谷物，按脱粒后的原粮计算；豆类包括大豆、蚕（豌）豆、杂豆，按去豆荚后的干豆计算；蕃薯按5千克鲜薯折1千克粮食计算。粮食产量统计方法主要有两种：全面统计和抽样调查。

水果产量　指本年度内收获的全部水果产量。不论出售或自食的都应计算在内。水果产量按鲜果计算，不按加工后的产量计算。2001年起，水果产量包括果用瓜（西瓜、甜瓜、草莓等），但不包括作蔬菜食用的藕、西红柿等，也不包括采集的野生水果。

造林面积　指本年度内在荒山、荒地、沙丘等一切可以造林的土地上，采取人工播种、植苗、飞机播种等方法，新植的成片乔木林和灌木林，经过检查验收，符合“造林技术规程”要求的株数，成活率达85%以上（1986年以前成活率按40%以上计算）的面积。四旁植树在四行以上，连续面积在一亩以上，应统计在造林面积内，但不包括补植面积、重造面积、迹地更新面积、低产林改造面积和零星植树折算面积。

肥猪出栏头数　指年内农村合作经济组织、农民、国营农场、机关、团体、工矿企业、部队等单位以及城镇居民饲养的，供屠宰并已出栏的全部肉猪头数，包括交售给国家、集市上出售和农民自食部分。

肉类总产量　指当年出栏并已屠宰的猪、牛、羊、兔、家禽和其他畜禽的肉产量，按屠宰后除去头蹄下水后带骨肉的重量，即按胴体重计算。

水产品产量　指本年度内捕捞的水产品产量（包括人工养殖和天然生长）。海水生长的藻类计入海水产品产量。淡水生长的各种水生植物，不计算为水产品产量。除海蜇按三矾后，海藻按干品计量外，其余均按捕捞起水时的鲜活实重计量。

农业机械总动力　指主要用于农、林、牧、副、渔业的耕地机械、排灌机械、收获机械、农产品加工机械、运输机械、植保机械、林业机械、渔业机械和其他农业机械等各种动力机械的动力总和。电动机楞率按千瓦计算，内燃机功力按引擎马力折成千瓦计算。

农用化肥施用量（折纯） 指本年内实际用于种植业、林业生产的化肥数量，包括氮肥、磷肥、钾肥和复合肥。化肥施用量要求按折纯量计算数量。折纯量是指把氮肥、磷肥、钾肥分别按含氮、含五氧化二磷、含氧化钾的百分之百成份进行折算后的数量。复合肥指含有两种或两种以上营养元素的化肥，按其所含主要成分折算。具体公式为：某种化肥折纯量=该种化肥实际施用量×折纯率（某种化肥有效成份含量的百分比），具体折纯率以化肥包装标识为准，也可参考农业农村部官网发布的《化肥折纯量参考计算表》。

农药使用量 指在农业生产过程中为防止病虫害使用的化学药物数量，包括购买的和自产自用的杀虫剂、杀菌剂、除草剂、杀螨剂以及其他化学农药，但不包括兽药、渔业用药以及土农药。化学农药的使用量按实物量计算。

农用塑料薄膜使用量 指在农业生产过程中为防寒、保温、保湿等使用的塑料薄膜，包括温室塑料大棚和地膜使用量。

农村用电量 指本年度内，农林牧渔业生产和乡村居民生活的全年用电总量，具体数据取自电力部门全社会用电情况报表。

4 工 业

Industry

4-1　主要年份工业法人单位数

单位：个

年　份	全部工业法人单位数	#国　有	#集　体	#有限责任公司	#股份有限公司	#外商及港澳台	#私　营
2008	28512	50	211	4762	226	667	19352
2009	30103	55	217	4858	207	735	21797
2010	32800	52	207	4963	199	725	24758
2011	35050	50	204	4840	206	704	27263
2012	36235	48	193	4956	214	676	28401
2013	50216	40	249	1950	98	644	43186
2014	49961	37	227	1860	107	564	43243
2015	49539	32	194	1867	99	502	43425
2016	50879	28	172	2077	121	458	44864
2017	56731	31	168	2176	192	441	50912
2018	47832	13	125	1953	417	275	43208
2019	50046	10	119	759	212	151	46217
2020	56552	11	120	720	183	341	52839
2021	61305	10	119	802	181	335	57482

4-2 规模以上工业单位数

(2015-2021年)

单位：个

项　　目	2015年	2016年	2017年	2018年	2019年	2020年	2021年
总　　计	**3672**	**3618**	**3760**	**3972**	**4309**	**4610**	**5281**
一、按登记注册类型分							
国有企业	13	14	13	4	4	3	1
集体企业	4	4	3	3	3	3	3
股份合作企业	122	132	123	117	112	109	110
联营企业		1	1	1	1	1	
有限责任公司	1130	1063	1012	953	371	186	222
股份有限公司	78	92	149	201	178	152	152
私营企业	2124	2134	2303	2556	3500	4010	4648
其他企业		3	4				
港、澳、台商投资公司	90	87	77	68	67	70	67
外商投资企业公司	111	88	75	69	73	76	78
二、按隶属关系分							
国有控股企业	51	52	52	57	64	60	63
集体控股企业	30	29	32	37	25	23	44
私人控股企业	3438	3388	3526	3722	4095	4394	5078
港澳台控股企业	50	49	42	43	43	48	47
外商控股企业	60	52	48	46	52	52	49
其他控股企业	43	48	60	67	30	33	
三、按轻重工业分							
轻工业	1419	1375	1468	1535	1655	1755	1956
重工业	2253	2243	2292	2437	2654	2855	3325
四、按企业规模分							
大型企业	40	45	51	55	47	53	65
中型企业	381	373	395	385	365	380	382
小型企业	3144	3126	3247	3407	3787	4056	4655
微型企业	107	74	67	125	110	121	179

注：规模以上工业统计范围是：年主营业务收入2000万元及以上工业(2015年起不包括台州电业局，2012-2014年不包括台州州电业局直属供电局)，下同。

4-3　分行业规模以上工业单位数

(2015-2021年)　　单位：个

行　　业	2015年	2016年	2017年	2018年	2019年	2020年	2021年
总　　计	**3672**	**3618**	**3760**	**3972**	**4309**	**4610**	**5281**
有色金属矿采选业	1	1	1		1	1	1
非金属矿采选业	3	2	3	4	7	12	13
农副食品加工业	69	76	71	74	79	87	91
食品制造业	21	16	16	15	14	14	15
酒、饮料和精制茶制造业	8	10	9	8	7	7	7
纺织业	86	78	89	96	108	123	119
纺织服装、服饰业	21	21	17	16	20	19	19
皮革、毛皮、羽毛及其制品和制鞋业	216	208	164	178	217	218	238
木材加工和木、竹、藤、棕、草制品业	15	17	18	21	20	23	24
家具制造业	97	98	94	89	84	79	87
造纸和纸制品业	55	60	52	59	69	70	74
印刷和记录媒介复制业	42	37	51	50	51	58	66
文教、工美、体育和娱乐用品制造业	141	123	106	119	129	136	155
石油、煤炭及其他燃料加工业	1	1	1	1	2	4	3
化学原料和化学制品制造业	72	68	79	83	85	88	87
医药制造业	76	73	66	65	65	67	72
化学纤维制造业	3	2	2	3	5	5	9
橡胶和塑料制品业	455	460	472	487	510	551	628
非金属矿物制品业	88	93	104	114	131	136	137
黑色金属冶炼和压延加工业	53	47	22	20	24	25	22
有色金属冶炼和压延加工业	85	78	69	77	79	78	85
金属制品业	194	192	251	258	280	314	358
通用设备制造业	594	620	685	737	833	921	1121
专用设备制造业	214	206	246	275	322	359	427
汽车制造业	327	330	374	386	390	395	459
铁路、船舶、航空航天和其他运输设备制造业	161	138	139	144	155	181	224
电气机械和器材制造业	339	321	332	361	387	409	453
计算机、通信和其他电子设备制造业	38	35	39	44	44	46	53
仪器仪表制造业	79	69	51	52	55	57	59
其他制造业	30	35	36	36	38	40	51
废弃资源综合利用业	41	48	44	38	30	25	26
金属制品、机械和设备修理业	1	1	2	2	2	2	3
电力、热力生产和供应业	25	33	34	36	39	31	34
燃气生产和供应业	6	6	6	8	10	12	12
水的生产和供应业	15	15	15	16	17	17	19

4-4 规模以上工业增加值

(2015-2021年) 单位：万元

项 目	2015年	2016年	2017年	2018年	2019年	2020年	2021年
总 计	**8297077**	**9064389**	**10011288**	**11131292**	**11344295**	**11948045**	**14053503**
一、按登记注册类型分							
国有企业	332705	327962	283529	98270	57632	7083	1229
集体企业	7469	7261	7136	9275	7889	8239	8202
股份合作企业	122801	137126	129852	112691	116614	113168	129351
联营企业		285	295	306	276	279	
有限责任公司	2326533	2549371	2455132	2768545	1667472	1531315	1823639
股份有限公司	1372423	1655595	2004113	2340796	2093326	1956400	1927609
私营企业	3031102	3283354	3815703	4447114	6296066	7365856	9161885
其他企业		3070	2569				
港、澳、台商投资公司	295033	328866	363305	329317	258559	228443	310762
外商投资企业公司	809011	771499	949654	1024980	846461	737263	690827
二、按隶属关系分							
国有控股企业	1082285	1012412	966796	1123912	1322576	1167453	1239686
集体控股企业	103148	165653	106255	64404	38314	41018	190687
私人控股企业	6551933	7204465	7941439	8845323	9238470	9700116	11928461
港澳台控股企业	159955	184176	207794	181342	103963	134120	177027
外商控股企业	268589	361687	619838	704176	475229	637488	517643
其他控股企业	131166	135996	169167	212136	165743	267851	
三、按轻重工业分							
轻工业	3217947	3410898	3537237	3717249	4088586	4254625	4820225
重工业	5079130	5653491	6474051	7414043	7255709	7693420	9233278
四、按企业规模分							
大型企业	1633213	1936373	2408422	2848093	2394969	2898025	3318524
中型企业	2518542	2751271	2941399	3388226	3722053	3810406	4020370
小型企业	3592913	3950184	4357560	4791444	5145523	5272653	6518073
微型企业	552410	426560	303907	103529	81750	-33039	196537

4-5 分行业规模以上工业增加值

(2015-2021年) 单位：万元

行 业	2015年	2016年	2017年	2018年	2019年	2020年	2021年
总 计	**8297077**	**9064389**	**10011288**	**11131292**	**11344295**	**11948045**	**14053503**
有色金属矿采选业	1573	1878	2671		1860	1765	2061
非金属矿采选业	2231	2103	3451	8018	12326	16328	22556
农副食品加工业	81654	93727	93830	78589	83457	88750	98921
食品制造业	45907	38015	34651	37041	42527	42217	44209
酒、饮料和精制茶制造业	47110	53792	54015	43950	37750	37995	36451
纺织业	132353	143497	166863	152888	158353	189310	195729
纺织服装、服饰业	15499	14877	14961	12218	14374	15372	15798
皮革、毛皮、羽毛及其制品和制鞋业	238749	252523	233585	186803	230822	176939	216058
木材加工和木、竹、藤、棕、草制品业	17107	20859	22776	26483	23153	23595	35904
家具制造业	147765	265863	251953	227479	216462	230990	268611
造纸和纸制品业	78876	84734	109398	138295	136767	122012	131459
印刷和记录媒介复制业	40601	48185	64674	66848	63980	72165	91461
文教、工美、体育和娱乐用品制造业	166666	156718	153644	192836	207103	212311	250569
石油、煤炭及其他燃料加工业	183	212	357	452	963	3235	2410
化学原料和化学制品制造业	306357	273004	275372	380682	434259	418401	431042
医药制造业	893819	963469	929984	1061145	1260692	1371160	1386576
化学纤维制造业	5190	2955	1464	1770	6064	4496	18953
橡胶和塑料制品业	810765	892449	915814	964978	1048611	1119857	1297991
非金属矿物制品业	130919	153996	164573	235638	280558	338525	355460
黑色金属冶炼和压延加工业	53163	55580	39164	33973	58622	66745	64435
有色金属冶炼和压延加工业	100554	112453	95872	252803	64759	62214	84428
金属制品业	288526	323601	404735	428911	453541	444876	602856
通用设备制造业	1016033	1148152	1359147	1517883	1622112	1774661	2298256
专用设备制造业	421315	426461	536803	670166	711143	824782	1085042
汽车制造业	748636	1008363	1466955	1723512	1403018	1369138	1596604
铁路、船舶、航空航天和其他运输设备制造业	352488	340403	324413	301441	333010	404906	587173
电气机械和器材制造业	633049	664366	620893	691506	733365	741765	876199
计算机、通信和其他电子设备制造业	83943	142751	209293	246151	229626	151525	344506
仪器仪表制造业	201749	172772	154095	185591	195379	197487	271690
其他制造业	212623	131045	140580	138812	131079	126365	180629
废弃资源综合利用业	156528	202368	288451	120312	43538	62641	102627
金属制品、机械和设备修理业	1443	1316	2279	2734	1988	1790	2831
电力、热力生产和供应业	800104	801768	790367	906270	1003154	1119844	932312
燃气生产和供应业	12530	14577	16123	22676	25499	40281	39184
水的生产和供应业	51072	55560	68084	72439	74382	73603	82515

4-6 规模以上工业主要产品产量

(2021年)

产品名称		产 量	产品名称		产 量
精制食用植物油	(万吨)	2.38	其中：木质家具	(万件)	210.74
鲜、冷藏肉	(万吨)	14.57	金属家具	(万件)	3705.79
冷冻水产品	(万吨)	30.74	软体家具	(万件)	8.24
糖果	(万吨)	0.04	箱纸板	(万吨)	1.09
罐头	(万吨)	11.10	纸制品	(万吨)	70.20
食品添加剂	(万吨)	0.10	合成橡胶	(万吨)	12.82
饮料酒	(万千升)	32.95	化学农药原药(折有效成分100%)	(万吨)	1.45
其中：啤酒	(万千升)	32.38	其中：杀虫剂原药	(万吨)	1.45
饮料	(万吨)	3.54	涂料	(万吨)	10.56
其中：果汁和蔬菜汁饮料类	(万吨)	3.50	初级形态塑料	(万吨)	17.67
精制茶	(万吨)	0.01	化学试剂	(万吨)	1.39
纱	(万吨)	4.43	化学药品原药	(万吨)	6.62
其中：化学纤维纱	(万吨)	4.43	中成药	(万吨)	0.07
布	(万米)	11526.40	橡胶轮胎外胎	(万条)	101.37
印染布	(万米)	12314.00	塑料制品	(万吨)	236.16
绒线(俗称毛线)	(万吨)	0.66	其中：塑料薄膜	(万吨)	6.99
化纤长丝机织物	(万米)	34769.30	泡沫塑料	(万吨)	4.59
非织造布(无纺布)	(万吨)	2.26	塑料人造革、合成革	(万吨)	7.27
服装	(万件)	127.20	日用塑料制品	(万吨)	56.44
其中：梭织服装	(万件)	72.10	水泥	(万吨)	451.46
针织服装	(万件)	55.10	商品混凝土	(万立方米)	2317.56
皮革鞋靴	(万双)	19871.00	预应力混凝土桩	(万米)	720.08
人造板	(万立方米)	10.35	砖	(万块)	17096.60
其中：纤维板	(万立方米)	10.35	钢化玻璃	(万平方米)	244.58
人造板表面装饰板	(万平方米)	225.45	日用玻璃制品	(万吨)	2.33
家具	(万件)	4869.48	玻璃保温容器	(万个)	208.00

4-6　续表

产品名称		产　量	产品名称		产　量
卫生陶瓷制品	(万件)	42.38	铜材	(万吨)	14.64
服装、鞋帽加工机械	(万台)	392.62	铝材	(万吨)	18.67
金属集装箱	(万立方米)	34.62	钢结构	(万吨)	9.34
金属切削工具	(万件)	5971.70	白银(银锭)	(千克)	12004.10
发动机	(万千瓦)	4839.88	电动自行车	(万辆)	259.88
金属切削机床	(万台)	7.73	民用钢质船舶	(万载重吨)	95.30
其中：数控金属切削机床	(万台)	3.19	电动机	(万千瓦)	3389.76
电焊机	(万台)	462.88	其中：交流电动机	(万千瓦)	2102.90
泵	(万台)	5713.84	变压器	(万千伏安)	2310.28
其中：真空泵	(万台)	111.23	电力电缆	(万千米)	37.49
气体压缩机	(万台)	409.45	绝缘制品	(万吨)	0.61
其中：非制冷设备用压缩机	(万台)	403.67	锂离子电池	(万只)	204.36
阀门	(万吨)	27.30	太阳能电池	(万千瓦)	4.03
齿轮	(万吨)	25.74	家用电冰箱	(万台)	80.64
电动手提式工具	(万台)	879.50	家用冷柜(家用冷冻箱)	(万台)	117.02
金属紧固件	(万吨)	2.84	灯具及照明装置	万套(台、个)	5256.52
铸铁件	(万吨)	23.27	家用电风扇	(万台)	358.94
铸钢件	(万吨)	1.97	电子元件	(万只)	1046747.00
锻件	(万吨)	35.81	移动通信手持机(手机)	(万台)	22.78
减速机	(万台)	240.95	其中：智能手机	(万台)	22.78
模具	(万套)	4.19	收获机械	(万台)	0.26
汽车	(万辆)	23.41	其中：谷物收获机械	(万台)	0.26
其中：基本型乘用车(轿车)	(万辆)	6.13	眼镜成镜	(万副)	15896.86
运动型多用途乘用车	(万辆)	16.85	自来水生产量	(万立方米)	54904.10
摩托车整车	(万辆)	85.84	灭火器	(万台)	48.57

4-7 规模以上工业主要财务指标(一)

(2021年) 单位：万元

项目	企业单位数(个)	亏损企业	新产品产值	新产品销售收入	新产品销售收入中出口	资产总计
总计	**5281**	**501**	**24418618**	**22692589**	**7580385**	**86668106**
其中：国有控股企业	63	15	529944	484081	64266	13713912
按登记注册类型分						
国有企业	1		11442	18558		61587
集体企业	3		446	446		40822
股份合作企业	110	4	185407	171916	17525	529912
联营企业						
有限责任公司	222	42	2038829	1438701	245760	17429273
股份有限公司	152	18	3689372	3892712	1553728	15092899
私营企业	4648	415	14936408	13709330	4315721	44884338
港、澳、台商投资公司	67	7	582028	485534	217394	2111803
外商投资企业公司	78	15	2974686	2975393	1230257	6517472
按轻重工业分						
轻工业	1956	251	7435158	7086459	2665983	29041087
重工业	3325	250	16983459	15606130	4914402	57627020
按大中小微型分						
大型企业	65	2	7266945	7490867	3243041	27847515
中型企业	382	30	7655617	7350497	2387802	20489412
小型企业	4655	430	9420847	7811268	1939608	36657786
微型企业	179	39	75209	39958	9934	1673393
按工业行业分						
有色金属矿采选业	**1**					**3576**
常用有色金属矿采选	1					3576
非金属矿采选业	**13**	**3**				**285545**
土砂石开采	13	3				285545
农副食品加工业	**91**	**17**	**160947**	**108250**	**10065**	**623876**
谷物磨制	2	1				9541
饲料加工	8		29606	23901	4653	111830
植物油加工	1		30698	23024	1638	75862
制糖业	1		1531			3025
屠宰及肉类加工	9	1	25550	1032		70728
水产品加工	68	14	73561	60294	3774	342814
蔬菜、菌类、水果和坚果加工	1					5684
其他农副食品加工	1	1				4394

4-7 续表 1

单位：万元

项 目	企 业 单位数 (个)	亏损企业	新产品 产 值	新 产 品 销售收入	新产品销售 收入中出口	资产总计
食品制造业	**15**	**6**	**42146**	**41305**	**13823**	**252235**
方便食品制造	1		1133	1133		26920
罐头食品制造	9	5	2	12		116262
其他食品制造	5	1	41011	40160	13823	109053
酒、饮料和精制茶制造业	**7**		**4463**	**1093**		**168305**
酒的制造	3		1364			119313
饮料制造	3		891	891		39993
精制茶加工	1		2208	202		8998
纺织业	**119**	**17**	**343449**	**359905**	**116134**	**937557**
棉纺织及印染精加工	11		86751	87799		138175
毛纺织及染整精加工	4		14884	14533		20167
化纤织造及印染精加工	27	3	41531	42609	787	158288
针织或钩针编织物及其制品制造	3	1	9687	9609	223	34140
家用纺织制成品制造	18	3	3593	3533	2518	47065
产业用纺织制成品制造	56	10	187003	201822	112606	539723
纺织服装、服饰业	**19**	**4**	**14934**	**12542**	**4584**	**85194**
机织服装制造	8	1	10240	8138	3301	39442
针织或钩针编织服装制造	7	2	991	709		30458
服饰制造	4	1	3703	3695	1283	15295
皮革、毛皮、羽毛及其制品和制鞋业	**238**	**24**	**389168**	**356750**	**185458**	**675747**
皮革制品制造	10	5	9074	6165	1230	54162
制鞋业	228	19	380093	350585	184228	621585
木材加工和木、竹、藤、棕、草制品业	**24**	**4**	**73150**	**70285**	**53422**	**182806**
人造板制造	5	1	12103			52068
木质制品制造	13	3	10055	4970	2947	35385
竹、藤、棕、草等制品制造	6		50992	65315	50475	95353
家具制造业	**87**	**19**	**519722**	**488267**	**362288**	**1671183**
木质家具制造	20	10	38591	35358	21809	141455
竹、藤家具制造	12	1	17782	18008	3259	50981

4-7 续表 2

单位：万元

项目	企业单位数（个）	亏损企业	新产品产值	新产品销售收入	新产品销售收入中出口	资产总计
金属家具制造	39	4	417689	389460	315114	1317240
塑料家具制造	11	3	30310	25263	22106	136025
其他家具制造	5	1	15349	20178		25483
造纸和纸制品业	**74**	**8**	**343472**	**314264**	**11940**	**613153**
造纸	9	2	238205	211765	179	165321
纸制品制造	65	6	105268	102499	11761	447832
印刷和记录媒介复制业	**66**	**1**	**126504**	**126455**	**15170**	**515083**
印刷	66	1	126504	126455	15170	515083
文教、工美、体育和娱乐用品制造业	**155**	**29**	**231395**	**204636**	**162141**	**846979**
文教办公用品制造	5	1	7803	7680	3711	42388
乐器制造	1			1300		3576
工艺美术及礼仪用品制造	130	26	210904	183462	150279	675807
体育用品制造	5		9668	9773	7889	78010
玩具制造	12	2	704	107	37	39836
游艺器材及娱乐用品制造	2		2317	2314	225	7363
石油、煤炭及其他燃料加工业	**3**		**86**	**4244**		**9718**
精炼石油产品制造	3		86	4244		9718
化学原料和化学制品制造业	**87**	**9**	**834460**	**731782**	**307127**	**2307009**
基础化学原料制造	11	1	91183	61102	27288	241695
农药制造	4		62791	62459	32637	283103
涂料、油墨、颜料及类似产品制造	30	5	134719	139283	26824	628113
合成材料制造	14		182210	113844	25590	401393
专用化学产品制造	19	2	351887	343964	190148	624340
炸药、火工及焰火产品制造	1					7295
日用化学产品制造	8	1	11671	11131	4640	121069
医药制造业	**72**	**19**	**2086244**	**2015985**	**815415**	**11985870**
化学药品原料药制造	55	13	1738883	1691131	812212	10561734
化学药品制剂制造	4		232050	240698	8	820702
中药饮片加工	1	1				6995
中成药生产	4	1	80441	77568		229121
兽用药品制造	1		19751			24617
生物药品制品制造	5	2	15120	6587	3195	337686
卫生材料及医药用品制造	2	2				5017
化学纤维制造业	**9**	**4**	**38039**	**10528**		**289849**

4-7　续表 3

单位：万元

项　目	企　业单位数（个）	亏损企业	新产品产　值	新产品销售收入	新产品销售收入中出口	资产总计
合成纤维制造	6	4	2581			199926
生物基材料制造	3		35458	10528		89923
橡胶和塑料制品业	**628**	**58**	**1847417**	**1727784**	**464304**	**6459125**
橡胶制品业	112	10	331080	304757	58138	1655067
塑料制品业	516	48	1516337	1423027	406166	4804058
非金属矿物制品业	**137**	**20**	**293363**	**318483**	**25302**	**2098744**
水泥、石灰和石膏制造	8	2				95907
石膏、水泥制品及类似制品制造	78	8	217170	240404		1274655
砖瓦、石材等建筑材料制造	21	6	16088	8815		186581
玻璃制造	7	3	27624	31505	8055	381032
玻璃制品制造	9		6374	6927	6070	28958
玻璃纤维和玻璃纤维增强塑料制品制造	3		93	56		8735
陶瓷制品制造	7	1	15419	22095	7299	52973
石墨及其他非金属矿物制品制造	4		10595	8680	3878	69904
黑色金属冶炼和压延加工业	**22**	**4**	**59030**	**14108**		**347904**
炼铁	1	1	70			2356
钢压延加工	21	3	58960	14108		345549
有色金属冶炼和压延加工业	**85**	**10**	**405755**	**176081**	**6064**	**1687533**
常用有色金属冶炼	1	1				16247
有色金属合金制造	5	1	14472	14472		111409
有色金属压延加工	79	8	391283	161609	6064	1559876
金属制品业	**368**	**22**	**781695**	**733760**	**312224**	**3652936**
结构性金属制品制造	31	6	53593	45743	8609	205678
金属工具制造	28	3	67951	70640	11288	226435
集装箱及金属包装容器制造	15	2	23291	17435	50	82274
金属丝绳及其制品制造	16	1	2291	1092		79181
建筑、安全用金属制品制造	81	2	155844	144787	61654	506337
金属表面处理及热处理加工	59	2	68465	52520		333715
搪瓷制品制造	2		4236			7510
金属制日用品制造	28	2	292951	286488	213849	1528467
铸造及其他金属制品制造	108	4	113072	115055	16775	683340
通用设备制造业	**1121**	**47**	**4313192**	**4062188**	**1793675**	**10501953**
锅炉及原动设备制造	10	2	11903	12439	104	83951
金属加工机械制造	120	2	482225	477050	125437	975330

4-7 续表 4

单位：万元

项　　目	企业单位数(个)	亏损企业	新产品产值	新产品销售收入	新产品销售收入中出口	资产总计
物料搬运设备制造	28	3	106407	102737	4938	296346
泵、阀门、压缩机及类似机械制造	653	29	2573978	2347945	1340218	5148058
轴承、齿轮和传动部件制造	141	2	517240	441206	107474	2204263
烘炉、风机、包装等设备制造	102	6	496209	562860	203489	1441173
文化、办公用机械制造	1		2228	2228		5277
通用零部件制造	50	1	107460	100904	11344	259786
其他通用设备制造业	16	2	15542	14819	671	87769
专用设备制造业	**427**	**44**	**2003255**	**1910067**	**567059**	**4923195**
采矿、冶金、建筑专用设备制造	18		121913	125034	7896	363060
化工、木材、非金属加工专用设备制造	167	21	616310	590220	135002	1621416
食品、饮料、烟草及饲料生产专用设备制造	10	1	6761	6733	2135	36702
印刷、制药、日化及日用品生产专用设备制造	8	2	13726	13046		33805
纺织、服装和皮革加工专用设备制造	71	8	615147	595620	156537	1415620
电子和电工机械专用设备制造	2		5999	5999	735	12280
农、林、牧、渔专用机械制造	61	3	330352	310153	212329	626973
医疗仪器设备及器械制造	67	8	204424	181505	46772	624784
环保、邮政、社会公共服务及其他专用设备制造	23	1	88622	81757	5654	188554
汽车制造业	**459**	**39**	**4817436**	**4121085**	**1324866**	**11556523**
汽车整车制造	5	3	2066174	1538288	845597	4071219
汽车用发动机制造	3		76649	73160	7453	306557
汽车车身、挂车制造	2	1	6596	9837	12	25630
汽车零部件及配件制造	449	35	2668016	2499799	471804	7153118
铁路、船舶、航空航天和其他运输设备制造业	**224**	**22**	**1141693**	**1161742**	**190227**	**3024113**
铁路运输设备制造	12	1	169873	151171	8292	653109
船舶及相关装置制造	28	2	110531	81684		702483
航空、航天器及设备制造	3		26599	35454		108167
摩托车制造	104	9	507423	553538	158060	910795
自行车和残疾人座车制造	2	1	125	36	29	8319
助动车制造	69	8	307554	321613	14641	617705
非公路休闲车及零配件制造	6	1	19588	18247	9205	23535
电气机械和器材制造业	**463**	**34**	**2126182**	**2220047**	**420553**	**5067494**
电机制造	191	8	1066239	1153039	241149	2326515
输配电及控制设备制造	71	5	448417	425176	72110	820143
电线、电缆、光缆及电工器材制造	77	4	342196	333615	414	900887
电池制造	3	1	462	7613	162	7182
家用电力器具制造	25	2	81169	86893	8241	299230

4-7 续表 5

单位：万元

项　目	企　业单位数（个）	亏损企业	新产品产　值	新产品销售收入	新产品销售收入中出口	资产总计
非电力家用器具制造	8	1	113740	125678	57792	184914
照明器具制造	83	13	67299	81617	35556	497601
其他电气机械及器材制造	5		6660	6416	5130	31022
计算机、通信和其他电子设备制造业	**53**	**9**	**697223**	**689781**	**205021**	**2371285**
计算机制造	1	1	3033			16372
通信设备制造	3		26590	25111	7548	190700
非专业视听设备制造	2	1	1080	2388		10293
智能消费设备制造	8	2	98802	94401	8618	197255
电子器件制造	14	4	314498	325596	185270	1089164
电子元件及电子专用材料制造	20	1	252913	240987	3584	827580
其他电子设备制造	5		307	1298		39921
仪器仪表制造业	**69**	**2**	**489455**	**493817**	**165472**	**915212**
通用仪器仪表制造	63	2	464406	468805	164178	880532
专用仪器仪表制造	3		5453	5415	1294	12720
光学仪器制造	1		16089	16089		14752
其他仪器仪表制造业	2		3508	3508		7209
其他制造业	**51**	**8**	**222910**	**210557**	**48053**	**705923**
日用杂品制造	50	8	214339	201986	39482	689646
其他未列明制造业	1		8571	8571	8571	16278
废弃资源综合利用业	**26**	**4**	**11836**	**6801**		**744177**
金属废料和碎屑加工处理	14	1	2769			614739
非金属废料和碎屑加工处理	12	3	9067	6801		129437
金属制品、机械和设备修理业	**3**					**7629**
专用设备修理	1					960
铁路、船舶、航空航天等运输设备修理	2					6670
电力、热力生产和供应业	**34**	**5**				**9582688**
电力生产	26	2				9191868
电力供应	2					295631
热力生产和供应	6	3				95189
燃气生产和供应业	**12**	**1**				**226625**
燃气生产和供应业	12	1				226625
水的生产和供应业	**19**	**8**				**1341364**
自来水生产和供应	13	5				1056118
污水处理及其再生利用	6	3				285246

4-8 规模以上工业主要财务指标(二)

(2021年) 单位：万元

项目	流动资产合计	存货	固定资产原价	固定资产净额	年末负债合计	流动负债合计
总计	**46632007**	**10693741**	**35697256**	**21210232**	**50325256**	**41555694**
其中：国有控股企业	2316924	574414	11438645	7140258	8735561	3599854
按登记注册类型分						
国有企业	40422	21157	21621	15821	52971	32779
集体企业	10296	4874	40487	26937	18067	3798
股份合作企业	392243	70308	206705	88561	263339	250852
联营企业						
有限责任公司	6427837	997043	11729068	7716321	12217138	6839774
股份有限公司	7578439	1612759	4280313	2089334	6101372	5328822
私营企业	27872297	7145365	17091864	9995041	27246517	25423761
港、澳、台商投资公司	1102338	253192	624511	331053	960856	824711
外商投资企业公司	3208135	589044	1702688	947163	3464997	2851198
按轻重工业分						
轻工业	15230601	3853769	9610342	5511709	14240589	12731646
重工业	31401406	6839972	26086914	15698523	36084667	28824048
按大中小微型分						
大型企业	11357344	2804113	11588511	7966989	14645560	9479963
中型企业	11345698	3174751	8970266	4846751	10300092	9166399
小型企业	23113753	4601872	14053792	8077399	24697456	22009095
微型企业	815212	113005	1084687	319092	682148	900238
按工业行业分						
有色金属矿采选业	**2092**	**1022**	**1427**	**640**	**1976**	**1976**
常用有色金属矿采选	2092	1022	1427	640	1976	1976
非金属矿采选业	**107800**	**16542**	**30934**	**21169**	**249884**	**152837**
土砂石开采	107800	16542	30934	21169	249884	152837
农副食品加工业	**387158**	**115810**	**225753**	**145441**	**382074**	**359082**
谷物磨制	8210	6142	2256	1330	7199	6629
饲料加工	82105	13879	28677	20348	84240	84240
植物油加工	25096	15257	24989	17639	18594	17227
制糖业	2881	619	150	144	1920	1920
屠宰及肉类加工	30093	1712	36958	25461	32917	30059
水产品加工	233991	76009	124880	76109	230402	213350
蔬菜、菌类、水果和坚果加工	2621	1667	4048	2442	3109	2996
其他农副食品加工	2161	526	3796	1970	3694	2662

4-8 续表 1

单位：万元

项　目	流动资产合计	存　货	固定资产原价	固定资产净值	年末负债合计	流动负债合计
食品制造业	**143841**	**65465**	**86744**	**47592**	**157352**	**154213**
方便食品制造	4854	2218	3525	2197	16119	16119
罐头食品制造	82482	49629	36297	15407	94086	91411
其他食品制造	56506	13618	46921	29988	47147	46683
酒、饮料和精制茶制造业	**95678**	**18921**	**103897**	**31760**	**62831**	**62801**
酒的制造	67053	14350	92067	27090	36119	36089
饮料制造	20891	4261	9591	3662	23762	23762
精制茶加工	7735	310	2240	1008	2951	2951
纺织业	**637615**	**190082**	**346470**	**193265**	**561039**	**529518**
棉纺织及印染精加工	74335	20429	63778	44545	114998	101219
毛纺织及染整精加工	12205	3451	18952	5517	13253	13253
化纤织造及印染精加工	123505	37316	60015	27079	88892	89714
针织或钩针编织物及其制品制造	16237	9325	22297	13894	16884	15327
家用纺织制成品制造	32423	8309	15100	8741	38266	38266
产业用纺织制成品制造	378910	111252	166329	93489	288746	271740
纺织服装、服饰业	**55657**	**17751**	**37927**	**21414**	**60173**	**60198**
机织服装制造	28205	6963	13076	8830	28980	28980
针织或钩针编织服装制造	20648	8853	19537	8415	19581	19605
服饰制造	6804	1935	5314	4169	11612	11612
皮革、毛皮、羽毛及其制品和制鞋业	**463658**	**98278**	**228437**	**131627**	**502134**	**493901**
皮革制品制造	29390	8821	28122	18565	41439	41428
制鞋业	434268	89457	200314	113062	460695	452473
木材加工和木、竹、藤、棕、草制品业	**107955**	**26462**	**70362**	**42129**	**115466**	**111763**
人造板制造	41664	4078	10911	4008	35151	35151
木质制品制造	20204	7172	16817	10783	27165	27165
竹、藤、棕、草等制品制造	46087	15212	42634	27337	53150	49447
家具制造业	**1118073**	**327185**	**373893**	**196655**	**1158548**	**1142349**
木质家具制造	80092	32719	65009	39449	98802	96248
竹、藤家具制造	38975	15794	11940	7096	45370	45370

4-8 续表 2

单位：万元

项目	流动资产合计	存货	固定资产原价	固定资产净值	年末负债合计	流动负债合计
金属家具制造	936184	248398	213410	104406	920464	910090
塑料家具制造	43959	20596	74155	41014	74407	71351
其他家具制造	18863	9678	9379	4691	19505	19290
造纸和纸制品业	**424234**	**109017**	**247218**	**121186**	**359314**	**357776**
造纸	109352	22898	95489	43321	48814	44781
纸制品制造	314883	86118	151729	77865	310499	312995
印刷和记录媒介复制业	**265728**	**52080**	**236904**	**127691**	**214353**	**207546**
印刷	265728	52080	236904	127691	214353	207546
文教、工美、体育和娱乐用品制造业	**522198**	**138564**	**342512**	**195439**	**561620**	**544510**
文教办公用品制造	26328	7193	19063	8212	24309	24309
乐器制造	1568	670	2132	1085	2955	2955
工艺美术及礼仪用品制造	426800	109877	267829	152249	455389	441596
体育用品制造	40633	13486	28405	19145	47841	44544
玩具制造	21554	5947	22208	13042	27655	27635
游艺器材及娱乐用品制造	5314	1391	2875	1707	3471	3471
石油、煤炭及其他燃料加工业	**8459**	**1290**	**1352**	**930**	**5223**	**5207**
精炼石油产品制造	8459	1290	1352	930	5223	5207
化学原料和化学制品制造业	**1301157**	**240064**	**717159**	**427563**	**924405**	**870314**
基础化学原料制造	110348	18643	77973	35478	64213	67280
农药制造	181599	15522	42726	21171	83288	80541
涂料、油墨、颜料及类似产品制造	352764	81333	205825	128043	279316	259386
合成材料制造	230532	46245	157706	90308	267744	241097
专用化学产品制造	361386	67576	200802	134063	187540	180191
炸药、火工及焰火产品制造	3261	529	5911	2612	1729	1729
日用化学产品制造	61269	10216	26215	15887	40575	40091
医药制造业	**4930788**	**1285390**	**3426154**	**1939944**	**4415732**	**3368914**
化学药品原料药制造	4202202	1184485	3040866	1721235	4082005	3080809
化学药品制剂制造	420343	69772	276898	165982	171275	129117
中药饮片加工	6817	1060	418	159	5154	5154
中成药生产	158213	19962	54438	27909	91340	87969
兽用药品制造	9911	1531	9562	5951	7036	7036
生物药品制品制造	132103	8081	40384	18708	58921	53150
卫生材料及医药用品制造	1199	498	3588			5679
化学纤维制造业	**82566**	**28227**	**180060**	**156560**	**198942**	**115922**

4-8 续表 3

单位：万元

项目	流动资产合计	存货	固定资产原价	固定资产净值	年末负债合计	流动负债合计
合成纤维制造	54423	18096	140237	120484	151058	83218
生物基材料制造	28143	10131	39822	36076	47884	32704
橡胶和塑料制品业	**3637161**	**853402**	**2653429**	**1542297**	**3251521**	**3056542**
橡胶制品业	952671	165665	553691	325530	746853	692282
塑料制品业	2684490	687737	2099738	1216766	2504669	2364261
非金属矿物制品业	**1245305**	**170306**	**675844**	**395879**	**1547959**	**1439325**
水泥、石灰和石膏制造	54459	10700	52350	18285	43365	41184
石膏、水泥制品及类似制品制造	879563	120118	444710	259174	851601	765077
砖瓦、石材等建筑材料制造	129970	16088	45836	33181	144669	137891
玻璃制造	109827	3861	68316	43964	392383	391399
玻璃制品制造	20960	5466	11013	3282	21874	21874
玻璃纤维和玻璃纤维增强塑料制品制造	5917	2208	2841	1498	5855	5855
陶瓷制品制造	28368	8674	27712	15413	38240	38214
石墨及其他非金属矿物制品制造	16242	3191	23067	21084	49972	37832
黑色金属冶炼和压延加工业	**262884**	**78882**	**103090**	**60762**	**245851**	**232215**
炼铁	1718	545	874	534	3065	2480
钢压延加工	261165	78337	102216	60229	242785	229735
有色金属冶炼和压延加工业	**1026585**	**156101**	**324622**	**230613**	**1403977**	**1125465**
常用有色金属冶炼	14825	7903	1126	709	14963	14962
有色金属合金制造	55873	19509	39575	28832	78672	77755
有色金属压延加工	955887	128689	283922	201072	1310343	1032749
金属制品业	**2229062**	**390957**	**1093668**	**649954**	**2013254**	**1902231**
结构性金属制品制造	140526	27858	58843	40554	146215	129449
金属工具制造	111540	21403	133464	88705	143624	134419
集装箱及金属包装容器制造	61208	12865	25704	13834	56672	56672
金属丝绳及其制品制造	61475	23393	25832	13045	56489	54448
建筑、安全用金属制品制造	334312	92766	176974	110241	334825	320642
金属表面处理及热处理加工	210252	22890	158225	85642	238422	221888
搪瓷制品制造	5650	1814	1510	1326	6033	6033
金属制日用品制造	840168	88717	217425	148175	601016	565126
铸造及其他金属制品制造	463932	99249	295685	148432	429960	413555
通用设备制造业	**6456168**	**1824225**	**4004372**	**2405504**	**5858025**	**5565230**
锅炉及原动设备制造	57205	19360	37480	18999	51222	51212
金属加工机械制造	689298	215122	355401	204824	592683	577482

4-8 续表 4

单位：万元

项　　目	流动资产合计	存　货	固定资产原价	固定资产净值	年末负债合计	流动负债合计
物料搬运设备制造	184296	52777	91965	56338	171240	168494
泵、阀门、压缩机及类似机械制造	3348704	992510	1754710	1081571	2869338	2774417
轴承、齿轮和传动部件制造	1197651	304084	1112980	656477	1117675	993778
烘炉、风机、包装等设备制造	752172	182965	502868	301442	823067	777073
文化、办公用机械制造	3718	593	2984	1303	1817	983
通用零部件制造	171138	34886	120626	68967	170194	166068
其他通用设备制造业	51988	21927	25360	15584	60790	55724
专用设备制造业	**3156915**	**980176**	**1745032**	**986942**	**2993758**	**2853271**
采矿、冶金、建筑专用设备制造	250520	61233	97516	64599	173338	172131
化工、木材、非金属加工专用设备制造	1072596	309519	693191	355804	1065466	1017557
食品、饮料、烟草及饲料生产专用设备制造	18724	6045	17845	9066	19105	17971
印刷、制药、日化及日用品生产专用设备制造	23811	2354	9762	4097	24903	22306
纺织、服装和皮革加工专用设备制造	874335	356045	407230	259179	907505	851374
电子和电工机械专用设备制造	8331	1240	5440	2450	4449	4449
农、林、牧、渔专用机械制造	394843	133993	218313	119219	361822	351288
医疗仪器设备及器械制造	372344	86612	252320	150309	301741	284571
环保、邮政、社会公共服务及其他专用设备制造	141412	23135	43414	22220	135429	131625
汽车制造业	**7788422**	**966330**	**3320195**	**1900737**	**8269588**	**7311572**
汽车整车制造	3551825	134539	214565	158356	3726797	3172171
汽车用发动机制造	96169	17797	160986	131982	179562	176301
汽车车身、挂车制造	15596	4886	7114	2902	16878	16878
汽车零部件及配件制造	4124832	809108	2937530	1607497	4346352	3946221
铁路、船舶、航空航天和其他运输设备制造业	**2097220**	**612216**	**916616**	**482677**	**1954998**	**1875535**
铁路运输设备制造	406176	48006	136757	99664	217865	152333
船舶及相关装置制造	569065	272733	201650	83890	579522	557645
航空、航天器及设备制造	54068	5118	48449	30450	65182	60582
摩托车制造	612684	170391	358163	159703	585457	604529
自行车和残疾人座车制造	5061	623	2462	1093	7498	7498
助动车制造	431305	111154	162453	104989	485762	479236
非公路休闲车及零配件制造	18862	4193	6682	2888	13711	13711
电气机械和器材制造业	**3571821**	**835752**	**1487509**	**794531**	**3084631**	**2992086**
电机制造	1547845	383496	719871	391396	1402275	1366159
输配电及控制设备制造	613163	127787	241439	121902	471383	462190
电线、电缆、光缆及电工器材制造	733055	160738	152621	80328	563842	545003
电池制造	6683	2890	2757	1117	4352	4352
家用电力器具制造	159683	40717	103950	64053	152868	125369

4-8 续表 5

单位：万元

项 目	流动资产合计	存 货	固定资产原价	固定资产净值	年末负债合计	流动负债合计
非电力家用器具制造	143755	26007	53086	26078	91407	89157
照明器具制造	348729	90976	204262	102193	376993	378345
其他电气机械及器材制造	18910	3141	9523	7463	21511	21511
计算机、通信和其他电子设备制造业	**1444687**	**238927**	**690595**	**400143**	**885897**	**799033**
计算机制造	7819	887	6363	6349	15950	10950
通信设备制造	145897	9331	27523	23359	165325	130126
非专业视听设备制造	8267	2418	3254	1988	7129	6135
智能消费设备制造	132496	27590	55373	38237	101273	92914
电子器件制造	556572	83411	391953	265299	261302	230631
电子元件及电子专用材料制造	563661	111195	195148	56475	306654	300047
其他电子设备制造	29975	4094	10981	8437	28264	28229
仪器仪表制造业	**646882**	**173089**	**288594**	**166698**	**406100**	**392695**
通用仪器仪表制造	623647	168089	267288	155150	385589	372895
专用仪器仪表制造	10025	1982	8196	2524	6863	6863
光学仪器制造	8353	2914	9258	5773	8003	7292
其他仪器仪表制造业	4857	105	3853	3251	5646	5646
其他制造业	**465823**	**116032**	**253447**	**123775**	**421501**	**414990**
日用杂品制造	455195	112152	246675	119727	408406	401894
其他未列明制造业	10628	3881	6772	4047	13096	13096
废弃资源综合利用业	**474805**	**158752**	**190310**	**92412**	**444627**	**411565**
金属废料和碎屑加工处理	427253	151172	113284	75783	372923	369308
非金属废料和碎屑加工处理	47552	7580	77025	16630	71704	42257
金属制品、机械和设备修理业	**5026**	**384**	**6434**	**2251**	**2992**	**3218**
专用设备修理	933	286	53	27	644	644
铁路、船舶、航空航天等运输设备修理	4093	98	6381	2224	2348	2574
电力、热力生产和供应业	**1080309**	**378134**	**10454030**	**6709086**	**6665680**	**2201761**
电力生产	993318	376759	9892932	6664593	6610484	1858320
电力供应	56905	443	473077			295631
热力生产和供应	30086	931	88021	44493	55197	47811
燃气生产和供应业	**64472**	**17454**	**143599**	**92374**	**98875**	**78907**
燃气生产和供应业	64472	17454	143599	92374	98875	78907
水的生产和供应业	**323800**	**10475**	**688671**	**372594**	**844955**	**361227**
自来水生产和供应	266730	10209	508507	253289	633694	266012
污水处理及其再生利用	57070	267	180164	119305	211260	95215

4-9 规模以上工业主要财务指标(三)

(2021年) 单位：万元

项目	年末所有者权益合计	实收资本	营业收入	营业成本	税金及附加
总计	**35883129**	**13518311**	**66407414**	**54954796**	**362171**
其中：国有控股企业	4682720	2845970	4792617	3951079	32550
按登记注册类型分					
国有企业	8617	6080	41272	39407	301
集体企业	22755	1637	34038	29055	98
股份合作企业	266574	41265	654723	556992	3310
联营企业					
有限责任公司	4877549	3507588	7855259	6539858	55291
股份有限公司	8991527	2253562	8506361	6857293	44847
私营企业	17527301	6463604	43195192	35837293	228878
港、澳、台商投资公司	1148825	497411	1435199	1146209	7321
外商投资企业公司	3039982	747163	4685372	3948690	22126
按轻重工业分					
轻工业	14747489	4398778	20740876	16548065	120960
重工业	21135641	9119533	45666538	38406731	241211
按大中小微型分					
大型企业	13201955	3900906	13810087	10972816	83567
中型企业	10189320	3300473	16636200	13387376	92615
小型企业	11959606	6063288	34371407	29142671	179618
微型企业	532248	253644	1589719	1451933	6371
按工业行业分					
有色金属矿采选业	**1600**	**800**	**2863**	**1403**	**118**
常用有色金属矿采选	1600	800	2863	1403	118
非金属矿采选业	**32380**	**21385**	**112267**	**86261**	**3361**
土砂石开采	32380	21385	112267	86261	3361
农副食品加工业	**241092**	**106715**	**1010103**	**929941**	**2090**
谷物磨制	2342	1400	22910	21535	9
饲料加工	27590	10244	132851	119744	160
植物油加工	57267	5520	45081	29245	226
制糖业	1105	1000	3352	3155	3
屠宰及肉类加工	37811	20420	406840	396611	542
水产品加工	111702	64032	392382	353969	1098
蔬菜、菌类、水果和坚果加工	2574	2450	3705	3217	31
其他农副食品加工	701	1650	2982	2466	21

4-9　续表 1

单位：万元

项　目	年末所有者权益合计	实收资本	营业收入	营业成本	税金及附加
食品制造业	**94883**	**35149**	**172954**	**141525**	**862**
方便食品制造	10800	6800	14204	11471	5
罐头食品制造	22177	7581	94602	82594	497
其他食品制造	61906	20768	64148	47459	361
酒、饮料和精制茶制造业	**105473**	**32853**	**128475**	**97407**	**9578**
酒的制造	83194	24395	82119	58464	9265
饮料制造	16232	3298	39797	33293	294
精制茶加工	6047	5160	6560	5651	18
纺织业	**373957**	**124295**	**1018061**	**865296**	**4726**
棉纺织及印染精加工	23177	7111	180390	159071	756
毛纺织及染整精加工	6914	5982	29437	23894	184
化纤织造及印染精加工	67274	29059	193381	173747	728
针织或钩针编织物及其制品制造	17256	2010	37204	31012	155
家用纺织制成品制造	8798	4696	73349	62969	324
产业用纺织制成品制造	250538	75438	504299	414603	2578
纺织服装、服饰业	**25021**	**17069**	**67428**	**55357**	**366**
机织服装制造	10462	8315	30567	24273	141
针织或钩针编织服装制造	10877	7719	25291	21657	150
服饰制造	3682	1036	11569	9427	75
皮革、毛皮、羽毛及其制品和制鞋业	**173612**	**77349**	**799784**	**684012**	**4157**
皮革制品制造	12723	13465	39201	33684	267
制鞋业	160889	63884	760584	650328	3890
木材加工和木、竹、藤、棕、草制品业	**67340**	**25202**	**160557**	**135866**	**761**
人造板制造	16917	10111	41386	36034	162
木质制品制造	8220	3191	42762	35063	228
竹、藤、棕、草等制品制造	42203	11900	76408	64770	371
家具制造业	**512634**	**308575**	**1548240**	**1374162**	**7736**
木质家具制造	42653	25637	117789	90386	911
竹、藤家具制造	5611	1758	86065	76509	391

4-9 续表 2

单位：万元

项 目	年末所有者权益合计	实收资本	营业收入	营业成本	税金及附加
金属家具制造	396776	258109	1210632	1101268	5530
塑料家具制造	61616	17021	85890	63995	646
其他家具制造	5978	6050	47865	42005	258
造纸和纸制品业	**242891**	**85071**	**794507**	**700468**	**4984**
造纸	116507	21964	289664	250546	2974
纸制品制造	126384	63107	504843	449922	2011
印刷和记录媒介复制业	**300729**	**115541**	**397409**	**335595**	**1837**
印刷	300729	115541	397409	335595	1837
文教、工美、体育和娱乐用品制造业	**285359**	**113328**	**828071**	**649657**	**5599**
文教办公用品制造	18079	10637	24213	20349	183
乐器制造	620	218	2550	2071	12
工艺美术及礼仪用品制造	220418	93644	680330	529793	4768
体育用品制造	30169	2802	59848	45594	314
玩具制造	12181	5076	44805	37941	233
游艺器材及娱乐用品制造	3892	950	16324	13910	90
石油、煤炭及其他燃料加工业	**4494**	**1900**	**13379**	**10930**	**62**
精炼石油产品制造	4494	1900	13379	10930	62
化学原料和化学制品制造业	**1378221**	**331294**	**1884546**	**1436068**	**8968**
基础化学原料制造	173100	28812	168371	123782	780
农药制造	199815	46906	169580	132600	645
涂料、油墨、颜料及类似产品制造	348797	94290	403794	308975	2704
合成材料制造	133649	42815	419082	349649	1303
专用化学产品制造	436800	80030	639038	460659	3076
炸药、火工及焰火产品制造	5566	1000	8096	4689	89
日用化学产品制造	80494	37441	76585	55716	371
医药制造业	**7564460**	**1669170**	**4384858**	**2839698**	**32368**
化学药品原料药制造	6479728	1389667	3760926	2575696	26112
化学药品制剂制造	649427	158307	386296	163516	4176
中药饮片加工	1840	1000	3467	3029	5
中成药生产	137781	39706	118707	30577	1474
兽用药品制造	17581	5370	18778	8516	91
生物药品制品制造	278765	75120	94626	56437	456
卫生材料及医药用品制造	-662		2057	1926	55
化学纤维制造业	**90907**	**85682**	**211060**	**211071**	**636**

4-9 续表 3

单位：万元

项 目	年末所有者权益合计	实收资本	营业收入	营业成本	税金及附加
合成纤维制造	48867	70232	157755	163835	443
生物基材料制造	42040	15450	53306	47236	193
橡胶和塑料制品业	**3169924**	**1127922**	**5827657**	**4746783**	**29611**
橡胶制品业	891982	268457	1052505	843486	5863
塑料制品业	2277941	859464	4775152	3903297	23748
非金属矿物制品业	**537156**	**400962**	**2104838**	**1766816**	**10729**
水泥、石灰和石膏制造	52542	15384	222432	171441	1135
石膏、水泥制品及类似制品制造	409424	225977	1558595	1321890	7382
砖瓦、石材等建筑材料制造	41912	35318	139529	120964	680
玻璃制造	-11351	100644	55158	50595	478
玻璃制品制造	7083	3884	42593	36172	194
玻璃纤维和玻璃纤维增强塑料制品制造	2881	636	18642	15732	61
陶瓷制品制造	14733	12570	46896	36070	526
石墨及其他非金属矿物制品制造	19932	6550	20994	13952	274
黑色金属冶炼和压延加工业	**102053**	**27968**	**785186**	**734589**	**2126**
炼铁	-710	574	2833	2299	13
钢压延加工	102763	27394	782353	732291	2113
有色金属冶炼和压延加工业	**282516**	**152801**	**1967930**	**1903634**	**4265**
常用有色金属冶炼	1285	502	65879	65749	
有色金属合金制造	32737	29591	110622	103764	1031
有色金属压延加工	248495	122708	1791429	1734121	3233
金属制品业	**1639683**	**503148**	**3046246**	**2573569**	**13108**
结构性金属制品制造	59464	42248	197911	171068	744
金属工具制造	82810	41625	150093	116493	555
集装箱及金属包装容器制造	25603	11593	73440	60483	334
金属丝绳及其制品制造	22692	10618	140389	132588	261
建筑、安全用金属制品制造	171511	84791	647216	538009	2949
金属表面处理及热处理加工	95293	43273	313644	262382	1561
搪瓷制品制造	1478	1429	10864	9581	28
金属制日用品制造	927452	142861	697573	577566	2344
铸造及其他金属制品制造	253381	124709	815117	705399	3332
通用设备制造业	**4634937**	**1438640**	**10144838**	**8298479**	**48837**
锅炉及原动设备制造	32729	12676	76780	61158	572
金属加工机械制造	382647	98133	1030085	831280	4803

4-9 续表 4

单位：万元

项　　目	年末所有者权益合计	实收资本	营业收入	营业成本	税金及附加
物料搬运设备制造	125106	54730	222378	178319	1388
泵、阀门、压缩机及类似机械制造	2277102	723642	5679629	4653548	24364
轴承、齿轮和传动部件制造	1085524	264628	1536651	1233928	8749
烘炉、风机、包装等设备制造	611797	210868	1222599	1024653	7009
文化、办公用机械制造	3460	1018	6511	5185	35
通用零部件制造	89592	45671	302164	255353	1624
其他通用设备制造业	26980	27274	68042	55055	293
专用设备制造业	**1923672**	**650413**	**4192706**	**3348060**	**23139**
采矿、冶金、建筑专用设备制造	189722	31349	374235	288317	1895
化工、木材、非金属加工专用设备制造	555949	191856	1077443	831493	8270
食品、饮料、烟草及饲料生产专用设备制造	17598	6585	27802	20264	235
印刷、制药、日化及日用品生产专用设备制造	8902	2719	30379	22590	230
纺织、服装和皮革加工专用设备制造	502352	198008	1363420	1172571	5435
电子和电工机械专用设备制造	7832	2551	12565	8205	71
农、林、牧、渔专用机械制造	265151	94442	672872	552247	2417
医疗仪器设备及器械制造	323042	96424	472114	327594	3772
环保、邮政、社会公共服务及其他专用设备制造	53126	26480	161877	124779	814
汽车制造业	**3259218**	**1458116**	**8518000**	**7219649**	**43392**
汽车整车制造	331930	505431	2274427	2091595	13655
汽车用发动机制造	126995	82090	371379	324430	807
汽车车身、挂车制造	8752	3865	14529	11509	125
汽车零部件及配件制造	2791542	866731	5857665	4792115	28806
铁路、船舶、航空航天和其他运输设备制造业	**1040010**	**505141**	**2931784**	**2459559**	**34778**
铁路运输设备制造	435244	136688	268794	161914	2275
船舶及相关装置制造	122960	149446	473974	439315	1987
航空、航天器及设备制造	42985	7468	44864	26726	130
摩托车制造	297772	115835	1322261	1111288	27683
自行车和残疾人座车制造	822	547	10608	8964	55
助动车制造	130403	90775	770698	677924	2457
非公路休闲车及零配件制造	9824	4382	40585	33429	191
电气机械和器材制造业	**1970796**	**750620**	**5653859**	**4896258**	**20124**
电机制造	923330	242649	2368514	2025119	9109
输配电及控制设备制造	348760	189210	859381	737760	3382
电线、电缆、光缆及电工器材制造	336010	193889	1459133	1329653	2917
电池制造	2830	1605	13105	9893	54
家用电力器具制造	146362	50358	202331	158454	1214

4-9　续表 5

单位：万元

项　目	年末所有者权益合计	实收资本	营业收入	营业成本	税金及附加
非电力家用器具制造	93506	16926	170837	132244	881
照明器具制造	110488	52333	535738	466747	2435
其他电气机械及器材制造	9510	3650	44820	36389	133
计算机、通信和其他电子设备制造业	**1485081**	**330972**	**1190944**	**945599**	**5799**
计算机制造	422	1035	13464	13189	4
通信设备制造	25376	6288	47078	35800	262
非专业视听设备制造	3164	3200	15007	12875	33
智能消费设备制造	95982	31694	139227	101418	748
电子器件制造	827862	196260	467324	381053	2568
电子元件及电子专用材料制造	520618	85894	453929	357142	2075
其他电子设备制造	11657	6601	54915	44123	109
仪器仪表制造业	**509112**	**154829**	**945656**	**713127**	**5267**
通用仪器仪表制造	494943	150769	898461	674957	5070
专用仪器仪表制造	5858	1280	18019	14612	69
光学仪器制造	6749	2580	19108	15091	94
其他仪器仪表制造业	1563	200	10068	8467	34
其他制造业	**284422**	**109272**	**627909**	**501819**	**3538**
日用杂品制造	281240	108272	613424	489185	3418
其他未列明制造业	3182	1000	14486	12634	120
废弃资源综合利用业	**299549**	**150860**	**1061891**	**979237**	**4616**
金属废料和碎屑加工处理	241816	129492	960423	903334	3643
非金属废料和碎屑加工处理	57733	21368	101467	75903	973
金属制品、机械和设备修理业	**4411**	**3242**	**5806**	**4229**	**61**
专用设备修理	316	242	2028	1253	18
铁路、船舶、航空航天等运输设备修理	4096	3000	3777	2976	43
电力、热力生产和供应业	**2621376**	**2316986**	**3405306**	**2937370**	**22327**
电力生产	2581384	2294854	2709411	2253189	20559
电力供应			607045	599358	1185
热力生产和供应	39992	22133	88850	84823	583
燃气生产和供应业	**127750**	**44023**	**224600**	**185780**	**518**
燃气生产和供应业	127750	44023	224600	185780	518
水的生产和供应业	**496409**	**241020**	**237697**	**185523**	**1725**
自来水生产和供应	422423	187360	197560	156903	1526
污水处理及其再生利用	73986	53660	40137	28621	199

4-10 规模以上工业主要财务指标(四)

(2021年)

单位：万元

项目	销售费用	财务费用	#利息费用	利润总额	利税总额	本年应交增值税	平均用工人数(人)
总计	**1800883**	**826877**	**814305**	**4275233**	**6113323**	**1475920**	**760268**
其中：国有控股企业	130920	223841	235297	-77759	144468	189676	15656
按登记注册类型分							
国有企业		6		79	495	116	163
集体企业	358	681	686	1925	2702	679	274
股份合作企业	12672	5712	4672	35629	57762	18824	8835
联营企业							
有限责任公司	158389	236051	244682	548072	849859	246496	42453
股份有限公司	211924	40662	82498	472500	672369	155022	81296
私营企业	1225172	492696	433352	2251598	3476317	995840	586321
港、澳、台商投资公司	39990	17792	15571	116574	146361	22466	15335
外商投资企业公司	152377	33277	32844	848856	907459	36477	25591
按轻重工业分							
轻工业	787918	226744	243395	1978849	2580720	480911	290489
重工业	1012965	600132	570911	2296383	3532603	995008	469779
按大中小微型分							
大型企业	398291	225987	252644	1842624	2161793	235602	121953
中型企业	506428	150416	166929	956320	1460092	411157	187780
小型企业	881102	431028	382345	1428778	2402831	794436	443516
微型企业	15062	19446	12388	47511	88607	34725	7019
按工业行业分							
有色金属矿采选业		**62**	**62**	**910**	**1317**	**289**	**99**
常用有色金属矿采选		62	62	910	1317	289	99
非金属矿采选业	**3981**	**7192**	**6148**	**7164**	**14745**	**4220**	**448**
土砂石开采	3981	7192	6148	7164	14745	4220	448
农副食品加工业	**14745**	**10186**	**8640**	**19933**	**27995**	**5972**	**8181**
谷物磨制	814	177	177	-8	67	66	63
饲料加工	2024	1699	1674	4618	5146	368	501
植物油加工	1774	223	526	10171	11647	1251	345
制糖业	2	10	10	109	130	18	40
屠宰及肉类加工	2015	340	509	4251	5058	266	1043
水产品加工	7792	7537	5555	742	5582	3742	5998
蔬菜、菌类、水果和坚果加工	233	106	97	84	225	110	76
其他农副食品加工	93	94	93	-33	140	152	115

4-10 续表 1

单位：万元

项 目	销售费用	财务费用	#利息费用	利润总额	利税总额	本年应交增值税	平均用工人数(人)
食品制造业	**5756**	**2936**	**2567**	**8428**	**14712**	**5421**	**3765**
方便食品制造	615	624	623	598	609	6	191
罐头食品制造	3258	1987	1641	167	5531	4868	2945
其他食品制造	1883	325	303	7663	8571	547	629
酒、饮料和精制茶制造业	**1903**	**-461**	**386**	**13001**	**27817**	**5238**	**776**
酒的制造	122	-1128	254	10564	23043	3214	413
饮料制造	1614	560	30	2210	4350	1847	296
精制茶加工	167	107	102	227	423	178	67
纺织业	**28163**	**11712**	**10780**	**35991**	**61214**	**20497**	**13671**
棉纺织及印染精加工	2015	3475	3278	5943	11487	4788	1687
毛纺织及染整精加工	396	256	266	1609	2948	1154	451
化纤织造及印染精加工	2614	1792	2057	5688	10522	4106	2134
针织或钩针编织物及其制品制造	1754	244	234	1227	2268	886	400
家用纺织制成品制造	3485	843	552	1544	3747	1880	1329
产业用纺织制成品制造	17899	5102	4393	19980	30243	7684	7670
纺织服装、服饰业	**2793**	**1388**	**1370**	**917**	**2837**	**1554**	**1850**
机织服装制造	1407	710	693	229	955	585	816
针织或钩针编织服装制造	1018	461	460	130	1009	728	738
服饰制造	369	217	217	558	873	241	296
皮革、毛皮、羽毛及其制品和制鞋业	**16946**	**9519**	**7361**	**23381**	**50382**	**22843**	**24766**
皮革制品制造	1307	888	623	-492	1008	1233	1114
制鞋业	15640	8631	6738	23873	49374	21610	23652
木材加工和木、竹、藤、棕、草制品业	**4897**	**2523**	**2045**	**4130**	**8158**	**3267**	**3850**
人造板制造	1030	749	625	1523	2703	1018	467
木质制品制造	1546	580	420	796	2638	1614	1582
竹、藤、棕、草等制品制造	2322	1194	1000	1811	2818	636	1801
家具制造业	**39627**	**-6860**	**14219**	**23064**	**40606**	**9806**	**24699**
木质家具制造	8514	2246	1813	1312	4901	2678	3601
竹、藤家具制造	1698	1014	954	1400	4713	2922	1520

4-10 续表 2

单位：万元

项目	销售费用	财务费用	#利息费用	利润总额	利税总额	本年应交增值税	平均用工人数(人)
金属家具制造	22986	-12162	9125	14905	22051	1616	16711
塑料家具制造	5584	1211	1464	4762	6424	1016	1844
其他家具制造	846	832	864	685	2517	1574	1023
造纸和纸制品业	**18381**	**6745**	**5924**	**35677**	**76430**	**35768**	**7013**
造纸	5181	1625	1188	27754	56705	25978	1422
纸制品制造	13200	5120	4735	7923	19724	9791	5591
印刷和记录媒介复制业	**10090**	**3203**	**3372**	**23024**	**33493**	**8632**	**7011**
印刷	10090	3203	3372	23024	33493	8632	7011
文教、工美、体育和娱乐用品制造业	**33768**	**13152**	**10564**	**47684**	**83191**	**29908**	**23487**
文教办公用品制造	1210	628	804	331	1098	584	527
乐器制造		73	73	79	171	81	114
工艺美术及礼仪用品制造	29412	10881	8332	41463	69964	23734	19783
体育用品制造	1211	912	947	3978	7932	3640	1674
玩具制造	1365	619	391	1012	2859	1614	1213
游艺器材及娱乐用品制造	571	39	16	822	1167	255	176
石油、煤炭及其他燃料加工业	**472**	**72**	**62**	**1008**	**1480**	**410**	**83**
精炼石油产品制造	472	72	62	1008	1480	410	83
化学原料和化学制品制造业	**46805**	**14882**	**14748**	**234589**	**284696**	**41139**	**10732**
基础化学原料制造	6964	1563	1673	22634	26229	2815	1016
农药制造	2827	517	407	23664	25305	996	1096
涂料、油墨、颜料及类似产品制造	9740	5752	5427	30604	42723	9414	3262
合成材料制造	11017	4438	4614	34895	42629	6430	1845
专用化学产品制造	11566	1150	1615	113148	136505	20280	2415
炸药、火工及焰火产品制造	509	-2	4	1688	2254	477	86
日用化学产品制造	4182	1463	1009	7956	9053	727	1012
医药制造业	**275276**	**73678**	**79946**	**698539**	**852972**	**122066**	**39602**
化学药品原料药制造	134115	69637	75008	566209	674760	82439	34462
化学药品制剂制造	78030	1780	2888	97823	129784	27785	3249
中药饮片加工	0	110	104	-150	-107	38	56
中成药生产	39120	1439	1452	35186	47368	10708	950
兽用药品制造	240	186		5338	5429		185
生物药品制品制造	23477	505	494	-4882	-3388	1038	671
卫生材料及医药用品制造	294	20		-986	-873	58	29
化学纤维制造业	**1377**	**6372**	**5478**	**-13424**	**-4415**	**8373**	**1110**

4-10 续表 3

单位：万元

项　目	销售费用	财务费用	#利息费用	利润总额	利税总额	本年应交增值税	平均用工人数（人）
合成纤维制造	940	5498	5288	-16014	-7376	8195	818
生物基材料制造	437	874	190	2590	2962	178	292
橡胶和塑料制品业	**199338**	**65149**	**56942**	**432539**	**587089**	**124938**	**79162**
橡胶制品业	31457	16729	13553	127288	160709	27558	16361
塑料制品业	167882	48421	43389	305251	426380	97381	62801
非金属矿物制品业	**77751**	**23606**	**27080**	**-267040**	**-191609**	**64702**	**12702**
水泥、石灰和石膏制造	4595	495	502	40347	48944	7462	474
石膏、水泥制品及类似制品制造	61513	15041	15891	73013	128713	48319	7664
砖瓦、石材等建筑材料制造	6494	1991	2228	2188	7147	4279	1093
玻璃制造	1212	3044	5182	-393762	-392013	1272	1198
玻璃制品制造	1212	694	637	1492	2927	1240	687
玻璃纤维和玻璃纤维增强塑料制品制造	1153	128	82	642	1409	706	334
陶瓷制品制造	1083	1298	1240	2178	4546	1842	1054
石墨及其他非金属矿物制品制造	488	915	1317	6863	6719	-418	198
黑色金属冶炼和压延加工业	**3601**	**3074**	**2972**	**24597**	**34111**	**7387**	**1866**
炼铁	25	44	21	-423	-282	128	78
钢压延加工	3576	3030	2951	25021	34392	7259	1788
有色金属冶炼和压延加工业	**8545**	**11120**	**17996**	**6267**	**31411**	**20880**	**4718**
常用有色金属冶炼	100	161	169	-367	574	940	33
有色金属合金制造	678	663	601	1444	6155	3679	271
有色金属压延加工	7767	10296	17226	5189	24682	16260	4414
金属制品业	**90845**	**32749**	**35319**	**642984**	**714864**	**58772**	**41505**
结构性金属制品制造	4861	2536	2394	7834	11753	3175	2259
金属工具制造	4053	2143	1666	11479	14706	2673	2783
集装箱及金属包装容器制造	1877	1212	1173	3223	5578	2021	1114
金属丝绳及其制品制造	1006	1126	998	2315	4107	1531	769
建筑、安全用金属制品制造	21854	9181	6520	24634	41206	13622	10926
金属表面处理及热处理加工	4014	3898	3290	14971	27360	10827	6911
搪瓷制品制造	255	151	100	198	367	142	227
金属制日用品制造	41330	2449	10077	543906	550800	4050	6428
铸造及其他金属制品制造	11593	10054	9101	34424	58988	20732	10088
通用设备制造业	**296136**	**110674**	**89511**	**662244**	**907010**	**195929**	**147899**
锅炉及原动设备制造	2444	672	386	5096	8598	2930	1220
金属加工机械制造	29042	6746	7427	70873	98626	22949	15216

4-10 续表 4

单位：万元

项目	销售费用	财务费用	#利息费用	利润总额	利税总额	本年应交增值税	平均用工人数（人）
物料搬运设备制造	12135	2356	2670	2694	10497	6415	3576
泵、阀门、压缩机及类似机械制造	163846	59640	40432	382316	502986	96306	81232
轴承、齿轮和传动部件制造	38096	25389	22271	108928	150928	33251	22936
烘炉、风机、包装等设备制造	42355	10788	11737	75097	105673	23567	18023
文化、办公用机械制造	38	78	78	620	700	45	127
通用零部件制造	5656	4094	3567	13452	23911	8835	4401
其他通用设备制造业	2524	911	942	3169	5093	1631	1168
专用设备制造业	**143384**	**35471**	**33202**	**301661**	**435020**	**110221**	**63055**
采矿、冶金、建筑专用设备制造	12888	972	1626	44546	57304	10863	3971
化工、木材、非金属加工专用设备制造	36939	17883	16024	74429	123849	41150	19538
食品、饮料、烟草及饲料生产专用设备制造	916	412	364	1908	3110	967	612
印刷、制药、日化及日用品生产专用设备制造	851	333	326	2944	4552	1377	610
纺织、服装和皮革加工专用设备制造	36348	6119	5250	69101	96882	22345	16777
电子和电工机械专用设备制造	473	44	61	2361	3079	648	190
农、林、牧、渔专用机械制造	25320	3042	3256	36215	44096	5464	8967
医疗仪器设备及器械制造	22849	4118	4590	60471	86063	21821	10447
环保、邮政、社会公共服务及其他专用设备制造	6801	2549	1704	9687	16086	5585	1943
汽车制造业	**189140**	**86721**	**64175**	**421142**	**609582**	**145048**	**88585**
汽车整车制造	5288	14502	5704	128092	146412	4665	3814
汽车用发动机制造	1052	300	234	21572	29589	7210	1115
汽车车身、挂车制造	917	393	347	-609	-94	391	239
汽车零部件及配件制造	181884	71526	57891	272088	433676	132782	83417
铁路、船舶、航空航天和其他运输设备制造业	**53974**	**24065**	**20759**	**147066**	**250033**	**68189**	**35980**
铁路运输设备制造	10699	3830	4691	53938	71043	14830	2199
船舶及相关装置制造	556	861	872	11018	24369	11364	6345
航空、航天器及设备制造	1058	1946	1249	8864	9941	948	622
摩托车制造	20792	11378	8224	53850	108731	27197	18045
自行车和残疾人座车制造	252	237	236	291	547	201	105
助动车制造	19591	5620	5390	17054	32228	12717	8120
非公路休闲车及零配件制造	1027	193	97	2050	3175	933	544
电气机械和器材制造业	**126208**	**51235**	**47627**	**218905**	**342473**	**103444**	**56401**
电机制造	41920	15192	18377	120967	167422	37346	28113
输配电及控制设备制造	20299	10655	6792	24257	50228	22588	8302
电线、电缆、光缆及电工器材制造	29095	13110	11712	36110	57173	18146	4604
电池制造	131	67	73	1233	1681	395	148
家用电力器具制造	6702	3546	3147	16138	22492	5140	3910

4-10　续表 5

单位：万元

项　目	销售费用	财务费用	#利息费用	利润总额	利税总额	本年应交增值税	平均用工人数（人）
非电力家用器具制造	14811	789	1330	8135	13892	4876	2585
照明器具制造	11965	7768	6119	9203	25679	14041	7966
其他电气机械及器材制造	1285	109	77	2861	3907	914	773
计算机、通信和其他电子设备制造业	**30667**	**2163**	**7205**	**116000**	**141795**	**19997**	**18187**
计算机制造	95	333	318	-611	-335	273	81
通信设备制造	1506	-769	92	7439	7962	261	504
非专业视听设备制造	460	250	248	235	547	279	149
智能消费设备制造	11228	688	788	15051	19168	3369	1867
电子器件制造	7459	-916	1849	34028	37771	1175	8382
电子元件及电子专用材料制造	9034	1856	3221	52401	68733	14257	6740
其他电子设备制造	886	721	690	7458	7949	383	464
仪器仪表制造业	**34920**	**6303**	**5755**	**104390**	**134974**	**25317**	**14114**
通用仪器仪表制造	33061	5922	5639	102716	131984	24198	13117
专用仪器仪表制造	884	39	10	663	785	52	335
光学仪器制造	556	257	20	533	1354	727	464
其他仪器仪表制造业	419	85	85	478	852	340	193
其他制造业	**16855**	**5696**	**6013**	**47116**	**72996**	**22341**	**12881**
日用杂品制造	16482	5357	5746	45706	70899	21776	12493
其他未列明制造业	373	339	267	1411	2096	565	383
废弃资源综合利用业	**7183**	**85**	**6889**	**61233**	**87599**	**21750**	**2523**
金属废料和碎屑加工处理	5680	-1282	6140	45130	65943	17171	1523
非金属废料和碎屑加工处理	1503	1367	749	16104	21656	4579	1000
金属制品、机械和设备修理业	**2**	**146**	**134**	**698**	**1206**	**447**	**258**
专用设备修理	1	21	16	185	383	179	158
铁路、船舶、航空航天等运输设备修理	1	125	118	512	823	268	100
电力、热力生产和供应业	**1565**	**199080**	**205802**	**147056**	**318984**	**149601**	**6259**
电力生产	1525	197324	204671	141340	300364	138465	4565
电力供应		986		5576	17131	10370	1289
热力生产和供应	40	770	1132	140	1489	766	405
燃气生产和供应业	**10176**	**683**	**931**	**21403**	**24334**	**2413**	**794**
燃气生产和供应业	10176	683	931	21403	24334	2413	794
水的生产和供应业	**5614**	**12557**	**12324**	**22957**	**33824**	**9142**	**2236**
自来水生产和供应	5500	6079	5316	18134	27172	7512	1878
污水处理及其再生利用	115	6478	7008	4823	6652	1630	358

4-11　规模以上工业主要经济效益指标(一)

(2021年)

项　　目	企　业 亏损面 (%)	资　产 负债率 (%)	流　动 比　率	产成品 存　货 周转天数 (天)	新产品 产值率 (%)
总　　计	**9.49**	**58.07**	**1.12**	**25.61**	**38.69**
其中：国有控股企业	23.81	63.70	0.64	8.58	11.94
按轻重工业分					
轻工业	12.83	49.04	1.20	35.37	37.34
重工业	7.52	62.62	1.09	21.40	39.31
按工业行业分					
有色金属矿采选业		55.26	1.06	256.34	
非金属矿采选业	23.08	87.51	0.71	24.74	
农副食品加工业	18.68	61.24	1.08	33.46	16.13
食品制造业	40.00	62.38	0.93	114.46	24.93
酒、饮料和精制茶制造业		37.33	1.52	19.45	3.55
纺织业	14.29	59.84	1.20	28.28	33.91
纺织服装、服饰业	21.05	70.63	0.92	46.95	22.53
皮革、毛皮、羽毛及其制品和制鞋业	10.08	74.31	0.94	19.11	48.91
木材加工和木、竹、藤、棕、草制品业	16.67	63.16	0.97	39.29	47.21
家具制造业	21.84	69.33	0.98	25.97	44.35
造纸和纸制品业	10.81	58.60	1.19	14.66	42.84
印刷和记录媒介复制业	1.52	41.62	1.28	8.40	32.29
文教、工美、体育和娱乐用品制造业	18.71	66.31	0.96	21.71	27.81
石油、煤炭及其他燃料加工业		53.75	1.62	12.59	0.66
化学原料和化学制品制造业	10.34	40.07	1.50	27.91	47.89
医药制造业	26.39	36.84	1.46	78.13	49.50
化学纤维制造业	44.44	68.64	0.71	20.00	17.41
橡胶和塑料制品业	9.24	50.34	1.19	27.70	32.72
非金属矿物制品业	14.60	73.76	0.87	13.40	14.53
黑色金属冶炼和压延加工业	18.18	70.67	1.13	8.97	10.91
有色金属冶炼和压延加工业	11.76	83.20	0.91	10.20	26.21
金属制品业	5.98	55.11	1.17	21.29	26.58
通用设备制造业	4.19	55.78	1.16	24.08	43.61
专用设备制造业	10.30	60.81	1.11	42.80	50.27
汽车制造业	8.50	71.56	1.07	23.07	59.76
铁路船舶航空航天和其他运输设备制造业	9.82	64.65	1.12	20.62	39.26
电气机械和器材制造业	7.34	60.87	1.19	21.57	39.09
计算机、通信和其他电子设备制造业	16.98	37.36	1.81	38.19	58.81
仪器仪表制造业	2.90	44.37	1.65	20.26	51.87
其他制造业	15.69	59.71	1.12	28.59	35.57
废弃资源综合利用业	15.38	59.75	1.15	12.44	1.48
金属制品、机械和设备修理业		39.22	1.56		
电力、热力生产和供应业	14.71	69.56	0.49	0.03	
燃气生产和供应业	8.33	43.63	0.82	8.82	
水的生产和供应业	42.11	62.99	0.90	0.34	

4-12 规模以上工业主要经济效益指标(二)

(2021年)

项 目	企业亏损率(%)	成本费用利润率(%)	百元营业收入实现利税(元)	百元固定资产原值实现利税(元)	营业收入利润率(%)
总 计	**15.71**	**6.82**	**9.21**	**17.13**	**6.44**
其中: 国有控股企业	117.16	-1.71	3.01	1.26	-1.62
按轻重工业分					
轻工业	5.94	10.17	12.44	26.85	9.54
重工业	22.63	5.31	7.74	13.54	5.03
按工业行业分					
有色金属矿采选业		49.15	46.01	92.29	31.80
非金属矿采选业	37.65	7.05	13.13	47.67	6.38
农副食品加工业	25.57	2.02	2.77	12.40	1.97
食品制造业	14.30	5.10	8.51	16.96	4.87
酒、饮料和精制茶制造业		12.26	21.65	26.77	10.12
纺织业	20.70	3.69	6.01	17.67	3.54
纺织服装、服饰业	39.07	1.38	4.21	7.48	1.35
皮革、毛皮、羽毛及其制品和制鞋业	11.99	3.01	6.30	22.05	2.92
木材加工和木、竹、藤、棕、草制品业	6.03	2.64	5.08	11.59	2.57
家具制造业	17.22	1.53	2.62	10.86	1.49
造纸和纸制品业	8.75	4.65	9.62	30.92	4.49
印刷和记录媒介复制业	0.14	6.05	8.43	14.14	5.79
文教、工美、体育和娱乐用品制造业	7.10	6.14	10.05	24.29	5.75
石油、煤炭及其他燃料加工业		8.19	11.06	109.48	7.53
化学原料和化学制品制造业	2.73	14.13	15.11	39.70	12.45
医药制造业	5.49	17.96	19.45	24.90	15.93
化学纤维制造业	580.79	-5.97	-2.09	-2.45	-6.35
橡胶和塑料制品业	3.53	7.93	10.07	22.13	7.42
非金属矿物制品业	288.95	-13.45	-9.10	-28.35	-12.69
黑色金属冶炼和压延加工业	12.84	3.24	4.34	33.09	3.13
有色金属冶炼和压延加工业	66.92	0.32	1.60	9.68	0.32
金属制品业	0.56	22.04	23.47	65.36	21.11
通用设备制造业	2.31	6.92	8.94	22.65	6.53
专用设备制造业	4.31	7.71	10.38	24.93	7.19
汽车制造业	10.16	5.17	7.16	18.36	4.94
铁路船舶航空航天和其他运输设备制造业	5.36	5.34	8.53	27.28	5.02
电气机械和器材制造业	4.92	4.03	6.06	23.02	3.87
计算机、通信和其他电子设备制造业	7.81	10.60	11.91	20.53	9.74
仪器仪表制造业	0.08	12.34	14.27	46.77	11.04
其他制造业	18.16	8.04	11.63	28.80	7.50
废弃资源综合利用业	2.08	6.06	8.25	46.03	5.77
金属制品、机械和设备修理业		12.62	20.77	18.75	12.01
电力、热力生产和供应业	45.91	4.52	9.37	3.05	4.32
燃气生产和供应业	6.01	10.42	10.83	16.95	9.53
水的生产和供应业	23.34	9.96	14.23	4.91	9.66

4-13 国有及国有控股工业主要财务指标(一)

(2021年)

单位：万元

项目	企业单位数(个)	亏损企业	新产品产值	新产品销售收入	新产品销售收入中出口	资产总计
总计	**63**	**15**	**529944**	**484081**	**64266**	**13713912**
按轻重工业分						
轻工业	9	2	340061	288772	37528	2392332
重工业	54	13	189883	195309	26738	11321580
按大中小微型分						
大型企业	4	1	304603	288772	37528	8511739
中型企业	6	2	97289	94357	15014	2128468
小型企业	40	11	108051	100952	11724	2461484
微型企业	13	1	20002			612221
按工业行业分						
非金属矿采选业	**4**	**1**				**131625**
土砂石开采	4	1				131625
农副食品加工业	**2**	**1**				**19994**
屠宰及肉类加工	2	1				19994
食品制造业	**1**	**1**				**9090**
其他食品制造	1	1				9090
酒、饮料和精制茶制造业	**1**					**5666**
酒的制造	1					5666
印刷和记录媒介复制业	**1**					**3309**
印刷	1					3309
化学原料和化学制品制造业	**2**		**33981**	**32803**	**11724**	**84931**
基础化学原料制造	1		33981	32803	11724	77636
炸药、火工及焰火产品制造	1					7295
医药制造业	**3**		**304603**	**288772**	**37528**	**2272202**
化学药品原料药制造	2		202993	191536	37528	1759940
化学药品制剂制造	1		101610	97236		512262
化学纤维制造业	**1**		**35458**			**82071**
生物基材料制造	1		35458			82071
非金属矿物制品业	**7**	**2**	**49480**	**71072**	**8037**	**569849**
水泥、石灰和石膏制造	2					39375
石膏、水泥制品及类似制品制造	1	1	27121	49542		97376
砖瓦、石材等建筑材料制造	2					52742
玻璃制造	1	1	22359	21530	8037	359393
石墨及其他非金属矿物制品制造	1					20964
通用设备制造业	**2**		**74930**	**72827**	**6977**	**254350**
泵、阀门、压缩机及类似机械制造	1		5005	5005		18899
烘炉、风机、包装等设备制造	1		69925	67822	6977	235451
铁路船舶航空航天和其他运输设备制造业	**3**		**31493**	**18607**		**78116**
铁路运输设备制造	1		20002			9416
船舶及相关装置制造	2		11491	18607		68700
废弃资源综合利用业	**1**					**39403**
金属废料和碎屑加工处理	1					39403
电力、热力生产和供应业	**20**	**3**				**8896688**
电力生产	16	2				8569576
电力供应	2					295631
热力生产和供应	2	1				31481
燃气生产和供应业	**1**					**13439**
燃气生产和供应业	1					13439
水的生产和供应业	**14**	**7**				**1253179**
自来水生产和供应	12	5				1054945
污水处理及其再生利用	2	2				198234

4-14 国有及国有控股工业主要财务指标(二)

(2021年) 单位：万元

项 目	流动资产合计	存 货	固定资产原价	固定资产净额	年末负债合计	流动负债合计
总 计	**2316924**	**574414**	**11438645**	**7140258**	**8735561**	**3599854**
按轻重工业分						
轻工业	567103	126155	689076	360963	847412	517323
重工业	1749821	448259	10749569	6779295	7888150	3082531
按大中小微型分						
大型企业	894295	394493	6405763	4929451	5661702	1698647
中型企业	539981	96043	2565441	1103853	1361047	868193
小型企业	711684	78583	1788230	966782	1496873	655413
微型企业	170964	5296	679211	140173	215940	377597
按工业行业分						
非金属矿采选业	**72383**	**10737**	**2186**	**947**	**118620**	**37473**
土砂石开采	72383	10737	2186	947	118620	37473
农副食品加工业	**13603**	**99**	**8215**	**4508**	**12780**	**11859**
屠宰及肉类加工	13603	99	8215	4508	12780	11859
食品制造业	**5734**	**826**	**3857**	**1753**	**3754**	**3754**
其他食品制造	5734	826	3857	1753	3754	3754
酒、饮料和精制茶制造业	**5085**	**1237**	**1582**	**524**	**1308**	**1278**
酒的制造	5085	1237	1582	524	1308	1278
印刷和记录媒介复制业	**2198**	**429**	**1509**	**1110**	**1706**	**1706**
印刷	2198	429	1509	1110	1706	1706
化学原料和化学制品制造业	**28272**	**4311**	**15316**	**7665**	**13381**	**13381**
基础化学原料制造	25011	3782	9406	5054	11652	11652
炸药、火工及焰火产品制造	3261	529	5911	2612	1729	1729
医药制造业	**518676**	**115237**	**635742**	**318277**	**786214**	**472257**
化学药品原料药制造	263214	68552	473328	209215	713244	435843
化学药品制剂制造	255463	46685	162415	109062	72971	36414
化学纤维制造业	**21807**	**8327**	**38171**	**34791**	**41650**	**26470**
生物基材料制造	21807	8327	38171	34791	41650	26470
非金属矿物制品业	**232946**	**5178**	**138349**	**99096**	**534214**	**497010**
水泥、石灰和石膏制造	24833	1784	29147	11834	13627	12441
石膏、水泥制品及类似制品制造	52436	2116	44490	39733	89249	54401
砖瓦、石材等建筑材料制造	50665	1054	2084	1602	37218	36098
玻璃制造	96378		54876	38800	375676	375626
石墨及其他非金属矿物制品制造	8634	225	7752	7128	18444	18444
通用设备制造业	**103105**	**14569**	**26856**	**16506**	**82871**	**68592**
泵、阀门、压缩机及类似机械制造	8870	4619	11976	9872	9817	7432
烘炉、风机、包装等设备制造	94235	9950	14880	6634	73054	61159
铁路船舶航空航天和其他运输设备制造业	**51981**	**22756**	**28485**	**19620**	**59941**	**39749**
铁路运输设备制造	7488	360	1285	899	3978	3978
船舶及相关装置制造	44493	22395	27200	18720	55964	35772
废弃资源综合利用业	**9248**	**3659**	**4899**	**2903**	**38926**	**38655**
金属废料和碎屑加工处理	9248	3659	4899	2903	38926	38655
电力、热力生产和供应业	**942947**	**374397**	**9901337**	**6295210**	**6232275**	**2037977**
电力生产	869026	373810	9392441	6281043	6215441	1726368
电力供应	56905	443	473077			295631
热力生产和供应	17017	144	35819	14167	16834	15978
燃气生产和供应业	**5269**	**2417**	**6129**	**4999**	**6196**	**6041**
燃气生产和供应业	5269	2417	6129	4999	6196	6041
水的生产和供应业	**303670**	**10237**	**626012**	**332349**	**801727**	**343653**
自来水生产和供应	265900	10209	507398	253132	633013	265330
污水处理及其再生利用	37770	29	118614	79218	168714	78323

4-15　国有及国有控股工业主要财务指标(三)

(2021年)　　单位：万元

项　　目	年末所有者权益合计	实收资本	营业收入	营业成本	税金及附加
总　　计	**4682720**	**2845970**	**4792617**	**3951079**	**32550**
按轻重工业分					
轻工业	1544921	240896	753008	454745	6355
重工业	3137799	2605074	4039609	3496334	26195
按大中小微型分					
大型企业	2850037	1457021	1561860	994017	11749
中型企业	767421	770392	1457181	1379478	11795
小型企业	964611	547345	1081056	913735	6959
微型企业	100651	71213	692520	663849	2047
按工业行业分					
非金属矿采选业	**13005**	**1300**	**25848**	**22071**	**820**
土砂石开采	13005	1300	25848	22071	820
农副食品加工业	**7214**	**2067**	**126414**	**124903**	**172**
屠宰及肉类加工	7214	2067	126414	124903	172
食品制造业	**5336**	**1000**	**2787**	**2322**	**81**
其他食品制造	5336	1000	2787	2322	81
酒、饮料和精制茶制造业	**4358**	**545**	**2196**	**929**	**179**
酒的制造	4358	545	2196	929	179
印刷和记录媒介复制业	**1603**	**500**	**2959**	**2242**	**11**
印刷	1603	500	2959	2242	11
化学原料和化学制品制造业	**71550**	**16201**	**53620**	**43701**	**157**
基础化学原料制造	65984	15201	45524	39012	68
炸药、火工及焰火产品制造	5566	1000	8096	4689	89
医药制造业	**1485988**	**222785**	**585333**	**294914**	**5743**
化学药品原料药制造	1046696	123864	365353	184270	3730
化学药品制剂制造	439292	98921	219981	110643	2013
化学纤维制造业	**40421**	**14000**	**33320**	**29437**	**169**
生物基材料制造	40421	14000	33320	29437	169
非金属矿物制品业	**35635**	**129494**	**243933**	**200693**	**1797**
水泥、石灰和石膏制造	25747	7600	122196	86625	747
石膏、水泥制品及类似制品制造	8127	12000	53003	49573	519
砖瓦、石材等建筑材料制造	15524	11600	38237	36174	179
玻璃制造	-16284	95794	23275	22737	254
石墨及其他非金属矿物制品制造	2520	2500	7222	5585	99
通用设备制造业	**171479**	**60294**	**91590**	**72700**	**206**
泵、阀门、压缩机及类似机械制造	9082	3670	8228	5364	57
烘炉、风机、包装等设备制造	162397	56624	83362	67336	149
铁路船舶航空航天和其他运输设备制造业	**18175**	**10500**	**74935**	**68622**	**505**
铁路运输设备制造	5439	3000	30363	26925	117
船舶及相关装置制造	12737	7500	44572	41697	387
废弃资源综合利用业	**477**	**8000**	**82011**	**80185**	**376**
金属废料和碎屑加工处理	477	8000	82011	80185	376
电力、热力生产和供应业	**2368782**	**2155970**	**3241279**	**2827045**	**20792**
电力生产	2354135	2143973	2577728	2172995	19373
电力供应			607045	599358	1185
热力生产和供应	14647	11997	56505	54691	233
燃气生产和供应业	**7243**	**3500**	**13455**	**10296**	**18**
燃气生产和供应业	7243	3500	13455	10296	18
水的生产和供应业	**451453**	**219815**	**212937**	**171023**	**1524**
自来水生产和供应	421932	187273	194438	153995	1519
污水处理及其再生利用	29520	32542	18499	17028	5

4-16 国有及国有控股工业主要财务指标(四)

(2021年) 单位：万元

项 目	销售费用	财务费用	#利息费用	利润总额	利税总额	本年应交增值税	平均用工人数(人)
总 计	**130920**	**223841**	**235297**	**-77759**	**144468**	**189676**	**15656**
按轻重工业分							
轻工业	113308	20964	21476	123449	153439	23635	5594
重工业	17613	202877	213821	-201208	-8971	166042	10062
按大中小微型分							
大型企业	112696	155208	165013	204266	313877	97862	6593
中型企业	5124	29956	34077	-392322	-335992	44535	2801
小型企业	13057	32215	31899	91284	129869	31626	4702
微型企业	43	6462	4308	19014	36714	15653	1560
按工业行业分							
非金属矿采选业	**158**	**198**	**177**	**1721**	**4180**	**1640**	**149**
土砂石开采	158	198	177	1721	4180	1640	149
农副食品加工业	**282**	**-20**	**45**	**-349**	**-171**	**5**	**395**
屠宰及肉类加工	282	-20	45	-349	-171	5	395
食品制造业	**134**			**-57**	**24**		**23**
其他食品制造	134			-57	24		23
酒、饮料和精制茶制造业	**5**	**-30**		**734**	**1064**	**151**	**110**
酒的制造	5	-30		734	1064	151	110
印刷和记录媒介复制业		**-1**	**1**	**392**	**492**	**89**	**70**
印刷		-1	1	392	492	89	70
化学原料和化学制品制造业	**2476**	**161**	**283**	**3853**	**4623**	**612**	**214**
基础化学原料制造	1967	163	278	2165	2369	136	123
炸药、火工及焰火产品制造	509	-2	4	1688	2254	477	85
医药制造业	**112782**	**20332**	**21430**	**120864**	**149997**	**23390**	**4797**
化学药品原料药制造	85509	20904	20460	62984	76639	9925	3423
化学药品制剂制造	27273	-572	970	57881	73358	13464	1369
化学纤维制造业	**104**	**683**		**1865**	**2034**		**194**
生物基材料制造	104	683		1865	2034		194
非金属矿物制品业	**3697**	**5572**	**8185**	**-363588**	**-354944**	**6846**	**980**
水泥、石灰和石膏制造	3001	-39		31091	36800	4963	223
石膏、水泥制品及类似制品制造	260	2929	2924	-3066	-1566	981	114
砖瓦、石材等建筑材料制造	24	-226	-218	1954	2415	282	51
玻璃制造	412	2722	4851	-394495	-394035	207	573
石墨及其他非金属矿物制品制造		185	629	929	1442	414	14
通用设备制造业	**3237**	**628**	**2087**	**13307**	**14753**	**1240**	**821**
泵、阀门、压缩机及类似机械制造	135	265	260	15	545	473	313
烘炉、风机、包装等设备制造	3102	363	1827	13292	14208	767	503
铁路船舶航空航天和其他运输设备制造业	**0**	**206**	**235**	**2546**	**4821**	**1771**	**452**
铁路运输设备制造		230	235	2265	3903	1521	163
船舶及相关装置制造	0	-24		281	918	250	284
废弃资源综合利用业	**160**	**1641**	**1587**	**255**	**1077**	**446**	**50**
金属废料和碎屑加工处理	160	1641	1587	255	1077	446	50
电力、热力生产和供应业	**1525**	**183208**	**190222**	**121366**	**286802**	**144645**	**5334**
电力生产	1525	182115	189996	113835	266699	133491	3947
电力供应		986		5576	17131	10370	1289
热力生产和供应		107	226	1955	2972	784	93
燃气生产和供应业	**782**	**-15**	**4**	**2078**	**2190**	**94**	**23**
燃气生产和供应业	782	-15	4	2078	2190	94	23
水的生产和供应业	**5576**	**11278**	**11042**	**17255**	**27528**	**8749**	**2034**
自来水生产和供应	5462	6081	5318	18122	27106	7464	1865
污水处理及其再生利用	115	5198	5724	-868	422	1285	169

4-17 国有及国有控股工业主要经济效益指标(一)

(2021年)

项　　目	企业亏损面(%)	资产负债率(%)	流动比率	产成品存货周转天数(天)	新产品产值率(%)
总　　计	**23.81**	**63.70**	**0.64**	**8.58**	**11.94**
按轻重工业分					
轻工业	22.22	35.42	1.10	60.18	46.78
重工业	24.07	69.67	0.57	1.87	5.12
按工业行业分					
非金属矿采选业	**25.00**	**90.12**	**1.93**	**56.94**	
土砂石开采	25.00	90.12	1.93	56.94	
农副食品加工业	**50.00**	**63.92**	**1.15**	**0.02**	
屠宰及肉类加工	50.00	63.92	1.15	0.02	
食品制造业	**100.00**	**41.30**	**1.53**	**82.79**	
其他食品制造	100.00	41.30	1.53	82.79	
酒、饮料和精制茶制造业		**23.08**	**3.98**	**206.07**	
酒的制造		23.08	3.98	206.07	
印刷和记录媒介复制业		**51.55**	**1.29**	**26.64**	
印刷		51.55	1.29	26.64	
化学原料和化学制品制造业		**15.75**	**2.11**	**19.97**	**80.40**
基础化学原料制造		15.01	2.15	21.09	100.00
炸药、火工及焰火产品制造		23.70	1.89	10.60	
医药制造业		**34.60**	**1.10**	**85.88**	**53.35**
化学药品原料药制造		40.53	0.60	67.51	59.55
化学药品制剂制造		14.24	7.02	116.49	44.16
化学纤维制造业		**50.75**	**0.82**	**54.14**	**100.00**
生物基材料制造		50.75	0.82	54.14	100.00
非金属矿物制品业	**28.57**	**93.75**	**0.47**	**1.89**	**24.85**
水泥、石灰和石膏制造		34.61	2.00	1.07	
石膏、水泥制品及类似制品制造	100.00	91.65	0.96	5.50	59.28
砖瓦、石材等建筑材料制造		70.57	1.40	0.40	
玻璃制造	100.00	104.53	0.26		100.00
石墨及其他非金属矿物制品制造		87.98	0.47		
通用设备制造业		**32.58**	**1.50**	**41.70**	**81.79**
泵、阀门、压缩机及类似机械制造		51.94	1.19	188.41	60.83
烘炉、风机、包装等设备制造		31.03	1.54	30.02	83.86
铁路船舶航空航天和其他运输设备制造业		**76.73**	**1.31**	**0.38**	**56.71**
铁路运输设备制造		42.24	1.88	0.34	100.00
船舶及相关装置制造		81.46	1.24	0.41	32.34
废弃资源综合利用业		**98.79**	**0.24**		
金属废料和碎屑加工处理		98.79	0.24		
电力、热力生产和供应业	**15.00**	**70.05**	**0.46**	**0.03**	
电力生产	12.50	72.53	0.50	0.04	
电力供应			0.19		
热力生产和供应	50.00	53.47	1.07	0.01	
燃气生产和供应业		**46.10**	**0.87**	**84.51**	
燃气生产和供应业		46.10	0.87	84.51	
水的生产和供应业	**50.00**	**63.98**	**0.88**	**0.01**	
自来水生产和供应	41.67	60.00	1.00	0.01	
污水处理及其再生利用	100.00	85.11	0.48		

4-18　国有及国有控股工业主要经济效益指标(二)

(2021年)

项　　目	企业亏损率(%)	成本费用利润率(%)	百元营业收入实现利税(元)	百元固定资产原值实现利税(元)	营业收入利润率(%)
总　　计	**117.16**	**-1.71**	**3.01**	**1.26**	**-1.62**
按轻重工业分					
轻工业	0.34	18.16	20.38	22.27	16.39
重工业	161.12	-5.19	-0.22	-0.08	-4.98
按工业行业分					
非金属矿采选业	**67.92**	**7.35**	**16.17**	**191.22**	**6.66**
土砂石开采	67.92	7.35	16.17	191.22	6.66
农副食品加工业	**2278.13**	**-0.27**	**-0.14**	**-2.09**	**-0.28**
屠宰及肉类加工	2278.13	-0.27	-0.14	-2.09	-0.28
食品制造业		**-2.05**	**0.86**	**0.62**	**-2.05**
其他食品制造		-2.05	0.86	0.62	-2.05
酒、饮料和精制茶制造业		**54.95**	**48.44**	**67.26**	**33.43**
酒的制造		54.95	48.44	67.26	33.43
印刷和记录媒介复制业		**15.27**	**16.63**	**32.61**	**13.23**
印刷		15.27	16.63	32.61	13.23
化学原料和化学制品制造业		**7.73**	**8.62**	**30.18**	**7.19**
基础化学原料制造		4.98	5.20	25.19	4.76
炸药、火工及焰火产品制造		26.60	27.83	38.13	20.85
医药制造业		**23.49**	**25.63**	**23.59**	**20.65**
化学药品原料药制造		18.15	20.98	16.19	17.24
化学药品制剂制造		34.55	33.35	45.17	26.31
化学纤维制造业		**5.97**	**6.10**	**5.33**	**5.60**
生物基材料制造		5.97	6.10	5.33	5.60
非金属矿物制品业	**1170.20**	**-164.24**	**-145.51**	**-256.56**	**-149.05**
水泥、石灰和石膏制造		33.68	30.12	126.26	25.44
石膏、水泥制品及类似制品制造		-5.53	-2.95	-3.52	-5.79
砖瓦、石材等建筑材料制造		5.38	6.31	115.85	5.11
玻璃制造		-1269.82	-1692.94	-718.05	-1694.92
石墨及其他非金属矿物制品制造		14.95	19.97	18.60	12.86
通用设备制造业		**15.43**	**16.11**	**54.93**	**14.53**
泵、阀门、压缩机及类似机械制造		0.18	6.62	4.55	0.18
烘炉、风机、包装等设备制造		17.01	17.04	95.49	15.95
铁路船舶航空航天和其他运输设备制造业		**3.48**	**6.43**	**16.93**	**3.40**
铁路运输设备制造		8.10	12.86	303.88	7.46
船舶及相关装置制造		0.62	2.06	3.37	0.63
废弃资源综合利用业		**0.31**	**1.31**	**21.98**	**0.31**
金属废料和碎屑加工处理		0.31	1.31	21.98	0.31
电力、热力生产和供应业	**50.23**	**3.90**	**8.85**	**2.90**	**3.74**
电力生产	51.54	4.63	10.35	2.84	4.42
电力供应		0.93	2.82	3.62	0.92
热力生产和供应	42.58	3.54	5.26	8.30	3.45
燃气生产和供应业		**18.29**	**16.27**	**35.72**	**15.44**
燃气生产和供应业		18.29	16.27	35.72	15.44
水的生产和供应业	**27.96**	**8.14**	**12.93**	**4.40**	**8.10**
自来水生产和供应	24.34	9.65	13.94	5.34	9.32
污水处理及其再生利用		-3.57	2.28	0.36	-4.69

4-19 大中型工业主要财务指标(一)

(2021年)　　单位：万元

项　　目	企业单位数(个)	亏损企业	新产品产值	新产品销售收入	新产品销售收入中出口	年末资产总计
总　　计	**447**	**32**	**14922561**	**14841364**	**5630843**	**48336928**
按轻重工业分						
轻工业	175	17	5117141	5042189	1996509	19091139
重工业	272	15	9805421	9799175	3634334	29245789
按大中型分						
大型企业	65	2	7266945	7490867	3243041	27847515
中型企业	382	30	7655617	7350497	2387802	20489412
按工业行业分						
农副食品加工业	**5**	**2**	**36154**	**26831**	**2134**	**156650**
植物油加工	1		30698	23024	1638	75862
水产品加工	4	2	5456	3808	497	80788
食品制造业	**7**	**3**	**28903**	**27639**	**6640**	**140623**
罐头食品制造	6	3				91347
其他食品制造	1		28903	27639	6640	49276
纺织业	**8**		**255423**	**272753**	**104215**	**415414**
棉纺织及印染精加工	2		79848	80163		92621
化纤织造及印染精加工	2		39802	39802	301	49272
产业用纺织制成品制造	4		135772	152788	103914	273521
皮革、毛皮、羽毛及其制品和制鞋业	**8**	**2**	**46900**	**37562**	**23015**	**78597**
制鞋业	8	2	46900	37562	23015	78597
木材加工和木、竹、藤、棕、草制品业	**2**		**49112**	**55433**	**50475**	**75162**
竹、藤、棕、草等制品制造	2		49112	55433	50475	75162
家具制造业	**17**	**2**	**482334**	**445209**	**334520**	**1313288**
木质家具制造	2	1	25255	24666	14988	43820
竹、藤家具制造	1		10769	10769	146	9122
金属家具制造	11		414320	380442	306931	1164470
塑料家具制造	2	1	16640	13982	12455	84532
其他家具制造	1		15349	15349		11345
造纸和纸制品业	**3**	**1**	**232436**	**232346**	**6820**	**198126**
造　纸	1		189700	189700		122909
纸制品制造	2	1	42736	42646	6820	75217
印刷和记录媒介复制业	**4**		**67504**	**74902**	**7578**	**240790**
印　刷	4		67504	74902	7578	240790
文教、工美、体育和娱乐用品制造业	**11**	**2**	**93361**	**95938**	**87073**	**275956**
工艺美术及礼仪用品制造	10	2	85530	88107	79242	210197
体育用品制造	1		7831	7831	7831	65759

4-19 续表 1

单位：万元

项 目	企 业 单位数 (个)	亏 损 企 业	新产品 产 值	新 产 品 销售收入	新 产 品 销售收入 中 出 口	年末资 产总计
化学原料和化学制品制造业	**7**	**1**	**432416**	**434874**	**243333**	**886669**
农药制造	1		45265	44101	15111	145324
涂料、油墨、颜料及类似产品制造	2	1	55188	61545	25113	270903
合成材料制造	2		34417	34142	8648	120529
专用化学产品制造	1		287284	285630	189905	272348
日用化学产品制造	1		10261	9456	4556	77565
医药制造业	**38**	**2**	**1923203**	**1897284**	**770807**	**10791910**
化学药品原料药制造	33	2	1610322	1579030	770799	9764167
化学药品制剂制造	4		232050	240698	8	820702
中成药生产	1		80331	77556		207041
化学纤维制造业	**1**	**1**				**165506**
合成纤维制造	1	1				165506
橡胶和塑料制品业	**39**	**3**	**886608**	**867408**	**253902**	**2970798**
橡胶制品业	8	1	115306	125221	24230	962129
塑料制品业	31	2	771302	742187	229673	2008669
非金属矿物制品业	**3**	**1**	**47892**	**47672**	**8037**	**416865**
石膏、水泥制品及类似制品制造	2		25533	26142		57472
玻璃制造	1	1	22359	21530	8037	359393
黑色金属冶炼和压延加工业	**1**		**44713**			**108197**
钢压延加工	1		44713			108197
有色金属冶炼和压延加工业	**1**	**1**	**139976**			**292004**
有色金属压延加工	1	1	139976			292004
金属制品业	**14**		**381560**	**381241**	**244637**	**1752712**
金属工具制造	1		5910	5910	3153	21631
建筑、安全用金属制品制造	7		72327	76369	24250	228653
金属制日用品制造	3		283156	281186	211774	1445917
铸造及其他金属制品制造	3		20167	17776	5461	56511
通用设备制造业	**81**	**2**	**2230293**	**2260430**	**1204203**	**5271740**
金属加工机械制造	13		242161	251733	85705	513103
物料搬运设备制造	3	1	48661	48420	2100	156515
泵、阀门、压缩机及类似机械制造	36		1278735	1264394	860453	2154793
轴承、齿轮和传动部件制造	15		275769	239960	77753	1489112
烘炉、风机、包装等设备制造	13	1	381519	452573	178192	946718
通用零部件制造	1		3448	3350		11499
专用设备制造业	**37**	**3**	**1191722**	**1137823**	**345798**	**2451717**
采矿、冶金、建筑专用设备制造	2		48499	51324	7228	206808

4-19 续表 2

单位：万元

项　　目	企业单位数(个)	亏损企业	新产品产值	新产品销售收入	新产品销售收入中出口	年末资产总计
化工、木材、非金属加工专用设备制造	11	2	249837	240000	52936	543400
纺织、服装和皮革加工专用设备制造	9	1	544863	531551	141699	1079608
农、林、牧、渔专用机械制造	6		182829	159368	100033	242264
医疗仪器设备及器械制造	9		165695	155581	43901	379637
汽车制造业	**67**	**3**	**3290118**	**3354765**	**1180637**	**6009289**
汽车整车制造	2		1475171	1518280	845597	1350226
汽车用发动机制造	2		76649	73160	7453	303686
汽车零部件及配件制造	63	3	1738298	1763324	327587	4355377
铁路、船舶、航空航天和其他运输设备制造业	**22**		**723412**	**780703**	**146666**	**1338547**
铁路运输设备制造	3		101648	99812	8292	489989
船舶及相关装置制造	3		40856	31952		150092
航空、航天器及设备制造	1		15671	24527		73846
摩托车制造	11		321587	361917	138374	375668
助动车制造	4		243649	262494		248953
电气机械和器材制造业	**29**		**1201036**	**1278009**	**285147**	**2048259**
电机制造	18		792884	860042	180404	1416677
输配电及控制设备制造	4		256327	260631	51189	307812
家用电力器具制造	2		54748	55895	1041	168708
非电力家用器具制造	4		97077	100155	52513	138158
其他电气机械及器材制造	1			1287		16906
计算机、通信和其他电子设备制造业	**13**	**1**	**602839**	**601085**	**193806**	**1846861**
通信设备制造	1		24385	22926	7398	51826
智能消费设备制造	2		64720	61615	5302	121065
电子器件制造	5	1	292914	304150	181105	997989
电子元件及电子专用材料制造	5		220820	212395		675981
仪器仪表制造业	**14**		**325623**	**335828**	**90458**	**581700**
通用仪器仪表制造	13		309534	319739	90458	566948
光学仪器制造	1		16089	16089		14752
其他制造业	**10**		**206259**	**195632**	**40945**	**537504**
日用杂品制造	9		197688	187061	32374	521226
其他未列明制造业	1		8571	8571	8571	16278
废弃资源综合利用业	**1**		**2769**			**217782**
金属废料和碎屑加工处理	1		2769			217782
电力、热力生产和供应业	**4**	**2**				**7754262**
电力生产	4	2				7754262

4-20　大中型工业主要财务指标(二)

(2021年)　　单位：万元

项　　目	流动资产合计	存　货	固定资产原价	固定资产净额	年末负债合计	流动负债合计
总　　计	**22703042**	**5978864**	**20558777**	**12813740**	**24945652**	**18646361**
按轻重工业分						
轻工业	9325922	2401797	5375613	3056532	7870010	6634573
重工业	13377120	3577068	15183164	9757208	17075642	12011789
按大中型分						
大型企业	11357344	2804113	11588511	7966989	14645560	9479963
中型企业	11345698	3174751	8970266	4846751	10300092	9166399
按工业行业分						
农副食品加工业	**74295**	**42401**	**58746**	**38601**	**74520**	**62181**
植物油加工	25096	15257	24989	17639	18594	17227
水产品加工	49199	27144	33757	20963	55926	44953
食品制造业	**98383**	**50380**	**46499**	**22788**	**81599**	**81147**
罐头食品制造	71557	43690	26316	11081	74001	74001
其他食品制造	26826	6690	20184	11707	7598	7145
纺织业	**267134**	**89011**	**143440**	**88704**	**205034**	**194658**
棉纺织及印染精加工	41365	13895	42682	32737	78710	74071
化纤织造及印染精加工	31360	14951	28500	14568	29713	29713
产业用纺织制成品制造	194410	60165	72258	41399	96611	90874
皮革、毛皮、羽毛及其制品和制鞋业	**53015**	**12595**	**23829**	**11221**	**54575**	**53554**
制鞋业	53015	12595	23829	11221	54575	53554
木材加工和木、竹、藤、棕、草制品业	**33245**	**12107**	**32446**	**21387**	**38983**	**35987**
竹、藤、棕、草等制品制造	33245	12107	32446	21387	38983	35987
家具制造业	**884253**	**254781**	**241839**	**122500**	**870426**	**862254**
木质家具制造	25327	11864	20885	13739	23517	21965
竹、藤家具制造	6950	4593	3847	1772	7933	7933
金属家具制造	821148	219857	171768	80040	790182	783562
塑料家具制造	22186	10606	41132	24852	40404	40404
其他家具制造	8641	7861	4208	2097	8389	8389
造纸和纸制品业	**133611**	**36864**	**89884**	**42820**	**85580**	**82745**
造　纸	78246	17541	77627	36423	24253	21418
纸制品制造	55365	19323	12257	6397	61327	61327
印刷和记录媒介复制业	**92516**	**17662**	**76194**	**47443**	**46084**	**45824**
印　刷	92516	17662	76194	47443	46084	45824
文教、工美、体育和娱乐用品制造业	**165145**	**52454**	**92180**	**62004**	**164741**	**149125**
工艺美术及礼仪用品制造	131658	40473	71519	47185	125230	112865
体育用品制造	33487	11981	20661	14818	39511	36260

4-20 续表 1

单位：万元

项目	流动资产合计	存货	固定资产原价	固定资产净额	年末负债合计	流动负债合计
化学原料和化学制品制造业	**491012**	**91732**	**280139**	**190403**	**287483**	**259180**
农药制造	92053	7496	20255	11286	31942	30169
涂料、油墨、颜料及类似产品制造	126801	37588	117604	75946	86683	77372
合成材料制造	69509	15753	51824	38571	85910	72189
专用化学产品制造	169717	25447	75960	56224	61587	58163
日用化学产品制造	32933	5449	14497	8376	21362	21287
医药制造业	**4466433**	**1181395**	**2939286**	**1603767**	**3885003**	**2899306**
化学药品原料药制造	3907262	1100458	2613849	1412047	3648673	2708093
化学药品制剂制造	420343	69772	276898	165982	171275	129117
中成药生产	138828	11165	48539	25738	65054	62096
化学纤维制造业	**44238**	**15602**	**119026**	**106457**	**125479**	**58796**
合成纤维制造	44238	15602	119026	106457	125479	58796
橡胶和塑料制品业	**1601428**	**376069**	**1003590**	**607414**	**1087302**	**977226**
橡胶制品业	486004	87766	275090	184845	359016	294731
塑料制品业	1115424	288303	728500	422568	728285	682495
非金属矿物制品业	**125511**	**3626**	**82550**	**60085**	**418291**	**409039**
石膏、水泥制品及类似制品制造	29133	3626	27674	21286	42614	33414
玻璃制造	96378		54876	38800	375676	375626
黑色金属冶炼和压延加工业	**86937**	**39792**	**29967**	**14857**	**66153**	**65637**
钢压延加工	86937	39792	29967	14857	66153	65637
有色金属冶炼和压延加工业	**236358**	**20512**	**39231**	**13944**	**277087**	**271187**
有色金属压延加工	236358	20512	39231	13944	277087	271187
金属制品业	**1000083**	**126337**	**293938**	**190649**	**762267**	**723049**
金属工具制造	7128	1422	18209	13006	9928	9928
建筑、安全用金属制品制造	164119	39876	56950	32753	161007	158594
金属制日用品制造	792047	75768	179894	128391	550978	515154
铸造及其他金属制品制造	36789	9271	38885	16498	40355	39373
通用设备制造业	**3002289**	**918148**	**1951381**	**1173216**	**2491444**	**2316995**
金属加工机械制造	360912	144298	193749	106056	285383	274658
物料搬运设备制造	95187	29854	34914	19223	85652	84385
泵、阀门、压缩机及类似机械制造	1315906	425692	655184	420472	986974	961872
轴承、齿轮和传动部件制造	746178	206257	770292	465520	632048	536130
烘炉、风机、包装等设备制造	479936	111400	288995	156495	491499	450062
通用零部件制造	4171	647	8246	5451	9889	9889
专用设备制造业	**1543375**	**577669**	**782423**	**470975**	**1360037**	**1294189**
采矿、冶金、建筑专用设备制造	142286	30559	51556	31692	83881	83262

4-20 续表 2

单位：万元

项目	流动资产合计	存货	固定资产原价	固定资产净额	年末负债合计	流动负债合计
化工、木材、非金属加工专用设备制造	389850	146578	208005	111905	337038	328609
纺织、服装和皮革加工专用设备制造	640049	289088	288276	188785	674460	627717
农、林、牧、渔专用机械制造	144596	48769	86395	47840	118270	118266
医疗仪器设备及器械制造	226595	62675	148192	90753	146389	136335
汽车制造业	**3361683**	**619976**	**2071512**	**1231850**	**3733270**	**3282958**
汽车整车制造	959901	127302	185892	135959	972616	863291
汽车用发动机制造	94547	17664	158577	130763	177448	174933
汽车零部件及配件制造	2307236	475010	1727043	965128	2583206	2244734
铁路、船舶、航空航天和其他运输设备制造业	**882987**	**257317**	**389231**	**221922**	**757849**	**690048**
铁路运输设备制造	286428	32250	99168	73512	142585	80386
船舶及相关装置制造	133348	81183	32071	12715	119395	119395
航空、航天器及设备制造	38292	2013	30032	17184	43403	43403
摩托车制造	248718	88043	166806	75737	240201	236002
助动车制造	176200	53828	61154	42774	212266	210862
电气机械和器材制造业	**1331412**	**341956**	**585905**	**290462**	**1160005**	**1102030**
电机制造	925086	240276	396590	186273	782530	756270
输配电及控制设备制造	229877	62839	84733	45321	215718	211157
家用电力器具制造	63919	21084	50823	31012	90253	63099
非电力家用器具制造	101309	15627	49036	23995	58224	58224
其他电气机械及器材制造	11220	2129	4723	3861	13280	13280
计算机、通信和其他电子设备制造业	**1108855**	**193717**	**531527**	**297613**	**512306**	**470883**
通信设备制造	40020	9101	9631	6326	28535	28334
智能消费设备制造	81820	14420	28457	19947	55724	51012
电子器件制造	494504	68318	348381	239590	225930	195644
电子元件及电子专用材料制造	492511	101878	144558	31750	202118	195892
仪器仪表制造业	**403697**	**100680**	**157698**	**104248**	**218561**	**212468**
通用仪器仪表制造	395344	97766	148440	98474	210558	205176
光学仪器制造	8353	2914	9258	5773	8003	7292
其他制造业	**344608**	**76394**	**211760**	**99260**	**272390**	**266115**
日用杂品制造	333980	72514	204988	95213	259294	253020
其他未列明制造业	10628	3881	6772	4047	13096	13096
废弃资源综合利用业	**154420**	**108960**	**30826**	**19432**	**131196**	**129411**
金属废料和碎屑加工处理	154420	108960	30826	19432	131196	129411
电力、热力生产和供应业	**716117**	**360731**	**8253731**	**5659721**	**5777987**	**1650371**
电力生产	716117	360731	8253731	5659721	5777987	1650371

4-21 大中型工业主要财务指标(三)

(2021年) 单位：万元

项目	年末所有者权益合计	实收资本	营业收入	营业成本	税金及附加
总计	**23391275**	**7201379**	**30446288**	**24360193**	**176182**
按轻重工业分					
轻工业	11221129	2696409	10478702	7833532	63079
重工业	12170147	4504970	19967586	16526660	113103
按大中型分					
大型企业	13201955	3900906	13810087	10972816	83567
中型企业	10189320	3300473	16636200	13387376	92615
按工业行业分					
农副食品加工业	**82130**	**25359**	**114114**	**90865**	**581**
植物油加工	57267	5520	45081	29245	226
水产品加工	24863	19839	69033	61620	356
食品制造业	**59024**	**11143**	**109759**	**90793**	**631**
罐头食品制造	17346	5063	81501	71563	382
其他食品制造	41678	6080	28257	19230	249
纺织业	**210380**	**44047**	**383818**	**313837**	**2255**
棉纺织及印染精加工	13911	1100	105193	91588	576
化纤织造及印染精加工	19559	14112	61087	53105	329
产业用纺织制成品制造	176910	28835	217538	169144	1350
皮革、毛皮、羽毛及其制品和制鞋业	**24022**	**12395**	**83839**	**70278**	**526**
制鞋业	24022	12395	83839	70278	526
木材加工和木、竹、藤、棕、草制品业	**36179**	**10300**	**56565**	**47379**	**301**
竹、藤、棕、草等制品制造	36179	10300	56565	47379	301
家具制造业	**442863**	**259644**	**1159514**	**1040101**	**5778**
木质家具制造	20304	5500	51651	37468	385
竹、藤家具制造	1189	508	17694	15575	104
金属家具制造	374287	243368	1025028	937740	4755
塑料家具制造	44128	7268	37673	24993	361
其他家具制造	2955	3000	27468	24325	173
造纸和纸制品业	**112546**	**19280**	**293021**	**253096**	**2436**
造纸	98656	12600	217630	186109	2344
纸制品制造	13890	6680	75391	66987	92
印刷和记录媒介复制业	**194707**	**70730**	**104617**	**86842**	**584**
印刷	194707	70730	104617	86842	584
文教、工美、体育和娱乐用品制造业	**111216**	**32047**	**219137**	**151352**	**1504**
工艺美术及礼仪用品制造	84967	30444	176422	119144	1301
体育用品制造	26248	1603	42715	32207	204

4-21 续表 1

单位：万元

项　目	年末所有者权益合计	实收资本	营业收入	营业成本	税金及附加
化学原料和化学制品制造业	**599185**	**139749**	**790636**	**567110**	**4531**
农药制造	113382	15600	99406	73225	400
涂料、油墨、颜料及类似产品制造	184220	31000	178466	131165	1047
合成材料制造	34619	12755	125601	110111	594
专用化学产品制造	210761	48527	340145	218959	2250
日用化学产品制造	56203	31867	47018	33651	229
医药制造业	**6906907**	**1436814**	**3856715**	**2456603**	**28369**
化学药品原料药制造	6115494	1242507	3370198	2274044	22879
化学药品制剂制造	649427	158307	386296	163516	4176
中成药生产	141987	36000	100220	19042	1314
化学纤维制造业	**40027**	**65000**	**123218**	**131489**	**367**
合成纤维制造	40027	65000	123218	131489	367
橡胶和塑料制品业	**1883496**	**433422**	**2287541**	**1766167**	**11804**
橡胶制品业	603112	119070	455468	353970	2667
塑料制品业	1280384	314352	1832073	1412198	9137
非金属矿物制品业	**-1426**	**109933**	**136039**	**121577**	**871**
石膏、水泥制品及类似制品制造	14858	14139	112764	98840	617
玻璃制造	-16284	95794	23275	22737	254
黑色金属冶炼和压延加工业	**42045**	**5398**	**161092**	**131608**	**407**
钢压延加工	42045	5398	161092	131608	407
有色金属冶炼和压延加工业	**14917**	**29500**	**239525**	**236510**	**54**
有色金属压延加工	14917	29500	239525	236510	54
金属制品业	**990444**	**185529**	**917816**	**752071**	**3883**
金属工具制造	11703	7501	22755	18870	63
建筑、安全用金属制品制造	67646	42148	251192	203430	1156
金属制日用品制造	894939	125900	591885	486786	2304
铸造及其他金属制品制造	16156	9980	51985	42986	360
通用设备制造业	**2780296**	**675585**	**4128806**	**3342614**	**20468**
金属加工机械制造	227721	42400	461668	374219	2089
物料搬运设备制造	70864	21546	97745	77512	713
泵、阀门、压缩机及类似机械制造	1167819	297306	1993813	1603943	8477
轴承、齿轮和传动部件制造	857064	171863	817348	642956	5070
烘炉、风机、包装等设备制造	455218	142169	748086	636366	3998
通用零部件制造	1610	300	10145	7617	121
专用设备制造业	**1091680**	**295730**	**2037152**	**1612145**	**11172**
采矿、冶金、建筑专用设备制造	122926	11000	199084	151714	1081

4-21 续表 2

单位：万元

项目	年末所有者权益合计	实收资本	营业收入	营业成本	税金及附加
化工、木材、非金属加工专用设备制造	206362	40987	297868	211389	3001
纺织、服装和皮革加工专用设备制造	405149	164373	1000432	862320	3546
农、林、牧、渔专用机械制造	123995	39100	271337	219956	1192
医疗仪器设备及器械制造	233249	40271	268430	166765	2352
汽车制造业	**2276018**	**690867**	**5323150**	**4523030**	**16988**
汽车整车制造	377609	120173	1618735	1452160	1230
汽车用发动机制造	126238	82000	368307	321729	725
汽车零部件及配件制造	1772171	488695	3336107	2749141	15033
铁路、船舶、航空航天和其他运输设备制造业	**580699**	**187853**	**1325978**	**1074498**	**25839**
铁路运输设备制造	347404	93377	151315	74961	1448
船舶及相关装置制造	30697	28000	103038	94787	333
航空、航天器及设备制造	30443	2888	27477	14977	9
摩托车制造	135468	43828	680932	563246	23313
助动车制造	36687	19760	363216	326527	737
电气机械和器材制造业	**888254**	**187820**	**1912404**	**1635977**	**7092**
电机制造	634147	106968	1287910	1098075	4806
输配电及控制设备制造	92094	45570	381825	350249	1001
家用电力器具制造	78454	20834	78461	59015	471
非电力家用器具制造	79933	13947	136595	106288	748
其他电气机械及器材制造	3626	500	27612	22350	67
计算机、通信和其他电子设备制造业	**1334555**	**219776**	**913229**	**723745**	**4530**
通信设备制造	23291	5000	41446	31024	203
智能消费设备制造	65341	10000	86603	65295	325
电子器件制造	772059	153474	415581	339012	2370
电子元件及电子专用材料制造	473863	51302	369599	288414	1632
仪器仪表制造业	**363139**	**89848**	**528560**	**373942**	**3199**
通用仪器仪表制造	356390	87268	509452	358851	3105
光学仪器制造	6749	2580	19108	15091	94
其他制造业	**265114**	**94069**	**397247**	**300003**	**2671**
日用杂品制造	261932	93069	382761	287369	2550
其他未列明制造业	3182	1000	14486	12634	120
废弃资源综合利用业	**86586**	**21000**	**523956**	**483418**	**2001**
金属废料和碎屑加工处理	86586	21000	523956	483418	2001
电力、热力生产和供应业	**1976275**	**1848540**	**2318843**	**1983145**	**17342**
电力生产	1976275	1848540	2318843	1983145	17342

4-22　大中型工业主要财务指标(四)

(2021年)　　单位：万元

项　目	销售费用	财务费用	#利息费用	利润总额	利税总额	本年应交增值税	平均用工人数(人)
总　计	**904719**	**376403**	**419573**	**2798944**	**3621885**	**646759**	**309733**
按轻重工业分							
轻工业	476088	92530	132248	1696316	2001555	242160	123357
重工业	428631	283872	287325	1102628	1620330	404599	186376
按大中型分							
大型企业	398291	225987	252644	1842624	2161793	235602	121953
中型企业	506428	150416	166929	956320	1460092	411157	187780
按工业行业分							
农副食品加工业	**3155**	**2192**	**2309**	**9888**	**13058**	**2589**	**1786**
植物油加工	1774	223	526	10171	11647	1251	345
水产品加工	1382	1969	1784	-283	1411	1339	1441
食品制造业	**3757**	**1248**	**1219**	**5244**	**10481**	**4606**	**2753**
罐头食品制造	2788	1314	1207	933	5617	4302	2440
其他食品制造	970	-65	12	4311	4864	303	313
纺织业	**10642**	**4398**	**4291**	**26364**	**34977**	**6358**	**5029**
棉纺织及印染精加工	1274	2590	2423	3821	7751	3354	973
化纤织造及印染精加工	938	1034	1030	2051	3945	1566	779
产业用纺织制成品制造	8431	775	838	20493	23281	1438	3277
皮革、毛皮、羽毛及其制品和制鞋业	**2918**	**1109**	**803**	**1680**	**4001**	**1796**	**3478**
制鞋业	2918	1109	803	1680	4001	1796	3478
木材加工和木、竹、藤、棕、草制品业	**2092**	**854**	**642**	**1291**	**1592**		**1389**
竹、藤、棕、草等制品制造	2092	854	642	1291	1592		1389
家具制造业	**26148**	**-13274**	**8555**	**19150**	**25352**	**424**	**16358**
木质家具制造	5049	197	199	2729	4010	896	1419
竹、藤家具制造	155	149	187	316	1134	713	382
金属家具制造	18190	-14741	6704	12189	14355	-2589	13145
塑料家具制造	2640	633	986	3376	4141	404	897
其他家具制造	115	488	479	540	1713	1000	515
造纸和纸制品业	**6158**	**1217**	**1352**	**26865**	**50558**	**21257**	**1284**
造　纸	3631	420	537	25979	48817	20495	685
纸制品制造	2528	798	815	886	1740	762	599
印刷和记录媒介复制业	**2787**	**-179**	**217**	**12370**	**13642**	**688**	**1571**
印　刷	2787	-179	217	12370	13642	688	1571
文教、工美、体育和娱乐用品制造业	**8803**	**2803**	**2047**	**31173**	**42662**	**9984**	**5877**
工艺美术及礼仪用品制造	8263	1991	1203	28167	36521	7053	4646
体育用品制造	540	811	845	3007	6141	2931	1231

4-22 续表 1

单位：万元

项目	销售费用	财务费用	#利息费用	利润总额	利税总额	本年应交增值税	平均用工人数（人）
化学原料和化学制品制造业	**12520**	**3302**	**1740**	**132047**	**158435**	**21858**	**3853**
农药制造	1500	221	198	14188	15584	996	724
涂料、油墨、颜料及类似产品制造	1144	853	302	18148	23011	3816	1199
合成材料制造	4883	108	429	4236	6633	1803	759
专用化学产品制造	2661	1178	267	89672	107176	15243	702
日用化学产品制造	2333	943	544	5803	6032		469
医药制造业	**243978**	**64464**	**73148**	**683601**	**823336**	**111366**	**34460**
化学药品原料药制造	130127	61375	68945	551290	648321	74152	30551
化学药品制剂制造	78030	1780	2888	97823	129784	27785	3249
中成药生产	35821	1309	1315	34488	45231	9429	660
化学纤维制造业	**676**	**4371**	**4311**	**-14979**	**-6560**	**8051**	**530**
合成纤维制造	676	4371	4311	-14979	-6560	8051	530
橡胶和塑料制品业	**85654**	**15754**	**16208**	**304969**	**359077**	**42304**	**26910**
橡胶制品业	15858	7801	6561	97130	111216	11419	6600
塑料制品业	69796	7953	9647	207839	247861	30885	20310
非金属矿物制品业	**7759**	**3917**	**5946**	**-392769**	**-389340**	**2558**	**1366**
石膏、水泥制品及类似制品制造	7347	1195	1095	1726	4695	2351	788
玻璃制造	412	2722	4851	-394495	-394035	207	578
黑色金属冶炼和压延加工业	**858**	**1281**	**1275**	**17424**	**20198**	**2367**	**507**
钢压延加工	858	1281	1275	17424	20198	2367	507
有色金属冶炼和压延加工业	**2307**	**-27**	**5317**	**-3065**	**-3157**	**-146**	**511**
有色金属压延加工	2307	-27	5317	-3065	-3157	-146	511
金属制品业	**51395**	**7704**	**13567**	**552806**	**563721**	**7032**	**9677**
金属工具制造	321	79	41	895	1000	42	433
建筑、安全用金属制品制造	11588	4648	3052	9530	14560	3874	3974
金属制日用品制造	38495	1349	9222	540673	544127	1150	4101
铸造及其他金属制品制造	992	1628	1251	1709	4035	1966	1169
通用设备制造业	**134954**	**40660**	**34730**	**339245**	**411016**	**51303**	**54656**
金属加工机械制造	13115	2336	3641	32777	41278	6411	7552
物料搬运设备制造	7058	706	1288	1606	4108	1789	1380
泵、阀门、压缩机及类似机械制造	63116	18106	9334	181754	204715	14483	25275
轴承、齿轮和传动部件制造	19957	13730	12733	73330	92740	14341	10274
烘炉、风机、包装等设备制造	31345	5684	7620	49302	67048	13748	9860
通用零部件制造	363	99	112	475	1126	531	315
专用设备制造业	**69807**	**8857**	**10109**	**194871**	**252504**	**46461**	**26702**
采矿、冶金、建筑专用设备制造	4098	901	909	28693	35547	5773	2222

4-22　续表 2

单位：万元

项　目	销售费用	财务费用	#利息费用	利润总额	利税总额	本年应交增值税	平均月工人数（人）
化工、木材、非金属加工专用设备制造	14167	3435	3722	37778	54517	13738	5285
纺织、服装和皮革加工专用设备制造	28047	2898	2744	57808	73174	11819	10156
农、林、牧、渔专用机械制造	10711	112	356	18418	21878	2268	3556
医疗仪器设备及器械制造	12786	1512	2378	52173	67388	12862	5483
汽车制造业	**105393**	**43397**	**27190**	**318688**	**406977**	**71301**	**44682**
汽车整车制造	3819	9864	66	141559	145817	3028	3381
汽车用发动机制造	1010	298	232	21467	29276	7085	1036
汽车零部件及配件制造	100565	33235	26893	155663	231883	61188	40255
铁路、船舶、航空航天和其他运输设备制造业	**24489**	**8112**	**9238**	**94832**	**145935**	**25265**	**13641**
铁路运输设备制造	7275	2256	3591	39079	49029	8502	1037
船舶及相关装置制造		23	24	2621	5683	2729	1739
航空、航天器及设备制造	560	1186	664	7448	7464	8	406
摩托车制造	7375	3281	3360	37815	71325	10197	8129
助动车制造	9278	1367	1598	7869	12433	3828	2230
电气机械和器材制造业	**41533**	**9920**	**13146**	**101571**	**138906**	**30243**	**19472**
电机制造	23587	2583	7227	78179	96962	13978	13465
输配电及控制设备制造	7123	3953	2349	4100	15060	9960	1960
家用电力器具制造	1638	2792	2597	8239	10342	1632	1493
非电力家用器具制造	8296	553	935	9264	14081	4070	2066
其他电气机械及器材制造	889	39	37	1791	2461	604	488
计算机、通信和其他电子设备制造业	**20779**	**334**	**4265**	**97777**	**116070**	**13763**	**13835**
通信设备制造	1370	-116	92	6476	6731	52	368
智能消费设备制造	5245	39	72	10162	11907	1420	929
电子器件制造	6614	-500	1515	32470	34916	75	7310
电子元件及电子专用材料制造	7550	910	2586	48668	62516	12216	5228
仪器仪表制造业	**22606**	**2217**	**2705**	**82997**	**103835**	**17639**	**7290**
通用仪器仪表制造	22050	1960	2685	82465	102481	16912	6826
光学仪器制造	556	257	20	533	1354	727	464
其他制造业	**10818**	**2470**	**3607**	**52794**	**72729**	**17264**	**8616**
日用杂品制造	10445	2131	3340	51383	70633	16699	8233
其他未列明制造业	373	339	267	1411	2096	565	383
废弃资源综合利用业	**1345**	**-2181**	**916**	**29842**	**44712**	**12869**	**302**
金属废料和碎屑加工处理	1345	-2181	916	29842	44712	12869	302
电力、热力生产和供应业	**1389**	**161483**	**170723**	**72267**	**207170**	**117561**	**3198**
电力生产	1389	161483	170723	72267	207170	117561	3198

4-23 大中型工业主要经济效益指标(一)

(2021年)

项目	企业亏损面(%)	资产负债率(%)	流动比率	产成品存货周转天数(天)	新产品产值率(%)
总计	**7.16**	**51.61**	**1.22**	**35.82**	**52.13**
按轻重工业分					
轻工业	9.71	41.22	1.41	49.48	52.19
重工业	5.51	58.39	1.11	29.35	52.10
按大中型分					
大型企业	3.08	52.59	1.20	41.28	58.47
中型企业	7.85	50.27	1.24	31.35	47.26
按工业行业分					
农副食品加工业	40.00	47.57	1.19	124.77	28.97
食品制造业	42.86	58.03	1.21	151.64	26.65
纺织业		49.36	1.37	29.45	65.94
皮革、毛皮、羽毛及其制品和制鞋业	25.00	69.44	0.99	32.34	55.60
木材加工和木、竹、藤、棕、草制品业		51.87	0.92	56.24	100.00
家具制造业	11.76	66.28	1.03	24.77	62.05
造纸和纸制品业	33.33	43.19	1.61	15.99	75.64
印刷和记录媒介复制业		19.14	2.02	12.08	68.16
文教、工美、体育和娱乐用品制造业	18.18	59.70	1.11	40.29	41.34
化学原料和化学制品制造业	14.29	32.42	1.89	29.51	58.71
医药制造业	5.26	36.00	1.54	83.95	51.75
化学纤维制造业	100.00	75.82	0.75	15.02	
橡胶和塑料制品业	7.69	36.60	1.64	33.11	41.02
非金属矿物制品业	33.33	100.34	0.31	6.20	37.68
黑色金属冶炼和压延加工业		61.14	1.32	11.63	27.99
有色金属冶炼和压延加工业	100.00	94.89	0.87	25.70	76.31
金属制品业		43.49	1.38	33.33	43.53
通用设备制造业	2.47	47.26	1.30	36.64	56.68
专用设备制造业	8.11	55.47	1.19	67.26	64.02
汽车制造业	4.48	62.12	1.02	26.09	66.54
铁路、船舶、航空航天和其他运输设备制造业		56.62	1.28	25.64	54.99
电气机械和器材制造业		56.63	1.21	30.59	66.50
计算机、通信和其他电子设备制造业	7.69	27.74	2.35	43.33	65.90
仪器仪表制造业		37.57	1.90	20.40	61.37
其他制造业		50.68	1.29	32.54	52.16
废弃资源综合利用业		60.24	1.19	8.77	0.53
电力、热力生产和供应业	50.00	74.51	0.43		

4-24 大中型工业主要经济效益指标(二)

(2021年)

项 目	企 业亏损率(%)	成本费用利 润 率(%)	百元营业收入实现利税(元)	百元固定资产原值实现利税(元)	营 业收 入利润率(%)
总 计	**17.02**	**9.92**	**11.90**	**17.62**	**9.19**
按轻重工业分					
轻工业	1.41	17.81	19.10	37.23	16.19
重工业	33.27	5.90	8.11	10.67	5.52
按大中型分					
大型企业	3.78	14.39	15.65	18.65	13.34
中型企业	34.40	6.21	8.78	16.28	5.75
按工业行业分					
农副食品加工业	4.75	9.51	11.44	22.23	8.66
食品制造业	9.23	4.98	9.55	22.54	4.78
纺织业		7.38	9.11	24.38	6.87
皮革、毛皮、羽毛及其制品和制鞋业	10.24	2.04	4.77	16.79	2.00
木材加工和木、竹、藤、棕、草制品业		2.33	2.82	4.91	2.28
家具制造业	3.34	1.70	2.19	10.48	1.55
造纸和纸制品业	0.25	9.83	17.25	56.25	9.17
印刷和记录媒介复制业		12.46	13.04	17.90	11.32
文教、工美、体育和娱乐用品制造业	2.65	16.67	19.47	46.28	14.23
化学原料和化学制品制造业	1.66	20.11	20.04	56.56	16.70
医药制造业	0.80	20.21	21.35	28.01	17.72
化学纤维制造业		-10.82	-5.32	-5.51	-12.16
橡胶和塑料制品业	0.51	14.97	15.70	35.78	13.33
非金属矿物制品业	22853.38	-277.96	-286.20	-471.64	-288.72
黑色金属冶炼和压延加工业		12.16	12.54	67.40	10.32
有色金属冶炼和压延加工业		-1.26	-1.32	-8.05	-1.28
金属制品业		62.63	61.42	191.78	60.23
通用设备制造业	0.60	8.79	9.95	21.06	8.22
专用设备制造业	1.53	10.47	12.39	32.27	9.57
汽车制造业	5.03	6.27	7.65	19.65	5.99
铁路、船舶、航空航天和其他运输设备制造业		7.87	11.01	37.49	7.15
电气机械和器材制造业		5.61	7.26	23.71	5.31
计算机、通信和其他电子设备制造业	6.01	11.74	12.71	21.84	10.71
仪器仪表制造业		18.42	19.64	65.84	15.70
其他制造业		14.67	18.31	34.34	13.29
废弃资源综合利用业		6.12	8.53	145.05	5.70
电力、热力生产和供应业	62.62	3.23	8.93	2.51	3.12

4-25 规模以上非国有工业主要财务指标(一)

(2021年) 单位：万元

项 目	企业单位数(个)	亏损企业	新产品产值	新产品销售收入	新产品销售收入中出口	资产总计
总 计	**5218**	**486**	**23888674**	**22208509**	**7516119**	**72954194**
按轻重工业分						
轻工业	1947	249	7095098	6797687	2628455	26648754
重工业	3271	237	16793577	15410822	4887664	46305440
按大中小微型分						
大型企业	61	1	6962342	7202095	3205513	19335777
中型企业	376	28	7558328	7256140	2372788	18360944
小型企业	4615	419	9312796	7710316	1927884	34196302
微型企业	166	38	55208	39958	9934	1061172
按工业行业分						
有色金属矿采选业	**1**					**3576**
常用有色金属矿采选	1					3576
非金属矿采选业	**9**	**2**				**153920**
土砂石开采	9	2				153920
农副食品加工业	**89**	**16**	**160947**	**108250**	**10065**	**603882**
谷物磨制	2	1				9541
饲料加工	8		29606	23901	4653	111830
植物油加工	1		30698	23024	1638	75862
制糖业	1		1531			3025
屠宰及肉类加工	7		25550	1032		50734
水产品加工	68	14	73561	60294	3774	342814
蔬菜、菌类、水果和坚果加工	1					5684
其他农副食品加工	1	1				4394
食品制造业	**14**	**5**	**42146**	**41305**	**13823**	**243145**
方便食品制造	1		1133	1133		26920
罐头食品制造	9	5	2	12		116262
其他食品制造	4		41011	40160	13823	99963
酒、饮料和精制茶制造业	**6**		**4463**	**1093**		**162639**
酒的制造	2		1364			113647
饮料制造	3		891	891		39993
精制茶加工	1		2208	202		8998

4-25 续表 1

单位：万元

项目	企业单位数(个)	亏损企业	新产品产值	新产品销售收入	新产品销售收入中出口	资产总计
纺织业	**119**	**17**	**343449**	**359905**	**116134**	**937557**
棉纺织及印染精加工	11		86751	87799		138175
毛纺织及染整精加工	4		14884	14533		20167
化纤织造及印染精加工	27	3	41531	42609	787	158288
针织或钩针编织物及其制品制造	3	1	9687	9609	223	34140
家用纺织制成品制造	18	3	3593	3533	2518	47055
产业用纺织制成品制造	56	10	187003	201822	112606	539723
纺织服装、服饰业	**19**	**4**	**14934**	**12542**	**4584**	**85194**
机织服装制造	8	1	10240	8138	3301	39442
针织或钩针编织服装制造	7	2	991	709		30458
服饰制造	4	1	3703	3695	1283	15295
皮革、毛皮、羽毛及其制品和制鞋业	**238**	**24**	**389168**	**356750**	**185458**	**675747**
皮革制品制造	10	5	9074	6165	1230	54162
制鞋业	228	19	380093	350585	184228	621585
木材加工和木、竹、藤、棕、草制品业	**24**	**4**	**73150**	**70285**	**53422**	**182806**
人造板制造	5	1	12103			52068
木质制品制造	13	3	10055	4970	2947	35385
竹、藤、棕、草等制品制造	6		50992	65315	50475	95353
家具制造业	**87**	**19**	**519722**	**488267**	**362288**	**1671183**
木质家具制造	20	10	38591	35358	21809	141455
竹、藤家具制造	12	1	17782	18008	3259	50981
金属家具制造	39	4	417689	389460	315114	1317240
塑料家具制造	11	3	30310	25263	22106	136025
其他家具制造	5	1	15349	20178		25483
造纸和纸制品业	**74**	**8**	**343472**	**314264**	**11940**	**613153**
造纸	9	2	238205	211765	179	165321
纸制品制造	65	6	105268	102499	11761	447832
印刷和记录媒介复制业	**65**	**1**	**126504**	**126455**	**15170**	**511773**
印刷	65	1	126504	126455	15170	511773
文教、工美、体育和娱乐用品制造业	**155**	**29**	**231395**	**204636**	**162141**	**846979**
文教办公用品制造	5	1	7803	7680	3711	42388

4-25 续表 2

单位：万元

项 目	企业单位数(个)	亏损企业	新产品产值	新产品销售收入	新产品销售收入中出口	资产总计
乐器制造	1			1300		3576
工艺美术及礼仪用品制造	130	26	210904	183462	150279	675807
体育用品制造	5		9668	9773	7889	78010
玩具制造	12	2	704	107	37	39836
游艺器材及娱乐用品制造	2		2317	2314	225	7363
石油、煤炭及其他燃料加工业	**3**		**86**	**4244**		**9718**
精炼石油产品制造	3		86	4244		9718
化学原料和化学制品制造业	**85**	**9**	**800479**	**698979**	**295403**	**2222078**
基础化学原料制造	10	1	57202	28299	15564	164059
农药制造	4		62791	62459	32637	283103
涂料、油墨、颜料及类似产品制造	30	5	134719	139283	26824	628113
合成材料制造	14		182210	113844	25590	401393
专用化学产品制造	19	2	351887	343964	190148	624340
日用化学产品制造	8	1	11671	11131	4640	121069
医药制造业	**69**	**19**	**1781641**	**1727213**	**777887**	**9713668**
化学药品原料药制造	53	13	1535890	1499595	774684	8801794
化学药品制剂制造	3		130440	143462	8	308440
中药饮片加工	1	1				6995
中成药生产	4	1	80441	77568		229121
兽用药品制造	1		19751			24617
生物药品制品制造	5	2	15120	6587	3195	337686
卫生材料及医药用品制造	2	2				5017
化学纤维制造业	**8**	**4**	**2581**	**10528**		**207778**
合成纤维制造	6	4	2581			199926
生物基材料制造	2			10528		7852
橡胶和塑料制品业	**628**	**58**	**1847417**	**1727784**	**464304**	**6459125**
橡胶制品业	112	10	331080	304757	58138	1655067
塑料制品业	516	48	1516337	1423027	406166	4804058
非金属矿物制品业	**130**	**18**	**243883**	**247411**	**17265**	**1528896**
水泥、石灰和石膏制造	6	2				56532
石膏、水泥制品及类似制品制造	77	7	190049	190862		1177279

4-25　续表 3

单位：万元

项　　目	企　业单位数（个）	亏　损企　业	新产品产　值	新产品销　售收　入	新产品销售收入中出口	资　产总　计
砖瓦、石材等建筑材料制造	19	6	16088	8815		133840
玻璃制造	6	2	5266	9976	18	21639
玻璃制品制造	9		6374	6927	6070	28958
玻璃纤维和玻璃纤维增强塑料制品制造	3		93	56		8735
陶瓷制品制造	7	1	15419	22095	7299	52973
石墨及其他非金属矿物制品制造	3		10595	8680	3878	48941
黑色金属冶炼和压延加工业	**22**	**4**	**59030**	**14108**		**347904**
炼铁	1	1	70			2355
钢压延加工	21	3	58960	14108		345549
有色金属冶炼和压延加工业	**85**	**10**	**405755**	**176081**	**6064**	**1687533**
常用有色金属冶炼	1	1				16247
有色金属合金制造	5	1	14472	14472		111409
有色金属压延加工	79	8	391283	161609	6064	1559876
金属制品业	**368**	**22**	**781695**	**733760**	**312224**	**3652936**
结构性金属制品制造	31	6	53593	45743	8609	205678
金属工具制造	28	3	67951	70640	11288	226435
集装箱及金属包装容器制造	15	2	23291	17435	50	82274
金属丝绳及其制品制造	16	1	2291	1092		79181
建筑、安全用金属制品制造	81	2	155844	144787	61654	506337
金属表面处理及热处理加工	59	2	68465	52520		333715
搪瓷制品制造	2		4236			7510
金属制日用品制造	28	2	292951	286488	213849	1528467
铸造及其他金属制品制造	108	4	113072	115055	16775	683340
通用设备制造业	**1119**	**47**	**4238262**	**3989361**	**1786698**	**10247602**
锅炉及原动设备制造	10	2	11903	12439	104	83951
金属加工机械制造	120	2	482225	477050	125437	975330
物料搬运设备制造	28	3	106407	102737	4938	296346
泵、阀门、压缩机及类似机械制造	652	29	2568973	2342940	1340218	5129159
轴承、齿轮和传动部件制造	141	2	517240	441206	107474	2204253
烘炉、风机、包装等设备制造	101	6	426285	495038	196512	1205722
文化、办公用机械制造	1		2228	2228		5277

4-25 续表 4

单位：万元

项目	企业单位数(个)	亏损企业	新产品产值	新产品销售收入	新产品销售收入中出口	资产总计
通用零部件制造	50	1	107460	100904	11344	259786
其他通用设备制造业	16	2	15542	14819	671	87769
专用设备制造业	**427**	**44**	**2003255**	**1910067**	**567059**	**4923195**
采矿、冶金、建筑专用设备制造	18		121913	125034	7896	363060
化工、木材、非金属加工专用设备制造	167	21	616310	590220	135002	1621416
食品、饮料、烟草及饲料生产专用设备制造	10	1	6761	6733	2135	36702
印刷、制药、日化及日用品生产专用设备制造	8	2	13726	13046		33805
纺织、服装和皮革加工专用设备制造	71	8	615147	595620	156537	1415620
电子和电工机械专用设备制造	2		5999	5999	735	12280
农、林、牧、渔专用机械制造	61	3	330352	310153	212329	626973
医疗仪器设备及器械制造	67	8	204424	181505	46772	624784
环保、邮政、社会公共服务及其他专用设备制造	23	1	88622	81757	5654	188554
汽车制造业	**459**	**39**	**4817436**	**4121085**	**1324866**	**11556523**
汽车整车制造	5	3	2066174	1538288	845597	4071219
汽车用发动机制造	3		76649	73160	7453	306557
汽车车身、挂车制造	2	1	6596	9837	12	25630
汽车零部件及配件制造	449	35	2668016	2499799	471804	7153118
铁路、船舶、航空航天和其他运输设备制造业	**221**	**22**	**1110200**	**1143135**	**190227**	**2945997**
铁路运输设备制造	11	1	149871	151171	8292	643692
船舶及相关装置制造	26	2	99040	63076		633783
航空、航天器及设备制造	3		26599	35454		108167
摩托车制造	104	9	507423	553538	158060	910795
自行车和残疾人座车制造	2	1	125	36	29	8319
助动车制造	69	8	307554	321613	14641	617705
非公路休闲车及零配件制造	6	1	19588	18247	9205	23535
电气机械和器材制造业	**463**	**34**	**2126182**	**2220047**	**420553**	**5067494**
电机制造	191	8	1066239	1153039	241149	2326515
输配电及控制设备制造	71	5	448417	425176	72110	820143
电线、电缆、光缆及电工器材制造	77	4	342196	333615	414	900887
电池制造	3	1	462	7613	162	7182
家用电力器具制造	25	2	81169	86893	8241	299230

4-25　续表 5

单位：万元

项　目	企业单位数（个）	亏损企业	新产品产值	新产品销售收入	新产品销售收入中出口	资产总计
非电力家用器具制造	8	1	113740	125678	57792	184914
照明器具制造	83	13	67299	81617	35556	497601
其他电气机械及器材制造	5		6660	6416	5130	31022
计算机、通信和其他电子设备制造业	**53**	**9**	**697223**	**689781**	**205021**	**2371285**
计算机制造	1	1	3033			16372
通信设备制造	3		26590	25111	7548	190700
非专业视听设备制造	2	1	1080	2388		10293
智能消费设备制造	8	2	98802	94401	8618	197255
电子器件制造	14	4	314498	325596	185270	1089164
电子元件及电子专用材料制造	20	1	252913	240987	3584	827580
其他电子设备制造	5		307	1298		39921
仪器仪表制造业	**69**	**2**	**489455**	**493817**	**165472**	**915212**
通用仪器仪表制造	63	2	464406	468805	164178	880532
专用仪器仪表制造	3		5453	5415	1294	12720
光学仪器制造	1		16089	16089		14752
其他仪器仪表制造业	2		3508	3508		7209
其他制造业	**51**	**8**	**222910**	**210557**	**48053**	**705923**
日用杂品制造	50	8	214339	201986	39482	689646
其他未列明制造业	1		8571	8571	8571	16278
废弃资源综合利用业	**25**	**4**	**11836**	**6801**		**704774**
金属废料和碎屑加工处理	13	1	2769			575337
非金属废料和碎屑加工处理	12	3	9067	6801		129437
金属制品、机械和设备修理业	**3**					**7629**
专用设备修理	1					960
铁路、船舶、航空航天等运输设备修理	2					6670
电力、热力生产和供应业	**14**	**2**				**686000**
电力生产	10					622292
热力生产和供应	4	2				63708
燃气生产和供应业	**11**	**1**				**213187**
燃气生产和供应业	11	1				213187
水的生产和供应业	**5**	**1**				**88185**
自来水生产和供应	1					1172
污水处理及其再生利用	4	1				87012

4-26 规模以上非国有工业主要财务指标(二)

(2021年) 单位: 万元

项目	流动资产合计	存货	固定资产原价	固定资产净额	年末负债合计	流动负债合计
总计	**44315083**	**10119327**	**24258612**	**14069974**	**41589695**	**37955840**
按轻重工业分						
轻工业	14663498	3727614	8921266	5150746	13393177	12214323
重工业	29651585	6391713	15337345	8919228	28196518	25741518
按大中小微型分						
大型企业	10463049	2409620	5182748	3037539	8983858	7781315
中型企业	10805716	3078709	6404825	3742898	8939045	8298201
小型企业	22402069	4523289	12265563	7110618	23200583	21353682
微型企业	644248	107710	405476	178919	466209	522642
按工业行业分						
有色金属矿采选业	**2092**	**1022**	**1427**	**640**	**1976**	**1976**
常用有色金属矿采选	2092	1022	1427	640	1976	1976
非金属矿采选业	**35417**	**5805**	**28748**	**20223**	**131264**	**115364**
土砂石开采	35417	5805	28748	20223	131264	115364
农副食品加工业	**373555**	**115711**	**217538**	**140933**	**369294**	**347223**
谷物磨制	8210	6142	2256	1330	7199	6629
饲料加工	82105	13879	28677	20348	84240	84240
植物油加工	25096	15257	24989	17639	18594	17227
制糖业	2881	619	150	144	1920	1920
屠宰及肉类加工	16490	1613	28743	20953	20137	18200
水产品加工	233991	76009	124880	76109	230402	213350
蔬菜、菌类、水果和坚果加工	2621	1667	4048	2442	3109	2996
其他农副食品加工	2161	526	3796	1970	3694	2662
食品制造业	**138107**	**64639**	**82887**	**45839**	**153598**	**150459**
方便食品制造	4854	2218	3525	2197	16119	16119
罐头食品制造	82482	49629	36297	15407	94086	91411
其他食品制造	50772	12792	43064	28235	43393	42929
酒、饮料和精制茶制造业	**90594**	**17684**	**102316**	**31236**	**61524**	**61524**
酒的制造	61968	13113	90485	26566	34811	34811
饮料制造	20891	4261	9591	3662	23762	23762
精制茶加工	7735	310	2240	1008	2951	2951

4-26 续表 1

单位：万元

项 目	流动资产合计	存 货	固定资产原价	固定资产净额	年末负债合计	流动负债合计
纺织业	**637615**	**190082**	**346470**	**193265**	**561039**	**529518**
棉纺织及印染精加工	74335	20429	63778	44545	114998	101219
毛纺织及染整精加工	12205	3451	13952	5517	13253	13253
化纤织造及印染精加工	123505	37316	60015	27079	88892	89714
针织或钩针编织物及其制品制造	16237	9325	22297	13894	16884	15327
家用纺织制成品制造	32423	8309	15100	8741	38266	38266
产业用纺织制成品制造	378910	111252	166329	93489	288746	271740
纺织服装、服饰业	**55657**	**17751**	**37927**	**21414**	**60173**	**60198**
机织服装制造	28205	6963	13076	8830	28980	28980
针织或钩针编织服装制造	20648	8853	19537	8415	19581	19605
服饰制造	6804	1935	5314	4169	11612	11612
皮革、毛皮、羽毛及其制品和制鞋业	**463658**	**98278**	**228437**	**131627**	**502134**	**493901**
皮革制品制造	29390	8821	28122	18565	41439	41428
制鞋业	434268	89457	200314	113062	460695	452473
木材加工和木、竹、藤、棕、草制品业	**107955**	**26462**	**70362**	**42129**	**115466**	**111763**
人造板制造	41664	4078	10911	4008	35151	35151
木质制品制造	20204	7172	16817	10783	27165	27165
竹、藤、棕、草等制品制造	46087	15212	42634	27337	53150	49447
家具制造业	**1118073**	**327185**	**373893**	**196655**	**1158548**	**1142349**
木质家具制造	80092	32719	65009	39449	98802	96248
竹、藤家具制造	38975	15794	11940	7096	45370	45370
金属家具制造	936184	248398	213410	104406	920464	910090
塑料家具制造	43959	20596	74155	41014	74407	71351
其他家具制造	18863	9678	9379	4691	19505	19290
造纸和纸制品业	**424234**	**109017**	**247218**	**121186**	**359314**	**357776**
造纸	109352	22898	95489	43321	48814	44781
纸制品制造	314883	86118	151729	77865	310499	312995
印刷和记录媒介复制业	**263531**	**51651**	**235395**	**126581**	**212647**	**205840**
印刷	263531	51651	235395	126581	212647	205840
文教、工美、体育和娱乐用品制造业	**522198**	**138564**	**342512**	**195439**	**561620**	**544510**
文教办公用品制造	26328	7193	19063	8212	24309	24309

4-26 续表 2

单位：万元

项　　目	流动资产合计	存　货	固定资产合计	固定资产原价	固定资产净额	年末负债合计
乐器制造	1568	670	2132	1085	2955	2955
工艺美术及礼仪用品制造	426800	109877	267829	152249	455389	441596
体育用品制造	40633	13486	28405	19145	47841	44544
玩具制造	21554	5947	22208	13042	27655	27635
游艺器材及娱乐用品制造	5314	1391	2875	1707	3471	3471
石油、煤炭及其他燃料加工业	**8459**	**1290**	**1352**	**930**	**5223**	**5207**
精炼石油产品制造	8459	1290	1352	930	5223	5207
化学原料和化学制品制造业	**1272885**	**235753**	**701842**	**419897**	**911025**	**856933**
基础化学原料制造	85336	14861	68568	30425	52561	55628
农药制造	181599	15522	42726	21171	83288	80541
涂料、油墨、颜料及类似产品制造	352764	81333	205825	128043	279316	259386
合成材料制造	230532	46245	157706	90308	267744	241097
专用化学产品制造	361386	67576	200802	134063	187540	180191
日用化学产品制造	61269	10216	26215	15887	40575	40091
医药制造业	**4412112**	**1170153**	**2790412**	**1621667**	**3629517**	**2896657**
化学药品原料药制造	3938989	1115932	2567538	1512020	3368762	2644966
化学药品制剂制造	164881	23088	114483	56920	98305	92703
中药饮片加工	6817	1060	418	159	5154	5154
中成药生产	158213	19962	54438	27909	91340	87969
兽用药品制造	9911	1531	9562	5951	7036	7036
生物药品制品制造	132103	8081	40384	18708	58921	53150
卫生材料及医药用品制造	1199	498	3588			5679
化学纤维制造业	**60759**	**19900**	**141889**	**121769**	**157292**	**89452**
合成纤维制造	54423	18096	140237	120484	151058	83218
生物基材料制造	6335	1804	1652	1285	6234	6234
橡胶和塑料制品业	**3637161**	**853402**	**2653429**	**1542297**	**3251521**	**3056542**
橡胶制品业	952671	165665	553691	325530	746853	692282
塑料制品业	2684490	687737	2099738	1216766	2504669	2364261
非金属矿物制品业	**1012359**	**165129**	**537495**	**296783**	**1013745**	**942315**
水泥、石灰和石膏制造	29626	8917	23204	6451	29738	28742
石膏、水泥制品及类似制品制造	827126	118002	400219	219440	762353	710676

4-26　续表 3

单位：万元

项　　目	流动资产合计	存　货	非流动资产合计	固定资产原价	固定资产净额	年末负债合计
砖瓦、石材等建筑材料制造	79305	15034	43752	31578	107451	101793
玻璃制造	13448	3861	13440	5164	16707	15773
玻璃制品制造	20960	5466	11013	3282	21874	21874
玻璃纤维和玻璃纤维增强塑料制品制造	5917	2208	2841	1498	5855	5855
陶瓷制品制造	28368	8674	27712	15413	38240	38214
石墨及其他非金属矿物制品制造	7608	2966	15314	13957	31529	19388
黑色金属冶炼和压延加工业	**262884**	**78882**	**103090**	**60762**	**245851**	**232215**
炼铁	1718	545	874	534	3065	2480
钢压延加工	261165	78337	102216	60229	242785	229735
有色金属冶炼和压延加工业	**1026585**	**156101**	**324622**	**230613**	**1403977**	**1125465**
常用有色金属冶炼	14825	7903	1126	709	14963	14962
有色金属合金制造	55873	19509	39575	28832	78672	77755
有色金属压延加工	955887	128689	283922	201072	1310343	1032749
金属制品业	**2229062**	**390957**	**1093668**	**649954**	**2013254**	**1902231**
结构性金属制品制造	140526	27858	58848	40554	146215	129449
金属工具制造	111540	21403	133464	88705	143624	134419
集装箱及金属包装容器制造	61208	12865	25704	13834	56672	56672
金属丝绳及其制品制造	61475	23393	25832	13045	56489	54448
建筑、安全用金属制品制造	334312	92766	176974	110241	334825	320642
金属表面处理及热处理加工	210252	22890	158225	85642	238422	221888
搪瓷制品制造	5650	1814	1510	1326	6033	6033
金属制日用品制造	840168	88717	217426	148175	601016	565126
铸造及其他金属制品制造	463932	99249	295685	148432	429960	413555
通用设备制造业	**6353064**	**1809656**	**3977517**	**2388997**	**5775154**	**5496639**
锅炉及原动设备制造	57205	19360	37480	18999	51222	51212
金属加工机械制造	689298	215122	355401	204824	592683	577482
物料搬运设备制造	184296	52777	91965	56338	171240	168494
泵、阀门、压缩机及类似机械制造	3339834	987892	1742734	1071699	2859521	2766984
轴承、齿轮和传动部件制造	1197651	304084	1112980	656477	1117675	993778
烘炉、风机、包装等设备制造	657937	173015	487988	294808	750013	715914
文化、办公用机械制造	3718	593	2984	1303	1817	983

4-26 续表 4

单位：万元

项　　目	流动资产合计	存　货	非流动资产合计	固定资产原价	固定资产净额	年末负债合计
通用零部件制造	171138	34886	120626	68967	170194	166068
其他通用设备制造业	51988	21927	25360	15584	60790	55724
专用设备制造业	**3156915**	**980176**	**1745032**	**986942**	**2993758**	**2853271**
采矿、冶金、建筑专用设备制造	250520	61233	97516	64599	173338	172131
化工、木材、非金属加工专用设备制造	1072596	309519	693191	355804	1065466	1017557
食品、饮料、烟草及饲料生产专用设备制造	18724	6045	17845	9066	19105	17971
印刷、制药、日化及日用品生产专用设备制造	23811	2354	9762	4097	24903	22306
纺织、服装和皮革加工专用设备制造	874335	356045	407230	259179	907505	851374
电子和电工机械专用设备制造	8331	1240	5440	2450	4449	4449
农、林、牧、渔专用机械制造	394843	133993	218313	119219	361822	351288
医疗仪器设备及器械制造	372344	86612	252320	150309	301741	284571
环保、邮政、社会公共服务及其他专用设备制造	141412	23135	43414	22220	135429	131625
汽车制造业	**7788422**	**966330**	**3320195**	**1900737**	**8269588**	**7311572**
汽车整车制造	3551825	134539	214565	158356	3726797	3172171
汽车用发动机制造	96169	17797	160986	131982	179562	176301
汽车车身、挂车制造	15596	4886	7114	2902	16878	16878
汽车零部件及配件制造	4124832	809108	2937530	1607497	4346352	3946221
铁路、船舶、航空航天和其他运输设备制造业	**2045240**	**589461**	**888132**	**463057**	**1895056**	**1835785**
铁路运输设备制造	398688	47645	135473	98765	213887	148355
船舶及相关装置制造	524572	250338	174450	65170	523559	521873
航空、航天器及设备制造	54068	5118	48449	30450	65182	60582
摩托车制造	612684	170391	358163	159703	585457	604529
自行车和残疾人座车制造	5061	623	2462	1093	7498	7498
助动车制造	431305	111154	162453	104989	485762	479236
非公路休闲车及零配件制造	18862	4193	6682	2888	13711	13711
电气机械和器材制造业	**3571821**	**835752**	**1487509**	**794531**	**3084631**	**2992086**
电机制造	1547845	383496	719871	391396	1402275	1366159
输配电及控制设备制造	613163	127787	241439	121902	471383	462190
电线、电缆、光缆及电工器材制造	733055	160738	152621	80328	563842	545003
电池制造	6683	2890	2757	1117	4352	4352
家用电力器具制造	159683	40717	103950	64053	152868	125369

4-26 续表 5

单位：万元

项 目	流动资产合计	存 货	非流动资产合计	固定资产原价	固定资产净额	年末负债合计
非电力家用器具制造	143755	26007	53086	26078	91407	89157
照明器具制造	348729	90976	204262	102193	376993	378345
其他电气机械及器材制造	18910	3141	9523	7463	21511	21511
计算机、通信和其他电子设备制造业	**1444687**	**238927**	**690595**	**400143**	**885897**	**799033**
计算机制造	7819	887	6363	6349	15950	10950
通信设备制造	145897	9331	27523	23359	165325	130126
非专业视听设备制造	8267	2418	3254	1988	7129	6135
智能消费设备制造	132496	27590	55373	38237	101273	92914
电子器件制造	556572	83411	391953	265299	261302	230631
电子元件及电子专用材料制造	563661	111195	195148	56475	306654	300047
其他电子设备制造	29975	4094	10981	8437	28264	28229
仪器仪表制造业	**646882**	**173089**	**288594**	**166698**	**406100**	**392695**
通用仪器仪表制造	623647	168089	267288	155150	385589	372895
专用仪器仪表制造	10025	1982	8196	2524	6863	6863
光学仪器制造	8353	2914	9258	5773	8003	7292
其他仪器仪表制造业	4857	105	3853	3251	5646	5646
其他制造业	**465823**	**116032**	**253447**	**123775**	**421501**	**414990**
日用杂品制造	455195	112152	246675	119727	408406	401894
其他未列明制造业	10628	3881	6772	4047	13096	13096
废弃资源综合利用业	**465558**	**155093**	**185411**	**89509**	**405701**	**372910**
金属废料和碎屑加工处理	418006	147513	108386	72880	333997	330653
非金属废料和碎屑加工处理	47552	7580	77025	16630	71704	42257
金属制品、机械和设备修理业	**5026**	**384**	**6434**	**2251**	**2992**	**3218**
专用设备修理	933	286	53	27	644	644
铁路、船舶、航空航天等运输设备修理	4093	98	6381	2224	2348	2574
电力、热力生产和供应业	**137361**	**3737**	**552693**	**413876**	**433405**	**163784**
电力生产	124293	2950	500491	383550	395042	131951
热力生产和供应	13069	787	52202	30326	38363	31833
燃气生产和供应业	**59203**	**15038**	**137470**	**87375**	**92680**	**72866**
燃气生产和供应业	59203	15038	137470	87375	92680	72866
水的生产和供应业	**20130**	**238**	**62658**	**40245**	**43228**	**17573**
自来水生产和供应	830		1109	157	682	682
污水处理及其再生利用	19300	238	61550	40088	42547	16892

4-27 规模以上非国有工业主要财务指标(三)

(2021年) 单位：万元

项目	所有者权益合计	实收资本	营业收入	营业成本	税金及附加
总计	**31200410**	**10672340**	**61614797**	**51003717**	**329621**
按轻重工业分					
轻工业	13202568	4157882	19987867	16093320	114605
重工业	17997842	6514459	41626930	34910397	215017
按大中小微型分					
大型企业	10351918	2443885	12248227	9978799	71818
中型企业	9421899	2530081	15179019	12007899	80819
小型企业	10994995	5515943	33290352	28228935	172659
微型企业	431598	182431	897199	788084	4325
按工业行业分					
有色金属矿采选业	**1600**	**800**	**2863**	**1403**	**118**
常用有色金属矿采选	1600	800	2863	1403	118
非金属矿采选业	**19374**	**20085**	**86419**	**64190**	**2541**
土砂石开采	19374	20085	86419	64190	2541
农副食品加工业	**233878**	**104649**	**883690**	**805038**	**1918**
谷物磨制	2342	1400	22910	21535	9
饲料加工	27590	10244	132851	119744	160
植物油加工	57267	5520	45081	29245	226
制糖业	1105	1000	3352	3155	3
屠宰及肉类加工	30597	18353	280427	271708	370
水产品加工	111702	64032	392382	353969	1098
蔬菜、菌类、水果和坚果加工	2574	2450	3705	3217	31
其他农副食品加工	701	1650	2982	2466	21
食品制造业	**89547**	**34149**	**170167**	**139203**	**781**
方便食品制造	10800	6800	14204	11471	5
罐头食品制造	22177	7581	94602	82594	497
其他食品制造	56570	19768	61361	45137	280
酒、饮料和精制茶制造业	**101115**	**32308**	**126279**	**96478**	**9399**
酒的制造	78836	23850	79922	57535	9088
饮料制造	16232	3298	39797	33293	294
精制茶加工	6047	5160	6560	5651	18

4-27　续表 1

单位：万元

项　目	所有者权益合计	实收资本	营业收入	营业成本	税金及附加
纺织业	**373957**	**124295**	**1018061**	**865296**	**4726**
棉纺织及印染精加工	23177	7111	180390	159071	756
毛纺织及染整精加工	6914	5982	29437	23894	184
化纤织造及印染精加工	67274	29059	193381	173747	728
针织或钩针编织物及其制品制造	17256	2010	37204	31012	155
家用纺织制成品制造	8798	4696	73349	62969	324
产业用纺织制成品制造	250538	75438	504299	414603	2578
纺织服装、服饰业	**25021**	**17069**	**67428**	**55357**	**366**
机织服装制造	10462	8315	30567	24273	141
针织或钩针编织服装制造	10877	7719	25291	21657	150
服饰制造	3682	1036	11569	9427	75
皮革、毛皮、羽毛及其制品和制鞋业	**173612**	**77349**	**799784**	**684012**	**4157**
皮革制品制造	12723	13465	39201	33684	267
制鞋业	160889	63884	760584	650328	3890
木材加工和木、竹、藤、棕、草制品业	**67340**	**25202**	**160557**	**135866**	**761**
人造板制造	16917	10111	41386	36034	162
木质制品制造	8220	3191	42762	35063	228
竹、藤、棕、草等制品制造	42203	11900	76408	64770	371
家具制造业	**512634**	**308575**	**1548240**	**1374162**	**7736**
木质家具制造	42653	25637	117789	90386	911
竹、藤家具制造	5611	1758	86065	76509	391
金属家具制造	396776	258109	1210632	1101268	5530
塑料家具制造	61616	17021	85890	63995	646
其他家具制造	5978	6050	47865	42005	258
造纸和纸制品业	**242891**	**85071**	**794507**	**700468**	**4984**
造纸	116507	21964	289664	250546	2974
纸制品制造	126384	63107	504843	449922	2011
印刷和记录媒介复制业	**299126**	**115041**	**394450**	**333354**	**1825**
印刷	299126	115041	394450	333354	1825
文教、工美、体育和娱乐用品制造业	**285359**	**113328**	**828071**	**649657**	**5599**
文教办公用品制造	18079	10637	24213	20349	183

4-27 续表 2

单位：万元

项目	所有者权益合计	实收资本	营业收入	营业成本	税金及附加
乐器制造	620	218	2550	2071	12
工艺美术及礼仪用品制造	220418	93644	680330	529793	4768
体育用品制造	30169	2802	59848	45594	314
玩具制造	12181	5076	44805	37941	233
游艺器材及娱乐用品制造	3892	950	16324	13910	90
石油、煤炭及其他燃料加工业	**4494**	**1900**	**13379**	**10930**	**62**
精炼石油产品制造	4494	1900	13379	10930	62
化学原料和化学制品制造业	**1306671**	**315093**	**1830926**	**1392367**	**8811**
基础化学原料制造	107116	13611	122847	84770	712
农药制造	199815	46906	169580	132600	645
涂料、油墨、颜料及类似产品制造	348797	94290	403794	308975	2704
合成材料制造	133649	42815	419082	349649	1303
专用化学产品制造	436800	80030	639038	460659	3076
日用化学产品制造	80494	37441	76585	55716	371
医药制造业	**6078472**	**1446385**	**3799525**	**2544784**	**26625**
化学药品原料药制造	5433032	1265802	3395573	2391426	22383
化学药品制剂制造	210135	59387	166316	52873	2162
中药饮片加工	1840	1000	3467	3029	5
中成药生产	137781	39706	118707	30577	1474
兽用药品制造	17581	5370	18778	8516	91
生物药品制品制造	278765	75120	94626	56437	456
卫生材料及医药用品制造	-662		2057	1926	55
化学纤维制造业	**50486**	**71682**	**177741**	**181635**	**467**
合成纤维制造	48867	70232	157755	163835	443
生物基材料制造	1618	1450	19986	17800	24
橡胶和塑料制品业	**3169924**	**1127922**	**5827657**	**4746783**	**29611**
橡胶制品业	891982	268457	1052505	843486	5863
塑料制品业	2277941	859464	4775152	3903297	23748
非金属矿物制品业	**501521**	**271468**	**1860904**	**1566124**	**8932**
水泥、石灰和石膏制造	26794	7784	100236	84817	388
石膏、水泥制品及类似制品制造	401297	213977	1505593	1272317	6863

4-27　续表 3

单位：万元

项　　目	所有者权益合计	实收资本	营业收入	营业成本	税金及附加
砖瓦、石材等建筑材料制造	26388	23718	101292	84790	501
玻璃制造	4933	4850	31883	27859	224
玻璃制品制造	7083	3884	42593	36172	194
玻璃纤维和玻璃纤维增强塑料制品制造	2881	636	18642	15732	61
陶瓷制品制造	14733	12570	46896	36070	526
石墨及其他非金属矿物制品制造	17412	4050	13771	8366	174
黑色金属冶炼和压延加工业	**102053**	**27968**	**785186**	**734589**	**2126**
炼铁	-710	574	2833	2299	13
钢压延加工	102763	27394	782353	732291	2113
有色金属冶炼和压延加工业	**282516**	**152801**	**1967930**	**1903634**	**4265**
常用有色金属冶炼	1285	502	65879	65749	
有色金属合金制造	32737	29591	110622	103764	1031
有色金属压延加工	248495	122708	1791429	1734121	3233
金属制品业	**1639683**	**503148**	**3046246**	**2573569**	**13108**
结构性金属制品制造	59464	42248	197911	171068	744
金属工具制造	82810	41625	150093	116493	555
集装箱及金属包装容器制造	25603	11593	73440	60483	334
金属丝绳及其制品制造	22692	10618	140389	132588	261
建筑、安全用金属制品制造	171511	84791	647216	538009	2949
金属表面处理及热处理加工	95293	43273	313644	262382	1561
搪瓷制品制造	1478	1429	10864	9581	28
金属制日用品制造	927452	142861	697573	577566	2844
铸造及其他金属制品制造	253381	124709	815117	705399	3832
通用设备制造业	**4463458**	**1378346**	**10053248**	**8225779**	**48631**
锅炉及原动设备制造	32729	12676	76780	61158	572
金属加工机械制造	382647	98133	1030085	831280	4803
物料搬运设备制造	125106	54730	222378	178319	1388
泵、阀门、压缩机及类似机械制造	2268020	719972	5671400	4648184	24308
轴承、齿轮和传动部件制造	1085524	264628	1536651	1233928	8749
烘炉、风机、包装等设备制造	449401	154244	1139237	957317	6860
文化、办公用机械制造	3460	1018	6511	5185	35

4-27 续表 4

单位：万元

项目	所有者权益合计	实收资本	营业收入	营业成本	税金及附加
通用零部件制造	89592	45671	302164	255353	1624
其他通用设备制造业	26980	27274	68042	55055	293
专用设备制造业	**1923672**	**650413**	**4192706**	**3348060**	**23139**
采矿、冶金、建筑专用设备制造	189722	31349	374235	288317	1895
化工、木材、非金属加工专用设备制造	555949	191856	1077443	831493	8270
食品、饮料、烟草及饲料生产专用设备制造	17598	6585	27802	20264	235
印刷、制药、日化及日用品生产专用设备制造	8902	2719	30379	22590	230
纺织、服装和皮革加工专用设备制造	502352	198008	1363420	1172571	5435
电子和电工机械专用设备制造	7832	2551	12565	8205	71
农、林、牧、渔专用机械制造	265151	94442	672872	552247	2417
医疗仪器设备及器械制造	323042	96424	472114	327594	3772
环保、邮政、社会公共服务及其他专用设备制造	53126	26480	161877	124779	814
汽车制造业	**3259218**	**1458116**	**8518000**	**7219649**	**43392**
汽车整车制造	331930	505431	2274427	2091595	13655
汽车用发动机制造	126995	82090	371379	324430	807
汽车车身、挂车制造	8752	3865	14529	11509	125
汽车零部件及配件制造	2791542	866731	5857665	4792115	28806
铁路、船舶、航空航天和其他运输设备制造业	**1021835**	**494641**	**2856849**	**2390937**	**34274**
铁路运输设备制造	429805	133688	238431	134988	2158
船舶及相关装置制造	110224	141946	429402	397618	1600
航空、航天器及设备制造	42985	7468	44864	26726	130
摩托车制造	297772	115835	1322261	1111288	27683
自行车和残疾人座车制造	822	547	10608	8964	55
助动车制造	130403	90775	770698	677924	2457
非公路休闲车及零配件制造	9824	4382	40585	33429	191
电气机械和器材制造业	**1970796**	**750620**	**5653859**	**4896258**	**20124**
电机制造	923330	242649	2368514	2025119	9109
输配电及控制设备制造	348760	189210	859381	737760	3382
电线、电缆、光缆及电工器材制造	336010	193889	1459133	1329653	2917
电池制造	2830	1605	13105	9893	54
家用电力器具制造	146362	50358	202331	158454	1214

4-27 续表 5

单位：万元

项 目	所有者权益合计	实收资本	营业收入	营业成本	税金及附加
非电力家用器具制造	93506	16926	170837	132244	881
照明器具制造	110488	52333	535738	466747	2435
其他电气机械及器材制造	9510	3650	44820	36389	133
计算机、通信和其他电子设备制造业	**1485081**	**330972**	**1190944**	**945599**	**5799**
计算机制造	422	1035	13464	13189	4
通信设备制造	25376	6288	47078	35800	262
非专业视听设备制造	3164	3200	15007	12875	33
智能消费设备制造	95982	31694	139227	101418	743
电子器件制造	827862	196260	467324	381053	2563
电子元件及电子专用材料制造	520618	85894	453929	357142	2075
其他电子设备制造	11657	6601	54915	44123	109
仪器仪表制造业	**509112**	**154829**	**945656**	**713127**	**5267**
通用仪器仪表制造	494943	150769	898461	674957	5070
专用仪器仪表制造	5858	1280	18019	14612	69
光学仪器制造	6749	2580	19108	15091	94
其他仪器仪表制造业	1563	200	10068	8467	34
其他制造业	**284422**	**109272**	**627909**	**501819**	**3538**
日用杂品制造	281240	108272	613424	489185	3418
其他未列明制造业	3182	1000	14486	12634	120
废弃资源综合利用业	**299073**	**142860**	**979880**	**899052**	**4240**
金属废料和碎屑加工处理	241340	121492	878412	823149	3268
非金属废料和碎屑加工处理	57733	21368	101467	75903	973
金属制品、机械和设备修理业	**4411**	**3242**	**5806**	**4229**	**61**
专用设备修理	316	242	2028	1253	18
铁路、船舶、航空航天等运输设备修理	4096	3000	3777	2976	43
电力、热力生产和供应业	**252595**	**161016**	**164027**	**110325**	**1536**
电力生产	227249	150880	131683	80194	1186
热力生产和供应	25345	10136	32344	30131	350
燃气生产和供应业	**120507**	**40523**	**211145**	**175484**	**500**
燃气生产和供应业	120507	40523	211145	175484	500
水的生产和供应业	**44957**	**21205**	**24760**	**14501**	**201**
自来水生产和供应	491	87	3122	2908	7
污水处理及其再生利用	44466	21118	21638	11592	194

4-28 规模以上非国有工业主要财务指标(四)

(2021年) 单位：万元

项目	销售费用	财务费用	#利息费用	利润总额	利税总额	本年应交增值税	平均用工人数(人)
总计	**1669963**	**603035**	**579008**	**4352991**	**5968856**	**1286243**	**744612**
按轻重工业分							
轻工业	674610	205780	221919	1855400	2427282	457277	284895
重工业	995353	397255	357089	2497591	3541574	828966	459717
按大中小微型分							
大型企业	285595	70778	87631	1638358	1847916	137740	115360
中型企业	501304	120460	132852	1348642	1796084	366622	184979
小型企业	868045	398813	350446	1337494	2272962	762809	438814
微型企业	15019	12984	8080	28497	51894	19072	5459
按工业行业分							
有色金属矿采选业		**62**	**62**	**910**	**1317**	**289**	**99**
常用有色金属矿采选		62	62	910	1317	289	99
非金属矿采选业	**3822**	**6993**	**5971**	**5443**	**10565**	**2580**	**299**
土砂石开采	3822	6993	5971	5443	10565	2580	299
农副食品加工业	**14463**	**10206**	**8595**	**20282**	**28167**	**5967**	**7786**
谷物磨制	814	177	177	-8	67	66	63
饲料加工	2024	1699	1674	4618	5146	368	501
植物油加工	1774	223	526	10171	11647	1251	345
制糖业	2	10	10	109	130	18	40
屠宰及肉类加工	1733	360	464	4599	5230	261	648
水产品加工	7792	7537	5555	742	5582	3742	5998
蔬菜、菌类、水果和坚果加工	233	106	97	84	225	110	76
其他农副食品加工	93	94	93	-33	140	152	115
食品制造业	**5622**	**2936**	**2567**	**8485**	**14688**	**5421**	**3737**
方便食品制造	615	624	623	598	609	6	191
罐头食品制造	3258	1987	1641	167	5531	4868	2945
其他食品制造	1749	325	303	7720	8547	547	601
酒、饮料和精制茶制造业	**1897**	**-431**	**386**	**12266**	**26753**	**5087**	**666**
酒的制造	116	-1098	254	9829	21980	3063	303
饮料制造	1614	560	30	2210	4350	1847	296
精制茶加工	167	107	102	227	423	178	67

4-28 续表 1

单位：万元

项 目	销售费用	财务费用	#利息费用	利润总额	利税总额	本年应交增值税	平均用工人数（人）
纺织业	**28163**	**11712**	**10780**	**35991**	**61214**	**20497**	**13671**
棉纺织及印染精加工	2015	3475	3278	5943	11487	4788	1637
毛纺织及染整精加工	396	256	266	1609	2948	1154	451
化纤织造及印染精加工	2614	1792	2057	5688	10522	4106	2134
针织或钩针编织物及其制品制造	1754	244	234	1227	2268	886	400
家用纺织制成品制造	3485	843	552	1544	3747	1880	1329
产业用纺织制成品制造	17899	5102	4393	19980	30243	7684	7670
纺织服装、服饰业	**2793**	**1388**	**1370**	**917**	**2837**	**1554**	**1850**
机织服装制造	1407	710	693	229	955	585	816
针织或钩针编织服装制造	1018	461	460	130	1009	728	738
服饰制造	369	217	217	558	873	241	296
皮革、毛皮、羽毛及其制品和制鞋业	**16946**	**9519**	**7361**	**23381**	**50382**	**22843**	**24766**
皮革制品制造	1307	888	623	-492	1008	1233	1114
制鞋业	15640	8631	6738	23873	49374	21610	23652
木材加工和木、竹、藤、棕、草制品业	**4897**	**2523**	**2045**	**4130**	**8158**	**3267**	**3850**
人造板制造	1030	749	625	1523	2703	1018	467
木质制品制造	1546	580	420	796	2638	1614	1582
竹、藤、棕、草等制品制造	2322	1194	1000	1811	2818	636	1801
家具制造业	**39627**	**-6860**	**14219**	**23064**	**40606**	**9806**	**24699**
木质家具制造	8514	2246	1813	1312	4901	2678	3601
竹、藤家具制造	1698	1014	954	1400	4713	2922	1520
金属家具制造	22986	-12162	9125	14905	22051	1616	16711
塑料家具制造	5584	1211	1464	4762	6424	1016	1844
其他家具制造	846	832	864	685	2517	1574	1023
造纸和纸制品业	**18381**	**6745**	**5924**	**35677**	**76430**	**35768**	**7013**
造纸	5181	1625	1188	27754	56705	25978	1422
纸制品制造	13200	5120	4735	7923	19724	9791	5591
印刷和记录媒介复制业	**10090**	**3204**	**3371**	**22633**	**33001**	**8543**	**6941**
印刷	10090	3204	3371	22633	33001	8543	6941
文教、工美、体育和娱乐用品制造业	**33768**	**13152**	**10564**	**47684**	**83191**	**29908**	**23487**
文教办公用品制造	1210	628	804	331	1098	584	527

4-28 续表 2

单位：万元

项目	销售费用	财务费用	#利息费用	利润总额	利税总额	本年应交增值税	平均用工人数（人）
乐器制造		73	73	79	171	81	114
工艺美术及礼仪用品制造	29412	10881	8332	41463	69964	23734	19783
体育用品制造	1211	912	947	3978	7932	3640	1674
玩具制造	1365	619	391	1012	2859	1614	1213
游艺器材及娱乐用品制造	571	39	16	822	1167	255	176
石油、煤炭及其他燃料加工业	**472**	**72**	**62**	**1008**	**1480**	**410**	**83**
精炼石油产品制造	472	72	62	1008	1480	410	83
化学原料和化学制品制造业	**44329**	**14721**	**14466**	**230736**	**280074**	**40527**	**10518**
基础化学原料制造	4997	1400	1394	20469	23860	2679	888
农药制造	2827	517	407	23664	25305	996	1096
涂料、油墨、颜料及类似产品制造	9740	5752	5427	30604	42723	9414	3262
合成材料制造	11017	4438	4614	34895	42629	6430	1845
专用化学产品制造	11566	1150	1615	113148	136505	20280	2415
日用化学产品制造	4182	1463	1009	7956	9053	727	1012
医药制造业	**162494**	**53346**	**58516**	**577675**	**702975**	**98676**	**34805**
化学药品原料药制造	48605	48733	54548	503226	598121	72513	31034
化学药品制剂制造	50757	2352	1918	39943	56426	14321	1880
中药饮片加工	0	110	104	-150	-107	38	56
中成药生产	39120	1439	1452	35186	47368	10708	950
兽用药品制造	240	186		5338	5429		185
生物药品制品制造	23477	505	494	-4882	-3388	1038	671
卫生材料及医药用品制造	294	20		-986	-873	58	29
化学纤维制造业	**1273**	**5689**	**5478**	**-15289**	**-6448**	**8373**	**916**
合成纤维制造	940	5498	5288	-16014	-7376	8195	818
生物基材料制造	333	191	190	726	928	178	98
橡胶和塑料制品业	**199338**	**65149**	**56942**	**432539**	**587089**	**124938**	**79162**
橡胶制品业	31457	16729	13553	127288	160709	27558	16361
塑料制品业	167882	48421	43389	305251	426380	97381	62801
非金属矿物制品业	**74054**	**18034**	**18895**	**96548**	**163335**	**57855**	**11722**
水泥、石灰和石膏制造	1595	534	502	9257	12144	2499	251
石膏、水泥制品及类似制品制造	61253	12112	12967	76079	130279	47338	7550

4-28　续表 3

单位：万元

项　目	销售费用	财务费用	#利息费用	利润总额	利税总额	本年应交增值税	平均用工人数（人）
砖瓦、石材等建筑材料制造	6470	2216	2446	233	4732	3997	1042
玻璃制造	801	322	332	733	2021	1065	620
玻璃制品制造	1212	694	637	1492	2927	1240	687
玻璃纤维和玻璃纤维增强塑料制品制造	1153	128	82	642	1409	706	334
陶瓷制品制造	1083	1298	1240	2178	4546	1842	1054
石墨及其他非金属矿物制品制造	488	730	688	5934	5277	-832	184
黑色金属冶炼和压延加工业	**3601**	**3074**	**2972**	**24597**	**34111**	**7387**	**1866**
炼铁	25	44	21	-423	-282	128	78
钢压延加工	3576	3030	2951	25021	34392	7259	1788
有色金属冶炼和压延加工业	**8545**	**11120**	**17996**	**6267**	**31411**	**20880**	**4718**
常用有色金属冶炼	100	161	169	-367	574	940	33
有色金属合金制造	678	663	601	1444	6155	3679	271
有色金属压延加工	7767	10296	17226	5189	24682	16260	4414
金属制品业	**90845**	**32749**	**35319**	**642984**	**714864**	**58772**	**41505**
结构性金属制品制造	4861	2536	2394	7834	11753	3175	2259
金属工具制造	4053	2143	1666	11479	14706	2673	2783
集装箱及金属包装容器制造	1877	1212	1173	3223	5578	2021	1114
金属丝绳及其制品制造	1006	1126	998	2315	4107	1531	769
建筑、安全用金属制品制造	21854	9181	6520	24634	41206	13622	10926
金属表面处理及热处理加工	4014	3898	3290	14971	27360	10827	6911
搪瓷制品制造	255	151	100	198	367	142	227
金属制日用品制造	41330	2449	10077	543906	550800	4050	6428
铸造及其他金属制品制造	11593	10054	9101	34424	58988	20732	10088
通用设备制造业	**292898**	**110047**	**87424**	**648937**	**892257**	**194689**	**147078**
锅炉及原动设备制造	2444	672	386	5096	8598	2930	1220
金属加工机械制造	29042	6746	7427	70873	98626	22949	15216
物料搬运设备制造	12135	2356	2670	2694	10497	6415	3576
泵、阀门、压缩机及类似机械制造	163711	59375	40173	382301	502442	95833	80919
轴承、齿轮和传动部件制造	38096	25389	22271	108928	150928	33251	22936
烘炉、风机、包装等设备制造	39253	10425	9910	61805	91465	22800	17515
文化、办公用机械制造	38	78	78	620	700	45	127

4-28 续表 4

单位：万元

项目	销售费用	财务费用	#利息费用	利润总额	利税总额	本年应交增值税	平均用工人数（人）
通用零部件制造	5656	4094	3567	13452	23911	8835	4401
其他通用设备制造业	2524	911	942	3169	5093	1631	1168
专用设备制造业	**143384**	**35471**	**33202**	**301661**	**435020**	**110221**	**63055**
采矿、冶金、建筑专用设备制造	12888	972	1626	44546	57304	10863	3971
化工、木材、非金属加工专用设备制造	36939	17883	16024	74429	123849	41150	19538
食品、饮料、烟草及饲料生产专用设备制造	916	412	364	1908	3110	967	612
印刷、制药、日化及日用品生产专用设备制造	851	333	326	2944	4552	1377	610
纺织、服装和皮革加工专用设备制造	36348	6119	5250	69101	96882	22345	16777
电子和电工机械专用设备制造	473	44	61	2361	3079	648	190
农、林、牧、渔专用机械制造	25320	3042	3256	36215	44096	5464	8967
医疗仪器设备及器械制造	22849	4118	4590	60471	86063	21821	10447
环保、邮政、社会公共服务及其他专用设备制造	6801	2549	1704	9687	16086	5585	1943
汽车制造业	**189140**	**86721**	**64175**	**421142**	**609582**	**145048**	**88585**
汽车整车制造	5288	14502	5704	128092	146412	4665	3814
汽车用发动机制造	1052	300	234	21572	29589	7210	1115
汽车车身、挂车制造	917	393	347	-609	-94	391	239
汽车零部件及配件制造	181884	71526	57891	272088	433676	132782	83417
铁路、船舶、航空航天和其他运输设备制造业	**53974**	**23860**	**20523**	**144520**	**245212**	**66418**	**35528**
铁路运输设备制造	10699	3601	4456	51673	67140	13309	2031
船舶及相关装置制造	556	884	872	10737	23451	11114	6061
航空、航天器及设备制造	1058	1946	1249	8864	9941	948	622
摩托车制造	20792	11378	8224	53850	108731	27197	18045
自行车和残疾人座车制造	252	237	236	291	547	201	105
助动车制造	19591	5620	5390	17054	32228	12717	8120
非公路休闲车及零配件制造	1027	193	97	2050	3175	933	544
电气机械和器材制造业	**126208**	**51235**	**47627**	**218905**	**342473**	**103444**	**56401**
电机制造	41920	15192	18377	120967	167422	37346	28113
输配电及控制设备制造	20299	10655	6792	24257	50228	22588	8302
电线、电缆、光缆及电工器材制造	29095	13110	11712	36110	57173	18146	4604
电池制造	131	67	73	1233	1681	395	148
家用电力器具制造	6702	3546	3147	16138	22492	5140	3910

4-28　续表 5

单位：万元

项　　目	销售费用	财务费用	#利息费用	利润总额	利税总额	本年应交增值税	平均用工人数（人）
非电力家用器具制造	14811	789	1330	8135	13892	4876	2585
照明器具制造	11965	7768	6119	9203	25679	14041	7966
其他电气机械及器材制造	1285	109	77	2861	3907	914	773
计算机、通信和其他电子设备制造业	**30667**	**2163**	**7205**	**116000**	**141795**	**19997**	**18187**
计算机制造	95	333	318	-611	-335	273	81
通信设备制造	1506	-769	92	7439	7962	261	504
非专业视听设备制造	460	250	248	235	547	279	149
智能消费设备制造	11228	688	788	15051	19168	3369	1867
电子器件制造	7459	-916	1849	34028	37771	1175	8382
电子元件及电子专用材料制造	9034	1856	3221	52401	68733	14257	6740
其他电子设备制造	886	721	690	7458	7949	383	464
仪器仪表制造业	**34920**	**6303**	**5755**	**104390**	**134974**	**25317**	**14114**
通用仪器仪表制造	33061	5922	5639	102716	131984	24198	13117
专用仪器仪表制造	884	39	10	663	785	52	335
光学仪器制造	556	257	20	533	1354	727	464
其他仪器仪表制造业	419	85	85	478	852	340	198
其他制造业	**16855**	**5696**	**6013**	**47116**	**72996**	**22341**	**12881**
日用杂品制造	16482	5357	5746	45706	70899	21776	12498
其他未列明制造业	373	339	267	1411	2096	565	383
废弃资源综合利用业	**7023**	**-1556**	**5302**	**60978**	**86523**	**21304**	**2473**
金属废料和碎屑加工处理	5520	-2923	4553	44874	64867	16725	1473
非金属废料和碎屑加工处理	1503	1367	749	16104	21656	4579	1000
金属制品、机械和设备修理业	**2**	**146**	**134**	**698**	**1206**	**447**	**258**
专用设备修理	1	21	16	185	383	179	158
铁路、船舶、航空航天等运输设备修理	1	125	118	512	823	268	100
电力、热力生产和供应业	**40**	**15872**	**15580**	**25690**	**32182**	**4956**	**925**
电力生产		15209	14674	27505	33665	4974	618
热力生产和供应	40	663	906	-1815	-1483	-18	307
燃气生产和供应业	**9394**	**698**	**928**	**19325**	**22145**	**2319**	**766**
燃气生产和供应业	9394	698	928	19325	22145	2319	766
水的生产和供应业	**38**	**1279**	**1282**	**5702**	**6295**	**392**	**202**
自来水生产和供应	38	-2	-2	11	66	48	13
污水处理及其再生利用		1280	1284	5691	6230	344	189

4-29 规模以上非国有工业主要经济效益指标(一)

(2021年)

项目	企业亏损面(%)	资产负债率(%)	流动比率	产成品存货周转天数(天)	新产品产值率(%)
总计	**9.31**	**57.01**	**1.17**	**26.92**	**40.71**
按轻重工业分					
轻工业	12.79	50.26	1.20	34.67	36.98
重工业	7.25	60.89	1.15	23.35	42.53
按工业行业分					
有色金属矿采选业		55.26	1.06	256.34	
非金属矿采选业	22.22	85.28	0.31	13.67	
农副食品加工业	17.98	61.15	1.08	38.64	18.18
食品制造业	35.71	63.17	0.92	114.99	25.33
酒、饮料和精制茶制造业		37.83	1.47	17.65	3.63
纺织业	14.29	59.84	1.20	28.28	33.91
纺织服装、服饰业	21.05	70.63	0.92	46.95	22.53
皮革、毛皮、羽毛及其制品和制鞋业	10.08	74.31	0.94	19.11	48.91
木材加工和木、竹、藤、棕、草制品业	16.67	63.16	0.97	39.29	47.21
家具制造业	21.84	69.33	0.98	25.97	44.35
造纸和纸制品业	10.81	58.60	1.19	14.66	42.84
印刷和记录媒介复制业	1.54	41.55	1.28	8.28	32.53
文教、工美、体育和娱乐用品制造业	18.71	66.31	0.96	21.71	27.81
石油、煤炭及其他燃料加工业		53.75	1.62	12.59	0.66
化学原料和化学制品制造业	10.59	41.00	1.49	28.16	47.08
医药制造业	27.54	37.37	1.52	77.23	48.90
化学纤维制造业	50.00	75.70	0.68	14.46	1.41
橡胶和塑料制品业	9.24	50.34	1.19	27.70	32.72
非金属矿物制品业	13.85	66.31	1.07	14.87	13.40
黑色金属冶炼和压延加工业	18.18	70.67	1.13	8.97	10.91
有色金属冶炼和压延加工业	11.76	83.20	0.91	10.20	26.21
金属制品业	5.98	55.11	1.17	21.29	26.58
通用设备制造业	4.20	56.36	1.16	23.92	43.25
专用设备制造业	10.30	60.81	1.11	42.80	50.27
汽车制造业	8.50	71.56	1.07	23.07	59.76
铁路、船舶、航空航天和其他运输设备制造业	9.95	64.33	1.11	21.20	38.92
电气机械和器材制造业	7.34	60.87	1.19	21.57	39.09
计算机、通信和其他电子设备制造业	16.98	37.36	1.81	38.19	58.81
仪器仪表制造业	2.90	44.37	1.65	20.26	51.87
其他制造业	15.69	59.71	1.12	28.59	35.57
废弃资源综合利用业	16.00	57.56	1.25	13.55	1.50
金属制品、机械和设备修理业		39.22	1.56		
电力、热力生产和供应业	14.29	63.18	0.84		
燃气生产和供应业	9.09	43.47	0.81	4.38	
水的生产和供应业	20.00	49.02	1.15	4.22	

4-30 规模以上非国有工业主要经济效益指标(二)

(2021年)

项目	企业亏损率(%)	成本费用利润率(%)	百元营业收入实现利税(元)	百元固定资产原值实现利税(元)	营业收入利润率(%)
总计	**5.76**	**7.49**	**9.69**	**24.61**	**7.06**
按轻重工业分					
轻工业	6.29	9.88	12.14	27.21	9.28
重工业	5.36	6.35	8.51	23.09	6.00
按工业行业分					
有色金属矿采选业		49.15	46.01	92.29	31.80
非金属矿采选业	11.15	6.96	12.23	36.75	6.30
农副食品加工业	24.22	2.36	3.19	12.95	2.30
食品制造业	13.72	5.22	8.63	17.72	4.99
酒、饮料和精制茶制造业		11.71	21.19	26.15	9.71
纺织业	20.70	3.69	6.01	17.67	3.54
纺织服装、服饰业	39.07	1.38	4.21	7.48	1.36
皮革、毛皮、羽毛及其制品和制鞋业	11.99	3.01	6.30	22.05	2.92
木材加工和木、竹、藤、棕、草制品业	6.03	2.64	5.08	11.59	2.57
家具制造业	17.22	1.53	2.62	10.86	1.49
造纸和纸制品业	8.75	4.65	9.62	30.92	4.49
印刷和记录媒介复制业	0.14	5.98	8.37	14.02	5.74
文教、工美、体育和娱乐用品制造业	7.10	6.14	10.05	24.29	5.76
石油、煤炭及其他燃料加工业		8.19	11.06	109.48	7.53
化学原料和化学制品制造业	2.77	14.33	15.30	39.91	12.60
医药制造业	6.56	17.12	18.50	25.19	15.20
化学纤维制造业	1748.19	-7.90	-3.63	-4.54	-8.60
橡胶和塑料制品业	3.53	7.93	10.07	22.13	7.42
非金属矿物制品业	10.07	5.47	8.78	30.39	5.19
黑色金属冶炼和压延加工业	12.84	3.24	4.34	33.09	3.13
有色金属冶炼和压延加工业	66.92	0.32	1.60	9.68	0.32
金属制品业	0.56	22.04	23.47	65.36	21.11
通用设备制造业	2.36	6.84	8.88	22.43	6.45
专用设备制造业	4.31	7.71	10.38	24.93	7.19
汽车制造业	10.16	5.17	7.16	18.36	4.94
铁路、船舶、航空航天和其他运输设备制造业	5.45	5.39	8.58	27.61	5.06
电气机械和器材制造业	4.92	4.03	6.06	23.02	3.87
计算机、通信和其他电子设备制造业	7.81	10.60	11.91	20.53	9.74
仪器仪表制造业	0.08	12.34	14.27	46.77	11.04
其他制造业	18.16	8.04	11.63	28.80	7.50
废弃资源综合利用业	2.09	6.57	8.83	46.67	6.22
金属制品、机械和设备修理业		12.62	20.77	18.75	12.01
电力、热力生产和供应业	8.27	18.78	19.62	5.82	15.66
燃气生产和供应业	6.62	9.96	10.49	16.11	9.15
水的生产和供应业	4.89	30.73	25.43	10.05	23.03

主要统计指标解释

工业 我国的工业，包括：

1.自然资源的开采，如采矿、晒盐、森林采伐等(但不包括禽兽捕猎和水产捕捞)。

2.对农副产品的加工、再加工，如：粮油加工、食品加工、轧花、缫丝、纺织、制革等。

3.对采掘品的加工、再加工，如：冶金加工、石油加工、化学加工、机械加工、木材加工等，以及电力、煤气及水的生产和供应等。

4.对生产资料的修理、翻新，如：机械设备的修理、交通运输工具(除汽车、摩托车、自行车外)的修理等。

轻工业 指提供生活消费品和制作手工工具的工业。按其所使用的原料不同，可分为：

1.以农产品为原料的轻工业，指直接或间接以农产品为基本原料的轻工业。主要包括食品饮料制造、烟草加工、纺织、缝纫、毛皮制作、造纸以及印刷等工业。

2.以非农产品为原料的轻工业，指以工业品为原料的轻工业。主要包括文教用品、工艺美术用品制造、化学药品制造、合成纤维制造、日用金属制品、工具制造、医疗器械制造、文化和办公用机械制造等工业。

重工业 指提供生产资料的工业，是为国民经济各部门提供物质技术基础的工业。按其生产的产品用途，可以分为：

1.采掘(伐)工业，指对自然资源的开采、非金属矿开采和木材采伐等工业。

2.原料工业，指提供国民经济各部门使用的原料、动力和燃料的工业。包括金属冶炼及加工、炼焦及焦炭、化学、化工原料、水泥、人造板、电力、石油加工等。

3.制造工业，指对原材料进行加工制造的工业。包括装备国民经济各部门和机械设备制造工业、金属结构、水泥制品等工业，以及为农业提供的生产资料和化肥、农药等工业。

根据上述划分原则，修理业中修理作业对象是重工业的划分为重工业，否则划为轻工业。

轻重工业增加值的划分按“工厂法”计算，即一个工业企业在正常情况下生产的主要产品的性质属于轻工业，则该企业的全部总产值作为轻工业增加值；一个工业企业生产的主要产品的性质属于重工业，则该企业的全部总产值作为重工业增加值。

工业增加值 指以货币形式表现的，工业企业在报告期内生产活动的最终成果，是企业生产过程中新增加值的价值。工业增加值是国内生产总值（GDP）的组成部分，也是计算工业发展速度所依据的总量指标。工业增加值有两种计算方法，一是“生产法”，二是“收入法”。

统计上大中小微型企业划分 是根据工业和信息化部、国家统计局、国家发展改革委、财政部《关于印发中小企业划型标准规定的通知》要求，国家统计局结合统计工作的实际情况，制定了《统计上大中小微型企业划分办法》。办法对工业（制造业，电力、热力、燃气及水生产和供应业）等 15 个行业门类以及社会工作行业大类的各种组织形式的法人企业或单位，依据从业人员、营业收入、资产总额等指标或替代指标，将企业划分为大型、中型、小型、微型等四种类型。个体工商户参照本办法进行划分。

企业划分由政府综合统计部门根据统计年报每年确定一次，定报统计原则上不进行调整。

工业划分大型、中型、小型、微型等四种类型标准是：大型：从业人员大于（等于）1000 人且营业收入大于（等于）4 亿元，中型：从业人员大于（等于）300 人小于 1000 人且营业收入大于（等于）2000 万元小于 4 亿元，小型：从业人员大于（等于）20 人小于 300 人且营业收入大于（等于）300 万元小于 2000 万元，微型：从业人员小于 20 人或营业收入小于 300 万元。

其他行业划型标准详见国家统计局《关于印发统计上大中小微型企业划分办法（2017）的通知》（国统字〔2017〕213 号）。

5

固定资产投资和建筑业

Investment in Fixed Assets and Construction

5-1 主要年份固定资产投资

单位：亿元

年 份	固定资产投资总额	一产投资	二产投资	三产投资
2010	689.74	0.50	241.18	448.06
2011	799.85	3.94	264.96	530.94
2012	952.69	3.38	292.04	657.26
2013	1116.18	3.61	340.02	772.56
2014	1260.95	2.95	390.69	867.31
2015	1373.45	2.53	424.54	946.38
2016	1446.42	7.38	413.49	1025.55
2017	1618.44	8.58	431.93	1177.93
2018年比上年增长%	8.1	-52.8	5.2	9.6
2019年比上年增长%	10.7	28.5	3.2	13.2
2020年比上年增长%	4.2	60.1	-7.9	7.9
2021年比上年增长%	7.1	48.5	12.1	5.5

注：2010年起投资基数调整，现用调整后数据。

5-2 分注册类型和分行业固定资产投资

单位：万元

指　　标	2018年比上年增长%	2019年比上年增长%	2020年比上年增长%	2021年比上年增长%
总　　计	**8.1**	**10.7**	**4.2**	**7.1**
按注册登记类型分				
内　　资	8.0	11.1	3.4	5.9
国　有	-30.8	-14.5	-34.2	2.7
集　体	-47.0	131.3	-21.6	-26.3
股份合作	-46.1	4.4	5.0	-5.5
联　营	-68.4	208.6	-80.1	-96.8
国有联营				
集体联营			-100.0	
国有与集体联营	-83.8	-100.0		
其他联营	298.5	18.1	2.3	-96.8
有限责任公司	-3.7	24.7	43.7	6.2
国有独资公司	-18.6	-4.1	20.9	23.1
其他有限责任公司	5.1	38.0	51.0	1.8
股份有限公司	82.1	65.1	-67.2	7.8
私　营	43.0	-0.9	-19.7	6.5
其　他	-43.2	-2.2	18.4	14.6
港澳台商投资	26.0	60.2	26.7	29.4
外商投资	10.8	-38.9	81.0	71.9
个体经营		1527.7	-84.3	69.2
按控股情况分				
国有及国有控股投资	-18.3	-11.4	12.9	12.6
非国有控股投资	29.9	22.1	0.9	4.7
其中：民间投资	30.1	23.0	1.2	3.1
按三次产业分				
第一产业	-52.8	28.5	60.1	48.5
第二产业	5.2	3.2	-7.9	12.1
第三产业	9.6	13.2	7.9	5.5

5-3 房地产开发投资(一)

(1990-2021年)

单位：万元

年份	房地产开发投资额	按构成分				按用途分			
		建筑工程	安装工程	设备工器具购置	其他费用	住宅	办公楼	商业用房	其他
1990	8194	6710	275	24	1185	7150	281	305	458
1991	10189	8430	353	20	1386	8448	350	345	1046
1992	15553	13883	303	116	1251	14202	51	301	999
1993	28711	23716	217	25	4753	26894	76	565	1176
1994	82515	62926	552	166	18871	75499	988	1419	4609
1995	159558	122500	2916	380	33762	127092	11651	15511	5304
1996	121127	92518	6324	70	22215	85634	15481	14727	5285
1997	104333	73766	3447	1826	25294	71713	7920	19661	5039
1998	117780	84340	2701	127	30612	85617	7906	20758	3499
1999	132302	89549	5510	789	36454	110507	4733	11342	5720
2000	240974	130421	3331	1437	105785	168037	9747	28495	34695
2001	320213	177790	2215	10	140198	202389	22195	35997	59632
2002	467686	266652	3239	830	196965	341552	21108	63200	41826
2003	564954	352618	8735	3161	200440	424154	25944	84714	30142
2004	872958	481399	15770	6744	369045	663979	28550	107465	72964
2005	1161255	623378	8219	10858	518800	861037	25225	142498	132495
2006	1014720	683178	7936	6502	317104	747737	29087	115110	122786
2007	957290	587516	38787	11473	319514	704099	38954	101569	112668
2008	1262494	720615	33797	13709	494373	916313	35852	127714	182615
2009	1522741	853863	43029	17847	608002	1141388	21398	186986	172969
2010	1960774	1006068	89339	7196	858171	1426309	33732	232572	268161
2011	3191643	1515055	101869	14941	1559778	2413168	80266	327401	370808
2012	3573761	1802660	174419	27746	1568936	2645443	65919	415194	447205
2013	4535381	2552868	286010	33465	1663038	3188965	141114	455742	749560
2014	4960473	2656655	245475	25821	2032522	3328394	138189	633626	860264
2015	4386861	2535144	275097	51466	1525154	2727785	166293	783328	709455
2016	4242066	2328849	541306	17474	1354437	2632860	171461	663170	774575
2017	4610267	2556976	318843	40360	1694088	2988486	174731	492727	954323
2018	6595529	2604531	124769	35401	3830828	4513258	140154	507170	1434947
2019	7909506	3428551	67984	25240	4387731	5786269	143471	610387	1369379
2020	8992118	4095610	94137	25741	4776630	6586985	196720	514687	1693726
2021	9613924	4445869	63416	47165	5057474	6686345	241965	604394	2081220

5-4 房地产开发投资(二)

(1990-2021年)

单位：万元

年份	本年资金来源情况 合计	国家预算内	国内贷款	利用外资	自筹资金	其他资金	新增固定资产	竣工房屋价值
1990							7272	7889
1991	11082	30	2190		2449	6413	6470	10209
1992	22943		7028		3111	12804	11310	8857
1993	36563	325	4860		9843	21535	13609	16227
1994	93134		15127	1972	22574	53461	36228	36012
1995	161024		28593	2474	30885	99072	101864	106643
1996	144789	990	33293	3000	29933	77573	108977	89927
1997	139262	1290	36866	2288	30133	68685	102019	82388
1998	154570	4340	38504	3248	23264	85214	80912	73028
1999	206298	940	50835	1942	41025	111556	129283	76465
2000	382577	267	120185	954	74591	186580	141600	120678
2001	473031		132419	602	102743	237267	156477	144599
2002	725117		200653		117922	406542	185457	160782
2003	1023823		295050		155163	573610	303535	262133
2004	1295343		254892	26959	226655	786837	250858	233921
2005	1538953		331226	22386	386168	799173	569856	504322
2006	1578898		308258	100	307844	962696	343951	258215
2007	1777193		278898	2729	406546	1089020	533574	475246
2008	1824484		258255		548569	1017660	666306	604153
2009	2838076		376276	5770	584235	1871795	364144	334377
2010	3503328		516728		945118	2041482	860992	512974
2011	4483613		341327	300	1902184	2239802	1051826	805925
2012	4819965		595161		1551372	2673432	886531	516976
2013	6709128		1227633		2267615	3213880	1598647	1226297
2014	8588750		852236		2351256	2797763	1380069	1086854
2015	7905130		664705		1642792	3507188	2286251	1325805
2016	8748870		568046		1850552	4600405	2665596	2162909
2017	8411765		993709		2276285	5141771	2651162	1787357
2018	11431794		1315281		3812459	6304054	2541946	2083932
2019	10951819		1637028		3563278	5751513	1261830	1038846
2020	14520419		1749995		5075849	7694575	2361990	1843097
2021	17449293		2052487		4077032	11319774	2841414	2570365

5-5 房地产开发投资(三)

(1990-2021年)　　单位：万平方米

年份	施工面积	#住宅	竣工面积	#住宅	商品房销售面积	#住宅	商品房待售面积	商品房销售额(万元)	#住宅
1990	39.25	35.79	21.87	20.17					
1991	76.68	69.85	29.22	27.99	14.90	14.69		5522	4231
1992	56.18	52.03	22.30	19.67	22.71	22.35		9241	6948
1993	89.17	72.06	32.41	29.34	21.27	20.87		11656	8763
1994	187.18	169.96	56.10	53.55	47.10	46.45		36848	36051
1995	289.59	246.60	135.80	126.42	53.38	50.05	15.60	81544	66163
1996	227.15	168.47	105.24	90.12	65.97	59.88	25.04	79251	65456
1997	201.87	141.53	92.32	73.75	72.37	63.58	31.40	103124	76673
1998	192.65	147.61	82.95	63.60	53.25	48.78	23.71	73521	63292
1999	244.51	206.26	94.93	77.89	68.74	62.11	21.43	106200	85235
2000	312.24	256.48	129.03	108.54	110.05	87.29	16.33	182013	126406
2001	405.47	305.35	124.14	97.35	137.98	116.54	10.55	237291	173452
2002	600.13	464.99	135.26	110.13	119.12	100.46	3.76	231988	176534
2003	721.41	559.51	201.32	164.32	168.49	144.06	4.44	446640	349028
2004	920.36	712.30	199.17	162.31	175.67	148.92	3.53	455713	346156
2005	1159.08	879.84	304.14	226.41	184.29	159.91	28.31	769814	638832
2006	1238.32	951.84	188.92	142.09	259.72	231.23	24.19	1227395	1042565
2007	1286.12	952.59	231.88	189.86	281.33	241.65	36.77	1435164	1201307
2008	1364.52	979.98	296.18	218.10	227.91	197.37	35.06	1226328	1046742
2009	1454.63	1071.97	171.42	130.15	422.36	378.90	34.84	2715370	2461015
2010	1801.61	1292.62	190.60	138.74	462.89	390.57	38.84	3304746	2830011
2011	2323.08	1685.01	301.55	226.45	327.00	278.58	47.99	2852331	2542727
2012	2438.97	1752.54	209.60	142.01	319.72	275.96	46.30	3053129	2765035
2013	2712.55	1897.03	333.78	246.95	351.75	301.16	79.62	3398341	2995371
2014	3026.32	2006.11	329.06	224.75	344.55	272.53	124.52	3070081	2636502
2015	3299.43	2114.83	359.18	250.92	442.03	352.07	181.27	3969866	3424699
2016	3345.56	2111.07	561.36	356.57	662.06	531.31	299.22	6057732	5289852
2017	3323.14	2052.07	448.78	289.13	829.39	622.76	231.92	7521414	6393626
2018	3791.87	2360.67	396.94	246.70	933.43	612.43	140.84	9539001	7767312
2019	4296.01	2707.98	272.48	151.85	850.81	629.90	129.99	9150292	7822897
2020	5032.54	3177.85	368.82	216.02	858.36	668.15	133.31	11222340	9989725
2021	4946.44	3045.66	521.66	304.82	954.67	750.63	147.87	13111386	11657828

5-6 房地产开发企业财务状况(一)

(2021年)　　单位：万元

指　　标	流动资产合　　计	#存 货	固定资产合　　计	#本 年折 旧	资　产合　计	负　债合　计
总　　计	**45008023**	**26850125**	**881595**	**33299**	**48486076**	**42357377**
一、按登记注册类型分						
内资企业	44246655	26498061	864511	32563	47630525	41849434
国有企业	40849	38157	24	3	40932	28890
国有独资公司	2308560	1437154	265154	1066	3456321	2754871
其他有限责任公司	26878217	16416012	299447	14783	28083042	25418565
股份有限公司						
私营有限责任公司	14967967	8564422	289041	15527	15991802	13597177
私营股份有限公司	51061	42315	10845	1183	58427	49931
港澳台商投资企业	136033	56299	13219	499	207923	78566
港澳台商合资经营企业	136033	56299	13219	499	207923	78566
港澳台商独资经营企业						
外商投资企业	625335	295766	3865	237	647629	429377
中外合资经营企业	453697	241210	3859	236	475980	259802
外资企业	171638	54557	6	1	171648	169575
二、按控股情况分						
国有控股	5861974	4235878	423044	8340	7567491	6190088
集体控股	483856	314431	166	31	509539	392225
私人控股	38371224	22136272	441538	24219	40093356	35519571
港澳台商控股	25367	24180	13083	488	42681	41824
外商控股	265602	139366	3763	221	273009	213670
其　他						
在总计中：非国有	38662193	22299817	458384	24928	40409046	35775064
民间投资	38371224	22136272	441538	24219	40093356	35519571

5-7 房地产开发企业财务状况(二)

(2021年)

单位：万元

指 标	所有者权益合计	#实收资本	营业收入	营业成本	税金及附加	管理费用
总 计	**6128699**	**3963951**	**8947480**	**7585648**	**254172**	**233051**
一、按登记注册类型分						
内资企业	5781091	3641247	8754225	7454996	243599	228694
国有企业	12042	8999	3002	1572	108	58
国有独资公司	701451	173862	232362	207337	2638	9081
其他有限责任公司	2664477	1934362	3098063	2648031	72239	110774
股份有限公司						
私营有限责任公司	2394625	1510034	5416102	4592887	168282	108341
私营股份有限公司	8496	13990	4695	5171	332	440
港澳台商投资企业	129357	119889	93670	66701	9768	1383
港澳台商合资经营企业	129357	119889	93670	66701	9768	1383
港澳台商独资经营企业						
外商投资企业	218251	202815	99586	63950	805	2974
中外合资经营企业	216178	195100	32496	168	786	2927
外资企业	2073	7715	67090	63782	19	47
二、按控股情况分						
国有控股	1377403	616061	388786	312052	5772	16822
集体控股	117314	127550	52144	60175	1947	1608
私人控股	4573786	3152736	8438153	7149071	246284	212862
港澳台商控股	857	9889	739	398	3	919
外商控股	59340	57715	67658	63952	165	841
其 他						
在总计中：非国有	4633982	3220340	8506550	7213420	246453	214622
民间投资	4573786	3152736	8438153	7149071	246284	212862

5-8 房地产开发企业财务状况(三)

(2021年) 单位：万元

指标	财务费用	#利息支出	销售费用	营业利润	利润总额	所得税费用	应付职工薪酬
总计	**57325**	**53774**	**307089**	**580329**	**551194**	**204227**	**160374**
一、按登记注册类型分							
内资企业	55709	52483	303466	537771	508637	193811	157268
国有企业	-3		75	1192	1192	335	22
国有独资公司	8998	2115	546	2187	2487	559	4549
其他有限责任公司	17502	24639	173398	95254	78706	54813	84936
股份有限公司							
私营有限责任公司	29192	25708	129181	440672	428231	138104	67239
私营股份有限公司	21	21	266	-1534	-1979		523
港澳台商投资企业	1266	1291	842	13712	13700	3897	669
港澳台商合资经营企业	1266	1291	842	13712	13700	3897	669
港澳台商独资经营企业							
外商投资企业	349		2781	28845	28857	6520	2438
中外合资经营企业	-484		2777	26441	26453	6458	2334
外资企业	833		4	2404	2405	61	104
二、按控股情况分							
国有控股	9300	1976	12573	29997	31017	8371	16586
集体控股	638	99	3025	-4034	-3546	-930	1609
私人控股	45266	50411	291332	554525	523891	196689	141221
港澳台商控股	1287	1288		-1868	-1886		129
外商控股	834		159	1708	1718	97	829
其他							
在总计中：非国有	47387	51699	291491	554365	523723	196786	142179
民间投资	45266	50411	291332	554525	523891	196689	141221

5-9 建筑业企业生产情况(一)

(2021年)

单位：万元

指　　标	企业数(个)	建筑业总产值	#建筑工程	#安装工程	#在外省市完成	竣工产值
总　　计	**622**	**12560493**	**11547586**	**641109**	**2310049**	**6675845**
其中：国有控股企业	24	215166	132346	78860	20497.1	28212
一、按登记注册类型分						
内　资	621	12448177	11435270	641109	2310049	6675845
国有企业	1	3471	3471			
集体企业	5	344436	337772		104833	61919
股份合作企业	2	18899	18899			1896
有限责任公司	52	1668633	1301987	309166	284350	1085254
国有独资公司	10	67783	39784	24039		4943
其他有限责任公司	42	1600850	1262203	285127	284350	1080311
私营企业	561	10412737	9773141	331944	1920866	5526776
私营有限责任公司	543	7228079	6782733	295667	1204941	3557509
私营股份有限公司	18	3184659	2990408	36277	715926	1969268
港、澳、台商投资企业						
港、澳、台商独资经营企业						
外商投资企业	1	112316	112316			
外资企业	1	112316	112316			
二、按建筑业行业分						
房屋建筑业	218	8408040	8083862	140288	1639985	5090254
土木工程建筑业	289	3263172	2988090	141707	566025	1150437
建筑安装业	45	429412	107596	282459	23393	249231
建筑装饰和其他建筑业	70	459869	368039	76656	80645	185923

注：本表统计范围为有工作量的总承包和专业承包的建筑业企业，下同。

5-10 建筑业企业生产情况(二)

(2021年) 单位：万平方米

指　　标	房屋建筑施工面积	#本年新开工面积	房屋建筑竣工面积	#住宅	#厂房和仓库
总　　计	**12238.85**	**2954.41**	**2850.88**	**1340.85**	**959.09**
其中：国有控股企业					
一、按登记注册类型分					
内　资	12238.85	2954.41	2850.88	1340.85	959.09
国有企业					
集体企业	544.79	188.75	2.33	0.14	1.09
股份合作企业	3.35	3.35	1.58		1.58
有限责任公司	1307.90	197.14	343.97	204.86	99.12
国有独资公司					
其他有限责任公司	1307.90	197.14	343.97	204.86	99.12
私营企业	10382.81	2565.17	2503.00	1135.86	857.31
私营有限责任公司	7440.26	1822.23	1667.08	546.18	714.25
私营股份有限公司	2942.55	742.94	835.92	589.67	143.06
港、澳、台商投资企业					
港、澳、台商独资经营企业					
外商投资企业					
外资企业					
二、按建筑业行业分					
房屋建筑业	11728.40	2784.40	2713.21	1311.94	907.00
土木工程建筑业	466.54	155.39	110.42	28.91	33.12
建筑安装业	37.87	14.53	27.25		18.98
建筑装饰和其他建筑业	6.04	0.09	0.00		

主要统计指标解释

固定资产投资额 指以货币表示的工作量指标，包括实际完成的建筑安装工程价值，设备、工具、器具的购置费，以及实际发生的其他费用。没用到工程实体的建筑材料、工程预付款和没有进行安装的需要安装的设备等，都不能计算投资完成额。

建筑工程（建筑工作量） 指各种房屋、建筑物的建造工程，又称建筑工作量。包括：①各种房屋如厂房、仓库、办公室、住宅、商店、学校、医院、俱乐部、食堂、招待所等工程；房屋的土建工程；列入房屋工程预算内的暖气、卫生、通风、照明、煤气等设备的价值及装设油饰工程；列入建筑工程预算内的各种管道(如蒸汽、压缩空气、石油、给排水等管道)、电力、电讯电缆、导线的敷设工程。②设备基础、支柱、操作平台、梯子、烟囱、凉水塔、水池、灰塔等建筑工程；炼焦炉、裂解炉、蒸汽炉等各种窑炉的砌筑工程及金属结构工程。③为施工而进行的建筑场地的布置、工程地质勘探，原有建筑物和障碍物的拆除，平整土地、施工临时用水、电、汽、道路工程，以及完工后建筑场地的清理、环境绿化美化工作等。④矿井的开凿，井巷掘进延伸，露天矿的剥离，石油、天然气钻井工程和铁路、公路、港口、桥梁等工程。⑤水利工程，如水库、堤坝、灌溉以及河道整治等工程。⑥防空、地下建筑等特殊工程及其他建筑工程。

安装工程（安装工作量） 指各种设备、装置的安装工程，又称安装工作量。包括：①生产、动力、起重、运输、传动和医疗、实验等各种需要安装设备的装配和安装，与设备相连的工作台、梯子、栏杆等装设工程，附属于被安装设备的管线敷设工程，被安装设备的绝缘、防腐、保温、油漆等工作。②为测定安装工程质量，对单个设备、系统设备进行单机试运、系统联动无负荷试运工作(投料试运工作不包括在内)。在安装工程中，不包括被安装设备本身价值。

设备、工具、器具购置 是指建设单位或企、事业单位购置或自制的，达到固定资产标准的设备、工具、器具的价值。新建单位及扩建单位的新建车间，按照设计或计划要求购置或自制的全部设备、工具、器具，不论是否达到固定资产标准均计入“设备、工具、器具购置”中。①设备：指各种生产设备、传导设备、动力设备、运输设备等。②工具、器具：是指具有独立用途的各种生产用具、工作工具和仪器。

其他费用 是指在固定资产建造和购置过程中发生的，除建筑安装工程和设备、工器具购置费以外的各种应分摊计入固定资产的费用。

民间投资 从投资主体为标准划分，政府或代表政府的国有企、事业单位投资建造和购置固定资产，均为政府投资，非国有、合资企业投资建造和购置固定资产则为民间投资。从2002年年报开始，国家投资统计制度中新增加了“国有及国有控股”指标，根据现有的统计资料，一般认为投资总额中扣除国有及国有控股投资部分即为非国有投资。因此，在做民间投资分析时，可以从非国有经济投资中再扣除外商及港澳台商投资部分即为民间投资。但要注意在扣除时，不要再次扣除国有控股部分的外商及港澳台商投资，否则会引起重复扣除。

基础设施投资 目前关于基础设施的界定，国际、国内尚没有统一的标准。我们通常在进行基础设施投资分析时，采用的基础设施投资范围包括：水利、环境和公共设施管理业；电力、燃气及水的生产供应业；交通运输、仓储和邮政业；电信和其他信息传输服务业；教育设施；广播、电视、电影和音像业；文化艺术业；体育设施；卫生设施。

房地产开发投资 是指报告期内完成的全部用于房屋建设工程、土地开发工程投资额以及公益性建筑和土地购置费等投资额。包括各种经济类型的房地产开发公司、商品房建设公司及其他房地产开发单位统一开发的包括统代建、拆迁还建的住宅、厂房、仓库、饭店、宾馆、度假村、写字楼、办公楼等房屋建筑物和配套的服务设施、土地开发工程，如道路、给水、排水、供电、供热、通讯、平整场地等基础设施工程的投资。不包括单纯的土地交易活动。

新增固定资产 指通过投资活动所形成的新的固定资产价值。包括已经建成投入生产或交付使用的工程价值和达到固定资产标准的设备、工具、器具的价值及有关应摊入的费用。

房屋建筑施工面积 指报告期内房屋建筑按照设计要求已全部完工，达到住人和使用条件，经验收鉴定合格或达到竣工验收标准，可正式移交使用的各栋房屋建筑面积的总和。

房屋建筑面积的统计范围是从房屋外墙线算起的各层平面面积的总和，包括房屋结构（如柱、墙）占用的面积和地下室面积。多层建筑按各自然层面积总和计算，包括房屋内的楼隔层，突出墙面的眺望间、门斗、有柱雨罩的面积，不包括突出墙面结构的构件、艺术装饰等所占的面积，如台阶等。凹阳台、挑阳台按其水平投影面积一半计算建筑面积。

房屋建筑竣工面积 指在报告期内，按照设计所规定的工程内容全部完成，达到了设计规定的交工条件，经有关部门检查验收鉴定合格的房屋建筑面积。

商品房销售面积 指报告期内出售商品房屋的合同总面积（即双方签署的正式买卖合同中所确定的建筑面积）。由现房销售面积和期房销售面积两部分组成。

待售面积 指报告期末已竣工的可供销售或出租的商品房屋建筑面积中，尚未销售或出租的商品房屋建筑面积，包括以前年度竣工和本期竣工的房屋面积，但不包括报告期已竣工的拆迁还建、统建代建、公共配套建筑、房地产公司自用及周转房等不可销售或出租的房屋面积。按照商品房待售时间的长短可以划分为待售一年以下、待售一到到三年（含一年）和待售三年以上（含三年）。

商品房销售额 指报告期内出售商品房屋的合同总价款（即双方签署的正式买卖合同中所确定的合同总价）。该指标与商品房销售面积同口径，由现房销售额和期房销售额两部分组成。

建筑业统计单位 指从事房屋、构筑物建造和设备安装活动的法人企业。建筑业法人企业应同时具备的条件是：①依法成立，有自己的名称、组织机构和场所，能够承担民事责任；②独立拥有和使用资产，承担负债，有权与其他单位签订合同；③独立核算盈亏，能够编制资产负债表。建筑业企业同时也是建筑业统计报表的基本填报单位。建筑业包括施工总承包、专业承包和劳务分包。建筑业法人单位和产业活动单位按注册所地原则进行统计。

建筑业总产值 建筑业总产值是以货币表现的建筑业企业在一定时期内生产的建筑业产品和服务的总和。建筑业总产值包括建筑工程产值、安装工程产值和其他产值三部分内容。建筑业总产值包括：

1.建筑工程产值：指列入建筑工程预算内的各种工程价值。

2.设备安装工程产值：指设备安装工程价值。

3.其他产值：建筑业总产值中除建筑工程、安装工程以外的产值。包括房屋构筑物修理产值、非标准设备制造产值、总包企业向分包企业收取的管理费以及不能明确划分的施工活动所完成的产值。

房屋构筑物修理产值：指房屋和构筑物的修理所完成的产值，但不包括被修理房屋、构筑物本身价值和生产设备的修理价值。

非标准设备制造产值：指加工制造没有定型的非标准生产设备的加工费和原材料价值(如化工厂、炼油厂用的各种罐、槽，矿井生产统一使用的各种漏斗、三角槽、阀门等)以及附属加工厂为本企业承建工程制作的非标准设备的价值。

竣工产值 一般是以单位工程为对象，当该工程按照设计所规定的工程内容全部完成，达到了设计规定的交工条件，经有关部门检查验收鉴定合格的单位工程价值，即为竣工产值。竣工产值包括范围是：对跨年度施工的单位工程，其竣工产值应当包括该工程从开始到竣工的全部自行完成价值；对有些大型单位工程，如大型厂房、高级宾馆、各种管道、公路、铁路等，能够分跨、分层、分段施工并按合同规定，能够分开交付使用的，可以分开计算竣工产值。

6

交通运输邮电通信和电力

Transportation, Posts, Telecommunications and Electricity Consumption

6-1 主要年份客运量和货运量

年 份	客运量(万人)					货运量(万吨)			港口货物吞吐量(万吨)
	合 计	铁 路	公 路	水 运	民用航空	合 计	#公 路	#水 运	
1952	86		39	47		39		39	
1957	280		211	69		217	111	106	
1962	515		330	185		143	40	103	
1965	659		539	120		202	79	123	
1970	797		605	192		265	106	159	
1975	1155		708	447		301	117	184	
1978	1920		1502	418		382	136	246	
1980	2693		2166	527		431	122	309	
1985	6018		5610	408		1143	697	446	
1990	7934		7652	280	2	2113	1281	832	
1994	9127		8924	196	7	4022	3005	1017	
1995	9338		9123	207	8	4396	3168	1228	
1996	9736		9520	204	12	4121	3023	1098	
1997	9981		9800	170	11	4084	3018	1066	
1998	10051		9894	147	10	4074	2942	1132	
1999	9986		9831	145	10	4587	3260	1327	1134
2000	10049		9899	138	12	4688	3347	1341	1271
2001	10187		10110	62	15	5452	3587	1865	1398
2002	11294		11234	53	7	5971	3868	2103	1613
2003	11921		11851	63	7	7380	4650	2730	2150
2004	10646		10553	83	10	8655	5168	3487	2722
2005	10892		10807	73	12	8629	4330	4299	2819
2006	12143		12021	108	14	10318	4816	5502	3027
2007	14320		14162	140	18	12006	5707	6299	3507
2008	28470		28291	158	21	16143	10025	6118	3893
2009	29201	40	28941	193	27	15830	10021	5809	4294
2010	30137	272	29623	210	32	18155	10500	7655	4705
2011	30577	350	29973	223	31	19685	11220	8462	5099
2012	30874	426	30210	217	21	21245	11744	9493	5358
2013	15204	547	14423	203	31	19464	9040	10424	5628
2014	13869	695	12931	209	33	20222	9628	10565	6049
2015	12851	836	11177	208	30	21215	9990	11200	6237
2016	11086	948	9895	209	34	22902	11658	11213	6771
2017	9795	1306	8236	209	44	27899	14377	13482	7057
2018	8596	1373	6992	174	58	29183	15393	13758	7157
2019	9747	1335	8314	29	71	29923	16330	13573	5248
2020	6525	802	5570	45	109	27802	15372	12401	5121
2021	2430	924	1330	42	134	30530	18952	11544	5735

注：1.从2019年起，客货运量、货物吞吐量统计范围从往年的全行业口径改为已办理港口经营许可证的港口企业，下同。
2.客货运量自2021年开始由运输企业通过联网直报报送，下同。

6-2 主要年份客运周转量和货运周转量

年份	客运周转量（万人公里）				货运周转量（万吨公里）			
	合计	铁路	公路	水运	合计	铁路	公路	水运
1952	2429		1404	1025	2866		55	2811
1957	8904		7308	1596	8162		651	7511
1962	14722		10337	4385	12075		485	11590
1965	14280		12188	2092	17778		1253	16525
1970	18505		15439	3066	23941		1700	22241
1975	23800		18625	5175	25409		1859	23550
1978	43841		32032	11809	52630		3401	49229
1980	62337		46205	16132	58734		3879	54855
1985	164001		150726	13275	190588		44649	145939
1990	248166		236650	11516	277473		68381	209092
1994	339888		330580	9308	592027		201379	390648
1995	376539		367190	9349	662074		260199	401875
1996	435206		428349	6857	800486		366380	434106
1997	490569		485100	5469	799378		368430	430948
1998	562752		558186	4566	903920		376450	527470
1999	599956		595898	4058	1136367		355856	780511
2000	609219		605222	3997	1265144		367388	897756
2001	573927		570954	2973	1547704		370050	1177654
2002	530396		527998	2398	2107028		372897	1734131
2003	552254		550315	1939	2861369		378638	2482731
2004	486854		485418	1436	3607218		343161	3264057
2005	497676		496490	1186	4391979		321865	4070114
2006	568713		567631	1082	5738826		391389	5347437
2007	697739		696613	1126	6778528		454670	6323858
2008	856179		855012	1167	7642498		1274580	6367918
2009	897620	10498	885604	1518	8045858		1314321	6731537
2010	977082	68930	905849	2303	11106446		1419832	9686614
2011	1038253	119485	916120	2647	12382359	640	1566498	10815222
2012	1062380	134317	925562	2501	13252138	1680	1688270	11562188
2013	747599	187251	558711	1637	14196836	5650	1486510	12704676
2014	773225	235190	536282	1753	14663554	6027	1577113	13080414
2015	781350	267193	512420	1737	15710683	5313	1661631	14043739
2016	728398	299520	426965	1913	16231545	6468	1810187	14414890
2017	752840	394690	356230	1920	18143241	8400	2197246	15938597
2018	715627	414993	298782	1852	18307816	6669	2330935	15970212
2019	692563	400506	290830	1227	18778916	6019	2444729	16328168
2020	306435	126383	178618	1434	17970468	6079	1967192	15997197
2021	320461	197101	121979	1381	19578958	6952	2644523	16927483

6-3 公路基本情况

(2021年)

单位：公里

指 标	通车总里程	国道公路	省道公路	县道公路	乡道公路	专用公路	村道公路
合 计	**13278**	**686**	**734**	**2656**	**2107**	**59**	**7036**
按技术等级分							
高速公路	500	271	229				
一 级	908	341	229	327	1	6	4
二 级	1190	73	274	630	143	5	64
三 级	678		2	354	210	1	111
四 级	9245			1345	1752	48	6100
准四级	757						757
按路面类型分							
有铺装	12943	686	734	2656	2106	59	7036
水泥混凝土	10031	12	90	1360	1900	37	6631
沥青混凝土	2912	674	644	1241	185	17	151
简易铺装	78			55	16		7
未铺装	257				5	5	247
桥 梁							
座	6484						
米	523199						
隧 道							
道	388						
延 米	299001						

6-4 按管理性质分公路里程

(1986-2021年)

单位：公里

年份	通车总里程	国道	省道	县道	乡道	专用公路	村道
1986	2160	155	616	792	502	95	
1987	2104	155	615	815	511	7	
1988	2197	155	618	862	554	7	
1989	2230	151	608	973	494	7	
1990	2256	150	588	995	516	7	
1991	2302	149	588	1005	560		
1992	2315	149	590	1015	561		
1993	2381	148	595	1045	593		
1994	2438	148	599	1060	632		
1995	2470	158	599	1064	649		
1996	2521	158	598	1087	678		
1997	2589	169	596	1118	707		
1998	3618	176	602	1154	1686		
1999	3650	176	592	1198	1685		
2000	3766	234	592	1230	1710		
2001	3994	232	591	1481	1575	115	
2002	4018	232	591	1503	1576	117	
2003	4060	232	591	1534	1586	117	
2004	4125	232	585	1613	1576	119	
2005	4128	232	585	1617	1576	119	
2006	9087	232	649	1655	1604	98	4849
2007	10200	232	652	1691	1606	98	5921
2008	10593	274	653	2352	2045	65	5204
2009	10988	274	696	2386	2042	66	5523
2010	11267	273	695	2391	2042	66	5800
2011	11528	273	720	2403	2042	66	6024
2012	11688	273	729	2422	2070	66	6129
2013	11910	273	728	2491	2080	66	6272
2014	12283	267	730	2701	2022	64	6500
2015	12480	268	734	2750	2029	64	6636
2016	12578	463	677	2615	2042	64	6717
2017	12780	484	677	2682	2061	60	6817
2018	13014	660	681	2616	2102	56	6898
2019	13112	675	680	2617	2093	56	6990
2020	13239	686	734	2623	2106	56	7035
2021	13278	686	734	2656	2107	59	7036

注：从2006年开始通车公路里程及相关指标包括村道，下同。

6-5 运输线路长度

(1986-2021年)

单位：公里

年份	铁路营业里程	公路通车里程	等级公路合计	#高速公路	#一级	#二级	#三级	#四级	内河航道里程	民用航空航线(条)
1986		2160	1206			32	26	1148	1091	
1987		2104	1239			32	36	1171	1096	2
1988		2197	1347			33	43	1271	1074	2
1989		2230	1386			31	43	1312	1074	2
1990		2256	1384			93	110	1181	1074	4
1991		2302	1446			93	110	1243	986	4
1992		2315	1493			120	132	1241	986	3
1993		2381	1611			210	153	1248	986	5
1994		2438	1693			256	182	1255	986	8
1995		2470	1791			272	188	1331	986	7
1996		2521	1854		22	299	299	1234	986	10
1997		2589	1927		21	329	331	1246	986	10
1998		3618	3029		60	364	477	2128	986	7
1999		3650	3065		60	373	488	2144	986	7
2000		3766	3180	90	60	374	486	2170	986	12
2001		3994	3530	128	124	975	511	1792	986	8
2002		4018	3561	128	140	965	512	1816	986	4
2003		4060	3611	128	141	981	515	1846	993	4
2004		4125	3686	128	177	1030	516	1835	993	4
2005		4128	3688	128	182	1031	512	1835	993	4
2006		9087	8522	188	209	1115	536	3999	993	4
2007		10200	9691	188	236	1169	544	4203	993	5
2008		10593	10175	230	237	1203	565	5053	993	9
2009	94	10988	10671	274	255	1223	568	5301	993	9
2010	94	11267	11005	274	299	1196	556	5507	993	9
2011	94	11528	11287	298	307	1196	565	5577	984	9
2012	94	11688	11453	298	325	1209	565	5731	1007	8
2013	94	11910	11681	298	410	1194	563	5898	1007	11
2014	94	12283	12055	298	555	1233	563	6090	1007	12
2015	94	12480	12297	298	608	1241	566	6246	1007	9
2016	94	12578	12517	298	652	1218	565	6363	1007	15
2017	94	12780	12752	298	757	1230	573	6455	1007	14
2018	94	13014	13014	447	792	1222	588	6601	1007	15
2019	94	13112	13112	446	825	1223	588	6679	1007	20
2020	94	13239	13239	500	863	1217	592	6852	1007	22
2021	365	13278	13278	500	908	1190	678	9245	1007	22

6-6 公路运输工具拥有量

(1999-2021年)　　单位：辆

年份	汽车	#营业性汽车	载客汽车	载货汽车	其他汽车	摩托车	挂车
1999	35538		12328	22805	405	170224	76
2000	52390		18485	33386	519	267219	99
2001	70357		26569	43135	653	323187	135
2002	98863	20750	41259	56757	847	391797	172
2003	136432	23522	63937	71352	1143	477445	204
2004	170650	27400	83831	83536	3283	528609	466
2005	211745	24453	114664	93795	3286	576227	324
2006	260615	25996	157742	99091	3782	622064	667
2007	315913	24959	206790	105016	4107	656827	924
2008	368029	24502	254013	109517	4499	646246	1223
2009	457161	25046	330605	123306	3250	664074	1893
2010	565917	27284	423241	139133	3543	677287	2720
2011	678938	32750	520767	154518	3653	632821	3302
2012	793273	33789	623700	165915	3658	586604	3603
2013	922061	33153	738660	179521	3880	575657	4100
2014	1039522	31792	862643	173361	3518	592177	4243
2015	1160758	27530	996106	161221	3431	561369	4429
2016	1327839	33154	1153475	171146	3218	274361	4816
2017	1482967	37742	1294940	184644	3383	171019	5112
2018	1629324	36536	1424418	201201	3705	143060	5494
2019	1752182	37371	1534736	213341	4105	139578	5777
2020	1869405	42930	1635938	229032	4435	160709	6406
2021	1989175	37205	1742556	241941	4678	193937	6727

6-7　水路运输工具拥有量

(1996-2021年)

年份	机动船拥有量(艘)			净载重量(吨位)	载客量(客位)
	合计	货船	客船		
1996	3996	3868	128	239092	12397
1997	3596	3434	123	230381	6471
1998	3327	3279	48	267942	3060
1999	2849	2808	40	345076	2812
2000	2354	2338	16	399659	1671
2001	2389	2375	14	512720	1531
2002	2481	2466	15	652575	1545
2003	2281	2263	18	780320	2224
2004	2127	2113	14	960802	1737
2005	2078	2064	14	1365200	1784
2006	2109	2095	14	1703568	1742
2007	2057	2042	15	1606295	1651
2008	1866	1854	12	1429165	1572
2009	1201	1189	12	2267030	1610
2010	938	926	12	2494626	1227
2011	829	817	12	2739021	1377
2012	772	759	13	3160552	1457
2013	619	606	13	3597236	1457
2014	595	581	14	3932078	1617
2015	564	550	14	3811131	1617
2016	532	517	14	3663501	1870
2017	514	503	11	4115623	1570
2018	501	489	12	4963248	2048
2019	413	406	7	5030722	1340
2020	420	413	7	4859964	1340
2021	403	396	7	5116159	1302

6-8 按货类分港口货物吞吐量

(2021年) 单位：吨

指 标	合 计	#外 贸	出 港	#外 贸	进 港	#外 贸
港口货物吞吐量	**59375646**	**11463929**	**4978238**	**1091445**	**54397408**	**10372484**
1. 煤炭及制品	21542345	8976616			21542345	8976616
2. 石油、天然气及制品	1851443		116303		1735140	
成品油	1794394		110630		1683764	
3. 钢铁	7413178	114039	603769		6809409	114039
其中：钢 材						
生 铁						
4. 矿建材料	10221760	149277	375463		9846297	149277
其中：砂						
5. 水 泥	5319076	355759	403008	23155	4916068	332604
6. 木 材	355959	208251	147708		208251	208251
7. 非金属矿石	6531309		741485		5789824	
8. 化肥及农药	11838				11838	
9. 盐						
10. 粮 食	21768		14427		7341	
11. 机械、设备、电器	6962		2640		4322	
12. 化工原料及制品	114705				114705	
13. 轻工、医药产品						
14. 农、林、牧、渔业产品	6744				6744	
15. 其 他	5978559	1659987	2573435	1068290	3405124	591697
其中：集装箱重量	5539552	1659987	2545835	1068290	2993717	591697
滚装船汽车吞吐量						

6-9 主要年份邮电业务量

年 份	邮电业务总量（万元）	邮电业务收入（万元）	函 件（万件）	订销报刊累计份数（万份）	固定电话用户数（万户）	移动电话用户数（万户）	互联网宽带接入用户数（户）	移动互联网用户数（户）
1949	20		64	18				
1952	47		150	364				
1957	133		493	707				
1962	278		608	700				
1965	299		585	1623				
1970	354		610	2694				
1975	458		686	3133				
1978	611		775	3635	0.67			
1980	792		1106	4707	0.76			
1985	1514		1987	7332	1.28			
1990	5376		1989	7401	2.86			
1994	30034		2428	8937	12.76	0.61		
1995	51505		2376	10740	20.29	1.99		
1996	76928		2489	11750	26.99	4.27	2	
1997	105213		2172	10172	36.13	9.24	447	
1998	164086		2205	10201	53.29	16.19	3957	
1999	226838		2360	10889	77.10	41.20	7663	
2000	362332		2630	11339	100.81	78.35	62305	
2001	331815		3581	11826	117.09	127.33	182318	
2002	400261		3484	11766	143.66	157.78	278892	
2003	590142	354574	3446	12800	169.13	225.02	390310	
2004	836830	390559	2705	12187	198.32	283.06	393280	
2005	889277	426046	2227	12276	207.69	360.83	282427	
2006	1063520	475040	1583	12693	214.30	432.97	373162	
2007	1318754	561391	1444	12614	215.53	517.74	461203	
2008	1463341	646065	1373	13065	211.86	554.13	558170	
2009	1536168	625391	1592	13254	189.95	591.34	683016	
2010	1467071	663022	1516	12724	178.72	719.60	863564	
2011		691300	1774	12933	170.99	791.45	1126632	3567678
2012		763311	1803	14419	165.07	782.99	1265399	4685981
2013		770435	1935	16407	152.04	744.77	1512076	5028731
2014		755726	1597	15922	140.55	758.62	1676744	5427455
2015		726790	1286	16324	120.44	739.78	1785103	6056687
2016		764482	776	11108	106.81	770.84	2084579	6063636
2017		746635	605	13809	92.26	826.46	2262561	6888502
2018		795915	762	10589	107.70	958.00	2450698	6886762
2019		849388	519	9702	100.80	960.57	2532310	7113345
2020		892458	540	9657	97.45	895.49	2611887	7535400
2021		989890	400	12721	93.07	927.99	2832222	7858372

注：2001年起邮电业务总量为2000年不变价，下同；2004年及以前互联网宽带接入用户数为国际互联网用户数。

6-10　邮电企业主要指标

(1978-2021年)

年　份	邮电局(所)数(个)	邮路及农村投递线路长度(公里)	固定电话主线普及率(户/百人)	移动电话普及率(户/百人)	快递服务企业业务量(万件)	快递服务企业业务收入(亿元)
1978	294		0.15			
1980	302	14529	0.16			
1985	339	15451	0.26			
1986	348	16224	0.28			
1987	350	16072	0.33			
1988	349	15788	0.40			
1989	348	16306	0.46			
1990	345	15835	0.55			
1991	342	16063	0.66			
1992	336	15616	0.88			
1993	321	16052	1.39	0.01		
1994	294	16112	2.42	0.12		
1995	293	16263	3.83	0.38		
1996	280	16552	5.06	0.80		
1997	284	16476	6.74	1.72		
1998	368	16485	9.88	3.00		
1999	433	16264	14.20	7.59		
2000	408	16211	18.44	14.33		
2001	365	16433	21.35	23.21		
2002	343	16715	26.10	28.66		
2003	232	15779	30.61	40.72		
2004	327	18645	35.67	50.92		
2005	417	20038	37.10	64.45		
2006	437	20989	37.95	76.68		
2007	475	21587	37.85	90.93		
2008	456	24444	36.91	96.53		
2009	468	24372	32.84	102.22		
2010	465	24315	30.65	123.40		
2011	447	24937	29.14	134.88	3666	5.55
2012	457	24690	27.90	132.50	6489	8.21
2013	442	26232	25.59	125.37	10255	12.07
2014	456	18564	23.54	127.05	18553	17.44
2015	425	16653	20.16	123.81	29479	24.29
2016	385	17178	17.80	128.44	49250	34.20
2017	392	17166	15.28	136.94	53945	33.19
2018	304	18099	17.79	158.24	70312	39.96
2019	344	20668	16.39	156.20	82471	44.07
2020	374	46177	16.06	147.53	84220	43.79
2021	380	52128	15.36	153.15	132257	72.10

注：1.2003年起邮电局、所总数不包括代办点。2. 固定电话、移动电话普及率自2019年起按常住人口口径计算。

6-11 全社会用电量(一)

(1986-2021年) 单位：万千瓦时

年 份	全社会用电量(包括厂用电量及线损)	农林牧渔水利业	工业用电	建筑业
1986	68185	6771	47606	346
1987	81333	6388	55928	473
1988	97744	7037	65001	664
1989	101163	5700	65199	675
1990	114048	5679	69416	775
1991	138918	6359	85071	863
1992	160412	6734	101102	1296
1993	194360	6768	123414	1678
1994	224103	7876	140052	2103
1995	253892	8161	155598	3038
1996	270237	8048	165274	3477
1997	290184	7393	178064	4960
1998	318937	7261	195749	5732
1999	377370	7130	241075	5995
2000	460236	8795	309357	6397
2001	525430	9104	358175	7157
2002	647020	9444	452978	8157
2003	779903	9986	552753	9746
2004	848560	8488	618333	11720
2005	1048465	10346	744117	15354
2006	1240624	11841	870314	22439
2007	1438263	11939	1031548	22180
2008	1566240	12296	1111781	21438
2009	1718830	13185	1214514	24205
2010	1962057	12937	1391383	30082
2011	2219849	12924	1570324	33710
2012	2273310	13487	1566705	35761
2013	2479714	15862	1692994	46231
2014	2544168	15726	1731691	50460
2015	2527487	15634	1677933	51046
2016	2821453	17422	1834332	68452
2017	3105087	18991	2053891	73967
2018	3295674	18244	2146201	88135
2019	3312213	17751	2128694	75494
2020	3488544	18835	2245547	74000
2021	3972626	20883	2598041	75928

6-12 全社会用电量(二)

(1986-2021年)

单位：万千瓦时

年份	交通运输仓储邮政业	商业住宿和餐饮业	其他事业	城乡居民生活用电	乡村	城市
1986	236	839	2264	10123	6955	3168
1987	275	1104	2798	14368	9519	4849
1988	336	1357	3557	19793	13133	6660
1989	357	1418	3961	23854	15623	8231
1990	419	1675	4309	31774	20812	10962
1991	570	2050	5212	38794	24925	13869
1992	621	2015	5897	42746	27256	15490
1993	792	2448	7123	52137	33011	19126
1994	1008	2961	8410	61693	38905	22788
1995	1283	3476	9447	72889	45249	27640
1996	1747	4883	10965	75844	46172	29672
1997	1919	5422	12457	79969	47386	32583
1998	2260	6753	14770	86414	49907	36507
1999	2562	8689	18014	93905	53254	40650
2000	3328	10993	21000	100365	55896	44470
2001	4283	16426	23287	106988	60513	46475
2002	5135	20333	25686	125287	71591	53696
2003	6605	24063	32205	144544	81424	63120
2004	6517	28488	33012	142002	75818	66184
2005	6895	32660	59243	179849	101689	78160
2006	8522	40554	69979	216975	127247	89728
2007	9660	45522	79839	237575	141979	95596
2008	9492	49541	87478	274214	158919	115295
2009	10352	59848	94167	302559	177569	124990
2010	16645	68668	102487	339856	204750	135106
2011	19681	81565	114534	387110	235962	151148
2012	18570	91379	126222	421186	253065	168122
2013	20425	100071	138626	465505	280428	185077
2014	23988	109302	147256	465746	281880	183865
2015	25243	114348	135725	481992	293354	188639
2016	27552	129661	160121	555139	336178	218961
2017	31387	144585	176535	575693	351380	224313
2018	34374	152957	192374	622837	380372	242465
2019	39577	160151	154580	643741	390055	253686
2020	37792	159818	152505	698913	425807	273106
2021	44081	192887	178170	739406	252343	487063

6-13 分产业和行业全社会用电量

(2021年)

类　别	用户数(个)	用户用电装机容量(千瓦)	本年用电量(万千瓦时)
总　计	**3529069**	**45177468**	**3972626**
#按产业分	**417122**	**24619960**	**3233220**
第一产业	12118	255668	13841
第二产业	176425	15079994	2670809
第三产业	228579	9284298	548570
按用途分			
一、农、林、牧、渔业	**22745**	**399522**	**20883**
农　业	9277	167960	7879
林　业	236	4547	126
畜牧业	1710	48257	3014
渔　业	895	34904	2822
农、林、牧、渔服务业	10627	143854	7043
其中：排　灌	9148	103942	3624
二、工　业	**163633**	**13473384**	**2598041**
采矿业	803	100896	6252
制造业	151267	11845653	2363350
农副食品加工业	9680	287236	34491
食品制造业	1822	88234	10365
酒、饮料及精制茶制造业	3432	72588	3190
烟草制品业	10	1552	70
纺织业	6799	288635	52798
纺织服装、服饰业	3899	121734	23108
皮革、毛皮、羽毛及其制品和制鞋业	4978	377443	54923
木材加工和木、竹、藤、棕、草制品业	11793	166092	13451
家具制造业	1224	121262	19505
造纸和纸制品业	2147	137991	44152
印刷和记录媒介复制业	1418	81293	13734
文教、工美、体育和娱乐用品制造业	9981	429033	59825
石油、煤炭及其他燃料加工业	120	1752	141
化学原料和化学制品制造业	513	180879	44151
医药制造业	448	634777	170889
化学纤维制造业	104	17285	3862

6-13 续表

类别	用户数（个）	用户用电装机容量（千瓦）	本年用电量（万千瓦时）
橡胶和塑料制品业	24016	2133501	438851
非金属矿物制品业	2856	331449	52621
黑色金属冶炼和压延加工业	31	47061	6423
有色金属冶炼和压延加工业	477	100772	38025
金属制品业	15359	1268101	285334
通用设备制造业	32880	2258540	465481
专用设备制造业	4386	526254	123881
汽车制造业	1078	559406	116312
铁路、船舶、航空航天和其他运输设备制造业	1522	461557	72529
电气机械和器材制造业	2898	512966	106587
计算机、通信和其他电子设备制造业	426	127969	34423
仪器仪表制造业	406	50519	8414
其他制造业	4946	342876	51011
废弃资源综合利用业	976	87529	11634
金属制品、机械和设备修理业	642	29367	3159
电力、热力、燃气及水生产和供应业	11563	1526835	228439
电力、热力生产和供应业	5406	1226964	189103
燃气生产和供应业	133	18192	802
水的生产和供应业	6024	281679	38534
三、建筑业	**13434**	**1635977**	**75928**
四、交通运输、仓储和邮政业	**2928**	**828096**	**44081**
五、信息传输、软件和信息技术服务业	**26247**	**367086**	**44377**
六、批发和零售业	**70149**	**2162833**	**141454**
七、住宿和餐饮业	**13010**	**650282**	**51433**
八、金融业	**2048**	**167838**	**12677**
九、房地产业	**9304**	**1567087**	**45480**
十、租赁和商务服务业	**4179**	**313143**	**20695**
十一、公共服务及管理组织	**89445**	**3054712**	**178170**
十二、城乡居民生活用电	**3111947**	**20557508**	**739406**
城镇居民	734290	5583728	252343
乡村居民	2377657	14973780	487063

主要统计指标解释

货(客)运量 指运输业实际运送的货物(旅客)数量。货运按吨计算，客运按人计算。货物不论运输距离长短，货物类别，均按实际重量统计；旅客不论行程远近或票价多少，均按一人一次作为客运量统计。半价票、小孩票也按一人统计。货(客)运量是反映运输业为国民经济和人民生产服务的数量指标，也是制定和检查运输生产计划，研究运输发展规模和速度的重要指标。

货物(旅客)周转量 指运输业实际运送的货物(旅客)数量与相应运输距离乘积之总和，通常以吨公里和人公里为计算单位。计算货物周转量通常按发出站与到达站之间的最短距离，也就是计费距离计算。它是反映运输业生产总成果的重要指标，也是编制和检查运输生产计划、计算运输效率、劳动生产率以及核算运输单位成本的主要基础资料。

铁路营业里程 又称营业长度，指办理客货运输业务的铁路正线总长度。凡是全线或部分建成双线及以上的线路，以第一线的实际长度计算；复线、站线、段管线、岔线和特殊用途线以及不计算运费的联络线都不计算营业里程。铁路营业里程是反映铁路运输业基础设施发展水平的重要指标，也是计算客货周转量、运输密度和机车车辆运用效率等指标的基础资料。

公路里程 也称“公路通车里程”，是指实际达到公路工程技术标准等级的公路长度。它包括大中城市的郊区公路以及通过小城镇街道的公路里程，也包括桥梁、渡口的长度，但不包括城市的街道以及厂矿、林区和农业生产用道的里程。两条或多条公路共同走向的同一条路段，只计算一次，不得重复计算里程长度。公路里程是反映公路建设发展规模的重要指标，也是计算运输网密度等指标的基础资料。

内河航道里程 也称“内河通航里程”，是反映内河水运网规模、水平和发展情况的主要指标。指在一定时期内，能通航运输船舶及排筏的天然河流、湖泊水库、运河及通航渠道的长度。包括全年季节性通航累计三个月以上的航道，但不包括仅供零散流放竹、木排的河道。

港口货物吞吐量 指由水运进出港口港区范围、并经过装卸的货物数量。吞吐量可以分进口、出口，又可以分为国内贸易和对外贸易。货物吞吐量的货种分类及其主要流向流量，反映了港口在国内外物资交换和对外贸易运输中的地位和作用。

载货汽车拥有量 是指以辆为单位计算的，在报告期末，全社会拥有的载货汽车总辆数。按公路监理部门和公安部门的机动车管理单位所掌握的领有车辆牌照资料加以整理计算。

订销报刊累计份数 是以万份为计算单位，报告期订阅和零售国内外报刊各出版期的总份数。在计算时，订阅的报刊按出版期计算，零售的按实销份数计算。凡正常性或临时加发的零售份数，报告期出版的或报告期前出版的份数都统计在内，但不包括变价出售的报刊。订销报刊累计份数应按进口交换量计算。

全社会用电量 是指国民经济各行业及城乡居民消费的电量。它包括电力企业售电量与自备电厂自发自用电量及其售给附近用户电量之和。它是考察电力消费去向、作为电力分配依据的重要指标。

7

原材料和能源

Crude Material and Energy

7-1 全社会单位生产总值能耗

(2005-2021年)

年 份	能源消费总量(万吨标准煤)	单位GDP能耗(吨标准煤/万元)	单位GDP能耗降低率(%)	能源消费弹性系数(%)	电力消费总量(亿千瓦时)	单位GDP电耗(千瓦时/万元)	单位GDP电耗降低率(%)	电力消费弹性系数(%)
2005	790.75	0.632			104.85	837		1.70
2006	880.45	0.615	2.65	0.78	124.07	866	-3.46	1.27
2007	967.47	0.590	4.05	0.68	143.83	877	-1.27	1.10
2008	1005.25	0.560	5.18	0.41	156.62	872	0.60	0.92
2009	1029.39	0.531	5.12	0.28	171.88	886	-1.65	1.15
2010	1105.30	0.505	4.85	0.57	196.21	897	-0.88	1.08
2011	1107.85	0.421	2.79	0.63	221.98	847	-4.73	1.46
2012	1116.54	0.395	6.14	0.12	227.33	810	4.70	0.32
2013	1182.96	0.388	1.80	0.76	247.97	814	-1.05	1.14
2014	1214.08	0.371	4.50	0.35	254.42	777	4.57	0.35
2015	1245.45	0.349	4.10	0.33	252.75	703	6.72	-0.10
2016	1364.19	0.355	-1.80	1.25	282.15	728	-3.69	1.49
2017	1457.53	0.351	1.10	0.85	310.51	741	-1.76	1.23
2018	1512.49	0.339	3.50	0.48	329.57	734	1.33	0.84
2019	1512.80	0.323	4.70	0.02	331.22	708	4.33	0.10
2020	1562.31	0.323	0.10	0.97	348.85	720	-1.88	1.58
2021	1767.18	0.312	-2.13	1.28	397.26	700.00	-5.16	1.68

7-2 规模以上工业企业能源购进、消费与库存情况

(2021年)

能源名称		购进量	工业生产消费	年末库存量
能源合计	**(吨标准煤)**		**17256526.34**	
原煤	(吨)	18282382.42	18187073.63	1123916.20
煤制品	(吨)			
焦炭	(吨)	163.62	163.62	3.66
天然气(气态)	(万立方米)	25365.34	25226.57	1087.51
液化天然气(液态)	(吨)	71516.31	71619.24	188.13
汽油	(吨)	18006.49	16693.47	138.17
煤油	(吨)	1503.31	1508.15	10.46
柴油	(吨)	67637.19	67055.21	4066.30
燃料油	(吨)	6320.59	6322.04	95.54
液化石油气	(吨)	2558.24	2542.82	4.70
润滑油	(吨)	5946.84	5789.89	218.91
石蜡	(吨)	2418.20	2339.28	133.90
溶剂油	(吨)	2669.64	2746.21	94.27
石油焦	(吨)	6.00	6.00	
石油沥青	(吨)	6369.75	1498.00	
其他石油制品	(吨)	6724.00	6548.57	280.15
热力	(百万千焦)	14747883.99	17159761.18	
电力	(万千瓦时)	1644884.98	1839266.07	
城市垃圾用于燃料	(吨)	1956478.07	2696135.54	26541.97
生物燃料	(吨标准煤)	42085.32	42368.13	1012.12
其他燃料	(吨标准煤)	491.77	491.77	

7-3 规模以上工业按行业分主要能源消费量(一)

(2021年)

单位：吨

行业名称	原煤	煤制品	焦炭	天然气(万立方米)	液化天然气	汽油	煤油
合计	**18187073.63**		**163.62**	**25226.57**	**71619.24**	**16693.47**	**1508.15**
有色金属矿采选业						8.21	
非金属矿采选业						4.96	
农副食品加工业	288.43			388.67	52.70	147.03	
食品制造业				294.75	35.74	64.93	
酒、饮料和精制茶制造业				38.77		28.29	
纺织业	4059.75			1869.69	3644.00	314.57	
纺织服装、服饰业					32.70	18.34	
皮革、毛皮、羽毛及其制品和制鞋业				3.18		301.56	1.51
木材加工和木、竹、藤、棕、草制品业				30.54	174.92	53.78	
家具制造业				1013.80	230.26	129.76	
造纸和纸制品业	175530.24			1478.51	1213.06	161.39	
印刷和记录媒介复制业				101.04	2050.39	254.86	
文教、工美、体育和娱乐用品制造业				50.53	2265.88	690.91	
石油加工、炼焦和核燃料加工业				162.02	611.97	15.67	
化学原料和化学制品制造业				1018.06	2146.84	480.38	
医药制造业	37686.92			1305.48	65.89	805.36	
化学纤维制造业				647.93		3.93	
橡胶和塑料制品业	24282.78			2822.31	2517.14	2189.87	3.49
非金属矿物制品业	13428.25			869.48	2224.88	363.86	
黑色金属冶炼和压延加工业	15035.51			422.80	241.67	106.37	
有色金属冶炼和压延加工业				1234.08	2687.27	23.75	18.34
金属制品业				3762.54	11566.68	847.95	34.92
通用设备制造业			132.87	1443.34	8409.97	2697.09	907.38
专用设备制造业				694.20	819.32	1561.78	174.70
汽车制造业				2440.58	14267.01	1027.59	216.23
铁路、船舶、航空航天和其他运输设备制造业				1323.64	3247.45	1422.66	20.36
电气机械和器材制造业				262.67	1141.00	1442.13	111.30
计算机、通信和其他电子设备制造业				15.02	3.28	257.35	5.87
仪器仪表制造业				88.61	423.22	167.82	13.05
其他制造业				641.33		42.10	
废弃资源综合利用业				668.00		25.40	
金属制品、机械和设备修理业						11.16	
电力、热力生产和供应业	17916761.75			135.00	11546.00	804.88	
燃气生产和供应业						89.22	
水的生产和供应业						110.69	

7-4 规模以上工业按行业分主要能源消费量(二)

(2021年)　　单位：吨

行业名称	柴油	燃料油	液化石油气	其他石油制品	热力(百万千焦)	电力(万千瓦时)
合　计	**67055.21**	**6322.04**	**2542.82**	**6548.57**	**17159761.2**	**1839266.07**
有色金属矿采选业	9.04					218.88
非金属矿采选业	2199.24					4855.15
农副食品加工业	1935.84				234539.13	18793.08
食品制造业	107.01				302614.33	4133.04
酒、饮料和精制茶制造业	56.35				178184.78	2334.27
纺织业	349.39		6.47		196360.5	29856.49
纺织服装、服饰业	43.63	2.18				694.22
皮革、毛皮、羽毛及其制品和制鞋业	66.51		0.37	5.1		16386.02
木材加工和木、竹、藤、棕、草制品业	99.2					3971.34
家具制造业	905.17	179.66	41.02			14044.81
造纸和纸制品业	561.47	438.51		259.18	2892792.88	37241.25
印刷和记录媒介复制业	415.46	717.27	9		143326.81	7038.65
文教、工美、体育和娱乐用品制造业	407.41			24.6		11939.77
石油加工、炼焦和核燃料加工业	181.22	538.82				176.2
化学原料和化学制品制造业	1793.26		64.84		2107826.41	51872.33
医药制造业	5150.17				6149385.06	146217.48
化学纤维制造业	49.53				823629.61	14912.91
橡胶和塑料制品业	3070.43	187.26	411.59	300.6	2678047.98	219746.57
非金属矿物制品业	32014.37	1652.31	9.01		466336.83	36275.93
黑色金属冶炼和压延加工业	93.88			7.07		11352.97
有色金属冶炼和压延加工业	196.68	726.32				37125.59
金属制品业	2104.19	282.73	630.95	2019.35	236309.93	137659.1
通用设备制造业	4660.11	157.09	1132.82	1453.17		180798.3
专用设备制造业	1546.07		1.3	1621.22		84275.23
汽车制造业	1581.09	3.7	45.11	524.3		140903.21
铁路、船舶、航空航天和其他运输设备制造业	1098.54	55	0.48	77.99	58314.6	35824.33
电气机械和器材制造业	1824.33	417.81	30.15	250.11		61932.59
计算机、通信和其他电子设备制造业	157.86			5.88		36971.04
仪器仪表制造业	128.94		159.5			10488.18
其他制造业	250.31				7915.47	10235.21
废弃资源综合利用业	730.15				55383.48	8496.46
金属制品、机械和设备修理业	2.89					199.48
电力、热力生产和供应业	3212.72	963.38	0.21		628793.38	442238.38
燃气生产和供应业	28.37					216.18
水的生产和供应业	24.38					19841.43

7-5 规模以上工业按行业分能源消费情况

(2021年) 单位：吨标准煤

行业名称	综合能耗		万元产值综合能耗		节能量
	绝对额	比上年增长(%)	绝对额	比上年降低(%)	
合　　计	**10906928**	**24.0**	**0.173**	**-4.48**	**-467.56**
有色金属矿采选业	294	-42.7	0.100	35.19	0.15
非金属矿采选业	9205	21.8	0.085	15.25	1.65
农副食品加工业	39058	0.9	0.043	7.60	3.21
食品制造业	18955	4.6	0.084	8.16	1.68
酒、饮料和精制茶制造业	9495	0.1	0.078	15.74	1.77
纺织业	76399	0.4	0.071	12.41	10.83
纺织服装、服饰业	1004	-0.1	0.016	13.96	0.16
皮革、毛皮、羽毛及其制品和制鞋业	20726	0.1	0.029	13.80	3.32
木材加工和木、竹、藤、棕、草制品业	5748	4.9	0.036	4.08	0.24
家具制造业	32213	12.4	0.030	15.83	6.06
造纸和纸制品业	208292	-8.0	0.254	23.65	64.51
印刷和记录媒介复制业	20276	18.2	0.057	5.13	1.10
文教、工美、体育和娱乐用品制造业	21532	24.9	0.028	-13.87	-2.62
石油加工、炼焦和核燃料加工业	4131	-19.9	0.195	35.34	2.26
化学原料和化学制品制造业	154322	5.5	0.082	19.55	37.49
医药制造业	440156	6.7	0.106	-2.39	-10.29
化学纤维制造业	53619	195.5	0.412	31.56	24.72
橡胶和塑料制品业	436624	6.1	0.080	12.77	63.90
非金属矿物制品业	135141	-14.6	0.068	18.61	30.91
黑色金属冶炼和压延加工业	30492	14.4	0.055	9.99	3.38
有色金属冶炼和压延加工业	65327	22.2	0.042	18.94	15.26
金属制品业	250664	9.1	0.086	17.73	54.02
通用设备制造业	273282	16.1	0.029	9.14	27.48
专用设备制造业	123023	20.4	0.035	-3.04	-3.62
汽车制造业	230673	7.2	0.030	-12.77	-26.13
铁路、船舶、航空航天和其他运输设备制造业	72163	0.1	0.028	21.77	20.08
电气机械和器材制造业	87997	12.1	0.016	10.15	9.94
计算机、通信和其他电子设备制造业	46358	-4.7	0.041	36.25	26.36
仪器仪表制造业	15348	20.2	0.016	9.59	1.63
其他制造业	21039	20.1	0.033	13.84	3.38
废弃资源综合利用业	58952	-2.1	0.097	26.25	20.99
金属制品、机械和设备修理业	266	-64.9	0.064	26.66	0.10
电力、热力生产和供应业	7919132	32.0	1.424	-8.78	-639.45
燃气生产和供应业	438	-13.9	0.002	39.04	0.28
水的生产和供应业	24584	6.9	0.107	0.43	0.11

7-6 规模以上工业主要能源消费量(一)

(1999-2021年)

单位：吨

年份	原煤	煤制品	焦炭	汽油	煤油
1999	4106147	82	8316	9148	2926
2000	4665482	180	11642	11126	3946
2001	4787214	116	20011	13388	5731
2002	4747322	238	17291	17346	7123
2003	5414989	316	25424	20048	7188
2004	5868900	1238	33611	27533	17612
2005	5873411	149	36615	32360	11661
2006	5726068	637	42483	41334	12363
2007	9963353	1829	45799	48012	11149
2008	13518900	1169	40008	43092	9252
2009	13409540	909	26507	40899	7139
2010	13922044		26360	42102	7051
2011	15110170	19840	17550	24602	4367
2012	12884375	12429	12847	20775	2618
2013	13294169	15434	12020	20646	1701
2014	11451570	10025	8671	19664	1472
2015	10766567	11949	7351	21413	1923
2016	13855653	13049	7029	21869	1552
2017	15643953	6564	5036	22164	1539
2018	15719125	3769	4117	23325	2069
2019	14513957	1725	1081	22964	2086
2020	13553422	168	133	15958	1843
2021	18187074		164	16693	1508

7-7 规模以上工业主要能源消费量(二)

(1999-2021年)

单位：吨

年 份	柴 油	燃料油	液 化 石油气	热 力 (百万千焦)	电 力 (万千瓦时)
1999	32822	280	588	659930	184951
2000	29953	1132	968	1766294	236146
2001	34289	2140	1811	2171882	270509
2002	43914	3128	3536	2881165	298967
2003	78053	4898	4683	3470891	447453
2004	169985	9364	11036	3894369	460304
2005	135280	35860	6351	4909302	585211
2006	141321	20129	8837	5053894	681262
2007	169879	20395	9347	5904636	821157
2008	147176	19341	8358	6024796	925013
2009	108967	16628	7303	5950744	963462
2010	124310	14216	7450	6226344	1101773
2011	80976	10104	6622	5802316	1004928
2012	52553	6329	5321	5894498	1006422
2013	48547	5277	4464	5542756	1088458
2014	46202	4813	4599	5735865	1114778
2015	46174	4597	4156	6684579	1116193
2016	44994	4241	2669	8176855	1264510
2017	47409	3454	2058	12210588	1415123
2018	50759	2896	1841	14062208	1520249
2019	54893	3489	1888	14614721	1534998
2020	62258	4928	2359	15256941	1499564
2021	67055	6322	2543	17159761	1839266

7-8 规模以上工业取水量

(2007-2021年)　　单位：万立方米

年 份	取水总量	地表水	地下水	自来水	海水	其他水	外供水
2007	149758	9823	703	10760	128437	33	
2008	173590	20283	492	7276	145484	17	
2009	58765	45791	92	482	10392	2099	
2010	61986	45371	523	11740	1774	2578	45782
2011	60522	44807	450	11256	1642	2367	45975
2012	69715	52894	358	11824	1737	2902	53942
2013	75950	58370	348	12715	1738	2780	60255
2014	74950	60111	311	12867	1610	52	62468
2015	78807	64301	292	12781	1372	12	66614
2016	82693	66455	268	14730	1154	13	70452
2017	91454	74161	228	15719	1282	63	78566
2018	93343	75596	192	16077	1397	81	80011
2019	92669	74520	180	16102	1751	114	77936
2020	94585	76853	119	16139	1357	117	80779
2021	100681	81301	95	17162	1528	596	85551

7-9 规模以上工业按行业分取水量

(2021年)

单位：万立方米

行业名称	取水总量	地表水	地下水	自来水	海水	其他水	外供水
合　计	**100681.2**	**81301.4**	**94.6**	**17161.9**	**1527.8**	**595.6**	**85550.7**
有色金属矿采选业	6.9		6.9				
非金属矿采选业	32.7	12.1		20.6			
农副食品加工业	308.5	69.0	0.3	230.6		8.5	
食品制造业	209.9	1.9	18.0	181.2		8.8	
酒、饮料和精制茶制造业	101.3	0.9		94.2		6.1	
纺织业	390.1	69.2	4.9	297.5		18.6	
纺织服装、服饰业	11.7	0.2		11.5			
皮革、毛皮、羽毛及其制品和制鞋业	132.0	6.0		125.9			
木材加工和木、竹、藤、棕、草制品业	24.6	0.3	0.2	24.1			
家具制造业	201.6	16.9	1.7	183.0			
造纸和纸制品业	379.6	241.1	0.2	115.2		23.1	2.4
印刷和记录媒介复制业	47.8	0.8		43.3		3.7	
文教、工美、体育和娱乐用品制造业	97.1	1.7	0.8	94.5		0.1	
石油、煤炭及其他燃料加工业	1.6			1.6			
化学原料和化学制品制造业	485.3	40.9	0.4	333.9		110.1	1.9
医药制造业	1548.2	74.5	1.2	1220.0		252.4	
化学纤维制造业	28.7	0.0		26.3		2.3	
橡胶和塑料制品业	852.3	59.3	13.3	671.2		108.4	
非金属矿物制品业	463.7	147.5	3.4	297.7		15.1	
黑色金属冶炼和压延加工业	36.4	5.4	0.0	31.0			
有色金属冶炼和压延加工业	52.4	2.8	1.6	48.0			
金属制品业	528.0	44.1	1.0	477.7		5.3	
通用设备制造业	617.2	23.7	3.7	581.8		8.0	
专用设备制造业	369.6	9.7	0.6	358.6		0.6	
汽车制造业	518.4	2.5	4.4	510.8		0.6	
铁路、船舶、航空航天和其他运输设备制造业	242.4	1.9	0.1	237.8		2.5	
电气机械和器材制造业	303.7	3.1	4.7	295.0		0.9	
计算机、通信和其他电子设备制造业	283.1	1.2		281.3		0.6	
仪器仪表制造业	35.2	0.1	1.0	34.0			
其他制造业	145.4	10.6	26.0	108.5		0.3	
废弃资源综合利用业	116.4	45.9		67.7		2.8	
金属制品、机械和设备修理业	1.9			1.9			
电力、热力生产和供应业	3614.7	1327.0	0.2	758.2	1527.8	1.5	628.0
燃气生产和供应业	3.9			3.9			
水的生产和供应业	88489.2	79080.9		9393.0		15.3	84918.4

主要统计指标解释

能源购进量 指能源使用单位在报告期内外购的、用于本企业消费的各种一次能源和二次能源。购进量的统计原则是：谁购进，谁统计。

能源消费量 是指能源使用单位在报告期内实际消费的一次能源或二次能源的数量。包括终端消费和中间消费。能源消费数量分别用实物量和价值量表示。能源消费量统计的原则是：

(1)谁消费、谁统计；

(2)何时投入使用，何时计算消费量；

(3)消费量只能计算一次。

工业企业的能源消费量包括工业企业在生产过程中作为燃料、动力、原料、辅助材料使用的能源以及工艺用能、非生产用能。作为能源加工转换企业，还要包括能源加工转换的投入量。具体包括：

(1)用于本企业产品生产、工业性作业和其他生产性活动的能源；

(2)用于技术更新改造措施、新技术研究和新产品试制以及科学试验等方面的能源；

(3)用于经营维修、建筑及设备大修理、机电设备和交通运输工具等方面的能源；

(4)用于劳动保护的能源；

(5)其他非生产消费的能源。

综合能源消费量 是指报告期内工业企业在工业生产活动中实际消费的各种能源的总和。

万元工业总产值综合能耗 是指综合能源消费量与工业总产值之比，它反应单位工业总产值所耗的能源量。

标准煤 各种能源折算成以煤当量为统一标准的计量单位。

能源消费弹性系数 是反映能源消费增长速度与国民经济增长速度之间比例关系的指标。计算公式：

能源消费弹性系数＝能源消费量年平均增长速度/国民经济年平均增长速度

电力消费弹性系数 是反映电力消费增长速度与国民经济增长速度之间比例关系的指标。计算公式：

电力消费弹性系数＝电力消费量年平均增长速度/国民经济年平均增长速度

国民经济年平均增长速度，可根据不同的目的或需要，用国民生产总值，国内生产总值等指标来计算，本资料是采用生产总值指标计算的。

取水总量 指工业企业从各种水源提取的，并用于工业生产活动的水量总和。包括地表水、地下水、自来水、由管道供应的未经达标处理的水、经城市污水处理厂处理后回用的中水、海水，以及企业从市场购得的其他水或水的产品(如纯净水、矿泉水、蒸汽、热水、地热水等)。

8

批发零售和住宿餐饮业

Wholesale and Retail Sale Trade and Accommodation and Restaurants

8-1 主要年份社会消费品零售总额

单位：万元

年 份	社会消费品零售总额	批发和零售业	住宿和餐饮业	其 他
1949	3257	3178	61	18
1952	5196	5066	100	30
1957	13064	12636	353	75
1962	18197	17188	892	117
1965	19656	19011	536	109
1970	24796	23298	721	777
1975	31157	29890	860	407
1978	49157	47252	1204	701
1980	76294	72577	1731	1986
1985	169672	155903	4911	8858
1990	371549	338638	13646	19265
1994	1034412	923292	72458	38661
1995	1450730	1320504	106434	23792
1996	1737176	1556437	115987	64751
1997	1821677	1612332	132116	77228
1998	1882692	1661716	133057	87919
1999	2065954	1799071	157706	109177
2000	2185914	1933324	174853	77736
2001	2476392	2169429	222804	84160
2002	2828190	2428385	309306	90500
2003	3252703	2747491	395026	110186
2004	3721584	3146729	470634	104220
2005	4332035	3635183	579414	117437
2006	5044658	4245481	676223	122954
2007	5887261	4967827	791966	127469
2008	7019244	6219558	779848	19838
2009	7978219	7114609	836668	26943
2010	9457716	8451632	1006084	
2011	11243314	10006608	1236706	
2012	12778841	11352058	1426784	
2013	13970429	12437603	1532826	
2014	15761946	14053036	1708909	
2015	17436479	15575820	1860659	
2016	19243405	17155464	2087942	
2017	21352953	18973349	2379604	
2018	23502986	20799940	2703046	
2019	25446294	22475622	2970672	
2020	23960699	20979038	2981660	
2021	26056222	22595012	3461210	

注：第四次经济普查后，国家修正了1994年以来的历史数据。

8-2 市区主要年份社会消费品零售总额

单位：万元

年 份	市 区	椒江区	黄岩区	路桥区
1949	1076	374	702	
1952	1805	624	1181	
1957	4309	1522	2787	
1962	7016	2633	4383	
1965	7252	2810	4442	
1970	8202	2920	5282	
1975	9250	3453	5797	
1978	17280	6439	10841	
1980	25401	7748	17653	
1985	70360	27755	42605	
1990	142578	59519	83059	
1994	386377	146619	104408	135350
1995	553034	223732	111089	218213
1996	663850	245383	150304	268164
1997	703877	224198	176307	303372
1998	726139	225090	188648	312400
1999	808145	239840	223925	344379
2000	887364	266039	237137	384188
2001	1028501	319272	275079	434150
2002	1200228	375093	313040	512094
2003	1381562	431911	350605	599046
2004	1592391	497000	399900	695491
2005	1869294	588109	468078	813107
2006	2193664	681730	553696	958238
2007	2573539	796143	642574	1134822
2008	3071525	946678	756962	1367884
2009	3466197	1103547	901447	1461203
2010	4104622	1290855	1062868	1750899
2011	4818346	1508310	1245585	2064452
2012	5474591	1743853	1408423	2322315
2013	5862532	1911661	1536699	2414172
2014	6644874	2159419	1755503	2729952
2015	7386063	2354822	1963675	3067566
2016	8116470	2521293	2137802	3457375
2017	8899664	2762419	2382990	3754256
2018	9285469	2873695	2516903	3894871
2019	10004859	3125471	2777049	4102339
2020	9185533	2904746	2477528	3803259
2021	9888933	3187091	2629093	4072748

注：第四次经济普查后，对各县(市、区)2018年和2019年数据作了修正。

8-3 各县市主要年份社会消费品零售总额

单位：万元

年　份	三门县	天台县	仙居县	温岭市	临海市	玉环市
1949	226	376	116	569	737	157
1952	252	524	181	1146	894	394
1957	615	1132	635	2786	2378	1209
1962	767	1308	940	3455	3279	1432
1965	948	1478	1038	3876	3540	1524
1970	1338	2001	1776	5249	4435	1795
1975	2097	2979	2055	6673	5758	2345
1978	3525	3731	2679	10583	6851	4508
1980	5359	5790	4401	15173	12193	7977
1985	10331	10571	8348	31718	21887	16456
1990	20298	33129	15637	74715	56942	28249
1994	40805	66980	37969	251317	141685	79306
1995	59402	83421	57532	371144	183057	124342
1996	59020	101511	68760	477408	189263	119885
1997	60178	105683	69266	517735	181061	127677
1998	57449	111444	74776	551521	163911	133218
1999	66516	118778	79902	587884	203676	144955
2000	75880	125285	86181	604442	230696	170963
2001	84497	141571	97410	642717	269731	193876
2002	101627	163583	114621	711693	317185	230107
2003	125379	186643	133469	796888	368667	271759
2004	151200	216200	156400	922800	432200	317509
2005	172396	243753	182602	1073924	501395	369147
2006	200757	281620	212075	1249273	583674	425807
2007	235352	327617	246518	1457003	682491	494012
2008	281905	393193	293847	1736376	814122	593375
2009	325938	435291	346606	2025050	938029	641673
2010	375712	496479	409210	2355278	1106588	756617
2011	449656	584424	478806	2802448	1285862	904169
2012	527306	682002	555664	3266826	1475823	1060805
2013	617992	745795	612587	3779022	1626290	1248461
2014	705021	850878	698901	4305372	1838683	1419498
2015	796498	980053	804952	4738870	2018966	1541331
2016	868747	1065088	880458	5267628	2232939	1700075
2017	962132	1195167	983170	5933498	2506214	1877452
2018	1015407	1264274	1026491	6289005	2639241	1983098
2019	1109144	1391024	1099487	6895708	2784890	2161132
2020	1038440	1299155	1059739	6691232	2568015	2118585
2021	1111633	1445859	1161576	7354119	2695274	2398828

注：第四次经济普查后，对各县(市、区)2018年和2019年数据作了修正。

8-4 限额以上批发和零售业企业销售情况

(2021年)

名　　称	法人企业(个)	年　末从业人数(人)	销售额(万元)	年末零售营业面积(平方米)
总　　计	**1650**	**52225**	**34343414**	**1614348**
一、批发业	**1060**	**27780**	**27527449**	**111541**
其中：大中型	236	19328	11388296	69384
按登记注册类型分				
内资企业	1049	27640	26842831	111541
国有企业	5	1128	1552559	
股份合作企业	6	98	62787	
有限责任公司	97	7506	5296220	12931
股份有限公司	4	740	728236	700
私营企业	937	18168	19203029	97910
外商投资企业	8	128	646802	
按批发行业分				
农、林、牧、渔产品批发	10	267	43060	50
食品、饮料及烟草制品批发	53	2636	1895553	4155
纺织、服装及家庭用品批发	148	4986	1707084	21600
文化、体育用品及器材批发	42	996	408035	3601
医药及医疗器材批发	39	3640	1593787	9877
矿产品、建材及化工产品批发	530	9786	16470935	37328
机械设备、五金产品及电子产品批发	211	4601	5097817	29480
贸易经纪与代理	2	53	21781	
其他批发业	25	815	289397	5450

8-4 续表

名 称	法人企业 (个)	年 末 从业人数 (人)	销售额 (万元)	年末零售 营业面积 (平方米)
二、零售业	**590**	**24445**	**6815965**	**1502807**
其中：大中型	125	16807	4999056	939768
按登记注册类型分				
内资企业	578	22254	5362834	1306857
国有企业				
集体企业				
股份合作企业	7	87	31264	6758
有限责任公司	95	4973	1460573	412379
股份有限公司	6	2366	549464	100057
私营企业	470	14828	3321533	787663
其他企业				
港、澳、台商投资企业	6	1297	116609	158035
外商投资企业	6	894	1336522	37915
按零售行业分				
综合零售	55	4943	433183	521610
食品、饮料及烟草制品专门零售	38	873	95513	40212
纺织、服装及日用品专门零售	5	202	31097	39933
文化、体育用品及器材专门零售	11	622	64001	44347
医药及医疗器材专门零售	17	3131	239020	57975
汽车、摩托车、燃料及零配件专门零售业	265	11028	5135350	700393
家用电器及电子产品专门零售	42	1582	178056	48387
五金、家具及室内装饰材料专门零售	7	125	13498	13148
货摊、无店铺及其他零售业	150	1939	626249	36802
按经营方式分				
独立门店	440	16565	5622232	1157409
连锁总店	13	5069	345486	184024
连锁直营店	4	521	321255	70883
其 他	131	2262	519884	90091
按零售业态分				
有店铺零售	442	22547	6215597	1469152
食杂店	5	102	15561	895
便利店	7	821	1141690	17704
超市	33	999	75201	80523
大型超市	13	3468	273745	323467
百货店	5	214	29806	104155
专业店	223	9137	1668375	401386
专卖店	159	8398	4106082	507733
购物中心	2	83	52066	39452
厂家直销中心				
无店铺零售	150	1976	606586	34055

8-5 限额以上住宿和餐饮业企业基本情况

(2021年)

名称	法人企业(个)	年末从业人数(人)	营业额(万元)	客房间数(间)	床位数(个)	餐位数(位)	年末餐饮营业面积(平方米)
总计	**310**	**17345**	**397080**	**18203**	**28032**	**147263**	**847289**
一、住宿业	**103**	**8046**	**173759**	**15311**	**22766**	**49086**	**373624**
其中：大中型	25	5376	124868	6968	10427	35253	214341
按登记注册类型分							
内资企业	98	6951	144570	13715	20555	43225	327874
国有企业							
股份合作企业							
有限责任公司	11	983	20192	1364	2050	3663	51262
私营企业	86	5714	116874	12148	18220	38412	266674
港、澳、台商投资企业	4	729	17064	1168	1643	4206	25950
外商投资企业	1	366	12126	428	568	1655	19800
按住宿行业分							
旅游饭店	59	6762	147250	10373	15514	44853	320136
一般旅馆	36	1172	23865	4775	6982	3955	49192
民宿服务	8	112	2644	163	270	278	4296
按星级分							
五星	5	1150	29414	1327	1712	10165	54431
四星	13	2311	51070	2873	4374	17695	111886
三星	9	688	12433	987	1509	3597	36014
二星							
一星							
其他	76	3897	80843	10124	15171	17629	171293
二、餐饮业	**207**	**9299**	**223321**	**2892**	**5266**	**98177**	**473665**
其中：大中型	14	2266	63171	1032	2136	15554	126803
按登记注册类型分							
内资企业	206	9250	222270	2801	5124	97567	467865
集体企业	1	28	521			415	850
有限责任公司	14	1290	31081	1013	1632	9611	114857
股份有限公司							
私营企业	191	7932	190667	1788	3492	87541	352158
港、澳、台商投资企业	1	49	1051	91	142	610	5800
按餐饮行业分							
正餐服务	201	9181	219755	2892	5266	97852	472035
快餐服务	3	40	1265			245	880
其他餐饮业	1	38	268			20	200
按经营方式分							
独立门店	199	9019	212076	2892	5266	96702	461939
连锁门店	1	25	334			110	280
其他	6	251	8527			1187	10786

8-6 限额以上批发和零售业企业财务状况(一)

(2021年)

单位：万元

名 称	企业数(个)	流动资产合计	#存货	固定资产原价	累计折旧	#本年折旧
总 计	**1650**	**10417749**	**1639173**	**1395438**	**559878**	**79801**
一、批发业	**1060**	**8640472**	**1119576**	**786487**	**314776**	**41022**
其中：大中型	236	4392577	657097	530485	215022	25288
按登记注册类型分						
内资企业	1049	8343669	1114598	786269	314690	41005
国有企业	5	663045	51750	68016	41427	3088
股份合作企业	6	19680	5248	2659	1882	167
有限责任公司	97	1857123	215539	171056	56625	7417
股份有限公司	4	547529	42936	91915	44727	3310
私营企业	937	5256291	799124	452623	170030	27023
港、澳、台商投资企业	3	35444	424			
外商投资企业	8	261360	4555	219	87	17
按批发行业分						
农、林、牧产品批发	10	53442	35432	13127	2790	206
食品、饮料及烟草制品批发	53	741787	137239	108900	56789	5349
纺织、服装及家庭用品批发	148	705218	84046	55736	18912	3000
文化、体育用品及器材批发	42	183003	30928	16487	8307	766
医药及医疗器材批发	39	609671	98633	30267	15654	2004
矿产品、建材及化工产品批发	530	4044835	498257	406236	138946	22127
机械设备、五金产品及电子产品批发	211	2194856	210469	138686	67688	6624
贸易经纪与代理	2	6263		1439	1259	188
其他批发业	25	101398	24573	15610	4431	758

8-6 续表

单位：万元

名称	企业数（个）	流动资产合计	#存货	固定资产原价	累计折旧	#本年折旧
二、零售业	**590**	**1777276**	**519597**	**608951**	**245102**	**38779**
其中：大中型	125	1236277	384114	410828	179403	26292
按登记注册类型分						
内资企业	578	1552402	444008	372509	159209	26083
国有企业						
集体企业						
股份合作企业	7	10344	373	2223	1466	268
有限责任公司	95	452706	120814	149007	57758	9036
股份有限公司						
私营企业	470	961848	284089	201347	91466	15918
其他企业						
港、澳、台商投资企业	6	83457	3206	80344	32614	3561
外商投资企业	6	141418	72382	156098	53278	9135
按零售行业分						
综合零售	55	269971	30296	180359	63677	7557
食品、饮料及烟草制品专门零售	38	41645	11948	13227	4590	946
纺织、服装及日用品专门零售	5	16783	11242	21253	7871	2317
文化、体育用品及器材专门零售	11	64350	12470	47631	13715	1221
医药及医疗器材专门零售	17	148190	33322	3047	2087	375
汽车、摩托车、燃料及零配件专门零售	265	1007336	343486	318614	141690	24431
家用电器及电子产品专门零售	42	78561	30425	14895	7329	1184
五金、家具及室内装饰材料专门零售	7	12664	5466	1540	212	124
货摊、无店铺及其他零售业	150	137776	40942	8386	3930	626
按经营方式分						
独立门店	440	1427768	430429	505069	200250	34555
连锁总店	13	202449	49095	19420	12465	1649
连锁直营店	4	26387	11393	29678	8172	760
其他	131	117762	28351	51362	23963	1573
按零售业态分						
有店铺零售	442	1648467	479356	601251	242793	38011
食杂店	5	5053	907	407	211	37
便利店	7	70936	43940	78018	35678	4356
超市	33	33648	7286	4749	2932	326
大型超市	13	152799	18778	92475	41402	4473
百货店	5	29992	4543	29697	11425	2571
专业店	223	603943	155522	150060	60187	10756
专卖店	159	776595	294574	250936	112094	17481
购物中心	2	52282	2586	72314	14514	2164
厂家直销中心						
无店铺零售	150	131981	40780	8045	2576	798

8-7 限额以上批发和零售业企业财务状况(二)

(2021年) 单位：万元

名称	资产合计	负债合计	所有者权益	#实收资本	#个人资本	主营业务收入
总计	**13431306**	**9775246**	**3539473**	**1759190**	**520286**	**29024966**
一、批发业	**10784597**	**7797051**	**2978280**	**1186662**	**430036**	**24142545**
其中：大中型	5766511	3750113	2016398	568519	226502	9973851
按登记注册类型分						
内资企业	10487142	7570726	2907150	1112085	429720	23515475
国有企业	711605	203518	508087	26200		1382000
股份合作企业	21194	9125	12069	2476	480	55781
有限责任公司	2067170	1676488	390682	187948	18213	4807889
股份有限公司	923520	314769	608751	207051	617	296035
私营企业	6763654	5366827	1387562	688410	410410	16973770
港、澳、台商投资企业	35454	329	35125	33594		34199
外商投资企业	262001	225996	36005	40984	317	592871
按批发行业分						
农、林、牧产品批发	71751	52177	19574	7081	208	41765
食品、饮料及烟草制品批发	825936	275475	550248	35774	6411	1701593
纺织、服装及家庭用品批发	790061	646458	143603	104885	24712	1620889
文化、体育用品及器材批发	201418	171146	30272	28559	15990	388292
医药及医疗器材批发	638415	488464	149952	48258	12122	1428137
矿产品、建材及化工产品批发	5331452	3887804	1434596	753291	289735	14229968
机械设备、五金产品及电子产品批发	2796584	2181555	615029	187894	64738	4477788
贸易经纪与代理	6512	4156	2356	943	938	21781
其他批发业	122467	89816	32651	19978	15182	232333

8-7 续表

单位：万元

名称	资产合计	负债合计	所有者权益	#实收资本	#个人资本	主营业务收入
二、零售业	**2646710**	**1978195**	**561193**	**572528**	**90249**	**4882421**
其中：大中型	1757721	1405213	254896	227516	47533	3518027
按登记注册类型分						
内资企业	2220718	1761738	449270	485091	90249	4558351
国有企业						
集体企业						
股份合作企业	11154	4604	6549	537	531	27702
有限责任公司	752734	552613	198755	160965	13563	1322138
股份有限公司	269651	174170	95482	39691	1411	488698
私营企业	1187179	1030352	148484	283898	74745	2719813
其他企业						
港、澳、台商投资企业	158251	110169	48082	50753		107235
外商投资企业	267741	106288	63840	36684		216835
按零售行业分						
综合零售	446017	355013	90983	105403	6732	395018
食品、饮料及烟草制品专门零售	60133	36549	23584	108590	4319	87767
纺织、服装及日用品专门零售	31266	12922	18344	24710	2848	29091
文化、体育用品及器材专门零售	120472	79222	41250	7678	798	62839
医药及医疗器材专门零售	199981	123481	76500	39169	1365	221044
汽车、摩托车、燃料及零配件专门零售	1531813	1166674	263307	252734	54307	3602739
家用电器及电子产品专门零售	97519	75782	21738	19431	12781	156228
五金、家具及室内装饰材料专门零售	14078	12892	1186	1452	112	12671
货摊、无店铺及其他零售业	145431	115661	24301	13361	6987	315023
按经营方式分						
独立门店	2005905	1534510	365328	474572	78380	3999579
连锁总店	279545	210381	69164	48499	6919	321149
连锁直营店	138783	84327	54456	3812	209	278750
其他	209587	145663	62668	35525	4742	276655
按零售业态分						
有店铺零售	2506652	1865586	534641	558032	83312	4587758
食杂店	5283	4599	684	557	557	15357
便利店	168045	49340	21092	22141	20	27071
超市	40401	54816	-14437	7442	1742	59366
大型超市	248717	202289	46428	57262	4500	249220
百货店	50861	31620	19241	29153	1638	28534
专业店	963563	667950	290953	284658	31654	1503380
专卖店	1084989	849759	133487	145288	43190	2679999
购物中心	980	951	29	50	50	2566
厂家直销中心	116575	65106	51470	31000		57361
无店铺零售	143456	115025	27533	15546	7937	300759

8-8 限额以上批发和零售业企业财务状况(三)

(2021年) 单位：万元

名　　称	营　业 成　本	税金及 附　加	其他业务 利　润	销　售 费　用	管　理 费　用
总　计	**27954793**	**200690**	**77932**	**1001054**	**417675**
一、批发业	**22892475**	**185871**	**42270**	**638724**	**261763**
其中：大中型	8985679	177711	37559	498082	160549
按登记注册类型分					
内资企业	22291495	185259	42270	635250	260472
国有企业	995621	163829	1089	20009	32525
股份合作企业	51773	67		1669	824
有限责任公司	4343820	8132	4237	315663	40733
股份有限公司	424346	920	19033	16608	13292
私营企业	16475935	12312	17911	281301	173099
港、澳、台商投资企业	33408	5		110	399
外商投资企业	567572	608		3363	892
按批发行业分					
农、林、牧产品批发	39450	56	3	2381	2367
食品、饮料及烟草制品批发	1274132	164396	2039	33692	43703
纺织、服装及家庭用品批发	1484123	2000	601	64342	28012
文化、体育用品及器材批发	361829	258	47	14099	7969
医药及医疗器材批发	1078283	5037	1322	246857	26368
矿产品、建材及化工产品批发	14074293	10270	31978	206951	96454
机械设备、五金产品及电子产品批发	4339123	3482	6139	61663	47952
贸易经纪与代理	20812	15		707	448
其他批发业	220432	358	141	8033	8492

8-8 续表

单位：万元

名称	营业成本	税金及附加	其他业务利润	销售费用	管理费用
二、零售业	**5062318**	**14819**	**35662**	**362331**	**155912**
其中：大中型	3817028	10150	30574	280575	103251
按登记注册类型分					
内资企业	4148126	11032	29424	305112	135337
国有企业					
集体企业					
股份合作企业	23835	56	1	1245	691
有限责任公司	1155756	3962	10260	110100	34711
股份有限公司					
私营企业	440751	900	1168	48246	6072
其他企业	2527784	6115	17996	145521	93863
港、澳、台商投资企业	90871	994	6168	16238	5455
外商投资企业	823321	2792	70	40981	15120
按零售行业分					
综合零售	337273	3197	14946	54152	21105
食品、饮料及烟草制品专门零售	73152	253	0	4649	6238
纺织、服装及日用品专门零售	26428	352	1560	2635	1626
文化、体育用品及器材专门零售	49270	493	1116	6861	4196
医药及医疗器材专门零售	172645	432	796	34698	8037
汽车、摩托车、燃料及零配件专门零售	4043768	8893	13942	156738	90182
家用电器及电子产品专门零售	139945	326	3211	9951	9927
五金、家具及室内装饰材料专门零售	10637	13	1	890	1119
货摊、无店铺及其他零售业	209198	861	90	91756	13482
按经营方式分					
独立门店	4307377	12532	27306	245398	129978
连锁总店	255831	655	6748	55364	14877
连锁直营店	272638	471	915	16442	603
其他	221192	1139	693	45071	9854
按零售业态分					
有店铺零售	4865996	14060	35586	274589	144375
食杂店	13944	29		762	686
便利店	659481	845	1194	37585	7653
超市	52894	139	840	8954	3166
大型超市	212299	1220	10892	40012	10462
百货店	27010	605	3171	3004	1954
专业店	1330517	3230	6759	95075	52911
专卖店	3189424	7314	12365	124250	69580
购物中心	2343	4		108	247
厂家直销中心	45709	1506	369	990	5035
无店铺零售	201510	762	76	87905	12869

8-9 限额以上批发和零售业企业财务状况(四)

(2021年)

单位：万元

名称	财务费用	#利息费用	营业利润	利润总额	应付职工薪酬	应交增值税
总计	**99880**	**100870**	**731068**	**761819**	**443177**	**238289**
一、批发业	**60979**	**79293**	**647406**	**670445**	**265460**	**183465**
其中：大中型	14929	43813	532960	543208	203449	141694
按登记注册类型分						
内资企业	56900	77955	630659	651252	264065	180119
国有企业	-19318		192676	192983	27258	49322
股份合作企业	166	0	2615	2637	1023	420
有限责任公司	15478	17012	93603	106961	82556	55722
股份有限公司	-6354	151	155830	155553	14090	3426
私营企业	66928	60792	185936	193119	139138	71228
其他企业						
港、澳、台商投资企业	359	80	-82	-82	99	4
外商投资企业	3721	1257	16829	19275	1297	3343
按批发行业分						
农、林、牧产品批发	1142	864	-3612	1243	2919	155
食品、饮料及烟草制品批发	-17891	1625	208076	215400	39303	52957
纺织、服装及家庭用品批发	5505	3135	42534	47501	35034	12491
文化、体育用品及器材批发	2035	875	3131	3756	6828	1625
医药及医疗器材批发	3407	4457	70665	70203	42428	46065
矿产品、建材及化工产品批发	53787	49841	236558	241355	92005	53279
机械设备、五金产品及电子产品批发	12932	18116	94337	93720	40376	13957
贸易经纪与代理	-113	19	-85	-58	414	6
其他批发业	176	361	-4199	-2674	6154	2931

8-9 续表

单位：万元

名称	财务费用	#利息支出	营业利润	利润总额	应付职工薪酬	应交增值税
二、零售业	**38900**	**21577**	**83662**	**91374**	**177717**	**54823**
其中：大中型	26397	14430	61126	66167	131117	38572
按登记注册类型分						
内资企业	34210	20918	43298	50532	163909	48842
国有企业						
集体企业						
股份合作企业	34210	20918	43298	50532	163909	48842
有限责任公司	203	61	1674	1675	615	449
股份有限公司	11500	8677	33222	34501	46423	16935
私营企业	2318	2151	3770	3510	20383	4860
其他企业						
港、澳、台商投资企业	1056	60	1686	1761	8202	1878
外商投资企业	3634	600	38678	39082	5605	4104
按零售行业分						
综合零售	6108	4201	761	1443	30144	4154
食品、饮料及烟草制品专门零售	346	284	3446	4142	5826	1038
纺织、服装及日用品专门零售	235	255	-644	-587	1393	581
文化、体育用品及器材专门零售	-579	38	4547	4622	6601	148
医药及医疗器材专门零售	71	61	10378	10375	21228	3512
汽车、摩托车、燃料及零配件专门零售	31037	15159	56606	61294	91422	35792
家用电器及电子产品专门零售	1260	1438	-1412	-1253	9095	1865
五金、家具及室内装饰材料专门零售	211	22	-197	-180	812	-285
货摊、无店铺及其他零售业	212	120	10177	11518	11194	8018
按经营方式分						
独立门店	35067	18265	71581	77564	124506	43677
连锁总店	797	464	8378	8502	33965	4005
连锁直营店	1889	1843	-4332	-4301	6286	2137
其他	794	653	8057	9627	12879	5005
按零售业态分						
有店铺零售	38644	21403	78149	84646	167510	47456
食杂店	61	42	-128	-89	500	60
便利店	3979	1229	25391	25396	1972	3190
超市	3477	3359	-4232	-3954	5103	421
大型超市	2100	799	974	1197	21322	2661
百货店	439	56	-856	-819	1149	472
专业店	10888	7079	32906	33848	66649	16588
专卖店	21853	10153	44414	49217	70499	26094
购物中心	23		4727	4887	1009	585
厂家直销中心						
无店铺零售	319	236	4861	6167	10508	7386

8-10 限额以上住宿和餐饮业企业财务状况(一)

(2021年) 单位：万元

名　　称	企业数(个)	流动资产合计	#存货	固定资产原价	累计折旧	#本年折旧
总　　计	**310**	**278551**	**11722**	**601674**	**248456**	**22363**
一、住宿业	**103**	**205540**	**4951**	**513249**	**207435**	**15867**
其中：大中型	25	158233	3799	460828	182184	13065
按登记注册类型分						
内资企业	98	191174	3565	299959	122290	8791
国有企业						
股份合作企业						
有限责任公司	11	36888	458	62689	15607	941
私营企业	86	116149	2983	211743	93941	6411
港、澳、台商投资企业	4	12347	983	141902	73784	5116
外商投资企业	1	2020	403	71389	11361	1960
按住宿行业分						
旅游饭店	59	194177	4657	495835	196046	14421
一般旅馆	36	10134	257	15794	10623	1225
二、餐饮业	**207**	**73011**	**6772**	**88424**	**41021**	**6497**
其中：大中型	14	33932	2506	40095	18707	2769
按登记注册类型分						
内资企业	206	72660	6771	86539	40279	6388
集体企业	1	62	1	165	150	2
有限责任公司	14	23846	967	31435	15270	3062
私营企业	191	48752	5803	54939	24859	3324
港、澳、台商投资企业	1	350	1	1885	742	109
外商投资企业						
按餐饮行业分						
正餐服务	201	70978	6433	88264	40999	6475
快餐服务	3	175	17	10	1	1
其他餐饮业	1	1341	46			

8-11 限额以上住宿和餐饮业企业财务状况(二)

(2021年) 单位：万元

名称	资产总计	负债合计	所有者权益	#实收资本	#个人资本	主营业务收入
总计	**998192**	**919357**	**83682**	**233664**	**72335**	**363973**
一、住宿业	**810029**	**771225**	**44166**	**175003**	**37472**	**158002**
其中：大中型	688656	650453	43402	146493		113866
按登记注册类型分						
内资企业	652380	654274	3468	108740	37472	134325
国有企业						
股份合作企业						
有限责任公司	112811	127412	-14601	7434	4384	18767
私营企业	399375	424920	-20183	100106	33088	108511
港、澳、台商投资企业	86033	62855	23178	36830		12703
外商投资企业	71617	54097	17520	29433		10974
按住宿行业分						
旅游饭店	779173	742316	36833	158606	31262	132775
一般旅馆	27851	28077	5161	14220	5690	22685
二、餐饮业	**188162**	**148132**	**39516**	**58661**	**34864**	**205971**
其中：大中型	76857	67302	9555	13977	8417	59866
按登记注册类型分						
内资企业	186664	147226	38924	56861	34864	205012
集体企业	77	221	-144	37		509
有限责任公司	51673	52364	-691	9309	184	29626
私营企业	134914	94640	39760	47515	34680	174877
港、澳、台商投资企业	1498	906	592	1800		959
外商投资企业						
按餐饮行业分						
正餐服务	185776	145921	39341	58121	34834	202469
快餐服务	189	132	58	40	30	1209
其他餐饮业	1363	1399	-36			266

8-12 限额以上住宿和餐饮业企业财务状况(三)

(2021年) 单位：万元

名称	营业成本	税金及附加	其他业务利润	销售费用	管理费用
总　计	**196159**	**1692**	**8715**	**105293**	**84243**
一、住宿业	**67638**	**1151**	**8218**	**55158**	**53975**
其中：大中型	41548	1048		46028	38112
按登记注册类型分					
内资企业	58106	579	6649	43214	47267
国有企业					
股份合作企业					
有限责任公司	10150	101	-259	4130	7317
私营企业	45651	455	6909	37455	34935
港、澳、台商投资企业	6035	570	1568	6755	5061
外商投资企业	3497	2		5189	1647
按住宿行业分					
旅游饭店	53212	1083	8217	50926	45456
一般旅馆	13051	64	1	3607	8024
二、餐饮业	**128521**	**541**	**497**	**50135**	**30268**
其中：大中型	30524	174	2	20358	7887
按登记注册类型分					
内资企业	128186	533	497	49839	29973
集体企业	275	1		243	33
有限责任公司	15070	22	2	9798	6027
私营企业	112841	510	496	39799	23913
港、澳、台商投资企业	334	8		295	295
外商投资企业					
按餐饮行业分					
正餐服务	125526	538	497	49991	29738
快餐服务	1006	3		1	120
其他餐饮业	127	0			125

8-13 限额以上住宿和餐饮业企业财务状况(四)

(2021年) 单位：万元

名称	财务费用	#利息费用	营业利润	利润总额	应付职工薪酬	应交增值税
总计	**17957**	**14977**	**-28780**	**-27905**	**93443**	**5679**
一、住宿业	**16503**	**14071**	**-24713**	**-24457**	**45458**	**2485**
其中：大中型	14773		-20512	-20500	31818	1932
按登记注册类型分						
内资企业	14601	13171	-22582	-22417	38313	2090
国有企业						
股份合作企业						
有限责任公司	1880	93	-3847	-4072	6268	328
私营企业	12086	12456	-16173	-15898	30585	1603
港、澳、台商投资企业	899	901	-2355	-2307	4702	357
外商投资企业	1004		224	267	2443	38
按住宿行业分						
旅游饭店	16107	13884	-23154	-22956	38726	1947
一般旅馆	372	165	-1573	-1527	6145	492
二、餐饮业	**1454**	**906**	**-4067**	**-3448**	**47985**	**3195**
其中：大中型	707	516	-1035	-915	14975	1365
按登记注册类型分						
内资企业	1453	906	-4145	-3529	47705	3171
集体企业	2	2	-45	-6	170	4
有限责任公司	340	271	-1623	-1518	6840	467
私营企业	1111	632	-2478	-2005	40696	2700
港、澳、台商投资企业	1		78	81	280	24
外商投资企业						
按餐饮行业分						
正餐服务	1397	856	-3839	-3230	47517	3165
快餐服务	0		79	80	208	22
其他餐饮业	49	49	-36	-36	85	3

8-14　各类商品市场基本情况

(1990-2021年)

年　份	市场数(个)			市场成交额(亿元)
		#消费品市场	#生产资料市场	
1990	837			28.70
1991	822			32.80
1992	810			46.80
1993	851			71.70
1994	854			181.60
1995	859	740	119	352.10
1996	858	729	129	420.40
1997	843	687	156	396.50
1998	841	684	157	396.20
1999	811	687	124	439.80
2000	585	477	108	474.90
2001	569	464	105	541.50
2002	585	481	104	542.90
2003	538	440	98	577.40
2004	544	443	99	634.96
2005	530	435	95	671.76
2006	523	430	93	727.50
2007	538	444	94	798.79
2008	537	446	91	844.48
2009	571	478	93	905.77
2010	488	404	83	1019.87
2011	497	410	86	1136.65
2012	509	426	82	1295.21
2013	528	443	84	1435.20
2014	533	446	86	1512.84
2015	537	449	84	1615.00
2016	526	451	70	1307.62
2017	496	424	68	1392.20
2018	470	399	66	1414.27
2019	440	377	63	1386.00
2020	357	298	59	1278.90
2021	340	282	58	1310.88

主要统计指标解释

社会消费品零售总额 指企业（单位、个体户）通过交易直接售给个人、社会集团非生产、非经营用的实物商品金额，以及提供餐饮服务所取得的收入金额。社会消费品零售总额包括:

一、批发和零售业单位:

1. 售予城乡居民的各种生活消费品;

2. 售予入境旅游的外国人、华侨、港澳台同胞的各类商品;

3. 售予行政事业单位、社会团体、军队和武警等机构的商品，以及以零售方式售予各类企业的商品。具体包括: 用于非生产和社会交往的办公用品，如通讯设备、计算器具和设备、电讯网络设备、文印设备、音像视听器材和设备、纸张、本册、文具及装订文印材料、家具、日用电器、针纺织品、清洁卫生用品、文体用品、奖品、纪念品、礼品等; 供内部人员乘坐的交通工具和燃料; 用于办公设施修缮的各类配件、材料、工具等; 用于取暖和防暑降温的设备、燃料、材料及食品等; 专用于教学的用品和设备; 非营利医疗机构的中、西药品、中药材和医疗设备器材; 非专用的劳动保护用品; 不对外营业的内部食堂用的餐具、炊具、设备、清洁卫生工具和食品、燃料等; 军队、武警用于其人员生活的衣着品和个人用品; 其他各类非生产性设备和用品。

二、住宿和餐饮业单位出售的主食、菜肴、烟酒饮料和其他商品。

商品销售额 指对本单位以外的单位和个人出售（包括对国（境）外直接出口）的商品（包括售给本单位消费用的商品，含增值税）。在批发和零售业中，在国内市场上销售以及出口商品的总价。

批发 指除零售以外的一切商品销售活动，包括对生产经营单位批发、对批发零售贸易业批发和出口。

连锁企业（或称连锁店、连锁公司） 指在核心企业或总店的领导下，由分散的、经营同类商品或服务的企业或活动单位，采取共同方针，实行集中采购和分散销售的有机结合，通过规范化经营，实现规模效益的经济联合组织形式。一般连锁店应由若干个分店组成。其经营特征:（1）经营同类商品;（2）使用统一商号;（3）统一采购配送或特许经营。

连锁门店包括下列三种形式:

1. 直营连锁: 指连锁店铺由连锁公司全资或控股开设，在总部的直接控制下，开展统一经营。2. 特许连锁: 指拥有注册商标、企业标志、专利、专有技术等经营资源的企业（特许人），以合同形式将其拥有的经营资源许可其他经营者（被特许人）使用，被特许人按合同约定在统一的经营模式下开展经营，并向特许人支付特许经营费用。3. 自愿连锁: 指若干个店铺或企业自愿组合起来，在不改变各自资产所有权关系的情况下，以同一个品牌形象面对消费者，以共同进货为纽带开展的连锁经营形式。

限额以上批发企业 指年主营业务收入在2000 万元及以上的批发企业。

限额以上零售企业 指年主营业务收入在 500 万元及以上的零售企业。

限额以上住宿企业 指年主营业务收入在 200 万元及以上的住宿企业。

限额以上餐饮企业 指年主营业务收入在 200 万元及以上的餐饮企业。

营业额 指住宿和餐饮业单位在经营活动中因提供服务或销售商品等取得的收入，包括: 客房收入、餐费收入、商品销售收入和其他收入。

客房数 指住宿和餐饮业单位提供住宿服批发零售贸易业和住宿餐饮业务的房间数，该指标按年内正常情况下实有数统计。

床位数 指住宿和餐饮业单位供应旅客使用的床位数，不包括临时加床和内部工作人员使用的床位。该指标按年内正常情况下实有数统计。

餐位数 指住宿和餐饮业单位为顾客提供就餐服务时，正常可同时容纳就餐人员的餐位数量，不包括临时加的餐位。该指标按年内正常情况下实有

数统计。

年末餐饮营业面积 指住宿和餐饮业单位对外提供就餐服务的单位面积和从事食品加工、烹饪、调制的厨房面积，不包括办公用房和仓库等面积。该指标按年末实有面积统计。

市场成交额 指经乡镇及以上政府主管部门批准，有固定交易场所，进行经常性常年交易、并设有专职管理人员的现货商品交易市场所有摊位、写字间或门面的商品交易额之和。

9

对外经济贸易和旅游

Foreign Economy and Trade, Tourism

9-1 外贸进出口额

(1990-2021年)

单位：万美元、万元

年份	进出口总额	出口额	外贸企业	三资企业	生产企业	进口额
1990	1028	1020				8
1991	3823	3793	3280	513		30
1992	6127	6127	4767	1350		
1993	14732	14177	7564	5673	940	555
1994	24496	20314	10925	5999	3390	4182
1995	32591	27778	15344	5880	6554	4813
1996	40111	32857	14618	8357	9872	7254
1997	46636	35757	14778	10754	10215	10879
1998	47337	37969	13785	11953	12221	9368
1999	65932	49001	13157	18728	17116	16931
2000	114436	86877	26168	27824	32885	27559
2001	154277	117860	34356	38611	44893	36417
2002	219125	180240	50000	54234	76006	38885
2003	328806	265072	61566	74823	128683	63734
2004	478862	379895	81865	103464	194566	98967
2005	635301	519553	102866	145028	271659	115748
2006	843174	703475	129048	203560	370867	139699
2007	1109292	936472	165165	241736	529571	172820
2008	1381114	1176443	177425	267234	731785	204671
2009	1203152	1006683	163521	194230	648932	196469
2010	1700137	1396259	222856	250367	923037	303878
2011	2050352	1703492	260251	270695	1172546	346860
2012	2062194	1723882	249216	253316	1221350	338312
2013	2187783	1872069	317703	246506	1307860	315714
2014	2207924	1935131	288280	235657	1411194	272793
2015	2116577	1882887	284189	207592	1391106	233690
2016	13108112	11693755	1631197	1113314	8949244	1414358
2017	15778907	13794733	2404792	1291261	10098681	1984173
2018	17429914	15375961	2688878	1318638	11368444	2053953
2019	17000805	15651471	2830148	1270463	11550861	1349334
2020	18984818	17608621	3929183	1245316	12434121	1376197
2021	23993637	21970924	5051431	1421148	15498345	2022713

注：从2016年起以人民币为计价单位。

9-2 市区外贸进出口总额

(1994-2021年)

单位：万美元、万元

年 份	市 区	#椒江区	#黄岩区	#路桥区
1994	19237	5360		
1995	23880	6829		1389
1996	21197	7160		2211
1997	28247	8504	8959	1919
1998	26032	7360	9392	3454
1999	36609	11392	12544	2847
2000	64900	16936	15792	8606
2001	89475	21210	18985	16170
2002	119773	41150	26796	25477
2003	167141	58566	33435	38298
2004	240127	77922	47954	62426
2005	320224	88099	74365	91445
2006	401949	128764	83257	130490
2007	512334	168648	100432	172434
2008	635350	144851	142103	238820
2009	561927	147928	119877	184505
2010	787554	211139	154229	281062
2011	948350	253431	190352	346583
2012	934491	257432	196573	329031
2013	982645	269903	215912	338781
2014	968173	270706	212143	339216
2015	888127	233047	211009	290578
2016	5418626	1536534	1333919	1720441
2017	6792785	1843348	1598299	2456366
2018	7224305	2145879	1678573	2446041
2019	6351386	1708463	1863666	1700402
2020	7244782	1648031	2008812	2297010
2021	10240610	2367185	2405987	3816611

注：从2016年起以人民币为计价单位。

9-3 各县市外贸进出口总额

(1994-2021年) 单位：万美元、万元

年　份	三门县	天台县	仙居县	温岭市	临海市	玉环市
1994	31		403	913	3912	
1995	116		1060	2977	4558	
1996	359		2427	7449	6671	2008
1997	427		3226	6987	5519	2230
1998	598		3296	6525	7067	3819
1999	823		4834	8200	10011	5455
2000	1448		6150	16253	16041	9644
2001	1580	2562	7842	22526	17982	12310
2002	2862	4699	9951	40565	21964	19311
2003	5135	7076	12184	63076	40317	33877
2004	8052	13229	16750	77594	62404	60706
2005	13192	18511	16757	102914	69254	94449
2006	20199	25445	19253	139575	86520	150233
2007	29127	34374	25314	187436	112232	208475
2008	37313	45133	30274	223813	141852	267379
2009	34266	35759	32126	191761	141260	206053
2010	51152	47767	40570	281324	195826	295945
2011	66586	60884	51073	339599	237234	346627
2012	68715	60653	57428	355682	247900	337325
2013	69423	60839	63476	398550	256559	356291
2014	72811	67378	70371	399584	264282	365326
2015	68811	70721	73386	382427	281752	351352
2016	445216	426859	416647	2471219	1828402	2101144
2017	507424	471978	486539	2975188	2150280	2394713
2018	560652	520472	662666	3284535	2442049	2735233
2019	699586	549248	584061	3602635	2534508	2679381
2020	697007	584144	591856	4363968	2795995	2707057
2021	862354	761341	717211	4062337	3582754	3767030

注：从2016年起以人民币为计价单位。

9-4 市区外贸出口总额

(1994-2021年) 单位：万美元、万元

年 份	市 区	#椒江区	#黄岩区	#路桥区
1994	10780	4639		
1995	12593	5601		1389
1996	8121	5677		2211
1997	2665	6700	7488	1919
1998	3134	6088	8571	3454
1999	3628	8632	10293	2587
2000	13435	14615	13248	5217
2001	61197	18513	16416	9252
2002	91223	36993	23252	16293
2003	121000	50749	29328	25376
2004	162515	60690	40484	37933
2005	222720	61460	65979	55671
2006	284051	84084	74182	79852
2007	368009	116834	90500	110186
2008	469614	109870	132570	159853
2009	398931	106705	109293	108726
2010	543002	155048	139145	148179
2011	662545	195259	174854	180442
2012	656580	197145	183631	171062
2013	731468	213054	204125	193553
2014	746168	214012	200604	214138
2015	701205	198975	199668	181320
2016	4384280	1361530	1262048	1034521
2017	5272098	1656456	1515032	1318043
2018	5734430	1962039	1576970	1308385
2019	5589758	1576718	1776966	1247668
2020	6405627	1537600	1919183	1759716
2021	8856093	2238520	2294569	2791806

注：从2016年起以人民币为计价单位。

9-5 各县市外贸出口总额

(1994-2021年) 单位：万美元、万元

年份	三门县	天台县	仙居县	温岭市	临海市	玉环市
1994	28		403	913	3551	
1995	106	137	1060	2977	3915	
1996	359	130	2390	7393	4583	1993
1997	384	200	3191	6832	4149	2229
1998	502	314	3258	5353	4286	3009
1999	731	400	4723	7675	5759	4573
2000	1224	788	6071	14817	9148	8314
2001	1376	2385	7735	21145	13287	10735
2002	2631	4437	9888	35838	18591	17632
2003	4772	6688	12004	57299	31391	31918
2004	7306	12226	16556	74860	48942	57490
2005	12203	17053	16491	100123	62382	88581
2006	18471	23967	18886	134695	79037	144368
2007	27360	33192	25032	181513	104096	197270
2008	34341	42944	29974	212539	131933	255098
2009	31920	34220	31818	181556	132468	195770
2010	48487	44082	40188	266525	180117	273858
2011	64328	56338	49693	327396	218467	324727
2012	65995	56321	56041	341184	228690	319070
2013	66258	57375	60558	383859	235805	336746
2014	68749	64903	67674	384576	248724	354340
2015	66242	65965	71052	372092	265425	340906
2016	428165	402868	405060	2310408	1715768	2047205
2017	484848	439651	479256	2777010	2026812	2315057
2018	536012	483685	654997	3041244	2285997	2639595
2019	618527	519974	564638	3432538	2346847	2579189
2020	678881	558351	573064	4198018	2571342	2623337
2021	838052	727032	700785	3870089	3327662	3651212

注：从2016年起以人民币为计价单位。

9-6 外贸主要商品出口情况

(2015-2021年)　　单位：万元

类　别	2015年	2016年	2017年	2018年	2019年	2020年	2021年
机电产品	**6411285**	**6472309**	**7705054**	**8738719**	**8670464**	**9975279**	**12102552**
高新技术产品	**729879**	**759029**	**837666**	**964652**	**1069670**	**1395140**	**1331705**
主要商品(类别)							
家用电器	539042	569476	702182	796056	446216	496058	599369
其中：压缩机	199303	196420	161240	116358	122906	126489	175474
空　调	12270	11186	19029	76364	22463	17004	28601
冷藏箱	113279	115952	135300	145269	150928	185560	169249
汽摩及部件	672327	700718	804586	910635	896435	908233	1238461
1. 汽车及部件	520974	527952	601482	671453	677996	651660	896785
汽车整车	14416	3764	577	43	605	3484	10992
汽车零部件	506559	524188	600906	671411	677390	648177	885792
2. 摩托车及部件	151353	172766	203104	239181	218440	256573	341676
服装机械	174657	199275	252156	301428	309064	292190	396558
塑料模具	752544	780222	895288	1001353	1110051	1261222	1643264
医化产品	1328772	1338443	1518315	1747395	1892470	2216161	2251920
纺织服装	493472	473456	578352	627403	591088	674580	939949
帐　篷	156271	157519	178519	190053	203707	205608	268594
鞋　类	952297	915900	1016745	1071504	1193199	1026640	1347296
灯　具	325565	307592	351501	389515	393277	519077	557543
农产品	448560	428492	367587	582012	568865	548129	618887
阀门、龙头	1132548	1109979	1257179	1375112	1414171	1456774	1853319
家　具	1099628	1047690	1179322	1247424	1265277	1444045	1818481
太阳伞	137660	139750	158982	173578	220528	241224	351496
工艺品	166655	165221	126018	143363	160393	144367	179783
太阳能板	88756	103637	57012	67133	87728	103707	135968
喷雾器	294980	327757	372542	413639	447423	588355	639700
船　舶	37099	36654	33194	59956	58494	10786	65906
液体泵	558401	592735	649644	700307	824862	903997	1126880
铝制品	336637	310312	431110	436745	404912	359271	520793
铜制品	200313	189582	219765	249566	245013	241855	348063

9-7 外贸主要商品进口情况

(2015-2021年)

单位：万元

类　别	2015年	2016年	2017年	2018年	2019年	2020年	2021年
机电产品	**207870**	**138360**	**193341**	**253726**	**319681**	**336370**	**338280**
高新技术产品	**30853**	**37717**	**34150**	**39295**	**44923**	**32896**	**30762**
主要商品(类别)							
钢铁废碎料	480076	432764	565531	347425	17663	7205	43643
铜废碎料	353919	360963	644955	753712	371928	285373	735848
铝废碎料	3096	4600	7631	44759	21852	8362	86272
未锻轧的铜锌合金(黄铜)	11187	10228	17265	20456	21070	48172	70119
化工原料	106597	110631	110696	132183	129207	126595	138873
纺织原料	18347	19037	22016	21088	18221	26598	35842
塑料制品	143155	139280	166845	217670	215568	217929	243471
橡胶制品	19335	20392	23388	18938	19087	23556	31202
皮　革	4076	2789	2336	1983	2989	2538	1896
农产品	24277	43361	27635	52612	22474	21962	33906
光学、医疗仪器	20397	25201	42873	56802	62343	73669	72687
矿产品	1771	83660	82931	99805	76807	37717	17258
液晶装置	12912	17839	26224	34396	255		
金属加工中心	5763	9560	10103	16410	8595	6014	6210
玻璃制品	21287	9184	14124	11503	9105	16268	13810
木制品	12235	32244	48259	33386	8396	5758	2914
发动机	4759	4777	2917	3675	3528	2705	2559
压缩机	2456	1708	515	2359	2388	4005	6015

9-8 主要国家(地区)外贸进出口总额

(2015-2021年)　　单位：万元

国家(地区)	2015年	2016年	2017年	2018年	2019年	2020年	2021年
中国香港	110595	64856	61118	185245	83118	93860	90195
中国台湾	139303	139841	164684	197720	163729	179082	289009
印　度	489730	520579	620860	721544	814268	861877	971388
以色列	67107	67560	85872	96302	84931	85812	103483
日　本	831237	830749	1100807	1164401	687092	726346	1046850
沙特阿拉伯	163636	127411	159453	163132	201887	228753	292774
韩　国	325585	329263	432027	478668	408170	459017	521284
土耳其	174659	155500	184951	174866	160540	227849	269749
阿联酋	314607	256048	286636	252298	288491	294285	444864
印度尼西亚	167346	191450	218034	254276	292380	289734	352856
菲律宾	88456	92648	123428	135612	142764	161712	336521
新加坡	137912	52027	68890	91968	119561	135908	112370
泰　国	208022	231712	232898	271358	314315	388113	585785
越　南	149055	178430	220192	255612	246534	281475	333456
埃　及	140904	117533	94633	119942	135316	156488	184125
尼日利亚	124009	121486	169872	186632	212706	182554	266300
波　兰	174484	178613	240867	293210	275494	328770	377063
罗马尼亚	35637	43984	54535	64142	62222	70327	78264
比利时	136981	128128	145687	175766	170475	245598	273021
丹　麦	50555	44664	54150	57340	65527	69014	97986
英　国	501442	488920	567635	601714	622237	721094	908126
德　国	650537	672252	813066	854780	900499	1032310	1152576
法　国	327953	323732	385142	401112	446307	434037	563339
意大利	361075	367875	434314	467424	480965	503525	672392
荷　兰	347018	363309	390357	394293	379106	572162	615782
希　腊	46205	49989	57369	61735	69623	66678	93155
西班牙	267159	267167	315042	340353	347369	353548	427686
瑞　典	64468	66427	78089	93692	101239	171132	207385
阿根廷	88410	88945	122892	114782	75112	104106	144627
巴　西	200427	165494	238845	285480	346960	382694	466262
智　利	127296	122000	153574	155790	161839	168970	281371
墨西哥	337338	329481	368932	433691	473996	443208	649117
委内瑞拉	19353	12379	7210	6457	12961	13671	38197
加拿大	323786	338462	363182	396948	366587	463466	499219
美　国	2403835	2384700	2981908	3343045	2879298	3506946	4090672
澳大利亚	270699	276735	324844	344391	307058	405029	455092

9-9 主要国家(地区)外贸出口总额

(2015-2021年)　　单位：万元

国家(地区)	2015年	2016年	2017年	2018年	2019年	2020年	2021年
中国香港	101553	58160	53792	78674	59499	86931	87213
中国台湾	96598	98403	106603	123439	121492	137426	242459
印　度	469760	494218	595242	685110	773865	798147	915827
以色列	65869	66405	83300	93735	82548	83468	98742
日　本	275226	303372	350122	372269	374989	421422	464899
沙特阿拉伯	148424	113032	116478	109000	163646	197524	262884
韩　国	221152	223311	311579	347690	305519	315360	385875
土耳其	172188	149183	177613	169906	157927	221996	256569
阿联酋	306433	244626	266193	230811	254432	265315	386717
印度尼西亚	164931	187865	212268	244433	285020	275881	337157
菲律宾	87651	89827	116792	131576	137117	158579	325521
新加坡	84825	29265	43977	69621	96005	114128	80815
泰　国	189845	209345	208658	232691	259483	316592	488282
越　南	134276	164863	195432	233175	238435	270809	309506
埃　及	140615	116154	91201	113479	135263	154864	174154
尼日利亚	121789	115882	153553	174433	207367	166297	240033
波　兰	172130	176350	238228	290771	268644	323453	370089
罗马尼亚	34840	42287	47337	56833	54771	63763	73279
比利时	120688	112441	124111	156283	164597	234794	260827
丹　麦	48935	43724	50786	55908	64717	67581	97270
英　国	463732	453020	509785	550401	586637	698684	868796
德　国	595329	599658	725773	780970	831721	975680	1090282
法　国	313142	309807	364662	386894	431984	422164	543649
意大利	338049	344853	395018	427749	455284	477931	608944
荷　兰	306439	320610	319508	360115	368946	565333	604250
希　腊	44258	48616	53661	60812	69493	66406	92234
西班牙	254118	253007	289573	324529	331896	342352	407195
瑞　典	61035	63156	74181	89986	93410	156474	194766
阿根廷	88337	88560	122287	113572	73438	103656	144067
巴　西	196725	158165	231856	274475	342422	375732	459292
智　利	110407	108394	136435	144869	144814	143549	259331
墨西哥	333698	324131	365845	430185	468307	441337	642664
委内瑞拉	19353	11927	6487	5735	9916	12511	29734
加拿大	309080	325575	346861	384241	360201	459361	489659
美　国	2175018	2231926	2780747	3188134	2786598	3456097	3996171
澳大利亚	256318	262797	301565	321144	302321	395172	447098

9-10 主要国家(地区)外贸进口总额

(2015-2021年)　　单位：万元

国家(地区)	2015年	2016年	2017年	2018年	2019年	2020年	2021年
中国香港	9042	6696	7326	106571	23619	6929	2982
中国台湾	42705	41438	58081	74281	42238	41656	46551
印　度	19970	26361	25618	36434	40403	63730	55561
以色列	1238	1155	2572	2567	2383	2344	4741
日　本	556011	527377	750685	792132	312103	304924	581951
沙特阿拉伯	15212	14379	42975	54132	38242	31229	29891
韩　国	104433	105952	120448	130979	102651	143657	135409
土耳其	2471	6317	7338	4960	2613	5854	13180
阿联酋	8174	11422	20443	21487	34059	28970	58147
印度尼西亚	2415	3585	5766	9843	7360	13853	15700
菲律宾	805	2821	6636	4036	5646	3133	11000
新加坡	53087	22762	24913	22346	23556	21780	31555
泰　国	18177	22367	24240	38667	54831	71520	97503
越　南	14779	13567	24760	22437	8099	10666	23950
埃　及	289	1379	3432	6463	52	1624	9971
尼日利亚	2220	5604	16319	12199	5339	16257	26267
波　兰	2354	2263	2639	2439	6851	5317	6974
罗马尼亚	797	1697	7198	7309	7451	6565	4986
比利时	16293	15687	21576	19483	5877	10804	12194
丹　麦	1620	940	3364	1432	810	1433	716
英　国	37710	35900	57850	51312	35600	22410	39330
德　国	55208	72594	87293	73811	68778	56630	62294
法　国	14811	13925	20480	14218	14323	11873	19690
意大利	23026	23022	39296	39675	25681	25593	63448
荷　兰	40579	42699	70849	34178	10160	6829	11531
希　腊	1947	1373	3708	923	130	271	922
西班牙	13041	14160	25469	15823	15473	11196	20491
瑞　典	3433	3271	3908	3705	7829	14658	12619
阿根廷	73	385	605	1209	1673	450	560
巴　西	3702	7329	6989	11005	4538	6961	6971
智　利	16889	13606	17139	10922	17025	25421	22040
墨西哥	3640	5350	3087	3506	5689	1872	6453
委内瑞拉		452	723	721	3045	1160	8463
加拿大	14706	12887	16321	12707	6386	4105	9561
美　国	228817	152774	201161	154911	92700	50849	94501
澳大利亚	14381	13938	23279	23248	4737	9856	7994

9-11 对外经济合作和境外投资企业情况

(1988-2021年)

单位：万美元

年份	对外经济合作		境外投资企业				
	项目数（个）	营业额	当年投资境外企业（家）	中方投资额	境外企业直接出口	年末实有投资境外企业（家）	期末在外人数（人）
1988	304	28					
1989	671	91					
1990	428	99					
1991	240	85					
1992	119	53	2	58		2	767
1993	135	55	1	10	28	3	935
1994	92	42	1	5	57	4	655
1995	79	40	1	9	229	5	598
1996	76	36	6	79	409	11	609
1997	34	23	4	22	347	15	659
1998	40	34	6	51	528	19	690
1999	43	128	8	176	2405	22	416
2000	11	101	11	135	8838	27	243
2001	4	28	18	610	11724	31	344
2002	1	6262	25	548	15959	73	228
2003		6464	29	950	23053	97	252
2004		1320	39	1182	31578	136	428
2005		1800	48	1892	38680	184	444
2006		2600	55	5254	45869	245	808
2007	10	3784	38	5001	54489	277	466
2008	2	4002	39	6852		315	130
2009	1	5085	26	5119		342	146
2010	3	31175	29	7341		371	1912
2011	14	7403	38	6436		408	87
2012	16	3636	38	8216		446	65
2013	16	9521	33	6310		478	185
2014	16	7182	35	8668		513	
2015	15	8115	34	13693		547	2[illegible]6
2016	15	13010	47	17150		594	35
2017	15	12060	31	50070		625	95
2018	15	11590	35	206321		660	107
2019	15	12894	42	34639		702	77
2020	16	8669	26	20657		727	48
2021	16	8221	30	17916		753	394

9-12 利用外资情况

(1985-2021年)

单位：万美元

年 份	项目数(企业数)(个)	总投资	合同外资	实际利用外 资
1985	1	55	16	
1986	2	67	26	
1987	2	33	29	
1988	5	206	87	9
1989	12	1451	304	15
1990	9	314	109	21
1991	16	1035	405	43
1992	95	5211	2201	548
1993	266	24561	8461	2596
1994	155	17371	5438	2589
1995	123	17241	7763	3700
1996	70	12318	5335	3510
1997	51	9129	3037	3697
1998	91	25491	9994	3849
1999	93	16842	9949	4347
2000	120	22040	10715	5083
2001	107	23773	13329	5568
2002	173	60977	27919	11800
2003	200	94406	40204	21588
2004	123	61354	27507	21684
2005	117	63180	39893	25107
2006	139	160026	79829	31138
2007	95	135601	81681	31150
2008	38	43468	27300	23890
2009	25	28613	14334	18806
2010	28	16765	11842	13206
2011	20	11786	6320	14301
2012	25	53829	78482	47520
2013	29	53757	26982	40001
2014	40	54108	34586	27705
2015	17	34709	18289	11635
2016	36	159240	103894	33683
2017	48	159492	77847	44332
2018	44	82060	50532	28893
2019	78	126675	149128	65118
2020	78	151475	89984	36319
2021	81	1154036	74305	48259

注：实际利用外资从2004年开始使用商务部统计口径，合同外资从2006年开始使用商务部统计口径。

9-13 分国别和地区利用外资

(2020-2021年)　　单位：万美元

国家(地区)	2020年			2021年		
	利用外资企业数(家)	合同外资	实际利用外资	利用外资企业数(家)	合同外资	实际利用外资
总　计	**78**	**89984**	**36319**	**81**	**74305**	**48259**
亚　洲	**59**	**72554**	**29426**	**46**	**43129**	**42997**
阿富汗	1	71				
中国香港	28	61881	25577	21	42597	29363
柬埔寨				1	213	215
印　度		38		1	13	
伊　朗				1	4	
伊拉克	1	7				
以色列	1	723				
日　本	2	220	73	1	3	8
中国澳门	1	1403		1	25	
马来西亚	1	1				
新加坡	5	7039	3552	3	-1114	13336
巴基斯坦				1	15	
韩　国	4	364	141	4	526	53
土耳其	1	15				
沙特阿拉伯					13	
泰　国				1	1	
阿联酋			50			
中国台湾	14	792	33	11	833	22
非　洲				**3**	**1473**	
阿尔及利亚				1	3	
肯尼亚				1	1391	
纳米比亚				1	79	
欧　洲	**7**	**14807**	**3058**	**11**	**25421**	**821**
比利时					221	
英　国	2	5160	2679	3	4162	6
德　国	3	3650	350	3	1618	815
法　国	1	16		1	-9699	
意大利	1	5981	29	1	124	
卢森堡					28963	
荷　兰				1	27	
芬　兰				1	2	
瑞　典					3	
俄罗斯联邦				1		
南美洲	**1**	**545**	**3040**	**2**	**2012**	**3578**
英属维尔京群岛	1	545	3040	2	2012	3578
北美洲	**12**	**1856**	**779**	**14**	**75**	**63**
加拿大	3	747		3	-226	
美　国	9	1109	779	11	301	63
大洋洲	**2**	**222**	**16**	**4**	**2195**	**800**
澳大利亚	2	222	16	3	195	
萨摩亚				1	2000	800
重要区域(经济)组织						
RCEP				13	-176	13612
欧　盟				7	21259	815
一带一路				9	-855	13551

9-14　分行业利用外资

(2020-2021年)　　　　单位：万美元

类　　别	2020年			2021年		
	利用外资企业数(家)	合同外资	实际利用外　　资	利用外资企业数(家)	合同外资	实际利用外　　资
总　　计	**78**	**89984**	**36319**	**81**	**74305**	**48259**
农、林、牧、渔业				**1**	**11839**	
农业				**1**	**11839**	
制造业	**14**	**26328**	**23760**	**17**	**24801**	**10411**
农副食品加工业	1	4399				
食品制造业	1	47				
酒、饮料和精制茶制造业	1	5981				
纺织业			246	1	14	
纺织服装、服饰业		140				
家具制造业			18	1	213	221
文教、工美、体育和娱乐用品制造业		109	120			
化学原料及化学制品制造业				1	574	440
医药制造业	1	1275	16496		27775	5682
橡胶和塑料制品业					-178	3000
金属制品业		1537	505		-9714	
通用设备制造业	4	7383	468	3	-435	350
专用设备制造业	2	434	743	5	805	231
汽车制造业					3621	
交通运输设备制造业	1	2830	3062			
铁路、船舶、航空航天和其他运输设备制造业				2	324	168
电气机械及器材制造业	1	71	73	2	34	8
计算机、通信和其他电子设备制造业			10	2	121	16
仪器仪表制造业	2	58				
工艺品及其他制造业		2064	2019		1647	295
电力、热力、燃气及水生产和供应业	**3**	**2085**	**357**	**5**	**4694**	**1289**
电力、热力生产和供应业	1	917	357	5	4694	1289
燃气生产和供应业	1	467				
水的生产和供应业	1	701				
建筑业	**1**	**6258**	**600**	**1**	**2007**	**7000**
房屋建筑业	1	6258	600	1	2007	7000
交通运输、仓储和邮政业	**3**	**2472**	**5552**	**3**	**8976**	**6248**
道路运输业	3	2472	2150	1	2000	800
装卸搬运和仓储业			3402	2	6976	5448
信息传输、软件和信息技术服务业	**6**	**8554**		**10**	**4645**	**4500**
软件和信息技术服务业				10	4645	4500
金融业	**3**	**2**				
资本市场服务	3	2				
批发和零售业	**17**	**14723**	**656**	**13**	**10825**	**6439**
批发业	10	14622	656	11	10738	6409
零售业	7	101		2	87	30
住宿和餐饮业				**2**	**8**	
餐饮业				2	8	
房地产业	**2**	**3030**		**2**	**756**	**2570**
房地产业				2	756	2570
租赁和商务服务业	**9**	**11034**	**2469**	**6**	**-3206**	**8247**
商务服务业	9	11034	2469	6	-3206	8247
科学研究和技术服务业	**17**	**11845**	**451**	**18**	**5175**	**1137**
研究和试验发展	6	894	1	3	2781	6
专业技术服务业	1	59		1	131	
科技推广和应用服务业	10	10892	450	14	2263	1131
水利、环境和公共设施管理业	**1**	**2903**	**2474**	**1**	**3752**	**418**
生态保护和环境治理业	1	2903	2474		752	418
公共设施管理业				1	3000	
居民服务、修理和其他服务业	**1**	**750**				
文化、体育和娱乐业	**1**			**2**	**33**	
广播、电视、电影和录音制作业				1	8	
文化艺术业				1	25	

9-15 旅游设施基本情况

(2000-2021年)

年 份	旅行社数(家)	星级饭店数(家)	景区(个)	#3A	#4A	#5A
2000	15	4				
2001	23	8	2		1	
2002	25	9	5		3	
2003	34	11	6		3	
2004	38	12	7		3	
2005	47	18	8		4	
2006	56	20	9	1	4	
2007	64	26	12	3	5	
2008	70	29	14	4	5	
2009	93	31	18	6	6	
2010	102	33	20	6	6	
2011	114	38	21	7	6	
2012	122	41	24	9	7	
2013	130	43	28	13	7	
2014	145	54	37	19	9	
2015	140	50	46	23	9	2
2016	145	47	59	34	9	2
2017	157	54	72	44	13	2
2018	174	54	80	53	13	2
2019	168	35	93	64	15	2
2020	172	35	100	69	17	2
2021	171	32	103	70	18	2

9-16 国际国内旅游情况

(2000-2021年)

单位：万人次

年　份	旅　游总人数	国内旅游人　　数	国际旅游入境人数	外国人数	港澳人数	台湾人数	旅　游总收入(亿元)	国内旅游收入(亿元)	国际旅游(外汇)收　入(万美元)
2000	509.92	507.65	2.27	1.14	0.36	0.77	38.62	37.87	903
2001	642.97	639.67	3.30	1.73	0.34	1.23	48.70	47.50	1418
2002	925.49	921.10	4.39	2.15	0.43	1.81	74.93	71.85	3720
2003	1068.64	1063.86	4.78	1.94	0.83	2.01	86.71	83.51	3855
2004	1243.90	1237.61	6.29	3.50	0.79	2.00	100.40	97.15	3923
2005	1615.03	1607.50	7.53	4.30	1.10	2.13	139.09	134.79	5304
2006	1812.69	1803.80	8.89	5.44	1.96	1.50	150.32	145.10	6448
2007	2182.97	2173.66	9.31	6.52	1.20	1.59	175.28	170.63	6200
2008	2605.23	2594.85	10.38	7.06	1.28	2.05	208.59	203.70	7046
2009	2895.87	2887.22	8.65	5.91	0.95	1.79	230.04	226.65	4964
2010	3295.95	3285.66	10.29	6.83	1.02	2.45	273.23	269.42	5629
2011	3977.70	3965.36	12.34	6.93	1.40	4.00	329.25	325.16	6334
2012	4492.92	4468.92	24.00	10.90	2.71	10.40	412.18	406.67	8726
2013	5176.43	5165.54	10.89	6.11	2.69	2.09	493.37	490.73	4265
2014	6094.38	6078.85	15.53	11.51	2.31	1.70	583.55	580.53	4909
2015	7436.03	7419.17	16.86	12.74	2.04	2.07	749.25	745.63	5876
2016	8930.73	8911.49	19.24	14.88	2.13	2.24	942.65	938.35	6478
2017	10326.13	10275.57	19.88	15.58	2.14	2.16	1133.34	1109.98	6750
2018	11840.08	11821.70	18.38	14.60	1.71	2.07	1302.23	1298.02	6355
2019	13169.58	13155.70	13.88	11.46	0.62	1.80	1470.08	1466.89	4614
2020	11415.30	11413.80	1.47	1.18	0.11	0.18	1247.16	1246.92	355
2021	3602.12	3599.55	2.57	2.30	0.11	0.16	423.97	423.29	1060

9-17 接待外国旅游人数

(2015-2021年) 单位：人次

国别(地区)	2015年	2016年	2017年	2018年	2019年	2020年	2021年
总　　计	**127380**	**148828**	**155832**	**146046**	**114639**	**11796**	**23026**
亚洲小计	**70648**	**84633**	**115670**	**76393**	**79489**	**7599**	**11262**
其中：日　本	5253	7932	40836	28599	10513	628	1482
韩　国	53794	58416	22055	29420	48939	5375	7201
印度尼西亚	691	2095	10656	1126	1312	75	57
新加坡	605	1612	8572	713	794	116	257
泰　国	576	770	1429	968	1236	92	180
马来西亚	753	2044	10141	1739	1898	185	288
菲律宾	412	1411	7485	669	736	75	183
印　度	2930	3558	4332	5346	4945	261	310
美洲小计	**5481**	**8127**	**10871**	**11143**	**10135**	**1499**	**6093**
其中：美　国	3579	4897	6558	6444	6060	1043	4129
加拿大	663	1048	1564	1338	1187	196	794
非洲小计	**2095**	**2718**	**2842**	**3776**	**3738**	**221**	**492**
大洋洲小计	**1148**	**1352**	**1830**	**1481**	**1294**	**182**	**838**
其中：澳大利亚	865	881	1301	1201	1068	137	629
新西兰	69	172	245	142	124	30	69
欧洲小计	**9581**	**13559**	**19244**	**20927**	**19049**	**1981**	**4189**
其中：英　国	1022	1486	1924	2239	1733	349	464
法　国	934	1245	1525	1687	1354	172	181
德　国	1775	2166	3009	3407	2968	337	1010
意大利	923	1108	1386	1566	1936	264	1251
瑞　士	94	203	453	273	206	61	82
瑞　典	180	1160	2577	2898	2943	196	84
荷　兰	569	586	699	1222	744	38	45
俄罗斯	1094	1505	2476	2609	2358	187	540
西班牙	1095	793	821	1142	1018	70	61
其他	**38427**	**38439**	**5375**	**32326**	**934**	**315**	**152**

主要统计指标解释

进出口总额 指实际进出我国国境的货物总金额。包括对外贸易实际进出口货物，来料加工装配进出口货物，国家间、联合国及国际组织无偿援助物资和赠送品，华侨、港澳台胞和外籍华人捐赠品，租赁期满归承租人所有的租赁货物，进料加工进出口货物，边境地方贸易及边境地区小额贸易进出口货物(边民互市贸易除外)，中外合资企业、中外合作经营企业、外商独资经营企业进出口货物和公用物品，到、离岸价格在规定限额以上的进出口货样和广告品(无商业价值、无使用价值和免费提供出口的除外)，从保税仓库提取在中国境内销售的进口货物，以及其他进出口货物。我国规定出口货物按离岸价格统计，进口货物按到岸价格统计。

利用外资 指各级政府、部门、企业、中国银行和其他单位通过对外借款、吸收客商直接投资和商品信贷及其他方式，从国外和港澳台地区筹措的资金。对外借款包括通过外国政府贷款、国际金融组织贷款、外国银行的买方信贷和现汇贷款及对外发行债券等方式，从国外和港澳台地区借用的资金。

外商直接投资 是指外国企业和经济组织或个人(包括华侨、港澳台胞以及我国在境外注册的企业)按我国有关政策、法规，在我国境内开办独资企业、与我国境内的企业或经济组织共同举办合资企业、合作经营企业、股份制企业或合作开发资源的投资以及客商从企业得到的收益的再投资。

入境旅游人数 指来我国观光游览、度假、探亲访友、就医疗养、购物、参加会议或从事经济、科技、文化、体育、宗教活动的外国人、港澳台同胞等入境人数。不包括外国在我国的常住机构，如领使馆、通讯社、企业办事处的工作人员；来我国常驻的外国专家、留学生以及在岸逗留不过夜人员。统计时，外国人、港澳台同胞每入境一次统计1人次。

国内旅游人数 指国内居民在中国（大陆）观光游览、度假、探亲访友、就医疗养、购物、参加会议或从事经济、文化、体育、宗教活动的人数，其出游的目的不是通过所从事的活动谋取报酬。统计时，国内游客每出游一次统计1人次。

国际旅游（外汇）收入 指入境旅游的外国人、港澳台同胞在中国（大陆）旅行、游览过程中用于交通、参观游览、住宿、餐饮、购物、娱乐等全部费用，对国家来说就是国际旅游（外汇）收入。

国内旅游收入 又称旅游总花费。指国内游客在国内旅行、游览过程中用于交通、参观游览、住宿、餐饮、购物、娱乐等全部花费。

10

财政金融保险

Public Finance, Banking and Insurance

10-1 主要年份财政收入与支出

单位：万元

年 份	财 政 总收入	地方财政 一般预算 收 入	#增值税	#营业税	#企 业 所得税	#个 人 所得税	地方财政 一般预算 支 出
1949	480						200
1952	972						455
1957	3337						1333
1962	5186						2773
1965	5769						2242
1970	6635						3706
1975	6502						5908
1978	11897						9871
1980	13677						10539
1985	31377						20480
1990	65925						49925
1994	168869	86479	26512	14130	19487	7263	121969
1995	203050	104642	30869	21779	27759	8348	144858
1996	239739	120900	34773	29431	28419	12476	165445
1997	263381	134112	38469	33386	30582	14966	196390
1998	309568	162619	44488	42649	36767	18617	223500
1999	380039	197303	51709	50744	45112	23042	258937
2000	531793	261491	72941	55766	79621	29137	331947
2001	650425	388056	75314	74685	127995	47260	428608
2002	868285	431122	99245	104977	67392	36378	556353
2003	1086780	526964	118324	137692	73324	37603	688820
2004	1266669	626046	61696	162942	102201	38264	791520
2005	1474457	723324	157257	174958	107334	44788	880887
2006	1756878	861115	193493	213294	130776	53233	1040000
2007	2183788	1088551	233654	273535	175148	66079	1269285
2008	2480225	1260498	264386	300397	180448	82885	1538078
2009	2631616	1360227	283823	355692	160627	87158	1759524
2010	3106245	1648845	293775	432931	224035	115832	2227592
2011	3704657	2001150	325771	503206	289871	145347	2655309
2012	4089456	2204230	380110	574263	310909	136008	2879269
2013	4484660	2477341	441897	603749	334446	142687	3290300
2014	4852909	2652092	494463	607423	375250	162998	3714666
2015	5397827	2980170	551873	656380	382176	187590	4572105
2016	5838322	3432835	1012917	322062	408521	192637	5143996
2017	6569658	3822482	1498834		493303	223635	5630966
2018	7451904	4311768	1685337		551254	264757	6537506
2019	7298349	4384983	1597274		544642	181437	7703304
2020	6828276	4012385	1524829		503249	192838	7001415
2021	7700616	4554334	1521215		695633	224696	7348054

注：1. 2004年外贸出口退税政策调整，当年全市财政总收入新口径997540万元，地方财政一般预算收入新口径559726万元，考虑历史年份资料可比性，本表中财政总收入和地方财政一般预算收入仍按老口径计算；
2. 由于营改增的全面实施，2017年财政部门对2016年全市地方财政一般预算收入数据作了调整，调整后数据为3439463万元，2017年地方财政一般预算收入比上年增长11.1%。

10-2 市区主要年份财政总收入

单位：万元

年 份	市 区	#椒江区	#黄岩区	#路桥区
1978	4251		3943	
1980	4755		4536	
1985	13145	4057	8342	
1986	16577	5121	10543	
1987	17495	5766	11004	
1988	21474	6285	12853	
1989	24235	6776	15215	
1990	27001	8058	16714	
1991	32591	10562	18749	
1992	34652	12586	21347	
1993	55318	18327	35357	
1994	70347	24287	45688	
1995	83037	27794	30574	23410
1996	96367	32026	34121	26691
1997	112168	35714	39065	31475
1998	134217	41890	45882	36661
1999	157289	47437	52837	43459
2000	208039	64645	67479	61638
2001	272467	85241	83200	81319
2002	362205	109502	116320	102318
2003	465779	146011	145003	127678
2004	551899	177441	150536	154065
2005	638204	199738	172172	181630
2006	751477	236223	201549	222566
2007	923035	287488	247435	277733
2008	1048382	316242	272368	327095
2009	1122393	325118	284464	361155
2010	1349410	386899	326821	441433
2011	1627998	460759	386512	534966
2012	1763763	513458	418183	542848
2013	1945430	571320	475971	581901
2014	2061986	598475	520502	594698
2015	2282818	633653	580611	633997
2016	2484906	674010	617978	666956
2017	2703610	727436	699538	738445
2018	3063269	820660	789429	843216
2019	3035299	834657	697934	827158
2020	2878168	751673	673538	707458
2021	3185487	841967	741718	762368

注：2004年，外贸出口退税政策调整，考虑历史年份资料可比性，本表中的财政总收入按老口径计算，下同。

10-3 各县市主要年份财政总收入

单位：万元

年 份	三门县	天台县	仙居县	温岭市	临海市	玉环市
1978	725	1112	867	1805	2290	847
1980	727	1155	996	2308	2736	1000
1985	1591	2342	1970	5353	4676	2300
1986	2034	2807	2383	6548	5982	3056
1987	2281	3425	2777	7951	6903	3744
1988	2378	3908	3185	9991	7646	4842
1989	2692	4488	3648	11534	9136	5393
1990	2750	4940	3743	13124	8655	5712
1991	3693	5310	4116	13777	10027	6505
1992	3473	5788	4287	15156	12215	7883
1993	5131	8302	7618	21187	20069	12352
1994	6013	10515	9518	29221	26515	16740
1995	6910	12075	12180	36439	31918	20491
1996	7248	13521	13515	49666	35314	24108
1997	6703	14129	14898	51094	36511	27878
1998	8451	16607	16665	61306	40486	31836
1999	11587	20443	22479	85474	44531	38236
2000	16727	28481	29023	134805	59033	55685
2001	24058	33107	30869	139009	75647	75268
2002	31573	46005	42428	177911	108006	100157
2003	41062	56010	48889	222880	130019	122141
2004	43646	67148	46986	260234	151112	145644
2005	53318	77008	54972	294209	176646	180100
2006	65283	87518	66118	333938	212782	239762
2007	86168	100088	81199	418892	266106	308300
2008	107153	115380	92418	453898	306516	356478
2009	116279	124429	93432	475522	329502	370059
2010	136675	140142	106582	570123	401886	401427
2011	163436	170690	130233	665511	480167	466622
2012	179500	198451	146808	721978	526902	552054
2013	196980	214333	161768	785977	580080	600092
2014	213292	233522	188972	877077	633301	644759
2015	236843	258932	234602	983574	678102	722956
2016	247706	298917	267136	1031980	764240	743437
2017	262791	329491	305219	1157118	977423	834006
2018	302235	363628	347331	1307043	1144567	923831
2019	292538	369951	348070	1266938	1111390	874163
2020	266081	342709	329556	1189771	1018556	803435
2021	412884	399332	371183	1318542	1116279	896909

10-4 市区地方财政一般预算收入

(1994-2021年)

单位：万元

年 份	市 区	#椒江区	#黄岩区	#路桥区
1994	35834	13611	21851	
1995	42731	15353	15078	11478
1996	49805	17625	16843	12954
1997	57294	19437	18463	15076
1998	72242	24133	21552	18169
1999	85777	28575	24656	22023
2000	110603	38256	31889	29440
2001	171574	56224	47410	48688
2002	197148	63389	56618	51859
2003	245674	82592	69231	62841
2004	295117	98446	73551	77737
2005	337181	111041	83309	87855
2006	385038	125449	96266	104460
2007	472813	150971	118769	133120
2008	537741	164540	132707	155408
2009	590145	180667	142843	178598
2010	723612	226478	166018	225550
2011	899464	275213	197394	288078
2012	981790	301439	215851	291821
2013	1103883	329903	249939	321492
2014	1156668	326413	273714	328326
2015	1283947	350386	310189	358834
2016	1451939	385494	371145	395787
2017	1568587	416047	416795	427609
2018	1751242	472176	477200	470360
2019	1787223	496123	430800	470600
2020	1654041	443280	397974	383876
2021	1817138	491100	439647	426065

注：2004年，外贸出口退税政策调整，考虑历史年份资料可比性，本表中的地方财政一般预算收入按老口径计算。

10-5 各县市地方财政一般预算收入

(1994-2021年)

单位：万元

年 份	三门县	天台县	仙居县	温岭市	临海市	玉环市
1994	2939	4856	4613	16558	13675	8004
1995	3414	5801	5956	19688	17013	10039
1996	3719	6189	6712	23688	19027	11760
1997	3401	6275	7093	27144	19597	13308
1998	4459	7170	7668	34018	21029	16033
1999	6470	8802	10167	41458	24623	20006
2000	10051	13127	13252	56588	30221	27649
2001	15803	18053	18005	77538	44345	42738
2002	16733	20108	17680	80018	53615	45820
2003	21431	25841	20518	97357	64853	51290
2004	22221	32819	22150	117954	73308	62477
2005	27527	37511	25052	134798	86296	74959
2006	34156	42547	30822	158013	106651	103888
2007	45679	51610	40626	204069	136172	137582
2008	61111	60533	48023	233759	161023	158308
2009	66069	65442	49377	250238	173388	165568
2010	80734	78081	56698	305918	221272	182530
2011	96022	96610	68553	361688	261957	216856
2012	106818	110722	79028	388678	286066	251128
2013	118035	122958	92990	438479	325006	275990
2014	127657	132867	105588	478388	352566	298358
2015	144987	150268	134660	541213	380108	344987
2016	155766	170371	162468	616886	449188	426217
2017	167830	192068	185250	680900	542928	484919
2018	186290	218960	208400	772850	640650	533376
2019	181700	223312	210900	782700	659900	539248
2020	161600	203992	198237	721157	594890	478468
2021	301384	227432	218062	803800	660200	526318

10-6 地方财政收入及分类(一)

(1994-2021年) 单位：万元

年份	一般预算收入合计	增值税	营业税	企业所得税	企业所得税退税	个人所得税	资源税	固定资产投资方向调节税
1994	86479	26512	14130	19487	-1503	7263	174	746
1995	104642	30869	21779	27759	-1425	8348	127	1015
1996	120900	34773	29431	28419	-1286	12476	165	1485
1997	134112	38469	33386	30582	-406	14966	134	1726
1998	162619	44488	42649	36767	-1015	18617	92	1481
1999	197303	51709	50744	45112	-2683	23042	103	1048
2000	261491	72941	55766	79621	-1303	29137	115	174
2001	388056	75314	74685	127995		47260	116	-83
2002	431122	99245	104977	67392		36378	126	-7
2003	526964	118324	137692	73324		37603	104	
2004	626046	61696	162942	102201		38264	147	
2005	723324	157257	174958	107334		44788	1068	
2006	861115	193493	213294	130776		53233	3021	
2007	1088551	233654	273535	175148		66079	3616	
2008	1260498	264386	300397	180448		82885	3835	
2009	1360227	283823	355692	160627		87158	3643	
2010	1648845	293775	432931	224035		115832	3440	
2011	2001150	325771	503206	289871		145347	3244	
2012	2204230	380110	574263	310909		136008	3596	
2013	2477341	441897	603749	334446		142687	3891	
2014	2652092	494463	607423	375250		162998	5392	
2015	2980170	551873	656380	382176		187590	8051	
2016	3432835	1012917	322062	408521		192637	9312	
2017	3822482	1498834		493303		223635	13524	
2018	4311768	1685337		551254		264757	11103	
2019	4384983	1597274		544642		181437	8969	
2020	4012385	1524829		503249		192838	8940	
2021	4554334	1521215		695633		224696	7231	

注：1. 2002年起税收收入分享政策调整，企业所得税和个人所得税原全部计入地方财政收入，2002年调整为中央与地方五五分成，2003年调整为中央与地方六四分成。2. 2016年5月1日起，营业税改征增值税试点全面推开，全部营业税纳税人由缴纳营业税改为缴纳增值税。增值税从原来的中央与地方75%：25%分成调整为50%：50%分成。

10-7 地方财政收入及分类(二)

(1994-2021年)

单位：万元

年 份	城市维护建设税	房产税	印花税	城镇土地使用税	土地增值税	车船税	屠宰税	农业牧业税	农业特产税
1994	6206	1300	317	310		388	222	3644	3259
1995	7624	1749	405	358	1	487	459	4692	3736
1996	8615	2303	520	264	53	518	530	6633	3122
1997	9992	2730	503	341	111	549	582	5454	3060
1998	11180	3690	701	411	185	618	675	6290	3018
1999	12923	4475	941	493	238	867	861	5067	3088
2000	16088	5230	1380	568	364	865	816	5153	3459
2001	23042	7391	1837	697	687	1147	826	5071	3054
2002	28231	10313	3075	873	1682	1452	185	5260	1734
2003	33817	13358	4603	1246	3805	1780	2	5675	
2004	39259	16937	6925	1665	4630	2382		8	
2005	48171	23685	8914	5122	10326	2206			
2006	57246	26871	11622	7018	13809	2764			
2007	72070	32401	14975	10763	23934	3418			
2008	83087	42637	18677	43442	30663	8952			
2009	87333	46689	18271	58842	42016	11285			
2010	104067	47562	25590	57364	55868	14941			
2011	133390	71139	27484	80487	78145	18114			
2012	144439	88276	28327	86141	97642	27477			
2013	157384	98990	32327	91507	119470	32468			
2014	161947	118367	40082	102976	144222	36914			
2015	174320	133407	46114	115244	107636	41720			
2016	191407	142690	39287	128627	131348	44968			
2017	209809	148602	47707	113682	182677	50960			
2018	245367	168687	54604	114584	233003	56004			
2019	228805	191948	52090	120231	232189	55583			
2020	222754	119570	57180	56083	201651	59478			
2021	223102	180258	65111	79362	314832	63861			

10-8 地方财政收入及分类(三)

(1994-2021年)

单位：万元

年份	耕地占用税	契税	专项收入	罚没和行政事业性收费收入	国有资本经营收入	国有资源(资产)有偿使用收入	其他收入	政府性基金收入
1994	2585	805			-4061		4695	3517
1995	2703	926		1528	-12533		4035	4642
1996	2546	1949		1578	-17606		4412	5228
1997	3161	1915		2528	-21372		5601	5121
1998	2374	3004	5340	4629	-22580		5	12572
1999	3040	5062	6603	3908	-19358		20	15017
2000	4218	9172	8588	5858	-37213		494	17379
2001	6519	12351	11332	23138	-34591		268	32307
2002	16442	19952	15361	43183	-24833		101	87451
2003	21022	32045	15704	42425	-16755		1190	136992
2004	11271	41950	17648	66231	-15713	47	1236	174957
2005	8789	45804	24471	75473	-16634	54	1538	216982
2006	12095	48778	30800	75791	-21847	63	2288	268984
2007	12003	69976	38817	76555	-21372	2971	8	918572
2008	13857	70792	44947	87121	-20346	4149	569	1304414
2009	16421	94645	47278	73789	-33569	6167	117	1567329
2010	25612	153125	55462	82591	-55067	11563	154	3063426
2011	38067	142764	68842	97919	-41196	18532	24	3036436
2012	40576	120240	73174	110933	-23655	5634	140	2780556
2013	49525	189654	79221	103630	-28641	25135	1	3268178
2014	47254	158025	80532	128483	-26929	14691	2	1917587
2015	33805	144297	272474	125144	-25127	21586	3480	1392457
2016	121153	176970	287221	164117	-18871	60450	18019	1723387
2017	99849	230272	269784	132040	-39983	137999	9788	3419117
2018	49794	322952	299935	168768	-35912	106058	12787	5447128
2019	99510	319198	255213	363443	-24512	138341	15802	8405080
2020	28911	381930	289729	282809	-37056	98601	16815	5863774
2021	31455	427868	237174	216472	-52333	296118	19614	6708520

 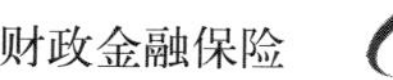

10-9 地方财政支出情况

(2015-2021年)

单位：万元

指　　标	2015年	2016年	2017年	2018年	2019年	2020年	2021年
地方一般预算支出合计	**4572105**	**5143996**	**5630966**	**6537506**	**7703304**	**7001415**	**7348054**
一般公共服务	448465	556074	661327	780115	858023	835412	871909
国　防	4952	5673	4747	5710	6330	9449	4471
公共安全	287148	375460	387919	470696	516284	514759	551351
教　育	986283	1084686	1226156	1345144	1473112	1491485	1581500
科学技术	167047	115254	137217	169642	287879	175336	221466
文化体育与传媒	82662	94947	94683	115514	118798	173899	169035
社会保障和就业	413170	485830	637531	665531	949443	760182	853848
医疗卫生与计划生育	351056	417362	426663	514996	605866	677722	709081
节能环保	101208	84377	212227	186855	304181	158394	202827
城乡社区	275500	383773	436064	665440	749245	393326	328349
农林水	699888	728122	756782	720018	714661	744922	759018
交通运输	407770	438323	216580	379142	322703	266493	295993
工业商业金融等	171013	116918	123193	133904	233719	211249	209075
其他支出	175943	257197	309877	384799	563600	588787	590131
政府性基金支出合计	**1593654**	**1692955**	**3537090**	**5722397**	**7985546**	**6217032**	**7004111**
文化教育与传媒			209	15	383	611	351
社会保障和就业	14515	24038	16034	15178	13694	11512	9703
城乡社区	1256112	1434590	3219250	5385800	4693348	4542790	5648772
农林水	2936	819	666	540	147	259	252
交通运输	3732	2982	1718	2809	97972	92512	137400
工业商业金融等	1172	1865	1206	370			
其他支出	315187	228661	298007	317685	3180002	1569348	1207633
社会保险基金支出合计	**1720132**	**2567860**	**3389250**	**3753332**	**4308675**	**5043041**	**2333863**
企业职工基本养老保险基金	983878	1366012	1697808	1998889	2210235	3010411	
城乡居民基本养老保险基金	152692	142785	161917	170289	185030	200615	261863
机关事业单位基本养老保险基金		371739	697912	576622	574564	557068	597461
职工基本医疗保险基金	202484	272861	340178	427634	527314	567634	729854
城乡居民基本医疗保险基金	290294	315384	373042	446868	540405	513218	600184
工伤保险基金	49008	49064	61824	66790	75333	68931	106276
失业保险基金	26179	31791	29851	30239	162357	125164	38225
生育保险基金	15597	18224	26718	36001	33437		

注：2020年起，生育保险基金支出纳入职工基本医疗保险基金支出，不再单独列支。

10-10 主要年份金融主要指标

单位：万元

年 份	金融机构本外币存款年末余额	#金融机构人民币存款余额	#城乡居民储蓄存款年末余额	金融机构本外币贷款年末余额	#金融机构人民币贷款余额	#短期贷款	#中长期贷款
1952		560	143		193		
1957		1784	521		5388		
1962		3593	601		12898		
1965		5238	1110		11989		
1970		6927	1384		22740		
1975		11875	2546		26090		
1978		16368	4401		34604		
1980		32389	11209		53673		
1985		98546	40501		123613		
1990		312614	153584		307913		
1994		1061934	546404		838094	695657	96289
1995		1399917	727602		1052121	865819	123833
1996		1896944	1017397		1335406	1052894	179930
1997		2496502	1360738		1711067	1424932	208135
1998		3394537	1939241		2126197	1723669	301773
1999		4320709	2468949		2726762	2108507	478072
2000	5407241	5289565	2896237	3307634	3304269	2596518	556846
2001	6428949	6290422	3526960	4096823	4023234	2669865	1272296
2002	8284108	8117593	4362702	5794759	5716237	3642042	1733151
2003	10740254	10561850	5421684	8237648	8090895	4909163	2783124
2004	11823111	11640689	6010774	9454142	9328902	5693519	3373348
2005	13849843	13694418	7117604	10580440	10445507	6411816	3764513
2006	16659867	16499842	8582033	13132416	12946754	8271509	4473442
2007	19375543	19213038	9287212	16159896	15770372	10527055	5124007
2008	23717020	23533773	12044432	19262657	18930765	12392248	6068898
2009	29356051	29152567	14437498	25180611	24229188	15603817	8219377
2010	35884773	35627957	17250805	30558214	29405118	19324859	9845344
2011	39989019	39590586	20588359	34707628	33545934	22740162	10542262
2012	45091738	44573554	23719853	38931604	37839726	25873733	11258308
2013	52197210	51541069	26981269	44541067	43402430	29596023	13455469
2014	56710259	56090430	28924078	50393663	49122356	32077228	16170388
2015	63059372	61886513	31454786	55184387	54296010	33499572	18306354
2016	70686244	69232204	35933933	58260273	57589217	33879939	20933601
2017	76184056	74292622	38768188	64124819	63666783	35711164	26842421
2018	85189153	83857431	41625764	73543353	72887742	39133406	31891069
2019	94573897	93454500	45229972	85431854	85046532	43221072	39049620
2020	106303100	104520942	51038968	98722521	98324505	46882100	48078416
2021	120495826	118365226	56554351	116699672	116030483	50511092	60123084

10-11　金融机构年末人民币存款余额

(2015-2021年)

单位：万元

指　　标	2015年	2016年	2017年	2018年	2019年	2020年	2021年
各项存款合计	**61886513**	**69232204**	**74292622**	**83857431**	**93454500**	**104520942**	**118365226**
境内存款	61842164	69192850	74243030	83792044	93415681	104474949	118309030
住户存款	32323686	37033664	40386881	45802900	53335154	60248813	66974162
活期存款	13926084	16555690	18063936	19353331	21003661	21530944	21683161
定期及其他存款	18397602	20477975	22322946	26449569	32331494	38717869	45291002
非金融企业存款	14772755	15213827	16538448	19281772	22405619	25700731	29786896
活期存款	5611710	6541473	7623605	8634210	9833153	9833907	10723893
定期及其他存款	9161045	8672354	8914843	10647562	12572466	15866824	19063003
广义政府存款	10981102	12314313	13878553	14828819	15147178	15071523	151155[illegible]1
财政性存款	466085	474904	782999	906303	1337570	1004672	1133606
机关团体存款	10515017	11839409	13095554	13922516	13809608	14066851	13981905
非银行业金融机构存款	3764622	4631045	3439148	3878553	2527730	3453882	6432450
境外存款	44349	39354	49592	65387	38819	45993	56196

10-12　金融机构年末人民币贷款余额

(2015-2021年)　　单位：万元

指　　标	2015年	2016年	2017年	2018年	2019年	2020年	2021年
各项贷款合计	**54296010**	**57589217**	**63666783**	**72887742**	**85046532**	**98324505**	**116030483**
境内贷款	54295215	57568913	63665528	72886713	85044275	98323089	116001128
住户贷款	28118314	30837146	35310241	40564471	45926098	51829700	59219238
短期贷款	17686180	17891517	19140138	21576033	23625810	24633338	25514251
消费贷款	4385616	4684742	5446716	5466557	5805443	5285280	4833045
经营贷款	13300565	13206775	13693422	16109476	17820367	19348058	20681206
中长期贷款	10432133	12945629	16170103	18988438	22300288	27196362	33704987
消费贷款	8540088	10362537	12578873	14760026	16727763	19101749	21912026
经营贷款	1892045	2583092	3591230	4228412	5572525	8094613	11792961
非金融企业及机关团体贷款	26169902	26720767	28347787	32322243	39118177	46493389	56503889
短期贷款	15813392	15988423	16571026	17557373	19595262	22248762	24996841
中长期贷款	7874221	7987972	10672317	12902631	16749332	20882054	26418096
票据融资	2375160	2693577	1087419	1850899	2759807	3352654	5076792
各项垫款	107129	50795	17024	11339	13775	9919	12160
非银行业金融机构贷款	7000	11000	7500				278000
境外贷款	795	20304	1255	1029	2256	1416	29356

10-13 财产和人寿保险业务收支情况

(1989-2021年)

单位：万元

年 份	保费收入			赔款、给付		
	合 计	财产险	人身险	合 计	财产险赔款支出	人身险赔款支出及给付
1989	3917	2214	1703	6844	6307	537
1990	4688	2727	1961	3483	2762	721
1991	8452	4515	3937	3087	2445	642
1992	15956	8234	7722	8186	6486	1700
1993	21221	12611	8610	9370	5492	3878
1994	21844	12987	8857	12187	11060	1127
1995	28985	17973	11012	9609	8268	1341
1996	34669	20489	14180	11173	9513	1660
1997	44182	22755	21427	56522	43690	12832
1998	57600	26061	31539	25928	12149	13779
1999	74468	30348	44120	22303	14691	7612
2000	92422	36150	56272	27915	15957	11958
2001	128548	43389	85159	34789	20314	14475
2002	173031	53802	119229	40151	27902	12249
2003	194986	56614	138372	52557	33194	19363
2004	240338	76198	164140	127470	101907	25563
2005	274479	98715	175764	101523	82333	19190
2006	311690	126931	184759	93238	66165	27073
2007	374198	162896	211302	141927	89755	52172
2008	515523	193432	322091	183381	117919	65462
2009	575102	233688	341414	207852	125507	82345
2010	729151	294241	434910	184306	139505	44801
2011	758807	342052	416755	228258	173571	54687
2012	843994	391421	452573	291713	227214	64499
2013	962828	445690	517138	362328	269691	92638
2014	1123907	517174	606733	383806	296430	87375
2015	1274452	579060	695392	459763	321127	138637
2016	1461460	617343	844117	533770	349695	184074
2017	1703004	640951	1062053	530434	351045	179389
2018	1785000	738000	1047000	579600	392100	187500
2019	1921554	773293	1148261	819215	641349	177866
2020	2192534	852308	1340226	709138	530252	178886
2021	2188653	913555	1275099	806470	601282	205188

主要统计指标解释

财政总收入 包括地方上划中央税收入和地方财政收入两部分。

一般预算收入 指按国家预算收入科目规定，属于地方负责组织征收的收入数，包括①各种税收收入类，指税务机关征管的“工商税收类”；海关征管的“关税类”；财政机关征管的“农业税类”“国有企业所得税类”等。②企业收入类。③企业亏损补贴类。④其他收入等。

增值税 是以商品生产流通和劳务服务各个环节的增值额为征税对象的一种流转税。按现行财政体制，增值税属于中央与地方的共享税种，其中：中央分享 75%，地方分享 25%；2016 年 5 月份开始中央和地方各 50%。

一般预算支出 指按国家预算支出科目规定，属于地方财政的各类预算支出，包括一般公共服务支出、公共安全支出、教育支出、科学技术支出、文化体育与传媒支出、社会保障和就业支出、医疗卫生支出、环境保护支出、城乡社区事务支出、农林水事务支出、交通运输支出、工业商业金融事务支出等。

金融机构存款 指企业、机关、团体和居民根据可以收回的原则，把货币存入各类金融机构保管，并取得一定利息的一种信用活动形式。根据存款对象的不同可划分为企业存款、财政存款、机关团体存款、居民储蓄存款等。

金融机构贷款 指各类金融机构根据必须归还的原则，按一定利率为企业、个人等提供资金的一种信用活动形式。根据贷款对象的不同分为工业贷款、建筑业贷款、商业贷款、农业贷款等。

城乡居民储蓄存款余额 包括城镇居民储蓄和农村居民个人储蓄两部分存款余额。不包括工矿企业、部队、机关团体等集体存款。

保费收入 指被保险人按其得到保险利益的保障程度(保险金额)的一定比率向保险人缴付的费用。

赔款 指保险人对财产保险的保险事故给予的经济补偿或对人身保险的保险事故给付的保险金。

11

物　价

Prices

11-1　主要年份市区物价总指数

年　份	居民消费价格总指数		商品零售价格指数	
	以上年为100	以1978年为100	以上年为100	以1978年为100
1978	100.0	100.0	99.9	100.0
1980	108.8	111.6	109.5	113.2
1985	109.4	134.9	109.8	137.3
1986	107.7	145.3	107.4	147.5
1987	111.8	162.4	112.0	165.2
1988	124.8	202.7	125.2	206.8
1989	117.7	238.6	117.1	242.2
1990	100.9	240.8	100.4	243.2
1991	104.6	251.8	104.2	253.4
1992	111.4	280.6	111.5	282.5
1993	118.7	333.0	116.0	327.7
1994	125.3	417.3	124.2	407.[illegible]
1995	115.2	480.7	114.0	464.0
1996	108.8	523.0	105.2	488.2
1997	102.4	535.6	99.9	487.7
1998	99.6	533.4	98.0	477.9
1999	99.2	529.1	98.3	469.8
2000	100.8	533.4	99.1	465.6
2001	98.4	524.8	99.0	460.9
2002	99.0	519.6	99.3	457.7
2003	100.4	521.7	98.4	450.4
2004	104.3	544.1	100.5	452.7
2005	100.0	544.1	99.2	449.1
2006	100.2	545.2	99.4	446.4
2007	104.0	567.0	104.4	466.0
2008	104.2	590.8	105.6	492.1
2009	99.4	587.3	99.5	489.6
2010	104.6	614.3	104.3	510.7
2011	106.3	653.0	106.7	544.9
2012	102.0	666.1	102.1	556.3
2013	101.8	678.1	100.3	558.1
2014	102.3	693.7	101.4	565.9
2015	100.7	698.6	99.5	563.1
2016	101.6	709.8	100.9	568.2
2017	102.4	726.8	101.5	576.7
2018	102.4	744.1	101.6	585.9
2019	102.3	761.1	101.7	595.9
2020	102.1	776.9	101.6	605.3
2021	101.7	790.2	102.6	620.9

11-2　市区居民消费价格分类指数

(2018-2021年，以上年为100)

指　　标	2018年	2019年	2020年	2021年
居民消费价格指数	**102.4**	**102.3**	**102.1**	**101.7**
服务价格指数	**103.5**	**101.5**	**100.6**	**101.3**
消费品价格指数	**101.6**	**102.8**	**103.1**	**102.0**
食品烟酒	101.5	105.8	106.5	101.0
食　品	101.1	107.9	108.9	100.3
粮　食	100.1	99.2	101.6	101.1
鲜　菜	108.1	108.6	104.7	109.1
畜肉类	96.6	130.3	137.1	78.9
水产品	101.0	97.1	99.7	111.4
烟　酒	99.9	100.2	101.4	101.0
衣　着	102.3	101.1	101.4	101.4
居　住	105.8	100.4	100.0	100.3
生活用品及服务	101.5	102.1	102.0	101.8
交通和通信	100.3	98.8	97.0	104.1
教育文化和娱乐	102.2	101.4	101.9	104.2
医疗保健	101.4	103.8	100.2	103.2
其他用品和服务	99.7	102.6	102.7	97.1

11-3 市区商品零售价格分类指数(一)

(1994-2021年，以上年为100)

年 份	商品零售价格总指数	食品类	饮料、烟酒类	服装、鞋帽类	纺织品类	家用电器及音像器材类	文化办公用品类	日用品类	体育娱乐用品类
1994	124.2	136.2	103.5	126.7	119.4	108.3		111.3	
1995	114.0	122.6	92.4	114.0	117.7	98.2		111.1	
1996	105.2	106.3	102.9	103.9	110.6	97.9		108.9	
1997	99.9	99.9	96.9	103.5	102.4	95.6		100.4	
1998	98.0	99.2	94.7	101.8	99.3	96.6		96.8	
1999	98.3	97.6	95.9	99.3	98.4	92.4		98.0	
2000	99.1	97.4	101.3	98.6	100.1	90.7		96.9	
2001	99.0	98.7	102.4	96.8	100.2	96.8		98.1	
2002	99.3	100.3	98.8	95.8	98.6	97.8		98.7	
2003	98.4	102.7	103.6	95.4	99.9	94.7	94.2	97.6	96.5
2004	100.5	111.9	103.2	97.2	100.1	94.7	96.7	98.9	99.7
2005	99.2	103.1	98.5	89.7	99.0	97.3	97.0	100.8	100.0
2006	99.4	101.6	100.5	93.0	98.5	98.5	98.7	100.7	95.9
2007	104.4	112.8	102.0	97.3	100.8	98.5	98.0	100.5	95.8
2008	105.6	110.0	103.0	89.0	99.3	99.3	99.4	104.5	93.1
2009	99.5	113.5	99.9	91.4	105.0	96.4	97.6	101.1	94.2
2010	104.3	108.8	100.4	95.6	96.8	97.1	94.3	99.8	97.2
2011	106.7	115.8	103.8	100.3	100.5	98.8	98.3	104.6	97.3
2012	102.1	105.6	103.9	104.5	112.0	97.3	95.7	102.9	98.4
2013	100.3	105.2	100.1	101.4	103.1	99.2	95.7	100.6	99.5
2014	101.4	103.7	99.7	101.2	105.9	99.3	97.0	99.3	101.2
2015	99.5	102.2	103.5	104.3	98.4	97.0	98.1	99.5	100.1
2016	100.9	103.3	102.4	102.5	104.6	99.7	98.7	101.7	102.9
2017	101.5	99.9	101.4	102.5	98.0	100.2	99.9	101.4	102.6
2018	101.6	101.4	100.4	102.3	99.0	97.0	102.4	101.7	99.9
2019	101.7	107.0	100.8	101.1	97.7	100.9	103.3	101.6	99.7
2020	101.6	107.7	101.6	101.4	101.7	102.0	102.7	101.3	102.0
2021	102.6	100.8	101.0	101.5	101.2	105.6	103.0	100.4	102.4

11-4 市区商品零售价格分类指数(二)

(1994-2021年，以上年为100)

年 份	交通、通信用品类	家具类	化妆品类	金 银珠宝类	中、西药品及医疗保健用品类	书报、杂志及电子出版物类	燃料类	建筑材料及五金电料类
1994			105.5	110.0	95.0	154.3	100.2	113.4
1995			110.4	98.1	109.9	109.6	101.1	110.9
1996			103.4	100.0	111.5	137.0	98.3	101.5
1997			97.2	100.7	104.3	108.7	100.3	94.5
1998			93.1	93.0	103.3	108.3	91.6	89.5
1999			95.4	91.1	101.5	105.9	104.3	101.9
2000			93.6	100.8	101.9	103.1	131.2	100.0
2001			92.4	81.8	96.7	109.8	89.8	99.4
2002			97.9	99.2	96.0	99.5	93.7	100.9
2003	88.1	90.6	101.1	103.5	91.6	99.3	108.8	98.5
2004	86.4	96.3	97.5	113.3	81.9	100.4	109.8	102.6
2005	89.1	95.9	100.7	103.5	96.4	99.8	114.2	100.1
2006	91.7	96.9	99.8	112.3	97.2	99.2	112.3	104.1
2007	96.7	94.8	100.5	108.0	102.8	99.3	108.2	105.9
2008	97.1	90.2	100.7	111.8	117.2	101.8	117.9	108.8
2009	100.6	90.4	98.4	99.3	103.5	106.1	85.1	99.2
2010	99.2	96.8	97.8	115.5	109.1	101.3	119.7	105.4
2011	96.3	100.0	101.4	120.2	109.0	102.5	113.7	105.3
2012	92.8	103.3	103.7	102.6	100.4	100.6	103.5	102.7
2013	95.9	102.8	100.9	94.2	91.2	100.0	99.6	100.6
2014	100.4	101.8	98.7	92.3	104.9	100.0	98.8	99.4
2015	97.0	101.3	100.5	94.8	105.5	100.3	82.3	98.9
2016	99.0	102.0	102.1	107.8	101.5	104.7	94.1	100.9
2017	98.8	103.1	99.8	100.8	102.9	101.4	110.4	102.6
2018	97.9	103.3	101.2	98.1	102.9	104.0	110.7	102.0
2019	97.8	102.5	102.5	108.1	101.5	104.7	96.8	100.9
2020	98.7	101.9	102.5	114.1	100.5	101.7	89.9	100.8
2021	101.2	101.6	100.7	97.4	99.8	100.2	115.2	102.3

11-5　工业生产者价格指数

(2013-2021年，以上年为100)

项　目	2014年	2015年	2016年	2017年	2018年	2019年	2020年	2021年
一、工业生产者出厂价格指数(PPI)	**99.0**	**97.3**	**97.9**	**103.2**	**102.0**	**100.1**	**98.8**	**102.7**
其中：轻工业	100.2	99.1	99.1	102.5	101.2	100.3	98.9	99.3
重工业	98.4	96.4	97.5	103.4	102.2	100.0	98.7	104.0
其中：生产资料	98.5	96.3	97.5	104.2	102.3	99.4	98.4	104.3
生活资料	100.0	99.1	98.8	100.7	101.1	101.6	99.5	99.0
按工业行业大类分								
农副食品加工业	102.3	99.3	101.3	97.8	99.7	111.6	111.2	87.4
食品制造业	97.9	98.7	98.9	96.6	94.9	99.8	96.7	95.4
酒、饮料和精制茶制造业	101.0	97.3	97.4	99.9	99.9	98.2	99.0	100.2
纺织业	98.5	98.7	98.5	104.0	102.6	101.6	98.2	99.3
纺织服装、服饰业	97.0	100.7	96.5	97.4	100.0	103.1	98.2	
皮革、毛皮、羽毛及其制品和制鞋业	102.5	100.5	100.8	100.8	102.7	100.7	98.4	94.5
木材加工和木、竹、藤、棕、草制品业	99.9	99.4	99	100.2	100.4	99.3	97.9	98.3
家具制造业	99.6	100	103	100.5	99.6	101.7	101.8	97.7
造纸和纸制品业	99.9	99.2	102.8	126.4	103.0	88.1	98.8	105.3
印刷和记录媒介复制业	102.1	97.9	99.6	101.7	104.9	101.2	99.6	112.6
文教、工美、体育和娱乐用品制造业	100.5	100.9	94.8	101.2	102.4	100.6	100.7	97.7
化学原料和化学制品制造业	101.5	94.9	94.9	109.1	113.5	98.5	89.8	111.9
医药制造业	98.7	98.5	98	100.6	104.3	104.2	99.3	98.7
化学纤维制造业	93.0	86.5	103.1	114.9	104.4	97.1	88.8	
橡胶和塑料制品业	99.9	97.5	97.6	100.3	99.2	100.0	99.2	102.2
非金属矿物制品业	101.1	94.1	99.8	110.4	118.1	104.9	102.3	105.5
黑色金属冶炼和压延加工业	97.1	95.3	94.9	117.6	113.8	97.4	97.2	119.6
有色金属冶炼和压延加工业	94.9	93.8	99.5	119.8	101.5	97.0	102.0	122.3
金属制品业	98.5	96.6	97.4	103.5	103.5	101.8	99.9	107.3
通用设备制造业	98.5	97	98.2	103.4	103.0	101.7	98.5	101.6
专用设备制造业	99.4	95.9	99.8	100.9	101.4	100.7	99.1	99.8
汽车制造业	99.7	97.3	97.5	100.3	98.6	98.8	98.5	100.2
铁路船舶航空航天和其他运输设备制造业	99.3	98.9	99.2	102.5	99.6	99.0	98.6	102.4
电气机械和器材制造业	98.5	96.7	96.9	102.6	100.6	97.8	98.5	111.6
计算机、通信和其他电子设备制造业	97.9	93.1	98.2	99.2	98.0	97.1	96.1	99.1
仪器仪表制造业	97.7	97.4	95.2	96.7	100.5	99.5	96.4	99.0
其他制造业	98.7	98.2	98.9	104.4	100.5	100.2	101.5	99.9
废弃资源综合利用业	92.8	89.8	100.4	111.7	105.7	100.5	100.6	
电力、热力生产和供应业	99.7	98.9	95.3	99.6	98.4	98.0	97.5	101.4
燃气生产和供应业	102.5	87.2	89.4	103.7	106.4	105.1	94.2	92.8
水的生产和供应业	100.0	100	102.7	107.9	102.0	100.0	96.0	101.3
二、工业生产者购进价格指数(IPI)	**98.0**	**95.1**	**98.4**	**108.2**	**103.9**	**97.3**	**97.3**	**112.9**
燃料、动力类	97.2	91	97.5	103.0	100.7	99.4	99.2	113.4
黑色金属材料类	95.6	92.4	96.1	118.0	107.1	97.9	98.8	120.8
有色金属材料及电线类	95.3	92.3	98	115.2	103.4	95.5	100.1	124.6
化工原料类	98.6	94.6	98.5	109.3	104.4	93.6	93.1	118.5
木材及纸浆类	100.8	99.4	99.6	111.9	103.8	96.2	99.2	108.8
建筑材料及非金属类	102.9	97.8	94.8	117.5	119.1	103.8	99.7	105.5
其他工业原材料及半成品类	97.3	97.5	99.2	104.1	102.4	97.8	97.2	105.8
农副产品类	100.0	98.8	101.4	103.2	101.9	108.3	105.9	98.5
纺织原料类	99.6	97.6	99.5	106.3	105.4	96.5	93.2	103.2

注：2018年起，工业行业划分标准的依据是《国民经济行业分类》(GB/T4754-2017)。

主要统计指标解释

居民消费价格指数 居民消费价格是指城乡居民支付生活消费品和服务项目消费的价格，是社会产品和服务项目的最终价格。居民消费价格指数是度量一组具有代表性的消费商品及服务项目价格水平随着时间而变动的相对数，反映居民家庭购买的消费品及服务价格水平的变动情况。它是宏观经济分析和决策、价格总水平监测和调控以及国民经济核算的重要指标。调查内容包括食品烟酒、衣着、居住、生活用品及服务、交通及通信、教育文化和娱乐、医疗保健、其他用品和服务 8 大类的商品及服务项目。编制居民消费价格指数共设 262 个基本分类，每个分类设置 2-10 个代表规格品，代表规格品 846 种，采用加权算术平均公式计算指数。计算指数的价格来源于各采价点，权数根据住户调查中居民的实际消费构成每 5 年调整。

商品零售价格指数 商品零售价格是商品在流通过程中最后一个环节的价格，指工业、商业、餐饮业和其他零售企业向城乡居民、机关团体出售生活消费品和办公用品的价格。商品零售价格指数是指反映一定时期内商品零售价格变动趋势和变动程度的相对数。调查内容包括即食品、饮料烟酒、服装鞋帽、纺织品、家用电器及音像器材、文化办公用品、日用品、体育娱乐用品、交通通信用品、家具、化妆品、金银珠宝、中西药品及医疗保健用品、书报杂志及电子出版物、燃料、建筑材料及五金电料 16 大类，编制商品零售价格指数共设 229 个基本分类，代表规格品 738 种，采用加权算术平均公式计算指数。计算指数的价格来源于各采价点(即商场、商店、农贸市场等)，权数根据批发零售贸易统计中的相关资料和典型调查资料每 5 年调整。

工业生产者出厂价格指数 工业生产者出厂价格是指工业产品第一次出售时的出厂价格，工业生产者出厂价格指数是以出厂代表产品的价格变动来反映全部出厂产品的价格变化趋势和变动幅度。编制工业生产者出厂价格指数共设 31 大类行业。

工业生产者购进价格指数 工业生产者购进价格是指企业作为中间投入的原材料、燃料、动力购进价格。工业生产者购进价格指数是以购进代表产品的价格变动来反映全部购进产品的价格变化趋势和变动幅度。编制工业生产者购进价格指数共设 9 大类。

12

人民生活

People's Livelihood

12-1 分行业在岗职工工资总额

单位：万元

行　业	2020年	2021年
总　计	**7413216**	**8249896**
按国民经济行业分		
农、林、牧、渔业		
采矿业	3017	3199
制造业	4479018	5229356
电力、热力、燃气及水生产和供应业	131953	88858
建筑业	1681680	1757860
批发和零售业	361502	372059
交通运输、仓储和邮政业	162013	159823
住宿和餐饮业	73260	83587
信息传输、软件和信息技术服务业	77218	79666
金融业		
房地产业	164659	176592
租赁和商务服务业	142937	178337
科学研究、技术服务业	60640	49973
水利、环境和公共设施管理业	22943	22559
居民服务、修理和其他服务业	22167	20787
教　育	2559	1435
卫生和社会工作	18132	17384
文化、体育和娱乐业	9519	8439
公共管理、社会保障和社会组织		

注：本表统计范围为辖区内规模以上工业、有资质的建筑业、限额以上批发和零售业、限额以上住宿和餐饮业、有开发经营活动的全部房地产开发经营业、规模以上服务业法人单位。

12-2 分行业在岗职工平均工资

单位：元

行　　业	2020年	2021年
总　　计	**67568**	**74580**
按国民经济行业分		
农、林、牧、渔业		
采矿业	68874	76346
制造业	67837	76832
电力、热力、燃气及水生产和供应业	150615	147654
建筑业	59540	62873
批发和零售业	73621	82551
交通运输、仓储和邮政业	84219	94102
住宿和餐饮业	48140	54722
信息传输、软件和信息技术服务业	130812	148409
金融业		
房地产业	97976	111810
租赁和商务服务业	64880	67320
科学研究、技术服务业	127074	115145
水利、环境和公共设施管理业	57894	59571
居民服务、修理和其他服务业	56048	62125
教　育	65943	67689
卫生和社会工作	77821	89886
文化、体育和娱乐业	62056	90454
公共管理、社会保障和社会组织		

注：本表统计范围为辖区内规模以上工业、有资质的建筑业、限额以上批发和零售业、限额以上住宿和餐饮业、有开发经营活动的全部房地产开发经营业、规模以上服务业法人单位。

12-3 全体居民家庭人均可支配收入和消费支出情况

(2013-2021年)

单位：元

指标名称	2013年	2014年	2015年	2016年	2017年	2018年	2019年	2020年	2021年
人均可支配收入	**28215**	**30950**	**33788**	**36915**	**40439**	**43973**	**47988**	**50643**	**55499**
工资性收入	16868	18652	20493	22324	24505	26572	28879	30130	33159
经营净收入	5618	5997	6365	6869	7446	8069	8783	9480	10306
财产净收入	2978	3281	3627	4039	4402	4814	5310	5711	6316
转移净收入	2751	3019	3302	3684	4086	4518	5016	5322	5717
人均消费支出	**19502**	**21641**	**23822**	**25143**	**27129**	**29421**	**31768**	**30969**	**36227**
食品烟酒	5925	6526	7085	7426	7890	8489	9092	9073	10329
衣　着	1553	1723	1888	1951	2054	2210	2361	2282	2675
居　住	4623	5133	5678	5863	6408	6957	7479	7357	8516
生活用品及服务	1123	1272	1401	1457	1579	1700	1833	1793	2115
交通通信	3110	3480	3850	4174	4515	4917	5333	5051	6013
教育文化娱乐	1626	1790	2029	2256	2519	2778	3078	2935	3659
医疗保健	1045	1167	1289	1382	1499	1659	1820	1754	2100
其他用品及服务	497	550	602	635	665	711	771	724	820

12-4 主要年份城乡居民家庭人均收支情况

(1990-2021年)　　单位：元

年 份	全市城镇常住居民		市区城镇常住居民		全市农村常住居民	
	人均可支配收入	人均消费支出	人均可支配收入	人均消费支出	人均可支配收入	人均消费支出
1990	1595	1476	1528	1236		
1991	1938	1862	1991	1688		
1992	2307	2293	2348	2157		
1993	3514	3096	3697	2943		
1994	4960	4111	5355	3915		
1995	6489	5636	7088	5397		
1996	6793	5826	7487	5647		
1997	7221	6869	8062	6312	3836	
1998	7761	7305	8684	7393	4169	
1999	8189	7370	9052	7306	4378	
2000	8728	7493	9465	7372	4668	
2001	10105	8543	10724	8612	5032	
2002	11639	9564	12782	9857	5401	
2003	13404	10532	14983	10795	5823	4548
2004	15870	11892	17176	12968	6529	4672
2005	17132	13380	18890	14330	7269	6010
2006	18749	14052	20582	15360	8006	6544
2007	20626	15726	22946	15565	9053	7749
2008	22395	16425	24943	15614	9975	8466
2009	24061	17732	26705	17364	10873	8864
2010	26802	19401	29484	19499	12287	9655
2011	30030	21430	33140	22502	14244	11332
2012	33467	22333	37058	24014	15829	12117
2013	36480	24031	40356	25983	17523	13643
2014	39763	26458	44082	28698	19362	15307
2015	43266	28892	47990	31448	21225	17102
2016	47162	30021	52318	33462	23164	18598
2017	51374	32514	57032	35809	25369	19709
2018	55705	35100	61779	38266	27631	21510
2019	60351	37616	67041	40794	30221	23364
2020	62598	36131	69488	39300	32188	23001
2021	68053	42096	75388	46299	35419	26838

注：2013年起住户调查方法制度进行城乡一体化改革，2012年及以前年份数据依据改革后新调查口径推算所得，下同。

12-5 城镇居民家庭人均可支配收入和消费支出情况

(2013-2021年)

单位：元

指标名称	2013年	2014年	2015年	2016年	2017年	2018年	2019年	2020年	2021年
人均可支配收入	**36480**	**39763**	**43266**	**47162**	**51374**	**55705**	**60351**	**62598**	**68053**
工资性收入	21045	23149	25402	27644	30247	32684	35260	36226	39504
经营净收入	6974	7365	7699	8241	8856	9579	10359	11022	11906
财产净收入	4596	5033	5548	6167	6651	7244	7909	8290	9103
转移净收入	3864	4216	4617	5111	5621	6198	6824	7061	7540
人均消费支出	**24031**	**26458**	**28892**	**30021**	**32514**	**35100**	**37616**	**36131**	**42096**
食品烟酒	7125	7802	8457	8796	9402	10058	10713	10564	11941
衣　着	2042	2257	2463	2507	2623	2814	2981	2844	3305
居　住	5817	6393	6994	7079	7798	8426	8981	8685	9978
生活用品及服务	1443	1628	1782	1848	2014	2159	2314	2226	2607
交通通信	3934	4351	4690	4890	5271	5729	6137	5695	6811
教育文化娱乐	1914	2084	2372	2631	2968	3256	3591	3382	4221
医疗保健	1087	1204	1323	1421	1562	1725	1894	1805	2192
其他用品及服务	669	739	811	849	876	933	1005	930	1041

12-6 农村居民家庭人均可支配收入和消费支出情况

(2013-2021年)

单位：元

指标名称	2013年	2014年	2015年	2016年	2017年	2018年	2019年	2020年	2021年
人均可支配收入	**17523**	**19362**	**21225**	**23164**	**25369**	**27631**	**30221**	**32188**	**35419**
工资性收入	11466	12739	13986	15185	16591	18057	19709	20721	23012
经营净收入	3862	4198	4598	5027	5504	5966	6519	7100	7748
财产净收入	884	978	1081	1183	1303	1430	1576	1729	1858
转移净收入	1311	1446	1560	1769	1970	2178	2417	2638	2803
人均消费支出	**13643**	**15307**	**17102**	**18598**	**19709**	**21510**	**23364**	**23001**	**26838**
食品烟酒	4372	4849	5266	5587	5807	6303	6763	6770	7751
衣　着	919	1022	1127	1205	1270	1368	1471	1415	1657
居　住	3078	3475	3934	4231	4493	4910	5320	5308	6178
生活用品及服务	708	803	895	933	979	1061	1142	1125	1328
交通通信	2045	2335	2737	3213	3474	3787	4177	4056	4737
教育文化娱乐	1254	1403	1573	1753	1900	2113	2342	2245	2760
医疗保健	991	1119	1244	1328	1412	1566	1715	1675	1952
其他用品及服务	275	301	326	348	374	402	435	407	465

12-7 全体居民家庭住房和耐用消费品情况

(2013-2021年)

指标名称		2013年	2014年	2015年	2016年	2017年	2018年	2019年	2020年	2021年
平均每户家庭人口数	**(人)**	**2.91**	**2.96**	**3.00**	**3.01**	**3.03**	**3.04**	**3.08**	**3.10**	**3.10**
人均现住房建筑面积	**(平方米)**	**48.3**	**49.0**	**51.4**	**52.5**	**52.7**	**54.0**	**54.7**	**55.0**	**54.9**
每百户耐用消费品拥有量										
家用汽车	(辆)	34	39	41	45	49	57	58	62	65
摩托车	(辆)	25	29	26	23	20	15	12	12	10
助力车	(辆)	68	74	81	87	91	91	101	101	104
洗衣机	(台)	76	81	86	87	89	91	94	97	100
电冰箱(柜)	(台)	91	96	98	99	101	104	107	107	108
彩色电视机	(台)	166	173	179	181	184	184	185	186	186
空　调	(台)	124	136	148	152	158	177	182	186	193
热水器	(台)	84	92	98	100	103	104	105	109	109
排油烟机	(台)	63	68	72	75	78	80	83	85	87
固定电话	(部)	49	49	46	41	37	31	29	24	20
移动电话	(部)	214	227	233	235	240	250	251	254	260
计算机	(台)	73	80	86	88	89	82	81	84	81
照相机	(架)	29	31	30	27	24	17	16	16	13

12-8 城镇居民家庭住房和耐用消费品情况

(2013-2021年)

指标名称		2013年	2014年	2015年	2016年	2017年	2018年	2019年	2020年	2021年
平均每户家庭人口数	**(人)**	**2.89**	**2.95**	**2.99**	**3.00**	**3.01**	**3.03**	**3.06**	**3.05**	**3.05**
人均现住房建筑面积	**(平方米)**	**46.2**	**46.9**	**48.4**	**48.8**	**49.1**	**50.8**	**51.3**	**51.9**	**51.9**
每百户耐用消费品拥有量										
家用汽车	(辆)	43	49	51	54	57	65	66	69	72
摩托车	(辆)	24	28	24	20	16	13	11	11	8
助力车	(辆)	61	67	74	78	82	84	93	94	96
洗衣机	(台)	85	90	95	96	97	97	100	102	104
电冰箱(柜)	(台)	96	99	101	101	103	105	107	107	108
彩色电视机	(台)	183	190	196	197	198	192	190	191	191
空　调	(台)	164	177	191	195	199	214	215	215	221
热水器	(台)	93	102	108	110	112	112	113	115	115
排油烟机	(台)	75	82	87	90	92	91	92	93	94
固定电话	(部)	54	53	51	46	41	36	33	28	23
移动电话	(部)	226	237	242	245	249	256	257	258	265
计算机	(台)	92	97	104	105	105	98	96	98	94
照相机	(架)	42	44	43	40	37	25	24	22	19

12-9 农村居民家庭住房和耐用消费品情况

(2013-2021年)

指标名称		2013年	2014年	2015年	2016年	2017年	2018年	2019年	2020年	2021年
平均每户家庭人口数	**（人）**	**2.93**	**2.98**	**3.02**	**3.03**	**3.05**	**3.07**	**3.10**	**3.16**	**3.17**
人均现住房建筑面积	**（平方米）**	**51.1**	**51.7**	**55.5**	**57.4**	**57.8**	**58.5**	**59.6**	**59.7**	**59.7**
每百户耐用消费品拥有量										
家用汽车	(辆)	22	26	29	34	39	44	47	51	54
摩托车	(辆)	26	31	28	28	25	18	14	14	13
助力车	(辆)	77	84	91	100	104	101	111	113	118
洗衣机	(台)	65	70	73	76	78	83	85	89	94
电冰箱(柜)	(台)	84	91	94	96	97	102	106	106	107
彩色电视机	(台)	143	151	156	159	165	173	178	178	179
空　调	(台)	73	83	92	94	102	125	135	140	149
热水器	(台)	73	80	85	86	90	92	94	98	100
排油烟机	(台)	47	50	53	54	58	64	70	72	75
固定电话	(部)	43	44	39	35	31	24	23	18	15
移动电话	(部)	199	214	221	222	228	242	244	248	253
计算机	(台)	48	57	62	65	68	60	58	63	59
照相机	(架)	12	13	12	8	7	6	6	5	4

12-10 市区全体居民家庭人均可支配收入和消费支出情况

(2013-2021年) 单位：元

指标名称	2013年	2014年	2015年	2016年	2017年	2018年	2019年	2020年	2021年
人均可支配收入	**31781**	**34903**	**38083**	**41654**	**45720**	**49707**	**54177**	**57129**	**62280**
工资性收入	18582	20374	22481	24182	26559	28791	31354	32759	35777
经营净收入	6110	6629	7105	7369	7969	8688	9482	10088	10861
财产净收入	3981	4402	4864	5657	6209	6718	7371	7756	8606
转移净收入	3108	3497	3633	4446	4984	5510	5969	6526	7037
人均消费支出	**21321**	**23663**	**26062**	**27950**	**30070**	**32299**	**34632**	**33692**	**39387**
食品烟酒	6527	7213	7877	8271	8805	9384	10052	9732	11696
衣　着	1812	2008	2219	2296	2479	2656	2838	2772	3175
居　住	4964	5492	5923	6303	6717	7250	7691	7488	8293
生活用品及服务	1240	1369	1503	1629	1769	1901	2042	2050	2356
交通通信	3381	3848	4343	4822	5225	5584	5988	5902	6700
教育文化娱乐	1779	1962	2213	2511	2790	3028	3311	3101	4074
医疗保健	900	986	1099	1165	1257	1387	1521	1511	1745
其他用品及服务	719	786	884	953	1027	1109	1190	1136	1348

12-11 市区城镇居民家庭人均可支配收入和消费支出情况

(2013-2021年)　　单位：元

指标名称	2013年	2014年	2015年	2016年	2017年	2018年	2019年	2020年	2021年
人均可支配收入	**40356**	**44082**	**47990**	**52318**	**57032**	**61779**	**67041**	**69488**	**75388**
工资性收入	22837	24828	27352	29263	31995	34510	37394	38436	41958
经营净收入	7123	7722	8239	8341	8938	9761	10680	11221	11830
财产净收入	5794	6374	7039	8235	8951	9662	10548	10889	12038
转移净收入	4602	5158	5361	6479	7149	7846	8419	8942	9562
人均消费支出	**25983**	**28698**	**31448**	**33462**	**35809**	**38266**	**40794**	**39300**	**46299**
食品烟酒	7938	8755	9515	9879	10473	11097	11837	11323	13543
衣　着	2338	2576	2829	2908	3120	3320	3534	3423	3959
居　住	5945	6527	7027	7453	7941	8567	9008	8674	9745
生活用品及服务	1588	1746	1894	2050	2216	2367	2533	2508	2897
交通通信	4060	4603	5135	5637	6003	6343	6742	6617	7623
教育文化娱乐	2097	2293	2597	2929	3261	3531	3855	3585	4754
医疗保健	1060	1159	1291	1358	1458	1604	1757	1734	2048
其他用品及服务	958	1039	1160	1248	1337	1437	1529	1436	1729

12-12 市区农村居民家庭人均可支配收入和消费支出情况

(2013-2021年)　　单位：元

指标名称	2013年	2014年	2015年	2016年	2017年	2018年	2019年	2020年	2021年
人均可支配收入	**18607**	**20544**	**22446**	**24592**	**27059**	**29626**	**32374**	**34480**	**37765**
工资性收入	12046	13408	14793	16053	17593	19278	21118	22356	24218
经营净收入	4555	4920	5316	5814	6369	6902	7453	8012	9048
财产净收入	1195	1318	1430	1533	1684	1822	1986	2016	2186
转移净收入	811	898	907	1193	1412	1625	1816	2097	2313
人均消费支出	**14160**	**15788**	**17560**	**19131**	**20602**	**22373**	**24189**	**23415**	**26461**
食品烟酒	4360	4802	5292	5698	6054	6534	7028	6817	8241
衣　着	1005	1118	1257	1318	1420	1552	1658	1579	1707
居　住	3456	3872	4181	4464	4699	5060	5459	5313	5578
生活用品及服务	706	778	886	955	1031	1127	1210	1211	1345
交通通信	2338	2667	3094	3517	3942	4320	4709	4591	4972
教育文化娱乐	1290	1444	1607	1841	2013	2191	2390	2214	2803
医疗保健	654	715	796	856	925	1025	1120	1104	1179
其他用品及服务	352	390	448	481	516	564	615	587	636

12-13 市区全体居民家庭住房和耐用消费品情况

(2013-2021年)

指标名称		2013年	2014年	2015年	2016年	2017年	2018年	2019年	2020年	2021年
平均每户家庭人口数	**（人）**	**3.11**	**3.08**	**3.13**	**3.09**	**3.10**	**3.12**	**3.22**	**3.19**	**3.20**
人均现住房建筑面积	**（平方米）**	**45.1**	**46.1**	**48.1**	**51.6**	**51.8**	**51.5**	**52.0**	**52.6**	**54.0**
每百户耐用消费品拥有量										
家用汽车	(辆)	49	54	57	61	66	68	67	71	71
摩托车	(辆)	23	24	22	20	17	15	13	13	11
助力车	(辆)	65	70	74	79	84	82	83	84	91
洗衣机	(台)	81	84	89	92	94	96	97	99	100
电冰箱(柜)	(台)	92	96	99	102	104	106	107	107	108
彩色电视机	(台)	187	191	193	194	197	195	196	194	196
空　调	(台)	154	165	178	181	183	187	192	194	205
热水器	(台)	101	104	109	109	111	112	114	115	116
排油烟机	(台)	71	75	79	81	85	87	88	90	92
固定电话	(部)	57	52	53	49	43	39	40	38	34
移动电话	(部)	223	239	246	250	252	257	259	261	261
计算机	(台)	88	95	101	102	101	98	98	98	90
照相机	(架)	36	37	36	33	33	30	30	28	22

12-14 市区城镇居民家庭住房和耐用消费品情况

(2013-2021年)

指标名称		2013年	2014年	2015年	2016年	2017年	2018年	2019年	2020年	2021年
平均每户家庭人口数	**（人）**	**2.97**	**2.99**	**3.03**	**3.06**	**3.08**	**3.07**	**3.23**	**3.20**	**3.14**
人均现住房建筑面积	**（平方米）**	**42.7**	**43.3**	**45.6**	**47.6**	**48.5**	**48.4**	**48.8**	**49.2**	**51.4**
每百户耐用消费品拥有量										
家用汽车	(辆)	58	63	64	69	73	76	77	78	76
摩托车	(辆)	21	22	20	16	16	13	11	10	8
助力车	(辆)	61	66	72	76	81	76	77	78	79
洗衣机	(台)	88	92	98	99	100	101	103	104	103
电冰箱(柜)	(台)	95	99	103	104	108	109	111	111	111
彩色电视机	(台)	202	207	205	205	209	205	208	204	202
空　调	(台)	188	202	216	217	216	218	223	223	227
热水器	(台)	109	112	115	114	117	117	119	119	119
排油烟机	(台)	79	83	88	88	91	92	93	94	95
固定电话	(部)	63	57	60	56	48	42	44	42	38
移动电话	(部)	233	244	252	254	259	262	265	267	265
计算机	(台)	101	109	115	116	113	110	111	110	99
照相机	(架)	52	53	47	42	43	39	39	36	30

12-15 市区农村居民家庭住房和耐用消费品情况

(2013-2021年)

指标名称		2013年	2014年	2015年	2016年	2017年	2018年	2019年	2020年	2021年
平均每户家庭人口数	**(人)**	**3.31**	**3.21**	**3.29**	**3.14**	**3.13**	**3.20**	**3.20**	**3.18**	**3.30**
人均现住房建筑面积	**(平方米)**	**48.9**	**50.5**	**52.0**	**58.0**	**57.2**	**56.6**	**57.5**	**58.8**	**58.8**
每百户耐用消费品拥有量										
家用汽车	(辆)	36	41	45	49	54	55	51	57	61
摩托车	(辆)	26	28	25	25	19	18	17	17	15
助力车	(辆)	72	75	78	85	89	93	94	94	114
洗衣机	(台)	70	73	75	80	83	87	89	90	96
电冰箱(柜)	(台)	86	91	94	99	98	99	102	101	104
彩色电视机	(台)	165	166	174	177	177	178	178	176	184
空　调	(台)	101	108	119	123	130	135	139	141	165
热水器	(台)	88	91	98	102	101	103	106	106	111
排油烟机	(台)	58	62	66	70	75	78	80	81	87
固定电话	(部)	48	44	43	38	35	33	34	32	27
移动电话	(部)	209	230	237	244	241	247	249	248	253
计算机	(台)	68	73	79	80	81	78	77	76	72
照相机	(架)	12	14	18	17	16	15	14	13	9

12-16 各县市区城镇常住居民人均可支配收入

(2006-2021年)

单位：元

年　份	全　市	市　区				三门县	天台县	仙居县	温岭市	临海市	玉环市
			椒江区	黄岩区	路桥区						
2006	18749	20582	19715	18398	25080	13732	13988	12513	20634	16307	23987
2007	20626	22946	22236	20090	26914	15485	15626	14184	22533	18135	25717
2008	22395	24943	24491	21908	29067	17327	17638	15583	24348	19700	27309
2009	24061	26705	26360	23870	30395	18864	19051	17039	26206	21314	28414
2010	26802	29484	29276	26270	32938	21026	21258	19198	28569	24627	32884
2011	30030	33140	33018	29441	36919	23521	24000	21401	31593	27386	36664
2012	33467	37058	37394	32842	40641	26222	26676	23802	34763	30735	40608
2013	36480	40356	40722	35963	44055	28818	29291	26134	37995	33348	44019
2014	39763	44082	44101	39404	48416	31805	32257	28526	41225	36488	47761
2015	43266	47990	47993	43048	52587	34771	35276	31201	44743	39676	51586
2016	47162	52318	52563	47180	56840	37908	38526	34072	48941	43332	55979
2017	51374	57032	56949	51609	62286	41156	41928	37127	53178	47309	61057
2018	55705	61779	61532	55861	67703	44933	45265	40506	57793	51520	66027
2019	60351	67041	66899	60963	72982	48875	48984	43940	62948	55915	71344
2020	62598	67041	69053	63103	76052	50538	50746	45741	65277	58319	74492
2021	68053	75388	75477	68313	82681	55072	54800	49620	71025	62993	81806

12-17　各县市区农村常住居民人均可支配收入

(1997-2021年)　　单位：元

年 份	全 市	市 区	椒江区	黄岩区	路桥区	三门县	天台县	仙居县	温岭市	临海市	玉环市
1997	3836		4239	3812	4068	2772	3193	2651	5046	3161	3834
1998	4169		4918	4270	4540	3018	3355	2771	5385	3484	5180
1999	4378		5254	4526	5072	3285	3526	2931	5748	3967	5445
2000	4668		5621	4894	5454	3588	3786	3080	5999	4304	5924
2001	5032		5966	5220	5765	3950	4125	3242	6328	4665	6425
2002	5401		6336	5680	6172	4226	4358	3439	6662	4963	6885
2003	5823		6723	6145	6669	4627	4714	3719	7052	5311	7479
2004	6529	7131	7530	6664	7549	5163	5115	4025	7552	5943	8298
2005	7269	7920	8166	7132	8470	5801	5576	4811	8081	6482	8923
2006	8006	8799	8841	7811	9406	6653	6132	5354	8734	7580	9586
2007	9053	9966	9958	9050	10842	7574	6902	6211	10017	8839	10612
2008	9975	10922	10876	9998	11827	8594	7876	7010	11073	9883	11654
2009	10873	11855	11767	10978	12790	9413	8654	7751	12099	10851	12620
2010	12287	13148	13135	12195	14098	10597	9901	8916	13846	12271	14659
2011	14244	15108	15009	14289	16176	12287	11583	10421	16037	14157	17033
2012	15829	16824	16757	15954	17906	13695	12923	11626	17794	15736	18898
2013	17523	18607	18533	17629	19841	15201	14306	12929	19681	17404	20940
2014	19362	20544	20527	19477	21825	17040	15765	14398	21786	19180	22950
2015	21225	22446	22386	21338	23823	18788	17401	15930	23739	20973	25171
2016	23164	24592	24419	23404	26182	20428	18947	17453	25922	22932	27446
2017	25369	27059	26857	25834	28750	22241	20697	19129	28412	25052	29996
2018	27631	29626	29394	28276	31534	24313	22468	20970	30743	27418	32453
2019	30221	32374	32007	30992	34501	26601	24644	22962	33842	30131	35340
2020	32188	32374	33872	33102	36888	28309	26370	24454	36244	32150	37545
2021	35419	37765	37093	36184	40621	30944	28909	26956	39667	35367	41871

12-18　各县市区城镇常住居民人均消费支出

(2007-2021年)　　单位：元

年份	全市	市区	椒江区	黄岩区	路桥区	三门县	天台县	仙居县	温岭市	临海市	玉环市
2007	15726	15565	17474	15738	15272	11349	12126	10075	17300	15319	21579
2008	16425	15614	17754	15446	16600	11961	12812	10181	18674	15998	22683
2009	17732	17364	19799	17807	17464	12404	13278	11729	19982	16980	23163
2010	19401	19499	22443	19801	17689	13316	15574	13281	21156	20319	23171
2011	21430	22502	23565	22342	20549	14629	17229	13945	23728	20686	26617
2012	22333	24014	25082	24307	22027	15633	17616	14552	25051	20989	27307
2013	24031	25983	27239	26875	23815	16774	19289	17175	27180	21727	29274
2014	26458	28698	30099	29509	26449	18904	21179	19116	29871	24161	32113
2015	28892	31448	32718	32637	28988	20511	23064	21066	32732	26529	34018
2016	30021	33462	34747	33528	32032	22275	23871	22941	34193	29182	36954
2017	32514	35809	37839	34333	34982	24177	25327	24958	36467	31517	39861
2018	35100	38266	40715	35535	38206	26219	26467	27053	39311	34271	42852
2019	37616	40794	43503	37603	40886	28213	28337	29152	42241	36825	45820
2020	36131	40794	42641	35138	39618	27218	27518	27098	41086	34646	43046
2021	42096	46299	50478	41832	45331	31785	31416	30868	47324	39919	50664

12-19　各县市区农村常住居民人均消费支出

(2007-2021年)　　单位：元

年份	全市	市区	椒江区	黄岩区	路桥区	三门县	天台县	仙居县	温岭市	临海市	玉环市
2007	7749	8519	9627	6490	9213	5829	5600	5607	7759	8601	8977
2008	8466	9261	10421	6503	10491	6389	6006	6765	7984	9215	10425
2009	8864	8918	9275	6922	10313	6937	6288	7677	8617	10512	11204
2010	9655	10031	11624	7581	10592	7677	8214	8181	9693	9624	11788
2011	11332	11836	13374	10149	12308	9721	9625	9146	11206	12526	12198
2012	12117	12584	13818	10817	13048	10180	10406	9503	12786	12794	13487
2013	13643	14160	15765	12130	14872	11074	11384	10947	14526	14002	14783
2014	15307	15788	17751	13537	16391	12580	12591	12437	16327	15752	16512
2015	17102	17560	20147	15067	17800	13851	13787	13818	18194	17485	18223
2016	18598	19131	21497	16533	19723	15034	14518	15158	19619	19076	19927
2017	19929	20602	23423	17773	21010	16303	15456	16233	21102	20182	21540
2018	21510	22373	25564	19008	23075	17647	16445	17735	22685	22029	23176
2019	23364	24189	27530	20570	25049	19053	17708	19214	24722	23969	25125
2020	23001	24189	26030	20224	24579	18937	17120	18508	24778	24116	24453
2021	26838	26461	29586	22641	27486	22123	19882	21285	28718	28099	28784

主要统计指标解释

工资总额

指本单位在报告期内直接支付给本单位全部在岗职工的劳动报酬总额。工资总额不论是计入成本的还是不计入成本的，不论是以货币形式支付的还是以实物形式支付的，均应列入工资总额的计算范围。

工资总额是税前工资，包括单位从个人工资中直接为其代扣或代缴的个人所得税、社会保险基金和住房公积金等个人缴纳部分，以及房费、水电费等。工资总额应包含：

（1）基本工资：也可称为标准工资、合同工资、谈判工资。指本单位在报告期内（年度）支付给本单位在岗职工的按照法定工作时间提供正常工作的劳动报酬。各单位给个人确定的底薪可作为基本工资。包括工龄工资。基本工资不含定时、定额发放的各种奖金、各种津贴和补贴、加班工资，也不包括补发的上一年度的基本工资。

（2）绩效工资：也可称为效益工资、业绩工资。指根据本单位利润增长和员工工作业绩定期支付给本单位在岗职工的奖金；支付给本单位从业人员的超额劳动报酬和增收节支的劳动报酬。具体包括：值加班工资、绩效奖金（如年度、季度、月度等）、全勤奖、生产奖、节约奖、劳动竞赛奖和其他名目的奖金；以及某工作事项完成后的提成工资、年底双薪等。但不包括入股分红、股权激励兑现的钱和各种资本性收益。

（3）工资性津贴和补贴：指本单位制定的员工相关工资政策中，为补偿本单位在岗职工特殊或额外的劳动消耗和因其他特殊原因支付的津贴，以及为保证其工资水平不受物价影响而支付的物价补贴。具体包括：补偿特殊或额外劳动消耗的津贴及岗位性津贴、保健性津贴、技术性津贴、地区津贴和其他津贴。如：过节费、通讯补贴、交通补贴、公车改革补贴、不休假补贴、无食堂补贴、单位发给员工的可自行支配的住房补贴以及为员工缴纳的各种商业性保险等。上述各种项目既包括货币性质的，也包括实物性质的和各种形式的充值卡、购物卡（券）等。

（4）其他工资：指上述基本工资、绩效工资、工资性津贴和补贴三类工资均不能包括的发给在岗职工的工资，如补发上一年度的工资等。

13

城市建设和环境保护

City Construction and Environment Protection

13-1 城市和县城建设基本情况(一)

(2000-2021年)

年 份	建成区面 积(平方公里)	城市维护建设资金支出(亿元)	全年供水总量(万吨)	#居民家庭用水量	用 水普及率(%)
1999	114.26	5.86	12058	3374	68.50
2000	133.55	10.31	14184	4604	80.67
2001	152.84	14.76	16310	5834	92.84
2002	168.40	20.34	17860	6639	92.89
2003	190.67	28.06	19448	7427	92.41
2004	209.89	20.90	20116	8434	93.92
2005	219.85	16.78	22135	9484	95.00
2006	231.37	14.29	19519	7762	98.48
2007	235.96	16.81	21777	8366	99.04
2008	243.39	21.94	21077	8592	98.19
2009	247.05	25.14	22717	9725	99.12
2010	249.97	44.64	24205	10631	99.36
2011	251.89	38.98	24942	11504	100
2012	254.22	37.67	25520	11393	100
2013	256.13	47.98	26589	12351	100
2014	269.67	39.81	27721	13003	100
2015	285.60	44.35	29086	13699	100
2016	289.72	40.75	31081	14756	100
2017	296.95		32787	18878	100
2018	301.47		32561	16028	100
2019	311.70		34387	16577	100
2020	318.63		35746	17165	100
2021	331.48		40804	20067	100

注：统计范围为2005年及以前为行政区域内镇和街道，2006年起仅包括临海、温岭两市为城市规划区，其他县为县政府所在地建制镇或街道。

13-2　城市和县城建设基本情况(二)

(2000-2021年)

年　份	排水管道长度(公里)	建成区排水管道密度(公里/平方公里)	铺设道路面积(万平方米)	人均城市道路面积(平方米)	公共汽车总　数(辆)
2000	1040	7.79	1781		816
2001	1275	8.34	2079		691
2002	1485	8.82	2411		842
2003	1906	10.00	2800		853
2004	2081	9.91	3147		969
2005	2240	10.19	3387		1110
2006	2169	9.37	3575	16.06	1128
2007	2451	10.39	3843	16.75	1207
2008	2758	11.33	4052	16.64	1518
2009	2988	12.09	4295	20.27	1358
2010	3205	12.82	4444	20.87	1477
2011	3489	13.85	4777	22.43	1506
2012	3626	14.26	4895	22.84	1613
2013	3812	14.88	5090	23.64	1962
2014	4139	15.35	5093	23.52	1840
2015	4401	15.41	5170	23.63	1955
2016	4590	15.84	5304	24.11	2048
2017	5274	8.87	4891	21.76	2430
2018	5551	9.01	5372	23.27	2817
2019	5365	12.22	5517	23.56	3086
2020	6418	15.23	5884	22.15	3407
2021	7296	16.24	6014	22.17	3971

注：统计范围为2005年及以前为行政区域内镇和街道，2006年起仅包括临海、温岭两市为城市规划区，其他县为县政府所在地建制镇或街道。

13-3 城市和县城建设基本情况(三)

(2000-2021年)

年 份	绿化覆盖面积(公顷)	园林绿地面积(公顷)	公园绿地面积(公顷)	人均公园绿地面积(平方米)	公园个数(个)	公园面积(公顷)
2000	3247	2154	472	2.32	36	388
2001	3766	2672	537	2.38	39	402
2002	4324	3168	678	2.95	57	489
2003	5164	3810	909	3.85	75	628
2004	5876	4312	1071	4.45	84	714
2005	6208	4639	1175	4.85	96	851
2006	6700	4813	1194	5.36	97	872
2007	7435	5569	1335	5.82	118	1068
2008	9421	8403	1815	7.45	129	1411
2009	9712	8738	2075	9.80	132	1632
2010	10396	9502	2158	10.14	137	1806
2011	10417	9767	2217	10.41	138	1838
2012	10702	9604	2374	11.08	141	1925
2013	11196	10392	2558	11.83	144	2071
2014	12522	11470	2715	12.54	152	2187
2015	12899	11796	2795	12.73	160	2279
2016	13148	12091	2883	13.10	161	2311
2017	14752	13651	3304	14.70	177	2589
2018	13789	13151	3740	16.20	166	2921
2019	14146	13061	3383	14.45	171	2789
2020	14568	13510	3650	13.74	183	2804
2021	15096	13977	3909	14.41	217	3037

注：统计范围为2005年及以前为行政区域内镇和街道，2006年起仅包括临海、温岭两市为城市规划区，其他县为县政府所在地建制镇或街道。公园绿地面积和人均公园绿地面积2005年及以前分别为公共绿地面积和人均公共绿地面积。

13-4 废水排放和处理情况

(1990-2021年)

年 份	工业废水排放量(万吨)	工业废水中有害物质含量（吨）						
		#六价铬	#砷	#铅	#挥发酚	#氰化物	#石油类	#化学需氧量(万吨)
1990	5313	1.22	0.19	0.70	8.07	8.23	30.51	1.90
1991	3718	1.65	0.02	0.32	4.54	7.56	1.76	27.65
1992	3560	1.60	0.21	0.05	10.24	4.77	2.50	2.10
1993	3407	1.95		0.06	2.51	2.03	9.90	1.80
1994	2811	3.25	0.62	0.02	0.70	1.11	3.68	1.50
1995	2409	2.40	0.01	0.10	1.51	5.07	32.43	1.50
1996	1968	1.33	0.04	0.48	1.40	0.84	32.87	1.03
1997	3527	6.00	0.03	0.09	18.79	0.61	97.37	2.82
1998	4222	1.71	0.15	0.09	0.35	1.16	193.12	2.69
1999	4800	1.58	0.19	0.11	0.45	0.84	231.85	2.77
2000	4809	3.10	0.05	0.06	0.33	1.96	53.92	1.96
2001	4235	1.69	0.06	0.07	1.09	1.68	40.74	1.35
2002	4273	1.40	0.07	0.08	0.69	1.16	37.49	1.30
2003	4018	1.13	0.49	0.02	1.68	0.86	107.65	1.52
2004	4265	0.93	0.01	0.07	0.45	0.71	58.90	1.33
2005	4428	0.74	0.46	0.03	0.01	0.54	17.96	1.02
2006	4892	2.47	0.01	0.10	0.01	1.93	14.68	0.99
2007	5292	0.71	0.01	0.08	0.52	0.77	41.17	1.04
2008	5317	0.78	0.01	0.10		0.34	45.02	0.96
2009	5125	0.40	…	0.06		0.25	10.38	0.82
2010	5709	0.20	…	0.06		0.09	6.69	0.97
2011	6305	0.60	0.06	0.02	0.17	0.38	92.92	0.91
2012	6152	0.52	0.04	0.02	1.06	0.29	81.84	0.90
2013	6278	0.36	0.04	0.02	1.06	0.17	66.86	0.94
2014	6065	0.40	0.01		0.04	0.33	48.22	0.88
2015	6251	0.42	0.02	0.03	0.30	0.42	50.75	0.80
2016	5725	0.36	0.03	0.01	0.10	0.26	28.78	0.54
2017	5125	0.31	0.02	0.01	0.07	0.88	24.00	0.41
2018	5114	0.43	…	…	0.07	0.98	15.75	0.27
2019	5105	0.29	…	0.02	0.04	1.26	25.18	0.22
2020	4199	0.15	…	0.01	0.01	0.31	0.06	0.16
2021	4291	0.15	…	0.01	…	0.16	0.03	0.16

13-5 废气排放和处理情况

(1990-2021年)

年 份	废 气 排放量 (亿标立方米)	二氧化硫 排 放 量 (吨)	烟粉尘 排放量 (吨)	氮氧化物 排 放 量 (吨)
1990	239.02	52710	39230	
1991	218.09	48833	25526	
1992	219.39	44619	27605	
1993	251.84	49694	23115	
1994	268.93	50746	21038	
1995	294.57	51297	23027	
1996	272.89	52491	15479	
1997	330.02	69114	18815	
1998	372.82	68830	21186	
1999	398.41	69277	20146	
2000	455.94	62344	18011	
2001	450.2	58040	10386	
2002	449.89	66396	9726	
2003	501.43	57488	9886	
2004	543.21	71716	10588	
2005	927.96	78831	8244	
2006	548.39	75494	8117	28099
2007	1214.77	65624	11019	38344
2008	1957.98	48380	8964	46712
2009	1279.56	30878	7313	51049
2010	1395.68	24552	6165	61704
2011	1700.82	48981	16619	48087
2012	1446.82	44209	13016	41566
2013	1507.23	43170	12297	39130
2014	1313.12	28083	13106	31461
2015	1318.99	31868	16263	26255
2016	839.42	13211	9152	10480
2017	2225.79	10958	8784	10106
2018	1800.81	8004	8151	9583
2019	2238.46	6034	11124	9567
2020	3567.70	3815	9047	6634
2021	4539.07	3119	4103	6701

13-6 工业固体废物排放和处理情况

(1990-2021年) 单位：万吨

年份	工业固体废物产生量	工业固体废物贮存量	工业固体废物综合利用量	工业固体废物综合利用率(%)	工业固体废物处理量
1990	87.89	73.64	10.80	12.30	
1991	86.00	77.00			
1992	90.40	76.35	83.90		
1993	85.81	14.01	8.19	9.50	
1994	91.26	12.59	9.07	9.90	
1995	103.69	13.89	52.73	50.90	
1996	111.16	96.44	84.45	75.90	
1997	107.30	14.11	96.02	89.40	
1998	103.31	12.70	83.67	81.00	
1999	101.36	11.37	86.74	85.60	
2000	100.81	8.20	90.34	89.60	1.14
2001	109.48	6.71	101.43	92.70	1.34
2002	104.09	2.34	99.92	96.00	1.78
2003	146.33	7.65	135.51	92.60	2.53
2004	167.57	6.00	158.46	94.60	3.09
2005	154.09	4.23	147.88	96.00	2.16
2006	171.78	0.07	163.97	95.50	7.90
2007	214.32	3.11	204.90	95.60	6.25
2008	313.18	5.02	305.43	97.50	2.72
2009	242.06	3.21	225.07	93.00	13.78
2010	245.85	1.05	239.97	97.60	4.84
2011	266.54	0.30	237.27	89.80	28.70
2012	242.85	3.04	228.80	94.20	10.72
2013	326.50	0.15	314.87	96.40	11.66
2014	363.43	0.83	251.09	95.30	11.92
2015	228.00	1.52	222.97	97.80	3.84
2016	270.13	1.33	257.88	95.40	11.79
2017	464.02	0.75	423.81	91.27	39.97
2018	413.48	0.59	394.64	95.41	18.56
2019	404.03	0.31	395.78	97.77	8.73
2020	366.17	0.36	361.10	98.63	5.40
2021	438.87	0.49	435.45	99.22	3.40

注：本表统计范围：2011年开始为一般工业固体废物，不包括危险废物。

13-7 工业污染治理情况

(1990-2021年)

单位：万元

年份	工业污染治理投入	#治理废水	#治理废气	#治理固体废物	#治理噪声	#治理其他	当年安排治理项目(个)
1990	370	282	66				62
1991	517	387	128				26
1992	2087	1327	730				44
1993	2287	1250	1037				24
1994	1160	1140	8				15
1995	1975	475	1425				22
1996	2480	400	1560	520			6
1997	2342	1798	144	350		50	24
1998	2337	1978	213	111	1	35	57
1999	9447	5331	919	600	5	2592	182
2000	22299	20334	1010	40	321	595	290
2001	6918	5928	584	405			59
2002	10207	8455	1394	108	250		60
2003	22999	19224	765		10		71
2004	10652	6690	2187	9	10	1756	74
2005	25239	7262	16276	68		1634	127
2006	23516	8794	7546	157		1719	123
2007	21975	9881	11818	52		208	192
2008	16992	6178	10526			288	123
2009	8167	6188	1803	115		61	54
2010	5862	3489	2178	50		145	56
2011	17227	10760	4877	201	800	590	143
2012	6812	3779	1847	58	850	278	23
2013	94642	25576	46310	326	897	21533	165
2014	83622	8478	61465	182	30	13386	81
2015	90425	9611	66569	10793	120	3332	216
2016	68757	16756	49638	327	0.7	1820	163
2017	21521	2760	6298	75		12128	83
2018	10378	2420	4406	70		3267	78
2019	31447	7412	7223	9181		7295.5	95
2020	69148	3277	12628			52875.9	143
2021	20061	9284	4556	2410		3811.9	64

主要统计指标解释

工业废水排放量 指经过企业所有排放口排到企业外的生产废水总量。包括外排的直接冷却水和矿区超标排放的有毒有害矿井地下水，但不包括外排的间接冷却水(清污不分流的应计算在内)。

废气排放总量 指燃料燃烧和生产工艺过程中排放的废气总量。以标准状态下每年亿标立方米表示。

粉尘排放量 指生产工艺过程中排放的固体微粒的重量。工业固体废物产生量指工矿企业、事业单位在生产(试验)过程中产生的固体废弃物总量。不包括矿山开采的剥离及掘进时产生的废石（煤矸石除外)。

工业固体废物综合利用量 指已用作农业肥料、造田、生产建筑材料，以及其他方式综合利用的工业固体废弃物。不包括填埋量和焚烧量。

工业固体废物处理量 指以填埋、焚烧方式处理的工业固体废弃物(包括用炉渣修路)，不包括倒入江、河中的废渣。

14

教育科技和质量监督

Education, Science and Qualitical Supervision

14-1　教育事业基本情况

(2021年)　　单位：人

项　　目	学校数(所)	毕业生数	招生数	在校学生数	教职工数	#专任教师
一、普通高等学校	4	11114	13867	42356	3636	2570
台州学院	1	3919	4196	15584	1663	1209
台州职业技术学院	1	3673	4290	12687	780	565
台州科技职业学院	1	2725	3409	9600	562	361
浙江汽车职业技术学院	1	797	1972	4485	273	187
二、成人高等教育		10515	11831	36489	358	248
其中：台州广播电视大学	1	8045	9321	31546	358	248
三、普通中等专业学校	2	1096	1587	4300	238	209
四、成人中等专业学校	1	385	508	1717	20	16
五、技工学校	11	3488	7365	18729	1693	1499
六、普通中学	279	103020	105825	313022	27259	24451
高　中	78	31630	36572	104987	10359	8833
初　中	201	71390	69253	208035	16900	15618
七、职业高中	21	19040	24284	70652	4117	4108
八、小　学	354	71186	69348	422399	26489	24430
九、幼儿园	1014	67172	60663	193593	26053	13579
十、特殊教育	10	522	607	2819	370	304

注：成人高等教育数据含普通高等学校成人教育；特殊教育学生含普通学校附设及随班就读人数。

14-2 主要年份高等学校基本情况

单位：人

年份	毕业生数	招生数	在校学生数	教职工数	#专任教师
1977		146	146	64	18
1978		267	413	173	79
1980	146	275	776	188	101
1985	280	333	921	300	145
1990	477	486	962	295	133
1991	459	499	988	312	139
1992	401	540	1124	337	141
1993	403	539	1403	339	147
1994	533	834	1794	386	167
1995	378	558	1692	390	169
1996	389	448	1606	396	179
1997	638	491	1443	395	180
1998	457	603	1674	399	183
1999	457	1360	2296	491	284
2000	478	2309	4125	649	381
2001	590	3375	6892	1007	619
2002	1703	4803	10623	1160	702
2003	2703	5048	12784	1324	840
2004	2859	5818	15371	1689	1083
2005	3867	6957	18069	1759	1145
2006	4559	7709	21079	1833	1235
2007	5414	8627	24307	2049	1370
2008	6362	9486	27254	2136	1447
2009	7580	9738	29164	2239	1520
2010	8530	9469	29749	2317	1579
2011	8222	9657	30933	2336	1595
2012	9144	9602	31132	2400	1616
2013	8876	10099	32018	2389	1593
2014	9008	10100	32631	2437	1645
2015	9101	10430	33567	2345	1633
2016	9504	10636	34205	2466	1667
2017	9825	10715	34728	2496	1741
2018	10474	11366	35216	2633	1786
2019	10523	13061	37349	2857	2022
2020	10494	13726	39955	3353	2384
2021	11114	13867	42356	3636	2570

14-3 主要年份普通中等专业学校基本情况

单位：人

年 份	学校数（所）	毕业生数	招生数	在校学生数	教职工数	#专任教师
1949	4	54	413	1323	66	35
1952	7	238	1056	2242	215	113
1957	5	466	759	1809	216	113
1962	4	857	158	552	201	106
1965	2	40	610	756	116	61
1970	2				114	60
1975	5	472	704	1618	242	111
1978	5	519	1006	1893	362	179
1980	6	1277	1223	2834	556	245
1985	7	999	1211	3019	677	334
1990	7	1184	1284	3739	728	438
1994	8	1309	3116	6775	735	410
1995	8	1503	3769	8983	778	424
1996	8	1949	4574	11515	802	442
1997	7	2698	2895	8918	797	433
1998	7	2930	2618	8574	805	439
1999	8	2915	2631	8194	801	458
2000	6	2695	2413	7848	782	461
2001	6	2619	2928	8508	810	533
2002	6	2737	4397	9891	670	467
2003	5	1935	3261	9831	589	408
2004	3	3001	1942	8076	356	279
2005	1	3191	1820	6063	134	112
2006	1	2383	1490	4989	150	131
2007	1	1613	1765	4716	148	119
2008	1	1404	1749	4253	158	118
2009	1	1106	1093	3201	194	120
2010	1	856	2221	4384	229	155
2011	1	831	1376	4246	270	154
2012	1	864	700	3803	165	114
2013	2	1428	781	2536	128	86
2014	2	860	1151	2553	146	100
2015	2	588	1562	3332	150	98
2016	2	603	1318	3884	199	148
2017	2	906	1087	3532	223	170
2018	2	1235	1159	3347	197	170
2019	2	1210	1350	3424	200	171
2020	2	939	1527	3957	215	184
2021	2	1096	1587	4300	238	209

14-4 主要年份成人教育基本情况

单位：人

年 份	成人高等教育				成人中等教育					
	招生数	在校学生数	毕业生数	教职工数	学校数(所)	招生数	在校学生数	毕业生数	教职工数	#专任教师
1979	136	136		11						
1980	97	168		20						
1985	2057	4152	755	83	6	1099	1740	864	295	103
1990	377	1962	451	113	7	31	2609	522	230	145
1991	328	1698	1165	112	7	232	1914	879	178	100
1992	499	988	735	114	7	493	1338	609	190	111
1993	383	1227	193	110	8	314	1145	511	217	113
1994	804	1546	272	114	8	1741	2777	843	253	147
1995	672	1543	360	124	8	1448	2745	992	274	169
1996	772	1803	295	136	8	1559	2809	1178	253	152
1997	657	2084	455	153	8	1358	3626	605	247	144
1998	1034	2519	848	166	8	1006	3109	816	241	149
1999	1085	2959	812	187	9	1578	3851	1058	332	175
2000	2020	4802	761	227	9	1235	3567	1337	361	207
2001	3217	5911	774	288	9	872	2639	1096	335	205
2002	7083	13150	1317	300	10	902	2558	813	365	230
2003	4748	15614	2003	323	11	1352	3655	1337	396	252
2004	6341	14973	5477	377	11	1160	3504	1179	297	200
2005	7829	16332	5080	401	11	1189	3378	1360	320	224
2006	7851	18898	4731	449	11	777	1957	1042	275	192
2007	7895	19359	7209	551	10	846	2086	615	296	208
2008	8293	21428	5955	460	10	971	2308	617	291	202
2009	9102	24256	5635	438	9	902	2479	607	254	184
2010	7828	22323	7140	442	7	900	2390	792	221	168
2011	12040	29697	7616	433	7	1167	2616	799	218	166
2012	9927	33509	6035	433	6	777	2247	677	158	106
2013	10048	36769	8528	430	4	770	2110	799	52	34
2014	15309	37570	10056	419	2	803	2118	678	36	30
2015	9348	34768	7816	425	2	661	1986	622	57	29
2016	7514	32146	8280	419	1	510	1354	384	15	11
2017	10973	32070	8815	547	1	536	1450	408	15	11
2018	13195	34718	7910	540	1	453	1454	386	14	11
2019	12441	37985	8299	383	1	692	1629	440	16	13
2020	11192	36160	11231	349	1	583	1675	418	18	14
2021	11831	36489	10515	358	1	508	1717	385	20	16

14-5　主要年份技工学校基本情况

单位：人

年　份	学校数(所)	招生数	在　校学生数	毕　业生　数	教　职工　数	#专任教师
1979	2	300	300		24	1[illegible]
1980	2	50	350		29	16
1985	2	173	282		26	14
1990	3	259	617	169	98	50
1991	3	179	648	136	97	50
1992	3	383	737	194	115	55
1993	3	301	848	220	115	60
1994	3	226	935	182	119	63
1995	3	269	792	309	115	63
1996	5	651	1298	253	125	105
1997	5	1287	2194	197	188	147
1998	6	1748	3602	348	287	225
1999	7	2179	5009	625	283	243
2000	7	2704	5952	1091	316	254
2001	7	2485	6146	1519	471	400
2002	6	2638	5600	1776	444	329
2003	6	4320	7658	1934	583	360
2004	6	4210	10961	2260	576	411
2005	6	4883	12263	3193	665	417
2006	7	6075	13513	3055	748	583
2007	6	4931	10818	2374	790	566
2008	6	4980	11744	2573	894	637
2009	6	5359	12947	3760	872	609
2010	6	5847	12145	3721	957	752
2011	6	5105	13961	3450	1038	815
2012	6	3645	9520	2789	1040	820
2013	6	4253	13272	3704	977	889
2014	6	3428	10105	3594	980	565
2015	6	2835	8504	3138	788	660
2016	8	5170	12225	3696	1132	883
2017	8	5974	14002	3781	1259	956
2018	8	7216	17593	3625	1262	871
2019	9	8101	19999	4380	1466	868
2020	9	8079	24472	5182	1887	1428
2021	11	7365	18729	3488	1693	1499

14-6 主要年份普通中学基本情况

单位：人

年 份	学校数(所)	毕业生数	招生数	在校学生数	教职工数	#专任教师
1949	19	842	1900	7039	628	393
1952	20	1679	5235	14234	894	559
1957	47	4365	7317	18875	1265	791
1962	66	5201	8981	20878	1882	1177
1965	95	5458	10522	26578	1889	1225
1970	597	10193	42406	74170	3236	2476
1975	562	53738	86364	155363	7075	4977
1978	568	91819	92508	225792	11779	10250
1980	431	52095	79063	207727	11586	9464
1985	356	44786	71813	200249	11615	9285
1990	375	53325	71848	200084	11910	9751
1994	360	58196	86696	222141	13429	11250
1995	350	64311	100049	250442	14319	12178
1996	353	64104	98397	280473	15557	13369
1997	352	80778	98522	292662	16940	14712
1998	363	94032	105937	296671	18141	15633
1999	355	91774	114696	311962	19222	16592
2000	335	92374	120734	334081	20342	17663
2001	335	98191	109934	339150	21140	18217
2002	324	107320	106058	331353	21480	18533
2003	311	112144	99440	315106	21622	18572
2004	298	105832	91450	297368	21702	18757
2005	277	103575	89160	283958	21906	18994
2006	270	98117	95207	280281	22013	19257
2007	264	94126	98786	287457	22284	19452
2008	261	88767	98489	293146	22343	19732
2009	259	92922	95980	289083	22606	20003
2010	258	92150	96088	286837	22531	20157
2011	268	92747	95928	283109	23831	20246
2012	274	91534	94847	281149	24156	20436
2013	280	91695	96743	282600	24274	21266
2014	259	93665	95570	282295	25522	22296
2015	253	90447	96689	284963	27175	23774
2016	269	92076	104425	294858	28628	25105
2017	277	91706	106788	305011	28506	25403
2018	281	93285	105870	314118	26047	23253
2019	281	100810	104528	315460	26120	23732
2020	277	102855	103801	313353	26838	24208
2021	279	103020	105825	313022	27259	24451

14-7　主要年份职业高中基本情况

单位：人

年　份	学校数（所）	毕　业生　数	招生数	在　校学生数	教　职工　数	#专任教师
1979	12	148	595	1128		
1980	25	580	1156	2017		
1985	23	984	4601	7396	519	391
1990	36	3347	5084	11386	1057	800
1991	30	4696	5781	11626	1045	798
1992	31	3937	5434	11874	1131	853
1993	35	4497	5785	12137	1110	827
1994	41	3823	7414	14623	1258	890
1995	42	4682	9760	18668	1469	1066
1996	32	5730	7289	17758	1401	1066
1997	39	7223	10949	22444	1529	1201
1998	56	6172	12662	26808	1701	1294
1999	58	7593	12302	28063	2169	1633
2000	48	8622	14431	31359	2102	1690
2001	55	7467	20516	40641	2410	1933
2002	55	9463	26013	53789	2895	2351
2003	52	11699	30211	65214	3592	2977
2004	53	13952	27275	69999	3588	3026
2005	50	17789	25284	67952	4043	3415
2006	48	20743	25052	65357	3856	3295
2007	44	19086	24591	61795	3646	3084
2008	45	18362	23877	59935	3585	3091
2009	43	17507	27453	64270	3399	2925
2010	42	16616	27252	67242	3457	3024
2011	41	17254	26710	69251	3178	2848
2012	39	19883	23242	67358	3279	2961
2013	34	20448	22133	64890	3499	3151
2014	27	20354	21087	59224	3786	3471
2015	27	18816	21602	59957	3819	3520
2016	21	18728	22951	62380	3881	3587
2017	19	18907	22127	62951	3862	3586
2018	19	19532	22067	63630	3892	3656
2019	19	20164	24397	65981	4077	3855
2020	21	19347	25680	68440	4066	3825
2021	21	19040	24284	70652	4117	4108

14-8 主要年份小学基本情况

单位：人

年份	学校数(所)	毕业生数	招生数	在校学生数	教职工数	#专任教师	入学率(%)
1949	1970	4070	48028	96738	5073	4693	
1952	2751	7650	42724	194412	7227	6685	
1957	2546	22037	59246	238276	7364	6812	
1962	3251	26417	67268	249793	7140	5609	
1965	5677	22185	123169	401476	12283	10520	
1970	5014	59807	112006	446081	14722	13817	
1975	6305	78801	148328	670227	21752	20170	
1978	5420	102368	144258	649623	22342	21860	97.16
1980	4956	87440	114734	640215	22876	21723	96.53
1985	4205	102647	81412	497033	21301	19762	97.60
1990	3377	74263	88868	460288	18514	17010	99.17
1994	2446	80450	94110	497515	19306	17952	99.72
1995	2248	89144	79668	486871	19533	18123	99.55
1996	1991	86784	69159	468435	20201	18742	99.80
1997	1847	82228	62084	446885	20765	19315	99.67
1998	1622	84654	55032	416557	20378	18956	99.95
1999	1324	92573	63379	387715	20322	18876	99.91
2000	1134	92160	74022	370452	20309	18809	99.94
2001	977	78918	63708	354473	20363	18797	99.99
2002	914	67435	63532	353256	19905	18449	100.00
2003	843	57553	60557	360886	19903	18364	100.00
2004	794	53181	61380	375140	19911	18353	100.00
2005	749	54819	61482	387461	20197	18782	100.00
2006	729	64240	65903	397107	20611	19209	100.00
2007	678	69621	71122	406204	21097	19530	100.00
2008	600	70039	72607	411801	21445	19928	100.00
2009	575	67116	72375	410767	21684	20319	100.00
2010	561	65150	82428	430476	21924	20510	100.00
2011	560	66089	88358	462265	20852	20716	100.00
2012	502	68184	85023	473217	21135	21132	100.00
2013	356	70730	82574	479447	21685	20364	100.00
2014	343	70587	79361	481586	22821	21318	100.00
2015	329	71447	78428	480907	21635	20536	100.00
2016	346	79179	74539	469238	21816	20902	100.00
2017	352	78157	73468	453416	22579	21714	100.00
2018	360	77399	75739	445719	26088	24698	100.00
2019	367	74874	71292	436487	26405	24689	100.00
2020	367	72156	66526	425552	26058	24592	100.00
2021	354	71186	69348	422399	26489	24430	100.00

14-9　主要年份幼儿园基本情况

单位：人

年份	幼儿园数(所)	班数(个)	在园幼儿数	教职工数	#专任教师
1978	68	185	8539	240	233
1980	90	444	18613	519	507
1985	962	1918	59632	2290	2193
1990	401	2218	71938	2748	2580
1991	421	2278	79390	2744	2557
1992	284	2336	77969	2552	2415
1993	293	2319	90189	2824	2677
1994	719	2418	84818	2969	2712
1995	338	2456	83020	3069	2772
1996	403	2544	84601	3235	2855
1997	526	2497	79429	3532	3021
1998	726	2979	90637	3698	3253
1999	651	3037	94797	4225	3339
2000	445	3308	97897	4627	3804
2001	653	4692	128707	6245	3924
2002	588	5056	138302	6953	4432
2003	718	5453	151458	8015	5104
2004	838	5638	164752	9142	5671
2005	1319	5721	172201	9820	6111
2006	1356	6303	193585	11001	6816
2007	1251	6557	205811	12314	7637
2008	1278	6943	225949	13427	8520
2009	1297	7704	239897	15587	9808
2010	1291	8226	259760	18521	11075
2011	1372	8716	262004	18259	10519
2012	1434	8687	251947	20971	12089
2013	1331	7944	233031	21235	11467
2014	1314	8091	230259	22983	12298
2015	1329	8024	224345	23240	11704
2016	1285	7398	220379	23975	12289
2017	1234	7317	216473	24262	12743
2018	1166	6876	201137	23617	12473
2019	1074	6587	192240	23583	12432
2020	1026	6595	192458	24414	12855
2021	1014	6659	193593	26053	13579

14-10 主要年份特殊教育基本情况

单位：人

年 份	学校数(所)	毕业生数	招生数	在校学生数	教职工数	#专任教师
1982			12	12	1	1
1985	1			21	4	3
1990	4		58	178	31	27
1991	4		64	251	39	27
1992	4	17	81	304	56	40
1993	5	45	144	385	70	54
1994	5	25	73	336	87	60
1995	6	17	113	448	131	100
1996	7	31	108	484	141	110
1997	7	26	73	423	143	106
1998	7	78	78	530	122	89
1999	7	299	191	1715	129	95
2000	7	336	153	1624	134	102
2001	7	172	331	2289	131	102
2002	7	337	293	2048	128	103
2003	7	339	337	2230	131	103
2004	7	251	257	1884	136	107
2005	7	166	218	1824	139	109
2006	7	212	265	1815	144	117
2007	7	223	266	2056	150	126
2008	7	226	284	2070	154	136
2009	8	236	263	2045	173	146
2010	9	242	280	2141	186	170
2011	10	163	250	1910	221	193
2012	10	151	300	1898	234	208
2013	10	166	345	2032	256	222
2014	10	279	257	1903	264	235
2015	10	261	272	1793	282	250
2016	10	294	257	1716	305	271
2017	10	284	327	1978	316	282
2018	10	278	406	2334	332	302
2019	10	327	470	2390	334	301
2020	10	385	423	2375	332	309
2021	10	522	607	2819	370	304

注：从1999年开始学生数含普通学校附设及随班就读人数。

14-11 主要年份每万人口中在校学生数的大中小学生构成

年 份	各级学校在校学生占全市人口(%)	平均每万人口中(人)			大、中、小学生占学生总数(%)		
		大学生	中学生	小学生	大学生	中学生	小学生
1949	4.37		29.26	402.12		7.96	92.04
1952	8.38		65.45	772.27		7.81	92.19
1957	9.15		73.09	841.99		7.99	92.01
1962	8.84		69.86	814.35		7.90	92.10
1965	12.62		80.43	1181.37		6.37	93.63
1970	13.28		189.33	1138.69		14.26	85.74
1975	19.04		361.24	1542.31		18.98	81.02
1978	19.39	0.91	502.94	1434.96	0.05	25.94	74.01
1980	18.50	1.40	461.27	1386.92	0.08	24.94	74.99
1985	14.59	10.35	433.98	1014.19	0.71	29.75	69.54
1990	13.22	5.67	423.74	892.91	0.43	32.05	67.53
1994	14.21	6.35	469.79	945.29	0.45	33.05	66.50
1995	14.54	6.11	531.82	915.61	0.42	36.59	62.99
1996	14.74	6.40	588.86	878.90	0.43	39.95	59.62
1997	14.54	6.58	613.56	833.77	0.45	42.20	57.35
1998	14.09	7.77	627.91	772.10	0.55	44.65	54.80
1999	13.81	9.68	657.63	714.05	0.70	47.61	51.69
2000	13.94	16.33	700.32	677.71	1.17	50.23	48.60
2001	13.94	23.34	723.92	646.24	1.67	51.95	46.38
2002	14.17	43.19	732.46	641.75	3.05	51.68	45.27
2003	14.31	51.39	726.49	653.06	3.59	50.77	45.64
2004	14.31	54.75	703.47	676.83	3.82	49.02	47.16
2005	14.21	61.45	667.34	692.08	4.32	46.97	48.71
2006	14.22	70.80	648.34	703.26	4.98	45.58	49.44
2007	14.34	76.69	644.32	713.40	5.35	44.92	49.73
2008	14.49	84.80	646.95	717.35	5.85	44.64	49.50
2009	14.45	92.35	643.04	710.09	6.39	44.49	49.12
2010	14.67	89.30	639.64	738.20	6.09	43.60	50.32
2011	15.27	103.32	635.97	787.79	6.77	41.65	51.59
2012	15.26	109.38	616.09	800.77	7.17	40.37	52.47
2013	15.38	115.80	615.12	807.10	7.53	39.99	52.48
2014	15.29	117.58	604.57	806.54	7.69	39.55	52.76
2015	15.29	114.37	609.32	804.88	7.48	39.86	52.66
2016	15.17	110.55	624.29	781.80	7.29	41.16	51.55
2017	15.03	110.68	641.14	751.27	7.36	42.65	49.98
2018	15.13	115.52	660.95	736.24	7.64	43.69	48.67
2019	15.14	124.18	670.07	719.51	8.20	44.27	47.53
2020	13.79	114.86	621.54	642.15	8.33	45.09	46.58
2021	13.58	110.95	613.15	634.14	8.17	45.14	46.69

注：大学生包括普通教育、成人教育、本科、专科学生，中学生包括普通中专、成人中专、技工学校、普通中学、职业中学学生，本表仅包括台州市各类学校学生数，不包括在外地就读的台州籍学生数。

14-12 主要年份学校教师负担学生数

单位：人

年份	高等学校		中等学校		小学	
	教师数	平均每个教师负担学生	教师数	平均每个教师负担学生	教师数	平均每个教师负担学生
1949			428	19.54	4693	20.61
1952			672	24.52	6685	29.08
1957			904	22.88	6812	34.98
1962			1283	16.70	5609	44.53
1965			1286	21.26	10520	38.13
1970			2536	29.25	13817	32.28
1975			5088	30.85	20170	33.23
1978	79	5.23	10429	21.83	21860	29.72
1980	121	7.80	9725	21.89	21723	29.47
1985	228	22.25	10127	21.00	19762	25.15
1990	246	11.89	11184	19.53	17010	27.06
1994	281	11.89	12760	19.38	17952	27.71
1995	293	11.04	13900	20.26	18123	26.75
1996	315	10.82	15134	20.74	18742	24.99
1997	333	10.59	16647	19.75	19315	23.14
1998	349	12.01	17740	19.10	18956	21.97
1999	411	12.79	19101	18.69	18876	20.54
2000	523	17.07	20275	18.88	18809	19.70
2001	806	15.88	21288	18.65	18797	18.86
2002	891	26.68	21910	18.40	18449	19.15
2003	1042	27.25	22569	17.79	18364	19.65
2004	1329	22.83	22673	17.20	18353	20.44
2005	1397	24.62	23162	16.13	18782	20.63
2006	1502	26.62	23458	15.61	19209	20.67
2007	1652	26.43	23429	15.66	19530	20.80
2008	1737	28.03	23780	15.62	19928	20.66
2009	1795	28.76	23841	15.60	20319	20.22
2010	1645	31.65	24256	15.38	20510	20.99
2011	1880	32.25	24240	15.40	20716	22.31
2012	1901	34.00	24527	14.84	21132	22.39
2013	1877	36.65	25507	14.33	20364	23.54
2014	1934	36.30	26462	13.46	21318	22.59
2015	1929	35.43	28081	12.78	20536	23.42
2016	1957	33.90	29734	12.60	20902	22.45
2017	2105	31.73	30126	12.84	21714	20.88
2018	2096	33.37	27961	14.31	24698	18.05
2019	2304	32.70	28639	14.19	24689	17.68
2020	2384	31.93	29659	13.89	24592	17.30
2021	2818	27.98	30283	13.49	24430	17.29

注：高等学校包括成人教育，中等学校包括普通中专、成人中专、技工学校、普通中学、职业中学。

14-13　全社会研究与试验发展(R&D)活动情况

(2011-2021年)

地　区	R&D活动人员数(万人年)	每万人就业人员中R&D人员(人年)	研究与试验发展经费支出(亿元)	研究与试验发展经费支出相当于GDP比重(%)
2011	2.82	47.06	38.98	1.42
2012	2.24	37.35	42.43	1.46
2013	2.45	40.67	51.25	1.63
2014	2.72	45.10	56.59	1.57
2015	2.93	48.50	63.11	1.78
2016	2.86	70.70	71.10	1.85
2017	2.97	73.15	83.31	1.89
2018	3.37	82.60	88.88	1.82
2019	4.33	106.20	102.30	1.99
2020	4.70	122.78	119.00	2.26
2021	5.08	131.87	139.44	2.41

14-14　县级及以上政府部门属研究与开发机构变化情况

(1991-2021年)　　单位：万元

年　份	机构数(个)	职工总数(人)	#科技活动人员	经费收入总　额	#政府拨款	经费支出总　额	#人员费用
1991	8	294	96	248	192	241	94
1992	8	316	83	375	265	294	114
1993	8	277	100	432	375	406	137
1994	8	257	91	574	350	519	163
1995	8	246	89	618	446	604	265
1996	8	230	77	611	470	572	298
1997	8	226	79	804	540	815	347
1998	9	231	84	1020	640	640	450
1999	9	223	71	1135	764	1066	522
2000	8	214	75	1361	868	1209	597
2001	7	198	65	1543	1110	1242	718
2002	7	192	66	1901	1157	1602	755
2003	7	194	68	2197	1501	1871	1036
2004	7	183	70	2170	1511	2051	699
2005	7	188	77	2589	1608	2288	783
2006	7	187	80	3474	2049	2887	1276
2007	7	237	95	4081	2124	3631	2102
2008	7	236	97	4122	2065	3436	1794
2009	7	232	144	4772	2514	4982	1676
2010	7	233	117	4680	2604	4221	1420
2011	7	233	134	5765	2868	4977	1711
2012	7	207	114	6437	2952	5711	3605
2013	7	223	188	6126	3725	5899	2456
2014	7	223	185	6502	4058	6047	2227
2015	7	253	214	7348	4048	7536	3400
2016	7	239	191	7980	4990	7259	3440
2017	8	374	306	10234	6824	11556	6244
2018	9	393	321	19201	12419	16196	5673
2019	8	408	330	20276	9891	17168	7189
2020	11	529	435	22286	12298	17514	9421
2021	11	622	547	24496	15395	21698	9996

注：科技活动人员统计范围：2008年及以前的数据为科学家和工程师的人员数。

14-15　科技成果和专利授权情况

(1990-2021年)　　单位：项

年份	科技进步奖励	国家级	部级	省级	市级	合同数	成交额(万元)	专利申请受理量	专利授权量合计	发明	实用新型	外观设计
1990	77	1	1	22	46	4	21	107	58	1	56	1
1991	27			23		368	285	137	99	3	86	10
1992	90			22	60	14	200	218	147	2	131	14
1993	31	1	1	22		481	2167	308	248		194	54
1994	102			19	72	1894	351	251	231	2	187	42
1995	28		1	20		462	1856	285	245		183	62
1996	92			30	52	8141	3864	339	305	1	161	143
1997	68			19	42	1716	1662	448	409	3	187	219
1998	69			19	40	1033	6598	519	483		201	282
1999	95	1		28	56	488	4615	823	791		415	376
2000	113	2		28	78	526	5651	829	772		407	365
2001	112			22	90	623	6948	1480	962	22	410	530
2002	109			27	82	733	13133	2197	1223	14	471	738
2003	77			27	50	932	23772	2345	1795	21	540	1234
2004	72			22	50	854	22696	2803	1698	31	537	1130
2005	68		2	16	50	1029	28153	4834	2136	38	705	1393
2006	80			27	53	446	38116	5626	3365	57	1059	2249
2007	78			19	59	649	37046	6276	4589	82	1723	2784
2008	72	3		15	54	228	88300	9043	4811	168	1805	2838
2009	84	3		16	65	240	43300	8806	8145	225	2292	5628
2010	121	2		18	101	208	22877	10436	10558	285	4348	5925
2011	80			17	63	197	41837	12471	9653	519	4293	4841
2012	79			23	56	118	27672	14111	12182	793	5987	5402
2013	77	1		18	58	192	76255	16956	12673	737	6345	5591
2014	74	3		14	60	1022	173706	20570	16134	791	8597	6746
2015	69	3		16	50	1198	143539	23144	19717	1386	10257	8074
2016	71	1		10	60	1580	360274	27921	20075	1534	10769	7772
2017	65			8	57	1675	1042830	28071	19143	1844	8800	8499
2018	6	1		5		1326	633635	35695	26287	2767	13138	10382
2019	18			18		1467	730847	35090	26936	3071	12894	10971
2020	13			13		1575	614328	40217	34830	4401	15174	15255
2021	19			19		2430	1158081		39269	5282	18194	15793

14-16 规模以上工业企业研究与试验发展(R&D)活动基本情况(一)

(2021年)

项　　目	有R&D活动企业数(个)	有研发机构企业数(个)	企业办研发机构(个)	发明专利申请数(件)	有效发明专利数(件)
总　　计	**3133**	**1147**	**1213**	**2584**	**8948**
一、按登记注册类型分					
内资企业	**3048**	**1100**	**1155**	**2275**	**7612**
国有企业	1	2	2	3	5
股份合作企业	1	8	8	8	64
联营企业	54				
有限责任公司	113	51	60	281	419
股份有限公司	122	70	94	525	1768
私营企业	2757	969	991	1458	5356
港、澳、台商投资企业	**38**	**25**	**30**	**57**	**205**
外商投资企业	**47**	**22**	**28**	**252**	**1131**
二、按国民经济行业分					
非金属矿采选业					
农副食品加工业	46	7	7	4	10
食品制造业	6	4	4	7	18
酒、饮料和精制茶制造业	1				
纺织业	55	16	16	10	91
纺织服装、服饰业	10	1	1	3	5
皮革、毛皮、羽毛及其制品和制鞋业	178	10	10	17	53
木材加工和木、竹、藤、棕、草制品业	8	2	2	4	17
家具制造业	51	13	13	26	141
造纸和纸制品业	29	8	8	2	28
印刷和记录媒介复制业	27	12	12	17	18
文教、工美、体育和娱乐用品制造业	56	27	27	20	151
石油、煤炭及其他燃料加工业	1	1	1	1	5
化学原料和化学制品制造业	54	38	47	72	385
医药制造业	62	49	78	268	1559
化学纤维制造业	4	1	1	1	1
橡胶和塑料制品业	367	141	141	198	691
非金属矿物制品业	63	19	19	46	161
黑色金属冶炼和压延加工业	7	1	1		2
有色金属冶炼和压延加工业	24	4	4	3	21
金属制品业	202	52	52	75	259
通用设备制造业	745	255	265	598	1519
专用设备制造业	273	132	137	318	1453
汽车制造业	284	128	132	181	521
铁路、船舶、航空航天和其他运输设备制造业	139	62	64	106	274
电气机械和器材制造业	289	101	106	213	661
计算机、通信和其他电子设备制造业	44	25	26	115	126
仪器仪表制造业	56	26	27	111	537
其他制造业	33	8	8	36	146
废弃资源综合利用业	7	1	1	1	
电力、热力生产和供应业	12	3	3	131	95

14-17 规模以上工业企业研究与试验发展(R&D)活动基本情况(二)

(2021年)

项　　目	R&D人员(人)	R&D人员折合全时当量(人年)	R&D经费内部支出(万元)	R&D经费外部支出(万元)
总　　计	**67952**	**49089**	**1244438**	**94206**
一、按登记注册类型分				
内资企业	**63813**	**45994**	**1145468**	**66477**
国有企业	57	31	1153	
股份合作企业	635	457	9413	28
联营企业				
有限责任公司	3555	2306	86327	5129
股份有限公司	9033	6388	222101	27473
私营企业	50533	36810	826473	33847
港、澳、台商投资企业	**1797**	**1283**	**42773**	**2739**
外商投资企业	**2342**	**1814**	**56197**	**24991**
二、按国民经济行业分				
非金属矿采选业				
农副食品加工业	305	223	5737	39
食品制造业	79	47	1063	
酒、饮料和精制茶制造业	3		18	
纺织业	1147	793	15055	169
纺织服装、服饰业	112	66	1061	
皮革、毛皮、羽毛及其制品和制鞋业	1516	1118	13627	21
木材加工和木、竹、藤、棕、草制品业	202	153	2217	80
家具制造业	2024	1409	22473	
造纸和纸制品业	537	347	9300	
印刷和记录媒介复制业	359	256	4957	
文教、工美、体育和娱乐用品制造业	1054	830	10793	
石油、煤炭及其他燃料加工业	13	11	67	
化学原料和化学制品制造业	1290	979	27637	1902
医药制造业	5834	4133	185169	51518
化学纤维制造业	40	33	1038	
橡胶和塑料制品业	6178	4491	123800	1289
非金属矿物制品业	849	539	15508	100
黑色金属冶炼和压延加工业	157	122	4470	
有色金属冶炼和压延加工业	279	187	2269	
金属制品业	3613	2408	52850	241
通用设备制造业	15037	10984	237664	2886
专用设备制造业	5847	4350	105539	2341
汽车制造业	7556	5536	120431	25762
铁路、船舶、航空航天和其他运输设备制造业	2913	2187	63235	1224
电气机械和器材制造业	5589	4146	119163	1300
计算机、通信和其他电子设备制造业	1929	1491	34969	2799
仪器仪表制造业	1921	1410	26997	1140
其他制造业	1017	625	12645	446
废弃资源综合利用业	116	71	2003	2
电力、热力生产和供应业	436	144	22686	448

14-18 标准计量质量监督基本情况(一)

(1990-2021年)

年份	已建市(地)级社会公用计量标准			已开展强制检定计量器具		强制检定计量器具实际检定数(台件)	计量仪器检定(台件)
	类	项	种	项	种		
1990	4	17	29	17	29	18231	36688
1991	4	17	32	15	26	14679	42584
1992	4	17	32	17	26	29432	49265
1993	5	17	43	18	28	27075	48819
1994	5	20	49	16	26	30799	42383
1995	5	25	54	20	27	31752	48518
1996	5	28	58	20	27	36950	55043
1997	6	28	64	20	35	32988	50653
1998	9	32	76	26	40	39919	32058
1999	10	27	40	27	40	18655	53361
2000	10	55	265	36	65	26538	132693
2001	10	52	119	23	36	8685	55176
2002	5	56	143	23	33	35985	78550
2003	5	95	201	21	33	48863	135373
2004	9	98	289	22	38	23751	78087
2005	10	65	114	28	48	10681	113102
2006	10	71	196	22	32	14678	103518
2007	15	98	223	25	35	15678	123518
2008	15	81	199	23	45	29134	95422
2009	11	99	222	23	45	44748	84913
2010	11	99	222	23	45	45160	90432
2011	11	99	222	23	45	35782	108732
2012	11	100	223	24	46	43316	110539
2013	11	108	233	28	51	46846	157169
2014	11	145	334	24	39	26567	118939
2015	10	149	338	25	40	37573	128464
2016	10	159	340	26	45	54028	112571
2017	10	163	342	26	46	64933	119993
2018	10	163	342	26	46	66244	110270
2019	40	256	396	79	130	137850	197993
2020	10	191	355	26	46	54556	122036
2021	10	196	363	21	24	95295	103408

14-19 标准计量质量监督基本情况(二)

(1990-2021年)

年 份	产品质量监督受检企业数(个)	受检产品种数(种)	检验产品批次(批次)	检验产品合格批次(批次)	批次合格率(%)	现有工作用房(平方米)
1990	18	3	19	14	73.70	2739
1991	1292	14	1452	788	54.27	2946
1992	1135	11	1373	979	71.30	3300
1993	1330	13	1537	1133	73.72	3600
1994	2126	37	2185	1516	69.38	3600
1995	1428	14	1469	1033	70.32	4074
1996	2031	20	2118	1559	74.00	4100
1997	2866	46	3078	2403	76.00	4300
1998	3058	56	3134	2441	78.00	5900
1999	1966	55	2253	1592	70.66	7900
2000	1423	58	1534	1283	83.60	7930
2001	2100	28	2100	1697	80.83	10230
2002	4376	130	4376	3543	81.20	9230
2003	3634	240	3726	2727	75.00	18790
2004	3981	258	4158	3451	83.00	11800
2005	1956	167	1971	1691	85.79	28500
2006	2170	189	2319	2016	86.90	28500
2007	2497	196	2497	2197	87.99	28500
2008	1012	89	1012	816	80.63	28500
2009	1832	92	1832	1623	88.69	28500
2010	2093	149	2093	1907	91.11	28500
2011	1839	143	1839	1665	90.54	28500
2012	976	55	976	907	92.93	28500
2013	1070	82	1070	1027	95.98	28500
2014	1340	90	1341	1281	95.53	28500
2015	1190	113	1193	1125	94.30	28500
2016	1121	93	1152	1098	95.30	28500
2017	1149	102	1198	1146	95.66	28500
2018	1341	106	1341	1303	97.17	28500
2019	1390	102	1390	1349	97.05	32170
2020	1243	87	1247	1228	98.48	32170
2021	1109	83	1187	1161	97.81	32170

14-20 标准计量质量监督基本情况(三)

(1990-2021年)

年 份	企业产品标准备案数(个)	政府计量部门建立社会公用计量标准(项)	授权建立社会公用计量标准(项)	制造计量器具许可证工商户数(户)	修理计量器具许可证工商户数(户)	技术监督行政执法受理案件数(件)	技术监督行政法结案案件数(件)
1990	258						
1991	227					15	15
1992	446					90	85
1993	416	37		120	50	45	30
1994	501	94		89	60	195	182
1995	2315	95	5	167	56	417	384
1996	2680	123	5	182	87	591	495
1997	3409	123	2	127	69	976	935
1998	4285	122	3	91	71	1162	1096
1999	5511	94	3	89	60	1927	1830
2000	7489	92	7	112	49	2042	2021
2001	9021	125	7	76	7	2493	2487
2002	11327	249	13	29	21	2542	2534
2003	2931	201	13	147	9	2342	2342
2004	15584	289	43	175	1	1557	1551
2005	17007	320	76	28	2	1211	1185
2006	15677	325	30	35	1	580	518
2007	11136	332	31	35	1	3726	3720
2008	10735	339	2	26	1	2292	1978
2009	12019	199		23	1	3726	3720
2010	3875	200	3	21	1	1228	1099
2011	3151	211	3	24	1	957	956
2012	1285	219	3	23	1	556	539
2013	4276	259	3	27	1	501	495
2014	986	269	3	25	1	299	297
2015	1433	298	3	17	1	424	414
2016	12637	316	4	18	1	453	446
2017	8109	325	6	19	1	591	571
2018	3690	342	7	18	1	680	668
2019	3780	396	7	17	1	463	451
2020	3898	355	7	17	1	447	428
2021	4043	258	6	0	0	1297	1291

注：2015年起企业产品标准备案数统计口径改为企业产品标准自我声明公开数；《标准化法》出台后，取消企业标准备案。

主要统计指标解释

普通高等学校 指按照国家规定的审批程序举办，通过全国统一招生考试，招收高级中等学校毕业生和具有同等学历者，实施高等教育，增减高等专门人才的学校。包括大学、专科学校和短期职业大学。

成人高等学校 指按照国家规定的审批程序批准举办，招收高中毕业生或同等学历者，利用多种形式对成人实施高等教育，培养相当普通高等学校专科或本科毕业水平的专门人才的学校。包括广播电视大学、职工高等学校、农民高等学校、干部管理学校、教育学院、独立函授学院以及普通高等学校举办的函授、夜大等。

中等专业学校 指经国务院各部委或省人民政府批准举办，招收初中(或部分高中)毕业生或具有同等学历者，实施中等专业教育、培养中等专门人才的学校。具体又可分为中等技术学校和中等师范学校两大类。

技工学校 指招收初中(或部分高中)毕业生或同等学历者，实施专业技术教育、培养中级技术工人的学校。包括中央在地方单位办、各级劳动部门办、各级其他部门办和厂矿企业办。其在校学生数不包括培训的在职职工人数。

招生数 指新学年开始时，按照国家招生计划实际招收入学的新生数。不包括留级生和复读学生数。

在校学生数 指学年初开学以后，具有学籍的在校学习的学生总数。

毕业生数 指上学年度内，具有学籍的学生学完教学计划的全部课程，考试及格，获得毕业证书的学生数。不包括结业生和肄业生数。

教职工数 指在学校中工作的固定教职工人数。包括校本部、科研机构、校办工厂、农(林)场和附属机构的人员。不包括下列人员：离休、退休、退职人员；学校办的集体单位和学校附属机构中，属于集体单位的职工；代课教师和各种临时工。

专任教师 指主要从事教育工作的人员。包括临时(一年以内)调去帮助做其他工作的教学人员。不包括调离教学岗位，担任行政领导工作或其他工作的原教学人员；不包括兼任教师和代课教师。

小学学龄儿童入学率 指调查范围内已入学学习的学龄儿童占校内外学龄儿童总数(包括弱智儿童在内，但不包括盲聋哑儿童)的比重，计算公式是：

小学学龄儿童入学率=已入学的小学学龄儿童数/校内外小学学龄儿童总数×100%

专利 是专利数的简称，是对发明人的发明创造经审查合格后，由专利局依据专利法授予发明人和设计人对该项发明创造享有的专有权。从类型来看，包括发明、实用新型和外观设计。

发明 指对产品、方法或者其改进所提出的新的技术方案。实用新型指对产品的形状、构造或者其结合所提出的实用的新的技术方案。

外观设计 指对产品的形状、图案、色彩或者其结合所做出的富有美感并适于工业上应用的新设计。

企业办研发机构 指企业自办（或与外单位合办），管理上同生产系统相对独立（或者单独核算）的专门科技活动机构，如企业办的技术中心、研究院所、开发中心、开发部、实验室、中试车间、试验基地等。

R&D(研究与试验发展) 是指在科学技术领域，为增加知识总量、以及运用这些知识去创造新的应用进行的系统的创造性的活动，包括基础研究、应用研究、试验发展三类活动。

R&D 经费内部支出 是指调查单位在报告年度用于内部开展 R&D 活动（基础研究、应用研究和试验发展）的实际支出。包括用于 R&D 项目（课题）活动的直接支出，以及间接用于 R&D 活动的管理费、服务费、与 R&D 有关的基本建设支出以及外协加工费等。不包括生产性活动支出、归还贷款支出以及与外单位合作或委托外单位进行 R&D 活动而转拨给对方的经费支出。

R&D 经费外部支出 是指报告期委托外单位或

与外单位合作进行科技活动而拨给对方的经费。包括对国内研究机构支出、对国内高等学校支出、对国内企业支出以及对境外机构支出合计。

已开展强制检定工作计量器具　指县级以上政府计量行政部门根据《中华人民共和国强制检定的工作计量器具明细目录》中规定的 55 项 111 种，具体开展项、种数。

产品质量监督检验企业数　指报告期内实际受检的企业数。

产品质量监督检验批次　在同一时期，对同一企业生产的同种规格的产品，按规定办法抽取样品，进行一次监督检验，为一个批次。

企业产品标准备案数　指企业已审批发布并办理了备案手续的企业产品标准数。

社会公用计量标准　指经过政府计量行政部门考核、作为统一本地区量值的依据，在社会上实施计量监督具有公证作用的计量标准。项数是指县级以上政府计量行政部门建立并考核发证的项目数。

授权建立的社会公用计量标准　指县以上政府计量行政部门授权其他部门或单位建立的社会公用计量标准器具考核发证的项目数。

制造计量器具许可证工商户数　指取得由县以上政府计量行政部门考核颁发制造计量器具许可证的企业单位数(包括个体工商户数)。

修理计量器具许可证工商户数　指取得县级政府计量行政部门考核颁发的修理计量器具许可证的企业单位数(包括个体工商户数)。

15

文化卫生体育和广播

Culture, Public Health, Sports and Broadcast

15-1 主要年份文化艺术事业单位数

单位：个

年　份	电影放映单　位	艺术表演团　体	文　化馆、站	#文化馆	公　共图书馆
1980	412	12	205	8	7
1985	616	8	441	8	8
1990	577	8	430	8	8
1991	554	8	420	8	8
1992	542	8	202	8	8
1993	516	8	157	8	8
1994	516	8	210	8	8
1995	490	4	168	8	8
1996	493	4	168	8	8
1997	452	4	150	8	8
1998	453	6	181	9	8
1999	453	6	181	9	8
2000	370	6	180	9	8
2001	370	6	163	9	8
2002	380	7	139	9	8
2003	380	8	129	9	8
2004	380	8	131	9	8
2005	42	8	140	9	8
2006	41	7	143	10	9
2007	38	8	144	10	9
2008	26	8	143	10	10
2009	25	8	143	10	10
2010	25	8	143	10	10
2011	27	7	143	10	10
2012	31	6	143	10	10
2013	33	7	143	10	10
2014	47	7	129	10	10
2015	39	169	139	10	10
2016	39	186	139	10	10
2017	44	208	139	10	10
2018		225	139	10	10
2019		224	139	10	10
2020		175	139	10	10
2021		163	139	10	10

注：2005年起电影放映单位数使用基本单位调查数据(含法人单位和其他法人单位附属的产业活动单位)；2015年起艺术表演团体含私营团体。

15-2 群众文化基本情况

(1996-2021年)

年 份	举办展览场次(个)	组织文艺活动(次)	举办训练班班次(次)	培训人次(万人次)	藏 书(万册)	经费总支出(万元)
1996	689	2059	610	2.00	21.50	833
1997	625	1959	617	2.10	19.80	788
1998	737	2047	795	1.50	18.20	914
1999	666	2213	870	1.30	24.20	989
2000	708	1889	622	1.23	29.91	1424
2001	501	1482	516	1.40	30.20	1340
2002	518	1954	752	1.47	34.94	3474
2003	503	1720	479	1.37	38.03	2955
2004	636	2385	715	1.95	58.75	3177
2005	617	1607	620	2.33	64.20	3548
2006	698	1859	774	2.63	89.60	6046
2007	550	1028	1686	4.05	77.35	2858
2008	694	1999	1344	9.64	83.77	5387
2009	671	2285	4379	9.38	88.61	5831
2010	620	2331	1214	8.30	97.98	6363
2011	596	2186	1245	9.77	105.00	6923
2012	583	2307	1500	14.12	112.00	9648
2013	597	2428	1497	14.20	119.69	11262
2014	823	2805	2536	23.04	262.26	12920
2015	1252	5682	2902	42.57	252.24	15767
2016	1374	6100	4104	49.62	185.97	16574
2017	1484	10237	6912	53.04	204.50	21307
2018	1767	15480	6649	83.12	211.65	19092
2019	2046	25516	11717	76.20	214.12	28026
2020	1815	11854	9680	40.10	232.66	27163
2021	1706	18788	15336	63.87	229.35	41488

注：本表统计范围为文化馆和文化站。

15-3 主要年份卫生机构数

单位：个

年 份	卫生机构数	医院、卫生院	疗养院、所	社区卫生服务中心(站)	诊所卫生所医务室门诊部	卫生防疫机构	妇幼保健机构	卫生监督所	医学在职培训机构	其他卫生机构
1978	618	417								
1980	674	425								
1985	718	357								
1990	730	351	1	333		9	10		1	25
1991	729	359	1	322		9	10		1	27
1992	728	415	1	264		9	10		1	28
1993	701	386	1	266		9	10	1	10	18
1994	698	393	1	264		9	10	1	10	10
1995	709	402	1	265		10	10	1	10	10
1996	694	387	1	265		10	10	1	10	10
1997	717	391	1	284		10	10	1	10	10
1998	680	382	1	255		10	10	1	10	11
1999	635	356	1	236		10	10	1	10	11
2000	645	340	1	262		10	10	1	10	11
2001	664	365	1	238		28	10	1	10	11
2002	932	277	1	378	225	23	10	1	10	7
2003	1097	229	1	344	462	20	10	1	9	21
2004	1223	232	1	135	796	20	10	1	9	19
2005	1285	237	1	327	673	20	10	1	9	7
2006	1243	242	1	346	605	20	10	1	9	9
2007	1401	233	1	413	703	20	10	1	9	11
2008	1379	240	1	417	670	10	10	10	8	13
2009	1394	239	1	440	663	10	10	10	8	13
2010	1380	220	1	470	638	10	10	10	8	13
2011	3061	156	1	548	633	10	10	10	8	5
2012	3101	192	1	515	658	10	10	10	8	5
2013	3096	201	1	497	687	10	10	10	8	4
2014	3260	209	1	479	836	10	10	10	9	4
2015	3455	262	1	424	1047	10	10	10	9	4
2016	3540	271	2	406	1137	10	10	10	9	4
2017	3601	269	2	384	1257	10	10	10	8	8
2018	3691	285	2	345	1247	10	10	10	8	7
2019	3651	233	2	320	1348	10	10	10	8	6
2020	3662	235	2	258	1578	10	10	10	8	6
2021	3805	234	2	273	1671	10	10	10	7	4

注：2002年开始卫生机构数包括个体诊所、社区卫生服务站机构数；2003和201[illegible]年度均有一部分卫生院转为社区卫生服务站，导致卫生院数减少，社区卫生服务站增加；2011年卫生机构数包括1672家村卫生室，导致卫生机构数增加。

15-4 主要年份卫生机构床位数

单位：张

年 份	卫生机构床位数	#医院、卫生院	#疗养院、所	#妇保幼健机构	#社区卫生中心(站)	每万人拥有床位数
1978	4788	4723				10.6
1980	5237	5162				11.3
1985	5974	5858				12.2
1990	7030	6902	60			13.6
1991	7352	7223	60			14.2
1992	7672	7546	70			14.7
1993	7682	7563	70			14.7
1994	7861	7695	112			14.9
1995	8015	7854	112			15.1
1996	8333	8177	112			15.6
1997	8534	8422	112			15.9
1998	8671	8559	112			16.1
1999	8880	8768	112			16.4
2000	9559	9459	100			17.5
2001	10496	10396	100			19.1
2002	10387	10307	80			18.9
2003	11352	11035	100	173	44	20.5
2004	12285	11965	100	201	19	22.1
2005	12634	12367	32	220	15	22.6
2006	13762	13494	25	243		24.4
2007	14293	14025		258	10	25.1
2008	14927	14465	30	253	179	26.0
2009	15563	15160	30	303	70	26.9
2010	16528	16088	30	318	339	28.3
2011	17536	16025	30	336	1130	29.2
2012	18729	17809	30	366	509	31.7
2013	20072	19033	30	366	628	33.8
2014	22267	21334	30	375	513	37.3
2015	24784	23723	50	375	621	41.5
2016	26845	25656	130	376	668	44.7
2017	28257	27282	130	391	446	46.8
2018	29861	28945	130	406	360	48.6
2019	31187	30130	200	471	356	50.7
2020	31594	30533	200	458	373	47.7
2021	31482	30423	200	404	412	47.3

注：2007年疗养院、所的床位数并入医院统计。

15-5 主要年份卫生事业基本情况

单位：人

年份	卫生机构人员数							每万人拥有卫生技术人员数	#医生数	#护士数
		卫生机构技术人员数	#医生	#护士	其他技术人员	管理人员	工勤人员			
1978	7894	6998	2743	739	36	583	277	15.5	6.1	1.6
1980	9554	8283	2608	655	27	731	513	17.9	5.6	1.4
1985	10998	9391	3357	1073	43	828	736	19.2	6.8	2.2
1990	12879	11011	4512	1969	71	1140	657	21.4	8.8	3.8
1991	13219	11285	4607	2072	86	1172	676	21.8	8.9	4.0
1992	13599	11584	4599	2136	93	1223	699	22.3	8.8	4.1
1993	13952	11763	4483	2248	109	1167	913	22.5	8.6	4.3
1994	14534	12406	4950	2419	127	1094	907	23.6	9.4	4.6
1995	14495	12027	5357	2443	39	1813	616	22.7	10.1	4.6
1996	15240	12628	5676	2597	42	1924	646	23.7	10.6	4.9
1997	17186	14501	6106	2772	49	1982	654	27.1	11.4	5.2
1998	16635	13905	5871	2973	228	1453	1049	25.8	10.9	5.5
1999	17204	14149	6165	2992	211	1683	1161	26.1	11.4	5.5
2000	18017	14841	6479	3309	232	1724	1220	27.2	11.9	6.1
2001	18947	15692	7100	3713	396	1760	1099	28.6	12.9	6.8
2002	19337	16276	6898	4658	726	943	1392	29.6	12.5	8.5
2003	20967	17780	7837	4658	950	881	1356	32.2	14.2	8.4
2004	21548	18484	7804	4873	969	974	1121	33.2	14.0	8.8
2005	24484	20806	8577	5695	1198	898	1582	37.2	15.3	10.2
2006	25517	21372	8826	6232	1190	999	1956	37.8	15.6	11.1
2007	27426	22868	9828	6588	1162	1068	2328	40.2	17.3	11.6
2008	28794	24488	10968	7675	1137	979	2190	42.7	19.3	13.4
2009	30526	25798	11237	8432	1135	977	2616	44.6	19.4	14.6
2010	31855	26765	11521	9104	1282	1037	2771	45.9	19.8	15.6
2011	36660	29890	12606	10227	1515	725	3240	49.8	21.1	17.0
2012	39103	31643	12944	10873	1603	739	3844	53.5	21.9	18.4
2013	40697	32851	13338	11613	1479	948	4208	55.3	22.5	19.5
2014	43156	34836	14226	12731	1763	985	4415	58.3	23.9	21.3
2015	46335	37841	15723	14666	1721	1107	4551	63.3	26.3	24.5
2016	49233	40588	16637	16180	1826	1125	4610	67.6	27.7	27.0
2017	51792	42582	17235	17150	1978	1303	4886	70.6	28.6	28.4
2018	55585	44797	18103	18493	2246	1621	5894	73.0	29.5	30.1
2019	58276	47934	19258	20442	2586	1665	5094	77.9	31.3	33.2
2020	61341	49445	20053	21081	2661	1797	6485	74.7	30.3	31.8
2021	61019	50335	20491	21632	2102	1824	5851	75.6	30.8	32.5

注：2002年及以后卫生机构数为登记注册数；医生系执业(助理)医师数，护士为注册护士数。

15-6　医疗机构诊疗次数和入院人数

(2002-2021年)

年　份	诊　疗人次数(万人次)	#门、急诊	入院人数(万人次)	每百诊次入院人数(人)	病　床使用率(%)	病床周转次数(次)	出院者平均住院天数(日)
2002	1595	1466	24.1	1.50			
2003	1507	1446	30.5	2.00			
2004	1616	1593	34.8	2.20			
2005	1818	1748	36.9	2.11			
2006	1862	1828	38.6	2.07			
2007	2113	1960	42.3	2.00	84.61	32.5	9.2
2008	2445	2406	45.9	1.88	85.33	33.4	9.1
2009	2746	2716	49.3	1.80	88.40	33.5	9.6
2010	2805	2754	52.3	1.79	89.70	32.9	10.1
2011	3769	3724	57.4	1.51	90.08	33.9	9.6
2012	4283	4239	64.6	1.52	93.03	35.6	9.6
2013	4330	4265	68.1	1.57	89.56	35.4	9.3
2014	4670	4589	72.0	1.54	87.31	34.8	9.1
2015	4739	4650	74.5	1.56	84.08	33.0	9.2
2016	5168	5088	81.0	2.01	83.04	32.6	9.0
2017	5558	5447	87.9	2.03	85.29	33.6	9.0
2018	6035	5908	92.2	1.99	87.58	34.1	9.0
2019	6991	6822	97.7	1.93	85.28	34.2	8.8
2020	6541	6347	86.3	1.86	73.83	29.5	8.6
2021	7392	7119	93.5	1.83	78.15	32.0	8.7

15-7 医疗机构分类别诊疗次数和入院人数

(2021年)　　　　单位：万人次

类　别	诊疗人次数	#门、急诊	家庭卫生服务人次数	观察室留观病例数	健康检查人数	入院人数	住院病人手术人次数	每百诊次入院人数(人)
总　计	**7391.64**	**7118.68**	**60.10**	**9.17**	**337.24**	**93.52**	**42.86**	**1.83**
一、医　院	**2811.18**	**2787.39**	**1.09**	**8.56**	**165.27**	**89.00**	**41.86**	**3.19**
综合医院	2027.69	2022.40	1.02	7.47	128.41	68.95	35.23	3.41
中医医院	572.29	557.67	0.02	0.39	24.03	12.75	4.93	2.29
中西医结合医院	55.44	55.35	0.05	0.35	2.75	1.83	0.60	3.33
专科医院	154.02	150.31		0.35	10.07	4.90	1.10	3.26
口腔医院	14.82	13.68			0.32			
眼科医院	11.44	11.29			3.17	0.30	0.27	2.62
耳鼻喉科医院	1.17	1.17			0.14	0.14	0.14	11.95
肿瘤医院								
妇产(科)医院	30.16	29.34			0.24	0.65	0.35	2.22
儿童医院								
精神病医院	36.35	36.35		0.01		1.68	0.04	4.73
皮肤病医院	1.89	1.89				0.00		0.02
骨科医院	5.93	5.93				0.38	0.16	6.43
康复医院	23.72	22.68			1.62	0.62	0.10	2.73
整形外科医院	1.53	1.53					0.05	
美容医院	7.64	7.64		0.35		0.67		8.81
其他专科医院	19.38	18.83			4.58	0.42	0.00	2.25
护理院	1.74	1.66			0.01	0.55		33.31
二、基层医疗卫生机构	**4429.31**	**4184.63**	**59.01**	**0.61**	**157.55**	**2.86**	**0.35**	**0.13**
社区卫生服务中心(站)	794.83	765.77	13.22	0.06	63.19	0.27	0.00	0.03
卫生院	1458.08	1417.05	45.79	0.55	91.52	2.60	0.34	0.18
其中：中心卫生院	878.62	860.08	25.40	0.49	56.14	2.52	0.34	0.29
村卫生室	1130.79	1097.42						
门诊部	126.73	72.02			2.71	0.00		
诊所、卫生所、医务室	918.88	832.37			0.13			
三、专业公共卫生机构	**149.59**	**145.11**		**0.00**	**14.42**	**1.60**	**0.65**	**1.14**
妇幼保健院(所、站)	145.04	140.56		0.00	14.42	1.60	0.65	1.14
其中：妇幼保健院	112.71	108.23		0.00	4.38	1.60	0.65	1.48
急救中心(站)	4.55	4.55						
四、其他机构(疗养院)	**1.55**	**1.55**				**0.06**		**3.88**

注：2021年新增美容医院，统计系统中将美容医院单独列出，进行数据统计。

15-8 体育基本情况

(1992-2021年)

年 份	体育场(馆)(个)	举办县以上运动会(次)	参加县以上运动会(人)	举办乡镇运动会(次)	参加乡镇运动会(人)	获世界比赛：金牌(枚)	获全国、全省比赛(枚)			向上级体育团体输送人员(人)	国家级裁判员(人)	国家一级裁判员(人)
							金牌	银牌	铜牌			
1992	4					4	87	80	55			
1993	4					3	72	56	49	35		
1994	4	141	27023	68	25921		35	26	18	10		
1995	4	161	27950	94	48530	1	60	72	67	25		
1996	4	180	28103	164	56704		63	86	75	23		
1997	6	102	13756	165	49316		91	57	55	10	7	35
1998	6	10	2000			2	57	51	40		7	40
1999	7	9	6234	6	3250	15	90	83	66	35	7	40
2000	9	12	1420	114	48545	2	60	56	53	27	7	40
2001	9	42	10850	77	26586		77	51	51	13	7	40
2002	9	12	11080	86	18600		104	64	61	7	8	45
2003	9	17	12741	135	18860		86	69	80	43	11	57
2004	11	23	11500	27	5500		117	94	104	30	13	72
2005	11	94	29227	174	32229		167.5	134	123	52	14	113
2006	14	21	21250	18	12500		147	138	146	88	15	124
2007	14	25	26280	35	17250		99	83	77	110	15	142
2008	14	27	28320	26	23620		93	71	103	135	16	167
2009	14	26	27840	30	32460		88.5	76	80	139	17	194
2010	7	28	25370	23	26000		189.7	119	152		18	222
2011	7	10	16800	29	22100	2	285.5	129	51	51	19	237
2012	7	19	26299	25	17800	9	142.5	137	168	71	19	249
2013	12	25	36000	36	22500	1	89.5	90	125	78	19	266
2014	9	20	32000	20	23000	2	176	91	151	53	19	284
2015	12	15	29500	55	33700	4	154.5	158	149	55	20	304
2016	11	17	31000	26	21000	2	224.3	175	215	65	28	324
2017	11	16	37900	15	7700	4	338.5	334	394	83	29	337
2018	12	20	39872	19	10452	7	354.2	315	387	98	41	402
2019	12	126	37064	42	7829	22	333.0	296	325	86	38	444
2020	12	72	38336	6	1400		285	313	353	76	40	464
2021	12	57	30011	91	24767	2	219	215	301	26	45	565

15-9 广播电视基本情况

(1992-2021年)

年份	广播节目套数(套)	广播电台(个)	无线电视节目套数(套)	有线广播电视网络干线总长(公里)	卫星收转(座)	电视人口覆盖率(%)
1992	3	8	7		112	78.56
1993	4	8	8		215	88.00
1994	4	8	8		917	87.00
1995	4	8	8		1338	90.00
1996	4	8	8		1133	88.61
1997	4	8	8		991	86.37
1998	3	6	7		425	86.37
1999	4	6	7		339	90.45
2000	4	6	7	20507	359	94.26
2001	8	6	8	24639	621	95.67
2002	8	6	10	45161	638	98.04
2003	8	6	10	44832	536	98.64
2004	9	7	10	11038	498	98.80
2005	10	9	10	12515	487	98.91
2006	10	9	10	11705	211	99.01
2007	10	9	10	14449	198	99.48
2008	10	9	10	15125	34	99.47
2009	10	9	10	15475	35	99.48
2010	10	9	10	17519	22	99.47
2011	10	9	10	18425	9	99.42
2012	10	9	10	21771	9	99.56
2013	10	8	10	23012	9	99.63
2014	10	8	10	24881	9	99.63
2015	10	8	10	26409	9	99.72
2016	10	8	10	27216		99.76
2017	10	8	10	28075		99.36
2018	10	8	10	17354		99.37
2019	10	7	10			99.37
2020	10	7	10			100
2021	10	7	10			100

注：2006年有线广播电视网络干线总长是光节点之前的长度。

主要统计指标解释

文化事业机构 指从事专业文化工作和为专业文化工作服务的独立核算、独立建制的单位。不包括文化主管部门直属单位举办的其他行业和各部门的业余文化组织。

艺术表演团体 指从事戏曲、音乐、舞蹈、杂技等专业艺术表演，有独立账户，实行单独核算的团体。不包括半工半艺、半农半艺和民间职业剧团。

医院 指设有固定床位能收病人住院并能为病人提供医疗和护理服务的医疗机构。包括县及县以上医院、乡镇卫生院、其他医院三部分。

卫生技术人员 指卫生事业机构支付工资的全部固定职工和合同制职工中现任职务为卫生技术工作的专业人员。包括中医师、西医师、中西医结合高级医师、护师、中药师、西药师、检验师、其他技师、中医士、西医士、护士、助产士、中药剂士、西药剂士 、检验士、其他技士、其他中医、护理员、中药剂员、西药剂员、检验员，其他初级卫生技术人员。

医生 包括执业医生和执业助理医生。指具有《医师执业证》及其“级别”为“执业医师”且实际从事医疗、预防保健工作的人员，不包括实际从事管理工作的执业医师。

诊疗人次数 指一定时期内所有诊疗工作的总人次数，包括病人来院就诊的门诊、急诊人次数和出诊、赴家庭病床、到工厂、农村、会议、集体活动等外出诊疗的人次数以及外出进行的单项健康检查人次数。

体育场 指有 400 米跑道，中心含足球场并有固定看台的田径场。

体育馆 指有固定看台可供篮球、排球、羽毛球、乒乓球、体操等项目训练比赛活动用的室内场地。

等级裁判员人数 指经考核正式批准授予等级裁判员称号的人数。裁判员等级分为国际裁判、国家级裁判、一级裁判、二级裁判、三级裁判。

广播(或电视)人口覆盖率 指广播(或电视)覆盖人口与总人口的比率。广播(或电视)覆盖，目前是按某套节目来计算的。广播覆盖人口是指能够用普通收音机在中午收听中波广播节目，并且收听效果能达到听清完整的节目内容的地区的人口数。包括只能收听外省的中波广播的人口数在内。电视覆盖人口是指能够用普通电视接收机，室外天线在离地面四米高外，在晚上收看电视，并且收看效果能达到图像基本稳定、清晰，能看清人物的形象、动作的地区内的人口数。指标计算公式:

广播(或电视)人口覆盖率 = 年末广播(或电视)覆盖人口数/年末总人口数 × 100%

16

档案工会妇联优抚和社会保障

Archives, Labor Union, The Women's Federation, Preferential Treatment and Social Security

16-1 档案馆档案资料馆藏情况

(1990-2021年)

年 份	馆藏档案				馆藏资料册数(万册)	档案馆面积(平方米)	
	全宗(个)	案卷(万卷)	录音录像影片(盒)	照片(万张)			#库房面积
1990	624	14.83	595	0.55	3.95	6544	4371
1991	713	15.76	637	0.87	4.13	7689	4900
1992	944	18.10	672	0.95	4.30	8709	5412
1993	1008	18.65	704	1.04	4.74	8709	5412
1994	1070	19.77	734	1.17	4.92	8709	5412
1995	1116	21.54	793	1.30	5.16	8709	5412
1996	1133	22.31	770	1.44	5.65	8868	5563
1997	1215	23.31	637	1.74	6.00	8868	5563
1998	1223	24.42	612	1.89	6.44	9337	5885
1999	1322	28.80	766	2.04	6.63	8970	5831
2000	1353	30.66	1485	2.14	6.86	9097	5865
2001	1395	37.16	1617	2.47	7.13	9172	5865
2002	1449	40.93	1563	2.91	7.33	9372	5965
2003	1480	43.68	1597	3.15	7.43	9499	6199
2004	1497	45.22	1627	3.31	7.85	9167	6099
2005	1526	56.93	1783	3.60	8.09	9892	6810
2006	1554	49.66	1806	4.01	8.31	14441	9401
2007	1590	51.97	1820	4.23	8.46	13941	9147
2008	1620	54.24	1844	4.60	8.70	23941	11291
2009	1632	55.40	1860	4.82	8.91	23941	11291
2010	1753	59.27	1867	5.36	9.03	23941	11291
2011	1805	61.28	1923	5.47	9.14	23941	11291
2012	1839	65.92	1944	5.74	9.38	25041	11291
2013	1863	69.70	1969	6.00	9.47	24352	9779
2014	1894	72.20	2223	6.54	9.69	30657	11919
2015	1909	74.96	2224	7.12	10.00	30797	12019
2016	1927	77.27	2255	7.45	10.31	58165	18427
2017	1933	79.86	2292	7.77	10.41	67801	22642
2018	1970	83.63	2292	7.56	10.46	74919	30858
2019	1993	85.62	2309	6.50	10.53	80048	31425
2020	2093	101.03	2323	8.21	11.30	91318	34545
2021	2196	134.66	2355	8.59	11.36	119450	43573

16-2 档案馆档案资料利用情况

(1990-2021年)

年份	档案资料利用				开放档案	
	利用人次(万人次)	利用档案(万卷、件次)	利用资料(万册、次)	复制(万页)	全宗(个)	案卷(万卷)
1990	0.56	2.45	0.31	1.08		
1991	0.50	1.40	0.20	0.72	222	2.00
1992	0.49	1.16	0.15	0.76	264	2.19
1993	0.34	0.99	0.13	0.94	264	2.22
1994	0.36	1.01	0.15	1.13	264	2.27
1995	0.28	0.64	0.11	0.80	269	3.79
1996	0.24	0.67	0.11	0.51	340	3.90
1997	0.30	0.81	0.09	1.56	422	4.65
1998	0.40	1.01	0.15	0.88	520	5.47
1999	0.52	1.53	0.17	1.18	523	5.48
2000	0.54	1.74	0.16	1.24	528	5.75
2001	0.56	1.63	0.14	2.10	528	5.75
2002	0.79	2.27	0.10	2.94	458	5.88
2003	0.79	2.05	0.19	3.17	653	6.12
2004	1.01	3.04	0.78	4.86	673	6.21
2005	2.09	3.28	1.17	3.13	556	10.96
2006	1.94	19.46	0.52	9.82	556	6.31
2007	1.71	34.07	1.33	8.55	618	6.70
2008	1.64	5.04	0.18	7.25	625	7.01
2009	1.94	3.15	0.55	3.25	625	7.11
2010	1.56	2.50	0.98	3.12	625	7.11
2011	6.15	9.07	1.29	6.79	639	7.36
2012	2.98	3.77	0.28		657	7.36
2013	3.04	4.65	0.29		657	7.36
2014	3.66	4.98	0.18		784	7.42
2015	3.95	11.38	0.12		791	7.42
2016	4.64	7.10	0.14		815	7.79
2017	4.18	8.90	0.17		860	8.27
2018	3.14	4.50	0.26			9.55
2019	2.75	4.20	0.05			11.79
2020	2.45	5.73	0.07			12.08
2021	2.66	9.69	0.19			10.64

16-3 工会基本情况

(1990-2021年)

单位：人

年 份	基层工会组织数(个)	建立工会组织单位职工人数	#女职工	建立工会组织单位会员人数	#女会员	建立职工代表大会制度的单位数(个)	全国劳模	省、部级劳模	市级劳模
1990	2228	251674	95376	230452	87158			10	
1991	2248	262784	101983	238735	91425			4	
1992	2324	266339	105200	239708	92282			3	
1993	2291	244083	97152	218933	86362			5	
1994	2273	246203	97268	223354	86867			8	
1995							9	13	
1996	2639	226287	89340	206707	81974			5	
1997	2489	196051	79224	179901	70837			3	
1998	2359	213689	87487	185941	74880	973		5	
1999	2926	265768	110630	217735	89573	971		27	100
2000	5399	503285	204580	408975	164591	621	9	2	
2001	7073	845300	288184	821751	263792	517		11	
2002	5795	865423	368442	818095	339828	1209		4	
2003	5940	890017	367797	826141	339025	1675		5	
2004	7218	973565	395162	888892	370207	2349		36	100
2005	8356	1043045	473879	982363	417495	2400	10		
2006	9205	1142028	469978	1073865	421380	2537		4	
2007	10378	1236408	535409	1167186	497179	2770		4	
2008	11647	1326682	537442	1249840	511820	2904		5	
2009	12538	1432401	558981	1352600	535431	3010		39	79
2010	13343	1580373	621436	1517298	601393	3290	11		
2011	14719	1763071	682306	1712126	666807	3653		5	
2012	16739	2014431	770027	1981778	760996	4106		4	
2013	17639	2119344	809964	2083070	799558	4295		4	
2014	17427	2142399	814445	2100368	800470	4305		49	108
2015	17574	2299533	834233	2258245	822948	4416	10		
2016	17667	2394617	875998	2355832	867304	6267		3	
2017	17766	2436832	891207	2398395	882511	6452		3	105
2018	17902	2457329	899814	2419221	890945	6521		3	
2019	9378	1099910	455567	1048738	444284	4813		49	
2020	10601	1186775	504967	1150338	494632	9038	8		100
2021	11982	1301041	527690	1261099	511490	10615		4	

注：2019年开展工会情况普查后，剔除原已撤销未剔除数据的工会组织。

16-4 妇女联合会基本情况

(1990-2021年)

年 份	巾帼文明岗数(市级以上)(个)	巾 帼 志愿者(人)	三 八 红旗手(人)	巾帼建功标兵(省级以上)(人)	实用技术培训人数(万人)	文明家庭(市、县级)(户)	村(社区)儿童之家(个)
1990			83		14.56	725	
1991			73		15.61	151	
1992			20			410	
1993			30			335	
1994			3		9.39	91	
1995			37		15.42	110	
1996			3		17.37	267	
1997			79		17.90	162	
1998			44		19.67	450	
1999					11.40	763	
2000			10		9.72	11563	
2001	746				14.34	40141	
2002	1206	20514	13		10.25	225280	
2003	623	23021	26		10.79	412811	
2004	628	34997	37	7	6.73	482499	
2005	321	32640	34		6.75	289166	
2006	161	35680	28	7	5.66	144701	
2007	227	33600	33	5	4.76	135837	
2008	309	34580	59	38	3.68	647	
2009	309	35280	105	9	5.38	2048	
2010	411	35760	84	10	4.22	1490	
2011	124	36250	56	12	4.79	418	
2012	74	37777	60	15	7.25	2380	
2013	69	37100	49	17	0.90	70611	
2014	62	36659	20	9	0.90	5022	
2015	76	38195	22	7	2.87	334	4310
2016	5	69120	8	3	3.39	393	4486
2017	86	36622		10	1.50	3866	4537
2018	5	52000	9	3	1.76	454	3342
2019	50	68000	17	2	2.10	502	3314
2020	3	70285	10	2	2.16	485	3232
2021	82	66250	1	10	2.36	507	3232

16-5 优抚事业基本情况

(1990-2021年)

单位：人

年份	享受定期抚恤金人数	#烈士家属	享受定期补助人数	#在乡复员军人	#带病回乡退伍军人	烈军属享受优待户数(户)	烈军属享受优待总额(万元)	安置退伍军人人数	离退休、退职直接发放人员
1990	821	502	10591	9112	1296	10589	517	1639	772
1991	829	492	10427	8914	1410	10081	524		725
1992	793	483	10330	8697	1543	10455	553	2425	571
1993	797	474	10096	4836	1585	11111	570	1816	561
1994	770	458	10085	8434	1575	11888	689	2546	535
1995	780	467	9977	8314	1589	12728	864	2148	510
1996	721	431	9862	8112	1694	10307	1359	1872	501
1997	724	423	9526	7757	1711	10590	2223	1651	496
1998	694	391	9407	7407	1943	10296	2322	1366	474
1999	672	368	9308	7202	2072	14515	3559	3596	447
2000	646	349	9181	6947	2208	15940	3513	3568	427
2001	626	333	8811	6835	1959	17040	3825	1690	421
2002	611	323	8802	6581	2209	16572	3440	2409	406
2003	602	318	8474	6189	2274	16141	3950	1150	403
2004	590	312	8356	5982	2364	13522	2939	854	402
2005	583	309	7968	5616	2346	11922	4370	1257	391
2006	581	309	7741	5384	2351	9656	4543	1781	392
2007	561	291	7823	5164	2282	10104	5313	1730	386
2008	547	284	9150	4981	3197	10973	6063	2943	375
2009	545	277	9096	4680	3156	10993	7087	2482	363
2010	527	271	8987	4430	3183	11959	8797	2763	357
2011	510	257	9348	4158	3118	13483	11872	2698	349
2012	485	242	36368	3803	2193	14349	11438	2756	325
2013	445	222	36060	3217	2234	16203	9881	2616	318
2014	411	197	36725	2955	2220	18433	15095	2456	309
2015	416	204	37344	2764	2131	16537	15861	2302	303
2016	406	196	37954	2589	2080	24092	18456	2490	279
2017	363	154	38174	1868	2006	32760	24171	2349	184
2018	356	153	40048	1493	1786	4575	11402	1997	112
2019	343	147	40631	1313	1646	4373	12693	1948	111
2020	325	133	40410	1124	873	3761	12740	1942	122
2021	320	127	40202	926	865	3806	12251	1919	125

16-6 民政事业基本情况(一)

(1990-2021年)

单位：人

年 份	最低生活保障人数	最低生活保障资金(万元)	社会福利院			收养类单位		
			单位数(个)	床位(张)	年末在院人数	单位数(个)	床位(张)	年末在院人数
1990			4	222	124	82	1133	751
1991			4	194	112	93	1209	850
1992			4	194	114	98	1339	975
1993			4	182	142	98	1374	1056
1994			4	178	154	101	1336	1116
1995			4	178	297	123	1852	1087
1996			4	232	188	165	2225	1321
1997			6	322	177	185	2585	1666
1998			7	372	247	184	2795	1655
1999			7	403	297	179	2847	1640
2000	29611	1441	7	525	359	175	3697	2005
2001	33487	1915	8	735	425	164	4024	2149
2002	48926	1751	9	854	503	149	4980	2396
2003	56751	2260	9	876	552	134	4303	2783
2004	60893	4970	9	908	599	135	5788	3642
2005	56747	4932	9	992	643	168	8327	4411
2006	56527	5126	9	1093	729	196	11753	7094
2007	60186	6917	9	1323	773	194	13237	9346
2008	62988	9422	9	1423	748	209	15061	8524
2009	61624	9960	9	1473	808	203	15574	9284
2010	60705	11988	9	1638	792	224	20518	9803
2011	61666	15686	9	1931	817	327	26949	16290
2012	61612	19035	9	1871	786	342	32939	18461
2013	60252	21227	9	2206	1107	366	38223	19458
2014	58555	20718	9	2117	1102	331	37963	19186
2015	78147	27099	9	2206	1195	345	42111	20502
2016	100223	38021	9	2741	1191	354	46386	21905
2017	101512	49511	9	2232	1068	316	49051	22878
2018	86885	45968	9	2311	1193	302	48683	23835
2019	77825	44709	9	1927	1076	313	48633	20262
2020	66759	52904	8	1892	902	316	48213	17944
2021	65080	56868	8	1480	781	249	30712	14397

16-7　民政事业基本情况(二)

(1990-2021年)　　单位：个

年份	民政福利企业单位数	结婚对数(对)	#涉外结婚对数	离婚对数(对)	社会团体机构数	#地级社团	年末实有殡仪馆	年处理遗体数(具)
1990	431	30054	26	463			1	322
1991	391	29217	22	467	600	118	1	303
1992	425	36625	35	517	874	140	1	354
1993	460	39201	55	841	1134	165	1	348
1994	496	44557	38	1010	1091	171	1	406
1995	425	44544	51	992	1105	182	1	538
1996	382	45338	55	1375	1424	206	1	665
1997	376	40764	62	1559	1264	212	1	720
1998	380	50200	66	1555	1080	218	2	1419
1999	364	57519	83	1679	1131	215	5	13609
2000	345	48006	73	1994	884	202	5	25954
2001	361	46771	78	2080	815	203	5	26260
2002	382	47446	47	2149	887	234	5	27839
2003	388	46640	62	3163	953	256	6	32241
2004	384	46602	64	4795	1027	260	7	33110
2005	381	43853	42	4773	1151	273	7	35629
2006	387	49405	65	6522	1257	293	7	25709
2007	354	46229	3	6702	1315	301	7	33745
2008	323	47479	8	7837	1342	302	7	34621
2009	326	48197	37	8745	1384	333	7	34677
2010	311	47843	40	9516	1431	332	7	44043
2011	301	50064	67	10261	1448	315	7	35307
2012	209	47721	98	11159	1516	337	7	34565
2013	228	44383	185	11630	1598	356	7	35175
2014	207	47049	125	13149	1681	365	7	36330
2015	186	43540	113	14173	1759	384	7	37427
2016	181	35077	129	14443	1944	397	7	37716
2017		34273	134	14814	2036	404	7	38728
2018		32362	197	14857	2120	402	7	37994
2019		30288	184	15026	2487	405	7	38538
2020		27271	49	13381	2500	409	7	37979
2021		27338	11	7840	2580	412	7	40158

16-8 养老保险基本情况

(1995-2021年)

年份	城镇职工养老保险参保人数(人)	职工参保	离退休参保	城镇养老保险收缴保险基金(万元)	城镇养老保险支付养老金(万元)	城乡居民养老保险参保人数(人)
1995	223450	181285	42165			
1996	231067	186165	44902			
1997	230021	181685	48336	26203	23500	
1998	238425	186402	52023	28957	29778	
1999	289975	232229	57746	29038	35818	
2000	323774	260075	63699	39518	43289	
2001	337621	268966	68655	67635	55314	
2002	475499	404592	70907	74404	68063	
2003	564249	490256	73993	116500	72220	
2004	663682	584910	78772	125341	77926	
2005	699799	616468	83331	140543	87633	
2006	740966	652528	88438	173169	103925	
2007	817298	723023	94275	218071	125779	
2008	906825	806013	100812	262405	153331	
2009	1010435	900749	109686	269939	177683	
2010	1138364	1021004	117360	314867	206125	
2011	1340952	1179823	161129	392608	263072	
2012	1486883	1291768	195115	496811	373575	2124079
2013	1609977	1398087	211890	575193	444999	2316696
2014	1811961	1511186	300775	674310	589138	2460537
2015	1797098	1320752	476346	813370	997801	2336250
2016	1938744	1306268	632476	1081240	1561531	2197064
2017	2133587	1381238	752349	2760245	2320968	2087530
2018	2288528	1476675	811853	2230742	2383536	2113781
2019	2437344	1584026	853318	1579094	2625583	2056701
2020	2677807	1773788	904019	1308969	2926128	1931529
2021	2826343	1790024	830397	2632620	3252234	1609156

16-9 基本医疗和失业保险情况

(1995-2021年)

年 份	城镇基本医疗保险情况					失业保险情况		
	期末参保人数(人)	职工参保	离退休参保	收缴保险基金(万元)	支付保险基金(万元)	期末参保人数(人)	收缴保险基金(万元)	支付保险基金(万元)
1995	60102	49481	10621			149713	950	530
1996	65328	51544	13784			155772	1438	625
1997	58237	21421	36816	2054	1321	156924	1543	796
1998	109136	91479	17657	4687	2230	153038	2320	1082
1999	126770	97841	28929	8391	3751	231800	3628	1706
2000	127805	96257	31548	5445	5014	262000	3928	1619
2001	132793	90059	42734	7894	7674	284055	4431	2273
2002	223409	157042	66367	16835	9062	309988	5295	1998
2003	296000	219381	76619	40919	18480	320716	6411	1251
2004	330855	250393	87662	43205	27831	346440	8099	2596
2005	375163	282927	92236	45028	33894	348259	9334	1924
2006	427668	326288	101380	50724	38843	392096	11448	2622
2007	487703	380074	107629	52340	31423	443716	13257	2424
2008	586798	471292	115506	59191	35442	516349	17860	1774
2009	662437	530546	131891	72335	45043	562033	20080	4319
2010	744828	604216	140612	88734	53600	627233	27061	7639
2011	925990	762801	163189	136867	67558	748807	31761	10704
2012	1070942	893920	177022	225034	107365	822736	42710	10496
2013	1223191	1041790	181401	214681	139461	895307	51906	13737
2014	1362068	1173943	188125	320215	167409	959460	59122	12439
2015	1407771	1212375	195396	306705	162261	993734	58866	29031
2016	1290458	1087197	203261	398126	223492	1035947	44044	4386
2017	1358141	1145319	212822	491122	333333	975871	44719	27785
2018	1496184	1262774	233410	586170	418908	985931	55901	30239
2019	1638498	1384907	253591	672565	529802	1000561	61488	162356
2020	1805909	1532023	273886	760306	569910	1127796	54165	125165
2021	1975903	1689245	286658	926553	732466	1193334	76269	38225

16-10 工伤和生育保险基本情况

(1995-2021年)

年份	工伤保险情况			生育保险情况		
	期末参保人数(人)	收缴保险基金(万元)	支付保险基金(万元)	期末参保人数(人)	收缴保险基金(万元)	支付保险基金(万元)
1995	34964			14274		
1996	107496			46942		
1997	132906	618	118	73035	227	137
1998	130593	651	140	135056	378	255
1999	123201	639	200	133177	570	414
2000	122066	719	285	128547	590	451
2001	129824	858	347	129325	681	533
2002	129983	1147	420	126554	805	532
2003	190081	1414	733	123497	732	548
2004	235329	2505	1380	143816	811	542
2005	290154	4107	2541	135991	1106	841
2006	420460	5977	4092	176515	1570	1036
2007	1128802	9726	5713	199769	2421	1695
2008	1480046	16989	9623	243769	3072	2356
2009	1600697	17207	12092	274273	4053	3088
2010	1809065	23439	15435	345769	5373	4110
2011	1972055	31263	22660	574568	7837	5235
2012	2085850	36453	38900	666972	12560	8812
2013	2191494	39033	39841	769415	14525	10841
2014	2286346	42038	46833	856955	17012	13411
2015	2324260	53508	48834	887374	21835	15597
2016	1825047	55916	48877	824371	18462	18224
2017	1819511	64324	61664	872250	20653	26718
2018	1946014	78791	66787	979629	23988	36002
2019	2184116	76117	75332	1073915	27819	33436
2020	2440819	42144	68930	1290227		
2021	2425215	105437	106275			

注：2020年开始，生育保险和职工基本医疗保险合并实施。

主要统计指标解释

居民最低生活保障人数 指在报告期末家庭平均收入在当地规定的最低生活保障线以下的城镇和农村居民数。包括“三无”对象，失业人员和在职、下岗、退休人员等。

收养类单位 指提供食宿的、不以盈利为目的的革命伤残军人休养院、复退军人慢性病疗养院、复退军人精神病院、光荣院、社会福利院、儿童福利院、精神病人福利院、老年收养性机构（敬老院、养老院、老年公寓）等收养性的社会福利事业单位的总称。分事业单位、企业和民办非企业3类。

城镇职工基本养老保险

1. 参保职工人数 指报告期末按照国家法律、法规和有关政策规定参加城镇职工基本养老保险并在社保经办机构已建立缴费记录档案的职工人数，包括中断缴费但未终止养老保险关系的职工人数，不包括只登记未建立缴费记录档案的人数。

2. 离退休人员人数 指报告期末参加城镇职工基本养老保险的离休、退休和退职人员的人数。

3. 基金收入 指根据国家有关规定，由纳入基本养老保险范围的缴费单位和个人按国家规定的缴费基数和缴费比例缴纳的养老保险基金，以及通过其他方式取得的形成基金来源的收入。包括单位和职工个人缴纳的基本养老保险费、基本养老保险基金利息收入、上级补助收入、下级上解收入、转移收入、财政补贴和其他收入。

4. 基金支出 指按照国家政策规定的开支范围和开支标准从养老保险基金中支付给参加基本养老保险的个人的养老金、丧葬抚恤补助，以及由于保险关系转移、上下级之间调剂资金等原因而发生的支出。包括离休金、退休金、退职金、各种补贴、医疗费、死亡丧葬补助费、抚恤救济费、社会保险经办机构管理费、补助下级支出、上解上级支出、转移支出、其他支出等。

基本医疗保险 建立城镇职工基本医疗保险制度，是对现行公费医疗、劳动医疗制度的创新和机制转换。基本医疗保险实行社会统筹和个人帐户相结合，是建立城镇职工基本医疗保险制度的核心内容。

失业保险参保人数 指报告期末按照国家法律、法规和有关政策规定参加了失业保险的城镇企业、事业单位的职工及地方政府规定参加失业保险的其他人员的人数。

工伤保险参保人数 指报告期末依据国家有关规定参加工伤保险的职工人数和有雇工的个体工商户的雇工数。

生育保险参保人数 指报告期末依据有关规定参加生育保险的人数。

17

各县市区国民经济主要指标

Main Indicators of National Economy by County, City and District

17-1 各县市区法人单位数

(2021年)

单位：个

地 区	法 人 单位数		
		单产业法	多产业法人
全 市	**196527**	**194138**	**2389**
市 区	67928	66888	1040
椒江区	27634	27057	577
黄岩区	19215	19026	189
路桥区	21079	20805	274
三门县	10087	9959	128
天台县	21189	21036	153
仙居县	11007	10886	121
温岭市	36504	36048	456
临海市	27921	27626	295
玉环市	21891	21695	196

17-2 各县市区分产业法人单位数

(2021年)

单位：个

地 区	法 人 单位数				
		第一产业	第二产业	第三产业	法人单位 数中：工业
全 市	**196527**	**8049**	**68037**	**120441**	**61305**
市 区	67926	952	23148	43826	20636
椒江区	27637	391	6554	20592	5215
黄岩区	19213	320	8276	10617	7842
路桥区	21076	241	8218	12617	7579
三门县	10086	1103	2849	6134	2511
天台县	21189	842	3281	17066	2597
仙居县	11006	2025	2916	6065	2480
温岭市	36509	667	15080	20762	14176
临海市	27920	1855	8650	17415	7644
玉环市	21891	605	12113	9173	11261

17-3 各县市区分产业增加值

(2021年) 单位：万元

地　区	生产总值	第一产业	第二产业	第三产业	人均生产总值			
					人民币(元)		美　元	
					按户籍人口计算	按常住人口计算	按户籍人口计算	按常住人口计算
全　市	**57861915**	**3039438**	**25430119**	**29392358**	**95409**	**87089**	**14789**	**13499**
市　区	20562768	539549	8339590	11683629	125300	94411	19422	14634
椒江区	7521425	189787	2807388	4524250	133249	89915	20654	13937
黄岩区	5874712	207868	2744019	2922824	95524	82684	14807	12816
路桥区	7166632	141893	2788183	4236555	155249	113576	24064	17605
三门县	3195017	366238	1544539	1284240	71721	84190	11117	13050
天台县	3395486	161199	1375173	1859114	56575	71862	8769	11139
仙居县	2828381	168563	1143619	1516199	54285	65624	8414	10172
温岭市	12569632	857111	5592166	6120354	103158	88456	15990	13711
临海市	8198681	541621	3631771	4025289	68258	73465	10580	11387
玉环市	7113879	409227	3801400	2903252	162709	110122	25220	17069

17-4 各县市区分行业增加值(一)

(2021年) 单位：万元

地　区	农、林、牧、渔业	工业	建筑业	批发和零售业	交通运输仓储及邮政业	住宿和餐饮业
全　市	**3082854**	**21623395**	**3818448**	**7453778**	**1351326**	**1303533**
市　区	543100	7207756	1136149	3039310	592631	495643
椒江区	190253	2451262	358305	626507	151322	197412
黄岩区	210363	2510258	233945	645605	181123	146498
路桥区	142484	2246236	543899	1767199	260186	151732
三门县	366384	1368711	175877	290635	51521	54598
天台县	161939	1136770	238438	432067	118361	93866
仙居县	169844	944327	199419	340521	74575	67107
温岭市	883731	4343468	1253311	1740252	207857	308385
临海市	543605	3067845	565082	839449	231262	163823
玉环市	418397	3551392	250714	790199	87824	157971

17-5 各县市区分行业增加值(二)

(2021年)

单位：万元

地 区	金融业	房地产业	其 他 服务业		
				营利性 服务业	非营利性 服 务 业
全 市	**4679404**	**5025799**	**9523377**	**3549053**	**5974324**
市 区	2235307	1654083	3658788	1453691	2205097
椒江区	1218409	732959	1594995	629392	965603
黄岩区	438358	494258	1014304	371914	642390
路桥区	578540	426865	1049490	452386	597104
三门县	198510	213225	475556	152195	323361
天台县	238654	337725	637665	192855	444810
仙居县	220777	298474	513336	130262	383074
温岭市	872415	1097510	1862704	730835	1131869
临海市	558823	892472	1336322	432879	903443
玉环市	361329	534154	961898	413522	548375

17-6 各县市区生产总值增长速度

(2021年)

单位：%

地 区	生产总值					人均生产 总值按户 籍人口 计 算	人均生产 总值按常 住人口 计 算
		第一产业	第二产业	第三产业	在生产 总值中: 工 业		
全 市	**8.3**	**2.0**	**9.3**	**8.1**	**11.5**	**8.3**	**7.4**
市 区	7.0	-6.0	7.5	7.3	9.8	6.7	5.6
椒江区	6.2	-15.3	6.4	7.4	10.4	5.2	3.7
黄岩区	6.5	1.8	7.1	6.2	7.9	6.6	5.6
路桥区	8.3	-1.9	9.1	8.0	11.3	8.2	7.8
三门县	8.6	3.2	10.9	7.6	12.6	8.9	8.5
天台县	9.8	5.7	11.0	9.3	11.8	10.1	9.3
仙居县	5.1	2.9	2.2	7.6	8.0	4.9	4.1
温岭市	9.3	3.9	11.5	8.2	13.2	9.6	8.3
临海市	8.3	5.7	9.1	7.9	11.1	8.6	7.7
玉环市	10.9	2.4	11.7	11.0	13.2	10.8	10.4

注：本表按可比价格计算。

17-7 各县市区年末人口数

(2021年) 单位：人

地 区	户籍总户数(户)	户籍总人口数	按性别分		按城乡分		常住人口数(万人)
			男 性	女 性	城镇人口	农村人口	
全 市	**1946715**	**6059387**	**3088627**	**2970760**	**2822398**	**3236989**	**666.1**
市 区	508330	1642671	819675	822996	922984	719687	219.2
椒江区	179353	567085	282611	284474	385107	181978	84.6
黄岩区	196585	614146	306568	307578	275990	338156	71.3
路桥区	132392	461440	230496	230944	261887	199553	63.3
三门县	154112	444520	232525	211995	157482	287038	37.9
天台县	192551	598882	311603	287279	201628	397254	47.0
仙居县	141334	520813	268783	252030	161162	359651	43.0
温岭市	437060	1216235	614942	601293	670160	546075	142.5
临海市	369810	1198963	620686	578277	413559	785404	111.7
玉环市	143518	437303	220413	216890	295423	141880	64.8

17-8 各县市区户籍人口自然变动情况

(2021年)

地 区	出 生		死 亡		自 然 增 长	
	人数(人)	出生率(‰)	人数(人)	死亡率(‰)	人数(人)	自然增长率(‰)
全 市	**36940**	**6.09**	**39043**	**6.44**	**-2103**	**-0.35**
市 区	10076	6.14	10519	6.41	-443	-0.27
椒江区	3935	6.97	3092	5.48	843	1.49
黄岩区	3470	5.64	4454	7.24	-984	-1.60
路桥区	2671	5.79	2973	6.44	-302	-0.65
三门县	2757	6.19	2563	5.75	194	0.44
天台县	3859	6.43	3826	6.37	33	0.05
仙居县	3752	7.20	3389	6.50	363	0.70
温岭市	6894	5.66	8465	6.95	-1571	-1.29
临海市	7080	5.89	7671	6.39	-591	-0.49
玉环市	2522	5.77	2610	5.97	-88	-0.20

17-9　各县市区分行业在岗职工年末人数(一)

(2021年)　　单位：人

地　区	在岗职工年末人数	采矿业	制造业	电力、热力、燃气及水生产和供应业	建筑业	批发和零售业	交通运输、仓储和邮政业	住宿和餐饮业	信息传输、软件和信息技术服务业
全　市	**1133624**	**393**	**687427**	**5988**	**300725**	**45314**	**16128**	**15045**	**5449**
市　区	373500	27	219116	1697	83731	19526	9639	5780	4675
椒江区	153693		87441	753	26870	8839	7245	3303	4296
黄岩区	132675		70910	461	43512	3738	1164	1263	182
路桥区	87132	27	60765	483	13349	6949	1230	1214	197
三门县	51901	22	33277	1778	13885	674	600	219	112
天台县	37044	109	28705	367	2938	1039	396	1441	107
仙居县	52990	128	30322	564	16486	2214	236	1283	
温岭市	256614	91	139938	446	89390	10257	1517	2980	164
临海市	217942	16	109471	796	86740	8004	2965	1869	242
玉环市	143633		126598	340	7555	3600	775	1473	149

17-10　各县市区分行业在岗职工年末人数(二)

(2021年)

地　区	房地产业	租赁和商务服务业	科学研究、技术服务业	水利、环境和公共设施管理业	居民服务、修理和其他服务业	教　育	卫生和社会工作	文化、体育和娱乐业
全　市	**15330**	**27676**	**4336**	**3479**	**3313**	**203**	**1904**	**914**
市　区	6079	16442	1775	825	2742	146	823	477
椒江区	2956	6578	1619	244	2595	146	351	457
黄岩区	2164	8974		36			271	
路桥区	959	890	156	545	147		201	20
三门县	545	424	98	92	29		126	20
天台县	1151	615	147	1	20			8
仙居县	415	954	133	123			132	
温岭市	3823	5692	1116	354	282	29	262	273
临海市	2081	2755	1001	1151	214	28	561	48
玉环市	1236	794	66	933	26			38

17-11 各县市区农林牧渔业总产值

(2021年)　　　　单位：万元

地　区	农林牧渔业总产值	农业产值	林业产值	牧业产值	渔业产值	农林牧渔服务业产值
全　市	**5427136**	**1829968**	**64389**	**329258**	**3131681**	**71840**
市　区	904846	500487	4736	28758	361348	9517
椒江区	372674	125131	485	16884	229004	1170
黄岩区	287553	267256	3765	7466	4026	5040
路桥区	244619	108101	485	4409	128318	3307
三门县	779740	111170	4424	31384	632395	367
天台县	254854	161139	11295	76390	4290	1740
仙居县	259735	189499	21032	38336	8070	2799
温岭市	1568905	363706	629	50125	1110713	43731
临海市	887376	426995	20230	92181	343970	4000
玉环市	771680	76972	2044	12084	670894	9686

注：农林牧渔业总产值按当年价格计算，下同。

17-12 各县市区农作物播种面积(一)

(2021年)　　　　单位：公顷

地　区	农作物播种面积	粮食作物	油料	#油菜籽	#花生	#芝麻	棉花	甘蔗
全　市	**203713**	**87720**	**7104**	**6060**	**938**	**106**	**167**	**1495**
市　区	46557	16369	667	604	62	1	12	357
椒江区	11203	4987	325	325			12	16
黄岩区	19777	5707	217	154	62	1		236
路桥区	15578	5675	125	125				105
三门县	17911	7560	646	530	73	42	74	65
天台县	26159	11740	2046	1536	494	16	39	15
仙居县	23173	12180	1818	1653	140	25		6
温岭市	42033	18673	462	407	51	5	33	936
临海市	40091	19088	737	630	90	17	9	107
玉环市	7789	2110	728	700	28			10

17-13 各县市区农作物播种面积(二)

(2021年) 单位：公顷

地 区	药材类	蔬菜	果用瓜			其他作物
				#西瓜	#草莓	
全 市	**4715**	**82386**	**14741**	**8022**	**799**	**5386**
市 区	330	24057	3456	781	82	1310
椒江区	16	4216	1491	182	20	141
黄岩区	301	12175	362	291	31	778
路桥区	13	7666	1603	308	31	390
三门县	320	6258	2869	902	21	120
天台县	1738	8465	1068	960	44	1046
仙居县	1567	5724	725	666	29	1154
温岭市	225	18258	2820	1905	137	625
临海市	481	15701	2858	2055	464	1110
玉环市	54	3920	945	753	23	21

17-14 各县市区农作物产量

(2021年) 单位：吨

地 区	粮食作物	油料		棉花	麻类	甘蔗	药材	蔬菜	果用瓜
			#油菜籽						
全 市	**559969**	**13387**	**11011**	**233**	**1**	**117523**	**32164**	**2316595**	**471818**
市 区	106102	812	657	18		21058	1097	689292	106550
椒江区	31932	302	302	18		1609	119	131365	56728
黄岩区	37551	365	211			14846	900	352083	12767
路桥区	36619	144	144			4603	78	205844	37055
三门县	51255	1035	839	114		3279	1129	167179	69562
天台县	74638	4440	3333	53		639	9802	177378	31911
仙居县	82284	3547	3127			237	17247	151610	18975
温岭市	114349	891	730	37	1	86569	1297	600292	148072
临海市	119049	1612	1332	11		4382	1430	427964	72015
玉环市	12291	1050	993			859	163	102881	24732

17-15 各县市区茶园面积和茶叶产量

(2021年)

地区	茶园总面积(公顷)	#本年采摘面积	茶叶总产量(吨)	春茶	夏茶	秋茶
全 市	**12346**	**11251**	**5324**	**4352**	**701**	**271**
市 区	233	207	79	79		
椒江区						
黄岩区	233	207	79	79		
路桥区						
三门县	754	694	283	268	10	4
天台县	7193	6628	3012	2275	553	184
仙居县	1251	1036	475	410	58	8
温岭市	266	239	77	77		
临海市	2551	2349	1390	1235	80	75
玉环市	98	98	7	7		

17-16 各县市区果园面积和水果产量(一)

(2021年)

单位：公顷

地区	果园面积	柑桔	梨园	桃园	杨梅	枇杷
全 市	**66777**	**24973**	**1856**	**3909**	**24283**	**3395**
市 区	12913	4757	56	610	5161	1578
椒江区	1594	708	3	127	522	60
黄岩区	10103	3928	51	279	4258	1289
路桥区	1216	122	2	203	381	229
三门县	5168	3527	125	147	660	225
天台县	4999	808	709	661	1843	162
仙居县	11532	533	257	867	8656	323
温岭市	6661	1074	179	187	1393	283
临海市	21938	11804	497	1340	6307	720
玉环市	3565	2470	32	98	262	104

17-17　各县市区果园面积和水果产量(二)

(2021年)

地　区	在果园面积中(公顷)				水果总产量(吨)		
	柿　子	葡　萄	猕猴桃	其　他	合　计	柑　桔	
							柑
全　市	**687**	**5537**	**915**	**1222**	**1456948**	**499867**	**20490**
市　区	28	531	121	72	281691	86044	7431
椒江区	10	148	7	8	83900	16694	107
黄岩区	14	137	111	37	139497	66542	7122
路桥区	5	245	3	27	58294	2808	203
三门县	14	314	80	77	137564	53491	1263
天台县	251	161	107	298	104321	21988	99
仙居县	113	251	362	169	109532	5079	1527
温岭市	30	3386	39	90	267901	19874	6540
临海市	163	436	195	475	474923	277035	275
玉环市	87	458	12	42	81016	36358	3356

17-18　各县市区果园面积和水果产量(三)

(2021年)　　单位：吨

地　区	在水果总产量中					
	柑桔产量中			梨　头	桃　子	杨　梅
	桔	橙	柚			
全　市	**435437**	**7080**	**34696**	**30803**	**57347**	**230789**
市　区	76519	193	159	605	8793	50475
椒江区	16417	62	108	52	1734	4548
黄岩区	57944	132	51	547	3477	39667
路桥区	2158			6	3582	6260
三门县	49671	1771	744	490	2750	3515
天台县	21256	60	203	14296	10348	14244
仙居县	2749	491	301	2802	8178	65965
温岭市	5917	3313	4104	4581	3834	15286
临海市	276477	207	75	7480	21914	78563
玉环市	2847	1045	29109	550	1530	2741

17-19 各县市区果园面积和水果产量(四)

(2021年) 单位：吨

地区	在水果总产量中					
	枇杷	柿子	葡萄	猕猴桃	果用瓜	其他水果
全市	**24367**	**6634**	**113297**	**8257**	**471818**	**13770**
市区	14870	630	10652	1939	106550	1134
椒江区	316	270	3391	75	56728	92
黄岩区	11156	317	2679	1790	12767	557
路桥区	3397	43	4583	74	37055	486
三门县	779	108	5769	508	69562	591
天台县	892	2850	4243	941	31911	2609
仙居县	491	622	3602	2458	18975	1361
温岭市	3228	205	69864	964	148072	1993
临海市	3172	1131	7038	1319	72015	5256
玉环市	935	1088	12129	128	24732	825

17-20 各县市区林业生产情况(一)

(2021年) 单位：公顷

地区	森林抚育面积	人工造林	退化林修复	更新造林
全市	**705**	**889**	**167**	**591**
市区		42	127	
椒江区				
黄岩区		42	127	
路桥区				
市直属				
三门县		100		
天台县	55	470		
仙居县		79		288
温岭市		70		231
临海市	650	88	5	72
玉环市		40	35	

17-21 各县市区林业生产情况(二)

(2021年)

地区	木材采伐(万立方米)	竹材采伐(万根)	主要林产品产量(吨)		
			油茶籽	竹笋干	板栗
全市	**11.28**	**107.14**	**5554**	**4648**	**1899**
市区	0.30			438	67
椒江区					
黄岩区	0.30			438	67
路桥区					
三门县	0.37	5.50	510	465	210
天台县	2.03	20.64	2430	700	370
仙居县	6.10	32.70	2230	811	722
温岭市	0.35	6.00		16	
临海市	2.10	42.30	384	2218	530
玉环市	0.03				

17-22 各县市区畜牧业生产情况(一)

(2021年)

地区	生猪(万头)					牛(头)	
	年末存栏头数	能繁殖的母猪	其他生猪	年内肥猪出栏头数	全年饲养量	年末存栏	年内出栏
全市	**46.00**	**6.10**	**39.90**	**51.19**	**97.19**	**21446**	**9379**
市区	3.84	0.54	**3.30**	4.28	**8.11**	2595	783
椒江区	1.15	0.08	1.07	1.46	2.61	1415	68
黄岩区	2.09	0.38	1.71	1.43	3.52	1000	690
路桥区	0.60	0.08	0.52	1.38	1.98	180	25
三门县	4.96	0.67	4.30	6.61	11.57	1999	392
天台县	7.57	1.11	6.46	12.64	20.21	7034	4451
仙居县	12.32	1.75	10.57	6.09	18.41	2869	819
温岭市	4.02	0.88	3.14	8.34	12.36	1548	357
临海市	9.79	1.09	8.70	11.72	21.52	4886	2319
玉环市	3.51	0.07	3.43	1.51	5.01	515	258

17-23 各县市区畜牧业生产情况(二)

(2021年)

地 区	羊(万只)		家禽(万只)		兔(万只)		肉类产量(吨)		禽蛋产量(吨)
	年末存栏	年内出栏	年末存栏	年内出栏	年末存栏	年内出栏		#猪肉	
全 市	**4.50**	**3.91**	**880.41**	**2732.24**	**21.14**	**16.58**	**84451**	**41184**	**22129**
市 区	0.60	0.51	50.47	68.22	2.40	3.55	5027	3706	2519
椒江区	0.28	0.23	8.78	9.53	1.55	1.23	1450	1223	608
黄岩区	0.17	0.18	30.67	21.05	0.45	1.60	1725	1243	1559
路桥区	0.15	0.10	11.02	37.64	0.40	0.72	1853	1240	352
三门县	0.54	0.37	62.23	65.68	1.31	0.79	6167	4735	5205
天台县	0.86	1.04	195.89	783.28	2.77	2.93	22523	10075	3151
仙居县	0.58	0.35	74.54	147.41	0.04	0.01	6871	4587	1404
温岭市	0.39	0.21	151.80	352.49	0.06	0.18	11567	6940	6016
临海市	1.25	0.99	322.59	1208.95	14.55	9.09	29596	9840	3463
玉环市	0.28	0.44	22.89	106.21	0.01	0.01	2700	1302	373

17-24 各县市区渔业基本情况

(2021年) 单位：人

地 区	渔业乡镇(个)	渔业村(个)	渔业户(户)	渔业人口	渔业从业人员	#专业从业人员	海洋渔业从业人员	#专业从业人员	淡水渔业从业人员	#专业从业人员
全 市	**28**	**146**	**74101**	**233344**	**127903**	**93356**	**118856**	**87598**	**9047**	**5758**
市 区	4	18	6344	20842	12781	8982	10936	7803	1845	1179
椒江区	4	13	3203	9637	2450	1892	2365	1792	85	100
黄岩区		1	115	290	551	460			551	460
路桥区		4	3026	10915	9780	6630	8571	6011	1209	619
三门县	8	7	9482	35890	26300	15510	24580	14742	1720	768
天台县					417	127			417	127
仙居县			130	425	345	186			345	186
温岭市	3	46	26269	84036	48679	34741	47921	34437	758	304
临海市	2	8	10822	30552	14150	11818	12525	10917	1625	901
玉环市	11	67	21054	61599	25231	21992	22894	19699	2337	2293

17-25 各县市区渔业机械年末拥有量

(2021年)

地 区	机动渔船								非机动渔船	
	合 计		捕捞渔船		养殖渔船		辅助渔船			
	艘	总吨位	艘	总吨位	艘	总吨位	艘	总吨位	艘	总吨位
全 市	**5172**	**859395**	**3787**	**640974**	**709**	**3024**	**676**	**215397**	**54**	**27**
市 区	644	97836	415	55111	92	1451	137	41274	2	1
椒江区	282	55735	166	21570	14	725	102	33440		
黄岩区	25	23	22	11			3	12	2	1
路桥区	333	41001	227	33530	78	726	28	6745		
市本级	4	1077					4	1077		
三门县	418	27979	357	21520	2	20	59	6439		
天台县										
仙居县									52	26
温岭市	2336	524388	1890	398081	124	229	322	126078		
临海市	794	128568	713	109802	1	9	80	18757		
玉环市	980	80624	412	56460	490	1315	78	22849		

17-26 各县市区水产养殖面积

(2021年)

单位：公顷

地 区	海水养殖面积	#鱼类	#甲壳类	#贝类	#藻类	海上养殖	滩涂养殖	淡水养殖面积
全 市	**24193**	**957**	**7833**	**11455**	**3923**	**6110**	**10704**	**5579**
市 区	1144	195		554	395	738	406	505
椒江区	260	195		65		260		103
黄岩区								134
路桥区	884			489	395	478	406	268
三门县	13553	34	6348	6191	980	999	6604	466
天台县								820
仙居县								710
温岭市	4812	60	641	2863	1223	1443	2728	609
临海市	1316	31	383	339	563	592	257	1809
玉环市	3368	637	461	1508	762	2338	709	660

17-27 各县市区水产品产量(一)

(2021年)

单位：吨

地　区	水产品总产量	海洋捕捞	#鱼类	#甲壳类	海水养殖	#鱼类	#甲壳类	#贝类	#藻类	远洋渔业
全　市	**1451933**	**807651**	**504573**	**237149**	**527158**	**21021**	**43806**	**439252**	**21811**	**57630**
市　区	187203	146310	107757	34086	26141	6639		17812	1690	
椒江区	132366	115623	84286	27802	12931	6639		6292		
黄岩区	2405									
路桥区	52432	30687	23471	6284	13210			11520	1690	
三门县	318140	13790	8380	5025	301202	2580	29690	263132	5800	
天台县	2785									
仙居县	5580									
温岭市	551756	417436	235079	141726	70355	2476	2245	59478	4888	57630
临海市	123698	91423	74897	12577	12160	201	4705	4796	2458	
玉环市	262771	138692	78460	43735	117300	9125	7166	94034	6975	

17-28 各县市区水产品产量(二)

(2021年)

地　区	淡水捕捞	#鱼类	#甲壳类	淡水养殖	#鱼类	#甲壳类	#池塘	#水库	#河沟	观赏鱼(万条)
全　市	**14453**	**11909**	**854**	**45041**	**38036**	**5282**	**24384**	**6965**	**11040**	**37.51**
市　区	776	739	37	13976	11033	2932	12285	170	421	30.90
椒江区				3812	3568	234	3702			29.00
黄岩区	380	374	6	2025	1955	69	1190	170	265	
路桥区	396	365	31	8139	5510	2629	7393		156	1.90
三门县	360	161	97	2788	2460	257	2775			
天台县	352	337		2433	2303	29	905	1433		3.01
仙居县	1710	1120	110	3870	3348	66	1910	1550		3.60
温岭市				6335	5186	788	4604	106	856	
临海市	7819	6916	375	12296	10961	618	1371	3453	7321	
玉环市	3436	2636	235	3343	2745	592	534	253	2442	

17-29 各县市区农业机械年末拥有量(一)

(2021年)

地区	农业机械总动力(千瓦)	耕作机械					收获前机械			收获后处理机械	
		耕作机械动力(千瓦)	#大中型拖拉机		#农用小型拖拉机		合计		#联合收割机(台)	台	千瓦
			台	千瓦	台	千瓦	台	千瓦			
全市	**2446153**	**234618**	**1571**	**95275**	**4649**	**49844**	**2515**	**128208**	**2391**	**21872**	**59043**
市区	315187	29662	216	13275	840	8180	492	19688	487	4692	7605
椒江区	120072	7451	52	3133	290	2598	86	3716	86	133	1606
黄岩区	41639	9030	69	4351	217	2009	150	6397	150	448	2173
路桥区	144941	13180	95	5791	333	3573	256	9575	251	4111	3826
市本级	8534										
三门县	207721	31606	132	7678	145	1664	259	8383	250	705	8664
天台县	136592	40311	180	9654	1567	15600	247	9952	223	384	2452
仙居县	158178	37040	102	4970	405	4208	256	10351	231	10896	16698
温岭市	901892	38477	469	31462	147	1456	465	26607	451	1359	6491
临海市	524467	51038	430	25854	1419	17857	758	51193	711	1451	13407
玉环市	202116	6484	42	2382	126	880	38	2034	38	2385	3727

17-30 各县市区农业机械年末拥有量(二)

(2021年)

地区	植保机械			排灌机械				运输机械动力(千瓦)
	合计		#机动喷雾(粉)机(架)	合计		#农用水泵(台)	#节水喷灌机械(套)	
	台	千瓦		台	千瓦			
全市	**47634**	**84535**	**17843**	**110173**	**228820**	**92433**	**3061**	**8196**
市区	11091	20838	4385	17099	36256	16242	1235	430
椒江区	858	3206	729	6027	10152	5773	28	63
黄岩区	3165	2644	3103	1697	4865	1453	50	175
路桥区	7068	14988	553	9375	21239	9016	1157	192
市本级								
三门县	5950	12437	440	4601	25986	2604	15	196
天台县	3466	12342	531	5357	14682	4437	35	95
仙居县	8687	9546	650	21669	29244	17154	490	1035
温岭市	4121	6230	3745	4875	20036	5136	487	109
临海市	11495	18953	6303	33573	69006	24872	318	5875
玉环市	2824	4189	1789	22999	33610	21988	481	456

17-31 各县市区农业机械年末拥有量(三)

(2021年)

地区	农副产品加工机械				渔业机械动力(千瓦)	#机动渔船			其他农业机械动力(千瓦)
	合计		#粮食加工机械(台)	#棉花加工机械(台)					
	台	千瓦				(艘)	(吨位)	(千瓦)	
全市	**11793**	**103852**	**8394**	**84**	**1231097**	**5172**	**859395**	**1183065**	**367784**
市区	873	10145	656	3	158225	644	97836	145546	32338
椒江区	156	1901	64		82021	282	55735	80201	9956
黄岩区	543	4793	443		584	25	23	395	10978
路桥区	174	3451	149	3	67086	333	41001	56416	11404
市本级					8534	4	1077	8534	
三门县	678	6732	397	18	61826	418	27979	39760	51891
天台县	2553	18350	1922	13	372				38036
仙居县	2805	20487	1754	3	1098				32680
温岭市	1686	17727	1258	24	717867	2336	524388	712115	68350
临海市	2898	27538	2199	22	168589	794	128568	166108	118868
玉环市	300	2873	208	1	123123	980	80624	119536	25620

17-32 各县市区农业机械化农村能源及农业物资消耗情况

(2021年)

地区	农业机械化情况(万亩)			农村用电量(万千瓦时)	农用化肥折纯施用量(吨)	农药使用量(吨)
	机耕面积	机播面积	机收面积			
全市	**216.16**	**63.48**	**107.70**	**508386**	**77443**	**2600**
市区	41.99	10.29	19.15	164492	21491	669
椒江区	7.51	2.98	5.97	58114	5610	192
黄岩区	18.60	2.14	5.89	43862	10358	336
路桥区	15.89	5.16	7.30	62516	5523	141
三门县	26.70	4.57	10.91	25229	5684	183
天台县	24.62	9.69	13.06	29081	6414	173
仙居县	27.10	5.44	13.61	25519	8907	256
温岭市	44.03	14.15	22.38	130341	14715	501
临海市	46.42	17.22	26.41	76671	17912	705
玉环市	5.30	2.13	2.17	57054	2320	114

注：2021年起农村用电量统计口径发生变化，为农林牧渔业生产和乡村居民生活的全年用电总量。

17-33 各县市区水利设施建设情况

(2021年)

地区	本年水利资金总投入(万元)	已建成水库(座)		总库容(万立方米)		堤防总长度(公里)	水闸总座数(座)
			#大型水库		#大型水库		
全市	**470039**	**348**	**4**	**188765**	**134556**	**2217**	**926**
市区	177601	34	1	79705	73242	465	249
椒江区	18749	4		145		68	92
黄岩区	69541	28	1	79533	73242	352	113
路桥区	21000	2		27		45	44
市本级	68311						
三门县	36372	49		6598		524	230
天台县	56981	73	1	28645	17930	420	27
仙居县	35110	64	1	25167	13504	617	66
温岭市	52717	24		7370		65	134
临海市	56724	89	1	38985	29880	70	66
玉环市	54534	15		2295		55	154

17-34 各县市区农田水利灌溉情况

(2021年) 单位：千公顷

地区	灌溉面积				规模上灌区数量(处)	实际耕地灌溉面积
		#耕地灌溉面积	#林地灌溉面积	#园地灌溉面积		
全市	**141.09**	**124.69**	**3.30**	**13.10**	**41**	**114.46**
市区	32.59	28.82	2.23	1.55	3	26.77
椒江区	9.91	8.58	0.45	0.89	1	7.97
黄岩区	11.67	9.90	1.41	0.35	1	8.98
路桥区	11.01	10.33	0.37	0.31	1	9.82
三门县	13.29	13.13	0.02	0.14	15	9.57
天台县	14.87	14.65	0.11	0.11	4	11.61
仙居县	15.08	13.60	0.58	0.90	10	13.28
温岭市	31.93	24.27	0.06	7.60	1	23.48
临海市	25.83	24.64	0.12	1.08	4	24.24
玉环市	7.49	5.58	0.19	1.72	4	5.51

17-35　各县市区规模以上工业单位数

(2021年)　　单位：个

地　区	工　业单位数	#国有及国有控股企业	轻工业	重工业	大型企业	中型企业	小型企业	微型企业
全　市	**5281**	**63**	**1956**	**3325**	**65**	**382**	**4655**	**179**
市　区	1665	24	712	953	23	114	1455	73
椒江区	562	15	215	347	10	52	464	36
黄岩区	543	4	303	240	6	37	493	7
路桥区	560	5	194	366	7	25	498	30
三门县	250	6	74	176	3	23	213	11
天台县	203	8	103	100	4	17	170	12
仙居县	225	6	110	115	4	17	196	8
温岭市	1273	5	446	827	12	73	1160	28
临海市	633	6	365	268	11	65	537	20
玉环市	1032	8	146	886	8	73	924	27

17-36　各县市区分注册类型规模以上工业单位数

(2021年)　　单位：个

地　区	国有企业	集体企业	股份合作企业	联营企业	有限责任公司	股份有限公司	私营企业	港澳台商投资公　司	外商投资企业
全　市	**1**	**3**	**110**		**222**	**152**	**4648**	**67**	**78**
市　区	1	1	36		72	95	1407	29	24
椒江区	1	1	2		36	21	483	10	8
黄岩区			26		18	5	479	10	5
路桥区			8		18	69	445	9	11
三门县			4		14	7	219	1	5
天台县			2		9	16	165	4	7
仙居县					23	8	186	3	5
温岭市		1	34		34	9	1172	9	14
临海市			8		44	11	552	12	6
玉环市		1	26		26	6	947	9	17

17-37　各县市区分行业规模以上工业单位数(一)

(2021年)　　单位：个

地　区	有色金属矿采选业	非金属矿采选业	农副食品加工业	食品制造业	酒、饮料和精制茶制造业	纺织业	纺织服装、服饰业	皮革、毛皮、羽毛及其制品和制鞋业	木材加工和木竹藤棕草制品业
全　市	**1**	**13**	**91**	**15**	**7**	**119**	**19**	**238**	**24**
市　区		2	8	9	4	31	6	2	5
椒江区			3	1	1	30	4	1	
黄岩区			3	8	3		1	1	2
路桥区		2	2			1	1		3
三门县		1	1	1		6	2	4	1
天台县	1	1	1	2	1	29	2	2	2
仙居县		4	2		1	4			8
温岭市		2	69	1		7	8	225	2
临海市		2	3	1	1	41	1	1	5
玉环市		1	7	1		1		4	1

17-38　各县市区分行业规模以上工业单位数(二)

(2021年)　　单位：个

地　区	家具制造业	造纸和纸制品业	印刷和记录媒介复制业	文教、工美、体育和娱乐用品制造业	石油、煤炭及其他燃料加工业	化学原料和化学制品制造业	医药制造业	化学纤维制造业	橡胶和塑料制品业
全　市	**87**	**74**	**66**	**155**	**3**	**87**	**72**	**9**	**628**
市　区	12	30	39	55	2	34	21	4	320
椒江区	7	7	3	5		18	15	3	82
黄岩区	4	10	9	44	1	7	6	1	180
路桥区	1	13	27	6	1	9			58
三门县	3	4		4		8	2	2	51
天台县	2	4	2	14		4	6	2	57
仙居县	8	3	1	52		8	9		32
温岭市	2	14	12	7		5	1	1	46
临海市	51	18	3	16	1	25	29		73
玉环市	9	1	9	7		3	4		39

17-39　各县市区分行业规模以上工业单位数(三)

(2021年)　　　　单位：个

地　区	非金属矿物制品业	黑色金属冶炼和压延加工业	有色金属冶炼和压延加工业	金　属制品业	通用设备制造业	专用设备制造业	汽　车制造业	铁路船舶航空航天和其他运输设备制造业	电气机械和器材制造业
全　市	**137**	**22**	**85**	**368**	**1121**	**427**	**459**	**224**	**463**
市　区	49	4	30	116	199	249	54	118	193
椒江区	24	1	7	31	81	77	20	42	70
黄岩区	8		1	28	19	137	11	23	26
路桥区	17	3	22	57	99	35	23	53	97
三门县	9	1	1	15	36	10	17	14	35
天台县	9	1	3	8	7	4	14	6	5
仙居县	8	1		9	15	11	13		19
温岭市	20	4	6	94	424	59	50	50	127
临海市	34	10	8	43	35	46	40	24	58
玉环市	8	1	37	83	405	48	271	12	26

17-40　各县市区分行业规模以上工业单位数(四)

(2021年)　　　　单位：个

地　区	计算机、通信和其他电子设备制造业	仪器仪表制造业	其　他制造业	废弃资源综合利用业	金属制品机械和设备修理业	电力、热力生产和供应业	燃气生产和供应业	水的生产和供应业
全　市	**53**	**69**	**51**	**26**	**3**	**34**	**12**	**19**
市　区	27	4	6	12	1	7	4	8
椒江区	16		3	1	1	3	2	3
黄岩区	2		2			3	1	2
路桥区	9	4	1	11		1	1	3
三门县	3		1	1	1	4	1	1
天台县	3	4	1			3	1	2
仙居县	3	1		5	1	5	1	1
温岭市	12	16	1	2		4	1	1
临海市	2	6	42	3		5	3	3
玉环市	3	38		3		6	1	3

17-41 各县市区规模以上工业增加值

(2021年)　　单位：万元

地　区	工　业增加值	#国有及国有控股企　业	轻工业	重工业	大型企业	中型企业	小型企业	微型企业
全　市	**14053503**	**1239686**	**4820225**	**9233278**	**3318524**	**4020370**	**6518073**	**196537**
市　区	4444351	243124	1568378	2875973	1139814	1187340	2078119	39077
椒江区	1895270	186596	610298	1284972	533467	597797	745525	18480
黄岩区	1320536	18106	717399	603136	302083	329501	682444	6508
路桥区	1228545	38423	240681	987865	304263	260042	650151	14089
三门县	1076478	44960	150276	926202	509292	185441	367326	14419
天台县	732993	30895	307616	425377	151835	275282	298628	7249
仙居县	653849	237510	363207	290643	153346	187749	302485	10269
温岭市	2351053	485239	619306	1731747	395705	622368	1288184	44796
临海市	2355654	38638	1517826	837828	680019	770484	879493	25658
玉环市	2439125	159321	293617	2145508	288513	791705	1303838	55069

17-42 各县市区分注册类型规模以上工业增加值

(2021年)　　单位：万元

地　区	国有企业	集体企业	股份合作企业	联营企业	有限责任公司	股份有限公司	私营企业	港澳台商投资公　司	外商投资企业
全　市	**1229**	**8202**	**129351**		**1823639**	**1927609**	**9161885**	**310762**	**690827**
市　区	1229	225	35627		383577	764586	2738316	93298	427493
椒江区	1229	225	5148		194792	346100	1101036	29765	216975
黄岩区			21953		124838	222452	911308	32147	7839
路桥区			8527		63947	196034	725973	31386	202680
三门县			7315		530285	72997	449263	3052	13567
天台县			1104		39606	244980	399588	4987	42728
仙居县					96004	104394	415429	22857	15165
温岭市		6239	27880		176915	91647	1918999	87026	42348
临海市			23432		304959	543764	1399451	67893	16155
玉环市		1738	33994		292293	105241	1840840	31649	133370

17-43 各县市区分行业规模以上工业增加值(一)

(2021年)

单位：万元

地 区	有色金属矿采选业	非金属矿采选业	农副食品加工业	食品制造业	酒、饮料和精制茶制造业	纺织业	纺织服装服饰业	皮革、毛皮、羽毛及其制品和制鞋业	木材加工和木竹藤棕草制品业
全 市	**2061**	**22556**	**98921**	**44209**	**36451**	**195729**	**15798**	**216058**	**35904**
市 区		9011	12520	23483	7827	38106	5379	1743	7047
椒江区			3275	1612	769	37670	3816	786	
黄岩区			6344	21871	7058		426	957	2244
路桥区		9011	2900			435	1137		4803
三门县		3337	700	1711		4214	2456	3958	632
天台县	2061	599	1117	15700	26027	45056	1263	1655	2653
仙居县		9003	19520		752	2672			19556
温岭市		-1052	54920	2051		4543	5700	203735	947
临海市		785	1592	746	1844	99425	1000	1017	4093
玉环市		873	8554	520		1713		3951	978

17-44 各县市区分行业规模以上工业增加值(二)

(2021年)

单位：万元

地 区	家具制造业	造纸和纸制品业	印刷和记录媒介复制业	文教、工美、体育和娱乐用品制造业	石油、煤炭及其他燃料加工业	化学原料和化学制品制造业	医药制造业	化学纤维制造业	橡胶和塑料制品业
全 市	**268611**	**131459**	**91461**	**250569**	**2410**	**431042**	**1386576**	**18953**	**1297991**
市 区	26654	37700	46557	72695	1744	113458	382540	9659	576681
椒江区	14472	12575	4719	13407		90737	257877	8475	162934
黄岩区	10162	12867	11713	54026	455	18612	124663	1184	353802
路桥区	2020	12258	30125	5262	1289	4109			59945
三门县	7063	2529		5544		41620	24772	7608	154748
天台县	1056	3744	2380	64769		2593	49199	783	120801
仙居县	6947	1445	1073	59240		47398	207500		100390
温岭市	1674	63236	26365	23324		13172	54953	903	66361
临海市	213464	22283	3690	14516	666	210944	658148		222303
玉环市	11754	523	11397	10481		1857	9464		56707

17-45 各县市区分行业规模以上工业增加值(三)

(2021年) 单位：万元

地 区	非金属矿物制品业	黑色金属冶炼和压延加工业	有色金属冶炼和压延加工业	金属制品业	通用设备制造业	专用设备制造业	汽车制造业	铁路船舶航空航天和其他运输设备制造业	电气机械和器材制造业
全 市	**355460**	**64435**	**84428**	**602856**	**2298256**	**1085042**	**1596604**	**587173**	**876199**
市 区	171010	369	30893	175544	459804	664302	468868	188554	450579
椒江区	95467	191	3141	45588	195590	279746	170492	77940	198254
黄岩区	27381		409	46826	69524	332087	77722	43336	64475
路桥区	48163	178	27342	83130	194690	52469	220654	67278	187850
三门县	10440	578	528	25031	70547	31772	55354	44785	69699
天台县	20213	624	8518	4748	8699	5817	160851	85107	6098
仙居县	12162	260		7670	18049	35518	16560		20317
温岭市	55181	1783	3139	137518	924907	96133	132986	175330	182900
临海市	67220	59475	9678	61162	78173	82242	101014	43848	75985
玉环市	19232	1345	31673	191182	738076	169258	660973	49550	70621

17-46 各县市区分行业规模以上工业增加值(四)

(2021年) 单位：万元

地 区	计算机、通信和其他电子设备制造业	仪器仪表制造业	其他制造业	废弃资源综合利用业	金属制品机械和设备修理业	电力、热力生产和供应业	燃气生产和供应业	水的生产和供应业
全 市	**344506**	**271690**	**180629**	**102627**	**2831**	**932312**	**39184**	**82515**
市 区	263684	1809	8352	78113	1122	43512	16809	48227
椒江区	176419		1739	1961	1122	21164	8846	4486
黄岩区	3999		1298			7004	1707	18386
路桥区	83267	1809	5315	76152		15344	6256	25355
三门县	12170		1124	2141	23	486171	3052	2172
天台县	27311	21938	1011			33934	2897	3774
仙居县	3138	957		3674	1686	53071	2504	2789
温岭市	17906	37580	1926	1533		46859	6239	8303
临海市	12101	79636	168216	14300		26837	8541	10711
玉环市	8197	129770		2865		241929	-857	6541

17-47 各县市区规模以上工业主要财务指标(一)

(2021年) 单位：万元

地 区	企业单位数(个)	#亏损企业	新产品产值	新产品销售收入	#出口	年末资产总计
全 市	**5281**	**501**	**24418618**	**22692589**	**7580385**	**86668106**
市 区	1665	191	8499593	8548251	2801653	29875346
椒江区	562	75	3350847	3506716	1018242	13845460
黄岩区	543	64	2095437	2073025	601145	7426297
路桥区	560	52	3053309	2968511	1182266	8603589
三门县	250	38	1000720	854097	232830	10618282
天台县	203	28	1295680	1279379	363221	4657514
仙居县	225	47	774351	711041	210612	3527260
温岭市	1273	72	4861845	4612331	1656258	11214632
临海市	633	87	4481916	3718640	1166341	15948383
玉环市	1032	38	3504513	2968851	1149470	10826690

17-48 各县市区规模以上工业主要财务指标(二)

(2021年) 单位：万元

地 区	流动资产合计	存 货	固定资产原价	固定资产净值	年末负债合计
全 市	**46632007**	**10693741**	**35697256**	**21210232**	**50325256**
市 区	16112018	3690864	10367426	5596773	16687994
椒江区	6591278	1568303	5180256	2639018	6854943
黄岩区	4145611	956825	2713139	1391338	3864836
路桥区	5375129	1165736	2474031	1566417	5968215
三门县	2725590	830082	7202333	5809752	7588852
天台县	2771169	500072	1487190	750295	2011684
仙居县	1686816	390659	1692225	1071862	1719551
温岭市	6819559	1669464	4299912	2472083	6473876
临海市	10107006	2103212	4959779	2866081	10129395
玉环市	6409849	1509388	5688392	2643386	5713905

17-49 各县市区规模以上工业主要财务指标(三)

(2021年) 单位：万元

地区	流动负债	年末所有者权益合计	实收资本	营业收入	营业成本
全市	**41555694**	**35883129**	**13518311**	**66407414**	**54954796**
市区	14994607	13100134	4345926	23988667	20292580
椒江区	6183736	6921689	2080543	9550024	7954266
黄岩区	3513447	3561460	1081744	5836499	4727124
路桥区	5297424	2616986	1183640	8602144	7611190
三门县	3306124	2991923	2026783	4179077	3415507
天台县	1805414	2629597	823324	2856606	2192092
仙居县	1207490	1807709	605412	2285936	1686082
温岭市	6162245	4572274	1571864	10795715	8911525
临海市	8710822	5796876	2400348	11510788	9495343
玉环市	5368993	4984617	1744654	10790626	8961667

17-50 各县市区规模以上工业主要财务指标(四)

(2021年) 单位：万元

地区	销售费用	财务费用		利润总额	利税总额	本年应交增值税	平均用工人数(人)
			#利息费用				
全市	**1800883**	**826877**	**814305**	**4275233**	**6113323**	**1475920**	**760268**
市区	669769	227605	232569	945883	1541707	482146	244874
椒江区	330703	93095	100904	187893	420903	183334	100077
黄岩区	200779	62549	55298	362671	559552	163676	74625
路桥区	138287	71961	76368	395319	561252	135137	70172
三门县	74553	206929	207239	277455	446865	149445	39199
天台县	105365	30572	29812	274199	367992	70910	31209
仙居县	115080	38952	41240	220917	305795	71614	34395
温岭市	305176	110366	84915	639934	913746	205330	153818
临海市	220146	96325	117684	835159	1121341	221468	118183
玉环市	310794	116128	100847	1081687	1415878	275006	138590

17-51 各县市区规模以上工业主要经济效益指标(一)

(2021年)

地 区	企业亏损面(%)	资产负债率(%)	流动比率	产成品存货周转天数(天)	新产品产值率(%)
全 市	**9.49**	**58.07**	**1.12**	**25.61**	**38.69**
市 区	11.47	55.86	1.07	25.83	38.44
椒江区	13.35	49.51	1.07	30.33	38.22
黄岩区	11.79	52.04	1.18	26.74	38.31
路桥区	9.29	69.37	1.01	20.56	38.79
三门县	15.20	71.47	0.82	18.82	24.08
天台县	13.79	43.19	1.53	41.84	48.74
仙居县	20.89	48.75	1.40	36.05	34.18
温岭市	5.66	57.73	1.11	24.66	45.30
临海市	13.74	63.51	1.16	30.64	42.38
玉环市	3.68	52.78	1.19	17.35	33.01

17-52 各县市区规模以上工业主要经济效益指标(二)

(2021年)

地 区	企业亏损率(%)	成本费用利润率(%)	百元营业收入实现利税(元)	百元固定资产原值实现利税(元)	营业收入利润率(%)
全 市	**15.71**	**6.82**	**9.21**	**17.13**	**6.44**
市 区	36.74	4.13	6.43	14.87	3.94
椒江区	72.46	2.06	4.41	8.13	1.97
黄岩区	5.80	6.60	9.59	20.62	6.21
路桥区	7.65	4.79	6.52	22.69	4.50
三门县	25.71	7.03	10.69	6.20	6.64
天台县	3.74	10.65	12.88	24.74	9.60
仙居县	5.40	10.59	13.38	18.07	9.66
温岭市	5.91	6.29	8.46	21.25	5.93
临海市	8.19	7.74	9.74	22.61	7.26
玉环市	1.23	10.59	13.12	24.89	10.02

17-53　各县市区国有及国有控股工业主要财务指标(一)

(2021年)　　单位：万元

地　区	企　业 单位数 (个)	#亏损企业	工　业 增加值	新产品 产　值	年末资 产总计
全　市	**63**	**15**	**1239686**	**529944**	**13713912**
市　区	24	8	243124	408332	3463457
椒江区	15	3	186596	311287	2723331
黄岩区	4	3	18106		240011
路桥区	5	2	38423	97045	500115
三门县	6	1	44960		523096
天台县	8	3	30895		333482
仙居县	6	1	237510		1142553
温岭市	5	2	485239	20002	6944833
临海市	6		38638		256700
玉环市	8		159321	101610	1049792

17-54　各县市区国有及国有控股工业主要财务指标(二)

(2021年)　　单位：万元

地　区	流动资 产合计	存　货	固定资 产原价	固定资 产净值	年末负 债合计	流　动 负　债
全　市	**2316924**	**574414**	**11438645**	**7140258**	**8735561**	**3599854**
市　区	763152	130781	1842748	692727	1925751	1381452
椒江区	540856	108339	1543686	554366	1532852	1165247
黄岩区	35214	6535	145529	60378	151770	50546
路桥区	187082	15907	153533	77983	241129	165668
三门县	180585	4566	357539	52801	254685	250044
天台县	100274	15360	170433	89175	155398	85827
仙居县	252472	54601	2061388	648820	482704	483267
温岭市	561959	303098	5909642	5044819	5368550	1244026
临海市	127665	7571	386653	120998	112676	74659
玉环市	330817	58438	710242	490919	435797	80570

17-55 各县市区国有及国有控股工业主要财务指标(三)

(2021年)

单位：万元

地 区	年末所有者权益合计	实收资本	营业收入	营业成本	税金及附加
全 市	**4682720**	**2845970**	**4792617**	**3951079**	**32550**
市 区	1537706	427256	1333207	1095090	10490
椒江区	1190479	292378	1008790	815188	8205
黄岩区	88241	29807	54204	43654	812
路桥区	258986	105071	270213	236249	1473
三门县	100949	29986	459398	451705	1518
天台县	178083	92317	148201	127441	526
仙居县	531680	507266	1200195	1093477	9525
温岭市	1576283	1438053	1161118	862053	6138
临海市	144023	113004	100103	75943	1122
玉环市	613995	238087	390395	245369	3232

17-56 各县市区国有及国有控股工业主要财务指标(四)

(2021年)

单位：万元

地 区	销售费用	财务费用	#利息费用	利润总额	利税总额	本年应交增值税	从业人员年平均人数(人)
全 市	**130920**	**223841**	**235297**	**-77759**	**144468**	**189676**	**15656**
市 区	96613	37797	38706	-324711	-279972	34250	7691
椒江区	92926	27760	30258	-351162	-315530	27427	6357
黄岩区	164	4005	849	5994	9816	3010	412
路桥区	3523	6032	7599	20456	25742	3813	922
三门县	756	1656	999	4460	13095	7117	1430
天台县	2725	1712	3381	7712	10403	2165	1048
仙居县	2171	11926	11878	56750	109134	42859	1158
温岭市	169	155803	163440	86094	167842	75610	2176
临海市	1097	1644	1786	18228	24049	4700	273
玉环市	27388	13302	15107	73709	99917	22976	1880

17-57 各县市区国有及国有控股工业主要经济效益指标(一)

(2021年)

地区	企业亏损面(%)	资产负债率(%)	流动比率	产成品存货周转天数(天)	新产品产值率(%)
全市	**23.81**	**63.70**	**0.64**	**8.58**	**11.94**
市区	33.33	55.60	0.55	15.98	33.91
椒江区	20.00	56.29	0.46	18.42	32.20
黄岩区	75.00	63.23	0.70	4.40	
路桥区	40.00	48.21	1.13	9.71	51.73
三门县	16.67	48.69	0.72	2.44	
天台县	37.50	46.60	1.17	10.14	
仙居县	16.67	42.25	0.52		
温岭市	40.00	77.30	0.45	0.01	1.75
临海市		43.89	1.71	11.65	
玉环市		41.51	4.11	53.44	25.47

17-58 各县市区国有及国有控股工业主要经济效益指标(二)

(2021年)

地区	企业亏损率(%)	成本费用利润率(%)	百元营业收入实现利税(元)	百元固定资产原值实现利税(元)	营业收入利润率(%)
全市	**117.16**	-1.71	3.01	1.26	-1.62
市区	338.27	-24.25	-21.00	-15.19	-24.36
椒江区	440.27	-34.26	-31.28	-20.44	-34.81
黄岩区	26.03	10.99	18.11	6.74	11.06
路桥区	18.09	7.89	9.53	16.77	7.57
三门县	44.96	0.98	2.85	3.66	0.97
天台县	20.87	5.46	7.02	6.10	5.20
仙居县	1.44	4.98	9.09	5.29	4.73
温岭市	42.38	8.02	14.46	2.84	7.41
临海市		22.14	24.02	6.22	18.21
玉环市		22.87	25.59	14.07	18.88

17-59 各县市区大中型工业主要财务指标(一)

(2021年) 单位：万元

地区	企业单位数(个)	#亏损企业	工业增加值	新产品产值	年末资产总计
全市	**447**	**32**	**7338894**	**14922561**	**48336928**
市区	137	14	2327154	6135805	16304234
椒江区	62	7	1131264	2435963	8931501
黄岩区	43	6	631585	1263874	3877106
路桥区	32	1	564305	2435967	3495628
三门县	26	4	694733	445850	8394590
天台县	21		427117	852299	3027437
仙居县	21	4	341095	497549	1887272
温岭市	85	4	1018074	2557637	5018054
临海市	76	4	1450504	2945667	8308342
玉环市	81	2	1080218	1487755	5396998

17-60 各县市区大中型工业主要财务指标(二)

(2021年) 单位：万元

地区	流动资产合计	存货	固定资产原价	固定资产净值	年末负债合计	流动负债
全市	**22703042**	**5978864**	**20558777**	**12813740**	**24945652**	**18646361**
市区	8215626	1935335	5117437	2527867	7984687	7220733
椒江区	3659652	839375	3287943	1519642	4014206	3527502
黄岩区	2149549	496684	1022149	533710	1671603	1579253
路桥区	2406425	599276	807346	474515	2298878	2113979
三门县	1350062	516987	6349519	5334198	6006959	1798117
天台县	1760276	311597	564608	344552	1078627	912408
仙居县	938294	248410	686849	441662	676948	522687
温岭市	2938825	879219	1763338	1084818	2456081	2308434
临海市	4559591	1384466	2909237	1699648	4269480	3578633
玉环市	2940366	702851	3167790	1380996	2472871	2305350

17-61　各县市区大中型工业主要财务指标(三)

(2021年)　　　　单位：万元

地　区	年末所有者权益合计	实收资本	营业收入	营业成本	税金及附加
全　市	**23391275**	**7201379**	**30446288**	**24360193**	**176182**
市　区	8319546	2024389	11389740	9413144	52153
椒江区	4917294	1191244	5049668	4097135	27504
黄岩区	2205502	477752	2571775	2017725	15093
路桥区	1196750	355392	3768296	3298285	9556
三门县	2387631	1663497	2171151	1707814	11155
天台县	1948811	426619	1469482	1074321	7768
仙居县	1210324	251462	999177	676516	6664
温岭市	2561973	693766	4362248	3497262	41675
临海市	4038862	1210775	5764288	4487086	29508
玉环市	2924127	930872	4290202	3504049	27254

17-62　各县市区大中型工业主要财务指标(四)

(2021年)　　　　单位：万元

地　区	销售费用	财务费用		利润总额	利税总额	本年应交增值税	从业人员年平均人数(人)
			#利息费用				
全　市	**904719**	**376403**	**419573**	**2798944**	**3621885**	**646759**	**309733**
市　区	363572	75197	89190	483865	740743	204720	104645
椒江区	211203	41669	53578		121742	96006	51424
黄岩区	103596	11719	14543	220750	303803	67955	28149
路桥区	48774	21810	21070	264884	315199	40759	25072
三门县	32525	172618	181093	187869	296498	97474	15622
天台县	59677	12733	13340	190499	231185	32918	15252
仙居县	48651	10020	14031	152727	192137	32747	12664
温岭市	169382	34039	27400	341102	451049	68272	56105
临海市	107841	33459	56196	628253	764867	107106	59905
玉环市	123071	38337	38321	814629	945406	103522	45540

17-63 各县市区大中型工业主要经济效益指标(一)

(2021年)

地 区	企 业 亏损面 (%)	资 产 负债率 (%)	流 动 比 率	产成品 存 货 周转天数 (天)	新产品 产值率 (%)
全 市	**7.16**	**51.61**	**1.22**	**35.82**	**52.13**
市 区	10.22	48.97	1.14	34.63	58.79
椒江区	11.29	44.94	1.04	39.68	54.24
黄岩区	13.95	43.11	1.36	34.21	54.42
路桥区	3.13	65.76	1.14	28.62	67.24
三门县	15.38	71.56	0.75	17.56	20.38
天台县		35.63	1.93	59.11	63.51
仙居县	19.05	35.87	1.80	66.49	50.03
温岭市	4.71	48.94	1.27	36.38	58.33
临海市	5.26	51.39	1.27	44.94	55.79
玉环市	2.47	45.82	1.28	22.62	37.17

17-64 各县市区大中型工业主要经济效益指标(二)

(2021年)

地 区	企 业 亏损率 (%)	成本费用 利 润 率 (%)	百元营业收 入实现利税 (元)	百元固定资产 原值实现利税 (元)	营业收入 利 润 率 (%)
全 市	**17.02**	**9.92**	**11.90**	**17.62**	**9.19**
市 区	49.07	4.51	6.50	14.47	4.25
椒江区	100.39	-0.04	2.41	3.70	-0.04
黄岩区	1.67	9.32	11.81	29.72	8.58
路桥区	1.14	7.45	8.36	39.04	7.03
三门县	29.75	9.23	13.66	4.67	8.65
天台县		14.84	15.73	40.95	12.96
仙居县	1.11	17.73	19.23	27.97	15.29
温岭市	1.88	8.42	10.34	25.58	7.82
临海市	2.83	11.94	13.27	26.29	10.90
玉环市	0.19	20.44	22.04	29.84	18.99

17-65 各县市区规模以上非国有工业主要财务指标(一)

(2021年) 单位：万元

地 区	企 业单位数(个)	#亏损企业	工 业增加值	新产品产 值	年末资产总计
全 市	**5218**	**486**	**12813817**	**23888674**	**72954194**
市 区	1641	183	4201227	8091261	26411889
椒江区	547	72	1708674	3039560	11122130
黄岩区	539	61	1302430	2095437	7186286
路桥区	555	50	1190123	2956264	8103474
三门县	245	36	591239	980718	3673449
天台县	197	28	694355	1295680	4400815
仙居县	217	47	494528	672741	2477468
温岭市	1267	71	2306093	4861845	10691536
临海市	625	84	2324759	4481916	15614901
玉环市	1026	37	2201615	3504513	9684137

17-66 各县市区规模以上非国有工业主要财务指标(二)

(2021年) 单位：万元

地 区	流动资产合计	存 货	固定资产原价	固定资产净值	年末负债合计	流 动负 债
全 市	**44315083**	**10119327**	**24258612**	**14069974**	**41589695**	**37955840**
市 区	15348866	3560083	8524678	4904045	14762243	13613145
椒江区	6050422	1459964	3636570	2084652	5322091	5018489
黄岩区	4110397	950290	2567610	1330960	3713066	3462901
路桥区	5188047	1149829	2320498	1488433	5727086	5131756
三门县	2163631	526984	1292691	764933	2220302	2062098
天台县	2643504	492500	1100538	629298	1899008	1730755
仙居县	1355999	332222	981983	580943	1283754	1126919
温岭市	6638974	1664898	3942373	2419283	6219191	5912201
临海市	10006733	2087853	4789346	2776906	9973997	8624996
玉环市	6157377	1454787	3627004	1994566	5231200	4885726

17-67 各县市区规模以上非国有工业主要财务指标(三)

(2021年)

单位：万元

地区	年末所有者权益合计	实收资本	营业收入	营业成本	税金及附加
全 市	**31200410**	**10672340**	**61614797**	**51003717**	**329621**
市 区	11562428	3918670	22655460	19197490	103188
椒江区	5731210	1788164	8541234	7139079	41472
黄岩区	3473218	1051937	5782295	4683470	32393
路桥区	2358000	1078569	8331931	7374941	29324
三门县	1415640	588730	3017959	2553453	13827
天台县	2485574	710320	2756502	2116149	21762
仙居县	1193714	367325	1895541	1440713	10033
温岭市	4471325	1541878	10336317	8459820	66965
临海市	5618792	2308030	11362587	9367902	64188
玉环市	4452937	1237388	9590431	7868191	49659

17-68 各县市区规模以上非国有工业主要财务指标(四)

(2021年)

单位：万元

地区	销售费用	财务费用	#利息费用	利润总额	利税总额	本年应交增值税	从业人员年平均人数(人)
全 市	**1669963**	**603035**	**579008**	**4352991**	**5968856**	**1286243**	**744612**
市 区	573155	189807	193863	1270594	1821679	447897	237183
椒江区	237776	65335	70646	539055	736433	155906	93720
黄岩区	200615	58544	54448	356677	549736	160667	74213
路桥区	134764	65929	68769	374863	535510	131324	69250
三门县	74384	51126	43799	191361	279023	73835	37023
天台县	104268	28927	28026	255971	343943	66211	30936
仙居县	87692	25650	26133	147208	205879	48638	32515
温岭市	304420	108710	83916	635473	900651	198213	152388
临海市	217421	94613	114303	827446	1110938	219304	117135
玉环市	308623	104202	88969	1024938	1306744	232147	137432

17-69 各县市区规模以上非国有工业主要经济效益指标(一)

(2021年)

地 区	企 业 亏损面 (%)	资 产 负债率 (%)	流 动 比 率	产成品 存 货 周转天数 (天)	新产品 产值率 (%)
全 市	**9.31**	**57.01**	**1.17**	**26.92**	**40.71**
市 区	11.15	55.89	1.13	26.39	38.70
椒江区	13.16	47.85	1.21	31.69	38.97
黄岩区	11.32	51.67	1.19	26.95	38.66
路桥区	9.01	70.67	1.01	20.90	38.47
三门县	14.69	60.44	1.05	25.17	32.58
天台县	14.21	43.15	1.53	42.93	49.99
仙居县	21.66	51.82	1.20	33.09	36.04
温岭市	5.60	58.17	1.12	25.85	47.24
临海市	13.44	63.87	1.16	30.92	42.97
玉环市	3.61	54.02	1.26	19.76	36.59

17-70 各县市区规模以上非国有工业主要经济效益指标(二)

(2021年)

地 区	企 业 亏损率 (%)	成本费用 利 润 率 (%)	百元营业收 入实现利税 (元)	百元固定资产 原值实现利税 (元)	营业收入 利 润 率 (%)
全 市	**5.76**	**7.49**	**9.69**	**24.61**	**7.06**
市 区	6.50	5.90	8.04	21.37	5.61
椒江区	6.89	6.66	8.62	20.25	6.31
黄岩区	5.37	6.55	9.51	21.41	6.17
路桥区	7.00	4.68	6.43	23.08	4.50
三门县	14.60	6.65	9.25	21.58	6.34
天台县	4.00	10.27	12.48	31.25	9.29
仙居县	7.89	8.35	10.86	20.97	7.77
温岭市	5.44	6.54	8.71	22.85	5.15
临海市	8.06	7.77	9.78	23.20	7.28
玉环市	1.22	11.30	13.63	36.03	10.69

17-71 各县市区固定资产投资增速(一)

(2021年)

单位：%

地 区	投资增速	建筑安装工程	设备工器具购置	其他费用	#土地购置费	#工业性投资
全 市	**7.1**	**3.1**	**17.9**	**10.9**	**7.6**	**12.1**
市 区	-0.5	-4.7	9.5	4.6	2.5	2.5
椒江区	-4.5	-18.4	13.9	20.2	25.1	15.8
黄岩区	-9.3	16.5	11.4	-38.2	-47.7	-3.0
路桥区	25.1	32.1	-1.6	21.7	23.2	-10.2
三门县	11.2	2.0	5.2	34.0	-8.0	8.4
天台县	10.0	33.0	37.7	-26.3	-33.9	40.7
仙居县	-2.5	-6.6	20.3	1.1	1.4	25.5
温岭市	25.9	19.9	18.7	35.8	38.3	-6.4
临海市	13.7	17.3	30.8	4.1	-4.4	43.5
玉环市	10.6	-7.4	20.6	66.1	72.7	19.7

17-72 各县市区固定资产投资增速(二)

(2021年)

单位：%

地 区	民间投资	交通投资	水利、环境和公共设施管理业投资	新增固定资产
全 市	**3.1**	**-25.6**	**12.0**	**178.5**
市 区	-1.5	-39.2	12.3	64.8
椒江区	2.4	-43.1	7.3	38.5
黄岩区	-22.9	-37.6	-6.5	60.0
路桥区	14.2	10.8	78.4	147.0
三门县	13.4	-5.8		6574.3
天台县	-4.3	306.4	14.8	105.4
仙居县	-24.5	47.7	23.9	566.8
温岭市	19.0	20.5	37.4	40.8
临海市	8.3	0.9	42.5	-54.6
玉环市	6.2	-25.4	-30.2	111.4

17-73 各县市区房地产开发投资(一)

(2021年)

单位：万元

地区	投资额	住宅	办公楼	商业用房	其他	土地购置费	新增固定资产
全市	**9613924**	**6686345**	**241965**	**604394**	**2081220**	**4319550**	**2841414**
市区	4924220	3392340	144998	282742	1104140	2302089	1158572
椒江区	3103522	2117986	132611	126496	726429	1577361	352796
黄岩区	795624	561094	5576	63085	165869	273908	128134
路桥区	1025074	713260	6811	93161	211842	450820	677642
三门县	216967	164958	5677	12782	33550	61410	38772
天台县	486280	314066	4511	34492	133211	176786	345563
仙居县	214407	146050	13633	12840	41884	81315	160019
温岭市	2264875	1556964	62952	138801	506158	992276	946601
临海市	926831	627461	9117	78733	211520	433280	69846
玉环市	580344	484506	1077	44004	50757	272394	122041

17-74 各县市区房地产开发投资(二)

(2021年)

单位：万元

地区	投资额	国有控股	集体控股	私人控股	港澳台控股	外商控股	其他	非国有控股	#民间
全市	**9613924**	**1047414**	**106901**	**7840872**		**90313**	**528424**	**8459609**	**8369296**
市区	4924220	791712		3611026		89101	432381	4132508	4043407
椒江区	3103522	491554		2179587			432381	2611968	2611968
黄岩区	795624	255178		540446				540446	540446
路桥区	1025074	44980		890993		89101		980094	890993
三门县	216967	836		216131				216131	216131
天台县	486280			486280				486280	486280
仙居县	214407	14463		199944				199944	199944
温岭市	2264875	197652		1974218		1212	91793	2067223	2066011
临海市	926831	5718		921113				921113	921113
玉环市	580344	37033	106901	432160			4250	436410	436410

17-75　各县市区房地产开发投资(三)

(2021年)　　单位：万平方米

地　区	施工面积	#住宅	竣工面积	#住宅	商品房住宅竣工套数(套)	竣工房屋价值(亿元)	#住宅	商品房销售额(亿元)	#住宅
全　市	**4946.44**	**3045.66**	**521.66**	**304.82**	**24456**	**257.04**	**183.92**	**1311.14**	**1165.78**
市　区	2410.66	1487.49	222.16	122.46	9772	98.13	63.05	698.60	631.10
椒江区	1409.36	831.15	96.23	50.46	3740	31.05	16.59	400.05	354.64
黄岩区	515.22	346.72	21.94	16.20	1296	12.81	10.93	139.17	129.99
路桥区	486.08	309.62	103.99	55.80	4736	54.27	35.53	159.38	146.48
三门县	201.76	131.80	11.86	7.97	570	3.88	2.62	27.95	25.01
天台县	290.61	177.42	65.55	36.94	3115	34.38	23.20	67.88	59.47
仙居县	173.72	105.22	22.35	15.92	1101	15.49	13.75	34.69	29.75
温岭市	1176.96	710.97	162.55	101.58	8264	86.70	68.52	242.44	218.72
临海市	444.96	276.20	18.82	9.45	781	6.98	3.51	168.15	141.10
玉环市	247.76	156.57	18.36	10.50	853	11.47	9.27	71.43	60.62

17-76　各县市区房地产开发投资(四)

(2021年)　　单位：万平方米

地　区	商品房销售面积	#住宅	现房	#住宅	期房	#住宅	商品房住宅销售套数(套)	商品房待售面积	#住宅
全　市	**954.67**	**750.63**	**80.41**	**34.38**	**874.25**	**716.25**	**60834**	**147.87**	**49.97**
市　区	481.21	387.40	37.44	19.58	443.77	367.82	31805	51.00	10.65
椒江区	269.72	202.58	32.05	16.41	237.67	186.17	16623	35.39	5.99
黄岩区	80.21	67.98	5.39	3.17	74.82	64.81	5235	15.61	4.66
路桥区	131.28	116.84			131.28	116.84	9947		
三门县	31.61	26.61	4.98	1.57	26.63	25.04	2115	15.68	2.40
天台县	63.19	45.41	2.47	1.64	60.71	43.77	3926	23.34	6.25
仙居县	34.67	26.39	3.02	0.29	31.65	26.11	1840	0.74	
温岭市	169.77	130.80	17.83	7.66	151.94	123.14	10260	38.10	20.18
临海市	107.04	88.17	3.29	2.67	103.75	85.51	7310	8.52	6.61
玉环市	67.20	45.85	11.40	0.98	55.80	44.87	3578	10.49	3.88

17-77 各县市区房地产开发企业财务状况(一)

(2021年) 单位：万元

地 区	单位数(个)	流动资产合计	固定资产原价	#本年折旧	资产总计	负债合计	所有者权益合计	#实收资本
全 市	**566**	**45008023**	**881595**	**33299**	**48486076**	**42357377**	**6128699**	**3963951**
市 区	207	21599295	323747	14205	22998107	20707017	2291090	1574198
椒江区	95	12045010	252039	11310	12983250	11952946	1030305	633937
黄岩区	43	5124627	33055	1107	5405434	4849242	556191	304810
路桥区	69	4429659	38654	1788	4609424	3904829	704594	635452
三门县	30	891679	14937	1483	904842	841466	63376	85796
天台县	36	2347938	87225	6274	2620350	2134546	485804	414561
仙居县	22	2136871	41051	1325	2197503	2046519	150984	120480
温岭市	164	9008675	304851	5418	10124209	8553600	1570609	938191
临海市	58	6719178	95385	3943	7306290	6140321	1165969	428538
玉环市	49	2304388	14399	652	2334776	1933908	400868	402187

17-78 各县市区房地产开发企业财务状况(二)

(2021年) 单位：万元

地 区	主营业务收入	主营业务成本	税金及附加	销售费用	管理费用
全 市	**8427688**	**7389418**	**254172**	**307089**	**233051**
市 区	4073625	3481695	136535	133441	90690
椒江区	2536350	2062379	77011	83649	54359
黄岩区	325376	266451	28384	23042	14897
路桥区	1211899	1152864	31140	26749	21435
三门县	268046	218247	9822	14777	9982
天台县	480479	405711	18299	19388	24916
仙居县	327691	281812	6096	24106	9907
温岭市	1708346	1643846	32908	60851	51716
临海市	1315018	1102436	40359	35094	28536
玉环市	254483	255672	10153	19433	17203

17-79 各县市区房地产开发企业财务状况(三)

(2021年)　　单位：万元

地区	财务费用	#利息支出	营业利润	利润总额	所得税费用	应付职工薪酬
全　市	**57325**	**53774**	**580329**	**551194**	**204227**	**160374**
市　区	33533	21231	332132	315977	110105	72530
椒江区	19056	14557	247383	228661	82108	45102
黄岩区	4840	3307	-6572	-6162	5060	15237
路桥区	9637	3368	91322	93478	22937	12191
三门县	545	1123	11995	10701	1247	7411
天台县	11444	9392	15274	13899	15634	8654
仙居县	1240	55	5485	5126	7709	4980
温岭市	14111	16307	105022	94084	22549	34684
临海市	-4299	4373	140410	141204	48383	20694
玉环市	750	1292	-29989	-29797	-1400	11421

17-80 各县市区建筑业企业基本情况(一)

(2021年)

地区	企业数(个)	#国有控股企业	建筑业总产值(万元)	#建筑工程产值	#安装工程产值	#在外省完成产值
全　市	**622**	**24**	**12560493**	**11547586**	**641109**	**2310049**
市　区	214	8	5152092	4737004	251077	831162
椒江区	81	5	3074644	2791562	177357	429243
黄岩区	64	1	1130919	1023534	56165	250123
路桥区	69	2	946529	921908	17555	151796
三门县	67	2	423732	363409	26884	49074
天台县	35	2	414548	372629	6675	28827
仙居县	42	1	772787	691739	6423	261172
温岭市	128	3	3153035	2897165	201139	460553
临海市	97	5	2308696	2198845	109851	669157
玉环市	39	3	335604	286795	39059	10104

17-81　各县市区建筑业企业基本情况(二)

(2021年)

地　区	房屋建筑施工面积(万平方米)	#本年新开工面积	房屋建筑竣工面积(万平方米)	#住　　宅	年末自有机械设备总功率(千瓦)
全　市	**12238.85**	**2954.41**	**2850.88**	**1340.85**	**974397**
市　区	5698.37	1258.73	1219.04	628.70	262029
椒江区	3312.82	777.35	879.22	523.10	68016
黄岩区	2164.95	412.43	241.96	79.81	83599
路桥区	220.59	68.95	97.86	25.78	110414
三门县	334.33	60.71	50.79	20.59	64536
天台县	167.86	55.47	37.02	13.93	25740
仙居县	202.62	79.76	77.97	27.89	54265
温岭市	3132.12	670.86	881.80	359.88	268518
临海市	2348.14	704.23	489.97	286.11	250907
玉环市	355.42	124.65	94.30	3.76	48402

17-82　各县市区客运量货运量及港口货物吞吐量

(2021年)

地　区	客运量(万人)	#铁　路	#公　路	#水　运	#航　空	货运量(万吨)	#公　路	#水　运	#铁　路	港口货物吞吐量(万吨)
全　市	**2430**	**924**	**1330**	**42**	**134**	**30530**	**18952**	**11544**	**33**	**5735**
市　区	1009	381	469	25	134	17165	10138	6993	33	1436
椒江区	158		133	25		8342	2509	5833		1180
黄岩区	483	381	102			5012	4578	434		256
路桥区	368		234		134	3811	3051	726	33	
三门县	159	67	91			1647	725	922		972
天台县	114		114			629	629			
仙居县	151	16	135			602	602			
温岭市	466	231	218	17		5628	2496	3132		586
临海市	369	229	140			2809	2809			907
玉环市	162		162			2051	1553	498		1834

17-83　各县市区客运周转量和货运周转量

(2021年)

地　区	客　运周转量(万人公里)	铁　路	公　路	水　运	货　运周转量(万吨公里)	铁　路	公　路	水　运
全　市	**320461**	**197101**	**121979**	**1381**	**19578958**	**6952**	**2644523**	**16927483**
市　区	169794	123181	45309	1304	11221839	6949	1577722	9637168
椒江区	13510		12206	1304	8583651		325884	8257767
黄岩区	135101	123181	11920		1081801		679299	402502
路桥区	21183		21183		1556387	6949	572539	976899
三门县	7670		7670		1015211		102211	913000
天台县	10006		10006		52811		52811	
仙居县	5765		5765		56173	3	56170	
温岭市	94048	73920	20051	77	4829710		356111	4473599
临海市	18365		18365		1894607		391945	1502662
玉环市	14813		14813		508606		107553	401053

17-84　各县市区公路基本情况(一)

(2021年)　　单位：公里

地　区	公　路总里程	等级公路合计	高速公路	一　级	二　级	三　级	四　级	准四级
全　市	**13278**	**13278**	**500**	**908**	**1190**	**678**	**9245**	**757**
市　区	2531	2531	59	246	232	190	1804	
椒江区	597	597	27	60	86	79	346	
黄岩区	1285	1285	21	94	64	25	1082	
路桥区	648	648	10	93	83	85	377	
三门县	1355	1355	57	72	148	45	1033	
天台县	2123	2123	68	97	78	68	1056	757
仙居县	1994	1994	106	82	144	97	1565	
温岭市	2410	2410	134	154	337	92	1692	
临海市	2069	2069	45	164	185	123	1553	
玉环市	796	796	32	92	66	64	541	

17-85　各县市区公路基本情况(二)

(2021年)

地　区	路面里程			隧道		桥梁	
	有铺装(公里)	简易铺装(公里)	未铺装(公里)	道	延米	座	米
全　市	**12943**	**78**	**257**	**388**	**299001**	**6484**	**523199**
市　区	2518	2	11	28	21002	1575	118093
椒江区	597			11	8231	399	41823
黄岩区	1272	2	11	15	11521	689	32473
路桥区	648			2	1250	487	43796
三门县	1349		5	51	36044	497	39997
天台县	2075	43	5	33	23002	592	32282
仙居县	1946	26	22	100	75052	651	53717
温岭市	2408	2		90	85023	1174	105697
临海市	1850	5	214	50	35875	1719	107156
玉环市	796			36	23002	276	66257

17-86　各县市区公路基本情况(三)

(2021年)　　单位：公里

地　区	公路总里程	国　道	省　道	县　道	乡　道	专用道	村　道
全　市	**13278**	**686**	**734**	**2656**	**2107**	**59**	**7036**
市　区	2531	99	80	636	412	10	1288
椒江区	597	32	50	120	117		279
黄岩区	1285	37	29	367	156	10	685
路桥区	648	30	1	149	139	6	324
三门县	1355	99	58	257	206	26	708
天台县	2123	79	91	381	338	10	1224
仙居县	1994	31	212	449	227	3	1072
温岭市	2410	228	202	448	432	3	1097
临海市	2069	106	62	301	383		1217
玉环市	796	44	29	185	107		430

17-87 各县市区汽车拥有量

(2021年)

单位：辆

地 区	汽 车 拥有量	载 客 汽 车	#个 人	载 货 汽 车	#个 人	其 他 汽 车	摩托车
全 市	**1989175**	**1742556**	**1635538**	**241941**	**177399**	**4678**	**193937**
市 区	764992	655769	608197	107164	75347	2059	63011
椒江区	226433	199807	183456	25839	16704	787	17240
黄岩区	240790	205242	190791	35106	24450	442	22977
路桥区	261434	219097	205302	41640	31379	697	19785
台州湾新区	36335	31623	28648	4579	2814	133	3009
市本级							
三门县	87066	75280	70804	11481	9085	305	9905
天台县	104362	94335	89827	9758	7602	269	22282
仙居县	104765	94797	90534	9741	7601	227	25336
温岭市	446765	387361	370092	58675	46855	729	35443
临海市	293269	264279	252307	28289	19933	701	25281
玉环市	188105	170864	153933	16853	11004	388	12747

17-88 各县市区邮电通信主要指标

(2021年)

地 区	邮电局(所)数(个)	邮电业务收 入(万元)	固定电话用 户 数(户)	移动电话用 户 数(户)	互联网宽带接入用户数(户)
全 市	**380**	**989890**	**930721**	**9279946**	**2832222**
市 区	128	393088	388402	3662494	1015919
椒江区	42	137325	176187	1121748	413153
黄岩区	47	87900	97598	956113	300698
路桥区	37	100282	106751	1020974	299902
市本级	2	67581	7866	563659	2166
三门县	39	43878	43508	414277	153157
天台县	33	59793	55960	540395	192713
仙居县	30	53714	45008	495356	166292
温岭市	59	204734	160501	1918489	552233
临海市	56	136016	115369	1382292	453866
玉环市	35	98668	121973	866643	298042

17-89 各县市区用电量

(2021年) 单位：万千瓦时

地区	全社会用电量(包括厂用电量及线损)	#工业用电量	#制造业	#城乡居民生活用电
全市	**3972626**	**2598041**	**2363350**	**739406**
市区	1442309	913172	850766	259937
直属局	230438	189865	182741	18677
椒江区	391551	196427	176402	88204
黄岩区	453817	312667	295077	75860
路桥区	366503	214212	196546	77196
三门县	222166	149135	137211	37330
天台县	192431	104449	93753	51069
仙居县	161277	83304	71634	39882
温岭市	703103	428877	389014	159314
临海市	613686	415090	383735	109885
玉环市	590916	457276	437238	81983

17-90 各县市区全社会单位生产总值能耗

(2021年)

地区	单位GDP能耗(吨标准煤/万元)	单位GDP能耗降低率(%)	单位GDP电耗(千瓦时/万元)	单位GDP电耗降低率(%)	规模以上工业增加值能耗降低率(%)
全市	**0.312**	**-2.13**	**700**	**-5.16**	**1.34**
椒江区	0.366	-4.96	816	-6.68	-5.26
黄岩区	0.303	-1.40	789	-4.13	-1.50
路桥区	0.236	-1.67	553	-3.32	-0.65
三门县	0.387	-3.17	709	-5.15	-0.49
天台县	0.247	3.43	575	-0.35	9.89
仙居县	0.327	-6.80	579	-9.09	-7.98
温岭市	0.289	1.77	571	-3.06	7.89
临海市	0.282	-0.35	763	-3.97	6.91
玉环市	0.351	-1.93	847	-4.90	4.11

17-91 各县市区规模以上工业主要能源消费量

(2021年) 单位：吨

地 区	原 煤	焦 炭	汽 油	柴 油	热力 (百万千焦)	电力 (万千瓦时)
全 市	**18187074**	**164**	**16693**	**67055**	**17159761**	**1839266**
市 区	3727776	164	7971	24983	3524938	619949
椒江区	3727776	164	2691	10043	2335177	342492
黄岩区			3979	4784	975095	154387
路桥区			1301	10157	214666	123069
三门县	4926766		350	2905	1606256	151507
天台县	72743		1349	4014	956199	112109
仙居县	90892		833	2137	1155371	118414
温岭市	171755		4471	15670	2548322	269876
临海市	236885		1123	11779	7010515	277844
玉环市	8960256		596	5567	358162	289567

17-92 各县市区规模以上工业企业能源消费情况

(2021年) 单位：吨标准煤

地 区	综合能源消费量	万元产值综合能耗(吨标准煤/万元)	节能量	万元产值综合能耗降低率(%)
全 市	**10906928**	**0.173**	**-467.56**	**-4.48**
市 区	2806628	0.124	-347.84	-14.15
椒江区	2024684	0.218	-254.00	-14.34
黄岩区	397520	0.072	-98.97	-33.15
路桥区	384424	0.049	21.70	5.34
三门县	2180453	0.520	4.71	0.22
天台县	204574	0.075	30.13	12.84
仙居县	224959	0.099	-5.05	-2.30
温岭市	627257	0.060	128.43	17.00
临海市	790394	0.075	44.95	5.38
玉环市	4072664	0.397	-208.24	-5.39

17-93 各县市区规模以上工业取水情况

(2021年) 单位：万立方米

地区	取水总量	地表水	地下水	自来水	海水	其他水	外供水
全市	**100681.2**	**81301.4**	**94.6**	**17161.9**	**1527.8**	**595.6**	**85550.7**
市区	66468.2	55385.2	6.8	10897.1		179.0	61095.4
椒江区	11253.7	4082.3	5.2	7020.7		145.5	9032.2
黄岩区	34140.8	33415.0	1.1	700.8		23.9	31946.3
路桥区	21073.7	17887.9	0.5	3175.6		9.7	20117.0
三门县	1098.9	158.7	32.5	632.0	252.0	23.7	75.4
天台县	3419.2	2756.9	6.9	603.4		52.0	2474.1
仙居县	3170.6	2660.1	3.0	466.3		41.1	2207.5
温岭市	9322.0	7226.8	1.2	2082.9		11.1	6912.9
临海市	11514.8	9208.1	30.5	1993.9		282.4	9010.5
玉环市	5687.6	3905.7	13.7	486.3	1275.8	6.2	3774.9

17-94 各县市区限额以上批发业企业销售情况

(2021年) 单位：万元

地区	法人企业(个)	年末从业人数(人)	销售额	批发额	零售额	年末零售营业面积(平方米)
全市	**1060**	**27780**	**27527449**	**27136163**	**269941**	**111541**
市区	455	11454	16046052	15812320	115167	69059
椒江区	180	5335	5855956	5810350	42845	20666
黄岩区	85	2042	3104944	3093200	11744	4000
路桥区	190	4077	7085152	6908770	60578	44393
三门县	26	386	562913	562913		
天台县	39	539	348738	347970	769	2375
仙居县	35	1648	984244	885214	99030	2276
温岭市	291	6482	4803539	4782306	20985	8842
临海市	99	5165	2820658	2793412	27239	14693
玉环市	115	2106	1961306	1952029	6752	14296

17-95　各县市区限额以上零售业企业销售情况

(2021年)　　单位：万元

地区	法人企业(个)	年末从业人数(人)	销售额	批发额	零售额	年末零售营业面积(平方米)
全市	**590**	**24445**	**6815965**	**1179065**	**5632421**	**1502807**
市区	213	11100	4107045	907459	3197035	845659
椒江区	88	5238	2354689	555605	1797416	436060
黄岩区	33	2018	481798	120849	360393	165456
路桥区	92	3844	1270558	231005	1039226	244143
三门县	23	405	73488	8143	65118	34458
天台县	37	648	105693	8476	97093	44233
仙居县	26	720	75113	6500	68613	38161
温岭市	165	6563	1260260	111672	1148588	259388
临海市	74	3279	741068	101422	638070	183455
玉环市	52	1730	453299	35394	417905	97453

17-96　各县市区限额以上住宿业企业基本情况

(2021年)　　单位：万元

地区	法人企业(个)	年末从业人数(人)	营业额	#客房收入	#餐费收入	客房间数(间)	床位数(个)	餐位数(位)	年末餐饮营业面积(平方米)
全市	**103**	**8046**	**173759**	**80167**	**80218**	**15311**	**22766**	**49086**	**373624**
市区	32	3721	81347	31276	42825	5545	7987	22618	157462
椒江区	19	2341	53991	20683	27343	3583	5147	13578	106887
黄岩区	7	1002	20740	7389	12533	1221	1729	4418	24113
路桥区	6	378	6616	3205	2948	741	1111	4622	26462
三门县	2	116	1909	1897		267	457		
天台县	11	862	13588	7682	5536	1403	2286	8589	46311
仙居县	9	676	9371	5794	3293	1558	2434	4066	45366
温岭市	25	1451	38383	16940	17148	3152	4603	7418	50920
临海市	13	645	17343	10362	6310	1831	2757	3346	33438
玉环市	11	575	11818	6215	5107	1555	2242	3049	40126

17-97 各县市区限额以上餐饮业企业基本情况

(2021年) 单位：万元

地 区	法人企业(个)	年末从业人数(人)	营业额	#客房收入	#餐费收入	客房间数(间)	床位数(个)	餐位数(位)	年末餐饮营业面积(平方米)
全 市	**207**	**9299**	**223321**	**13011**	**208289**	**2892**	**5266**	**98177**	**473665**
市 区	63	2958	77275		74930			38500	128137
椒江区	30	1528	39458		39454			8262	47587
黄岩区	10	301	11823		11822			4951	24630
路桥区	23	1129	25995	2046	23654	453	1133	25287	55920
三门县	2	161	2647	490	2130	164	354	900	11680
天台县	15	857	14465	1727	12433	505	1067	7020	42620
仙居县	17	906	17342	3895	13322	729	1186	7014	68303
温岭市	58	1775	49109	1162	47858	358	565	18481	95155
临海市	34	1594	35417	1758	32942	313	420	12156	55682
玉环市	18	1048	27064	1934	24675	370	541	14106	72088

17-98 各县市区限额以上批发业企业财务状况(一)

(2021年) 单位：万元

地 区	企业数(个)	流动资产合计	#存货	固定资产原价	累计折旧	#本年折旧
全 市	**1060**	**8640472**	**1119576**	**786487**	**314776**	**41022**
市 区	455	4528035	547746	364405	131396	18720
椒江区	180	1976182	283444	191554	68413	8958
黄岩区	85	951972	100798	76327	28954	4332
路桥区	190	1599880	163504	96524	34029	5431
三门县	26	226660	43188	40799	8725	1579
天台县	39	223971	26529	8710	2620	604
仙居县	35	197051	25815	16879	5734	921
温岭市	291	1752968	250041	181384	78469	9834
临海市	99	1113609	122913	75248	32426	3465
玉环市	115	598178	103345	99062	55407	5899

17-99　各县市区限额以上批发业企业财务状况(二)

(2021年)　　单位：万元

地　区	资　产 总　计	负　债 合　计	所有者 权　益	#实　收 资　本	#个人资本	主营业务 收　　入
全　市	**10784597**	**7797051**	**2978280**	**1186662**	**430036**	**24142545**
市　区	5106810	3952941	1144817	520603	189308	14279524
椒江区	2284575	1501579	774810	267838	99880	5296125
黄岩区	1088072	883909	204163	141463	30601	2782042
路桥区	1734163	1567453	165844	111301	58827	6201358
三门县	346619	301857	44761	31468	26553	498881
天台县	235682	208129	27553	16744	4099	338556
仙居县	219344	190704	28640	19353	10863	878271
温岭市	2145066	1644976	500089	222521	96521	4169812
临海市	1746857	920600	826257	254258	61170	2353182
玉环市	984220	577843	406163	121716	41524	1624318

17-100　各县市区限额以上批发业企业财务状况(三)

(2021年)　　单位：万元

地　区	营　业 成　本	税金及 附　加	其他业务 利　　润	销　售 费　用	管　理 费　用
全　市	**22892475**	**185871**	**42270**	**638724**	**261763**
市　区	13638035	171606	8449	187133	130486
椒江区	4741933	166639	2712	87459	74352
黄岩区	2682958	2060	2232	60143	21166
路桥区	6213144	2906	3506	39531	34968
三门县	469946	620	156	10086	6629
天台县	321171	925		4366	7254
仙居县	750941	1638	526	108880	9067
温岭市	3971349	3563	2044	87472	50667
临海市	2234116	4795	28213	182136	33308
玉环市	1506918	2725	2881	58652	24353

17-101　各县市区限额以上批发业企业财务状况(四)

(2021年)　　单位：万元

地　区	财务费用	#利息费用	营业利润	利润总额	应付职工薪酬	应交增值税
全　市	**60979**	**79293**	**647406**	**670445**	**265460**	**183465**
市　区	14823	30750	250235	256295	106947	87232
椒江区	-3853	9420	223839	227348	64015	60919
黄岩区	5003	7410	17146	16726	14630	16504
路桥区	13673	13921	9251	12222	28302	9809
三门县	6445	8086	5610	7059	2939	7228
天台县	3233	3581	4129	5740	3972	2279
仙居县	1982	1850	3810	4914	22166	14205
温岭市	17564	9700	87133	93037	50984	19345
临海市	7281	12507	225587	226300	55546	36426
玉环市	9651	12819	70902	77100	22907	16751

17-102　各县市区限额以上零售业企业财务状况(一)

(2021年)　　单位：万元

地　区	企业数(个)	流动资产合计	#存货	固定资产原价	累计折旧	#本年折旧
全　市	**590**	**1777276**	**519597**	**608951**	**245102**	**38779**
市　区	213	974352	299554	333156	153942	24589
椒江区	88	370133	143835	173996	84717	10733
黄岩区	33	263055	45223	76931	33440	5581
路桥区	92	341164	110495	82230	35785	8275
三门县	23	14210	3748	7832	2950	332
天台县	37	29770	9361	9605	5002	492
仙居县	26	35828	8968	10045	4541	391
温岭市	165	351563	88656	131538	38213	5691
临海市	74	252936	67398	74980	27296	4612
玉环市	52	118618	41913	41796	13158	2672

17-103 各县市区限额以上零售业企业财务状况(二)

(2021年) 单位：万元

地区	资产总计	负债合计	所有者权益	#实收资本	#个人资本	主营业务收入
全市	**2646710**	**1978195**	**561193**	**572528**	**90249**	**4882421**
市区	1446791	1077193	264274	335008	52056	2664664
椒江区	609268	381752	126851	181699	24046	1078647
黄岩区	363484	304092	54821	72041	12296	431221
路桥区	474039	391350	82601	81268	15714	1154796
三门县	27909	22100	5505	2810	1316	51515
天台县	46835	31113	15722	7288	250	70853
仙居县	48782	61069	-12287	7055	1691	67255
温岭市	544182	400339	143001	111803	9692	1005908
临海市	349654	252576	96248	86720	18751	618943
玉环市	182556	133804	48730	21844	6493	403284

17-104 各县市区限额以上零售业企业财务状况(三)

(2021年) 单位：万元

地区	营业成本	税金及附加	其他业务利润	销售费用	管理费用
全市	**5062318**	**14819**	**35662**	**362331**	**155912**
市区	3100303	7852	18506	179154	80414
椒江区	1624908	3805	8236	114118	32357
黄岩区	403824	1180	4557	16077	18050
路桥区	1071571	2866	5714	48959	30008
三门县	47322	104	148	3687	1970
天台县	60536	171	536	7005	4145
仙居县	58883	129	9	4287	2954
温岭市	889794	4052	5937	68653	33399
临海市	588768	1360	9017	28679	22131
玉环市	316714	1151	1510	70866	10898

17-105 各县市区限额以上零售业企业财务状况(四)

(2021年) 单位：万元

地　区	财务费用	#利息费用	营业利润	利润总额	应付职工薪酬	应交增值税
全　市	**38900**	**21577**	**83662**	**91374**	**177717**	**54823**
市　区	20362	11034	53683	58341	87618	29167
椒江区	9391	4616	36002	37785	38266	16024
黄岩区	2380	1784	752	1685	15860	4563
路桥区	8592	4635	16929	18871	33492	8580
三门县	196	239	116	696	2478	422
天台县	484	121	-281	-187	3615	1006
仙居县	3334	3226	-2138	-1832	3578	658
温岭市	7774	2607	16542	17234	45147	9903
临海市	5291	3555	6336	7236	21885	6801
玉环市	1460	794	9405	9885	13397	6868

17-106 各县市区限额以上住宿业企业财务状况(一)

(2021年) 单位：万元

地　区	企业数(个)	流动资产合计	#存货	固定资产原价	累计折旧	#本年折旧
全　市	**103**	**205540**	**4951**	**513249**	**207435**	**15867**
市　区	32	79018	2657	216831	99035	6677
椒江区	19	48218	1716	105900	62415	4530
黄岩区	7	20250	683	99076	28025	1838
路桥区	6	10551	258	11854	8596	310
三门县	2	219	69	544	231	121
天台县	11	20846	706	36419	12405	1741
仙居县	9	24109	136	9414	7565	179
温岭市	25	27672	883	119029	38114	4288
临海市	13	43043	345	39717	20483	2210
玉环市	11	10634	155	91296	29602	651

17-107 各县市区限额以上住宿业企业财务状况(二)

(2021年)

单位：万元

地 区	资产总计	负债合计	所有者权益	#实收资本	#个人资本	主营业务收入
全 市	**810029**	**771225**	**44166**	**175003**	**37472**	**158002**
市 区	227916	223742	4362	56160	12512	73605
椒江区	110517	92365	18153	33288	4689	47605
黄岩区	102879	122171	-19292	18347	6978	20014
路桥区	14520	9207	5502	4525	845	5987
三门县	993	1117	-124	50		1806
天台县	89622	101854	-12232	21823	15110	13220
仙居县	101741	125383	-23641	9510	130	8965
温岭市	150655	113066	37589	48247	3510	33953
临海市	157189	122978	39386	7005	3950	15049
玉环市	81913	83086	-1173	32208	2260	11404

17-108 各县市区限额以上住宿业企业财务状况(三)

(2021年)

单位：万元

地 区	营业成本	税金及附加	其他业务利润	销售费用	管理费用
全 市	**67638**	**1151**	**8218**	**55158**	**53975**
市 区	29409	402		28453	26039
椒江区	16779	105	7915	19342	18569
黄岩区	9890	286	-264	6665	6150
路桥区	2739	11		2447	1321
三门县	696	2		493	590
天台县	5741	21	279	6179	4774
仙居县	3094	23		1993	3509
温岭市	16145	482	288	10753	7451
临海市	7508	46		3099	8435
玉环市	5046	176		4189	3177

17-109　各县市区限额以上住宿业企业财务状况(四)

(2021年)　　单位：万元

地　区	财　务 费　用	#利息费用	营　业 利　润	利　润 总　额	应付职工 薪　　酬	应　交 增值税
全　市	**16503**	**14071**	**-24713**	**-24457**	**45458**	**2485**
市　区	4998	4115	-9761	-9877	22438	1082
椒江区	2529	3448	-5356	-5094	14538	571
黄岩区	2334	539	-4094	-4485	6421	485
路桥区	136	128	-311	-297	1479	26
三门县	5		17	18	608	48
天台县	1728	1724	-4749	-4861	4963	-256
仙居县	6144	5983	-5663	-5641	2053	112
温岭市	2581	1283	-32	168	8286	806
临海市	687	653	-3098	-2955	3573	399
玉环市	359	314	-1428	-1310	3537	296

17-110　各县市区限额以上餐饮业企业财务状况(一)

(2021年)　　单位：万元

地　区	企业数 (个)	流动资产 合　　计	#存　货	固定资产 原　　价	累　计 折　旧	#本年折旧
全　市	**207**	**73011**	**6772**	**88424**	**41021**	**6497**
市　区	63	26465	2347	15018	4388	873
椒江区	30	17347	1446	4363	1701	313
黄岩区	10	2805	109	710	398	70
路桥区	23	6313	792	9946	2289	491
三门县	2	779	46	5476	4902	177
天台县	15	5755	752	9317	5119	570
仙居县	17	6731	531	12108	6785	1283
温岭市	58	11631	1018	7789	3939	411
临海市	34	8717	1393	17259	6165	1161
玉环市	18	12933	686	21457	9723	2022

17-111 各县市区限额以上餐饮业企业财务状况(二)

(2021年) 单位：万元

地区	资产总计	负债合计	所有者权益	#实收资本	主营业务收入
全市	**188162**	**148132**	**39516**	**58661**	**205971**
市区	53026	37708	15427	5737	71729
椒江区	23421	18348	5183	3505	38137
黄岩区	3982	1595	2387	1329	9402
路桥区	25624	17766	7857	903	24191
三门县	1776	5576	-3800	1380	2574
天台县	15092	12204	2888	4563	13862
仙居县	23956	28029	-4596	5579	14145
温岭市	36851	9128	27723	24271	46544
临海市	31101	31347	-347	8359	33655
玉环市	26361	24140	2221	8772	23462

17-112 各县市区限额以上餐饮业企业财务状况(三)

(2021年) 单位：万元

地区	营业成本	税金及附加	其他业务利润	销售费用	管理费用
全市	**128521**	**541**	**497**	**50135**	**30268**
市区	43876	146		17889	9785
椒江区	24258	89	3	8912	4624
黄岩区	5825	12		2580	633
路桥区	13793	45	5	6397	4528
三门县	1940	52		63	730
天台县	8548	47		3299	2736
仙居县	9767	45	1	3627	4580
温岭市	31850	138		8541	3808
临海市	20314	82	0	10471	3696
玉环市	12227	33	488	6246	4932

17-113　各县市区限额以上餐饮业企业财务状况(四)

(2021年)　　单位：万元

地　区	财　务 费　用	#利息费用	营　业 利　润	利　润 总　额	应付职工 薪　　酬	应　交 增值税
全　市	**1454**	**906**	**-4067**	**-3448**	**47985**	**3195**
市　区	370	170	-662	-408	15971	851
椒江区	170	119	-136	-68	8974	511
黄岩区	40	37	45	108	1546	53
路桥区	160	14	-571	-448	5451	287
三门县	245	244	-456	-450	1011	50
天台县	19	12	-716	-688	4223	223
仙居县	178	140	-2353	-2306	3483	240
温岭市	110	98	2251	2341	9071	851
临海市	351	104	-1778	-1643	8211	489
玉环市	181	139	-354	-294	6016	490

17-114　各县市区商品市场基本情况

(2021年)

地　区	市场数 (个)	#消费品市场	#生产资料市场	市场成交额 (亿元)
全　市	**340**	**282**	**58**	**1311**
市　区	143	113	30	704
椒江区	41	36	5	112
黄岩区	35	30	5	88
路桥区	63	44	19	489
市直属分局	4	3	1	15
三门县	15	14	1	16
天台县	16	14	2	32
仙居县	10	9	1	11
温岭市	75	60	15	454
临海市	50	45	5	55
玉环市	31	27	4	29

17-115 各县市区外贸进出口总额

(2021年)　　单位：万元

地　区	进出口总额	出口额	#欧　盟	#东　盟	#中　东	进口额
全　市	**23993637**	**21970924**	**4911176**	**1961455**	**1417655**	**2022713**
市　区	10240610	8856093	1553135	1152190	680724	1384517
椒江区	2367185	2238520	280293	365498	224150	128665
黄岩区	2405987	2294569	427745	179900	126778	111418
路桥区	3816611	2791806	635737	374549	178019	1024805
市直属公司	45452	45270	9960	1642	2179	182
台州湾新区	1605375	1485928	199400	230601	149598	119447
三门县	862354	838052	172264	51893	79350	24302
天台县	761341	727032	191943	67508	64657	34310
仙居县	717211	700785	166638	47627	20386	16426
温岭市	4062337	3870089	680221	360693	233091	192248
临海市	3582754	3327662	1142690	126309	44701	255091
玉环市	3767030	3651212	1004285	155236	233091	115818

17-116 各县市区进出口贸易情况

(2021年)　　单位：万元

地　区	出口额中				进口额中			
	#一般贸易	#加工贸易	来料加工装配贸易	进料加工装配贸易	#一般贸易	#加工贸易	来料加工装配贸易	进料加工装配贸易
全　市	**18942342**	**1725155**	**39075**	**1686080**	**1637766**	**356507**	**9433**	**347074**
市　区	6667396	1028699	2882	1025817	1224978	141755	2173	139582
椒江区	1818720	48364	278	48085	100892	12761	313	12448
黄岩区	1977522	167756	2194	165562	82086	27658	1718	25941
路桥区	1475158	786821		786821	939690	84945		84945
市直属公司	44414	532		532	30	150		150
台州湾新区	1351582	25226	410	24817	102280	16241	142	16098
三门县	800642	5540	483	5057	22093	1717	507	1210
天台县	631932	45917		45917	17738	16465		16465
仙居县	663069	6992	953	6039	14851	1551	12	1539
温岭市	3771136	88664		88664	178163	13393		13393
临海市	2867667	439017	27676	411341	119281	126971	6740	120232
玉环市	3540501	110326	7081	103244	60663	54655	2	54653

17-117 各县市区出口贸易主要市场情况

(2021年) 单位：万元

地区	合计	欧洲	亚洲	北美洲	拉丁美洲	非洲	大洋洲
全市	**21970924**	**7176642**	**6391661**	**4485862**	**2094480**	**1297234**	**525045**
市区	8856093	2398963	3255601	1460551	912094	579680	249108
椒江区	2238520	432417	1133465	209834	267670	172155	22980
黄岩区	2294569	602635	686550	592741	216824	111550	84270
路桥区	2791806	1022132	794817	399484	281119	174556	119600
市直属公司	45270	15399	11288	13481	1651	2837	614
台州湾新区	1485928	326380	629481	245011	144830	118582	21644
三门县	838052	249958	224364	198684	86063	51667	27314
天台县	727032	265634	206295	141003	56086	29789	28223
仙居县	700785	199380	232345	179815	59155	15944	14146
温岭市	3870089	1097337	1204438	610996	460073	448876	48467
临海市	3327662	1450730	602153	1044443	130607	37362	62367
玉环市	3651212	1514640	666463	850370	390402	133917	95420

17-118 各县市区外贸出口主要商品(一)

(2021年) 单位：万元

地区	家用电器	汽摩及部件	服装机械	塑料模具	医化产品	纺织服装	鞋类	灯具
全市	**599369**	**1238461**	**396558**	**1643264**	**2251920**	**939949**	**1347296**	**557543**
市区	372984	296355	309590	1025999	762730	217384	248093	293763
椒江区	242478	29492	230324	178872	418298	62954	82899	55720
黄岩区	24999	60299	11411	470341	316175	47402	17063	61379
路桥区	48666	156913	10950	216140	15192	41167	72280	141360
市直属公司	2307	80	176	3008	637	7345	325	1435
台州湾新区	54534	49571	56729	157638	12428	58516	75526	33868
三门县	5404	86433	199	104289	63759	88280	8829	2870
天台县	15931	62909	1498	102063	96921	153306	47770	10905
仙居县	11609	13864	24	40986	233852	61786	7292	15076
温岭市	135708	243602	38950	142341	16732	48807	690466	19962
临海市	23962	17322	2816	90910	1038522	267447	324654	203054
玉环市	33772	517974	43480	136675	39404	102940	20191	11931

17-119 各县市区外贸出口主要商品(二)

(2021年)

单位：万元

地　区	农产品	阀门、龙头	家　具	工艺品	太阳能板	喷雾器	船　舶	液体泵
全　市	**618887**	**1853319**	**1818481**	**179783**	**135968**	**639700**	**65906**	**1126880**
市　区	238849	377317	505701	89913	45837	556203	46229	164180
椒江区	31072	28107	102366	3443	5599	60112	19931	35569
黄岩区	167566	89989	115049	80118	38293	36939	26013	28622
路桥区	22038	168898	189943	2445	194	274904	232	35611
市直属公司	2500	6350	8335	1563		233		435
台州湾新区	15673	83973	90008	2344	1751	184015	53	63943
三门县	16747	129952	39862	2101	4	1016	5460	7961
天台县	24115	1839	46792	10792	5	11487	522	345
仙居县	116437	3169	71373	50771	74	334		16960
温岭市	61888	71488	51044	2818	9157	55313	7240	839423
临海市	117902	13004	1054952	13984	5895	6102	6455	13195
玉环市	42950	1256550	48758	9402	74996	9246		84815

17-120 各县市区利用外资情况

(2020-2021年)

单位：万美元

地　区	2020年				2021年			
	利用外资企业数(家)	总投资	合同外资	实际利用外资	利用外资企业数(家)	总投资	合同外资	实际利用外资
全　市	**78**	**151475**	**89984**	**36319**	**81**	**1154036**	**74305**	**48259**
市　区	33	56346	34295	21253	38	46047	47340	27234
椒江区	10	3155	562	17189	10	13890	29868	5682
黄岩区	11	21730	20262	404	12	2313	-135	12691
路桥区	5	10686	4527	3135	11	16601	12813	4180
台州湾新区	7	20775	8944	525	5	13244	4794	4681
三门县			2064	2110	3	6520	2985	295
天台县	1	513	330	1269	1	1982	401	150
仙居县	7	5146	4076	1701	8	1038998	15002	2883
温岭市	13	47306	15270	5466	14	5569	976	3952
临海市	9	10455	10069	3995	10	48511	8087	3534
玉环市	15	31707	23881	525	7	6410	-3773	9884

17-121 各县市区国际国内旅游情况

(2021年)　　单位：万人次

地　区	旅　游总人数	国内旅游人　　数	国际旅游入境人数	旅　游总收入(亿元)	国内旅游收入(亿元)	国际旅游(外汇)收入(万美元)
全　市	**3602.12**	**3599.55**	**2.57**	**423.97**	**423.29**	**1060.25**
市　区	964.36	963.93	0.44	125.43	125.36	120.28
椒江区	332.30	332.15	0.15	44.03	43.99	63.33
黄岩区	311.72	311.44	0.28	36.91	36.88	55.21
路桥区	320.34	320.33	0.01	44.50	44.49	1.74
三门县	164.17	164.16	0.01	20.02	20.02	1.46
天台县	402.98	402.97	0.01	41.76	41.76	1.00
仙居县	749.05	747.25	1.80	76.63	76.08	847.41
温岭市	649.15	648.98	0.17	78.48	78.44	51.28
临海市	473.35	473.30	0.05	57.84	57.83	10.97
玉环市	199.05	198.95	0.10	23.81	23.80	27.85

注：全市数据不等于各县(市、区)简单相加。

17-122 各县市区地方财政收入及分类(一)

(2021年)　　单位：万元

地　区	一般预算收入合计	增值税	企　业所得税	个　人所得税	资源税	城市维护建 设 税
全　市	**4554334**	**1521215**	**695633**	**224696**	**7231**	**223102**
市　区	1817138	543972	327105	97869	1978	100454
椒江区	491100	155020	93704	25078	25	27282
黄岩区	439647	166734	65895	24091	244	26223
路桥区	426065	128878	93124	21976	1709	16919
市本级	460326	93340	74382	26724		30030
三门县	301384	65232	23683	6969	269	8283
天台县	227432	80724	39855	11991	1190	9132
仙居县	218062	82517	40166	6746	682	8365
温岭市	803800	284365	97135	43104	1387	38837
临海市	660200	221764	108679	31788	1204	25355
玉环市	526318	242641	59010	26229	521	32676

17-123　各县市区地方财政收入及分类(二)

(2021年)　　单位：万元

地　区	房产税	印花税	城镇土地使用税	土地增值税	车船税	耕地占用税	契　税
全　市	**180258**	**65111**	**79362**	**314832**	**63861**	**31455**	**427868**
市　区	76852	29817	28484	164638	31515	15445	162992
椒江区	16703	8681	7468	63931	6173	7517	53037
黄岩区	16346	5314	6875	38727	5751	3916	33901
路桥区	24338	7654	9127	27395	9214	3948	37145
市本级	19465	8168	5014	34585	10377	64	38909
三门县	11433	3011	3575	9185	1805	2527	10661
天台县	7762	3158	2183	11581	3297	708	27189
仙居县	5825	2197	1758	8665	3033	2163	17563
温岭市	32143	12569	14857	54438	11642	5216	105883
临海市	26510	8195	17402	45150	7402	3440	71149
玉环市	19733	6164	11103	21175	5167	1956	32431

17-124　各县市区地方财政收入及分类(三)

(2021年)　　单位：万元

地　区	专项收入	行政事业性收费收入	罚没收入	国有资本经营收入	国有资源(资产)有偿使用收入	其他收入	基金收入	
							政府性基金	社会保险基金
全　市	**237174**	**91871**	**124601**	**-52333**	**296118**	**19614**	**6708520**	**2889558**
市　区	92255	45063	45808	-28912	71900	8996	2876096	964349
椒江区	20531	5736	15072	-16500	1503		485400	146040
黄岩区	23570	8264	5601	-2726	8728	1891	411834	176952
路桥区	20818	1965	1692	-8500	26563	1659	756926	120661
市本级	27336	29098	23443	-1186	35106	5446	1221936	520696
三门县	10980	6242	6185	-220	130510	733	126691	176120
天台县	10098	6225	3894	-7443	15473	401	286431	219621
仙居县	12599	4274	15153	-3865	7654	2379	226169	213744
温岭市	42897	9652	8698	-8000	42980	5538	1610088	619772
临海市	33641	14935	16507		25376	1567	1017166	446156
玉环市	34704	5480	28356	-3893	2225		565879	252407

注：2021年县市区上缴社会保险调剂金的缘故，县市区社会保险基金加总数与全市数据有差异。

17-125 各县市区地方财政支出及分类(一)

(2021年) 单位：万元

地 区	一般预算支出合计	一般公共服务支出	国 防 支 出	公共安全支 出	教 育 支 出	科学技术支 出
全 市	**7348054**	**871909**	**4471**	**551351**	**1581500**	**221466**
市 区	2706061	347380	3818	251370	578361	100946
椒江区	582769	79389	863	46602	122047	18081
黄岩区	603803	60374	1150	36620	138432	26922
路桥区	476222	63514	245	44690	107574	9904
市本级	1043267	144103	1560	123458	210308	46039
三门县	548226	72068	454	31919	102846	5798
天台县	661308	81084	732	36842	147412	10067
仙居县	559045	55839	-2233	30450	106889	4824
温岭市	1046026	94417	125	80792	255340	26921
临海市	1059684	111341	858	63703	250141	34363
玉环市	767704	109780	717	56275	140511	38547

17-126 各县市区地方财政支出及分类(二)

(2021年) 单位：万元

地 区	文化体育与传媒支 出	社会保障和就业支出	医疗卫生与计划生育支出	节能环保支 出	城乡社区支 出	农林水支 出
全 市	**169035**	**853848**	**709081**	**202827**	**328349**	**759018**
市 区	67069	302092	268180	57638	86112	185502
椒江区	16616	85332	61342	6059	16884	37885
黄岩区	14651	104580	60187	11145	17595	58531
路桥区	13286	49615	42807	11917	25910	38306
市本级	22516	62565	103844	28517	25723	50780
三门县	9839	61390	53751	10413	39541	67268
天台县	14556	94480	62550	14522	39579	84493
仙居县	9307	73796	68539	14665	29363	74621
温岭市	35309	119009	88247	10075	35848	168838
临海市	16945	101854	98176	83833	42315	123544
玉环市	16010	101227	69638	11681	55591	54752

17-127 各县市区地方财政支出及分类(三)

(2021年) 单位：万元

地 区	交通运输支出	工业商业金融等支出	其他支出	基金支出	
				政府性基金	社会保险基金
全 市	**295993**	**209075**	**590131**	**7004111**	**2333863**
市 区	80675	133354	243564	3231994	763622
椒江区	7139	27264	57266	676521	103401
黄岩区	12420	8085	53111	671656	162525
路桥区	9155	27352	31947	970038	91858
市本级	51961	70653	101240	913779	405838
三门县	32498	9184	51257	157743	145577
天台县	24537	14046	36408	176629	194987
仙居县	39294	5948	47743	299101	171799
温岭市	49988	17344	63773	1760450	446490
临海市	31891	18360	82360	976567	405419
玉环市	37110	10839	65026	401627	208580

注：2021年县市区上缴社会保险调剂金的缘故，县市区社会保险基金加总数与全市数据有差异。

17-128 各县市区全部金融机构年末存贷款余额(一)

(2021年) 单位：万元

地 区	本外币存款余额	人民币存款余额合计	住户存款			非银行业金融机构存款
				活期存款	定期及其他存款	
全 市	**120495826**	**118365226**	**66974162**	**21683161**	**45291002**	**6432460**
市 区	55631127	54436486	27404289	8114761	19289528	5361113
椒江区	13489731	13239273	6295427	1851965	4443462	741426
黄岩区	12247430	12043998	8463277	2141780	6321497	60828
路桥区	17218404	17076735	9577110	2915662	6661449	3722777
市本级	12675563	12076480	3068475	1205354	1863121	836082
三门县	4095406	4039358	2396933	844537	1552396	34
天台县	5780285	5665583	3614119	1443905	2170214	2564
仙居县	6084247	6004407	3612409	1174363	2438046	59479
温岭市	23970674	23705982	14634202	4844227	9789975	775300
临海市	15123235	14903617	9245235	2878154	6367082	224920
玉环市	9810851	9609793	6066974	2383214	3683760	9052

17-129 各县市区全部金融机构年末存贷款余额(二)

(2021年)

单位：万元

地　区	非金融企业存款			广义政府存款		
		活　期存　款	定期及其他存款		财政性存　款	机关团体存款
全　市	**29786896**	**10723893**	**19063003**	**15115511**	**1133606**	**13981905**
市　区	15271449	4969147	10302303	6369777	757862	5611916
椒江区	3992013	1215319	2776694	2204434	614247	1590187
黄岩区	2510415	1183700	1326715	1000510	111322	889188
路桥区	2938247	1088441	1849806	833805	19139	814666
市本级	5830774	1481686	4349088	2331029	13153	2317875
三门县	879653	453624	426028	759466	63014	696452
天台县	1321761	518887	802874	724250	27307	696943
仙居县	1096671	531470	565201	1234863	82717	1152146
温岭市	5072748	1931799	3140949	3214237	101183	3113054
临海市	3845016	1152658	2692358	1584048	64521	1519527
玉环市	2299599	1166308	1133291	1228870	37003	1191867

17-130 各县市区全部金融机构年末存贷款余额(三)

(2021年)

单位：万元

地　区	本外币贷款余额	人民币贷款余额合　计	住户贷款		
				短期贷款	
					消费贷款
全　市	**116699672**	**116030483**	**59219238**	**25514251**	**4833045**
市　区	52265896	51879000	24142921	9569760	1995630
椒江区	11539330	11497169	5963820	1867918	340319
黄岩区	10304005	10206809	5705817	2607536	395011
路桥区	12855659	12762747	6837662	3561970	536893
市本级	17566902	17412275	5635621	1532336	723407
三门县	6599402	6598547	2996139	1357790	258292
天台县	6383252	6374423	4254041	2022544	350594
仙居县	5478421	5445148	3492843	1800792	324020
温岭市	22328181	22258706	12192760	6264709	950729
临海市	14845140	14760989	8241816	2836034	578455
玉环市	8799381	8713671	3898719	1662621	375325

17-131 各县市区全部金融机构年末存贷款余额(四)

(2021年)　　单位：万元

地　区	在住户贷款中：在短期贷款中：经营贷款	在住户贷款中：中长期贷款	在住户贷款中：中长期贷款：消费贷款	在住户贷款中：中长期贷款：经营贷款	非金融企业及机关团体贷款
全　市	**20681206**	**33704987**	**21912026**	**11792961**	**56503889**
市　区	7574130	14573160	10530605	4042555	27617285
椒江区	1527600	4095902	3074913	1020989	5513103
黄岩区	2212525	3098281	1979802	1118478	4460962
路桥区	3025076	3275692	1922543	1353150	5867085
市本级	808929	4103285	3553347	549938	11776136
三门县	1099498	1638349	892555	745794	3602407
天台县	1671950	2231497	1512577	718920	2097382
仙居县	1476772	1692051	1002964	689087	1877225
温岭市	5313980	5928051	3325855	2602196	10065903
临海市	2257580	5405781	3244567	2161214	6428835
玉环市	1287296	2236098	1402903	833195	4814852

17-132 各县市区全部金融机构年末存贷款余额(五)

(2021年)　　单位：万元

地　区	在非金融企业及机关团体贷款中：短期贷款	中长期贷款	票据融资	各项垫款
全　市	**24996841**	**26418096**	**5076792**	**12160**
市　区	11220149	13216686	3179592	858
椒江区	2318831	2652839	541423	10
黄岩区	1989082	2090143	381452	284
路桥区	2328524	1959294	1579266	
市本级	4583711	6514411	677451	563
三门县	1215814	2347084	39505	4
天台县	907012	1009270	181079	20
仙居县	587713	1198113	91400	
温岭市	5658955	3143952	1252026	10969
临海市	2929043	3379948	119817	28
玉环市	2478155	2123043	213373	281

17-133　各县市区养老保险基本情况

(2021年)

地　区	城镇职工养老保险参保人数(人)	职　　工参保人数	离退休参保人数	收缴保险基金(万元)	支　付养老金(万元)
全　市	**2826343**	**1790024**	**830397**	**2632620**	**3252234**
市　区	1073124	695860	302600	951537	1178652
椒江区	274043	178531	80750	223680	320795
黄岩区	327958	201151	108913	274942	402366
路桥区	282958	177700	93172	225675	318007
市本级	188165	138478	19765	227241	137484
三门县	420468	267525	122466	134614	163715
天台县	160484	92766	51102	189944	258528
仙居县	541410	332773	174486	172418	209594
温岭市	148814	96852	38255	543192	677355
临海市	255024	167228	70377	393352	481062
玉环市	227019	137020	71111	247563	283328

17-134　各县市区城镇基本医疗保险基本情况

(2021年)

地　区	期末参保人数(人)	职　　工参保人数	离退休参保人数	收缴保险基金(万元)	支付保险基金(万元)
全　市	**1975903**	**1689245**	**286658**	**926553**	**732466**
市　区	783620	672448	111172	387142	284359
椒江区	203865	168064	35801		
黄岩区	226422	187712	38710		
路桥区	181795	158758	23037		
市本级	171538	157914	13624		
三门县	106461	90795	15666	51149	39835
天台县	143963	120506	23457	67216	53374
仙居县	110089	92182	17907	52132	42504
温岭市	349541	301875	47666	161668	132991
临海市	285754	240758	44996	125248	105780
玉环市	196475	170681	25794	81998	73573

17-135　各县市区失业和工伤保险基本情况

(2021年)

地　区	失业保险			工伤保险		
	期末参保人数(人)	收缴保险基金(万元)	支付保险基金(万元)	期末参保人数(人)	收缴保险基金(万元)	支付保险基金(万元)
全　市	**1193334**	**76269**	**38225**	**2425215**	**105437**	**106275**
市　区	488507	32723	18048	1019513	31695	29886
椒江区	113200	7915	4607	258806	9083	8365
黄岩区	132970	8169	5342	272155	7563	6443
路桥区	115401	5973	3130	240338	9389	9400
市本级	126936	10667	4968	248214	5660	5678
三门县	56359	3134	1703	106777	4817	4901
天台县	71561	4674	1864	150011	3701	4504
仙居县	60873	3802	2118	105577	3139	4535
温岭市	214028	14337	6142	421579	23887	23202
临海市	162567	9607	4808	298432	12779	13391
玉环市	139439	7991	3542	323326	25418	25855

注：2019年开始，工伤保险实行市区统筹，市区数据为三区与市本级之和。

17-136　各县市区城乡居民养老保险与城乡居民医疗保险情况

(2021年)

地　区	城乡居民养老保险			城乡居民医疗保险		
	期末参保人数(人)	收缴保险基金(万元)	支付保险基金(万元)	期末参保人数(人)	收缴保险基金(万元)	支付保险基金(万元)
全　市	**1609156**	**395238**	**208086**	**4057074**	**616398**	**600185**
市　区	341606	130717	51780	1034661	171792	170071
椒江区	80696	46274	13073	335778	54198	47307
黄岩区	124168	40412	25247	397519	72362	73950
路桥区	136742	44032	13460	301364	45232	48814
三门县	358210	31201	22230	298664	44206	34469
天台县	170002	38900	28074	410912	53180	56040
仙居县	363611	50160	25704	361491	54292	49121
温岭市	126483	140443	60038	823699	126749	127449
临海市	104523	68845	57674	850858	123810	121151
玉环市	144721	24032	16364	276789	42369	41884

17-137 各县市区分行业在岗职工工资总额(一)

(2021年)

单位：万元

地　区	在岗职工工资总额	采矿业	制造业	电力热力燃气及水生产和供应业	建筑业	批发和零售业	交通运输仓储和邮政业	住宿和餐饮业	信息传输软件和信息技术服务业
全　市	**8249896**	**3199**	**5229336**	**88858**	**1757860**	**372059**	**159823**	**83587**	**79666**
市　区	2802138	150	1693011	20651	475671	165034	101695	32896	72346
椒江区	1286498		706477	8057	171421	87807	83914	19854	68529
黄岩区	869463		520348	6101	227571	26565	7217	7175	2198
路桥区	646177	150	466186	6493	76679	50663	10564	5866	1620
三门县	374077	342	233025	39786	79283	4496	4689	1186	897
天台县	290051	662	232304	3000	19797	7624	2738	7771	1015
仙居县	340388	1312	204810	6798	85160	20731	1469	6625	
温岭市	1749833	631	996090	5878	540305	71031	10322	16002	1144
临海市	1546360	102	844940	8771	512993	71896	32376	10438	2958
玉环市	1147049		1025157	3974	44653	31247	6535	8669	1306

17-138 各县市区分行业在岗职工工资总额(二)

(2021年)

地　区	房地产业	租赁和商务服务业	科学研究技术服务业	水利环境和公共设施管理业	居民服务修理和其他服务业	教　育	卫生和社会工作	文化体育和娱乐业
全　市	**176592**	**178337**	**49973**	**22559**	**20787**	**1435**	**17384**	**8439**
市　区	76345	102515	21827	7351	16972	1102	8303	6270
椒江区	42054	47418	20767	3503	15816	1102	3608	6174
黄岩区	21654	47881		345			2409	
路桥区	12638	7217	1060	3504	1156		2287	96
三门县	5672	1625	1105	541	199		1160	72
天台县	11026	2816	1114	9	132			43
仙居县	4949	5342	999	1460			733	
温岭市	43519	43162	13268	2689	1543	206	2698	1347
临海市	22317	15938	10788	6138	1773	128	4490	316
玉环市	12765	6939	872	4372	168			393

17-139 各县市区分行业在岗职工平均工资(一)

(2021年)

单位：元

地 区	在岗职工平均工资	采矿业	制造业	电力热力燃气及水生产和供应业	建筑业	批发和零售业	交通运仓储和邮政业	住宿和餐饮业	信息传输软件和信息技术服务业
全 市	**74580**	**76346**	**76832**	**147654**	**62873**	**82551**	**94102**	**54722**	**148409**
市 区	76637	55444	77820	121979	60868	84503	102691	55102	156729
椒江区	84981		80713	106574	70355	98560	112622	57632	161930
黄岩区	68680		75718	131209	55839	70669	62482	55195	120753
路桥区	73718	55444	76046	137561	58857	73831	81447	47889	80193
三门县	72003	74435	71290	220909	54636	66405	79881	48408	78667
天台县	80030	59116	83007	82203	70326	69060	66934	54153	95764
仙居县	65704	101736	67982	119056	54850	93339	64692	52125	
温岭市	70762	70876	72408	131490	65969	70397	69231	54319	74791
临海市	74003	63438	78767	110608	64566	93021	89412	55196	125331
玉环市	79491		80448	114198	61710	84020	87602	57148	91294

17-140 各县市区分行业在岗职工平均工资(二)

(2021年)

地 区	房地产业	租赁和商务服务业	科学研究技术服务业	水利环境和公共设施管理业	居民服务修理和其他服务业	教 育	卫生和社会工作	文化体育和娱乐业
全 市	**111810**	**67320**	**115145**	**59571**	**62125**	**67689**	**89886**	**90454**
市 区	121860	68941	121870	73509	60986	71065	96880	131721
椒江区	139529	76051	127954	150322	60160	71065	102486	134516
黄岩区	97670	61862		95722			90891	
路桥区	122224	80632	63095	47932	75078		95271	56235
三门县	107417	43229	113887	55722	66433		84679	35950
天台县	98977	45496	75803	89000	66200			42600
仙居县	111962	58699	68432	131568			58672	
温岭市	107880	69594	121944	65423	54130	71000	102593	46592
临海市	104041	58168	107237	50104	87325	45571	81335	63200
玉环市	100830	89647	134215	46412	67000			44602

17-141 各县市区居民人均可支配收入和住房情况(一)

(2021年)

单位：元

地 区	可支配收入			工资性收入			经营净收入		
	全体居民	城镇常住居民	农村常住居民	全体居民	城镇常住居民	农村常住居民	全体居民	城镇常住居民	农村常住居民
全 市	**55499**	**68053**	**35419**	**33159**	**39504**	**23012**	**10306**	**11906**	**7748**
市 区	62280	75388	37765	35777	41958	24218	10861	11830	9048
椒江区	63483	75477	37093	39986	47006	24541	8114	8071	8208
黄岩区	56182	68313	36184	33369	37897	25905	9221	11136	6063
路桥区	68726	82681	40621	33508	39391	21659	16399	17636	13909
三门县	42494	55072	30944	27841	36119	20240	9092	10540	7763
天台县	43152	54800	28909	22598	30010	13535	11337	13125	9151
仙居县	39717	49620	26956	22888	28913	15124	11801	13655	9412
温岭市	58982	71025	39667	30428	32947	26387	14085	17618	8418
临海市	50329	62993	35367	32116	39655	23209	6940	7051	6808
玉环市	68138	81806	41871	39782	45496	28802	13263	16526	6993

17-142 各县市区居民人均可支配收入和住房情况(二)

(2021年)

单位：元

地 区	财产净收入			转移净收入			年末现住房建筑面积(平方米)		
	全体居民	城镇常住居民	农村常住居民	全体居民	城镇常住居民	农村常住居民	全体居民	城镇常住居民	农村常住居民
全 市	**6316**	**9103**	**1858**	**5717**	**7540**	**2803**	**54.9**	**51.9**	**59.7**
市 区	8606	12038	2186	7037	9562	2313	54.0	51.4	58.8
椒江区	9509	12545	2829	5874	7855	1515	55.1	54.3	56.9
黄岩区	5251	7797	1053	8342	11483	3163	48.9	41.9	60.3
路桥区	11499	15797	2842	7320	9857	2211	58.1	57.6	59.2
三门县	3074	5769	599	2486	2644	2342	56.6	50.9	61.8
天台县	3431	5993	298	5786	5672	5925	58.3	56.3	60.7
仙居县	3116	5118	535	1912	1933	1885	59.0	56.0	62.9
温岭市	6914	10344	1413	7555	10116	3449	57.0	56.5	57.7
临海市	4532	7041	1568	6741	9246	3782	51.4	40.4	64.5
玉环市	11310	15621	3025	3782	4163	3051	55.5	53.1	60.3

17-143　各县市区居民人均消费支出情况(一)

(2021年)　　单位：元

地　区	消费支出			食品烟酒			衣　着		
	全　体 居　民	城镇常 住居民	农村常 住居民	全　体 居　民	城镇常 住居民	农村常 住居民	全　体 居　民	城镇常 住居民	农村常 住居民
全　市	**36227**	**42096**	**26838**	**10329**	**11941**	**7751**	**2675**	**3305**	**1667**
市　区	39387	46299	26461	11696	13543	8241	3175	3959	1707
椒江区	43949	50478	29586	12811	14708	8638	3801	4504	2253
黄岩区	34586	41832	22641	10017	11973	6792	2560	3411	1158
路桥区	39410	45331	27486	12284	13615	9605	3113	3797	1736
三门县	26748	31785	22123	7503	8875	6244	1678	2258	1145
天台县	26227	31416	19882	7474	8313	6448	1526	2038	901
仙居县	26680	30868	21285	7485	8430	6268	2420	3188	1430
温岭市	40179	47324	28718	11840	13275	9539	2955	3607	1909
临海市	34501	39919	28099	9161	10561	7506	2364	3052	1552
玉环市	43175	50664	28784	12819	14388	9802	3782	4768	1888

17-144　各县市区居民人均消费支出情况(二)

(2021年)　　单位：元

地　区	居　住			生活用品及服务			交通通信		
	全　体 居　民	城镇常 住居民	农村常 住居民	全　体 居　民	城镇常 住居民	农村常 住居民	全　体 居　民	城镇常 住居民	农村常 住居民
全　市	**8516**	**9978**	**6178**	**2115**	**2607**	**1328**	**6013**	**6811**	**4737**
市　区	8293	9745	5578	2356	2897	1345	6700	7623	4972
椒江区	8442	9734	5600	3035	3392	2251	7406	8207	5645
黄岩区	8875	10618	6003	1655	2221	723	6021	6815	4711
路桥区	7571	8845	5005	2300	2936	1020	6617	7682	4472
三门县	5822	7377	4394	1706	2465	1008	4797	5196	4431
天台县	6654	8125	4855	1653	2154	1040	4115	5008	3022
仙居县	4450	5177	3514	1984	2053	1895	5504	7059	3500
温岭市	9170	11705	5103	2228	2605	1623	6804	8292	4419
临海市	8391	9843	6676	1935	2468	1305	5070	5460	4609
玉环市	8066	9650	5021	3219	3825	2055	6804	7912	4675

17-145　各县市区居民人均消费支出情况(三)

(2021年)

单位：元

地　区	教育文化娱乐			医疗保健			其他用品及服务		
	全　体居　民	城镇常住居民	农村常住居民	全　体居　民	城镇常住居民	农村常住居民	全　体居　民	城镇常住居民	农村常住居民
全　市	**3659**	**4221**	**2760**	**2100**	**2192**	**1952**	**820**	**1041**	**465**
市　区	4074	4754	2803	1745	2048	1179	1348	1729	636
椒江区	4757	5466	3196	1857	2166	1178	1839	2300	825
黄岩区	2969	3654	1841	1390	1619	1012	1098	1521	402
路桥区	4481	4943	3551	2024	2337	1395	1019	1176	702
三门县	2915	3104	2741	1672	1777	1576	655	733	584
天台县	2484	3199	1610	1929	2074	1752	391	505	252
仙居县	2067	2149	1961	2173	2028	2360	598	784	357
温岭市	3652	3968	3144	2657	2787	2448	873	1085	533
临海市	4269	4754	3697	2610	2779	2411	699	1001	343
玉环市	4969	6264	2481	2234	2358	1996	1281	1498	865

17-146　各县市区城市和县城建设基本情况

(2021年)

年　份	全年供水总量(万吨)	排水管道长度(公里)	铺设道路面积(万平方米)	绿化覆盖面积(公顷)	园林绿地面积(公顷)	公园绿地面积(公顷)	人均公园绿地面积(平方米)
全　市	**40804**	**7296**	**6014**	**15096**	**13977**	**3909**	**14.41**
市　区	20197	3817	3275	7126	6632	1925	14.50
椒江区	8803	1028	1127	2575	2419	629	12.36
黄岩区	5937	1252	1147	1909	1803	480	14.12
路桥区	3596	1021	630	1944	1799	483	15.37
三门县	1646	318	215	614	543	166	13.34
天台县	3152	323	351	1032	887	248	18.20
仙居县	2767	539	285	735	652	244	14.69
温岭市	5783	534	800	2134	2010	497	15.25
临海市	4651	694	743	2077	1972	508	12.03
玉环市	2608	1071	345	1378	1281	322	15.28

17-147　各县市区普通中学基本情况

(2021年)　　单位：人

地　区	学校数(所)	招生数	在　校学生数	毕　业生　数	专任教师
全　市	**279**	**105825**	**313022**	**103020**	**24451**
市　区	83	32693	95681	30768	7489
椒江区	14	5383	16217	5607	1173
黄岩区	25	6771	19997	6317	1474
路桥区	15	6434	18657	6069	1340
市本级	26	13568	39445	12426	3387
台州湾	3	537	1365	349	115
三门县	23	7521	21150	6462	1753
天台县	28	9676	29466	10433	2472
仙居县	24	9505	29020	11207	2215
温岭市	46	18662	55160	17197	4256
临海市	48	18934	57369	19259	4295
玉环市	27	8834	25176	7694	1971

17-148　各县市区中等职业学校基本情况

(2021年)　　单位：人

地　区	学校数(所)	招生数	在　校学生数	毕　业生　数	教　职工　数	
						#专任教师
全　市	**24**	**26379**	**76669**	**20521**	**4375**	**4125**
市　区	6	6327	19875	5871	1117	1063
椒江区	1	1666	5323	1582	425	405
黄岩区	2	1666	5160	1453	359	345
路桥区	1	1488	4388	1344	268	260
市本级	2	1507	5004	1492	65	53
三门县	1	951	2858	467	177	171
天台县	3	2457	7517	2214	434	418
仙居县	1	3418	9064	2248	375	365
温岭市	3	3526	10521	3316	633	599
临海市	9	7810	21663	5207	1307	1182
玉环市	1	1890	5171	1198	332	327

注：中等职业学校包括普通中专、成人中专、职业高中。

17-149 各县市区小学基本情况

(2021年)

单位：人

地 区	学校数(所)	招生数	在校学生数	毕业生数	专任教师
全 市	**354**	**69348**	**422399**	**71186**	**24430**
市 区	85	24086	142219	22123	7942
椒江区	19	8627	49109	6962	2688
黄岩区	35	7185	43113	7009	2462
路桥区	25	6905	41901	6974	2309
市本级		121	1021	169	70
台州湾	6	1248	7075	1009	413
三门县	28	4200	25637	4465	1509
天台县	40	4763	29791	5488	1931
仙居县	30	4451	27550	5376	1900
温岭市	56	13675	83280	13793	4655
临海市	84	11242	70539	13109	4154
玉环市	31	6931	43383	6832	2339

17-150 各县市区幼儿教育基本情况

(2021年)

单位：人

地 区	幼儿园数(所)	班 数(个)	在园幼儿数	教职工数	#专任教师
全 市	**1014**	**6659**	**193593**	**26053**	**13579**
市 区	354	2347	64095	9433	4869
椒江区	113	737	17797	3007	1535
黄岩区	105	733	21562	2884	1524
路桥区	112	707	19882	2867	1460
市本级	3	52	1512	226	113
台州湾	21	118	3342	449	237
三门县	68	391	11527	1478	774
天台县	76	473	14973	1753	925
仙居县	75	480	13387	1693	955
温岭市	166	1235	37713	4720	2533
临海市	185	1074	32614	4064	2146
玉环市	90	659	19284	2912	1377

17-151 各县市区全社会研究与试验发展(R&D)活动基本情况

(2021年)

地　区	R&D活动人员数(万人年)	每万人就业人员中R&D人员(人年)	研究与试验发展经费支出(亿元)	研究与试验发展经费支出相当于GDP比重(%)
全　市	**5.08**	**131.87**	**139.44**	**2.41**
椒江区	0.62	127.47	21.09	2.80
黄岩区	0.39	98.87	14.02	2.39
路桥区	0.32	81.83	9.01	1.26
三门县	0.20	100.10	7.05	2.21
天台县	0.27	120.06	7.03	2.07
仙居县	0.17	87.20	5.96	2.11
温岭市	1.26	138.64	29.97	2.38
临海市	0.83	130.46	26.00	3.17
玉环市	0.97	233.47	17.89	2.51

17-152 各县市区县级及以上政府部门属研究与开发机构基本情况

2021年　　单位：万元

地　区	机构数(个)	职工人数(人)	#科技活动人员	经费收入总额	#政府拨款	经费支出总额	#人员费用
全　市	**11**	**622**	**547**	**24496**	**15395**	**21698**	**9996**
市　区	6	416	349	15751	8871	13080	6087
椒江区	5	341	286	12698	6206	10296	4354
黄岩区	1	75	63	3053	2665	2784	1733
路桥区							
三门县							
天台县							
仙居县							
温岭市	1	34	34	881	791	503	194
临海市	4	172	164	7864	5733	8115	3715
玉环市							

17-153 各县市区科技成果和专利授权情况

(2021年)

地区	科技进步奖励	#省进步奖	合同数(个)	成交额(万元)	专利授权量合计	发明	实用新型	外观设计
全市	**19**	**19**	**2430**	**1158081**	**39269**	**5282**	**18194**	**15793**
市区	13	13			19077	2172	7007	9898
椒江区	2	2	319	25639	6756	1056	3526	2174
黄岩区			146	141314	7943	358	1947	5638
路桥区	2	2	286	150398	4378	758	1534	2086
市本级	9	9	826	76488				
三门县			73	62110	1860	594	977	289
天台县			72	61770	1574	173	802	599
仙居县	1	1	96	65471	968	125	597	246
温岭市	2	2	337	257613	5930	1112	3110	1708
临海市	2	2	115	186641	5326	654	2767	1905
玉环市	1	1	160	130638	4534	452	2934	1148

注：科技进步奖励按实际参与项目统计。

17-154 各县市区规模以上工业企业研究与试验发展(R&D)活动基本情况(一)

(2021年)

地区	有R&D活动企业数(个)	有研发机构企业数(个)	企业办研发机构(个)	发明专利申请数(件)	有效发明专利数(件)
全市	**3133**	**1147**	**1213**	**2584**	**8948**
市区	791	349	370	835	3444
椒江区	204	109	126	516	1849
黄岩区	309	174	177	205	1065
路桥区	278	66	67	114	530
三门县	140	112	116	207	498
天台县	128	59	61	191	359
仙居县	77	28	36	111	463
温岭市	1011	243	251	461	1477
临海市	427	156	174	385	1652
玉环市	559	200	205	394	1045

17-155 各县市区规模以上工业企业研究与试验发展(R&D)活动基本情况(二)

(2021年)

地 区	R&D人员(人)	R&D人员折合全时当量(人年)	R&D经费内部支出(万元)	R&D经费外部支出(万元)
全 市	**67952**	**49089**	**1244438**	**94206**
市 区	17685	12617	387757	24508
椒江区	7257	5565	173779	16576
黄岩区	5772	3822	131061	4747
路桥区	4656	3230	82917	3184
三门县	2999	1966	68019	1841
天台县	3455	2681	65240	8879
仙居县	2228	1678	46276	12010
温岭市	16455	12383	271015	7646
临海市	11831	8110	234988	37232
玉环市	13299	9654	171143	2091

17-156 各县市区医疗卫生事业基本情况

(2021年)

地 区	医疗卫生机构数(个)	#医院、卫生院	医疗卫生机构床位数(张)	#医院、卫生院	医疗卫生机构技术人员数(人)	#医生	#护士	医院、卫生院诊疗人次数(万人次)
全 市	**3805**	**234**	**31482**	**30423**	**50335**	**20491**	**21632**	**4269.00**
市 区	1156	78	10149	9903	17160	7080	7241	1134.13
椒江区	472	28	4356	4287	7929	3275	3446	479.94
黄岩区	339	23	3302	3142	4974	2054	2065	331.30
路桥区	345	27	2491	2474	4257	1751	1730	322.89
三门县	201	18	1163	1154	2363	999	973	235.73
天台县	275	19	2418	2297	3604	1677	1421	338.43
仙居县	281	25	2237	2107	3583	1479	1560	297.95
温岭市	912	37	6229	6079	9788	4040	4167	799.53
临海市	677	39	7009	6756	9760	3604	4556	994.00
玉环市	303	18	2277	2127	4077	1612	1714	469.49

17-157 各县市区广播基本情况

(2021年)

地　区	公共广播节目套数(个)	广播人口覆盖率(%)	全年播音时间(小时)	自制节目制作情况(小时)
全　市	**10**	**100.00**	**80334**	**37840**
市　区	4	100.00	35040	19553
椒江区		100.00		
黄岩区	1	100.00	8760	1186
路桥区		100.00		
市本级	3	100.00	26280	18367
三门县	1	100.00	8500	1241
天台县	1	100.00	8784	4050
仙居县	1	100.00	5838	5108
温岭市	1	100.00	8640	3650
临海市	1	100.00	6232	1749
玉环市	1	100.00	7300	2489

17-158 各县市区电视基本情况

(2021年)

地　区	无线电视节目套数(套)	电视人口覆盖率(%)	全年播出时间(小时)	全年制作节目时间(小时)
全　市	**10**	**100.00**	**66308**	**13882**
市　区	4	100.00	29885	9310
椒江区		100.00		
黄岩区	1	100.00	6205	365
路桥区		100.00		
市本级	3	100.00	23680	8945
三门县	1	100.00	4860	1038
天台县	1	100.00	4374	360
仙居县	1	100.00	6230	220
温岭市	1	100.00	6916	1152
临海市	1	100.00	5283	1107
玉环市	1	100.00	8760	695

17-159 各县市区民政事业基本情况

(2021年)

地 区	最低生活保障人数(人)	最低生活保障资金(万元)	社会福利院床位数(张)	收养类单位床位数(张)	结婚对数(对)	社会团体机构数(个)
全 市	**65080**	**56868**	**1480**	**30712**	**27338**	**2580**
市 区	13929	12056	610	11299	7245	1030
椒江区	3864	3268	350	4204	2982	174
黄岩区	7265	6015	58	3885	2360	269
路桥区	2800	2774	202	2910	1892	175
市本级				300	11	412
三门县	7412	6872	88	1106	1514	130
天台县	9250	8470	40	3657	2416	588
仙居县	9070	7838	300	1642	2240	163
温岭市	10413	8886	92	4071	4859	257
临海市	9677	7831		6489	7347	234
玉环市	5329	4915	350	2448	1717	178

18

乡镇经济社会基本情况

Social Economics by Village and Town

18-1　乡镇(街道)经济社会基本情况(一)

(2020年)

地　区	行政区域面积(公顷)	村委会数(个)	#通宽带村数	#通自来水村数	#通电视村数	#垃圾集中处理村数	#污水集中处理村数	#通公共交通村数
椒江区								
海门街道	2209	4	4	4	4	4	4	4
白云街道	1417	2	2	2	2	2	2	2
葭沚街道	3922	26	26	26	26	26	26	26
洪家街道	2885	31	31	31	31	31	31	31
三甲街道	3766	38	38	38	38	38	38	38
下陈街道	2378	30	30	30	30	30	30	30
前所街道	2918	31	31	31	31	31	31	31
章安街道	6266	38	38	38	38	38	38	38
大陈镇	1768	3	3	3	3	3	3	3
黄岩区								
东城街道	1744	5	5	5	5	5	5	5
南城街道	1928	12	12	12	12	12	12	12
西城街道	2400	15	15	15	15	15	15	15
北城街道	3311	16	16	16	16	16	12	16
新前街道	4745	22	22	22	22	22	22	22
澄江街道	3472	18	18	18	18	18	18	17
江口街道	3137	19	19	19	19	19	19	19
高桥街道	2000	12	12	12	12	12	12	12
宁溪镇	8912	21	21	21	21	21	21	8
北洋镇	11254	20	20	20	20	20	20	20
头陀镇	5850	24	24	24	24	24	24	18
院桥镇	7980	39	39	39	39	39	39	39
沙埠镇	4407	15	15	15	15	15	15	13
屿头乡	9888	11	11	11	11	11	11	11
上郑乡	9382	10	10	10	10	10	10	10
富山乡	5386	10	10	10	10	10	10	10
茅畲乡	3032	10	10	10	10	10	10	10
上垟乡	6444	11	11	11	11	11	11	7
平田乡	4033	9	9	9	9	9	9	9

注：2021年数据未出，下同。

18-1 续表 1

地区	行政区域面积(公顷)	村委会数(个)	#通宽带村数	#通自来水村数	#通电视村数	#垃圾集中处理村数	#污水集中处理村数	#通公共交通村数
路桥区								
路南街道	1710	16	16	16	16	16	16	16
路桥街道	930	9	9	9	9	9	9	9
路北街道	1127	6	6	6	6	6	6	6
螺洋街道	2028	12	12	12	12	12	12	12
桐屿街道	3311	16	16	16	16	16	9	15
峰江街道	2709	20	20	20	20	20	20	20
新桥镇	1380	11	11	11	11	11	11	9
横街镇	1493	14	14	14	14	14	14	14
金清镇	10070	42	40	41	40	40	29	36
蓬街镇	7740	30	30	30	30	30	30	30
三门县								
海游街道	8205	18	18	18	18	18	18	18
海润街道	11200	15	15	15	15	15	15	15
沙柳街道	4660	17	17	17	17	17	13	17
珠岙镇	8341	34	34	33	34	31	27	22
亭旁镇	13319	54	54	54	54	54	54	54
健跳镇	17202	39	39	39	39	39	30	39
横渡镇	11763	13	13	13	13	13	13	13
浦坝港镇	25320	60	60	60	60	60	56	40
花桥镇	8305	17	17	17	17	17	17	17
蛇蟠乡	2321	4	4	4	4	4	4	4
天台县								
赤城街道	7939	20	20	20	20	20	20	16
始丰街道	5700	32	32	32	32	32	32	32
福溪街道	8237	20	20	20	20	20	12	20
白鹤镇	13470	49	49	49	49	49	47	49
石梁镇	17007	21	21	21	21	21	21	21
街头镇	14273	29	29	29	29	27	29	29
平桥镇	17692	70	70	70	70	70	70	62

18-1 续表 2

地 区	行政区域面积(公顷)	村委会数(个)	#通宽带村数	#通自来水村数	#通电视村数	#垃圾集中处理村数	#污水集中处理村数	#通公共交通村数
坦头镇	8186	30	30	30	30	30	27	25
三合镇	5922	26	26	26	26	26	26	26
洪畴镇	3758	15	15	15	15	15	15	14
三州乡	4440	11	11	11	11	11	11	11
龙溪乡	7590	7	7	7	7	7	7	7
雷峰乡	8260	13	13	13	13	13	13	13
南屏乡	5285	14	14	14	14	14	14	14
泳溪乡	7018	17	17	17	17	17	17	17
仙居县								
安洲街道	4655	12	12	12	12	10	7	12
南峰街道	3883	7	7	7	7	7	7	7
福应街道	11389	18	18	18	18	18	14	15
横溪镇	21100	33	33	29	33	33	33	33
埠头镇	6966	12	12	9	12	11	9	10
白塔镇	10702	27	27	24	27	27	27	25
田市镇	9258	23	23	23	23	20	23	20
官路镇	7999	14	14	14	14	13	13	11
下各镇	8950	31	31	31	31	31	31	22
朱溪镇	18252	28	17		24	23	19	14
安岭乡	4865	13	13		13	13	13	5
溪港乡	6274	8	8		8	8	8	6
湫山乡	13008	14	14		14	7	5	14
淡竹乡	21139	11	11		11	6	2	9
皤滩乡	7020	10	10	7	10	10	10	9
上张乡	10284	10	10		10	10	10	8
步路乡	7240	12	12	7	12	12	12	9
广度乡	7936	9	9		9	9	9	7
大战乡	5905	10	10	10	10	10	10	10

18-1 续表 3

地区	行政区域面积(公顷)	村委会数(个)	#通宽带村数	#通自来水村数	#通电视村数	#垃圾集中处理村数	#污水集中处理村数	#通公共交通村数
温岭市								
太平街道	3070	13	13	13	13	13	13	13
城东街道	4260	17	17	17	17	17	17	17
城西街道	1970	14	14	14	14	14	14	14
城北街道	1260	14	14	14	14	14	14	14
横峰街道	1630	23	23	23	23	23	23	23
泽国镇	6328	51	51	51	51	51	51	51
大溪镇	12950	70	70	70	70	70	66	58
松门镇	8270	48	48	48	48	48	48	46
箬横镇	11790	74	74	74	74	74	74	71
新河镇	7140	62	62	62	62	62	62	51
石塘镇	2820	34	34	33	34	33	30	17
滨海镇	6170	45	45	44	44	44	44	26
温峤镇	7750	35	35	35	35	35	35	35
城南镇	10910	49	49	48	49	49	45	49
石桥头镇	2840	16	16	16	16	16	16	12
坞根镇	3470	14	14	14	14	14	14	14
临海市								
古城街道	8100	17	17	17	17	17	17	17
大洋街道	4200	21	21	21	21	21	21	21
江南街道	8700	20	20	20	20	20	20	20
大田街道	6500	27	27	27	27	27	27	24
邵家渡街道	8800	30	30	30	30	30	30	29
汛桥镇	5300	14	14	14	14	14	14	14
东塍镇	16500	33	33	33	33	33	30	33
汇溪镇	5700	15	15	15	15	15	15	15
小芝镇	9000	21	21	21	21	21	21	21

18-1　续表 4

地　区	行政区域面　　积（公顷）	村　委会　数（个）	#通宽带村　数	#通自来水村数	#通电视村　数	#垃圾集中处理村　数	#污水集中处理村　数	#通公共交　通村　数
河头镇	10000	30	30	30	30	30	30	30
白水洋镇	21700	60	60	60	60	60	60	57
括苍镇	15600	29	29	29	29	29	29	29
永丰镇	15600	39	39	39	39	39	39	36
尤溪镇	13600	18	18	18	18	13	10	12
涌泉镇	11200	32	32	32	32	32	26	29
沿江镇	8816	30	30	30	30	30	30	30
杜桥镇	18600	107	107	107	107	107	107	107
上盘镇	9900	30	30	30	30	30	16	23
桃渚镇	12900	55	55	55	55	55	55	52
玉环市								
玉城街道	7230	35	34	35	34	35	34	35
坎门街道	2580	6	6	6	6	6	6	6
大麦屿街道	6764	28	28	28	28	28	28	28
清港镇	5421	28	28	28	28	28	28	28
楚门镇	3543	18	18	18	18	18	18	18
干江镇	2996	15	15	15	15	15	15	15
沙门镇	4954	18	18	18	18	18	18	18
芦浦镇	1955	12	12	12	12	12	12	12
龙溪镇	2415	12	12	12	12	12	12	12
鸡山乡	1051	6	4	6	5	4	4	
海山乡	2608	7	7	7	7	7	2	4

18-2 乡镇(街道)经济社会基本情况(二)

(2020年)

地　区	农民合作社个数(个)	设施农业占地面积(公顷)	工业企业单位数(个)	建筑业企业单位数(个)
椒江区				
海门街道	18	82	282	17
白云街道	4	22	243	18
葭沚街道	18	181	470	8
洪家街道	14	757	618	1
三甲街道	19	1329	696	1
下陈街道	15	807	687	3
前所街道	64	607	343	1
章安街道	100	1692	268	3
大陈镇	11		1	
黄岩区				
东城街道	15	53	581	111
南城街道	32	300	348	5
西城街道		145	828	105
北城街道	31	133	1608	30
新前街道	22	820	1235	18
澄江街道	43	395	460	15
江口街道	60	142	548	22
高桥街道	31	527	345	13
宁溪镇	54	789	141	5
北洋镇	56	663	157	5
头陀镇	68	203	188	8
院桥镇	67	1750	671	45
沙埠镇	27	258	271	9
屿头乡	19	231	15	
上郑乡	14	154	13	3
富山乡	39	395	1	
茅畲乡	30	286	24	2
上垟乡	50	581	7	4
平田乡	29	325	2	

18-2 续表 1

地　区	农民合作社个数(个)	设施农业占地面积(公顷)	工业企业单位数(个)	建筑业企业单位数(个)
路桥区				
路南街道	18	553	350	
路桥街道		14	356	16
路北街道		70	235	31
螺洋街道	11	260	372	1
桐屿街道	12	372	235	5
峰江街道	19	953	460	
新桥镇	2	517	621	1
横街镇	16	630	789	
金清镇	77	2855	1862	1
蓬街镇	19	2000	1026	1
三门县				
海游街道	20	7	328	36
海润街道	76	439	36	
沙柳街道	41	432	37	
珠岙镇	15	345	150	
亭旁镇	89	1204	95	1
健跳镇	93	1620	120	
横渡镇	140	488		
浦坝港镇	135	3280	370	
花桥镇	100	488	8	1
蛇蟠乡	33			1
天台县				
赤城街道	54	334	150	10
始丰街道	36	613	170	10
福溪街道	39	333	328	9
白鹤镇	60	1359	161	
石梁镇	35	998	24	
街头镇	65	950	23	
平桥镇	131	3015	355	2

18-2 续表 2

地 区	农民合作社个数(个)	设施农业占地面积(公顷)	工业企业单位数(个)	建筑业企业单位数(个)
坦头镇	35	1077	382	
三合镇	22	938	106	
洪畴镇	9	368	105	
三州乡	27	187	15	
龙溪乡	14	215	4	
雷峰乡	54	316	4	
南屏乡	32	347		
泳溪乡	15	420		
仙居县				
安洲街道	100	220	381	101
南峰街道	215	205	320	6
福应街道	185	780	590	16
横溪镇	135	1677	109	13
埠头镇	50	506	32	8
白塔镇	91	1152	171	16
田市镇	85	800	30	
官路镇	96	812	93	1
下各镇	197	1480	197	12
朱溪镇	63	337	14	
安岭乡	11	305	3	
溪港乡	22	240		
湫山乡	59	487	14	
淡竹乡	11	82	2	
皤滩乡	15	617	23	
上张乡	30	266	9	
步路乡	178	43	33	
广度乡	15	364	5	
大战乡	89	217	14	
双庙乡	48	276	16	4

18-2 续表 3

地 区	农民合作社个数(个)	设施农业占地面积(公顷)	工业企业单位数(个)	建筑业企业单位数(个)
温岭市				
太平街道	7	72	294	134
城东街道	5	440	517	186
城西街道	2	193	351	48
城北街道	1	282	956	9
横峰街道	3	517	1708	4
泽国镇	26	2072	1940	59
大溪镇	41	2278	2463	37
松门镇	40	2524	786	51
箬横镇	93	4664	1289	56
新河镇	27	3021	890	36
石塘镇	4	128	292	8
滨海镇	37	2731	365	30
温峤镇	38	1347	913	40
城南镇	63	2086	297	53
石桥头镇	21	735	132	25
坞根镇	45	851	134	11
临海市				
古城街道	39	350	501	196
大洋街道	48	373	567	156
江南街道	34	620	512	33
大田街道	48	727	370	48
邵家渡街道	96	1138	85	19
汛桥镇	37	456	80	6
东塍镇	102	2186	1036	13
汇溪镇	28	742	30	6
小芝镇	128	1017	101	8

18-2 续表 4

地 区	农民合作社个数(个)	设施农业占地面积(公顷)	工业企业单位数(个)	建筑业企业单位数(个)
河头镇	101	652	39	16
白水洋镇	155	1680	128	12
括苍镇	46	976	126	9
永丰镇	118	1138	146	13
尤溪镇	29	531	45	3
涌泉镇	377	460	184	12
沿江镇	59	1098	446	10
杜桥镇	113	4665	1413	193
上盘镇	111	1346	247	
桃渚镇	106	2715	127	22
玉环市				
玉城街道	80	690	3125	296
坎门街道	8	411	2018	32
大麦屿街道	55	1138	1508	50
清港镇	156	720	1734	36
楚门镇	45	410	2270	57
干江镇	38	363	386	14
沙门镇	30	594	650	22
芦浦镇	24	198	375	28
龙溪镇	53	211	868	6
鸡山乡	10		3	
海山乡	42	184	6	6

18-3 乡镇(街道)经济社会基本情况(三)

(2020年) 单位：个

地 区	市 场 个 数	50平方米 以上的 超市个数	住宿餐 饮业企 业个数	小学数 (所)	幼儿园、 托儿所 个 数	图书馆、 文化站 个 数	医疗卫生 机构个数 (所)	医疗卫 生机构 床位数 (床)
椒江区								
海门街道	8	92	32	6	24	2	59	1304
白云街道	5	88	112	7	24	1	95	1550
葭沚街道	9	55	25	9	28	1	46	335
洪家街道	13	50	10	4	18	2	44	47
三甲街道	6	93	4	5	18	1	26	32
下陈街道	2	57		8	16	1	28	95
前所街道	2	68		6	20	1	13	16
章安街道	2	85		13	21		31	68
大陈镇	1	7	15	1	1		2	10
黄岩区								
东城街道	10	32	45	7	18	2	18	1205
南城街道		14	5	3	7		8	8
西城街道	1	308	47	5	19	1	47	632
北城街道	5	40	11	4	13	1	12	
新前街道	2	55	9	5	14		25	99
澄江街道	1	29	1	2	6	1	17	5
江口街道	3	27	1	3	7	1	18	30
高桥街道	2	35	1	2	3	1	5	9
宁溪镇	1	6	2	1	3	1	16	30
北洋镇	1	4		2	4	1	14	21
头陀镇	3	60	3	1	7	1	12	15
院桥镇	5	44	6	4	12	1	32	86
沙埠镇	1	14	1	1	5	1	5	
屿头乡		3	2	1	1		1	1
上郑乡		2	1		1		2	5
富山乡	1	1		1	1		4	40
茅畲乡			1	1	1	1	4	4
上垟乡	2	7		2	2		6	8
平田乡		1		1	1		4	

18-3 续表 1

单位：个

地　区	市　场个　数	50平方米以上的超市个数	住宿餐饮业企业个数	小学数(所)	幼儿园、托儿所个　数	图书馆、文化站个　数	医疗卫生机构个数(所)	医疗卫生机构床位数(床)
路桥区								
路南街道	7	24	2	4	8	1	23	330
路桥街道	18	93	106	4	20	2	61	956
路北街道	11	60	92	4	14	1	39	266
螺洋街道	1	133	1	3	9	2	12	
桐屿街道	5	66	3	4	8	1	13	880
峰江街道	2	37		7	19	1	23	20
新桥镇	1	22	8	5	11	1	13	
横街镇	2	40	3	5	17	1	13	45
金清镇	8	94	15	10	22	1	53	335
蓬街镇	7	132	8	9	16	1	30	36
三门县								
海游街道	11	282	37	8	22	4	54	938
海润街道	1	14	1	1	8	1	5	
沙柳街道	1	11	4	1	1	1	7	21
珠岙镇		38		3	7	1	10	22
亭旁镇	2	18		2	6	1	8	40
健跳镇	4	68	6	3	14	1	24	70
横渡镇		6		2	2		3	15
浦坝港镇	5	43	5	8	23	1	24	80
花桥镇		16	2	2	5		4	20
蛇蟠乡	1	6	3	1	1		2	6
天台县								
赤城街道	5	26	131	8	25	2	46	1460
始丰街道	1	56	41	5	9	2	20	123
福溪街道	3	26	8	4	14	1	17	555
白鹤镇	3	51	29	4	4	1	17	20
石梁镇	1	11	12	1		1	5	7
街头镇	1	6		2	2	1	10	39
平桥镇	1	47	3	8	11	2	40	75

18-3 续表 2

单位：个

地 区	市 场 个 数	50平方米以上的超市个数	住宿餐饮业企业个数	小学数(所)	幼儿园、托儿所个数	图书馆、文化站个数	医疗卫生机构个数(所)	医疗卫生机构床位数(床)
坦头镇		67		5	7		8	50
三合镇	1	27		4	5	1	10	12
洪畴镇		8		1	4		1	3
三州乡	2			1	1		2	4
龙溪乡		2	12	1	1	1	2	2
雷峰乡		3	2	2	1	1	3	2
南屏乡		6		1	1		2	2
泳溪乡		9	2	1	1		4	10
仙居县								
安洲街道	5	33	34	7	11	1	25	415
南峰街道	1	87	55	4	16	2	33	430
福应街道	2	60	34	4	14	2	27	765
横溪镇	1	59	12	8	14	1	24	373
埠头镇	1	30	6	1	3	1	6	
白塔镇	1	70	29	2	8	1	17	99
田市镇		22	5	1	2	1	10	2
官路镇	1	16	3	2	5	1	5	
下各镇		48		6	8	1	7	93
朱溪镇		6	1	1	1	1	5	20
安岭乡		5		1	1	1	4	10
溪港乡		2	2	1	1	1	4	
湫山乡		7	1	1	1	1	2	
淡竹乡		1	7	1			4	
皤滩乡		7	2	2	2	1	1	1
上张乡		3	2	1	1	1	2	
步路乡		1	1	1	1	1	7	
广度乡		3				1	3	2
大战乡		8		2	2	1	4	2
双庙乡	1	9	3	1	2		1	2

18-3 续表 3

单位：个

地　区	市　场 个　数	50平方米以上的超市个数	住宿餐饮业企业个数	小学数(所)	幼儿园、托儿所个　数	图书馆、文化站个　数	医疗卫生机构个数(所)	医疗卫生机构床位数(床)
温岭市								
太平街道	11	48	109	8	20	7	111	1314
城东街道	7	175	100	3	10	3	47	637
城西街道	3	28	67	2	7	3	34	1685
城北街道	2	61	11	3	5	1	20	92
横峰街道	4	113	3	3	5	1	32	30
泽国镇	14	270	59	9	29	2	96	699
大溪镇	8	208	47	7	27	1	90	301
松门镇	7	203	74	5	13	1	72	408
箬横镇	6	117	45	5	11	2	93	93
新河镇	3	91	14	4	18	1	71	900
石塘镇	3	30	65	2	5	1	49	
滨海镇	2	38	14	3	6	1	49	45
温峤镇	4	127	9	4	9	1	39	100
城南镇	1	75	3	3	7	1	56	280
石桥头镇	1	5	3	1	1	1	15	
坞根镇	1	41	4	1	2	1	17	
临海市								
古城街道	13	615	138	8	22	4	111	3515
大洋街道	5	60	33	4	21	2	50	172
江南街道	7	51	7	2	6		18	140
大田街道	6	66	14	2	10	1	26	582
邵家渡街道	2	51	8	4	7	1	20	20
汛桥镇	1	17		2	2	1	12	10
东塍镇		70	1	6	16		35	51
汇溪镇	1	8	2	1	2		8	8
小芝镇		9	3	3	4		19	25

18-3 续表 4

单位：个

地 区	市 场 个 数	50平方米以上的超市个数	住宿餐饮业企业个数	小学数（所）	幼儿园、托儿所个数	图书馆、文化站个数	医疗卫生机构个数（所）	医疗卫生机构床位数（床）
河头镇	1	6	3	4	4	1	29	45
白水洋镇	6	42	5	6	8	1	39	70
括苍镇	1	66	6	4	3	1	14	35
永丰镇	1	43	1	6	6	1	16	16
尤溪镇		8	6	1	1	1	7	7
涌泉镇	1	21	2	3	6	1	15	25
沿江镇	1	70	3	4	8		36	50
杜桥镇	20	547	36	16	42	1	102	102
上盘镇	7	42	12	6	12		27	20
桃渚镇	8	106	3	7	21	1	42	100
玉环市								
玉城街道	12	255	30	10	23	1	87	1616
坎门街道	7	69	4	7	14		26	200
大麦屿街道	5	74	4	5	12	2	32	50
清港镇	3	116	8	4	7	1	31	120
楚门镇	14	201	19	4	14	1	32	623
干江镇		24	5	1	4		9	
沙门镇	1	26		2	5	1	12	
芦浦镇		52	5	2	2	1	9	
龙溪镇	2	32	1	2	3		11	
鸡山乡		3	1		1		2	
海山乡		1		1	1		2	

18-4 分乡镇街道户籍人口数

(2016-2021年)　　单位：人

地　区	2016年	2017年	2018年	2019年	2020年	2021年
椒江区						
海门街道	85598	86181	86704	87236	87943	87993
白云街道	73632	75117	76090	77008	78147	79120
葭沚街道	75718	79487	83601	87227	91375	95408
洪家街道	51346	51598	51957	52340	52655	53164
下陈街道	42709	42859	43029	43167	43129	43159
前所街道	53521	53933	54136	54213	54155	54040
章安街道	86441	87159	87628	87826	87904	87713
三甲街道	62199	62508	62584	62624	62617	62604
大陈镇	3919	3929	3947	3935	3922	3884
黄岩区						
东城街道	61863	62614	63050	63274	63859	64238
南城街道	24634	24833	24938	24961	24917	24845
西城街道	66717	67372	68152	68465	68662	68650
北城街道	37003	37532	37975	38444	38927	39324
新前街道	44804	45026	45179	45448	45633	45750
澄江街道	33091	33069	33018	33056	32934	32631
江口街道	35213	35483	35719	35906	35867	35784
高桥街道	24133	24156	24272	24313	24260	24137
宁溪镇	34642	34527	34387	34194	33952	33671
北洋镇	33609	33544	33425	33226	33030	32740
头陀镇	37366	37391	37322	37655	37473	37269
院桥镇	73513	73742	74117	74386	74241	73970
沙埠镇	24461	24459	24424	24420	24330	24157
屿头乡	14099	14021	13912	13830	13727	13569
上郑乡	12657	12623	12558	12500	12405	12317
富山乡	11820	11828	11752	11666	11555	11449

18-4 续表 1

单位：人

地 区	2016年	2017年	2018年	2019年	2020年	2021年
茅畲乡	13787	13693	13668	13528	13428	13291
上垟乡	17690	17620	17507	17139	17017	16866
平田乡	9921	9869	9822	9738	9632	9488
路桥区						
路南街道	32513	32850	33165	33376	33609	33781
路桥街道	57346	57247	57240	57189	57229	57069
路北街道	24641	25586	26375	27110	27679	28374
螺洋街道	25809	26261	26647	26885	27158	27421
桐屿街道	37079	37592	37993	38265	38402	38508
峰江街道	45111	45315	45432	45467	45385	45210
新桥镇	28162	28224	28196	28211	28117	27999
横街镇	28622	28786	28751	28697	28622	28441
金清镇	107308	107501	107478	107333	106883	106229
蓬街镇	68264	68702	68820	68868	68719	68408
三门县						
海游街道	73354	74566	75280	75721	76078	76048
海润街道	23090	23285	23453	23608	23797	23880
沙柳街道	17595	17587	17489	17391	17314	17213
珠岙镇	44394	44498	44403	44211	43958	43711
亭旁镇	58585	58630	58275	57886	57469	56881
健跳镇	68599	68985	69174	69108	69062	68784
横渡镇	23137	23287	23213	23086	22900	22733
浦坝港镇	106389	107181	107566	107624	107423	107004
花桥镇	26813	26948	26986	26906	26758	26586
蛇蟠乡	1617	1637	1652	1668	1683	1680

18-4 续表 2

单位：人

地 区	2016年	2017年	2018年	2019年	2020年	2021年
天台县						
赤城街道	96776	97643	98045	99051	99588	99892
始丰街道	49090	49920	50526	51119	51744	52377
福溪街道	44925	45061	45530	45351	45090	44881
白鹤镇	66201	66496	66226	66020	65557	65032
石梁镇	16129	16062	15875	15738	15571	15384
街头镇	38986	39129	39212	39085	38831	38469
平桥镇	112030	112534	112504	112445	111911	111069
坦头镇	46059	46278	46236	46154	45877	45604
三合镇	41422	41903	41955	41990	41947	41664
洪畴镇	21803	21942	22012	22000	21950	21842
三州乡	9804	9784	9683	9616	9534	9413
龙溪乡	8007	8028	8010	7988	7899	7828
雷峰乡	16217	16228	16139	16058	15942	15778
南屏乡	14765	14665	14351	14202	14039	13834
泳溪乡	16279	16292	16216	16115	15980	15815
仙居县						
安洲街道	31781	32386	32964	39869	34342	34872
南峰街道	38402	38951	39753	33921	40397	41150
福应街道	55410	56445	56822	57104	57271	56840
横溪镇	51162	51764	51928	52115	52211	52050
埠头镇	19953	20108	20188	20249	20320	20258
白塔镇	43607	44014	44225	44323	44584	44576
田市镇	29170	29417	29508	29556	29652	29481
官路镇	22940	23068	23181	23346	23659	23614
下各镇	52561	52904	52973	53037	53088	52864
朱溪镇	31814	32069	32016	32009	31824	31669
安岭乡	11838	11921	11999	12017	12087	12056
溪港乡	8440	8460	8501	8521	8533	8495

18-4 续表 3

单位：人

地 区	2016年	2017年	2018年	2019年	2020年	2021年
湫山乡	16892	16308	16322	16327	16272	16224
淡竹乡	13350	13444	13446	13440	13444	13408
皤滩乡	15773	16238	16260	16339	16356	16340
上张乡	13675	13722	13715	13823	13734	13682
步路乡	15392	15516	15510	15567	15551	15536
广度乡	9579	9585	9547	9634	9582	9529
大战乡	15985	16002	15888	15818	15739	15621
双庙乡	12566	12652	12631	12614	12589	12548
温岭市						
太平街道	115376	118288	120144	121796	125283	126628
城东街道	53971	54280	54790	55121	55337	55467
城西街道	29262	30253	31335	32315	33983	35418
城北街道	20365	20386	20396	20397	20289	20167
横峰街道	33209	33494	34085	34320	34414	34598
泽国镇	128260	128557	128605	128690	128152	127652
大溪镇	132212	132820	133068	133267	132896	132238
松门镇	93689	93625	93372	92917	92023	91050
箬横镇	147677	147274	146831	146418	145468	144211
新河镇	122594	122332	122033	121688	120924	120070
石塘镇	69832	69087	68248	67582	66530	65659
滨海镇	75893	75674	75330	75067	74555	73871
温峤镇	63699	63566	63400	63264	62945	62578
城南镇	75427	75301	74955	74637	73888	73160
石桥头镇	29094	29013	28799	28694	28380	28061
坞根镇	26171	26140	25990	25895	25656	25407
临海市						
古城街道	123241	123031	122583	121928	120098	118556
大洋街道	57317	59023	61278	63160	64881	67007
江南街道	28773	28989	29151	29328	29558	29637

18-4 续表 4

单位：人

地　区	2016年	2017年	2018年	2019年	2020年	2021年
大田街道	41184	41411	41531	41745	41940	44188
邵家渡街道	42498	42805	43191	43445	43820	43930
汛桥镇	19868	19907	19885	19873	19855	19746
东塍镇	65622	65655	65367	65088	64803	64390
汇溪镇	21603	21379	20926	20558	20192	19881
小芝镇	36471	36488	36435	36392	36196	35939
河头镇	45009	44381	43824	43322	42851	42299
白水洋镇	104514	104607	104207	103832	103348	102339
括苍镇	46566	46625	46557	46467	46426	43714
永丰镇	62157	62224	61969	61667	61527	61174
尤溪镇	25764	25658	25560	25438	25301	25039
涌泉镇	55013	55114	55005	54892	54716	54307
沿江镇	49672	49806	49844	49859	49806	49556
杜桥镇	218415	219621	220372	220381	220624	219978
上盘镇	58260	58609	58884	59012	59068	59278
桃渚镇	97901	98247	98368	98444	98302	98005
玉环市						
玉城街道	104152	105578	106802	108482	110080	111620
坎门街道	68088	67854	67605	67244	66808	66354
大麦屿街道	56528	56476	56363	56015	55480	54850
清港镇	51218	51386	51444	51460	51359	51094
楚门镇	52131	52840	53383	53800	54189	54663
干江镇	21795	21703	21707	21680	21532	21381
沙门镇	25863	25884	25857	25821	25740	25578
芦浦镇	18086	18181	18334	18427	18440	18519
龙溪镇	18650	18660	18613	18571	18516	18375
鸡山乡	7653	7632	7543	7474	7395	7339
海山乡	7643	7669	7644	7615	7588	7530

19

各市国民经济主要指标

Main Indicators of National Economy by City

19-1 各市国民经济主要指标(一)

(2021年)

单位：万人

地区	土地面积(平方公里)	年末户籍总户数(万户)	年末户籍总人口	年末常住总人口	其中：城镇常住人口
杭州市	16850	261.95	834.54	1220.4	1020.3
宁波市	9816	243.30	618.33	954.4	748.2
温州市	12103	246.76	832.81	964.5	702.2
嘉兴市	4237	119.61	371.85	551.6	396.6
湖州市	5820	88.74	268.50	340.7	224.9
绍兴市	8279	165.58	446.85	533.7	381.8
金华市	10942	199.30	495.39	712.0	488.8
衢州市	8844	97.33	255.94	228.7	132.9
舟山市	1459	37.78	95.67	116.5	84.1
台州市	10050	194.67	605.94	666.1	417.0
丽水市	17275	109.69	269.97	251.4	157.0

19-2 各市国民经济主要指标(二)

(2021年)

单位：亿元

地区	生产总值(当年价)					人均生产总值(元)
		第一产业	第二产业	第三产业	在生产总值中：工业	
杭州市	18109.42	333.49	5488.62	12287.31	4805.29	149857
宁波市	14594.92	356.16	6997.17	7241.59	6297.53	153922
温州市	7585.02	164.31	3191.32	4229.39	2552.99	78879
嘉兴市	6355.28	131.97	3453.75	2769.56	3126.43	116323
湖州市	3644.87	148.59	1865.03	1631.25	1679.51	107534
绍兴市	6795.26	227.15	3227.77	3340.34	2697.16	127875
金华市	5355.44	150.31	2208.71	2996.42	1921.52	75524
衢州市	1875.61	87.11	811.05	977.45	663.81	82174
舟山市	1703.62	158.73	754.18	790.71	649.99	146611
台州市	5786.19	303.94	2543.01	2939.24	2162.34	87089
丽水市	1710.03	107.84	637.27	964.92	510.65	68101

注：本表人均生产总值均按常住人口计算。

19-3 各市国民经济主要指标(三)

(2021年)　　单位：亿元

地 区	工业企业单位数(个)	工业企业营业收入	工业企业营业成本	主营业务税金及附加	工业企业本年应交增值税	工业企业利润总额
杭州市	6528	20379.36	16450.12	771.46	436.04	1515.22
宁波市	9831	23484.34	19687.10	459.66	414.80	1757.68
温州市	7819	6652.55	5552.07	29.46	150.70	367.72
嘉兴市	6818	14338.46	12329.21	54.53	293.36	874.81
湖州市	4082	6516.37	5516.44	32.64	148.57	424.82
绍兴市	4944	8036.94	6701.38	34.92	191.29	626.03
金华市	5357	6250.54	5376.23	24.56	133.78	296.49
衢州市	1278	2810.40	2362.45	10.44	57.63	232.03
舟山市	425	2199.60	1610.62	92.34	14.05	327.91
台州市	5281	6640.74	5495.48	36.22	147.59	427.52
丽水市	1398	1985.68	1705.69	7.93	52.76	145.75

注：本表统计范围为年主营业务收入2000万元及以上独立核算工业。

19-4 各市国民经济主要指标(四)

(2021年)　　单位：亿元

地 区	工业增加值	高新技术产业增加值	数字经济核心产业增加值	战略性新兴产业增加值
杭州市	3640.71	2785.49	1076.15	1748.49
宁波市	4639.00	2792.00	626.00	1342.00
温州市	1305.90	890.70	206.68	442.98
嘉兴市	2524.83	1754.94	459.29	1119.98
湖州市	1169.00	815.50	491.90	110.50
绍兴市	1769.58	1121.33	146.76	735.42
金华市	1072.27	675.65	162.15	247.35
衢州市	517.91	278.58	57.15	140.29
舟山市	625.41	515.19	4.71	32.12
台州市	1405.35	970.60	84.10	349.43
丽水市	344.07	168.48	20.88	75.52

注：本表工业统计范围为年主营业务收入2000万元及以上独立核算工业。

19-5　各市国民经济主要指标(五)

(2021年)

地　区	公　路 客运量 (万人)	公　路 货运量 (万吨)	水　运 货运量 (万吨)	航空 客运量 (万人)	航空 货运量 (万吨)
杭州市	5042	38804	7645	2816	91.41
宁波市	1427	43923	31511	946	11.27
温州市	4905	15865	5051	923	7.32
嘉兴市	673	18154	10928		
湖州市	573	14167	8205		
绍兴市	760	17754	1829		
金华市	2679	17344	34	168	1.42
衢州市	3394	12986	40	47	0.10
舟山市	2631	9880	31021	148	0.06
台州市	1330	18952	12702	134	1.02
丽水市	834	5826	243		

19-6　各市国民经济主要指标(六)

(2021年)

地　区	境内公路 里程 (公里)		民用汽车 拥有量 (辆)	全社会 用电量 (亿千瓦时)		
		#高速公路			#工　业 用　电	#生　活 用　电
杭州市	16988	801	3610379	910.33	442.94	158.37
宁波市	11523	584	3165772	938.41	674.67	110.64
温州市	15363	566	2613250	513.83	292.99	117.94
嘉兴市	8215	428	1693925	626.25	489.92	56.50
湖州市	8249	452	1004868	345.02	248.25	38.30
绍兴市	10443	551	1817032	515.79	393.54	54.95
金华市	13284	408	2349776	475.56	310.96	71.95
衢州市	8683	422	650243	210.60	160.52	22.41
舟山市	1967	70	223702	134.30	97.56	11.70
台州市	13278	500	1989175	397.26	259.80	73.94
丽水市	15893	419	487116	135.48	85.44	24.24

19-7　各市国民经济主要指标(七)

(2021年)

地　区	进口总额(亿元)	出口总额(亿元)	快递业务收　入(亿元)	电信业务收　入(亿元)	移动电话用户数(万户)	互联网宽带用户数(万户)
杭州市	2438.64	4460.76	416.25	238.87	1807.11	578.81
宁波市	4301.80	7624.32	136.94	132.77	1375.24	471.11
温州市	375.38	2035.82	99.92	147.18	1226.20	447.04
嘉兴市	983.04	2800.79	94.85	65.81	706.04	207.40
湖州市	134.74	1356.19	40.03	47.08	445.39	245.63
绍兴市	236.40	2756.63	46.27	66.30	609.26	239.57
金华市	553.73	5326.34	335.15	99.06	983.44	196.21
衢州市	175.67	315.77	7.16	22.62	247.61	100.29
舟山市	1580.96	773.91	17.86	5.22	181.46	62.91
台州市	202.27	2197.09	72.02	86.20	927.99	283.22
丽水市	41.91	287.37	10.87	23.66	275.25	110.25

19-8　各市国民经济主要指标(八)

(2021年)

地　区	社会消费品零售总额(亿元)	国内旅游者人　数(万人次)	国内旅游收　入(亿元)	入境旅游人　数(人次)	国际旅游收　入(万美元)
杭州市	6743.52	8934	1518.29	181648	8544
宁波市	4649.10	5151	837.82	48217	1455
温州市	3807.67	4957	656.84	12208	473
嘉兴市	2275.03	3215	501.65	34230	2934
湖州市	1556.18	3632	535.21	42139	1793
绍兴市	2477.06	2757	380.64	7095	282
金华市	2881.92	4327	681.99	47454	2497
衢州市	839.16	1437	177.37	776	21
舟山市	552.41	1241	169.61	28065	1337
台州市	2605.62	3600	423.29	25728	1060
丽水市	822.87	2556	288.36	873	25

19-9 各市国民经济主要指标(九)

(2021年)

单位：亿元

地　区	财　政 总收入	一般公共财政 收　　入	一般公共预算 支　　出	年末金融 机　　构 人 民 币 存款余额	#住　户 存　款	年末金融 机　　构 人 民 币 贷款余额
杭州市	4561.72	2386.59	2392.04	58409.25	15623.01	55661.48
宁波市	3264.39	1723.14	1944.42	26187.65	9387.31	28513.16
温州市	1079.69	657.55	1066.82	16213.93	9214.43	15755.41
嘉兴市	1122.77	674.80	793.72	11700.69	5323.93	12066.71
湖州市	683.80	413.52	524.49	6722.99	3102.05	7186.05
绍兴市	954.71	603.80	714.50	12046.28	5681.45	11673.58
金华市	800.06	492.32	791.41	12158.94	6516.37	11522.98
衢州市	272.13	163.93	518.87	3493.21	1763.02	3564.90
舟山市	349.71	180.70	336.11	2714.69	1260.71	3217.74
台州市	770.06	455.43	734.81	11836.52	6697.42	11603.05
丽水市	270.91	163.97	545.69	3888.37	2306.84	3277.70

19-10 各市国民经济主要指标(十)

(2021年)

单位：元

地　区	城镇常住 居民人均 可 支 配 收　　入	城镇常住 居民人均 消费支出	农村常住 居民人均 可 支 配 收　　入	农村常住 居民人均 消费支出
杭州市	74700	48629	42692	30224
宁波市	73869	45362	42946	27451
温州市	69678	46147	35844	25198
嘉兴市	69839	42305	43598	28510
湖州市	67983	41532	41303	27134
绍兴市	73101	42766	42636	27471
金华市	67374	43031	33709	23816
衢州市	54577	31434	29266	17872
舟山市	69103	42047	42945	27831
台州市	68053	42096	35419	26838
丽水市	53259	36678	26386	21613

19-11 各市国民经济主要指标(十一)

(2021年) 单位：万人

地区	在校学生数			
	普通高校	中等职业学校	普通中学	小学
杭州市	58.52	8.22	39.48	68.10
宁波市	17.41	6.05	32.20	53.80
温州市	12.75	9.45	42.02	63.31
嘉兴市	7.90	4.82	16.89	29.70
湖州市	3.74	3.23	11.95	18.88
绍兴市	12.74	4.54	21.66	27.83
金华市	10.55	5.46	28.18	45.82
衢州市	1.68	2.55	10.71	13.22
舟山市	2.77	0.54	3.47	5.15
台州市	4.24	7.67	31.30	42.24
丽水市	4.49	3.08	12.26	15.35

19-12 各市国民经济主要指标(十二)

(2021年)

地区	医院数(个)	医院床位数(张)	执业医生数(人)	体育场地数(个)	博物馆数(个)	公共图书馆图书藏量(万册)
杭州市	370	85475	55013	34088	81	2767
宁波市	198	39686	34274	27008	76	1120
温州市	161	40539	33373	27576	57	1501
嘉兴市	101	24972	17729	18654	38	1170
湖州市	82	18865	10988	7277	38	409
绍兴市	101	25503	18108	19672	47	829
金华市	157	31518	21392	23610	31	615
衢州市	85	13970	8035	9765	6	437
舟山市	36	5732	4220	3061	14	259
台州市	134	28309	20491	22495	62	992
丽水市	60	13595	9045	12011	22	332

20

长江三角洲各城市国民经济主要指标

Main Indicators of National Economy by YANGTZE DELTA's City

20-1 长江三角洲各城市国民经济主要指标(一)

(2021年) 单位：亿元

地区	生产总值(当年价)	第一产业	第二产业	第三产业	人均生产总值(元)	常住人口(万人)
上海市	**43214.85**	**99.97**	**11449.32**	**31665.56**		**2489.4**
江苏省	**116364.20**	**4722.42**	**51775.39**	**59866.39**	**137039**	**8505.4**
南京市	16355.33	303.94	5902.65	10148.74	174521	942.3
无锡市	14003.24	130.33	6710.50	7162.41	187416	748.0
徐州市	8117.44	743.34	3376.02	3998.08	89634	902.9
常州市	8807.58	166.87	4198.92	4441.78	165724	535.0
苏州市	22718.34	189.73	10872.81	11655.80	177505	1284.8
南通市	11026.94	485.02	5357.93	5184.00	142642	773.3
连云港市	3727.92	398.13	1625.76	1704.03	81015	460.2
淮安市	4550.13	423.32	1889.21	2237.60	99768	456.2
盐城市	6617.39	735.76	2686.13	3195.50	98593	671.3
扬州市	6696.43	317.18	3207.37	3171.87	146562	457.7
镇江市	4763.42	157.02	2319.73	2286.67	148204	321.7
泰州市	6025.26	318.13	2918.59	2788.54	133323	452.2
宿迁市	3719.01	353.03	1613.47	1752.51	74476	499.9
浙江省	**73515.76**	**2209.09**	**31188.57**	**40118.10**	**113032**	**6540.0**
杭州市	18109.42	333.49	5488.62	12287.31	149857	1220.4
宁波市	14594.92	356.16	6997.17	7241.59	153922	954.4
温州市	7585.02	164.31	3191.32	4229.39	78879	964.5
嘉兴市	6355.28	131.97	3453.75	2769.56	116323	551.6
湖州市	3644.87	148.59	1865.03	1631.25	107534	340.7
绍兴市	6795.26	227.15	3227.77	3340.34	127875	533.7

注：生产总值均为初步数，人均生产总值均按常住人口计算。上海市人均生产总值数据未公布。

20-1 续表

(2021年) 单位：亿元

地　区	生产总值(当年价)	第一产业	第二产业	第三产业	人均生产总值(元)	常住人口(万人)
金华市	5355.44	150.31	2208.71	2996.41	75524	712.0
衢州市	1875.61	87.11	811.05	977.45	82174	228.7
舟山市	1703.62	158.73	754.18	790.71	146611	116.5
台州市	5786.19	303.94	2543.01	2939.24	87089	666.1
丽水市	1710.03	107.84	637.27	964.92	68101	251.4
安徽省	**42959.18**	**3360.59**	**17613.19**	**21985.39**	**70321**	**6113.0**
合肥市	11412.80	351.05	4171.21	6890.54	121187	946.5
芜湖市	4302.60	169.60	2049.00	2084.10	117526	367.2
蚌埠市	1988.97	272.41	673.56	1043.00	60117	331.7
淮南市	1457.05	150.65	594.88	711.52	48008	304.0
马鞍山市	2439.33	104.23	1206.26	1128.84	113010	215.7
淮北市	1223.02	86.31	514.30	622.41	62019	197.4
铜陵市	1165.58	59.16	577.09	529.33	89112	130.6
安庆市	2656.88	253.16	1162.36	1241.36	63707	417.1
黄山市	957.37	72.29	343.31	541.76	71928	133.2
滁州市	3362.11	287.87	1644.81	1429.42	84263	399.0
阜阳市	3071.53	417.26	1151.23	1503.04	37524	817.1
宿州市	2167.70	332.10	768.60	1067.00	40688	532.5
六安市	1923.47	255.85	745.53	922.09	43690	440.5
亳州市	1972.68	271.34	681.42	1019.92	39509	498.6
池州市	1004.18	94.24	462.15	447.78	75191	133.1
宣城市	1833.92	172.03	890.69	771.20	73548	248.7

20-2 长江三角洲各城市国民经济主要指标(二)

(2021年)

地 区	全社会用电量(亿千瓦时)	工 业用电量(亿千瓦时)	自营进出口总 额(亿元)			实际利用外资(亿美元)
				自营进口总 额	自营出口总 额	
上海市	**1749.62**	**851.49**	**40610.35**	**15718.67**	**24891.68**	**225.51**
江苏省	**7101.16**	**4979.99**	**52130.59**	**32532.33**	**19598.26**	**329.96**
南京市	683.57	350.33	6366.83	3989.89	2376.94	50.14
无锡市	838.64	620.25	6829.37	4221.75	2607.61	38.07
徐州市	393.55	229.40	1254.23	1050.29	203.94	24.23
常州市	588.38	449.65	3017.84	2196.38	821.47	30.71
苏州市	1685.28	1271.45	25332.00	14875.76	10456.24	69.92
南通市	541.70	362.50	3405.80	2263.39	1142.41	31.21
连云港市	218.19	131.68	936.72	388.97	547.76	8.24
淮安市	228.72	142.02	386.78	281.31	105.47	12.64
盐城市	410.12	274.61	1124.97	701.17	423.80	12.60
扬州市	289.77	189.62	969.10	712.22	256.88	17.30
镇江市	295.06	211.64	834.36	596.10	238.25	8.09
泰州市	337.80	240.15	1222.81	863.14	359.68	18.28
宿迁市	258.17	174.50	449.78	391.97	57.81	8.52
浙江省	**5514.11**	**3767.51**	**41429.09**	**11307.83**	**30121.25**	**183.39**
杭州市	910.33	442.94	6899.40	2438.64	4460.76	81.71
宁波市	938.41	674.67	11926.12	4301.80	7624.32	32.74
温州市	513.83	292.99	2411.19	375.38	2035.82	5.45
嘉兴市	626.25	489.92	3783.83	983.04	2800.79	30.43
湖州市	345.02	248.25	1490.93	134.74	1356.19	10.59
绍兴市	515.79	393.63	2993.03	236.40	2756.63	7.59

20-2 续表

(2021年)

地 区	全社会用电量(亿千瓦时)	工 业用电量(亿千瓦时)	自营进出口总 额(亿元)			实际利用外资(亿美元)
				自营进口总 额	自营出口总 额	
金华市	475.56	310.98	5880.06	553.73	5326.34	4.29
衢州市	210.60	160.52	491.44	175.67	315.77	0.77
舟山市	134.80	97.56	2354.87	1580.96	773.91	4.14
台州市	397.26	259.80	2399.36	202.27	2197.09	4.83
丽水市	135.49	85.47	329.28	41.91	287.37	0.86
安徽省	**2715.47**	**1721.30**	**6920.21**	**4094.78**	**2825.43**	**192.97**
合肥市	444.11	223.28	3324.80	2029.17	1295.62	37.48
芜湖市	235.08	166.89	745.26	489.90	255.36	31.97
蚌埠市	103.94	49.40	176.09	84.38	91.71	12.40
淮南市	102.62	59.02	65.34	60.91	4.43	4.02
马鞍山市	235.41	193.19	476.49	199.70	276.79	29.37
淮北市	79.53	50.91	115.73	104.55	11.17	3.48
铜陵市	105.06	83.34	697.30	69.56	627.74	4.60
安庆市	136.07	80.04	161.90	119.30	42.60	3.80
黄山市	49.31	22.86	107.42	94.98	12.44	2.63
滁州市	248.27	182.26	388.78	321.55	67.23	17.09
阜阳市	186.33	79.91	138.25	111.27	26.99	4.63
宿州市	113.52	47.36	107.62	98.00	9.62	10.77
六安市	137.23	75.30	98.29	89.89	8.39	6.79
亳州市	93.10	28.50	41.82	31.11	10.69	5.15
池州市	95.13	74.46	92.35	22.09	70.26	4.93
宣城市	172.65	126.50	182.77	168.38	14.38	13.86

注：实际利用外资为部口径，与第九章口径不同。

20-3 长江三角洲各城市国民经济主要指标(三)

(2021年)

单位：元

地 区	社会消费品零售总额(亿元)	居民人均可支配收入	城镇常住居民人均可支配收入	农村常住居民人均可支配收入	市区居民消费价格指数(%)
上海市	**18079.25**	**78027**	**82429**	**38521**	**101.2**
江苏省	**42702.65**	**47498**	**57743**	**26791**	**101.6**
南京市	7899.41	66140	73593	32701	101.5
无锡市	3306.09	63014	70483	39623	101.7
徐州市	4038.02	34217	40842	23694	101.1
常州市	2911.36	56897	65822	35822	101.5
苏州市	9031.32	68191	76888	41487	102.1
南通市	3935.48	46882	57289	29134	101.8
连云港市	1203.31	32295	39862	21373	101.3
淮安市	1828.25	34731	43954	21884	101.2
盐城市	2684.34	36764	43787	26049	101.6
扬州市	1480.92	42287	50947	27354	101.5
镇江市	1346.83	50360	59204	31354	101.2
泰州市	1576.94	43777	53818	27401	101.3
宿迁市	1460.36	29122	35056	21577	101.3
浙江省	**29210.54**	**57541**	**68487**	**35247**	**101.5**
杭州市	6743.52	67709	74700	42692	101.3
宁波市	4649.10	65436	73869	42946	102.1
温州市	3807.67	59588	69678	35844	101.4
嘉兴市	2275.03	60048	69839	43598	101.6
湖州市	1556.18	57497	67983	41303	102.1
绍兴市	2477.06	62509	73101	42636	101.4

20-3 续表

(2021年) 单位：元

地 区	社会消费品零售总额(亿元)	全体居民人均可支配收入	城镇常住居民人均可支配收入	农村常住居民人均可支配收入	市区居民消费价格指数(%)
金华市	2881.92	55880	67374	33709	101.4
衢州市	839.16	42658	54577	29266	101.4
舟山市	552.41	60848	69103	42945	100.9
台州市	2605.62	55499	68053	35419	101.7
丽水市	822.87	42042	53259	26386	101.8
安徽省	**21471.16**	**30904**	**43009**	**18368**	**100.9**
合肥市	5111.68	46009	53208	26856	101.7
芜湖市	1972.95	40501	48668	27202	101.3
蚌埠市	1287.47	31972	42656	19538	101.1
淮南市	866.23	31632	41375	16706	100.8
马鞍山市	937.85	46557	56440	28331	101.3
淮北市	521.28	30738	39688	16504	100.6
铜陵市	410.52	32317	44454	18992	100.8
安庆市	1284.15	27098	39416	16975	100.8
黄山市	534.07	30574	41882	20298	101.0
滁州市	1495.52	28142	39025	17400	101.0
阜阳市	2229.62	24443	37379	15874	100.7
宿州市	1239.54	24290	37278	15913	100.9
六安市	1155.67	24788	36793	16003	100.4
亳州市	1190.08	24481	37319	16769	100.5
池州市	477.39	28973	38756	19168	100.7
宣城市	757.14	33720	46115	20565	100.7

20-4　长江三角洲各城市国民经济主要指标(四)

(2021年)　　单位：亿元

地　区	商品房销售面积(万平方米)	商品房销售额	地方财政预算内收入	地方财政预算内支出	年末金融机构本外币存款余额	年末金融机构本外币贷款余额
上海市	**1880.45**	**6788.73**	**7771.80**	**8430.86**	**175831.08**	**96032.13**
江苏省	**16551.82**	**21361.32**	**10015.16**	**14585.96**	**196016.31**	**180538.69**
南京市	1510.95	4063.84	1729.52	1817.73	44708.68	43305.40
无锡市	1550.86	2658.96	1200.50	1357.91	21345.48	17459.50
徐州市	1658.59	1461.65	537.31	1004.46	9969.16	8144.23
常州市	1011.43	1330.90	688.11	771.86	13929.62	11792.20
苏州市	2275.42	4210.93	2510.00	2583.69	41637.29	40810.97
南通市	2186.78	2043.29	710.18	1122.23	16374.94	14141.06
连云港市	708.40	565.33	274.81	534.05	4786.94	5197.05
淮安市	1200.03	905.28	297.02	613.01	5404.92	5537.38
盐城市	1120.37	1004.48	451.01	1053.48	9137.99	8083.98
扬州市	829.03	923.33	344.07	684.87	8299.73	7141.87
镇江市	695.05	611.22	327.59	543.40	6801.48	6989.32
泰州市	981.93	926.21	420.29	667.61	8730.36	7488.52
宿迁市	831.75	664.11	267.82	584.70	4889.71	4447.20
浙江省	**9990.65**	**19052.24**	**8262.57**	**11016.87**	**170815.99**	**165755.71**
杭州市	2236.25	6589.11	2386.59	2392.56	61044.30	56274.77
宁波市	1606.23	3016.89	1723.13	1944.36	27228.87	29045.47
温州市	886.31	1658.77	657.55	1066.32	16535.51	15825.18
嘉兴市	932.31	1404.08	674.80	793.72	12060.33	12279.56
湖州市	879.77	1115.69	413.52	524.49	6862.30	7203.60
绍兴市	1121.53	1733.57	603.80	714.50	12290.58	11716.73

20-4 续表

(2021年) 单位：亿元

地 区	商品房销售面积(万平方米)	商品房销售额	地方财政预算内收入	地方财政预算内支出	年末金融机构本外币存款余额	年末金融机构本外币贷款余额
金华市	724.35	1236.73	492.32	792.44	12469.07	11594.90
衢州市	204.97	321.51	163.93	518.87	3529.54	3577.02
舟山市	112.20	166.41	180.70	336.11	2773.75	3276.61
台州市	954.67	1311.14	455.43	734.78	12049.58	11669.97
丽水市	332.06	498.35	163.97	545.69	3972.16	3291.89
安徽省	**10460.90**	**8143.19**	**3498.19**	**7592.14**	**66868.55**	**58669.82**
合肥市	1836.59	2457.72	844.22	1223.72	20605.68	20322.39
芜湖市	710.96	680.94	361.20	503.49	5254.06	4716.30
蚌埠市	647.92	414.78	167.33	328.85	2691.43	2588.54
淮南市	306.33	191.79	109.61	277.63	2616.18	1924.30
马鞍山市	307.10	260.44	196.53	287.32	3097.48	2558.99
淮北市	280.68	200.49	88.75	195.83	1799.14	1419.81
铜陵市	283.27	143.90	93.50	194.67	1767.63	1517.82
安庆市	454.61	319.79	156.09	482.99	4109.91	3015.48
黄山市	209.46	157.05	88.29	214.12	1609.27	1237.37
滁州市	1294.92	733.16	250.86	461.71	3591.97	3427.25
阜阳市	1128.01	742.24	189.61	635.35	4938.96	4202.29
宿州市	889.70	508.37	147.87	474.10	2946.66	2636.60
六安市	775.47	501.92	147.50	484.95	3444.87	2971.88
亳州市	685.00	398.82	140.30	377.40	2848.89	2743.60
池州市	182.28	125.92	74.28	172.95	1354.79	1017.56
宣城市	468.29	305.86	182.80	315.16	2501.00	2057.20

21

统计公报

Statistical Communique

台州市2021年国民经济和社会发展统计公报

台州市统计局　国家统计局台州调查队

（2022年4月10日）

2021年是党和国家历史上具有里程碑意义的一年，是我国现代化进程中具有特殊重要性的一年。这一年，面对纷繁复杂的国际国内形势和各种风险挑战，台州坚持以习近平新时代中国特色社会主义思想为指导，全面落实党的十九大和十九届历次全会精神，忠实践行"八八战略"，奋力打造"重要窗口"，持续巩固拓展疫情防控和经济社会发展成果，发展质量稳步提升，全市经济社会保持稳中有进的良好态势，人民生活福祉持续增进，各项社会事业繁荣发展，生态环境质量持续改善，实现了"十四五"的良好开局。

一、综　合

经济运行稳中有进。经初步核算，2021年，全市实现生产总值[1]5786.19亿元，按可比价格计算，比上年增长8.3%。其中，第一产业增加值303.94亿元，增长2.0%；第二产业增加值2543.01亿元，增长9.3%；第三产业增加值2939.24亿元，增长8.1%；三次产业结构为5.3：43.9：50.8。市区实现生产总值2056.28亿元，比上年增长7.0%。经最终核实，2020年，台州市生产总值现价总量为5238.39亿元，比上年增长3.3%；三次产业增加值结构为5.6∶43.5∶50.9。

（图1　2011-2021年地区生产总值及增长速度，略）

（图2　2021年台州市各产增加值占生产总值比重，略）

二、农　业

农业生产增长平稳。全市预计实现农林牧渔业总产值542.34亿元，按可比价格计算，比上年增长2.7%。其中，农业产值182.14亿元，增长1.4%；林业产值5.97亿元，下降4.6%；牧业产值31.96亿元，增长38.3%；渔业产值315.06亿元，下降0.2%；农林牧渔服务业产值7.21亿元，增长7.0%。

全年粮食作物播种面积87.72千公顷（131.58万亩），比上年增长2.6%；粮食总产量56.00万吨，增长7.5%。全年经济作物播种面积115.99千公顷，比上年增长1.0%。全年蔬菜产量231.66万吨，比上年增长2.9%；油料产量1.34万吨，增长1.4%；水果产量145.69万吨，下降2.8%。

全年完成造林更新面积1480公顷，其中，人工造林面积889公顷。全市有森林面积525千公顷，森林覆盖率为61.37%。全市有自然保护区（含小区）32个，面积143.91千公顷。

全年水产品产量145.19万吨，比上年下降2.6%，其中，海洋捕捞产量80.77万吨，下降3.8%；海水养殖产量52.72万吨，增长0.4%。

全市注册登记的农民专业合作社7812家，其中省级示范性专业合作社100家。全市共认证有机食品93个，绿色食品274个，国家无公害农产品232个，浙江省无公害农产品产（基）地232个。国家级农业龙头企业3家，省级农业龙头企业45家，市级农业龙头企业210家。

全市完成河道疏浚清淤23.7公里，其中，市区13.4公里。治理水土流失面积36.2平方公里，新增高标田范围内高效节水灌溉面积1.974万亩。年末全市拥有农业机械总动力213.78万千瓦。

三、工业和建筑业

工业生产整体平稳。全市实现工业增加值 2162.34 亿元，比上年增长 11.5%。全市规模以上工业企业（年主营业务收入 2000 万元及以上工业企业）4692 家，实现工业增加值 1453.90 亿元，比上年增长 12.4%。

（图 3　2015-2021 年台州市工业增加值及增长速度，略）

全市规模以上轻工业实现工业增加值 497.35 亿元，比上年增长 10.0%；重工业实现工业增加值 956.55 亿元，增长 13.6%。轻重工业比例为 34.2:65.8。

全市规模以上工业增加值总量排在前五位的行业中，通用设备制造业、电力热力生产供应业、医药制造业、汽车制造业、橡胶和塑料制品业分别完成工业增加值 233.51 亿元、153.90 亿元、149.85 亿元、139.21 亿元和 133.96 亿元，分别比上年增长 19.5%、19.7%、3.2%、-2.0%和 11.7%。

全年规模以上高新技术产业实现增加值 926.89 亿元，比上年增长 10.9%；规模以上装备制造业实现增加值 732.58 亿元，增长 13.3%；规模以上战略性新兴产业实现增加值 342.27 亿元，增长 12.2%；规模以上数字经济核心产业实现增加值 75.94 亿元，增长 14.1%。

表 1　2021 年规模以上工业主要产品产量及增长速度

产品名称	单位	产量	比 2020 年增长（%）
啤酒	万千升	32.38	10.9
罐头	万吨	11.10	8.5
冷冻水产品	万吨	30.74	18.7
电工仪器仪表	万台	195.61	-18.8
家具	万件	4869.48	34.1
服装	万件	127.2	-3.7
皮革鞋靴	万双	19871.0	21.0
化学药品原药	万吨	6.62	6.5
塑料制品	万吨	236.16	14.1
白银（银锭）	千克	12004.1	-20.5
铜材	万吨	14.64	-3.1
金属切削机床	万台	7.73	59.5
交流电动机	万千瓦	2102.90	26.7
泵	万台	5713.84	23.7
水泥	万吨	451.46	-10.9
电动自行车	万辆	259.88	46.7
汽车	万辆	23.41	-27.2
摩托车整车	万辆	85.84	-5.7
民用钢质船舶	万载重吨	95.30	11.3
变压器	万千伏安	2310.28	1.8
家用冷柜	万台	117.02	-41.4
家用电冰箱	万台	80.64	-12.2
日用塑料制品	万吨	56.44	4.8
眼镜成镜	万副	15896.86	6.2
模具	万套	4.19	0.4
阀门	万吨	27.30	8.7

全市规模以上工业企业产品产销率为98.42%；新产品产值2388.44亿元，比上年增长18.35%；新产品产值率为37.89%，比上年下降了0.11个百分点。

全市规模以上工业企业实现利税总额[2]614.18亿元，比上年增长10.7%，其中，利润总额438.01亿元，增长12.9%。

全市实现建筑业增加值381.84亿元，比上年下降1.9%。资质以上建筑企业完成房屋建筑施工面积12241万平方米，房屋竣工面积2852万平方米。

四、固定资产投资和房地产业

固定资产投资结构转好。全市固定资产投资施工项目4173个，其中本年新开工项目1364个。全年固定资产投资比上年增长7.1%。其中，第一产业投资增长48.5%，第二产业投资增长12.1%，第三产业投资增长5.5%。固定资产投资中，工业性投资比上年增长12.1%，工业企业技术改造投资增长7.8%；公共服务投资增长18.4%；民间投资增长3.1%。

（图4　2021年台州市三次产业固定资产投资占比，略）

重点工程建设有新突破。杭台高铁、金台铁路、一江山大道等重大项目建成投用。市域铁路S1线、杭台高铁温岭至玉环段、台州路桥机场改扩建工程、甬台温高速至沿海高速温岭联络线、台州南部湾区引水工程、华海制药科技产业园等重大项目顺利推进。台州国际博览中心、天台抽水蓄能电站、台州南铁路智慧陆港新区等重大项目开工建设。

全年房地产开发投资比上年增长6.9%。房屋施工面积4946.44万平方米，比上年下降1.7%；房屋竣工面积521.66万平方米，增长41.4%。全年商品房销售面积954.67万平方米，比上年增长11.2%，其中，住宅销售面积750.63万平方米，增长12.3%。

五、交通和邮电业

全年交通运输、仓储和邮政业增加值为135.13亿元，比上年增长9.3%。

全年完成货物周转量1807.6亿吨公里，旅客周转量182.3亿人公里。全年台州港完成货物吞吐量5937.6万吨，其中外贸吞吐量1146.4万吨；完成集装箱吞吐量55.1万标箱。民航完成旅客吞吐量133.9万人次，货邮吞吐量10151.1吨。

年末全市公路总里程（含村道）13359.5公里，其中，高速公路500.3公里。年末全市汽车保有量达198.92万辆，比上年增加11.98万辆；其中，私人汽车163.55万辆，比上年减少7.02万辆。

邮电业保持稳中向好发展态势。全年邮电业务总量830.12亿元；邮电业务收入98.99亿元，其中，电信业务收入86.20亿元，邮政业务收入12.79亿元。年末国际互联网宽带接入用户283.22万户，比上年增加22.03万户；移动互联网用户785.89万户，比上年增加32.35万户。年末移动电话用户为927.99万户，城乡固定电话用户为93.07万户。

活跃的电子商务交易促进了快递业的增长，全年快递服务企业完成业务量13.23亿件，比上年增长20.9%；完成业务收入72.10亿元，增长25.3%。

六、国内贸易和旅游业

全市实现社会消费品零售总额2605.62亿元，比上年增长8.7%。按消费类型分，商品零售额2259.50亿元，增长8.7%；餐饮收入346.12亿元，增长9.1%。按经营地分，城镇零售额2086.18亿元，增长9.3%；乡村零售额519.45亿元，增长6.7%。限额以上批发零售企业中，化妆品类零售额比上年增长19.1%；石油及制品类、汽车类分别比上年增长33.8%、10.1%；粮油食品类零售额比上年下降0.2%。

全年新设市场主体14.53万家，其中，新设企业4.03万家，新设个体工商户10.47万家。年末在册市场主体 74.10 万家，其中，企业 23.80 万家，个体工商户 49.29 万家。

年末全市拥有各类商品交易市场 340 家，成交额 1310.9 亿元，年成交额超亿元的市场有 109 家。全年网络零售额 1227.3 亿元，比上年增长 11.1%。全市已创设淘宝镇 51 个（全省第一），淘宝村 376 个，电商产业园 28 个，活跃网络零售网店 3.8 万家。

市区居民消费价格总水平比上年上涨 1.7%，其中，消费品价格上涨 2.0%，服务项目价格上涨 1.3%。工业生产者出厂价格比上年上涨 2.7%，工业生产者购进价格上涨 12.9%。

表 2　2021 年市区居民消费价格比上上年涨跌幅度

指　　标	涨跌幅度（%）
居民消费价格总指数	1.7
一、食品烟酒	1.0
食品	0.3
其中：粮　食	1.1
鲜　菜	9.1
畜肉类	-21.1
水产品	11.4
烟酒	1.0
二、衣着	1.4
三、居住	0.3
四、生活用品及服务	1.8
五、交通和通信	4.1
六、教育文化和娱乐	4.2
七、医疗保健	3.2
八、其他用品和服务	-2.9

台州连续 4 年上榜“中国旅游业最发达城市”榜单。全年实现旅游总收入[3]423.97 亿元，增长 13.7%，其中，国内旅游收入 423.3 亿元，增长 13.6%；入境旅游收入 1060.3 万美元，增长 263.1%。全市共有 5A 级旅游区 2 个，4A 级旅游区 18 个，3A 级旅游区 70 个，2A 级旅游区 13 个；共有星级饭店 32 家，客房 5879 间，床位 9121 张；旅行社 171 家，其中，星级品质旅行社 66 家。

七、对外经济

全年外贸进出口总额 2399.36 亿元，比上年增长 26.4%。其中，出口总额 2197.09 亿元，增长 24.8%；进口总额 202.27 亿元，增长 46.6%。全年外贸企业出口 505.14 亿元，比上年增长 27.8%；三资企业出口 142.11 亿元，增长 14.1%；生产企业出口 1549.83 亿元，增长 24.9%。在出口总额中，一般贸易出口 1894.23 亿元，比上年增长 16.1%；加工贸易出口 172.52 亿元，增长 33.6%。全年高新技术产品出口 133.2 亿元，回落 4.9%；机电产品出口 1210.3 亿元，增长 26.1%。全年对美国出口 399.6 亿元，增长 15.6%；对欧盟出口 491.1 亿元，增长 18.3%；对“一带一路”沿线国家出口 731.0 亿元，比上年增长 32.6%。全年有进出口实绩企业 7589 家，其中有出口实绩企业 7204 家。全市进出口国家和地区为 226 个，其中出口国家和地区为 223 个。

全年新批外商投资项目 81 个，比上年增长 3.9%。合同利用外资 7.43 亿美元，下降 17.4%；实际利用外资 4.83 亿美元，增长 32.9%。

全年新批境外投资企业 30 家，中方投资额 1.79 亿美元。全市累计境外投资项目 753 个，中方累计投资额 41.8 亿美元。

全年服务贸易进出口总额91.0亿元，其中出口额65.5亿元，前三大出口领域分别为运输服务、建筑及相关工程服务、计算机和信息服务。全年服务外包离岸合同执行额16873万美元，同比增长110.7%。

八、财政、金融和保险业

全年财政总收入770.06亿元，比去年同期增长12.8%；其中，地方财政收入455.43亿元，增长13.5%。

年末全市金融机构本外币存款余额12049.58亿元，比上年末增长13.4%；当年新增存款1419.27亿元。年末本外币住户存款余额6721.10亿元，比上年末增长11.2%；当年新增存款674.04亿元。年末金融机构本外币贷款余额11669.97亿元，比上年末增长18.2%；当年新增贷款1797.72亿元。年末金融机构本外币存贷款比率为96.85%，不良贷款率为0.53%。

全年新增上市公司6家，年末已有上市公司65家，累计融资总额达到1563.66亿元。其中，新三板挂牌企业数43家。年末有小额贷款公司26家，注册资本金总额30.41亿元，全年发放贷款46.42亿元。

年末有证券营业部115家，全年股票交易额4.55万亿元，比上年增长26.7%。

全年保险业实现保费总收入218.87亿元，其中，财产险保费收入91.36亿元，人身险保费收入127.51亿元。全年各类赔款、给付支出80.65亿元，其中，财产险支出60.13亿元，人身险支出20.52亿元。

九、科学技术和教育

深入推进国家创新型城市建设。台州成功入选科技部支持建设国家创新型城市和中科协“科创中国”试点城市名单。台州湾科创走廊纳入省级科创走廊体系，引进了陈十一、许祖彦院士等一批顶尖人才创业项目。

全市共有省级企业研究院151家，省级高新技术企业研发中心501家；新增国家重点扶持的高新技术企业381家，累计1514家；新增省级科技型中小企业1199家，累计6494家。共有市级以上众创空间104家，其中，国家级9家，省级41家。

全年专利授权39269件，其中发明5282件，比上年增长20.0%。全年实现技术交易额115.81亿元。

（图5　2015-2021年台州市专利授权量、发明专利授权量，略）

大力实施质量强市战略。市政府获省政府“质量奖组织奖”（全省唯一）；浙江精诚模具机械有限公司获中国质量奖提名奖（全省唯一中小企业），实现台州“零的突破”。获批全省首个专利融入标准试点市。全市新制定“浙江制造”标准63项，地理标志保护产品12个，新增“品字标”企业62家，累计230家。全市有533家单位取得食品生产许可证。年末有各类检验机构182家，其中国家级检测中心2家，省级质检中心12家。全市被国家工商总局认定的驰名商标累计达到59件。

教育高质量发展成效明显。“双减”工作稳步推进，在全国率先实施“双减”评价指数测评，央视三次点赞台州做法。创建浙江省现代化学校41所。北大附中台州飞龙湖学校建成投用。新（改扩）建二级以上标准幼儿园45所、中小学9所，二级以上幼儿园覆盖面达67%，义务教育标准化学校占比提升至97%，随迁子女在义务教育公办学校就读比例达88.43%。台州学院申硕成功，台州职业技术学院被列为省高水平职业院校建设单位。

全市有幼儿园1014所，在园幼儿19.36万人；普通小学354所，在校生42.24万人；初中201所，在校生20.80万人；高中78所，在校生10.50万人，中等职业学校24所（不含技工学校），在校生7.67万人，高中段在校生18.17万人，初升高比例99.32%。全市特殊教育学校招生（不含随班就读）342人，在校生1666人。全市全日制普通高校招生13867人，在校生42356人，成人高校在校学生36489人。

十、文化、卫生和体育

深入打造文化强市。引进朵云书院、大隐书局、钟书阁、三联书店等品牌文化资源，新时代文明实践中心（所、站）覆盖率达 100%，创成国家公共文化服务体系示范区。年末全市有文化馆 10 个，博物馆 62 个，公共图书馆 10 个、图书总藏量 991.78 万册；自办广播节目 9 套，自办电视节目 9 套；全市有线广播电视覆盖用户 183.65 万户，其中数字电视实际用户 115.64 万户。全年广播节目播出时间 71574 小时，电视节目播出时间 58978 小时。广播人口综合覆盖率和电视人口综合覆盖率均为 100%。全市共有 2707 个行政村建有农村文化礼堂，共有和合书吧 118 家。年末全市拥有人类非物质文化遗产 1 项，国家级非物质文化遗产 17 项，省级 106 项，市级 382 项。

加快建设健康台州。县域医共体建设高效推进，城市医联体建设列为国家试点，新增三甲综合医院 2 家、三甲专科医院 2 家。全面做实基本医保市级统筹，创新推出“台州利民保”。年末全市有各类医疗卫生机构 3805 家，其中，社区卫生服务机构 273 家。大力推进社会办医，全市共有民营医院 91 家。全市医疗卫生机构床位 31482 张，各类卫生技术人员 50341 人，其中，执业医生和执业助理医生 20491 人，注册护士 21632 人。全年总诊疗 7391.64 万人次。全市甲、乙类传染病发病率为 132.45/10 万。全市五岁以下儿童死亡率 3.4‰，其中，婴儿死亡率 2.3‰，户籍孕产妇零死亡。全年有 51411 人次参加无偿献血。农村自来水普及率 100%，卫生户厕普及率 100%。

坚持科学精准高效的疫情防控策略，坚决守护好人民群众的生命健康安全。全市上下同舟共济、众志成城，大爱无疆担当异地防疫隔离，在疫情防控的人民战争、总体战、阻击战中构筑起钢铁防线，守牢了台州本地“零感染”的底线。

体育事业蓬勃开展。台州运动健儿参加东京奥运会、全运会成绩突出受到省政府表彰，1 名运动员获劳动模范称号。全市运动员参加国际各项赛事共夺得金牌 2 枚、银牌 1 枚、铜牌 1 枚；共夺得全国、全省锦标赛金牌 219 枚、银牌 215 枚、铜牌 301 枚。

全市共建有市、县级体育社团 291 个。全年销售各类体育彩票 13.91 亿元。

十一、能耗、环境保护和安全生产

全市万元生产总值能耗预计比上年上升 2.0%左右。

全市省控以上断面 I -III水质断面占比 84.4%，地表水满足水环境功能区达标率为 93.8%。市本级城市生活污水处理率为 97.92%，城镇生活垃圾无害化处理率为 100%。

台州城市空气质量综合指数 2.94，在全国 168 个重点城市中排名第 13；空气优良率 99.2%，同比上升 3.8 个百分点；$PM_{2.5}$平均浓度 23 微克/立方米，同比下降 8.0%。“台州蓝”城市金名片成色更足。

全市共发生各类生产经营性安全事故 80 起，死亡 64 人，分别比上两年平均下降 29.2%和 28.5%。

十二、人口、就业、社会保障和人民生活

根据 5‰人口变动抽样调查推算，2021 年末全市常住人口 666.1 万人，比上年末增加 3.4 万人。全市城镇化率为 62.6%。

截止 2021 年 11 月 30 日，全市户籍总人口 605.94 万人，其中，男性人口 308.86 万人，女性人口 297.08 万人，男女性别比为 104.0:100。全年共出生 3.69 万人，死亡 3.90 万人，人口出生率为 6.09‰，死亡率为 6.44‰，人口自然增长率-0.35‰。市区户籍人口 164.27 万人。

全市就业局势基本稳定。全年城镇新增就业 24.42 万人，帮助 2.12 万名城镇失业人员实现再就业。年末城镇登记失业率为 1.08%。

稳步推进社会保险参保扩面。城乡居民基本养老保险基础养老金每人每月提高 45 元，提升幅度为历年之最。年末全市职工基本养老保险、基本医疗保险、工伤保险、生育保险和失业保险参保人数分别达到 282.63 万人、197.59 万人、242.52 万人、135.72 万人和 119.33 万人。全市有 160.92 万人参加城乡居民基本养老保险，有 405.71 万人参加城乡居民医疗保险。

健全大救助体系。全市城乡居民最低生活保障人数为6.51万人，全年共投入低保资金5.45亿元。全市共有各类养老机构239个，床位31926张，年末在院老人13338人。全市有城乡社区居家养老服务照料中心3220家。全市共资助困难群众参保9.63万人，资助参保资金5242.94万元，累计医疗救助94.6万人次，直接救助资金1.04亿元。全年发行各类福利彩票11.77亿元。

城乡居民收入稳步增长。全市全体居民人均可支配收入55499元，比上年增长9.6%，扣除价格因素实际增长7.7%。城镇常住居民人均可支配收入68053元，增长8.7%，扣除价格因素实际增长6.9%；农村常住居民人均可支配收入35419元，增长10.0%，扣除价格因素实际增长8.2%。城乡居民收入差距倍数为1.92。全体居民人均生活消费支出36227元，比上年增长17.0%。城镇常住居民和农村常住居民人均生活消费支出分别为42096和26838元，增长16.5%和16.7%，扣除价格因素，实际增长14.6%和14.7%。

年末城镇常住居民和农村常住居民人均现住房建筑面积分别为51.9平方米和59.7平方米。城乡居民每百户家庭家用汽车、空调等高档耐用消费品拥有量继续增加。

表3　2021年末城乡居民每百户家庭主要耐用消费品拥有量

指　标	单位	城镇常住居民	农村常住居民
洗衣机	台	104	94
电冰箱	台	108	107
空调器	台	221	149
摩托车	辆	8	13
家用汽车	辆	72	54
彩色电视机	台	191	179
固定电话	部	23	16
移动电话	部	265	253
计算机	台	94	59

注：〔1〕公报中生产总值、各产业增加值绝对数按现行价格计算，增长速度按可比价格计算。公报中所列各项数据为年度初步统计数据。部分数据因四舍五入的原因，存在着与分项合计不等的情况。

〔2〕全市规模以上工业企业利税总额不含台州电业局数据。

〔3〕旅游收入相关数据因部门统计测算口径发生变化，与往年数据不可比。

资料来源：

本公报中造林面积、森林覆盖率、自然保护区数据来自市自然资源和规划局；水产品产量等数据来自市港航口岸和渔业管理局；港口货物吞吐量、集装箱吞吐量等数据来自市港航事业发展中心；专业合作社、有机食品、无公害农产品、农业龙头企业、高效节水灌溉面积等数据来自市农业农村局；河道疏浚清淤、水土流失治理面积、农村自来水普及率等数据来自市水利局；公路里程、货物周转量、旅客周转量等数据来自市交通运输局；民航运输数据来自浙江省台州机场管理有限公司；汽车拥有量、户籍人口等数据来自市公安局；快递业务量等数据来自市邮政管理局；市场主体、商品交易实体市场、交易额、驰名商标、地理标志保护产品、“品字标”认证企业、专利数、检验机构等数据来自市市场监管局；货物进出口、服务贸易进出口、外商直接投资、国外经济合作、网络零售额等数据来自市商务局；旅游、文化馆、公共图书馆、博物馆、广播电视、非物质文化遗产等数据来自市文化和广电旅游体育局；农村文化礼堂等数据来自市委宣传部；体育、体育彩票等数据来自市体育事业发展中心；财政数据来自市财政局；货币金融数据来自人行台州市中心支行；不良贷款率、商业保险数据来自台州银保监分局；上市公司、小贷公司、证券交易额来自市金融办；企业研究院、高新技术企业、科技型中小企业、众创平台、科技交易额等数据来自市科技局；教育数据来自市教育局；卫生数据来自市卫生健康委；环境监测等数据来自市生态环境局；各类事故发生起数、死亡人数等数据来自市应急管理局；新增城镇就业、失业人员再就业、登记失业率、社会保障等数据来自市人力社保局；医疗保险、生育保险、医疗救助数据来自市医疗保障局；低保、养老机构、福利彩票等数据来自市民政局；城市污水处理、城市生活垃圾处理数据来自市综合行政执法局；城乡居民收支、住房面积、家庭耐用品拥有量、物价等数据来自国家统计局台州调查队；其它数据来自市统计局。

2021 年浙江省国民经济和社会发展统计公报

浙江省统计局　国家统计局浙江调查总队

2022 年 2 月 24 日

2021 年，浙江坚持以习近平新时代中国特色社会主义思想为指导，全面贯彻党的十九大和十九届历次全会精神，深入贯彻习近平总书记重要指示批示精神，统筹疫情防控和经济社会发展，认真落实省委省政府工作要求和目标任务，坚持稳中求进工作总基调，完整准确全面贯彻新发展理念，忠实践行“八八战略”、奋力打造“重要窗口”，争创社会主义现代化先行省，高质量发展建设共同富裕示范区，经济社会发展取得新成绩，交出了高质量发展靓丽成绩单，实现“十四五”良好开局。

一、综　合[1]

据 2021 年全省 5‰人口变动抽样调查推算，年末全省常住人口 6540 万人，比上年末增加 72 万人。其中，男性人口 3418 万人，女性人口 3122 万人，分别占总人口的 52.3%和 47.7%。全年出生人口 44.9 万人，出生率为 6.90‰；死亡人口 38.4 万人，死亡率为 5.90‰；自然增长率为 1.00‰。城镇化率为 72.7%。

根据国家统一初步核算，2021 年全省生产总值为 73516 亿元，按可比价格计算，比上年增长 8.5%。分产业看，第一、二、三产业增加值分别为 2209 亿元、31189 亿元和 40118 亿元，比上年分别增长 2.2%、10.2%和 7.6%，与 2019 年相比，两年平均增长 1.7%、6.5%和 5.9%。一季度、上半年、前三季度全省生产总值同比分别增长 19.5%、13.4%和 10.6%，两年平均分别增长 6.2%、6.8%和 6.4%。人均地区生产总值为 113032 元（按年平均汇率折算为 17520 美元），比上年增长 7.1%。经最终核实，2020 年，全省生产总值为 64689 亿元，按可比价格计算，比上年增长 3.6%，三次产业增加值结构为 3.3∶40.8∶55.9。

（图 1　2011-2021 年全省生产总值及增速，略）

（图 2　2021 年各产业增加值占生产总值比重，略）

全年居民消费价格比上年上涨 1.5%，其中，城市上涨 1.5%，农村上涨 1.4%；消费品价格上涨 1.7%，服务价格上涨 1.3%。商品零售价格上涨 2.2%。工业生产者出厂价格上涨 6.3%，其中，生产资料价格上涨 7.9%，生活资料价格上涨 0.7%；34 个调查大类行业产品价格“23 升 3 平 8 降”，上涨面为 67.6%。购进价格上涨 14.5%，九大类原材料购进价格全面上涨。

（图 3　2021 年居民消费价格月度涨跌幅度（%），略）

年末就业人员预计 3900 万人，比上年增长 1.1%，占常住人口的 59.6%，比重与上年持平。全年城镇新增就业 122.4 万人，城镇调查失业率实现低于 5.5%左右的宏观调控目标。

供给侧结构性改革继续深化。全年规模以上工业企业产能利用率为 82.5%，比上年提高 3.4 个百分点。规模以上工业中，高耗能行业增加值增长 8.3%，按可比价格计算占 30.4%，占比降低 1.3 个百分点。规模以上工业企业每百元营业收入中的费用为 9.71 元，比上年下降 0.83 元。高新技术产业、生态环保城市更新和水利设施、交通投资分别增长 20.5%、12.0%和 2.4%，工业技改投资增长 13.9%。

数字经济引领增长。全年以新产业、新业态、新模式为主要特征的“三新”经济增加值预计占 GDP 的 27.8%。数字经济核心产业增加值 8348 亿元，按可比价格计算比上年增长 13.3%。数字经济核心产业制造业增加值增长 20.0%，增速比规模以上工业高 7.1 个百分点，拉动规模以上工业增加值增长 2.9 个百分点。装备、高技术、战略性新兴、人工智能和高新技术产业增加值分别增长 17.6%、17.1%、17.0%、16.8%和 14.0%，分别拉动规模以上工业增加值增长 7.5、2.7、5.5、0.7 和 8.7 个百分点。在战略性新兴产业中，新一代信息技术、新能源、生物、节能环保产业增加值分别增长 18.7%、20.4%、14.4%和 13.7%。

表 1　2021 年居民消费价格指数情况（上年＝100）

指　　标	全　省	城　市	农　村
居民消费价格指数	101.5	101.5	101.4
其中：食品烟酒	100.7	100.8	100.1
其中：食品	99.8	99.9	99.3
其中：粮食	100.5	100.5	100.6
衣着	101.0	100.8	101.7
居住	100.9	100.8	101.1
生活用品及服务	101.6	101.4	102.5
交通和通信	104.1	104.2	103.6
教育文化和娱乐	103.5	103.7	102.7
医疗保健	100.8	100.5	101.6
其他用品和服务	97.1	97.1	97.1

表 2　2021 年规模以上工业分产业增加值及增速

产　　业	增加值（亿元）	比上年增长（%）
规模以上工业增加值	20248	12.4
高技术产业	3202	17.1
高新技术产业	12669	14.0
装备制造业	9072	17.6
战略性新兴产业	6750	17.0
数字经济核心产业制造业	3095	20.0
节能环保制造业	2539	13.2
健康产品制造业	995	14.6
时尚制造业	1661	9.2
高端装备制造业	5023	14.2
文化制造业	598	9.5

发展质量稳步提升。全年全员劳动生产率[2]预计为 19.0 万元/人；规模以上工业劳动生产率 28.5 万元/人，按可比价格计算，比上年提高 8.6%。财政总收入 14517 亿元，比上年增长 16.9%；一般公共预算收入 8263 亿元，增长 14.0%。其中，税收收入 7172 亿元，增长 14.5%，占一般公共预算收入的 86.8%。一般公共预算支出 11017 亿元，增长 9.3%。规模以上工业企业利润总额 6789 亿元，增长 21.0%，其中，高新技术、高技术、战略性新兴和数字经济核心产业利润总额分别增长 20.8%、21.3%、23.0%和 21.0%；营业收入利润率 6.93%，为近年来较高水平。

服务业持续恢复。全年服务业增加值 40118 亿元，突破 4 万亿大关，按可比价计算，比上年增长 7.6%。规模以上服务业[3]企业营业收入 26929 亿元，增长 22.8%。10 个服务业行业门类营业收入比上年均实现增长，其中，交通运输、仓储和邮政业，租赁和商务服务业，科学研究和技术服务业营业收入分别比上年增长 40.3%、23.9%和 18.3%，居前三位。规模以上服务业企业户均营业收入 2.2 亿元，比上年提高 0.4 亿元。年营业收入 10 亿元以上企业合计 304 家，占规模以上服务业企业数的 2.5%，营业收入占规模以上服务业的 63.4%。

表 3　2021 年规模以上服务业企业主要行业营业收入情况

行　业	营业收入（亿元）	比上年增长（%）
总　计	26929	22.8
交通运输、仓储和邮政业	6434	40.3
信息传输、软件和信息技术服务业	12168	17.4
房地产业(除房地产开发经营)	891	14.1
租赁和商务服务业	4182	23.9
科学研究和技术服务业	1839	18.3
水利、环境和公共设施管理业	318	14.2
居民服务、修理和其他服务业	271	5.3
教育	105	9.1
卫生和社会工作	317	9.9
文化、体育和娱乐业	404	16.6

民营经济活力不断增强。全年民营经济增加值占全省生产总值的比重预计为 67%。规模以上工业民营企业增加值比上年增长 13.3%，增速高出规模以上工业 0.4 个百分点，增加值占比为 69.5%，比重提高 0.7 个百分点。规模以上服务业民营企业营业收入增长 27.2%，增速高出规模以上服务业 4.4 个百分点。民间投资占固定资产投资总额的 58.8%。民营企业货物出口 2.46 万亿元，增长 19.0%，进口 6814 亿元，增长 37.2%，分别占全省总额的 81.6%和 60.3%。在册市场主体 868 万户，比上年增加 65.2 万户，新设民营企业 53.1 万户，增长 11.4%，占新设企业数的 94.2%，私营企业 290 万户，占企业总量的 92.5%。民营经济创造的税收占全省税收收入的 73.4%。

二、农业和农村

主要农产品稳产保供。全年粮食播种面积 1007 千公顷，比上年增长 1.3%，总产量 621 万吨，增长 2.5%；油菜籽播种面积 120 千公顷，增长 5.6%；蔬菜 664 千公顷，增长 0.7%；中药材 47 千公顷，下降 6.2%；瓜果类 88 千公顷，下降 9.2%。猪牛羊禽肉总产量 103 万吨，增长 15.2%；猪肉产量 65 万吨，增长 20.2%；禽蛋产量 31 万吨，下降 6.7%；牛奶产量 19 万吨，增长 1.2%。水产品总产量 626 万吨，增长 1.7%，其中，海水产品产量 484 万吨，增长 1.5%；淡水产品产量 142 万吨，增长 2.5%。年末生猪存栏 640 万头，增长 2.0%，存栏总量为 2017 年末的 118%；其中能繁母猪存栏 69 万头，增长 19.4%。全年生猪出栏 774 万头，增长 16.3%。

农业现代化效果显现。高标准建设现代农业园区和粮食生产功能区。累计创建省级现代农业园区 79 个、建成验收特色农业强镇 109 个，严格保护好 810 万亩粮食生产功能区。农业“双强”行动强势开局，组建农业农村“三农九方”科技联盟，发布农业主导品种 122 个、主推技术 113 项，良种覆盖率 98%、比全国平均高 3 个百分点。实施农业机械“尖兵”“领雁”、首台套等攻关项目 35 个。深化“肥药两制”改革，强化“三品一标”建设，新增农产品地理标志 16 个，累计 154 个；新认定绿色食品 674 个，有效期内绿色食品 2444 个；新建国家农产品地理标志保护工程 10 个，累计 30 个；新建省级精品绿色农产品基地 10 个，累计 35 个。统筹推进百条十亿级农业全产业链创建、十万农创客培育和乡村产业“一县一平台”建设，认定国家级特色农产品优势区 10 个，省级特色农产品优势区 114 个。

新时代美丽乡村建设全面推进。持续深化“千万工程”，基本实现农村无害化卫生厕所全覆盖，生活垃圾分类处理行政村覆盖率 96%，完成农村生活污水处理设施标准化运维 1.9 万个。创建美丽乡村示范县 11 个、美丽乡村示范乡镇 110 个、特色精品村 315 个；新时代美丽乡村达标村 5512 个。健全自治法治德治智治“四治融合”的乡村治理机制，累计建成善治（示范）村 6036 个。统筹推进路、水、电、网、气、能等基础设施城乡互联互通、共建共享。具备条件 200 人以上自然村公路通达率达到 100%，农村公路优良中等路比例超 85%；饮用水达标人口覆盖率超 95%，供水工程水质达标率超 92%，基本实现城乡同质饮水；行政村 4G 和光纤全覆盖，重点乡镇 5G 全覆盖。

农民农村共富有效提升。实施农民扩中提低行动计划，推进强村惠民，98.8%的行政村集体经济总收入达到 20 万元且经营性收入 10 万元以上。推进城乡公共服务均等化，农村标准化学校达标率 98.6%，规范化村级卫生室比例 78.3%，居家养老服务中心实现乡镇全覆盖，新时代文明实践中心全覆盖、实践所站覆盖率 80%。实施先富带后富“三同步”行动，构建新型帮共体，实现 26 个山区县、2397 个乡村振兴重点帮促村、所有低收入农户帮扶全覆盖；健全低收入农户返贫监测预警机制，全省低收入农户年人均可支配收入增长 14.8%，高出全省农民收入增速 4.4 个百分点。开展农村实用人才和高素质农民培训 9.8 万人次，线上课程学习 315.5 万人次。

三、工业和建筑业

全年规模以上工业增加值 20248 亿元，迈上 2 万亿元新台阶，比上年增长 12.9%，两年平均增长 9.1%。其中，国有及国有控股企业比上年增长 10.0%，私营企业增长 13.1%；外商投资企业增长 14.1%，港澳台商投资企业增长 10.7%。17 个传统制造业增加值增长 11.1%。规模以上工业销售产值 91191 亿元，增长 22.8%，其中，出口交货值 15273 亿元，增长 24.5%。38 个工业行业大类中，35 个行业增加值比上年增长，增长面为 92.1%，19 个行业两位数增长。其中，金属制品（25.6%）、计算机通信电子（22.7%）、通用设备（19.0%）、电气机械（17.2%）、专用设备（14.2%）和汽车（10.0%）等 6 个行业合计拉动规模以上工业增加值增长 10.5 个百分点。规模以上工业企业新产品产值比上年增长 30.5%，新产品产值率首次突破 40%，为 40.8%，比上年提高 2.6 个百分点。

表 4　2021 年主要工业产品产量

产品名称	单位	产量	比上年增长（%）
布	亿米	67.6	11.5
化纤	万吨	3209.6	7.1
房间空调器	万台	1763.5	15.6
发电量	亿千瓦时	4018.4	19.3
钢材	万吨	3451.8	-9.2
水泥	万吨	13605.1	2.1
发电机组	万千瓦	930.6	20.6
电工仪器仪表	万台	11191.7	6.7
光纤	亿米	1342.0	130.3
光缆	万芯千米	6940.4	51.4
光电子器件	亿只（片、套）	655.8	14.8
锂离子电池	万只	44524.3	6.6
太阳能电池	万千瓦	5152.5	80.9
集成电路	亿块	229.7	43.6
电子元件	亿只	1607.9	45.0
微型计算机设备	万台	190.7	38.4
移动通信手持机（手机）	万台	3214.5	-11.2
其中：智能手机	万台	2936.1	-13.0
汽车	万辆	104.4	18.0
其中：新能源汽车	万辆	18.0	152.7
工业机器人	套	23363	29.6
3D 打印设备	台	1898	258.8
城市轨道车辆	辆	673	17.0

全年建筑业增加值 4225 亿元，占 GDP 的比重为 5.7%。

四、固定资产投资和房地产业

全年固定资产投资比上年增长 10.8%，两年平均增长 8.1%。三次产业投资稳步推进。第一、二、三产业投资比上年分别增长 2.7%、17.8%和 9.0%，两年平均分别增长 35.8%、12.1%和 6.9%。三大领域投资稳定增长。制造业投资增长 19.8%，拉动投资增长 3.4 个百分点；两年平均增长 11.3%。基础设施投资增长 2.0%，拉动投资增长 0.5 个百分点；两年平均增长 3.7%。民间投资比上年增长 8.9%，拉动全部投资增长 5.3 个百分点；两年平均增长 5.7%。其中，民间项目投资增长 11.6%。

房地产开发投资比上年增长 8.5%，拉动投资增长 3.7 个百分点；两年平均增长 7.7%。其中，住宅投资 8802 亿元，增长 8.8%；办公楼投资 457 亿元，下降 4.7%；商业营业用房投资 890 亿元，增长 11.0%。商品房销售面积 9991 万平方米，比上年下降 2.5%，两年平均增长 3.2%。商品房销售额增长 11.1%，两年平均增长 15.2%。

五、国内贸易

全年社会消费品零售总额 29211 亿元，比上年增长 9.7%，两年平均增长 3.4%。按经营地统计，城镇、乡村社会消费品零售分别增长 9.6%和 10.1%，两年平均分别增长 3.2%和 4.0%。按消费类型统计，餐饮收入增长 15.5%，商品零售增长 9.0%，两年平均分别增长 2.8%和 3.4%。

在限额以上批发零售企业商品零售额中，饮料、烟酒、服装鞋帽针纺织品类、日用品类零售额增速平稳，比上年分别增长 20.4%、17.3%、18.3%和 20.2%。消费结构持续提升，升级类商品[4]零售额增长 13.4%，保持较快增速。其中可穿戴智能设备、照相器材、金银珠宝类、化妆品类、通讯器材类商品零售额分别增长 92.4%、41.9%、27.2%、22.6%和 19.5%。线上消费持续增长。限额以上批发和零售业单位通过公共网络实现的零售额比上年增长 25.9%，高于限上批发和零售业单位零售额增速 12.0 个百分点，拉动限上批发和零售业零售额增长 5.9 个百分点，占限上零售额的 25.2%，比上年提高 2.9 个百分点。

全省各类商品市场 3255 家，全年实现成交总额 23271 亿元，比上年增长 9.6%，其中，年成交额超 10 亿元的有 243 家、超百亿元的有 38 家、超千亿元的有 2 家。中国社会科学院发布的“2021 年中国商品市场综合百强榜单”和“中国商品市场十大数字化领跑者榜单”，我省分别获 33 席和 6 席，继续领跑全国。

六、对外经济

全年货物进出口 41429 亿元，其中，出口 30121 亿元，进口 11308 亿元，分别比上年增长 22.4%、19.7%和 30.3%，分别占全国的 10.6%、13.9%和 6.5%，年度进出口规模首次居全国第三。对主要市场进出口保持较快增长，其中，对欧盟、美国、东盟进出口分别增长 22.3%、20.4%和 22.2%；对“一带一路”沿线国家进出口 1.42 万亿元，增长 22.9%；对 RCEP 国家进出口 1.04 万亿元，增长 18.5%。出口商品结构持续优化，机电高新产品出口比重稳步提升。机电高新产品合计（剔除交叉部分）出口 1.45 万亿元，增长 22.5%，占全省出口总值的 48.2%，比重比上年提升 1.1 个百分点。中欧（义新欧）班列开行 1904 列。高质量推动中国（浙江）自由贸易试验区建设，10 个自贸试验区所在县市区固定资产投资增长 10.6%，新增注册企业 42629 家，增长 54.5%，实际使用外资 25.3 亿美元，增长 73.1%。

表 5　2021 年货物进出口主要分类情况

指　　标	金额（亿元）	比上年增长（%）
货物进出口总额	41429	22.4
货物出口额	30121	19.7
其中：一般贸易	23685	19.3
加工贸易	2089	17.2
其中：机电产品	13793	21.5
高新技术产品	2720	34.3
货物进口额	11308	30.3
其中：一般贸易	8870	28.8
加工贸易	903	13.3
其中：机电产品	1800	23.7

表 6　2021 年对主要市场货物进出口情况

国家和地区	出口额（亿元）	比上年增长（%）	进口额（亿元）	比上年增长（%）
欧盟	5769	22.9	985	18.7
美国	5513	18.1	681	42.9
东盟	3406	17.9	2007	30.2
拉丁美洲	2973	38.3	1113	31.0
非洲	2256	12.2	511	45.6
日本	965	2.4	798	18.3
德国	1291	24.6	308	20.3
韩国	792	9.7	799	15.2
澳大利亚	617	13.7	830	32.2
印度	1039	34.2	260	-3.0
巴西	690	37.1	517	37.8
越南	794	13.8	344	7.8
“一带一路”沿线国	9912	18.7	4314	33.8
RCEP 国家	5865	13.6	4526	25.4

全年新批外商直接投资项目 3547 个，合同外资 385 亿美元，比上年增长 9.8%，实际使用外资 183 亿美元，增长 16.2%。制造业实际使用外资 45 亿美元，下降 10.2%。第三产业外商投资项目 3095 个，占外商直接投资项目总数的 87.3%，合同外资 282 亿美元，增长 11.8%，占合同外资总额的 73.3%，实际使用外资 131 亿美元，增长 27.1%，占实际外资总额的 71.7%。

全年经备案核准的境外企业和机构 673 家，比上年增加 42 家。境外直接投资备案额 573 亿元，下降 20.4%。国外经济合作完成营业额 510 亿元，增长 18.7%。其中，对外承包工程完成营业额 505 亿元，增长 17.7%；新签合同额 287 亿元，增长 12.4%；共派出各类劳务人员 18741 人次，外派劳务人员实际收入 4 亿元。

七、交通运输、邮电和旅游

全年交通运输、仓储和邮政业增加值 2252 亿元，比上年增长 10.3%。

年末全省公路总里程 12.39 万公里，其中，高速公路 5184 公里，实现陆域县县通高速。共有民航机场 7 个，全年旅客吞吐量 5183 万人，其中发送量 2659 万人。铁路、公路和水运货物周转量 12936 亿吨公里，比上年提高 5.0%；旅客周转量 714 亿人公里，增长 5.9%。全省港口[5]货物吞吐量 19.3 亿吨，增长 4.0% ，其中，沿海港口 14.9 亿吨，增长 5.4%。宁波舟山港货物吞吐量 12.2 亿吨，连续 13 年居全球第一，集装箱吞吐量 3108 万标箱，连续 4 年全球第三，继上海港、新加坡港之后，跻身“3000 万俱乐部”港口。

表 7　2021 年交通客货运输量

指　　标	单位	绝对数	比上年增长（%）
货物周转量	亿吨公里	12936	5.0
其中：铁路	亿吨公里	270	17.1
公路	亿吨公里	2637	19.3
水运	亿吨公里	10030	1.5
旅客周转量	亿人公里	714	5.9
其中：铁路	亿人公里	532	14.4
公路	亿人公里	177	-13.7
水运	亿人公里	5	9.1
民航旅客吞吐量	万人	5183	3.8

末全省小型载客汽车保有量 1726 万辆，其中私家车（个人小型、微型载客汽车）保有量 1593 万辆。

邮电业保持稳中有进的发展态势，继续走在全国前列。全年邮政业务总量[6]2232 亿元，稳居全国第二，比上年增长 28.0%。活跃的电子商务交易促进快递需求大幅增长，快递业务量 228 亿件，仅次于广东省（295 亿件），比上年增长 26.9%，占全国比重 21.0%。全年电信业务总量[7]1088 亿元，居全国第三，增长 27.3%。移动电话用户 8860 万户，普及率达 137.2 部/百人，居全国第三。5G 基站总数[8]达到 11.3 万个，每万人拥有 5G 基站数达 17.6 个，居全国第四，仅次于北京、上海、天津。固定互联网宽带接入用户 3117 万户，普及率达 48.3%，居全国第一。

八、金融、证券和保险

年末全部金融机构本外币各项存款余额 170816 亿元，比上年末增长 12.2%，其中人民币存款余额增长 12.0%。住户本外币存款余额 67487 亿元，增长 9.6%。全部金融机构本外币各项贷款余额 165756 亿元，增长 15.4%，其中人民币贷款余额增长 15.4%。主要农村金融机构（农村信用社、农村合作银行、农村商业银行）人民币贷款余额 24317 亿元，比上年末增加 4084 亿元。

表 8　2021 年金融机构本外币存贷款情况

指　　标	年末数（亿元）	比上年末增长（%）
各项存款余额	170816	12.2
其中：住户存款	67487	9.6
非金融企业存款	62550	12.6
各项贷款余额	165756	15.4
其中：住户贷款	70073	15.0
企（事）业单位贷款	94922	15.6

年末境内上市公司 606 家，累计融资 16063 亿元。其中，主板 434 家，占全国主板总数的 13.8%，位居全

国第二；创业板 137 家，占全国创业板总数的 12.6%，位居全国第三；科创板 32 家，占全国科创板总数的 8.5%，位居全国第五；北交所 3 家，占全国北交所上市公司总数的 3.7%，位居全国第七。新三板挂牌企业 612 家，占全国新三板挂牌企业总数的 8.8%，位居全国第四。

全年保险业保费收入 2860 亿元，比上年增长 2.8%。其中，财产险保费收入 921 亿元，下降 0.5%；人身险保费收入 1939 亿元，增长 4.5%。各类赔款及给付 1030 亿元，增长 14.9%。其中，财产险赔付 619 亿元，人身险赔付 410 亿元。

九、人民生活和社会保障

根据城乡一体化住户调查，全年全体及城乡居民人均可支配收入分别为 57541 元、68487 元和 35247 元，比上年名义增长 9.8%、9.2%和 10.4%，两年平均增长 7.4%、6.7%和 8.6%；扣除价格因素实际增长 8.2%、7.6%和 8.9%，两年平均实际增长 5.4%、4.8%和 6.4%。城乡居民人均可支配收入比值为 1.94，比上年缩小 0.02。全省居民人均可支配收入中位数[9]为 51746 元，增长 12.2%。

表 9　2021 年居民人均收支主要指标

指　　标	全省居民		城镇常住居民		农村常住居民	
	绝对数（元）	比上年增长（%）	绝对数（元）	比上年增长（%）	绝对数（元）	比上年增长（%）
人均可支配收入	57541	9.8	68487	9.2	35247	10.4
工资性收入	32821	9.2	38412	8.6	21434	9.9
经营净收入	9294	11.8	9671	11.5	8527	12.2
财产净收入	6905	12.5	9765	11.6	1082	13.9
转移净收入	8520	8.0	10639	7.4	4205	8.6
人均生活消费支出	36668	17.2	42193	16.6	25415	17.9

全省居民人均生活消费支出 36668 元，比上年增长 17.2%，扣除价格因素增长 15.5%。按常住地分，城镇居民人均生活消费支出为 42193 元，增长 16.6%，农村居民人均生活消费支出 25415 元，增长 17.9%，扣除价格因素分别增长 14.9%和 16.3%。

年末每百户居民家庭拥有家用汽车 53.3 辆；计算机 62.5 台，其中接入互联网的计算机 58.3 台；移动电话 253.6 部，其中接入互联网的移动电话 222.0 部；彩色电视机 175.0 台、电冰箱 111.7 台、洗衣机 97.8 台、空调 217.9 台、热水器 106.7 台。

年末全省参加基本养老保险人数 4423 万人，参加基本医疗保险人数 5655 万人，参加失业保险、工伤保险、生育保险人数分别为 1793.5 万人、2741.6 万人和 1811 万人。城乡居民养老保险基础养老金最低标准提高到 180 元/月，因工死亡职工供养亲属抚恤金月人均提高 105 元。

年末在册低保对象 59.3 万人（不含五保），其中，城镇 6.0 万人，农村 53.3 万人。全年低保资金（含各类补贴）支出 70.7 亿元，比上年减少 4.5%；城乡低保同标，平均每人每月 941 元。

全年发行各类福利彩票 116.3 亿元，比上年减少 1.3 亿元，筹集公益金 35.9 亿元。

十、教育和科学技术

年末全省共有幼儿园 7890 所，在园幼儿 200.9 万人，比上年增长 1.1%。共有小学 3257 所，招生 67.0 万人；在校生 383.4 万人，增长 2.9%，小学学龄儿童入学率为 99.99%。小学生均校舍建筑面积 10.4 平方米；生均图书 34.1 册；每百名学生拥有教学终端 20.8 台；体育运动场（馆）面积达标的学校比例为 99.7%。共有初中 1768 所，招生 56.7 万人；在校生 166.4 万人，比去年增加 2.7 万人，初中入学率为 99.97%。初中生均校舍建筑面积 23.1 平方米；生均图书 57.2 册；每百名学生拥有教学终端 35 台；体育运动场（馆）面积达标的学校比例为 99.8%。全省各类中等职业教育学校 249 所（不含技工学校），招生 18.7 万人，在校生 57.2 万人；普通高中 631 所，招生 28.5 万人，在校生 83.7 万人，毕业生 25.2 万人。

全省共有普通高校 109 所（含独立学院）。研究生（含非全日制）、本科、专科招生比例为 1:3.9:4；高等教育毛入学率为 64.8%。全年研究生（含非全日制）招生 47505 人，其中，博士生 5014 人，硕士生 42491 人。幼儿园专任教师 15.2 万人，比上年增加 0.91 万人；幼儿教师学历合格率为 99.99%。义务教育中小学专任教师 36.4 万人，增长 2.6%。中等职业教育（不含技工学校）专任教师 3.8 万人，生师比 14.6:1；专任教师学历合格率为 97.8%。双师型教师占专任教师和专业（技能）教师的比例分别为 44.9%和 86.4%。普通高等学校专任教师中副高及以上职称教师比例为 48.5%；具有硕士及以上学位教师比例为 92%。

全年全社会研究和试验发展（R&D）经费支出与生产总值之比预计为 2.9%，比上年提高 0.02 个百分点。财政一般公共预算支出中科技支出 579 亿元，比上年增长 22.5%。

全省有国家认定的企业技术中心 138 家（含分中心）。新建省实验室 2 家、累计 6 家，新建省技术创新中心 6 家。新认定高新技术企业 7179 家，累计有效高新技术企业 28581 家。新培育科技型中小企业 18922 家，累计 86597 家。全年专利授权量 46.5 万件，其中发明专利授权量 5.7 万件，比上年增长 13.8%。科技进步贡献率为 66%。新增“浙江制造”标准 627 个，累计 2606 个。

十一、卫生和文化体育

年末全省卫生机构 3.51 万个(含村卫生室)，其中，医院 1486 个，卫生院 1055 个，社区卫生服务中心(站) 4659 个，诊所（卫生室、医务室）13412 个，村卫生室 11218 个，疾病预防控制中心 103 个，卫生监督所（中心）99 个。卫生技术人员 57.6 万人，比上年末增长 5.1%，其中，执业（助理）医师 23.2 万人，注册护士 25 万人，分别增长 6.8%和 7.3%。医疗卫生机构床位数 37.0 万张，增长 2.4%，其中，医院 32.7 万张，卫生院 1.93 万张。医院全年总诊疗 2.99 亿人次，比上年增长 15.2%。

全年诊疗服务平台预约请求量 1338 万人次，预约成功量 904 万人次，分别比上年增长 28%和 34%，日均预约成功量 2.48 万人次；新增注册用户 961 万人，增长 109%，日均注册量为 2.63 万人；新接入医疗卫生机构 201 家，累计接入医疗卫生机构 1693 家。

年末全省县级以上公共图书馆 102 个，文化馆 101 个，文化站 1351 个，博物馆 406 个，世界遗产 4 个，县级文化馆和图书馆覆盖率均达 100%，乡镇文化站和行政村文化活动室覆盖率均达 100%，公共图书馆虚拟网络基本全覆盖。广播人口覆盖率为 99.8%，电视人口覆盖率为 99.9%。全年制作完成影片 119 部，获得公映许可证影片 45 部，电影票房收入 35.7 亿元。图书出版社 15 家，公开发行报纸 64 种，出版期刊 239 种。

浙江运动员全年共获取全国一类比赛冠军 45 个。经常参加体育锻炼[10](不含学生)人数占总人口的 29.6%，城乡居民国民体质合格率保持在 94%以上。省级全民健身中心 38 个、中心村全民健身广场（体育休闲公园）908 个、社区多功能运动场 1317 个。国家级体育后备人才基地 18 个，省级体育后备人才基地 64 个。国家级体育传统项目学校 8 个。省级青少年体育俱乐部 413 所。国家体育产业示范基地（运动休闲示范区）11 个、体育旅游示范基地 2 个。省级运动休闲基地 28 个、运动休闲旅游示范基地 31 个。

全年销售体育彩票 169.1 亿元，比上年增长 28.0%。

十二、资源、环境保护和社会安全

全年平均降水量为 2003.1 毫米（折合降水总量 2099.3 亿立方米）。全省水资源总量为 1343.4 亿立方米。

全年完成造林更新面积 47.5 万亩，其中迹地更新 2.8 万亩。建设战略储备林和美丽生态廊道 59.2 万亩，其中战略储备林 42.2 万亩，美丽生态廊道 17.1 万亩。根据 2021 年浙江省森林资源年度监测结果，全省森林覆盖率为61.17%（含灌木林）。完成水土流失治理面积为 429.0 平方公里。

年末有新一代天气雷达站17个，气象卫星接收站15个，地面自动气象观测站4329个。全年霾平均日数25天，比上年减少8天。11个设区城市环境空气PM2.5年平均浓度为24微克/立方米，比上年下降4.0%；日空气质量优良天数比例为84.4%～99.7%，平均为94.4%，比上年提高0.8个百分点。66个县级以上城市日空气质量优良天数比例为84.4%～100%，平均为96.9%，提高0.5个百分点。

296个省控断面中，III类及以上水质断面占95.2%，比上年提高1.3个百分点；满足水环境功能区目标水质要求断面占98.6%，提高1.3个百分点。按达标水量和个数统计，11个设区城市的主要集中式饮用水水源以及县级以上城市集中式饮用水水源水质达标率均为100%，与上年持平。148个跨行政区域河流交接断面水质达标率为99.3%，比上年提高0.7个百分点。近岸海域共发现赤潮22次，累计影响面积7084平方千米，其中有害赤潮4次，累计面积1714平方千米，均未造成直接经济损失和人员伤亡。与上年相比，全年赤潮发现次数增加10次，累计影响面积增加5556平方千米。

全年城市（县城）污水排放量40.7亿立方米，比上年增长3.7%；污水处理量39.6亿立方米，增长3.4%；污水处理率97.3%；城市（县城）生活垃圾无害化处理率100%；用水普及率100%；燃气普及率99.6%。

累计建成国家生态文明建设示范区35个，国家“绿水青山就是金山银山”实践创新基地10个，省级生态文明建设示范市8个，省级生态文明建设示范县（市、区）74个。

全省规模以上工业能耗总量比上年增长6.3%，单位增加值能耗下降5.8%。其中，千吨以上和重点监测用能企业能源消费量分别增长3.7%和3.1%，单位增加值能耗分别下降6.7%和6.9%。

全年发生各类生产安全事故（包括工矿商贸企业、道路运输、水上交通、渔业船舶、铁路交通、海上交通事故）1252起、死亡1010人，比前两年均值（可比口径）分别下降23.8%、22.3%，其中，道路运输共发生事故925起、死亡666人，与前两年平均数相比分别下降22.9%、23.9%。

注释：

[1]本公报所列各项数据均为年度初步统计数据。部分数据因四舍五入原因，存在与分项合计不等的情况。

[2]全员劳动生产率为地区生产总值（现价）与全部就业人员年平均人数的比率。

[3]辖区内年营业收入2000万元及以上服务业法人单位。包括：交通运输、仓储和邮政业，信息传输、软件和信息技术服务业，水利、环境和公共设施管理业三个门类和卫生行业大类。辖区内年营业收入1000万元及以上服务业法人单位。包括：租赁和商务服务业，科学研究和技术服务业，教育三个门类，以及物业管理、房地产中介服务、房地产租赁经营和其他房地产业四个行业小类。辖区内年营业收入500万元及以上服务业法人单位。包括：居民服务、修理和其他服务业，文化、体育和娱乐业两个门类，以及社会工作行业大类。

[4]指化妆品类、金银珠宝类、体育娱乐用品类、书报杂志类、电子出版物及音像制品类、家用电器和音像器材类、通讯器材类。

[5]统计范围是全部港口。

[6]邮政业务总量按2020年不变价计算。

[7]电信业务总量按2020年不变价计算。

[8]5G基站总数为建设部门口径数据。

[9]人均可支配收入中位数是指将所有调查户按人均可支配收入水平从低到高顺序排列，处于最中间位置的调查户的人均可支配收入。

[10]经常参加体育锻炼的人指每周参加3次及以上，每次锻炼时间30分钟以上、锻炼强度达到中等及以上的人。

资料来源：

本公报中财政数据来自省财政厅；城镇新增就业、基本养老保险等数据来自省人力社保厅；水产品产量、粮食生产功能区、现代农业园区、示范性农业全产业链、农村生活垃圾处理、美丽乡村建设、农民素质提升工程培训、农村公厕等数据来自省农业农村厅；商品交易实体市场和交易额、“浙江制造”标准、专利等数据来自省市场监管局（知识产权局）；货物进出口等数据来自杭州海关；外商直接投资、对外投资、国外经济合作、对外承包工程、外派劳务等数据来自省商务厅；公路里程、民航运输、货物周转量、旅客周转量、港口货物吞吐量、集装箱吞吐量等数据来自省交通运输厅；汽车拥有量等数据来自省公安厅；邮政业务、快递业务量等数据来自省邮政管理局；电信业务总量、电话用户、互联网用户等数据来自省通信管理局；公共图书馆、文化馆、博物馆、旅游等数据来自省文化和旅游厅；货币金融数据来自人民银行杭州中心支行；上市公司数据来自浙江证监局；保险业数据来自浙江银保监局；教育数据来自省教育厅；企业技术中心、高新技术企业、科技型中小企业、科技进步贡献率等数据来自省科技厅；卫生、诊疗数据来自省卫生健康委；广播电视数据来自省广电局；电影、出版数据来自省委宣传部；体育、体育彩票等数据来自省体育局；低保、社会服务、福利彩票等数据来自省民政厅；水资源、水土流失治理面积等数据来自省水利厅；森林资源数据来自省林业局；气象数据来自省气象局；生态建设、环境监测等数据来自省生态环境厅；城市污水处理、城市生活垃圾处理、用水和燃气普及率等数据来自省建设厅；各类事故发生起数、死亡人数等数据来自省应急管理厅；医疗保险等数据来自省医保局；价格、粮食产量、生猪存出栏、城乡居民收支、家庭耐用品拥有量、调查失业率等数据来自国家统计局浙江调查总队；其它数据均来自于省统计局。

中华人民共和国 2021 年国民经济和社会发展统计公报[1]

国家统计局

2022 年 2 月 28 日

2021 年是党和国家历史上具有里程碑意义的一年。在以习近平同志为核心的党中央坚强领导下，各地区各部门坚持以习近平新时代中国特色社会主义思想为指导，全面贯彻党的十九大和十九届历次全会精神，弘扬伟大建党精神，按照党中央、国务院决策部署，坚持稳中求进工作总基调，完整、准确、全面贯彻新发展理念，加快构建新发展格局，全面深化改革开放，坚持创新驱动发展，推动高质量发展。我们隆重庆祝中国共产党成立一百周年，实现第一个百年奋斗目标，开启向第二个百年奋斗目标进军新征程，沉着应对百年变局和世纪疫情，构建新发展格局迈出新步伐，高质量发展取得新成效，实现了“十四五”良好开局。我国经济发展和疫情防控保持全球领先地位，国家战略科技力量加快壮大，产业链韧性得到提升，改革开放向纵深推进，民生保障有力有效，生态文明建设持续推进。这些成绩的取得，是以习近平同志为核心的党中央坚强领导的结果，是全党全国各族人民勠力同心、艰苦奋斗的结果。

一、综合

初步核算，全年国内生产总值[2]1143670 亿元，比上年增长 8.1%，两年平均增长[3]5.1%。其中，第一产业增加值 83086 亿元，比上年增长 7.1%；第二产业增加值 450904 亿元，增长 8.2%；第三产业增加值 609680 亿元，增长 8.2%。第一产业增加值占国内生产总值比重为 7.3%，第二产业增加值比重为 39.4%，第三产业增加值比重为 53.3%。全年最终消费支出拉动国内生产总值增长 5.3 个百分点，资本形成总额拉动国内生产总值增长 1.1 个百分点，货物和服务净出口拉动国内生产总值增长 1.7 个百分点。全年人均国内生产总值 80976 元，比上年增长 8.0%。国民总收入[4]1133518 亿元，比上年增长 7.9%。全员劳动生产率[5]为 146380 元/人，比上年提高 8.7%。

（图 1　2017-2021 年国内生产总值及其增长速度，略）

（图 2　2017-2021 年三次产业增加值占国内生产总值比重，略）

（图 3　2017-2021 年全员劳动生产率[6]，略）

表 1　2021 年年末人口数及其构成

指　标	年末数（万人）	比重（%）
全国人口	141260	100.0
其中：城镇	91425	64.7
乡村	49835	35.3
其中：男性	72311	51.2
女性	68949	48.8
其中：0-15 岁（含不满 16 周岁）[10]	26302	18.6
16-59 岁（含不满 60 周岁）	88222	62.5
60 周岁及以上	26736	18.9
其中：65 周岁及以上	20056	14.2

年末全国人口[7]141260万人，比上年末增加48万人，其中城镇常住人口91425万人。全年出生人口1062万人，出生率为7.52‰；死亡人口1014万人，死亡率为7.18‰；自然增长率为0.34‰。全国人户分离的人口[8]5.04亿人，其中流动人口[9]3.85亿人。

年末全国就业人员74652万人，其中城镇就业人员46773万人，占全国就业人员比重为62.7%，比上年末上升1.1个百分点。全年城镇新增就业1269万人，比上年多增83万人。全年全国城镇调查失业率平均值为5.1%。年末全国城镇调查失业率为5.1%，城镇登记失业率为3.96%。全国农民工[11]总量29251万人，比上年增长2.4%。其中，外出农民工17172万人，增长1.3%；本地农民工12079万人，增长4.1%。

（图4　2017-2021年城镇新增就业人数，略）

全年居民消费价格比上年上涨0.9%。工业生产者出厂价格上涨8.1%。工业生产者购进价格上涨11.0%。农产品生产者价格[12]下降2.2%。12月份，70个大中城市中，新建商品住宅销售价格同比上涨的城市个数为53个，下降的为17个；二手住宅销售价格同比上涨的城市个数为43个，持平的为1个，下降的为26个。

（图5　2021年居民消费价格月度涨跌幅度，略）

表2　2021年居民消费价格比上年涨跌幅度

单位：%

指　　标	全国		
		城市	农村
居民消费价格	0.9	1.0	0.7
其中：食品烟酒	-0.3	0.0	-1.2
衣　着	0.3	0.3	0.0
居　住[13]	0.8	0.8	1.1
生活用品及服务	0.4	0.4	0.4
交通和通信	4.1	4.2	3.9
教育文化和娱乐	1.9	2.0	1.7
医疗保健	0.4	0.3	0.7
其他用品和服务	-1.3	-1.4	-1.2

年末国家外汇储备32502亿美元，比上年末增加336亿美元。全年人民币平均汇率为1美元兑6.4515元人民币，比上年升值6.9%。

（图6　2017-2021年年末国家外汇储备，略）

新产业新业态新模式加速成长。全年规模以上工业中，高技术制造业[14]增加值比上年增长18.2%，占规模以上工业增加值的比重为15.1%；装备制造业[15]增加值增长12.9%，占规模以上工业增加值的比重为32.4%。全年规模以上服务业[16]中，战略性新兴服务业[17]企业营业收入比上年增长16.0%。全年高技术产业投资[18]比上年增长17.1%。全年新能源汽车产量367.7万辆，比上年增长152.5%；集成电路产量3594.3亿块，增长37.5%。全年网上零售额[19]130884亿元，按可比口径计算，比上年增长14.1%。全年新登记市场主体2887万户，日均新登记企业2.5万户，年末市场主体总数达1.5亿户。

城乡区域协调发展扎实推进。年末全国常住人口城镇化率为64.72%，比上年末提高0.83个百分点。分区域看[20]，全年东部地区生产总值592202亿元，比上年增长8.1%；中部地区生产总值250132亿元，增长8.7%；西部地区生产总值239710亿元，增长7.4%；东北地区生产总值55699亿元，增长6.1%。全年京津冀地区生产总值96356亿元，比上年增长7.3%；长江经济带地区生产总值530228亿元，增长8.7%；长江三角洲地区生产总值276054亿元，增长8.4%。粤港澳大湾区建设、黄河流域生态保护和高质量发展等区域重大战略深入实施。

（图 7　2017-2021 年年常住人口城镇化率[21]，略）

生态环境保护取得新成效。全年全国万元国内生产总值能耗[22]比上年下降 2.7%。在监测的 339 个地级及以上城市中，全年空气质量达标的城市占 64.3%，未达标的城市占 35.7%；细颗粒物（PM2.5）年平均浓度 30 微克/立方米，比上年下降 9.1%。3641 个国家地表水考核断面中，全年水质优良（Ⅰ～Ⅲ类）断面比例为 84.9%，Ⅳ类断面比例为 11.8%，Ⅴ类断面比例为 2.2%，劣Ⅴ类断面比例为 1.2%。

二、农业

全年粮食种植面积 11763 万公顷，比上年增加 86 万公顷。其中，稻谷种植面积 2992 万公顷，减少 15 万公顷；小麦种植面积 2357 万公顷，增加 19 万公顷；玉米种植面积 4332 万公顷，增加 206 万公顷。棉花种植面积 303 万公顷，减少 14 万公顷。油料种植面积 1310 万公顷，减少 3 万公顷。糖料种植面积 146 万公顷，减少 11 万公顷。

全年粮食产量 68285 万吨，比上年增加 1336 万吨，增产 2.0%。其中，夏粮产量 14596 万吨，增产 2.2%；早稻产量 2802 万吨，增产 2.7%；秋粮产量 50888 万吨，增产 1.9%。全年谷物产量 63276 万吨，比上年增产 2.6%。其中，稻谷产量 21284 万吨，增产 0.5%；小麦产量 13695 万吨，增产 2.0%；玉米产量 27255 万吨，增产 4.6%。

（图 8　2017-2021 年粮食产量，略）

全年棉花产量 573 万吨，比上年减产 3.0%。油料产量 3613 万吨，增产 0.8%。糖料产量 11451 万吨，减产 4.7%。茶叶产量 318 万吨，增产 8.3%。

全年猪牛羊禽肉产量 8887 万吨，比上年增长 16.3%。其中，猪肉产量 5296 万吨，增长 28.8%；牛肉产量 698 万吨，增长 3.7%；羊肉产量 514 万吨，增长 4.4%；禽肉产量 2380 万吨，增长 0.8%。禽蛋产量 3409 万吨，下降 1.7%。牛奶产量 3683 万吨，增长 7.1%。年末生猪存栏 44922 万头，比上年末增长 10.5%；全年生猪出栏 67128 万头，比上年增长 27.4%。

全年水产品产量 6693 万吨，比上年增长 2.2%。其中，养殖水产品产量 5388 万吨，增长 3.1%；捕捞水产品产量 1305 万吨，下降 1.5%。

全年木材产量 9888 万立方米，比上年下降 3.6%。

全年新增耕地灌溉面积 46 万公顷，新增高效节水灌溉面积 188 万公顷。

三、工业和建筑业

全年全部工业增加值 372575 亿元，比上年增长 9.6%。规模以上工业增加值增长 9.6%。在规模以上工业中，分经济类型看，国有控股企业增加值增长 8.0%；股份制企业增长 9.8%，外商及港澳台商投资企业增长 8.9%；私营企业增长 10.2%。分门类看，采矿业增长 5.3%，制造业增长 9.8%，电力、热力、燃气及水生产和供应业增长 11.4%。

（图 9　2017-2021 年全部工业增加值及其增长速度，略）

全年规模以上工业中，农副食品加工业增加值比上年增长 7.7%，纺织业增长 1.4%，化学原料和化学制品制造业增长 7.7%，非金属矿物制品业增长 8.0%，黑色金属冶炼和压延加工业增长 1.2%，通用设备制造业增长 12.4%，专用设备制造业增长 12.6%，汽车制造业增长 5.5%，电气机械和器材制造业增长 16.8%，计算机、通信和其他电子设备制造业增长 15.7%，电力、热力生产和供应业增长 10.9%。

表 3　2021 年主要工业产品产量及其增长速度[23]

产品名称	单位	产量	比上年增长（%）
纱	万吨	2873.7	9.8
布	亿米	502.0	9.3
化学纤维	万吨	6708.5	9.5
成品糖	万吨	1482.3	3.5
卷烟	亿支	24182.4	1.3
彩色电视机	万台	18496.5	-5.8
其中：液晶电视机	万台	17424.3	-9.4
家用电冰箱	万台	8992.1	-0.3
房间空气调节器	万台	21835.7	3.8
一次能源生产总量	亿吨标准煤	43.3	6.2
原煤	亿吨	41.3	5.7
原油	万吨	19888.1	2.1
天然气	亿立方米	2075.8	7.8
发电量	亿千瓦小时	85342.5	9.7
其中：火电[24]	亿千瓦小时	58058.7	8.9
水电	亿千瓦小时	13390.0	-1.2
核电	亿千瓦小时	4075.2	11.3
粗钢	万吨	103524.3	-2.8
钢材[25]	万吨	133666.8	0.9
十种有色金属	万吨	6477.1	4.7
其中：精炼铜（电解铜）	万吨	1048.7	4.6
原铝（电解铝）	万吨	3850.3	3.8
水泥	亿吨	23.8	-0.4
硫酸（折 100%）	万吨	9382.7	1.6
烧碱（折 100%）	万吨	3891.3	5.9
乙烯	万吨	2825.7	30.8
化肥（折 100%）	万吨	5543.6	0.9
发电机组（发电设备）	万千瓦	15954.6	19.2
汽车	万辆	2652.8	4.8
其中：基本型乘用车（轿车）	万辆	976.5	5.7
运动型多用途乘用车（SUV）	万辆	973.6	7.6
大中型拖拉机	万台	41.2	19.4
集成电路	亿块	3594.3	37.5
程控交换机	万线	699.6	-0.4
移动通信手持机	万台	166151.6	13.1
微型计算机设备	万台	46692.0	23.5
工业机器人	万台（套）	36.6	67.9

年末全国发电装机容量 237692 万千瓦，比上年末增长 7.9%。其中[26]，火电装机容量 129678 万千瓦，增长 4.1%；水电装机容量 39092 万千瓦，增长 5.6%；核电装机容量 5326 万千瓦，增长 6.8%；并网风电装

机容量 32848 万千瓦，增长 16.6%；并网太阳能发电装机容量 30656 万千瓦，增长 20.9%。

全年规模以上工业企业利润 87092 亿元，比上年增长[27]34.3%。分经济类型看，国有控股企业利润 22770 亿元，比上年增长 56.0%；股份制企业 62702 亿元，增长 40.2%，外商及港澳台商投资企业 22846 亿元，增长 21.1%；私营企业 29150 亿元，增长 27.6%。分门类看，采矿业利润 10391 亿元，比上年增长 190.7%；制造业 73612 亿元，增长 31.6%；电力、热力、燃气及水生产和供应业 3089 亿元，下降 41.9%。全年规模以上工业企业每百元营业收入中的成本为 83.74 元，比上年减少 0.23 元；营业收入利润率为 6.81%，提高 0.76 个百分点。年末规模以上工业企业资产负债率为 56.1%，比上年末下降 0.1 个百分点。全年全国工业产能利用率[28]为 77.5%。

全年建筑业增加值 80138 亿元，比上年增长 2.1%。全国具有资质等级的总承包和专业承包建筑业企业利润 8554 亿元，比上年增长 1.3%，其中国有控股企业 3620 亿元，增长 8.0%。

（图 10　2017-2021 年建筑业增加值及其增长速度，略）

四、服务业

全年批发和零售业增加值 110493 亿元，比上年增长 11.3%；交通运输、仓储和邮政业增加值 47061 亿元，增长 12.1%；住宿和餐饮业增加值 17853 亿元，增长 14.5%；金融业增加值 91206 亿元，增长 4.8%；房地产业增加值 77561 亿元，增长 5.2%；信息传输、软件和信息技术服务业增加值 43956 亿元，增长 17.2%；租赁和商务服务业增加值 35350 亿元，增长 6.2%。全年规模以上服务业企业营业收入比上年增长 18.7%，利润总额增长 13.4%。

（图 11　2017-2021 年服务业增加值及其增长速度，略）

全年货物运输总量[29]530 亿吨，货物运输周转量 223574 亿吨公里。全年港口完成货物吞吐量 155 亿吨，比上年增长 6.8%，其中外贸货物吞吐量 47 亿吨，增长 4.5%。港口集装箱吞吐量 28272 万标准箱，增长 7.0%。

表 4　2021 年各种运输方式完成货物运输量及其增长速度

指　　标	单位	绝对数	比上年增长（%）
货物运输总量	亿吨	529.7	12.3
铁路	亿吨	47.2	5.9
公路	亿吨	391.4	14.2
水运	亿吨	82.4	8.2
民航	万吨	731.8	8.2
管道	亿吨	8.7	5.7
货物运输周转量	亿吨公里	223574.4	13.7
铁路	亿吨公里	33190.7	9.3
公路	亿吨公里	69087.7	14.8
水运	亿吨公里	115577.5	9.2
民航	亿吨公里	278.2	15.8
管道	亿吨公里	5440.3	4.9

全年旅客运输总量 83 亿人次，比上年下降 14.1%。旅客运输周转量 19758 亿人公里，增长 2.6%。

表 5　2021 年各种运输方式完成旅客运输量及其增长速度

指标	单位	绝对数	比上年增长（%）
旅客运输总量	亿人次	83.0	-14.1
铁路	亿人次	26.1	18.5
公路	亿人次	50.9	-26.2
水运	亿人次	1.6	9.0
民航	亿人次	4.4	5.5
旅客运输周转量	亿人公里	19758.2	2.6
铁路	亿人公里	9567.8	15.7
公路	亿人公里	3627.5	-21.8
水运	亿人公里	33.1	0.4
民航	亿人公里	6529.7	3.5

年末全国民用汽车保有量 30151 万辆（包括三轮汽车和低速货车 732 万辆），比上年末增加 2064 万辆，其中私人汽车保有量 26246 万辆，增加 1852 万辆。民用轿车保有量 16739 万辆，增加 1099 万辆，其中私人轿车保有量 15732 万辆，增加 1059 万辆。

全年完成邮政行业业务总量[30]13698 亿元，比上年增长 25.1%。邮政业全年完成邮政函件业务 10.9 亿件，包裹业务 0.2 亿件，快递业务量 1083.0 亿件，快递业务收入 10332 亿元。全年完成电信业务总量[31]16960 亿元，比上年增长 27.8%。年末移动电话基站数[32]996 万个，其中 4G 基站 590 万个，5G 基站 143 万个。全国电话用户总数 182353 万户，其中移动电话用户 164283 万户。移动电话普及率为 116.3 部/百人。固定互联网宽带接入用户[33]53579 万户，比上年末增加 5224 万户，其中固定互联网光纤宽带接入用户[34]50551 万户，增加 5136 万户。蜂窝物联网终端用户[35]13.99 亿户，增加 2.64 亿户。互联网上网人数 10.32 亿人，其中手机上网人数[36]10.29 亿人。互联网普及率为 73.0%，其中农村地区互联网普及率为 57.6%。全年移动互联网用户接入流量 2216 亿 GB，比上年增长 33.9%。全年软件和信息技术服务业[37]完成软件业务收入 94994 亿元，按可比口径计算，比上年增长 17.7%。

（图 12　2017-2021 年快递业务量及其增长速度，略）

（图 13　2017-2021 年年末固定互联网宽带接入用户数，略）

五、国内贸易

全年社会消费品零售总额 440823 亿元，比上年增长 12.5%。按经营地统计，城镇消费品零售额 381558 亿元，增长 12.5%；乡村消费品零售额 59265 亿元，增长 12.1%。按消费类型统计，商品零售额 393928 亿元，增长 11.8%；餐饮收入额 46895 亿元，增长 18.6%。

（图 14　2017-2021 年社会消费品零售总额，略）

全年限额以上单位商品零售额中，粮油、食品类零售额比上年增长 10.8%，饮料类增长 20.4%，烟酒类增长 21.2%，服装、鞋帽、针纺织品类增长 12.7%，化妆品类增长 14.0%，金银珠宝类增长 29.8%，日用品类增长 14.4%，家用电器和音像器材类增长 10.0%，中西药品类增长 9.9%，文化办公用品类增长 18.8%，家具类增长 14.5%，通讯器材类增长 14.6%，建筑及装潢材料类增长 20.4%，石油及制品类增长 21.2%，汽车类增长 7.6%。

全年实物商品网上零售额 108042 亿元，按可比口径计算，比上年增长 12.0%，占社会消费品零售总额的比重为 24.5%。

六、固定资产投资

全年全社会固定资产投资[38]552884亿元，比上年增长4.9%。固定资产投资（不含农户）544547亿元，增长4.9%。在固定资产投资（不含农户）中，分区域看[39]，东部地区投资增长6.4%，中部地区投资增长10.2%，西部地区投资增长3.9%，东北地区投资增长5.7%。

在固定资产投资（不含农户）中，第一产业投资14275亿元，比上年增长9.1%；第二产业投资167395亿元，增长11.3%；第三产业投资362877亿元，增长2.1%。民间固定资产投资[40]307659亿元，增长7.0%。基础设施投资[41]增长0.4%。社会领域投资[42]增长10.7%。

（图15　2021年三次产业投资占固定资产投资（不含农户）比重，略）

表6　2021年分行业固定资产投资（不含农户）增长速度

行　　业	比上年增长（%）	行　　业	比上年增长（%）
总　计	4.9	金融业	1.9
农、林、牧、渔业	9.3	房地产业[43]	5.0
采矿业	10.9	租赁和商务服务业	13.6
制造业	13.5	科学研究和技术服务业	14.5
电力、热力、燃气及水生产和供应业	1.1	水利、环境和公共设施管理业	-1.2
建筑业	1.6	居民服务、修理和其他服务业	-10.3
批发和零售业	-5.9	教育	11.7
交通运输、仓储和邮政业	1.6	卫生和社会工作	19.5
住宿和餐饮业	6.6	文化、体育和娱乐业	1.6
信息传输、软件和信息技术服务业	-12.1	公共管理、社会保障和社会组织	-38.2

表7　2021年固定资产投资新增主要生产与运营能力

指　　标	单位	绝对数
新增220千伏及以上变电设备	万千伏安	24334
新建铁路投产里程	公里	4208
其中：高速铁路	公里	2168
增、新建铁路复线投产里程	公里	2769
电气化铁路投产里程	公里	4189
新改建高速公路里程	公里	9028
港口万吨级码头泊位新增通过能力	万吨/年	25368
新增民用运输机场	个	7
新增光缆线路长度	万公里	319

全年房地产开发投资147602亿元，比上年增长4.4%。其中住宅投资111173亿元，增长6.4%；办公楼投资5974亿元，下降8.0%；商业营业用房投资12445亿元，下降4.8%。年末商品房待售面积51023万平方米，比上年末增加1173万平方米，其中商品住宅待售面积22761万平方米，增加381万平方米。

全年全国各类棚户区改造开工165万套，基本建成205万套；全国保障性租赁住房开工建设和筹集94万套。

表8　2020年房地产开发和销售主要指标及其增长速度

指　　标	单位	绝对数	比上年增长（%）
投资额	亿元	147602	4.4
其中：住宅	亿元	111173	6.4
房屋施工面积	万平方米	975387	5.2
其中：住宅	万平方米	690319	5.3
房屋新开工面积	万平方米	198895	-11.4
其中：住宅	万平方米	146379	-10.9
房屋竣工面积	万平方米	101412	11.2
其中：住宅	万平方米	73016	10.8
商品房销售面积	万平方米	179433	1.9
其中：住宅	万平方米	156532	1.1
本年到位资金	亿元	201132	4.2
其中：国内贷款	亿元	23296	-12.7
个人按揭贷款	亿元	32388	8.0

七、对外经济

全年货物进出口总额391009亿元，比上年增长21.4%。其中，出口217348亿元，增长21.2%；进口173661亿元，增长21.5%。货物进出口顺差43687亿元，比上年增加7344亿元。对“一带一路”[44]沿线国家进出口总额115979亿元，比上年增长23.6%。其中，出口65924亿元，增长21.5%；进口50055亿元，增长26.4%。

（图16　2017-2021年货物进出口总额，略）

表9　2021年货物进出口总额及其增长速度

指　　标	金额（亿元）	比上年增长（%）
货物进出口总额	391009	21.4
货物出口额	217348	21.2
其中：一般贸易	132445	24.2
加工贸易	53378	9.9
其中：机电产品	128286	20.4
高新技术产品	63266	17.9
货物进口额	173661	21.5
其中：一般贸易	108395	25.0
加工贸易	31601	13.3
其中：机电产品	73657	12.2
高新技术产品	54088	14.7
货物进出口顺差	43687	20.2

表 10　2021 年主要商品出口数量、金额及其增长速度

商品名称	单位	数量	比上年增长（%）	金额（亿元）	比上年增长（%）
钢材	万吨	6690	24.6	5289	67.9
纺织纱线、织物及制品	—	—	—	9384	-12.2
服装及衣着附件	—	—	—	11000	15.6
鞋靴	万双	873231	18.1	3097	26.2
家具及其零件	—	—	—	4772	18.2
箱包及类似容器	万吨	244	21.4	1800	26.1
玩具	—	—	—	2980	28.6
塑料制品	—	—	—	6397	20.5
集成电路	亿个	3107	19.6	9930	23.4
自动数据处理设备及其零部件	—	—	—	16488	12.9
手机	万台	95420	-1.2	9447	9.3
集装箱	万个	484	144.0	1514	198.3
液晶显示板	万个	142439	12.4	1788	30.5
汽车（包括底盘）	万辆	212	95.9	2227	104.6

表 11　2021 年主要商品进口数量、金额及其增长速度

商品名称	单位	数量	比上年增长（%）	金额（亿元）	比上年增长（%）
大豆	万吨	9652	-3.8	3459	26.1
食用植物油	万吨	1039	-3.7	706	24.0
铁矿砂及其精矿	万吨	112432	-3.9	11942	39.6
煤及褐煤	万吨	32322	6.6	2319	64.1
原油	万吨	51298	-5.4	16618	34.4
成品油	万吨	2712	-4.0	1078	31.6
天然气	万吨	12136	19.9	3601	56.3
初级形状的塑料	万吨	3397	-16.4	3950	8.8
纸浆	万吨	2969	-2.7	1296	19.5
钢材	万吨	1427	-29.5	1210	3.9
未锻轧铜及铜材	万吨	553	-17.2	3387	12.5
集成电路	亿个	6355	16.9	27935	15.4
汽车（包括底盘）	万辆	94	0.6	3489	7.6

全年服务进出口总额 52983 亿元，比上年增长 16.1%。其中，服务出口 25435 亿元，增长 31.4%；服务进口 27548 亿元，增长 4.8%。服务进出口逆差 2113 亿元。

全年外商直接投资（不含银行、证券、保险领域）新设立企业 47643 家，比上年增长 23.5%。实际使用外商直接投资金额 11494 亿元，增长 14.9%，折 1735 亿美元，增长 20.2%。其中“一带一路”沿线国家对华直接投资（含通过部分自由港对华投资）新设立企业 5336 家，增长 24.3%；对华直接投资金额 743 亿元，增长 29.4%，折 112 亿美元，增长 36.0%。全年高技术产业实际使用外资 3469 亿元，增长 17.1%，折 522 亿美元，增长 22.1%。

表 12　2021 年对主要国家和地区货物进出口金额、增长速度及其比重

国家和地区	出口额（亿元）	比上年增长（%）	占全部出口比重（%）	进口额（亿元）	比上年增长（%）	占全部进口比重（%）
东盟	31255	17.7	14.4	25489	22.2	14.7
欧盟[39]	33483	23.7	15.4	20028	12.1	11.5
美国	37224	19.0	17.1	11603	24.2	6.7
日本	10722	8.5	4.9	13298	10.1	7.7
韩国	9617	23.5	4.4	13791	15.1	7.9
中国香港	22641	20.3	10.4	627	30.2	0.4
中国台湾	5063	21.7	2.3	16146	16.5	9.3
巴西	3464	43.4	1.6	7138	20.3	4.1
俄罗斯	4364	24.7	2.0	5122	28.2	2.9
印度	6302	36.6	2.9	1819	25.1	1.0
南非	1365	29.4	0.6	2147	49.4	1.2

表 13　2021 年外商直接投资（不含银行、证券、保险领域）及其增长速度

行　　业	企业数（家）	比上年增长（%）	实际使用金额（亿元）	比上年增长（%）
总　计	47643	23.5	11494	14.9
其中：农、林、牧、渔业	491	-0.4	55	38.4
制造业	4455	19.4	2216	2.8
电力、热力、燃气及水生产和供应业	465	78.9	249	14.9
交通运输、仓储和邮政业	693	17.1	351	1.3
信息传输、软件和信息技术服务业	4053	15.1	1345	18.8
批发和零售业	13379	23.7	1098	34.1
房地产业	1125	-5.5	1571	11.7
租赁和商务服务业	9290	23.7	2193	19.3
居民服务、修理和其他服务业	522	16.8	31	44.6

全年对外非金融类直接投资额 7332 亿元，比上年下降 3.5%，折 1136 亿美元，增长 3.2%。其中，对“一带一路”沿线国家非金融类直接投资额 203 亿美元，增长 14.1%。

表 14　2021 年对外非金融类直接投资额及其增长速度

行　　业	金额（亿美元）	比上年增长（%）
总计	1136.4	3.2
其中：农、林、牧、渔业	11.3	-18.7
采矿业	49.8	-2.2
制造业	184.0	-7.9
电力、热力、燃气及水生产和供应业	48.9	75.9
建筑业	55.7	7.9
批发和零售业	176.5	9.8
交通运输、仓储和邮政业	51.0	92.5
信息传输、软件和信息技术服务业	75.3	12.2
房地产业	24.9	-8.8
租赁和商务服务业	366.2	-12.4

全年对外承包工程完成营业额9996亿元，比上年下降7.1%，折1549亿美元，下降0.6%。其中，对“一带一路”沿线国家完成营业额897亿美元，下降1.6%，占对外承包工程完成营业额比重为57.9%。对外劳务合作派出各类劳务人员32万人。

八、财政金融

全年全国一般公共预算收入202539亿元，比上年增长10.7%，其中税收收入172731亿元，增长11.9%。全国一般公共预算支出246322亿元，比上年增长0.3%。全年新增减税降费约1.1万亿元。

（图17　2017-2021年全国一般公共预算收入，略）

年末广义货币供应量（M2）余额238.3万亿元，比上年末增长9.0%；狭义货币供应量（M1）余额64.7万亿元，增长3.5%；流通中货币（M0）余额9.1万亿元，增长7.7%。

全年社会融资规模增量[45]31.4万亿元，按可比口径计算，比上年少3.4万亿元。年末社会融资规模存量[46]314.1万亿元，按可比口径计算，比上年末增长10.3%，其中对实体经济发放的人民币贷款余额191.5万亿元，增长11.6%。年末全部金融机构本外币各项存款余额238.6万亿元，比年初增加20.2万亿元，其中人民币各项存款余额232.3万亿元，增加19.7万亿元。全部金融机构本外币各项贷款余额198.5万亿元，增加20.1万亿元，其中人民币各项贷款余额192.7万亿元，增加19.9万亿元。人民币普惠金融贷款[47]余额26.5万亿元，增加5.0万亿元。

表15　2021年年末全部金融机构本外币存贷款余额及其增长速度

指　　标	年末数（亿元）	比上年末增长（%）
各项存款	2386062	9.3
其中：境内住户存款	1033118	10.6
其中：人民币	1025012	10.7
境内非金融企业存款	730137	6.1
各项贷款	1985108	11.3
其中：境内短期贷款	520506	5.7
境内中长期贷款	1291149	13.5

年末主要农村金融机构（农村信用社、农村合作银行、农村商业银行）人民币贷款余额242496亿元，比年初增加26607亿元。全部金融机构人民币消费贷款余额548849亿元，增加53181亿元。其中，个人短期消费贷款余额93558亿元，增加6080亿元；个人中长期消费贷款余额455292亿元，增加47101亿元。

全年沪深交易所A股累计筹资[48]16743亿元，比上年增加1326亿元。沪深交易所首次公开发行上市A股481只，筹资5351亿元，比上年增加609亿元，其中科创板股票162只，筹资2029亿元；沪深交易所A股再融资（包括公开增发、定向增发、配股、优先股、可转债转股）11391亿元，增加717亿元。北京证券交易所公开发行股票11只，筹资[49]21亿元。全年各类主体通过沪深交易所发行债券（包括公司债、可转债、可交换债、政策性金融债、地方政府债和企业资产支持证券）筹资86553亿元，比上年增加1776亿元。全国中小企业股份转让系统[50]挂牌公司6932家，全年挂牌公司累计股票筹资260亿元。

全年发行公司信用类债券[51]14.7万亿元，比上年增加0.5万亿元。

全年保险公司原保险保费收入[52]44900亿元，按可比口径计算，比上年增长4.0%。其中，寿险业务原保险保费收入23572亿元，健康险和意外伤害险业务原保险保费收入9657亿元，财产险业务原保险保费收入11671亿元。支付各类赔款及给付15609亿元。其中，寿险业务给付3540亿元，健康险和意外伤害险业务赔款及给付4381亿元，财产险业务赔款7687亿元。

九、居民收入消费和社会保障

全年全国居民人均可支配收入 35128 元，比上年增长 9.1%，扣除价格因素，实际增长 8.1%。全国居民人均可支配收入中位数[53]29975 元，增长 8.8%。按常住地分，城镇居民人均可支配收入 47412 元，比上年增长 8.2%，扣除价格因素，实际增长 7.1%。城镇居民人均可支配收入中位数 43504 元，增长 7.7%。农村居民人均可支配收入 18931 元，比上年增长 10.5%，扣除价格因素，实际增长 9.7%。农村居民人均可支配收入中位数 16902 元，增长 11.2%。城乡居民人均可支配收入比值为 2.50，比上年缩小 0.06。按全国居民五等份收入分组[54]，低收入组人均可支配收入 8333 元，中间偏下收入组人均可支配收入 18445 元，中间收入组人均可支配收入 29053 元，中间偏上收入组人均可支配收入 44949 元，高收入组人均可支配收入 85836 元。全国农民工人均月收入 4432 元，比上年增长 8.8%。全年脱贫县[55]农村居民人均可支配收入 14051 元，比上年增长 11.6%，扣除价格因素，实际增长 10.8%。

全年全国居民人均消费支出 24100 元，比上年增长 13.6%，扣除价格因素，实际增长 12.6%。其中，人均服务性消费支出[56]10645 元，比上年增长 17.8%，占居民人均消费支出的比重为 44.2%。按常住地分，城镇居民人均消费支出 30307 元，增长 12.2%，扣除价格因素，实际增长 11.1%；农村居民人均消费支出 15916 元，增长 16.1%，扣除价格因素，实际增长 15.3%。全国居民恩格尔系数为 29.8%，其中城镇为 28.6%，农村为 32.7%。

（图 18　2017-2021 年全国居民人均可支配收入及其增长速度，略）

（图 19　2021 年全国居民人均消费支出及其构成，略）

年末全国参加城镇职工基本养老保险人数 48075 万人，比上年末增加 2454 万人。参加城乡居民基本养老保险人数 54797 万人，增加 554 万人。参加基本医疗保险人数 136424 万人，增加 293 万人。其中，参加职工基本医疗保险人数 35422 万人，增加 967 万人；参加城乡居民基本医疗保险人数 101002 万人。参加失业保险人数 22958 万人，增加 1268 万人。年末全国领取失业保险金人数 259 万人。参加工伤保险人数 28284 万人，增加 1521 万人，其中参加工伤保险的农民工 9086 万人，增加 152 万人。参加生育保险人数 23851 万人，增加 283 万人。年末全国共有 738 万人享受城市最低生活保障，3474 万人享受农村最低生活保障，438 万人享受农村特困人员[57]救助供养，全年临时救助[58]1089 万人次。全年国家抚恤、补助退役军人和其他优抚对象 817 万人。

年末全国共有各类提供住宿的民政服务机构 4.3 万个，其中养老机构 4.0 万个，儿童福利和救助保护机构 801 个。民政服务床位[59]840.2 万张，其中养老服务床位 813.5 万张，儿童福利和救助保护机构床位 9.6 万张。年末共有社区服务中心 2.9 万个，社区服务站 47.2 万个。

十、科学技术和教育

全年研究与试验发展（R&D）经费支出 27864 亿元，比上年增长 14.2%，与国内生产总值之比为 2.44%，其中基础研究经费 1696 亿元。国家自然科学基金共资助 4.87 万个项目。截至年末，正在运行的国家重点实验室 533 个，纳入新序列管理的国家工程研究中心 191 个，国家企业技术中心 1636 家，大众创业万众创新示范基地 212 家。国家科技成果转化引导基金累计设立 36 支子基金，资金总规模 624 亿元。国家级科技企业孵化器[60]1287 家，国家备案众创空间[61]2551 家。全年授予专利权 460.1 万件，比上年增长 26.4%；PCT 专利申请受理量[62]7.3 万件。截至年末，有效专利 1542.1 万件，其中境内有效发明专利 270.4 万件。每万人口高价值发明专利拥有量[63]7.5 件。全年商标注册 773.9 万件，比上年增长 34.3%。全年共签订技术合同 67 万项，技术合同成交金额 37294 亿元，比上年增长 32.0%。

（图 20　2017-2021 年研究与试验发展（R&D）经费支出及其增长速度，略）

表 16　2021 年专利授权和有效专利情况

指　　标	专利数（万件）	比上年增长（%）
专利授权数	460.1	26.4
其中：境内专利授权	445.1	27.0
其中：发明专利授权	69.6	31.3
其中：境内发明专利	57.8	33.2
年末有效专利数	1542.1	26.5
其中：境内有效专利	1429.5	28.6
其中：有效发明专利	359.7	17.6
其中：境内有效发明专利	270.4	22.2

全年成功完成 52 次宇航发射。天问一号探测器成功着陆火星，祝融号火星车驶上火星表面。天和核心舱发射成功，神舟十二号、神舟十三号等任务相继实施，中国人首次进入自己的空间站。羲和号探日卫星成功发射运行。祖冲之二号、九章二号成功研制，我国在超导量子和光量子两种物理体系上实现量子计算优越性。海斗一号全海深无人潜水器打破多项世界纪录。华龙一号自主三代核电机组投入商业运行。

年末全国共有国家质检中心 869 家。全国现有产品质量、体系和服务认证机构 932 个，累计完成对 87 万家企业的认证。全年制定、修订国家标准 2815 项，其中新制定 1900 项。全年制造业产品质量合格率[54]为 93.08%。

全年研究生教育招生 117.7 万人，在学研究生 333.2 万人，毕业生 77.3 万人。普通、职业本专科[65]招生 1001.3 万人，在校生 3496.1 万人，毕业生 826.5 万人。中等职业教育[66]招生 656.2 万人，在校生 1738.5 万人，毕业生 484.1 万人。普通高中招生 905.0 万人，在校生 2605.0 万人，毕业生 780.2 万人。初中招生 1705.4 万人，在校生 5018.4 万人，毕业生 1587.1 万人。普通小学招生 1782.6 万人，在校生 10779.9 万人，毕业生 1718.0 万人。特殊教育招生 14.9 万人，在校生 92.0 万人，毕业生 14.6 万人。学前教育在园幼儿 4805.2 万人。九年义务教育巩固率为 95.4%，高中阶段毛入学率为 91.4%。

（图 21　2017-2021 年本专科、中等职业教育及普通高中招生人数，略）

十一、文化旅游、卫生健康和体育

年末全国文化和旅游系统共有艺术表演团体 2044 个，博物馆 3671 个。全国共有公共图书馆 3217 个，总流通[67]72898 万人次；文化馆 3317 个。有线电视实际用户 2.01 亿户，其中有线数字电视实际用户 1.95 亿户。年末广播节目综合人口覆盖率为 99.5%，电视节目综合人口覆盖率为 99.7%。全年生产电视剧 194 部 6736 集，电视动画片 78372 分钟。全年生产故事影片 565 部，科教、纪录、动画和特种影片[68]175 部。出版各类报纸 276 亿份，各类期刊 20 亿册，图书 110 亿册（张），人均图书拥有量[69]7.76 册（张）。年末全国共有档案馆 4233 个，已开放各类档案 18931 万卷（件）。全年全国规模以上文化及相关产业企业营业收入 119064 亿元，按可比口径计算，比上年增长 16.0%。

全年国内游客 32.5 亿人次，比上年增长 12.8%。其中，城镇居民游客 23.4 亿人次，增长 13.4%；农村居民游客 9.0 亿人次，增长 11.1%。国内旅游收入 29191 亿元，增长 31.0%。其中，城镇居民游客花费 23644 亿元，增长 31.6%；农村居民游客花费 5547 亿元，增长 28.4%。

（图 22　2017-2021 年国内游客人次及其增长速度，略）

年末全国共有医疗卫生机构 103.1 万个，其中医院 3.7 万个，在医院中有公立医院 1.2 万个，民营医院 2.5 万个；基层医疗卫生机构 97.7 万个，其中乡镇卫生院 3.5 万个，社区卫生服务中心（站）3.6 万个，门诊部（所）30.7 万个，村卫生室 59.9 万个；专业公共卫生机构 1.3 万个，其中疾病预防控制中心 3380 个，卫生监督所（中心）2790 个。年末卫生技术人员 1123 万人，其中执业医师和执业助理医师 427 万人，注册护士 502 万人。医疗卫生机构床位 957 万张，其中医院 748 万张，乡镇卫生院 144 万张。全年总诊疗人次[70]85.3 亿人次，出院人数[71]2.4 亿人。截至年末，全国累计报告新型冠状病毒肺炎确诊病例 102314 例，累计治愈出院病例 94792 例，累计死亡 4636 人。全国累计报告接种新型冠状病毒疫苗 283533 万剂次。全国共有 11937 家医疗卫生机构提供新型冠状病毒核酸检测服务，总检测能力达到 4168 万份/天。

（图 23　2017-2021 年年末卫生技术人员人数，略）

年末全国共有体育场地[72]397.1 万个，体育场地面积[73]34.1 亿平方米，人均体育场地面积 2.41 平方米。全年我国运动员在 16 个运动大项中获得 67 个世界冠军，共创 12 项世界纪录。在第 32 届奥运会上，我国运动员共获得 38 枚金牌，奖牌总数 88 枚，位列奥运会金牌榜和奖牌榜第二位。全年我国残疾人运动员在 5 项国际赛事中获得 110 个世界冠军。在第 16 届残奥会上，我国运动员共获得 96 枚金牌，奖牌总数 207 枚，第五次蝉联金牌榜和奖牌榜第一位。

十二、资源、环境和应急管理

全年全国国有建设用地供应总量[74]69.0 万公顷，比上年增长 4.8%。其中，工矿仓储用地 17.5 万公顷，增长 4.9%；房地产用地[75]13.6 万公顷，减少 12.2%；基础设施用地 37.9 万公顷，增长 12.7%。

全年水资源总量 29520 亿立方米。全年总用水量 5921 亿立方米，比上年增长 1.9%。其中，生活用水增长 5.3%，工业用水增长 2.0%，农业用水增长 0.9%，人工生态环境补水增长 2.9%。万元国内生产总值用水量[76]54 立方米，下降 5.8%。万元工业增加值用水量 31 立方米，下降 7.0%。人均用水量 419 立方米，增长 1.8%。

全年完成造林面积 360 万公顷，其中人工造林面积 134 万公顷，占全部造林面积的 37.1%。种草改良面积[77]307 万公顷。截至年末，国家级自然保护区 474 个，国家公园 5 个。新增水土流失治理面积 6.2 万平方公里。

初步核算，全年能源消费总量 52.4 亿吨标准煤，比上年增长 5.2%。煤炭消费量增长 4.6%，原油消费量增长 4.1%，天然气消费量增长 12.5%，电力消费量增长 10.3%。煤炭消费量占能源消费总量的 56.0%，比上年下降 0.9 个百分点；天然气、水电、核电、风电、太阳能发电等清洁能源消费量占能源消费总量的 25.5%，上升 1.2 个百分点。重点耗能工业企业单位电石综合能耗下降 5.3%，单位合成氨综合能耗与上年持平，吨钢综合能耗下降 0.4%，单位电解铝综合能耗下降 2.1%，每千瓦时火力发电标准煤耗下降 0.5%。全国万元国内生产总值二氧化碳排放[78]下降 3.8%。

（图 24　2017-2021 年清洁能源消费量占能源消费总量的比重，略）

全年近岸海域海水水质[79]达到国家一、二类海水水质标准的面积占 81.3%，三类海水占 5.2%，四类、劣四类海水占 13.5%。

在开展城市区域声环境监测的 324 个城市中，全年昼间声环境质量好的城市占 4.9%，较好的占 61.7%，一般的占 31.5%，较差的占 1.9%。

全年平均气温为 10.53℃，比上年上升 0.28℃。共有 5 个台风登陆。

全年农作物受灾面积 1174 万公顷，其中绝收 163 万公顷。全年因洪涝和地质灾害造成直接经济损失 2477 亿元，因干旱灾害造成直接经济损失 201 亿元，因低温冷冻和雪灾造成直接经济损失 133 亿元，因海洋灾害造成直接经济损失 30 亿元。全年大陆地区共发生 5.0 级以上地震 20 次，造成直接经济损失 107 亿元。全年共发生森林火灾 616 起，受害森林面积约 0.4 万公顷。

全年各类生产安全事故共死亡 26307 人。工矿商贸企业就业人员 10 万人生产安全事故死亡人数 1.374 人，比上年上升 5.6%；煤矿百万吨死亡人数 0.045 人，下降 23.7%。道路交通事故万车死亡人数 1.57 人，下降 5.4%。

注释：

[1]本公报中数据均为初步统计数。各项统计数据均未包括香港特别行政区、澳门特别行政区和台湾省。部分数据因四舍五入的原因，存在总计与分项合计不等的情况。

[2]国内生产总值、三次产业及相关行业增加值、地区生产总值、人均国内生产总值和国民总收入绝对数按现价计算，增长速度按不变价格计算。

[3]两年平均增速是指以2019年同期数为基数，采用几何平均的方法计算的增速。

[4]国民总收入，原称国民生产总值，是指一个国家或地区所有常住单位在一定时期内所获得的初次分配收入总额，等于国内生产总值加上来自国外的初次分配收入净额。

[5]全员劳动生产率为国内生产总值（按2020年价格计算）与全部就业人员的比率，根据第七次全国人口普查结果对历史数据进行了修订。

[6]见注释[5]。

[7]全国人口是指我国大陆31个省、自治区、直辖市和现役军人的人口，不包括居住在31个省、自治区、直辖市的港澳台居民和外籍人员。

[8]人户分离的人口是指居住地与户口登记地所在的乡镇街道不一致且离开户口登记地半年及以上的人口。

[9]流动人口是指人户分离人口中扣除市辖区内人户分离的人口。市辖区内人户分离的人口是指一个直辖市或地级市所辖区内和区与区之间，居住地和户口登记地不在同一乡镇街道的人口。

[10]2021年年末，0-14岁（含不满15周岁）人口为24678万人，15-59岁（含不满60周岁）人口为89846万人。

[11]年度农民工数量包括年内在本乡镇以外从业6个月及以上的外出农民工和在本乡镇内从事非农产业6个月及以上的本地农民工。

[12]农产品生产者价格是指农产品生产者直接出售其产品时的价格。

[13]居住类价格包括租赁房房租、住房保养维修及管理、水电燃料等价格。

[14]高技术制造业包括医药制造业，航空、航天器及设备制造业，电子及通信设备制造业，计算机及办公设备制造业，医疗仪器设备及仪器仪表制造业，信息化学品制造业。

[15]装备制造业包括金属制品业，通用设备制造业，专用设备制造业，汽车制造业，铁路、船舶、航空航天和其他运输设备制造业，电气机械和器材制造业，计算机、通信和其他电子设备制造业，仪器仪表制造业。

[16]规模以上服务业统计范围包括：年营业收入2000万元及以上的交通运输、仓储和邮政业，信息传输、软件和信息技术服务业，水利、环境和公共设施管理业，卫生行业法人单位；年营业收入1000万元及以上的房地产业（不含房地产开发经营），租赁和商务服务业，科学研究和技术服务业，教育行业法人单位；以及年营业收入500万元及以上的居民服务、修理和其他服务业，文化、体育和娱乐业，社会工作行业法人单位。

[17]战略性新兴服务业包括新一代信息技术产业、高端装备制造产业、新材料产业、生物产业、新能源汽车产业、新能源产业、节能环保产业和数字创意产业等八大产业中的服务业相关行业，以及新技术与创新创业等相关服务业。2021年战略性新兴服务业企业营业收入增速按可比口径计算。

[18]高技术产业投资包括医药制造、航空航天器及设备制造等六大类高技术制造业投资和信息服务、电子商务服务等九大类高技术服务业投资。

[19]网上零售额是指通过公共网络交易平台（主要从事实物商品交易的网上平台，包括自建网站和第三方平台）实现的商品和服务零售额。

[20]东部地区是指北京、天津、河北、上海、江苏、浙江、福建、山东、广东和海南10省（市）；中部地区是指山西、安徽、江西、河南、湖北和湖南6省；西部地区是指内蒙古、广西、重庆、四川、贵州、云南、西藏、陕西、甘肃、青海、宁夏和新疆12省（区、市）；东北地区是指辽宁、吉林和黑龙江3省。

[21]根据第七次全国人口普查结果，对2017-2019年年末常住人口城镇化率数据进行了修订。

[22]万元国内生产总值能耗按2020年价格计算。

[23]2020年部分产品产量数据进行了核实调整，2021年产量增速按可比口径计算。

[24]火电包括燃煤发电量，燃油发电量，燃气发电量，余热、余压、余气发电量，垃圾焚烧发电量，生物质发电量。

[25]钢材产量数据中含企业之间重复加工钢材。

[26]少量发电装机容量（如地热等）公报中未列出。

[27]由于统计调查制度规定的调查范围变动、统计执法、剔除重复数据等因素，2021年规模以上工业企业财务指标增速及变化按可比口径计算。

[28]产能利用率是指实际产出与生产能力（均以价值量计量）的比率。企业的实际产出是指企业报告期内的工业总产值；企业的生产能力是指报告期内，在劳动力、原材料、燃料、运输等保证供给的情况下，生产设备（机械）保持正常运行，企业可实现并能长期维持的产品产出。

[29]货物运输总量及周转量包括铁路、公路、水路、民航和管道五种运输方式完成量，2021 年增速按可比口径计算。

[30]邮政行业业务总量按 2020 年价格计算。

[31]电信业务总量按 2020 年价格计算。

[32]移动电话基站数是指报告期末为小区服务的无线收发信设备，处理基站与移动台之间的无线通信，在移动交换机与移动台之间起中继作用，监视无线传输质量的全套设备数。

[33]固定互联网宽带接入用户是指报告期末在电信企业登记注册，通过 xDSL、FTTx+LAN、FTTH/O 以及其他宽带接入方式和普通专线接入公众互联网的用户。

[34]固定互联网光纤宽带接入用户是指报告期末在电信企业登记注册，通过 FTTH 或 FTTO 方式接入公众互联网的用户。

[35]蜂窝物联网终端用户是指报告期末接入移动通信网络并开通物联网业务的用户。物联网终端即连接传感网络层和传输网络层，实现远程采集数据及向网络层发送数据的物联网设备。

[36]手机上网人数是指过去半年通过手机接入并使用互联网的人数。

[37]软件和信息技术服务业包括软件开发、集成电路设计、信息系统集成和物联网技术服务、运行维护服务、信息处理和存储支持服务、信息技术咨询服务、数字内容服务和其他信息技术服务等行业。

[38]根据统计调查方法改革和制度规定，对 2020 年固定资产投资相关数据进行修订，2021 年相关指标增速按可比口径计算。

[39]见注释[20]。

[40]民间固定资产投资是指具有集体、私营、个人性质的内资调查单位以及由其控股（包括绝对控股和相对控股）的调查单位建造或购置固定资产的投资。

[41]基础设施投资包括交通运输、邮政业，电信、广播电视和卫星传输服务业，互联网和相关服务业，水利、环境和公共设施管理业投资。

[42]社会领域投资包括教育，卫生和社会工作，文化、体育和娱乐业投资。

[43]房地产业投资除房地产开发投资外，还包括建设单位自建房屋以及物业管理、中介服务和其他房地产投资。

[44]“一带一路”是指“丝绸之路经济带”和“21 世纪海上丝绸之路”。

[45]社会融资规模增量是指一定时期内实体经济从金融体系获得的资金总额。

[46]社会融资规模存量是指一定时期末（月末、季末或年末）实体经济从金融体系获得的资金余额。

[47]普惠金融贷款包括单户授信小于 1000 万元的小微型企业贷款、个体工商户经营性贷款、小微企业主经营性贷款、农户生产经营贷款、建档立卡贫困人口消费贷款、创业担保贷款和助学贷款。

[48]沪深交易所股票筹资额按上市日统计，筹资额包括了可转债实际转股金额，2020 年、2021 年可转债实际转股金额分别为 1195 亿元、1342 亿元。

[49]北京证券交易所股票筹资额按上市日统计，筹资额只计入北京证券交易所开市日起新上市公司，精选层平移公司历史筹资数据保留在原全国中小企业股份转让系统统计报表中。

[50]全国中小企业股份转让系统是 2012 年经国务院批准的全国性证券交易场所。全年全国中小企业股份转让系统挂牌公司累计筹资不含优先股，股票筹资按新增股份挂牌日统计。

[51]公司信用类债券包括非金融企业债务融资工具、企业债券以及公司债、可转债等。

[52]原保险保费收入是指保险企业确认的原保险合同保费收入。

[53]人均收入中位数是指将所有调查户按人均收入水平从低到高（或从高到低）顺序排列，处于最中间位置调查户的人均收入。

[54]全国居民五等份收入分组是指将所有调查户按人均收入水平从低到高顺序排列，平均分为五个等份，处于最低 20% 的收入家庭为低收入组，依此类推依次为中间偏下收入组、中间收入组、中间偏上收入组、高收入组。

[55]脱贫县包括原 832 个国家扶贫开发工作重点县和集中连片特困地区县，以及新疆阿克苏地区 7 个市县。

[56]服务性消费支出是指住户用于餐饮服务、教育文化娱乐服务和医疗服务等各种生活服务的消费支出。

[57]农村特困人员是指无劳动能力，无生活来源，无法定赡养、抚养、扶养义务人或者其法定义务人无履行义务能力的农村老年人、残疾人以及未满 16 周岁的未成年人。

[58]临时救助是指国家对遭遇突发事件、意外伤害、重大疾病或其他特殊原因导致基本生活陷入困境，其他社会救助制度暂时无法覆盖或救助之后基本生活暂时仍有严重困难的家庭或个人给予的应急性、过渡性的救助。

[59]民政服务床位除收养性机构外，还包括救助类机构、社区类机构的床位。

[60]国家级科技企业孵化器是指符合《科技企业孵化器管理办法》规定的，以促进科技成果转化、培育科技企业和企业家精神为宗旨，提供物理空间、共享设施和专业化服务的科技创业服务机构，且经过科学技术部批准确定的科技企业孵化器。

[61]国家备案众创空间是指符合《发展众创空间工作指引》规定的新型创新创业服务平台，且按照《国家众创空间备案暂行规定》经科学技术部审核备案的众创空间。

[62]PCT 专利申请受理量是指国家知识产权局作为 PCT 专利申请受理局受理的 PCT 专利申请数量。PCT（Patent Cooperation Treaty）即专利合作条约，是专利领域的一项国际合作条约。

[63]每万人口高价值发明专利拥有量是指每万人口本国居民拥有的经国家知识产权局授权的符合下列任一条件的有效发明专利数量：战略性新兴产业的发明专利；在海外有同族专利权的发明专利；维持年限超过 10 年的发明专利；实现较高质押融资金额的发明专利；获得国家科学技术奖、中国专利奖的发明专利。

[64]制造业产品质量合格率是指以产品质量检验为手段，按照规定的方法、程序和标准实施质量抽样检测，判定为质量合格的样品数占全部抽样样品数的百分比，统计调查样本覆盖制造业的 29 个行业。

[65]普通、职业本专科包括普通本科、职业本科、高职（专科）。2021 年高职（专科）招生人数统计口径发生变化，包含五年制高职转入专科招生人数。

[66]中等职业教育包括普通中专、成人中专、职业高中和技工学校。

[67]总流通人次是指本年度内到图书馆场馆接受图书馆服务的总人次，包括借阅书刊、咨询问题以及参加各类读者活动等。

[68]特种影片是指采用与常规影院放映在技术、设备、节目方面不同的电影展示方式，如巨幕电影、立体电影、立体特效（4D）电影、动感电影、球幕电影等。

[69]人均图书拥有量是指在一年内全国平均每人能拥有的当年出版图书册数。

[70]总诊疗人次是指所有诊疗工作的总人次数，包括门诊、急诊、出诊、预约诊疗、单项健康检查、健康咨询指导（不含健康讲座、核酸检测）人次。

[71]出院人数是指报告期内所有住院后出院的人数，包括医嘱离院、医嘱转其他医疗机构、非医嘱离院、死亡及其他人数，不含家庭病床撤床人数。

[72]体育场地调查对象不包括军队、铁路系统所属体育场地。

[73]体育场地面积是指体育训练、比赛、健身场地的有效面积。

[74]国有建设用地供应总量是指报告期内市、县人民政府根据年度土地供应计划依法以出让、划拨、租赁等方式与用地单位或个人签订出让合同或签发划拨决定书、完成交易的国有建设用地总量。

[75]房地产用地是指商服用地和住宅用地的总和。

[76]万元国内生产总值用水量、万元工业增加值用水量按 2020 年价格计算。

[77]种草改良面积是指通过实施播种、栽种等措施增加牧草数量的面积以及通过压盐压碱压沙、土壤改良、围栏封育等措施使草原原生植被、生态得到改善的面积之和。

[78]万元国内生产总值二氧化碳排放按 2020 年价格计算。

[79]近岸海域海水水质采用面积法进行评价。

资料来源：

本公报中城镇新增就业、城镇登记失业率、养老保险、失业保险、工伤保险、技工学校数据来自人力资源和社会保障部；外汇储备、汇率数据来自国家外汇管理局；市场主体、质量检验、国家标准制定修订、制造业产品质量合格率数据来自国家市场监督管理总局；环境监测等数据来自生态环境部；水产品产量、新增高效节水灌溉面积数据来自农业农村部；木材产量、造林面积、种草改良面积、国家级自然保护区、国家公园数据来自国家林业和草原局；新增耕地灌溉面积、水资源总量、用水量、新增水土流失治理面积数据来自水利部；发电装机容量、新增 220 千伏及以上变电设备、电力消费量数据来自中国电力企业联合会；港口货物吞吐量、港口集装箱吞吐量、公路运输、水路运输、新改建高速公路里程、港口万吨级码头泊位新增通过能力数据来自交通运输部；铁路运输、新建铁路投产里程、增新建铁路复线投产里程、电气化铁路投产里程数据来自中国国家铁路集团有限公司；民航运输、新增民用运输机场数据来自中国民用航空局；管道运输数据来自中国石油天然气集团有限公司、中国石油化工集团有限公司、中国海洋石油集团有限公司、国家石油天然气管网集团有限公司；民用汽车保有量、道路交通事故数据来自公安部；邮政业务数据来自国家邮政局；通信业、软件业务收入、新增光缆线路长度等数据来自工业和信息化部；互联网上网人数、互联网普及率数据来自中国互联网络信息中心；棚户区改造、保障性租赁住房数据来自住房和城乡建设部；货物进出口数据来自海关总署；服务进出口、外商直接投资、对外直接投资、对外承包工程、对外劳务合作等数据来自商务部；财政数据来自财政部；新增减税降费数据来自国家税务总局；货币金融、公司信用类债券数据来自中国人民银行；境内交易场所筹资数据来自中国证券监督管理委员会；保险业数据来自中国银行保险监督管理委员会；医疗保险、生育保险数据来自国家医疗保障局；城乡低保、农村特困人员救助供养、临时救助、民政服务数据来自民政部；优抚对象数据来自退役军人事务部；国家自然科学基金资助项目数据来自国家自然科学基金委员会；国家重点实验室、国家科技成果转化引导基金、国家级科技企业孵化器、国家备案众创空间、技术合同等数据来自科学技术部；国家工程研究中心、国家企业技术中心、大众创业万众创新示范基地等数据来自国家发展和改革委员会；专利、商标数据来自国家知识产权局；宇航发射数据来自国家国防科技工业局；教育数据来自教育部；艺术表演团体、博物馆、公共图书馆、文化馆、旅游数据来自文化和旅游部；电视、广播数据来自国家广播电视总局；电影数据来自国家电影局；报纸、期刊、图书数据来自国家新闻出版署；档案数据来自国家档案局；医疗卫生数据来自国家卫生健康委员会；体育数据来自国家体育总局；残疾人运动员数据来自中国残疾人联合会；国有建设用地供应、海洋灾害造成直接经济损失数据来自自然资源部；平均气温、台风登陆数据来自中国气象局；农作物受灾面积、洪涝和地质灾害造成直接经济损失、干旱灾害造成直接经济损失、低温冷冻和雪灾造成直接经济损失、地震次数、地震灾害造成直接经济损失、森林火灾、受害森林面积、生产安全事故数据来自应急管理部；其他数据均来自国家统计局。